Oberflächenphysik des Festkörpers

Von Prof. Dr. rer. nat. Martin Henzler
Universität Hannover

und Prof. Dr. rer. nat. Wolfgang Göpel
Universität Tübingen

unter Mitwirkung von
Dr. rer. nat. Christiane Ziegler, Tübingen

2., durchgesehene Auflage
Mit 374 Figuren

B. G. Teubner Stuttgart 1994

Prof. Dr. rer. nat. Martin Henzler

Geboren 1935 in Kitzingen, Bayern. Studium der Physik und Mathematik in Erlangen und München, Promotion und Habilitation für Physik in Aachen. Von 1968 bis 1969 Gastwissenschaftler bei den Bell Telephone Laboratories, Murray Hill (NJ, USA). Von 1972 bis 1976 Professor an der Technischen Universität Clausthal. Seit 1976 Professor und Leiter des Instituts für Festkörperphysik an der Universität Hannover.

Prof. Dr. rer. nat. Wolfgang Göpel

Geboren 1943 in Weimar, Thüringen. Physikstudium und Habilitation in Physikalischer Chemie an der Universität Hannover. In den Jahren 1978 bis 1980 Gastwissenschaftler beim Xerox Palo Alto Research Center (CA, USA), Xerox Webster Research Center (NY, USA) und IBM T.J. Watson Research Center (NY, USA). Von 1981 bis 1983 Full Professor of Physics am „Center of Surface Science and Submicron Analysis" (MT, USA). Seit 1983 Direktor des Instituts für Physikalische und Theoretische Chemie an der Universität Tübingen.

Die Deutsche Bibliothek – CIP-Einheitsaufnahme

Henzler, Martin:
Oberflächenphysik des Festkörpers / von Martin Henzler und Wolfgang Göpel. Unter Mitw. von Christiane Ziegler. – 2., durchges. Aufl. – Stuttgart : Teubner, 1994
(Teubner-Studienbücher : Physik)
ISBN-13: 978-3-519-13047-5   e-ISBN: 978-3-322-84875-8
DOI: 10.1007/978-3-322-84875-8

NE: Göpel, Wolfgang:

Satz: Schreibdienst Henning Heinze, Nürnberg
Druck und buchbinderische Verarbeitung: Präzis-Druck GmbH, Karlsruhe
Umschlaggestaltung: P.P.K, S-Konzepte, T. Koch, Ostfildern/Stuttgart

Vorwort

„Das Volumen des Festkörpers schuf Gott, ihre Oberfläche wurde vom Teufel gemacht". Dieser Satz von Wolfgang Pauli spricht sicher so manchem aus dem Herzen, der versucht, einen systematischen Einstieg in die Oberflächenphysik zu finden und dabei auf geeignete Festkörper-, aber nicht vergleichbare Oberflächenphysik-Lehrbücher stößt. Das vorliegende Buch ist als ein solcher Einstieg gedacht. Es soll einerseits zeigen, daß Oberflächen mit ihren zwei Dimensionen oft viel einfacher zu verstehen sind als Festkörper mit ihren drei Dimensionen. Es soll andererseits zeigen, daß an der Oberfläche völlig neue Effekte auftreten können, die in der Tat viel komplizierter zu beschreiben und experimentell zu erfassen sind als Volumenphänomene. Dies führt zu neuen Konzepten der zweidimensionalen Physik und Chemie mit neuen Untersuchungsmethoden, Materialien und Theorien für niederdimensionale Systeme. Dieses Buch soll insbesondere auch die Begeisterung für die neue Entwicklung der Oberflächenphysik vermitteln, die in vielen Bereichen der grundlagenangewandten Materialforschung eine entscheidende Rolle spielen. Beispiele sind Entwicklungen von Rastertunnelmikroskopen mit atomarer Auflösung und Arbeiten zu physikalischen Grenzen bei der Miniaturisierung von Halbleiterbauelementen, Arbeiten zum molekularen Verständnis für Sensoren, Katalysatoren oder Bauelemente der molekularen Elektronik mit ihren Oberflächen- und Grenzflächenphänomenen oder physikalisch-chemische Ansätze zur Nanotechnologie.

Der Oberflächenphysik wird für die nächsten Jahre eine ähnlich rasante Entwicklung vorausgesagt, wie sie in der Festkörperphysik vor etwa 30 Jahren begonnen hat. Entscheidend für den heutigen Stand der Oberflächenphysik war einerseits die Entwicklung der Ultrahochvakuumtechnik. Dadurch wurden die mittleren freien Weglängen der Sonden zur Untersuchung von Oberflächen hinreichend groß und die Meßzeiten ohne Kontamination von definiert präparierten Oberflächen entscheidend erhöht. Die zweite entscheidende Entwicklung betrifft die Erfassung und Verarbeitung extrem niedriger elektronischer Signale. Damit ist es heute beispielsweise möglich, den seit über 100 Jahren bekannten äußeren Photoeffekt quantitativ zur Charakterisierung von zweidimensionalen Oberflächenstrukturen heranzuziehen.

Praktische und theoretische Arbeiten zur Oberflächenphysik sind im allgemeinen nur dann erfolgreich, wenn vier Teilaspekte gleichwertig beachtet werden:

Erstens betrifft dies die Wahl geeigneter *Prototypmaterialien*, an denen zunächst ideale Oberflächeneigenschaften studiert und danach durch systematisch eingeführte Abweichungen nicht-ideale, reale Oberflächeneigenschaften eingestellt und studiert werden können. Besonders häufig untersuchte Prototypmaterialien der Oberflächenphysik sind Silicium, Gallium-Arsenid, Zinkoxid, Nickel, Silber, Platin oder Gold.

Es betrifft zweitens die Wahl geeigneter *Untersuchungstechniken*, mit denen einerseits die phänomenologischen Eigenschaften wie Leitfähigkeit, optische, magnetische oder dielektrische Eigenschaften und andererseits der atomistische Aufbau mit Elementzusammensetzung, geometrischer Struktur, Elektronenorbitalen und Bandstruktur, Schwingungszuständen und magnetischer Struktur charakterisiert werden können.

Drittens betrifft es die Wahl geeigneter *Theorien*, mit denen einerseits ideale Oberflächen und deren Modifikationen durch Defekte oder chemische Reaktionen beschrieben werden können und andererseits die Wechselwirkung der Sonden quantitativ erfaßt werden können, die erforderlich sind, um die Oberflächenstrukturen zu untersuchen. Von besonderer Bedeutung ist die vergleichende Beschreibung von elektronischen Strukturen aus der Sicht des Physikers („bands") und aus der Sicht des Chemikers („bonds").

Viertens betrifft dies die Wahl geeigneter *Technologien* einerseits zur gezielten Herstellung und Strukturierung von Prototypmaterialien und andererseits zur Optimierung von Untersuchungstechniken mit dem generellen Trend zu immer höherer Orts- und Zeitauflösung, spezifischerer Detektion und geringerer Strahlenbelastung.

In der Literatur zur Oberflächenphysik findet man umfangreiche Beschreibungen der zahlreichen Untersuchungsmethoden. Man findet außerdem umfangreiche theoretische Abhandlungen und Darstellungen von Oberflächeneigenschaften, in denen kein Bezug auf ihre experimentelle Zugänglichkeit genommen wird. Wir halten es daher für sehr wichtig, beide Beschreibungsweisen ausgewogen darzustellen und dabei auf die z.T. beschränkte Aussagekraft von Meßmethoden und Theorien hinzuweisen, um Hypothesen und Spekulationen zu vermeiden. Im vorliegenden Buch werden deshalb die vier o.g. Aspekte gleichrangig berücksichtigt. Ziel ist es, Physiker, Chemiker, Ingenieure oder Studenten nach dem Vorexamen mit entsprechenden Vorkenntnissen in Festkörperphysik und Physikalischer Chemie in das Gebiet der Oberflächenphysik einzuführen. Damit sind auch Interessenten angesprochen, die „nur" wissen wollen, was sich hinter dem Begriff Oberflächenphysik verbirgt.

Im vorliegenden Text wird zunächst die Physik reiner Oberflächen und dann die Physik und physikalische Chemie von Festkörper/Gas-Systemen behandelt. Letzteren kommt insbesondere in der experimentellen Forschung und Anwendung eine besondere Rolle zu. Bei der Breite der unterschiedlichen methodischen Ansätze zur Oberflächenphysik können häufig nur Beispiele vorgestellt werden ohne Anspruch auf komplette Behandlung. Um den Leser zum Mitdenken anzuregen und Hilfen zum Verständnis der Effekte und ihrer Größenordnungen zu bieten, sind Übungen eingestreut. Viele dieser Übungen können in wenigen Minuten gelöst werden. Einige erfordern eine gründlichere Ausarbeitung, die das grundsätzliche Verständnis fördert.

Der vorliegende Stoff wurde in verschiedenen Vorlesungen, Übungen und Seminaren in der Physik und physikalischen Chemie an den Universitäten Hannover, Bozeman (USA) und Tübingen erarbeitet. Wir hoffen, daß das aus diesen Erfahrungen zusammengestellte Buch in der vorliegenden Form einen einfachen und stimulierenden Einstieg in die Oberflächenphysik ermöglicht.

Kein Lehrbuch ist auf Anhieb perfekt: Wir sind deshalb dankbar für jede Hilfe, Kritik, Anregung und Korrektur, die dem interessierten Leser beim Durchsehen und Arbeiten mit dem vorliegenden Buch einfällt.

Da die vorliegende 2. Auflage schon nach einer sehr kurzen Zeitspanne fällig wurde, wurden nur einige Tippfehler sowie Unklarheiten in einigen Abbildungen beseitigt, die sich aus Anregungen der Leser ergeben haben.

Hannover und Tübingen, Januar 1993   Martin Henzler
Wolfgang Göpel
Christiane Ziegler

Inhalt

Symbolverzeichnis

$\underline{a}$ Netzvektor

a Gitterkonstante

a Aktivität

a_0 Bohrscher Radius

$\underline{A}$ Vektorpotential

A Fläche (in Kapitel 5: $A_\square$)

A freie Energie, Helmholtzenergie

A_{ex} Austauschenergie

$\underline{b}$ Netzvektor

b Covolumen

$\underline{B}$ magnetische Induktion

c Lichtgeschwindigkeit

c Konzentration

C Kapazität

C_p spezifische Wärmekapazität bei $p = \text{const.}$

d Abstand

$\underline{D}$ dielektrische Verschiebung

D Debye-Länge

D Diffusionskoeffizient

D_0 thermodynamisch meßbare Dissoziationsenergie

D_e Dissoziationsenergie

$D(E)$ Zustandsdichte

e Elementarladung

$e\Delta V_s$ Bandverbiegung

$\underline{E}$ Feldstärke

E Energie

E_0 Primärenergie (oder E_{prim})

E_A Aktivierungsenergie

E_b auf das Ferminiveau bezogene Bindungsenergie

E_b^F auf das Ferminiveau bezogene Bindungsenergie

E_b^V auf das Vakuumniveau bezogene Bindungsenergie

E_C Energie an der Leitungsbandunterkante

E_C Coulomb-Energie

E_F Fermi-Energie

E_i Eigenleitungsniveau

E_{Mad} Madelung-Energie

E_{prim} Primärenergie (oder E_0)

E_r Relaxationsenergie

E_V Energie an der Valenzbandoberkante

E_{vac} Energie des Vakuumniveaus

ΔE_B Energiebreite an der Peak-Basislinie

f Fugazitätskoeffizient

f Atomformfaktor

$\underline{F}$ Kraft

F Faradaysche Konstante

F Zahl der Freiheitsgrade

F Strukturfaktor

F_C Coulombkraft

$F(x)$ Fouriertransformierte

g Erdbeschleunigung

g kleinster auflösbarer Abstand

g_i	Entartungsgrad der Größe i	K	Zahl der Komponenten
$\underline{G}$	Gittervektor	$K_{(v)}$	Anisotropieenergie bei Ferromagneten
G	freie Enthalpie, Gibbsenergie		
G	Gitterfaktor	$\underline{l}$	Bahndrehimpuls
h	Höhe	l	Länge
h	Plancksches Wirkungsquantum	l	Drehimpulsquantenzahl eines Einelektronensystems
$\hbar$	$\frac{h}{2\pi}$	$\underline{L}$	Gesamtbahndrehimpuls
$\hat{H}$	Hamiltonoperator	L	Leckrate
$\underline{H}$	Magnetfeld	m	Masse
H	Enthalpie	m_e^*	effektive Elektronenmasse
i	imaginäre Einheit	m_h^*	effektive Masse eines Lochs
I	Stromstärke	$\underline{M}_{(v)}$	Magnetisierung
I	Intensität	$\underline{n}$	Normalenvektor
I	Trägheitsmoment	n	Brechungsindex
I	Kernspin	n	Hauptquantenzahl, Quantenzahl der Translation
I	Ionisierungsenergie		
$\underline{j}$	Gesamtdrehimpuls in einem Einelektronensystem	n	Molzahl
		N	Anzahl von Teilchen
$\underline{j}$	Stromdichte	N_L	Avogadrokonstante
j_s	Sättigungsstromdichte	$N_{(s)}^{OF}$	Konzentration an freien Adsorptionsplätzen
$\underline{J}$	Gesamtdrehimpuls		
J	Bahnquantenzahl	$\underline{p}$	Impuls
J	Rotationsquantenzahl	p	Druck
J_s	Sättigungsmagnetisierung	p	permanentes elektrisches Dipolmoment
$\underline{k}$	Wellenvektor allgemein	$\underline{P}$	Polarisation
$\underline{k}$	Wellenvektor der gestreuten Welle	P	Zahl der Phasen
		P	Wahrscheinlichkeit (oder W)
$\underline{k}_0$	Wellenvektor der einfallenden Welle		
		$P(\underline{r})$	Ortsfunktion
k	Boltzmannkonstante	q	Ladung eines Teilchens
k	Federkonstante	q	Streuquerschnitt
k	Geschwindigkeitskonstante	$q_{P,A}$	effektive Paulingsche Ladung des Atoms A
$\underline{K}$	Streuvektor		
K	Gleichgewichtskonstante	Q	Ladung

Q	Wärmemenge	V	Volumen
$Q_{(s)sc}$	Ladungsdichte in der Raumladungsrandschicht	V	potentielle Energie, gleichbedeutend mit E_{pot}, vor allem in quantenmechanischen Gleichungen verwendet
$Q_{(s)ss}$	Oberflächenladungsdichte		
r	Radius (oder R)	V	Spannung, gleichbedeutend mit U
$\underline{R}$	Ortsvektor		
$\underline{R}_{fi}$	Übergangsmoment	V_{Bias}	Biasspannung
R	Widerstand		
R	Radius (oder r)	W	Arbeit
R	allgemeine Gaskonstante	W	Wahrscheinlichkeit (oder P)
R	Zuverlässigkeitsfaktor	x	Ortskoordinate
R_{ads}	Adsorptionsgeschwindigkeit, Adsorptionsrate	x	Molenbruch
R_{des}	Geschwindigkeit der Desorption, Desorptionsrate	y	Ortskoordinate
		z	Ortskoordinate
$\underline{s}$	Eigendrehimpuls	z	Abstand von der Oberfläche
s	Spinquantenzahl eines Einelektronensystems	z	Wertigkeit eines Ions
		z	Einteilchenzustandssumme
s	Tunnelabstand	Z	Systemzustandssumme
$\underline{S}$	Gesamtspin	$Z_{(s)}$	Stoßzahl
S	Entropie		
S	Haftkoeffizient	$\underline{\underline{\alpha}}$	Polarisierbarkeit
S_P	Pumpgeschwindigkeit	α	Madelung-Konstante
t	Zeit	α	induziertes Dipolmoment
t	Transfer-, Übertragungsweite	α	Akkomodationskoeffizient
		α	Verdampfungskoeffizient
t_{mono}	Zeit für die Ausbildung einer Monolage	γ	Grenzflächenenergiedichte, Grenzflächenspannung
T	absolute Temperatur	γ	magnetogyrisches Verhältnis
T	Schwingungsperiode	$\gamma_{(s)}$	Oberflächenanisotropieenergie bei Ferromagneten
T_{Peak}	Temperatur beim Peakmaximum		
$T(\underline{R})$	Instrumentenfunktion	δ	Partialladung
		δ_{mn}	Kroneckerdelta
U	Spannung	Δ	Differenz
$\underline{v}$	Geschwindigkeit	Δ	Laplace-Operator
v	Quantenzahl der Vibration	$\underline{\underline{\varepsilon}}$	Dielektrizitätstensor

ε	Einteilchenenergie	ν	Frequenz
ε	Tiefe der Potentialmulde im Lennard-Jones-Potential	ν	Stöchiometriefaktor
ε_0	Influenzkonstante	ξ	Korrelationslänge
ε_r	relative Dielektrizitätskonstante	ϱ	spezifischer Widerstand
ε_r'	Realteil von $\tilde{\varepsilon}_r$	ϱ	Dichte
ε_r''	Imaginärteil von $\tilde{\varepsilon}_r$	ϱ	Raumladungsdichte
η	elektrochemisches Potential	σ	spezifische Leitfähigkeit
η	Ausbeute	σ	Haftwahrscheinlichkeit
Θ	Bedeckungsgrad	σ	Symmetriezahl
Θ_D	Debye-Temperatur	σ	Teilchendurchmesser im Lennard-Jones-Potential
κ	Absorptionskoeffizient	$\sigma_\Box$	Flächenleitfähigkeit
κ	Transmissionskoeffizient	τ	Lebensdauer
λ	Wellenlänge	τ	mittlere Verweilzeit
λ_c	Comptonwellenlänge	φ	Spreitungsdruck
Λ	Bahndrehimpuls eines Mehrelektronenmolekülorbitals	φ_a	äußeres elektrisches Potential
Λ	mittlere freie Weglänge	φ_{el}	elektrisches Potential
Λ_M	Maxwellsche mittlere freie Weglänge	φ_i	inneres elektrisches Potential, Galvanipotential
$\underline{\mu}_{el}$	elektrisches Dipolmoment	$\phi_{\frac{1}{2}}$	Halbwertsbreite (oder ΔE)
$\underline{\mu}_{fi}$	Übergangsdipolmoment	$\phi(\underline{r})$	Paarkorrelationsfunktion
$\underline{\mu}_m$	mikroskopisches magnetisches Dipolmoment	Φ	magnetischer Fluß
μ	chemisches Potential	Φ	Austrittsarbeit
μ	Beweglichkeit	$\underline{\underline{\chi}}_{el}$	dielektrische Suszeptibilität
μ	reduzierte Masse	$\underline{\underline{\chi}}_m$	magnetische Suszeptibilität
μ	Absorptionskoeffizient	χ	Elektronenaffinität bzw. Kontakt- oder Oberflächenpotential
μ_0	Permeabilitätskonstante im Vakuum		
μ_B	Bohrsches Magneton	χ_A	Paulingsche Elektronegativität des Atoms A
μ_N	Kernmagneton		
μ_r	relative Permeabilitätszahl	Ψ	Wellenfunktion
$\tilde{\nu}$	Wellenzahl	Ψ^*	komplex konjugierte Funktion zu Ψ

ω	Winkelgeschwindigkeit	X_f	Endzustands-
Ω	Raumwinkel	X_{FE}	Feldeffekt-
		X^g	Größe der Gasphase
$\square$	freier Platz	X_g	Gap-
∇	Nabla-Operator	X_g	Gegen-
(111)	Bezeichnung einer Fläche	X_{grens}	Grenz-
[111]	Bezeichnung einer Normalen	X_h	Löcher- (oder X_p)
(111)	Bezeichnung einer Normalen	X_i	Anfangszustands-
$\underline{X}$	vektorielle Größe	X_i	Zwischengitter-
$\underline{\underline{X}}$	Matrix oder Tensor	X_i	intrinsisch (oder X_{intr})
$\tilde{X}$	komplexe Zahl	X_{in}	influenziert
$\hat{X}$	Einheitsvektor	X_{ind}	induziert
$\hat{X}$	Operator	X_{int}	intra-
$\bar{X}$	Mittelwert bzw. Erwartungswert	X_{intr}	intrinsisch (oder X_i)
		X_{Ion}	Ionen-
$X^{\ddagger}$	Größe des aktivierten Zustandes	X_K	Kationen-
		X_K	Kanten-
X_A	Akzeptor-	X_{kin}	kinetisch
X_A	Anionen-	X_{liq}	Verdampfungs-
X^{ad}	Größe der Adsorptionsphase	X_m	molare Größe
X_{ads}	Adsorptions-	X_m	magnetisch
X_{Atom}	Atom-	X_{max}	maximal
X_{attr}	Anziehungs-	X_n	Elektronen- (oder X_e)
X_b	Volumen-	X_n	Kern- (Ausnahme: μ_N, g_N)
X_{chem}	chemisch	X_N	spezifische Kerngröße
X^{chem}	Größe der Chemisorptionsphase	X_p	Löcher- (oder X_h)
		X_p	Protonen-
X_D	Donator-	X_{phys}	physikalisch
X_{des}	Desorptions-	X^{phys}	Größe der Physisorptionsphase
X_e	Elektronen- (oder X_n)		
X_E	Eck-	X_{pot}	potentiell
X_{end}	End-	X_{Probe}	Proben-
X_{eff}	effektive Größe	X_{reakt}	Reaktions-
X_{el}	elektrisch	X_{rep}	Abstoßungs-
X^{exc}	Exzeßgröße	X_{rot}	Rotations-
X_{ext}	extra-, inter-	X_s	Sättigungs-
X_{extr}	extrinsisch	X_s	Spin-
		X_s	Oberflächen-

$X_{(s)}$	auf die Fläche bezogene Größe	$X_{Teilchen}$	Teilchen-
		X_{tot}	Gesamt-
X_{sc}	Raumladungszonen-	X^{tot}	Größe der Gesamtphase
X_{seg}	Segregations-	X_{trans}	Translations-
X_{sol}	Lösungs-	$X_{(v)}$	auf das Volumen bezogene Größe
X_{sol}	Erstarrungs-		
X^{sol}	Größe der Lösungsphase	X_{vac}	Vakuum-
X_{ss}	Oberflächenzustands-	X_{val}	Äquivalent-
X_{sub}	Sublimations-	X_{verd}	Verdampfungs-
$X_{Standard}$	Standard-	X_{vib}	Vibrations-
X_{stat}	statisch		

1 Einführung

1.1 Was ist Oberflächenphysik?

Es gilt im allgemeinen als abfällige Bemerkung, wenn eine Beschreibung oder Behandlung eines Gegenstandes als „oberflächlich" bezeichnet wird. Dabei liegt die Erfahrung zugrunde, daß sich die Oberfläche eines Gegenstandes häufig sehr wesentlich vom Inneren („dem Kern") unterscheidet. Deshalb genügt es zur vollständigen Beschreibung von zum Beispiel einem Festkörper nicht, die Oberfläche allein zu beobachten, vielmehr muß man auch ins Volumeninnere eindringen oder komplizierte Grenzflächen erfassen (vgl. Abb. 1.1.1). Auf dafür notwendige Messungen kann die Oberfläche einen entscheidenden Einfluß haben und dadurch Informationen über Volumeneigenschaften verzerren.

Ein klare Trennung zwischen Oberflächen- und Volumeneigenschaften eines Festkörpers mit Angabe der räumlichen Ausdehnung der

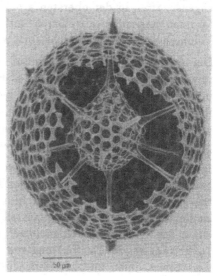

Abb. 1.1.1
Aufgebrochenes Kugelskelett (Siliciumdioxid) von Hexacontium axotrias, aufgenommen mit einem Rasterelektronenmikroskop
[Fra 85X]

Oberfläche in das Volumen ist im allgemeinen nicht eindeutig möglich.
So bezeichnet man in der Umgangssprache als Oberfläche häufig die
Randschicht mit einer typischen Dicke zwischen 1 μm und 1 mm.
Diese Randschicht bestimmt Griffigkeit, Farbe und Glanz. Als räum-
liche Ausdehnung der Sonnenoberfläche könnte man viele Kilometer
ansetzen.

Für die vollständige Beschreibung eines festen Körpers geht man von
seinem Aufbau aus Atomen aus. Im einfachsten Fall eines idealen Einkristalls läßt sich die Oberfläche durch die oberste atomare Schicht
beschreiben. Diese Schicht ist kein flächenhaft-zweidimensionales Ge-
bilde, sondern weist eine endliche Dicke auf, innerhalb derer der Übergang vom Festkörpervolumen ins Vakuum oder in die Gasphase erfolgt. Diese Schicht kann sich über viele Atomlagen erstrecken, wenn
sich nicht nur die oberste, sondern auch die zweite und weiter innen liegende Atomlagen noch meßbar vom „Inneren" des Festkörpers
unterscheiden.

Damit läßt sich der Begriff Oberflächenphysik präzisieren: In Analogie
zur Festkörperphysik, in der physikalische Eigenschaften eines festen
Körpers über den dreidimensionalen Aufbau aus Atomen beschrieben
werden, versteht man als Oberflächenphysik die Wissenschaft, in der
Eigenschaften in der obersten atomaren Schicht und alle damit zu-
sammenhängenden mittelbaren und unmittelbaren Änderungen von
Volumeneigenschaften beschrieben werden.

Der Anteil und damit der Einfluß von Oberflächenatomen auf die
physikalischen Eigenschaften eines Festkörpers nehmen mit abnehmender Teilchengröße signifikant zu, wie dies z.B. aus Tab. 1.1.1
folgt. In dem Beispiel wurde das Elementarvolumen eines Atoms als
würfelförmig angenommen. Die Definitionen der verschiedenen Atompositionen sind in Abb. 1.1.2 angegeben.

Systeme mit einem großen Anteil von Oberflächenatomen haben erhebliche Bedeutung z.B. bei dünnen Metallschichten, bei Katalysatoren (Abb. 1.1.3, 1.1.4), bei der Miniaturisierung von Halbleiterbauelementen mit kontrolliert hergestellten linearen Abmessungen unter
einem μm („Submikrontechnologie", siehe Beispiele in Abb. 1.1.5 bis
1.1.8) oder bei der Entwicklung von chemischen Sensoren zum Nachweis von Atomen und Molekülen über spezifische Gas-/Festkörper-

Tab. 1.1.1
Atome in würfelförmigen Festkörpern unterschiedlicher Abmessungen
(Atomabstand 1/3 nm in einfach-kubischer Anordnung)

Kantenlänge des Würfels	1 nm	1 μm	1 mm
Zahl der Volumenatome N_b	1	$2{,}7 \cdot 10^{10}$	$2{,}7 \cdot 10^{19}$
Zahl der Oberflächenatome N_S	26	$5{,}4 \cdot 10^{7}$	$5{,}4 \cdot 10^{13}$
Anteil der Oberflächenatome $N_S/(N_b + N_S)$	0,96	$2 \cdot 10^{-3}$	$2 \cdot 10^{-6}$
Zahl der Kantenatome	12	$3{,}6 \cdot 10^{4}$	$3{,}6 \cdot 10^{7}$
Zahl der Eckenatome	8	8	8

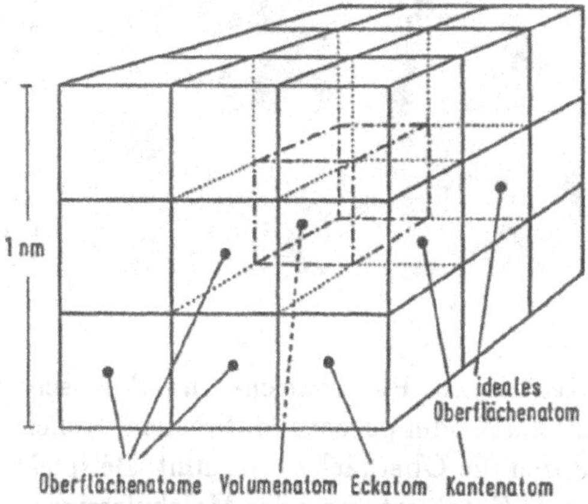

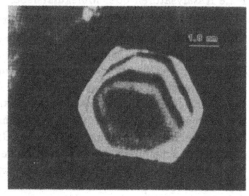

Abb. 1.1.2
Atompositionen in einem würfelförmig angenommenen Festkörper, schematisch (vgl. dazu Tab. 1.1.1)

1 nm

ideales Oberflächenatom

Oberflächenatome   Volumenatom   Eckatom   Kantenatom

Abb. 1.1.3
Beispiel für reale Oberflächen: Platinkatalysatorteilchen auf Graphit, aufgenommen mit dem Transmissionselektronenmikroskop. Deutlich erkennbar sind Stufen gleicher Interferenzen. Modelle für den atomaren Aufbau derartiger Teilchen sind in Abb. 1.2.3 gezeigt [Per 82].

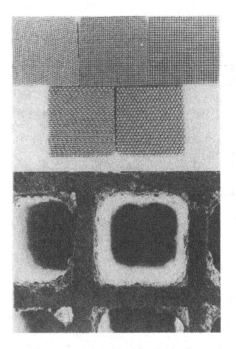

Abb. 1.1.4
a) Stirnfläche keramischer Mono-
lithe mit verschiedenen Zellfor-
men und Zelldichten. Solche Mo-
nolithe werden als Träger für
Edelmetallpromotoren für Auto-
Abgaskatalysatoren eingesetzt.
b)   Rasterelektronenmikroskopi-
sche Aufnahme einiger Zellen des
fertig belegten Katalysatorträgers
aus a). Die Innenseite der Waben
ist mit γ-Al_2O_3 überzogen (sog.
„wash-coat"), um eine Vergrößerung der wirksamen Oberfläche zu
erreichen. Diese teilweise noch mit
seltenen Erden thermisch stabilisierte Schicht wird anschließend
mit Edelmetallkomponenten wie
Pt, Pd und Rh belegt [Kob 84].

Reaktionen. Physikalische und chemische Eigenschaften von feinkri-
stallinen oder porösen Materialien, Kolloiden etc. sind sehr wesentlich
durch die Oberfläche bestimmt. Beispiele dafür sind die Aktivkohle,
reale Katalysatoren oder Molekularsiebe.

In der Natur spielen Systeme mit großem relativen Anteil von Grenz-
flächenatomen, insbesondere bei fest-/flüssig-Grenzflächen, ebenfalls
eine erhebliche Rolle. Man denke in diesem Zusammenhang nur an die
Bedeutung von Membranen in Organismen, den Aufbau des Gehirns
o.ä. Von technischer Bedeutung sind diese Grenzflächen zum Beispiel
bei elektrochemischen Prozessen an Elektrodenoberflächen oder bei
der Korrosion. Methodisch lassen sich Grenzflächen dieser Art wesentlich schwieriger erfassen als Festkörper-/Gas-Grenzflächen. Wir werden jedoch sehen, daß unser physikalisches Verständnis dieser kom-
plexeren Systeme vom atomistischen Verständnis der Festkörper-/
Gas-Grenzfläche profitieren kann.

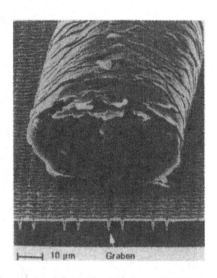

Abb. 1.1.5
Größenvergleich zwischen einem menschlichen Haar und dem Zellenfeld des dynamischen 4-Mbit-Speichers. Der Si-Chip wurde so präpariert, daß sowohl mehrere Grabenkondensatoren im Querschnitt (s. Pfeil und vgl. Abb. 1.1.6) als auch die rasterförmige Anordnung der Grabenkondensatoren im Zellenfeld (schwarze) Punkte) zu sehen sind [Göt 88].

Im vorliegenden Textbuch werden wir uns daher überwiegend mit freien Festkörperoberflächen und Festkörper-/Gas-Grenzflächen beschäftigen. Dabei werden wir auch auf die Ausbildung von Festkörper-/ Festkörper-Grenzflächen durch Aufbau eines zweiten Festkörpers auf der Oberfläche eines ersten mit spezifischen physikalischen Eigenschaften im Übergangsbereich eingehen (vgl. Abb. 1.1.6 bis 1.1.8). Diese Systeme sind nur eine Auswahl der prinzipiell denkbaren Grenzflächen zwischen festen, flüssigen und gasförmigen Systemen. Diese Auswahl ist in besonderer Weise geeignet, mit physikalischen Methoden bis in den atomaren Bereich hinein experimentell und theoretisch erfaßt zu werden.

Im atomaren Bereich sind beliebige Festkörperoberflächen im allgemeinen sehr heterogen. So gibt es z.B. für Atome an der Oberfläche eines Würfels drei verschiedene Positionen („sites") mit unterschiedlicher Zahl nächster Nachbarn (vgl. Abb. 1.1.2) und damit unterschiedlichen Bindungsenergien sowie physikalischen und chemischen Eigenschaften. Diese Heterogenität besteht schon an Festkörperoberflächen, die aus den gleichen chemischen Elementen zusammengesetzt sind wie das Volumen. Beispiel dafür sind Oberflächen von Platin-Katalysator-Teilchen in Abb. 1.1.3. Abweichungen von den Atompositionen an

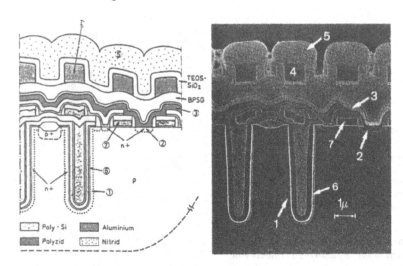

Abb. 1.1.6
Querschnitt durch eine 4-Mbit-DRAM (dynamischer Halbleiterspeicher)-Speicherzelle; links: schematisch, rechts: im Rasterelektronenmikroskop. Es bedeutet: 1: mit Arsen dotierte Grabenaußenwand; 2: Bit-Leitungskontakt bzw. Source-Gebiet des MOSFETs (Metal Oxide Semiconductor Field Effect Transistor); 3: Bit-Leitung aus Polyzid ($TaSi_2$ auf Polysilicium), 4: Al-Metallisierungsbahnen; 5: Passivierung; 6: SiO_2-Dielektrikum des Grabenkondensators 7: Wort-Leitung bzw. Gate-Elektrode aus Polysilicium; n+: hochdotierte n-Typ-(elektronenleitende) Gebiete; p+: hochdotierte p-Typ-(defektelektronenleitende) Gebiete; TEOS-SiO_2: pyrolytisch aus Tetraethylorthosilicat abgeschiedene SiO_2-Schicht; BPSG: Schicht aus Borphosphorsilicatglas [Göt 88]

einer idealen unendlich ausgedehnten Einkristalloberfläche werden als *intrinsische* Defekte bezeichnet. Diese haben eine von idealen Oberflächenatomen abweichende Nahordnung. Einfache Beispiele sind die in Abb. 1.1.2 gezeigten Ecken- oder Kantenatome mit 3 bzw. 4 nächsten Nachbaratomen im Gegensatz zu 5 nächsten Nachbaratomen des zentralen „idealen" Oberflächenatoms, weitere Beispiele sind hier nicht gezeigte Oberflächenatome auf nicht-idealen Gitterpositionen (Zwischengitterplätze) oder nicht besetzte Atompositionen („Punktfehlstellen"). Falls das Volumen wie in einem Einkristall nicht aus nur einer Atomart aufgebaut ist, können intrinsische Oberflächendefekte für jede Atomart auftreten, die den Aufbau des Festkörpers aus verschiedenen Elementen bestimmen.

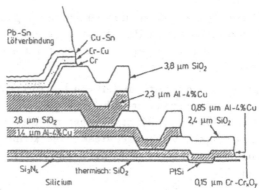

Abb. 1.1.7
Schematische Darstellung einer Mehrschichtenverbindung für bipolare Halbleiter-
bauelemente mit verschiedenen Grenzflächen [Fri 82]

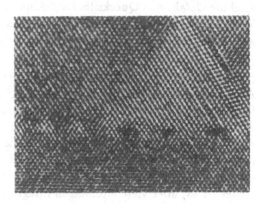

Abb. 1.1.8
Transmissions-Elektronenmikroskop-Aufnahme der Grenzfläche zwischen Galliumarsenid und Cadmium-Tellurid. Einzelatome (d.h. Projektionen von Atomreihen in Strahlrichtung) sowie Grenzflächendefekte (Fehlanpassungen aufgrund
verschiedener Gitterkonstanten, „Misfits") sind deutlich sichtbar (Vergrößerung:
$5 \cdot 10^6$) [Lie 86].

Im Gegensatz zu den intrinsischen Defekten können chemische Veränderungen an der Oberfläche, z.B. beim Ätzen, Korrodieren, Adsorbieren von Fremdatomen oder in der heterogenen Katalyse, zum
Auftreten von *extrinsischen* Defekten führen. Extrinsische Defekte in
diesem Sinne sind aus anderen chemischen Elementen aufgebaut als
der ideale Festkörper.

Eine andere Klassifizierung der Abweichungen von einer idealen Oberfläche kann über die Periodizität vorgenommen werden, die durch die Abweichungen verändert oder sogar aufgehoben sein kann (s. Abschn. 3.1).

Die *chemische Beständigkeit* von Festkörperoberflächen (wie z.B. die Säureresistenz von Edelstahl bei Anwesenheit von Chromoxid in obersten Atomlagen), Kristallwachstum, Elektronenemission oder Geschwindigkeit chemischer Reaktionen können sehr wesentlich durch intrinsische und vor allem durch extrinsische Defekte beeinflußt werden.

So kann beispielsweise die *mechanische Festigkeit* von Festkörpern durch chemische Bindungen von Fremdatomen an der Oberfläche oder an Korngrenzen erheblich herabgesetzt werden. Darin liegt zum Beispiel die Gefahr von Quecksilber auf Aluminiumlegierungen (etwa bei Tragflächen von Flugzeugen) oder von Wasserstoff auf Edelstahl (etwa bei Seilen von Hängebrücken unter mechanischem Streß).

Im Gegensatz zu chemischen Eigenschaften der Oberfläche sind deren *optische Eigenschaften* wie der Reflexionskoeffizient, die optische Absorption oder Farbe durch die Eindringtiefe des Lichts bestimmt. Diese liegt im sichtbaren Bereich in der Größenordnung einiger hundert Atomabstände oder mehr, so daß die oberste Atomlage nur einen relativ geringen Anteil an den optischen Eigenschaften hat. Demzufolge lassen sich Veränderungen an der Oberfläche optisch nur über empfindliche Meßmethoden (wie z.B. Ellipsometrie) nachweisen. Einfacher ist es, über viele Atomlagen integrierte Änderungen optischer Eigenschaften (wie z.B. Anlauffarben durch Oxidschichten nach Erhitzen von Metallen) nachzuweisen.

Auch der *elektrische Widerstand* von Festkörpern ist im allgemeinen nicht wesentlich durch die oberste Atomlage bestimmt. Demzufolge kann z.B. der elektrische Widerstand von Metallen aus dem spezifischen Widerstand, dem Querschnitt und der Länge berechnet werden. Dabei zeigt sich jedoch bei genaueren Studien, daß die Oberfläche mit abnehmender Temperatur und zunehmender Reinheit der metallischen Probe wesentlich an Einfluß auf den elektrischen Widerstand gewinnt, da unter diesen Bedingungen die freien Weglängen der Elektronen zunehmen und in die Größenordnung der

Abmessungen des Festkörpers kommen können. Im Gegensatz zu den Verhältnissen bei Metallen können Oberflächen von Halbleitern und Isolatoren einen ganz wesentlichen Einfluß auf den elektrischen Widerstand auch bei höheren Temperaturen haben. Die Steuerung eines MOS-("Metal Oxide Semiconductor"-) Transistors oder die Temperaturabhängigkeit des Widerstandes von Heißleitern (z.B. aus

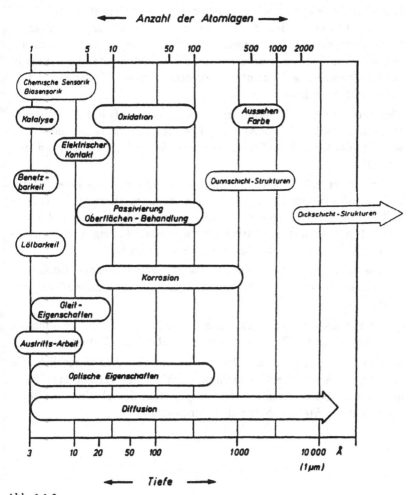

Abb. 1.1.9
Charakteristische Tiefenbereiche für einige Oberflächeneigenschaften

BaTiO$_3$-Keramik) werden durch Ladungen an der Oberfläche bzw. Korngrenze zwischen Kristalliten und daraus resultierenden Veränderungen der Ladungsträgerkonzentrationen in oberflächen- bzw. grenzflächennahen Bereichen bewirkt. Die Oberflächenladung von Kunstfasern in Geweben oder Teppichen ist bei trockener Luft sogar makroskopisch über Funkenentladungen spürbar.

Kenntnis der *elektronischen Eigenschaften* von Grenzflächen ist u.a. von entscheidender Bedeutung bei der Miniaturisierung von Halbleiterbauelementen, wobei angestrebt wird, daß die linearen Abmessungen zwischen Bereichen unterschiedlicher Bauelemente-Funktionen in der Größenordnung oder unter der mittleren freien Weglänge von Leitungselektronen liegt.

Charakteristische Tiefenbereiche einiger oben aufgeführter Oberflächeneigenschaften sind in Abb. 1.1.9 gezeigt. Zusammenfassend ergibt sich, daß der Einfluß der Oberfläche unter folgenden Bedingungen ausgeprägt ist:

a) Das untersuchte Festkörpersystem besteht nur aus einer relativ geringen Gesamtanzahl von Atomen. Daraus resultiert ein hohes Verhältnis von Oberflächen- zu Volumenatomen. Die Eigenschaften des Gesamtsystems sind wesentlich durch Oberflächeneigenschaften bestimmt (z.B. dünne Schichten oder kleine Teilchen).

b) Die Oberfläche eines Festkörpers hat weitreichenden Einfluß in das Volumen hinein (z.B. Raumladungsschichten in Halbleitern oder Isolatoren).

c) Die Vorgänge laufen direkt an der Oberfläche, d.h. in der obersten Atomlage ab (z.B. Elektronenemission, heterogene Katalyse).

In allen Experimenten der Oberflächenphysik ist es wesentlich, die Genauigkeit und Oberflächenempfindlichkeit der verwendeten Meßmethode zu kennen, um aus dem Experiment den Einfluß der Oberfläche auf das Meßergebnis richtig einzuschätzen.

1.2 Entwicklung und Methodik der Oberflächenphysik

Die Zahl von Beispielen für die Bedeutung von Oberflächen in verschiedenen Bereichen der Physik, Chemie oder Technologie ließe sich beliebig ausdehnen. Die wenigen Beispiele des letzten Kapitels deuten bereits an, welche Informationen über den atomaren Aufbau notwendig sind, um Oberflächenphysik systematisch zu betreiben.

Die Oberflächenphysik hat gerade in den letzten Jahren ganz erheblich an Bedeutung gewonnen. Die enorme Entwicklung wurde wesentlich durch Fortschritte in den experimentellen Untersuchungstechniken erzielt. Eine ganze Fülle von Techniken steht dem Oberflächenphysiker heute zur Verfügung. Schematisch ist in Abb. 1.2.1 gezeigt, daß bei diesen Untersuchungen der Festkörper mit seiner Oberfläche verschiedenen Teilchen, Wellen oder Feldern ausgesetzt wird und die Antwort des Systems auf diese Wechselwirkung aus den Eigenschaften der emittierten Teilchen oder Wellen oder der veränderten Felder abgelesen wird. Daraus ergeben sich Aussagen über chemische, geometrische, elektronische, vibronische oder magnetische Strukturen der Oberfläche. Da hierbei eine Fülle von Kombinationsmöglichkeiten besteht, wird sofort einsichtig, warum dem Oberflächenphysiker eine verwirrende Vielzahl von Untersuchungsmethoden zur Verfügung steht, von denen sich einige Methoden als besonders aussagekräftig

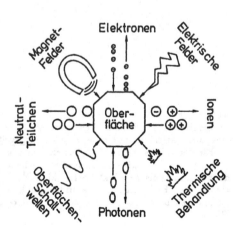

Abb. 1.2.1
Schematische Übersicht verschiedener Wechselwirkungsprozesse in der Oberflächenphysik, die in unterschiedlichen Meßmethoden ausgenutzt werden

herausgestellt haben (vgl. auch Anhänge 8.7 und 8.8). Diese sollen im weiteren auch näher behandelt werden. Dabei kann es sich nur um eine Auswahl handeln, und der Leser wird zur Vertiefung auf Sekundärliteratur hingewiesen.

Ein weiterer Grund für die wesentlichen Fortschritte in der Oberflächenphysik liegt in der Entwicklung der Vakuumtechnik. Dies kann am Beispiel des photoelektrischen Effekts, d.h. der Emission von Elektronen aus der Oberfläche bei Beleuchtung, aufgezeigt werden: Schon 1887 bzw. 1888 haben Hertz und Hallwachs diesen Effekt im Grobvakuum ($p.100$ Pa = 1 mbar) nachgewiesen. Diese Messungen wurden u.a. von Dubridge um 1932 wesentlich verfeinert und unter Hochvakuumbedingungen ($p.10^{-5}$ Pa) durchgeführt. Ab 1960 wurde u.a. von Spicer im Ultrahochvakuum ($p \ll 10^{-5}$ Pa) mit detaillierten Untersuchungen zur Energieverteilung photoemittierter Elektronen begonnen. Die dabei erhaltenen Photoemissionsspektren hängen bei vielen Festkörperoberflächen extrem empfindlich von intrinsischen Defekten und vor allem Fremdatomen aus der Gasphase ab und er-

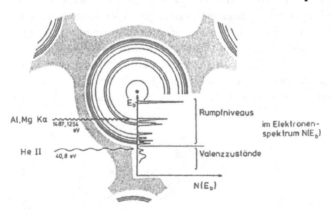

Abb. 1.2.2
Schematische räumliche und energetische Darstellung von Rumpfniveaus und Valenzbandzuständen um ein beliebig herausgegriffenes Atom eines Festkörpers. Die Dichte der delokalisierten Valenzelektronen ist punktiert angegeben, die Rumpfniveaus sind über „Bohrsche Radien" schematisch angedeutet. Ebenfalls angedeutet sind typische Elektronendichten $N(E_b)$ als Funktion der Bindungsenergie E_b der Elektronen im Grundzustand, wie sie z.B. aus Photoemissionsexperimenten bestimmt werden können. Weitere Angaben sind im Text gegeben [Sie 82].

möglichen detaillierte Aussagen über den elektronischen Aufbau von Festkörper-Oberflächen.

Zum Verständnis der Photoemissionsspektroskopie ist in Abb. 1.2.2 die elektronische Struktur im Rumpfniveau- und Valenzbandbereich eines Atoms im Festkörper gezeigt. Die elektronischen Rumpfniveaus benachbarter Atome überlappen nicht und liegen daher räumlich stark lokalisiert vor, wogegen das Valenzband von delokalisierten Elektronen aller Atome gebildet wird. Ebenfalls gezeigt ist in dem Bild die Häufigkeit $N(E_b)$ von Elektronen mit einer bestimmten Bindungsenergie E_b. Dabei kann $N(E_b)$ aus der Verteilung der kinetischen Energie von photoemittierten Elektronen gewonnen werden. Bei Anregung mit Photonen aus Gasentladungslampen mit Energien bis etwa 40 eV können lediglich schwächer gebundene Elektronen emittiert werden, wogegen die Anregung mit Aluminium oder Magnesium K_α-Strahlung bei Photonenenergien von 1487 bzw. 1254 eV auch die Photoemission stärker gebundener Rumpfniveauzustände ermöglicht. Rumpfniveaus und Valenzbandzustände werden durch chemische Konstitution und geometrische Anordnung der Nachbaratome empfindlich beeinflußt. Daher können Aussagen über die atomistische Zusammensetzung der obersten Schicht eines Festkörpers nur unter besten Ultrahochvakuumbedingungen gewonnen werden.

Die Bedeutung guter Vakua bei den Untersuchungen geht aus der folgenden Abschätzung hervor. Selbst wenn die Oberfläche z.B. durch Spalten eines Einkristalls frei von Verunreinigungen ist, dauert es bei einem Restgasdruck von 10^{-4} Pa nur etwa eine Sekunde, bis jedes Oberflächenatom durchschnittlich einmal von einem Restgasteilchen getroffen wird. Messungen an sauberen Oberflächen lassen sich unter diesen Bedingungen nur in Bruchteilen einer Sekunde nach dem Spalten durchführen. Diese Meßzeit steigt umgekehrt proportional zum Druck und erfordert für den überwiegenden Teil der Untersuchungstechniken Drücke unter 10^{-8} Pa, d.h. Ultrahochvakuum-(UHV-)Bedingungen.

Physikalische und technologische Aspekte der UHV-Technik, die Herstellungsbedingungen sauberer Oberflächen sowie häufig verwendete UHV- und Spektrometer-Komponenten der Oberflächenphysik werden in Kapitel 2 vorgestellt.

Im Gegensatz zu den im letzten Abschnitt erwähnten Beispielen werden wir uns zunächst auf die Beschreibung einfacher Festkörperoberflächen beschränken und Untersuchungen an geeigneten „Modellsystemen" diskutieren. Darauf aufbauend können auch kompliziertere Systeme diskutiert werden. Die Papieroberfläche des vorliegenden Buchs ist zum Beispiel kein einfaches Modellsystem, da der chemische Aufbau recht komplexe Moleküle enthält, die Oberfläche schon unter dem Lichtmikroskop zerklüftet aussieht und der atomare Aufbau unter Einschluß der Lagekoordinaten der einzelnen Atome nicht charakterisiert werden kann. Zudem ist das Papier noch nicht einmal chemisch homogen und stabil: Je nach Temperatur und Luftfeuchtigkeit ergeben sich z.B. unterschiedliche Konzentrationen von Wassermolekülen auf der Oberfläche und im Volumen.

Einfache Modellsysteme sind dagegen Festkörper in defektfreier einkristalliner Anordnung ohne Verunreinigungen an der Oberfläche, auf deren Herstellung und Reproduzierbarkeit in Kapitel 2 kurz eingegangen werden soll.

Ideale Modellsysteme sind chemisch rein (d.h. ohne extrinsische Defekte als Folge von Verunreinigung mit Fremdatomen) und haben einfache periodische geometrische Strukturen der Oberflächenatome (in Abwesenheit von intrinsischen Defekten als Folge nicht-ideal gebundener Oberflächenatome). Der Beschreibung und experimentellen Bestimmung von *geometrischen Anordnungen* der Atome an Oberflächen ist das Kapitel 3 gewidmet. Von besonderer Bedeutung ist dabei die Übertragung der aus dem Dreidimensionalen bekannten Strukturbestimmung über Beugungsexperimente auf das Zweidimensionale. Nach der Beschreibung von geometrischen Strukturen hochsymmetrischer Einkristall-Oberflächen kann auch eine Charakterisierung von nichtperiodischen Anordnungen (intrinsischen Defekten) vorgenommen werden. Deren Bedeutung nimmt z.B. mit abnehmender Größe von Kristalliten („Cluster") signifikant zu, wie dies in Abb. 1.2.3 gezeigt ist. Bei größeren Teilchen bilden sich typische Strukturen hochsymmetrischer Einkristall-Flächen heraus, während in kleineren Teilchen eine relativ große Anzahl unterschiedlich gebundener Oberflächenatome vorkommt. Defekte können jedoch auch auf ausgedehnten Oberflächen von großer Bedeutung sein.

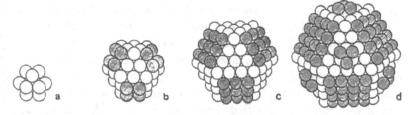

Abb. 1.2.3
Typische Strukturen von Festkörperteilchen („Cluster") und die Ausbildung von Einkristallflächen mit zunehmender Zahl der Atome pro Teilchen. Bei der hier gezeigten hexagonal-dichtesten Kugelpackung treten energetisch günstige, hochsymmetrische Teilchenformen bei ganz spezifischen magischen Zahlen auf. Komplette Außenschichten werden für 13 Atome in der ersten, 55 Atome in der zweiten, 147 Atome in der dritten Schale um das Zentralatom herum gefunden [Per 82].

Mit der geometrischen Struktur der Oberflächenatome sind entsprechende *elektronische und vibronische Eigenschaften* verbunden, die in Kapitel 4 vorgestellt werden sollen. Auch hier sollen die Oberflächeneigenschaften in erster Näherung über die auf das Zweidimensionale projizierten Volumeneigenschaften beschrieben werden. Dazu kommen oberflächenspezifische Eigenschaften wie Austrittsarbeit, Raumladungsschichten und Oberflächenzustände. Auch auf die verschiedenen spektroskopischen Methoden zur Bestimmung elektronischer und vibronischer Strukturen wird hier eingegangen.

Das darauf folgende Kapitel 5 beschäftigt sich mit der Modifizierung freier Oberflächen durch *Wechselwirkung mit Fremdatomen und*

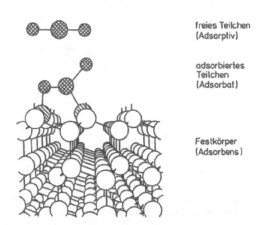

freies Teilchen
(Adsorptiv)

adsorbiertes
Teilchen
(Adsorbat)

Abb. 1.2.4
Schematische Darstellung der geometrischen Strukturen von freien Teilchen, adsorbierten Teilchen, Oberflächen- und Volumenatomen. Nähere Erklärungen sind im Text gegeben.

Festkörper
(Adsorbens)

-molekülen. Schematisch ist in Abb. 1.2.4 gezeigt, daß sich dabei die
Geometrie sowohl der freien Teilchen („des Adsorptivs") als auch der
Oberflächenatome („des Adsorbens") bei der Ausbildung eines Adsorptionskomplexes („Adsorbats") ändert. Damit verbunden ist eine charakteristische Änderung auch der elektronischen Struktur einschließlich der Ladungsverteilung im Molekül, die insbesondere in der
Halbleitertechnologie von Bedeutung ist. Dies bewirkt auch eine drastische Änderung der chemischen Eigenschaften, die z.B. in der heterogenen Katalyse ausgenutzt wird.

Die in Festkörper-/Gas-Systemen auftretenden Wechselwirkungsprozesse sollen einerseits atomistisch und andererseits makroskopisch
(phänomenologisch) beschrieben werden. Reversible Wechselwirkungsprozesse können thermodynamisch über chemische Gleichgewichte, irreversible Wechselwirkungsprozesse kinetisch über Reaktionsgeschwindigkeiten beschrieben werden. Die Beschreibung der
Wechselwirkungsprozesse von Teilchen mit Festkörperoberflächen
kann einerseits von den Eigenschaften der freien Teilchen und andererseits von den Eigenschaften des Festkörpers ausgehen, wie dies schematisch in Abb. 1.2.5 gezeigt ist. Wechselwirkungen der Elektronen

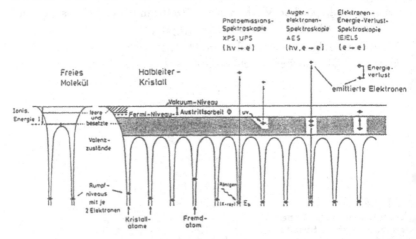

Abb. 1.2.5
Schematische Darstellung von Elektronenniveaus in freien Atomen und Festkörpern (hier: Halbleitern) im Zusammenhang mit seiner schematischen Darstellung
spektroskopischer Untersuchungsmethoden zur Bestimmung dieser Strukturen.
Weitere Details sind im Text beschrieben.

m Valenzbandbereich und Verschiebungen von Elektronenbindungs-
nergien im Rumpfniveaubereich werden in diesem Kapitel im Zu-
ammenhang mit der geometrischen Struktur und chemischen Reak-
ivität von Adsorptionskomplexen untersucht. Besondere Bedeutung
ıat dabei die experimentelle Bestimmung von Elektronenniveaus im
/alenz- und Rumpfniveaubereich mit Hilfe der in Abb. 1.2.5 eben-
alls schematisch gezeigten Röntgenphotoemission („XPS") und UV-
ᵓhotoemission („UPS") (Emission von Elektronen nach Anregung
lurch Röntgen- oder UV-Strahlung), der Augerelektronenspektrosko-
ᵓie („AES") (Emission von Elektronen nach Energieübertrag durch
ın Elektron, das eine Lücke im Rumpfniveaubereich auffüllt) und
Ξlektronenenergieverlustspektroskopie („EELS") (charakteristischer
Ξnergieverlust emittierter Elektronen nach elektronischer oder vibro-
ıischer Anregung im Festkörper). Details dieser Untersuchungstech-
ıiken werden in den Kapiteln 3 und 4 im Zusammenhang mit der
Ξestimmung von Strukturen freier Oberflächen vorgestellt.

m Kapitel 6 werden schließlich *Anwendungsbeispiele aus der Mate-*
ıalforschung vorgestellt. Die Beispiele sollen zeigen, welche Möglich-
:eiten sich aus der Oberflächenphysik ergeben, Probleme im Bereich
ler Entwicklung chemischer Sensoren, der Halbleitertechnik, der Ke-
amikforschung, Biotechnologie oder Medizintechnik zu lösen. Die in
{apitel 5 vorgestellten reversiblen Festkörper-/Gas-Reaktionen sind
labei für das Verständnis der heterogenen Katalyse und chemischen
ᵓensoren, die irreversiblen Reaktionen für das Verständnis von Pro-
ᵓlemstellungen in der Halbleitertechnologie von entscheidender Be-
leutung.

/ollständigkeit kann in dieser Behandlung nicht erreicht werden. Der
ᵓchwerpunkt liegt vielmehr auf einer systematischen Einführung in
lie Grundlagen der Oberflächenphysik. Die im Anschluß an die ver-
chiedenen Kapitel angegebene Literatur soll dem an Details interes-
ierten Leser helfen, sich mit spezielleren Problemkreisen zu beschäfti-
;en. Die dargebotenen Grundlagen sollen dem Leser ermöglichen, ei-
ıe eigene Einschätzung und Beurteilung von Problemen und deren
ᵓösungsmöglichkeiten vorzunehmen. Bei der immer noch andauern-
len stürmischen Entwicklung in diesem sowohl von den physikali-
chen Grundlagen als auch von der Anwendung aktuellen Bereich der

Physik erscheint diese Beschränkung auf Grundlagen sehr wesentlich:
Eine auf experimentelle oder theoretische Details ausgerichtete Darstellung wäre nicht nur eine schwerer zu verdauende und wesentlich
umfangreichere Kost für den interessierten Leser, sondern hätte auch
das Risiko, in kurzer Zeit nicht mehr aktuell zu sein.

2 Experimentelle Voraussetzungen und Hilfsmittel

2.1 Teilchentransport im Ultrahochvakuum (UHV)

In der Einleitung wurde auf die entscheidende Bedeutung von Untersuchungen im Ultrahochvakuum (UHV) hingewiesen, da nur unter UHV-Bedingungen die Reinheit der Oberfläche ohne Kontamination durch Restgas über längere Meßzeiten hinweg erhalten werden kann.

In Abb. 2.1.1 sind Werte physikalischer Größen zur Charakterisierung von Vakuumbedingungen angegeben. Grundlage der Berechnungen ist die kinetische Gastheorie, nach der die Maxwell-Boltz-

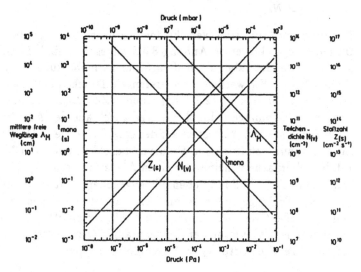

Abb. 2.1.1
Druckabhängigkeit der (Maxwellschen) mittleren freien Weglänge Λ_M, der Zeit zur Ausbildung einer Monolage t_{mono}, der Teilchendichte $N_{(v)}$ und der Stoßzahl $Z_{(s)}$ für molekularen Stickstoff N_2 bei 300 K. Zur Definition der verschiedenen Größen siehe Text

mann-Verteilung für die Geschwindigkeit der Teilchen gilt und daher die mittlere Geschwindigkeit $\bar{v}$ über

$$\bar{v} = \left[\frac{8kT}{\pi \cdot m} \right]^{1/2} \tag{2.1.1}$$

gegeben ist. Darin ist k die Boltzmann-Konstante (siehe physikalische Konstanten in Anhang 8.3.3), T die Temperatur und m die Masse des Teilchens. Den Teilchenfluß auf der Oberfläche, d.h. die Stoßzahl $Z_{(s)}$ als die Zahl der Teilchen, die pro Zeit- und Flächeneinheit die Oberfläche treffen, berechnet man über

$$Z_{(s)} = \frac{1}{4} N_{(v)} \bar{v} \tag{2.1.2}$$

aus der Teilchendichte $N_{(v)} = N/V$, wobei N die Gesamtzahl der Teilchen im Volumen V ist. Der Gasdruck ergibt sich aus $N_{(v)}$ über das ideale Gasgesetz

$$p = N_{(v)} kT. \tag{2.1.3}$$

Historisch bedingt sind verschiedene Druckeinheiten üblich, deren Umrechnungsfaktoren in Anhang 8.3.5 angegeben sind. Noch immer häufig verwendet, aber nach dem SI nicht mehr zulässig, wird die Einheit Torr. Wir werden im weiteren als Druckeinheit Pascal (Pa) verwenden. Die in Abb. 2.1.1 angegebene Zeit t_{mono} für die Ausbildung *einer* Atomlage (Monolage) ergibt sich aus der Annahme, daß jedes Teilchen beim Auftreffen auf der Oberfläche bleibt (Haftkoeffizient $S = 1$, zur Definition von S s.u.) und die Teilchen in der Monolage auf der Oberfläche voneinander einen Abstand von $3,75 \cdot 10^{-10}$m haben. Die in der Abbildung ebenfalls angegebene (Maxwellsche) mittlere freie Weglänge Λ_{M} berechnet sich aus der Teilchendichte $N_{(v)}$ und dem effektiven Wirkungs- oder Stoßquerschnitt $q = \pi r_{12}^2$ mit $r_{12} = r_1 + r_2$ als Summe der Teilchenradien (bzw. im speziellen Fall nur einer Teilchensorte $r_{12} = $ Durchmesser d) über

$$\Lambda_{\mathrm{M}} = \left(\sqrt{2} \cdot N_{(v)} \cdot q \right)^{-1}. \tag{2.1.4}$$

Der Faktor $\sqrt{2}$ ergibt sich aus der Berücksichtigung der Relativbewegungen der Teilchen im Gas zueinander und entfällt bei der Betrachtung z.B. von Beweglichkeiten in Festkörpern. (Für eine verfeinerte Betrachtung von q und Λ siehe Abschn. 4.4.) Die in Abb. 2.1.1 angegebenen Werte beziehen sich auf molekularen Stickstoff ($m = 28\text{u}$ $= 4,7 \cdot 10^{-23}\text{g}$, $q = 4,4 \cdot 10^{-19}\text{m}^2$).

Der Haftkoeffizient S ist definiert als Verhältnis der Teilchenstöße, die zu einem Adsorptionskomplex an der Oberfläche führen, zur Gesamtzahl der Stöße aus der Gasphase. Die Adsorptionsgeschwindigkeit R_{ads}, d.h. die Zahl der pro Zeit- und Flächeneinheit adsorbierenden Teilchen, ist demnach

$$R_{ads} = \frac{dN^{ad}_{(s)}}{dt} = S \cdot Z_{(s)} \qquad (2.1.5)$$

mit $N^{ad}_{(s)}$ als Flächendichte der adsorbierten Teilchen. Weitere Details zur kinetischen Gastheorie und Adsorptionskinetik sind weiterführender Literatur zu entnehmen, so z.B. [Mai 70X], [Wei 79X] oder [Wut 82X].

Im folgenden werden wir Flächendichten allgemein mit dem unteren Index (s) und Volumendichten mit dem entsprechenden Index (v) bezeichnen. Dabei steht „s" für Oberfläche (engl. „surface") und „v" für Volumen (engl. „volume", z.T. ist auch der Index „b" für „bulk" gebräuchlich). Entsprechend kennzeichnet der obere Index die Phase. Dabei steht „ad" für Adsorptionsphase, „g" für Gasphase, „v" für Volumen und „l" für flüssige Phase (engl. „liquid"). Mit dieser detaillierten Kennzeichnung ist z.B. die in Gl. (2.1.2) einführte Teilchendichte $N_{(v)} = N^{g}_{(v)}$.

Mit den angegebenen Gleichungen können wir die Frage quantitativ beantworten, wie lange eine Oberfläche chemisch rein bleibt, wenn wir diese Oberfläche zu einem bestimmten Zeitpunkt chemisch rein erzeugt haben, so z.B. durch Spalten eines Einkristalls. (Details zur Herstellung reiner Oberflächen werden in Abschn. 2.3 beschrieben.) Die Zahlenwerte in Abb. 2.1.1 ermöglichen eine Abschätzung auch für andere Gase, wobei bei genauerer Rechnung Temperatur- und Gasabhängigkeit (über die unterschiedlichen Molekulargewichte verschiedener Gase) berücksichtigt werden müssen. Für eine einfache Abschätzung nehmen wir den maximal möglichen Haftkoeffizient von eins an. Dieser Wert wird häufig beobachtet bei der Wechselwirkung von reaktiven Gasen mit Festkörperoberflächen, so z.B. von Alkalimetallatomen mit Halbleitern oder von Sauerstoff mit unedlen Metallen. Die Oberfläche ist dann bei Atmosphärendruck und 300 K in etwa 10^{-10} s zu 1% mit Restgasatomen bedeckt. Bei 10^{-4} Pa wird diese Bedeckung nach 10^{-2} s, bei 10^{-8} Pa nach 100 s erreicht. Diese Zahlen zeigen eindrucksvoll die Bedeutung von UHV-Bedingungen für Oberflächenuntersuchungen. Falls Haftkoeffizienten um Größenordnungen unter eins liegen oder Restgas-Teilchen mit der Oberfläche nicht reagieren (wie z.B. bei Edelgasatomen oberhalb Raumtemperatur auf nahezu allen Festkörperoberflächen), sind die Anforderungen an das Vakuum nicht so extrem. Allerdings erfordert eine Reihe von Untersuchungsmethoden niedrige Drücke mit großen mittleren freien Weglängen der Teilchen in der Gasphase (so z.B. alle elektronenspektroskopischen Methoden), so daß gute Vakua für die Durchführung der Messung ohnehin erforderlich sind.

Die Zahl der adsorbierten Teilchen an einer Oberfläche hängt von der Zeit, dem gewählten Adsorptionsgas („dem Adsorbat"), der Festkörperoberfläche („dem Adsorbens") und von der Temperatur ab. Selbst Edelgase oder andere inerte Gase adsorbieren bei tiefen Temperaturen auf Festkörperoberflächen, wobei als Faustregel gilt, daß eine Monolage bei einer Temperatur ausgebildet wird, bei der der gewählte Druck in der Gasphase 1/10 des Sättigungsdampfdrucks des Gases beträgt. Bei noch tieferen Temperaturen und gleichem Druck oder bei gleicher Temperatur und höherem Druck kondensieren die Gase an der Oberfläche und bilden dreidimensionale flüssige oder feste Adsorbate.

Die Temperatur bestimmt also Ad- bzw. Desorption. Dies ist schematisch für zwei Extremfälle in Abb. 2.1.2 gezeigt, in der Kondensation aller Gasmoleküle bei tiefen Temperaturen und Desorption aller Gasmoleküle bei 300 K gefunden wird.

Die Änderung des Partialdrucks in der Gasphase bei Ad- oder Desorptionsexperimenten wird über die Kontinuitätsgleichung beschrieben. Falls wir den Partialdruck auch über Abpumpen des Gases mit einer separat angeschlossenen Pumpe beeinflussen, gilt

$$\frac{dp}{dt} = -\frac{kT}{V}\frac{dN^{ad}}{dt} - \frac{S_P}{V}p, \tag{2.1.6}$$

Abb.2.1.2
Stickstoffmoleküle in einer kugelförmigen UHV-Apparatur bei tiefen Temperaturen (T_1, alle Teilchen sind an der Oberfläche adsorbiert) und bei Raumtemperatur (T_2, dabei wurde angenommen, daß Adsorption an den Wänden vernachlässigbar ist)

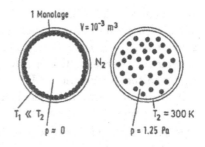

wobei V das Volumen der Vakuum-Kammer und S_P die Pumpgeschwindigkeit (i.allg. gemessen in $m^3 s^{-1}$) darstellt. Gl. (2.1.6) gilt für Idealbedingungen. Die Größe $\tau = V/S_P$ wird als charakteristische Abpumpzeit bezeichnet, die den exponentiellen Abfall des Drucks im Vakuum bei eingeschalteter Pumpe, konstantem S_P und vernachlässigbarer Desorption ($dN^{ad}/dt = 0$ in Gl. (2.1.6)) beschreibt. Im geschlossenen System ist $S_P = 0$ und der zweite Term der Gleichung entfällt. Gl. (2.1.6) ist für viele praktische Probleme anwendbar. Bei sehr hohen Drücken wird S_P druckabhängig. Bei sehr niedrigen Drücken müssen bei der experimentellen Bestimmung von τ neben den Desorptionseffekten ($dN^{ad}/dt \neq 0$) auch Abweichungen durch

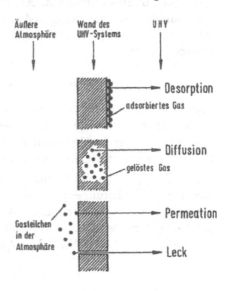

Abb. 2.1.3
Schematische Darstellung von Quellen für Restgas bei Verwendung von Vakuummaterialien in UHV-Systemen

Ausgasen von Material im UHV oder Undichtigkeiten der Apparatur über die Kontinuitätsgleichungen berücksichtigt werden. Die verschiedenen Quellen für Restgas in UHV-Systemen sind in Abb. 2.1.3 schematisch dargestellt. Um den unkontrollierten Restgasstrom niedrig zu halten, werden in der UHV-Technologie bestimmte Materialien mit niedrigen Dampfdrücken, Diffusions- und Permeationskoeffizienten verwendet. Darauf wird in Abschn. 2.2 näher eingegangen.

Der Druckanstieg in einer Apparatur durch Desorption von den Wänden ist unter UHV-Bedingungen beträchtlich. Die Größenordnung des Effektes ergibt sich aus folgendem Beispiel: Wenn in einem vollständig evakuierten Würfel von 10 cm Kantenlänge nur eine einzige atomare Schicht desorbiert, stellt sich bereits ein für reproduzierbare Oberflächenuntersuchungen um viele Größenordnungen zu hoher Druck von 2,5 Pa bei 300 K ein.

Übung 2.1.1. Welcher Platzbedarf wurde bei diesem Beispiel für ein Teilchen an der Oberfläche des Würfels angenommen? Welche Kantenlänge muß der Würfel haben, damit sich ein Druck von 1 bar einstellt?

Häufig bestehen Vakuumsysteme aus Gaseinlaßventilen mit Zuleitungen, einer Hauptkammer und Abpumpleitungen mit Pumpe. Unter kontinuierlichen Strömungsbedingungen, d.h. für dp/dt und $dN^{ad}/dt = 0$ an jeder Stelle des Apparatur, gilt wegen der Teilchenkontinuität

$$p_1 \cdot S_{p_1} = p_2 \cdot S_{p_2} = p_3 \cdot S_{p_3} = \cdots = Q. \qquad (2.1.7)$$

Hier ist Q der Durchfluß („throughput") und S_{p_i} der Volumenfluß („volumetric flow rate") an einer bestimmten Stelle der Apparatur, ausgedrückt über das Volumen des Gases, das durch einen vorgegebenen Querschnitt pro Zeiteinheit beim Partialdruck p_i strömt.

Die Größe S_P ist in der Vakuumtechnologie von fundamentaler Bedeutung, da Gasleitungen und viele Pumpen durch konstantes S_P charakterisiert werden können. Bei Vakuumpumpen wird S_P als Pumpgeschwindigkeit bezeichnet. Für weitere Details siehe z.B. [Rot 82X], [Tre 63X], [Mai 70X], [Wei 79X], [Wut 82X] oder [Wea 86X].

2.2   Ultrahochvakuumtechnologie

In diesem Abschnitt sollen zunächst Materialien vorgestellt werden,
mit denen UHV-Apparaturen aufgebaut werden können. Dann werden einfache UHV-Bauteile wie Ventile, mechanische und elektrische Durchführungen vorgestellt. Es folgt eine kurze Beschreibung
der wichtigsten Pumpentypen sowie Gesamtdruck- und Partialdruck-
Meßgeräte. Am Schluß wird der schematische Aufbau typischer UHV-
Apparaturen aus deren Komponenten gezeigt.

2.2.1   Vakuum-Materialien

Zur Konstruktion von UHV-Systemen sind Materialien erforderlich, die für mechanisch stabile Außenwände, Durchführungen und
Komponenten im UHV verwendet werden können. Entsprechend
Abb. 2.1.3 sollten diese Materialen auch bei höheren Temperaturen einen niedrigen Dampfdruck besitzen, so daß auch beim dringend
erforderlichen Erhitzen der UHV-Teile während des Ausgasens der
Apparatur (nötig für die dadurch erhöhte Desorptionsgeschwindigkeit kontaminierender Gase an den Wänden) der Eigen-Dampfdruck
der Materialien vernachlässigbar bleibt. Der Dampfdruck verschiedener Elemente kann aus Abb. 2.2.1 entnommen werden. In Anhang 8.4
sowie ausführlichen Textbüchern [Mai 70X], [Wei 79X], [Wea 86X]
sind weitere Daten zu finden. Ebenfalls angegeben sind in Abb. 2.2.1
Schmelzpunkte der Elemente, die als obere Temperaturgrenze für mechanische Stabilität berücksichtigt werden müssen. Materialien mit
den niedrigsten Partialdrücken wie Tantal, Molybdän oder Wolfram
eignen sich vorzüglich als Probenhalter für Messungen an Festkörper-
Proben auch bei hohen Temperaturen. Allerdings sind mechanische
Verarbeitung sowie der Preis dieser Materialien ungünstig für eine allgemeine Verwendung als Baumaterial von UHV-Apparaturen. Dafür
eignet sich in hervorragender Weise Edelstahl, das im wesentlichen
aus den Elementen Eisen, Chrom, Nickel und Mangan besteht. Zur
elektrischen Isolation werden Oxidkeramiken verwendet, von denen
sich viele durch äußerst geringen Dampfdruck auszeichnen. Extrem
ungünstig für die Verwendung unter Ultrahochvakuum-Bedingungen

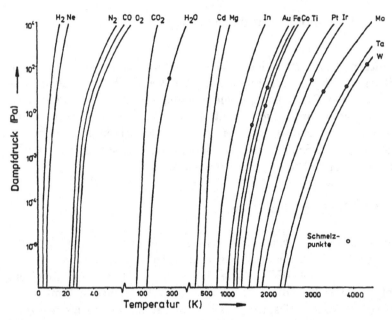

Abb. 2.2.1
Dampfdrücke einiger Materialien

sind Elemente wie Cadmium, Zink oder Antimon, da deren Dampfdruck in einem Bereich liegt, der bei Raumtemperatur nicht zu vernachlässigen ist, andererseits aber durch Temperaturerhöhung bei
der Ausgasung der UHV-Apparatur nicht so erhöht werden kann,
daß in endlichen Zeiten die Elemente abgepumpt werden. Ebenfalls
ungünstig für UHV-Anwendungen sind Gase, die bei chemischen
Reaktionen mit den Wänden flüchtige Verbindungen bilden, deren
Dampfdruck-Temperaturverhalten wie in dem oben diskutierten Beispiel ungünstig liegt oder die stark korrodierend wirken. Letzteres
ist zum Beispiel bei Chlor der Fall. Wasserdampf hat eine Temperaturabhängigkeit des Dampfdrucks, die das Ausheizen der Ultrahoch-
vakuum-Apparatur nach Adsorption von Wasser an den Wänden
erforderlich macht. Dagegen können Gase wie Wasserstoff oder Stickstoff schon bei Raumtemperatur schnell abgepumpt werden, da deren
Sättigungsdampfdruck bei dieser Temperatur extrem hoch liegt. Dies
schließt Kondensation und Adsorption an den Wänden aus. Einige

dieser sehr leicht flüchtigen Gase können jedoch spezifische, ausgesprochen starke Oberflächen-(Chemisorptions-)Bindungen eingehen und dadurch ebenfalls störend wirken. Beispiele dafür sind Metallcarbonyle, die sich nach Wechselwirkung von Edelstahl mit CO bilden.

Neben dem niedrigen Dampfdruck ist bei der Auswahl geeigneter UHV-Baustoffe wesentlich, daß sich Gase nur in geringem Maße im Volumen der verwendeten Materialien lösen und die Diffusionskoeffizienten dieser Gase klein sind. Die Permeation für Gase aus der Atmosphäre durch diese Baustoffe sollte ebenfalls niedrig sein (vgl. Abb. 2.1.3). Letzteres ist z.b. für Helium-Diffusion durch Quarz oder Wasserstoff-Diffusion durch Palladium bei höheren Temperaturen ($T > 800$ K) nicht erfüllt.

Üblicherweise eingesetzte Materialien sind Edelstahl, Kupfer (insbesondere für Dichtungen), Pyrexglas, Quarz, Saphir (Aluminiumoxid)-Keramiken, bei niedrigen Temperaturen ($T < 500$ K) auch Teflon oder Viton. Vermieden werden müssen z.b. Gummi und Fett für Schmierungen oder Dichtungen oder Messing wegen der zu hohen Dampfdrücke. Details dazu sind ausführlicheren Textbüchern [Mai 70X], [Wei 79 X], [Rot 82 X] zu entnehmen.

Die Bedeutung des Ausheizens der gesamten UHV-Apparatur zur Erzeugung guter Endvakua folgt aus der starken Temperaturabhängigkeit von Desorptionsraten der üblicherweise an der Oberfläche adsorbierten Teilchen. So ist z.b. unter Umweltbedingungen bei Normaldruck und Raumtemperatur jede Edelstahl- oder Glasoberfläche mit einer Wasserschicht überzogen. Dabei hat Wasser an Edelstahl- oder Glasoberflächen in der ersten Schicht eine Bindungsenergie E in der Größenordnung von 80 kJ mol^{-1}. Wenn man annimmt, daß diese Energie auch bei Desorption der Teilchen von der Oberfläche aufgewendet werden muß, und wenn man für die Desorptionswahrscheinlichkeit eines Teilchens pro Sekunde

$$\nu = \nu_0 \cdot \exp\left(\frac{-E}{kT}\right) \qquad (2.2.1)$$

ansetzt, so ergeben sich bei Raumtemperatur (300 K) extrem niedere Desorptionswahrscheinlichkeiten. Bei Erhöhung der Temperatur auf 600 K steigen die Wahrscheinlichkeiten um mehrere Größenordnungen an. Die Größe ν_0 in Gl. (2.2.1) ist die maximale Desorptionswahrscheinlichkeit pro Sekunde, die in Abwesenheit einer Aktivierungsbarriere zur Desorption ($E = 0$) auftreten würde. Werte für ν_0 liegen in der Größenordnung der Gitterschwingungsfrequenz von Atomen ($\nu_0 = 10^{13} s^{-1}$). Details dazu werden in Abschn. 5.3.3 diskutiert.

Bindungsenergien um 80 kJ mol^{-1} sind charakteristisch für eine ganze Reihe von Gasen auf UHV-kompatiblen Materialien. Dabei desorbieren adsorbierte Teilchen (wie z.B. H_2O) bei Raumtemperatur einerseits zu langsam, um in experimentell vertretbaren Zeiten von einigen Stunden oder Tagen abgepumpt zu werden. Andererseits desorbieren die Teilchen zu schnell, um gute Vakua in der Größenordnung von 10^{-8} Pa zu erreichen. Typische Abpumpzeiten von $t > 10^5$s bei 300 K können bei Erhöhung der Temperatur auf 600 K auf wenige Sekunden reduziert werden. Details dieser Abschätzung und weitere Beispiele werden in Abschn. 5.4.3 über die Kinetik desorbierender Teilchen ausführlich diskutiert.

Übung 2.2.1. Ein Würfel von 10 cm Kantenlänge wird über eine Öffnung von 1 cm^2 evakuiert. Welche Pumpgeschwindigkeit hat diese Öffnung, wenn daran eine ideale Pumpe angeschlossen wird? Welche Zeit ist erforderlich, um den Druck um den Faktor e bzw. von Atmosphärendruck bis Ultrahochvakuum (10^{-7} Pa) abzusenken? Es soll ein idealer Rezipient ohne Desorption zugrundegelegt werden. Bei einer idealen Pumpe werden alle durch eine Öffnung tretenden Gasatome abgepumpt. Die maximale Pumpgeschwindigkeit einer Öffnung läßt sich deshalb mit Hilfe der kinetischen Gastheorie über die in Abschn. 2.1 definierte Stoßzahl bestimmen.

Übung 2.2.2. An den Wänden des Würfels von Übung 2.2.1 sei eine Monoschicht von Teilchen mit einer Energie $E = 0,1$; $0,5$; 1 bzw. 2 eV adsorbiert (1 eV pro Teilchen entspricht 96,47 kJ pro Mol Teilchen). Wie ändert sich der Druck im Würfel mit der Zeit? Man berechne den Gleichgewichtsdruck zwischen Desorptionsrate und Pumpgeschwindigkeit. Die Desorptionsrate soll aus der Desorptionswahrscheinlichkeit pro Sekunde über Gl. (2.2.1) mit $\nu_0 = 10^{13} s^{-1}$ berechnet werden für $T = 300$ bzw. 600 K.

2.2.2   Einfache Bauteile

Die UHV-Apparatur wird gewöhnlich aus Edelstahlblechen aufgebaut. Dauerhafte Verbindungen werden durch Schutzgasschweißung (Metalle miteinander), durch Hartlöten (Metall-Keramik oder Metalle miteinander) oder Anglasung (Metall-Glas) hergestellt. Lösbare Verbindungen lassen sich über Verformung von (weichen) Kupferringen zwischen (harten) Edelstahlschneiden von *Flanschen* vielfach verwenden (vgl. Flansche in Abb. 2.2.2a). *Elektrische Durchführungen* werden mit Isolierungen aus Glas- oder Keramikteilen auf Edelstahlflanschen montiert. Dabei können durch Dimensionierung von Leiter und Isolator die Strom- oder Spannungsbelastbarkeit sowie die Zahl und Abschirmung von Leitern in weiten Grenzen variiert werden. Für von außen durchgeführte Bewegungen im Innern des UHV-Systems wird auf Dichtungsfugen wie bei Simmerringen oder Kugelschliffen ganz verzichtet. Statt dessen werden die Freiheitsgrade eines gewellten Federbalges ausgenutzt: Zwei über einen Federbalg durch Schweißen dicht verbundene Flansche können in drei Richtungen gegeneinander parallel verschoben werden (*xyz*-Bewegungen in Abb. 2.2.2b), zusätzlich ist beliebige Verkippung möglich. Nur eine

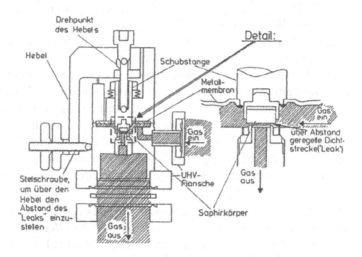

Abb. 2.2.2a
Typischer Aufbau eines Gaseinlaß-(„Leck-")Ventils

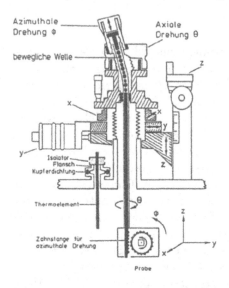

Abb. 2.2.2b
Typischer UHV-Manipulator mit elektrischen und mechanischen Durchführungen

Drehung um die Längsachse ist so nicht möglich. Deshalb muß für eine Drehdurchführung ein gekrümmter Stab in einem geeigneten Federbalg geführt werden, wie dies im oberen Teil von Abb. 2.2.2b gezeigt ist. Mit Hilfe der Kugellager ist eine unbegrenzte freie Drehung um den vollen Winkel möglich. Wird der zentrale Stab hohl ausgeführt, so kann über einen am Ende der Drehdurchführung angesetzten weiteren Federbalg ein axialer Stab auf und ab bewegt werden, um die am Ende der Drehdurchführung angebrachte Probe um eine senkrecht dazu liegende Achse schwenken zu können. Durch die Kombination mehrerer Verschiebungsmöglichkeiten entsteht ein *Manipulator* wie in Abb. 2.2.2b, der durch *Kühlmöglichkeiten* (biegsame Edelstahlröhrchen für Wasser, flüssigen Stickstoff oder flüssiges Helium), durch Heizung (Stromdurchführung oder Edelstahlrohr mit heißer Flüssigkeit) und andere elektrische Zuleitungen für viele Zwecke ausgerüstet sein kann.

Auch für *Ventile* werden Federbälge zur Bewegung der Ventilteller im Vakuum benutzt. Je nach Anordnung ist der Ventilsitz aus weichem Metall (Kupfer) oder Teflon gefertigt. Bei großen Ventildurchmessern wird meistens Teflon oder Viton verwendet, da für eine Metallverformung eine sehr große Andruckkraft erforderlich wäre. Da

Nadelventile beim Ausheizen leicht festkorrodieren, werden für die Dosierung beim Gaseinlaß präzis einstellbare Kupferringe gegenüber Saphir- oder Edelstahlplatten verwendet (siehe Abb. 2.2.2a).

Falls eine Probe häufig gewechselt werden muß oder Untersuchungen in Meßstationen mit sehr unterschiedlichen experimentellen Bedingungen durchgeführt werden (z.B. UHV in der einen, Atmosphärendruck in der anderen und Untersuchungen mit reaktiven Gasen in der dritten Station), verwendet man Probenschleusen mit Ventilen zwischen den getrennten Meßbereichen. Dazwischen werden die Proben magnetisch, mit Federbalgantrieb oder auf einer zwischen den Stationen gedichteten starren Achse transportiert, ohne daß der UHV-Bereich belüftet und damit nachfolgend wieder ausgeheizt werden muß. Eine typische Apparatur mit mehreren Meßstationen wird am Ende dieses Kapitels vorgestellt.

2.2.3 Pumpen

Es gibt keine Universalpumpen, die zwischen Atmosphärendruck und Ultrahochvakuum bei $p \leq 10^{-8}$ Pa eingesetzt werden können.

Tab. 2.2.1
Charakteristische Druckbereiche für verschiedene Pumpentypen. Bei UHV-tauglichen Pumpen hängt der erreichbare Enddruck sehr wesentlich vom Kontaminationsgrad der Apparatur, bei Diffusionspumpen auch vom Zustand der für gute Vakua zusätzlich erforderlichen Kühlfallen ab (1 Pa $= 10^{-2}$ mbar).

Pumpentyp	Druckbereich (ca.)
mechan. Drehschieberpumpe	Atmosphärendruck bis ca. 10^{-1} Pa
(Molekular)-Sorptionspumpe	Atmosphärendruck bis ca. 10^{-3} Pa
Öldiffusionspumpe	1 Pa bis 10^{-7} Pa
Turbomolekularpumpe	1 Pa bis 10^{-9} Pa
Kryopumpe	10^{-1} Pa bis 10^{-9} Pa
Titan-Sublimationspumpe	10^{1} Pa bis 10^{-9} Pa
Ionengetterpumpe	10^{-3} Pa bis 10^{-9} Pa

Tab. 2.2.1 zeigt charakteristische Druckbereiche mit bestimmten Pumpentypen, bei denen über *Kompression, Diffusion, Gettern* oder *Kondensation* eine Pumpwirkung erzielt wird und auf die im folgenden kurz eingegangen wird.

Mechanische Rotationspumpen (Abb. 2.2.3) benötigen Schmieröl. Da dessen Dampfdruck (sowie die „Wanderung" eines Ölfilms an den Wänden) Ultrahochvakuum unmöglich macht, wird eine solche Pumpe niemals direkt an einen Ultrahochvakuumpumpstand angeschlossen, sondern nur als Vorpumpe, z.B. in Kombination mit einer Turbomolekularpumpe verwendet. Kombinationen aus Vorpumpen und Diffusionspumpen benötigen mit flüssigem Stickstoff gefüllte Kühlfallen, um eine Verschmutzung des Rezipienten durch das Treibmittel Öl so weit wie möglich zu reduzieren.

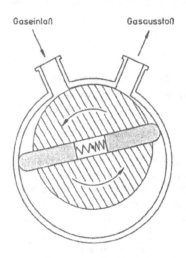

Gaseinlaß   Gasausstoß

Abb. 2.2.3
Prinzip einer mechanischen Drehschieberpumpe zur Erzeugung des Vorvakuums

Steigender Beliebtheit erfreut sich die auf der Ultrahochvakuumseite schmiermittel- und treibmittelfreie Turbomolekularpumpe. Das Pumpprinzip beruht darauf, daß die Teilchen in der Pumpe durch Stöße mit einer schnell rotierenden Zylinderscheibe mit schräg stehenden Segmenten eine Vorzugsorientierung bekommen (Abb. 2.2.4). Die Geschwindigkeit der Zylindersegmentoberfläche (typischerweise etwa 100 bis 200 m/s) muß vergleichbar mit der thermischen Geschwindigkeit der gepumpten Moleküle (in der Größenordnung von 1000 m/s)

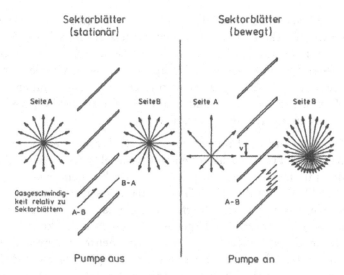

Abb. 2.2.4
Wirkungsweise der Turbomolekularpumpe. Die Vektoren repräsentieren die molekulare Geschwindigkeitsverteilung. Die Zahl der Vektoren entspricht der Dichte des Gases. Die Pumpwirkung wird bewirkt durch nicht-symmetrische Geschwindigkeitsorientierung relativ zum Winkel, unter dem die mit der Geschwindigkeit v rotierenden Blätter der Turbine passiert werden können. Näheres siehe Text.

sein. Erst durch Reihung vieler Pumpsegmente wird eine gute Pumpwirkung erzielt. In heutigen technischen Ausführungen werden viele schräggeschlitzte feststehende und rotierende Scheibenpakete hintereinander angeordnet und mit hoher Drehgeschwindigkeit betrieben, so daß eine gute Pumpgeschwindigkeit und selbst für Wasserstoff mit der höchsten thermischen Geschwindigkeit ein gutes Kompressionsverhältnis (= maximales Verhältnis der Partialdrücke eines Gases hinter und vor der Pumpe) von 10^3 bis 10^4 erreicht wird, während für Luft Werte von 10^7 und darüber erzielt werden. Durch eine mechanische Vorpumpe wird Atmosphärendruck auf einen Betriebsdruck von etwa 10^{-1} Pa reduziert, so daß Ultrahochvakuum mit dieser Kombination erreicht werden kann. Falls der Enddruck durch Wasserstoff bestimmt wird, muß allerdings eine weitere (Turbo- oder Diffusions-)Pumpe zwischen Vor- und Turbopumpe eingefügt werden.

Sorptionspumpen können aufgrund der engen Poren und der großen Oberfläche der verwendeten Silikate (Molekularsiebe) nach Kühlung mit flüssigem Stickstoff durch Physisorption (d.h. schwache Adsorption der Moleküle) von Atmosphärendruck bis etwa 1 bis 10^{-2} Pa evakuieren. Durch Erwärmen auf Zimmertemperatur wird die Gasmenge wieder frei und damit die Pumpe regeneriert, wie dies schematisch schon in Abb. 2.1.2 gezeigt wurde. Die Sorptionspumpen werden als Vorpumpen eingesetzt und können direkt an den Rezipienten angeschlossen werden, da sie schmiermittelfrei sind.

Bei den *Titan-Sublimationspumpen* wird von einem Verdampfer eine frische Titanschicht auf einen (eventuell gekühlten) Auffänger gedampft. Durch Chemisorption, d.h. starke chemische Reaktion mit dem Titan, werden viele Gase (außer Edelgasen) mit hoher Wahrscheinlichkeit an der Oberfläche weggefangen, solange die Schicht nicht gesättigt ist. Zur Regeneration der Pumpwirkung muß je nach Gasanfall regelmäßig (alle 10 min bis zu mehreren Stunden) erneut Titan verdampft werden. Da sich die bedampfte Fläche groß ausführen läßt, ist eine hohe Pumpgeschwindigkeit leicht erreichbar. Die Pumpe wird häufig zur Vergrößerung der Pumpgeschwindigkeit in Apparaturen mit Turbomolekularpumpen oder Ionengetterpumpen benutzt, um das Endvakuum zu verbessern, denn bei gegebener Gasabgabe der Wände und übrigen Bauteile ist der Enddruck umgekehrt proportional zur Pumpgeschwindigkeit. Dies folgt aus Gl. (2.1.6) für $dp/dt = 0$, wobei dN^{ad}/dt der Gasabgabe der Wände pro Zeit- und Flächeneinheit entspricht.

In den *Ionengetterpumpen* wird durch eine Hochspannung und ein Magnetfeld auch bei niedrigen Drücken eine Glimmentladung aufrecht erhalten (Abb. 2.2.5). Da Titanelektroden verwendet werden, wird einerseits ständig eine neue Titanschicht durch Zerstäuben hergestellt. Andererseits wird das Restgas ionisiert und auf die Elektrode hin beschleunigt und dort mit Titan wieder bedeckt. Deshalb werden auch Edelgase, wenn auch mit geringerer Geschwindigkeit, gepumpt. Bei der häufig verwendeten Kombination mit einer Titan-Sublimationspumpe werden alle Gase, die reaktiven Gase mit besonders hoher Geschwindigkeit, gepumpt.

Eine Pumpe hoher Sauggeschwindigkeit für alle Gase ist die *Kryopumpe*. Durch Kühlung einer Fläche mit flüssigem Helium werden alle auftreffenden Atome oder Moleküle durch Kondensation abge-

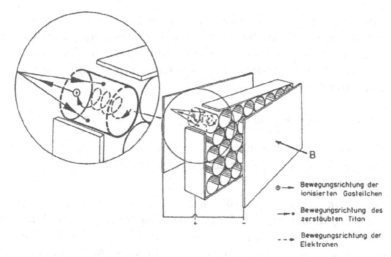

Abb. 2.2.5
Wirkungsweise der Ionenzerstäuberpumpe, schematisch. B ist das Magnetfeld parallel zum elektrischen Feld

fangen und gepumpt. Zur Verminderung der erforderlichen Kühlleistung ist die Pumpe i.allg. mit einem fächerartigen, optisch dichten Strahlungsschirm auf der Temperatur des flüssigen Stickstoffs umgeben (s. Abb. 2.2.6). Falls die Pumpe direkt in den Rezipienten gebracht werden kann, wird die Pumpgeschwindigkeit durch keine Zu-

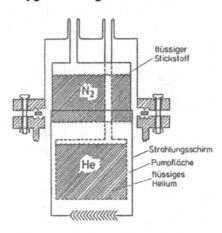

Abb. 2.2.6
Prinzip einer Kryopumpe

leitungsquerschnitte reduziert. Die Pumpe kann dann allerdings nicht mit einem Ventil, sondern nur durch Aufwärmen ausgeschaltet werden. Letzteres führt dann zu einem erheblichen Druckanstieg in der Apparatur durch Desorption der bei tiefen Temperaturen zuvor kondensierten Gase.

2.2.4   Druckmessung

Wie bei den Pumpen müssen für verschiedene Druckbereiche unterschiedliche Geräte zur Druckmessung verwendet werden. Dies ist schematisch in Abb. 2.2.7 gezeigt.

Bei hohen Drücken ($p > 10^{-1}$ Pa) ist die *Wärmeleitung* vom Druck abhängig, da die freie Weglänge kleiner als der Manometerdurchmesser ist. Ausgenutzt zur Druckmessung wird hier die Heizleistung, um einen temperaturabhängigen Widerstand konstant bei etwa 100 °C zu halten. Meßgeräte diesen Typs werden *Pirani-Manometer* genannt.

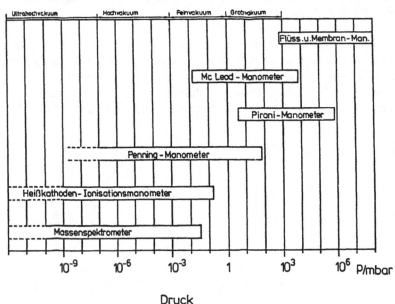

Abb. 2.2.7
Übersicht verschiedener Druckbereiche, in denen verschiedene Typen von Druckmeßgeräten arbeiten

Bei niedrigen Drücken wird meist das *Ionisationsmanometer* (IM) verwendet (Abb. 2.2.8). In einer Glühkathode freigesetzte Elektronen ionisieren nach Beschleunigung die Restgasatome. Die im Bereich zwischen Gitter und Anode erzeugten Ionen werden von der Anode angezogen. Der dabei gemessene Anodenstrom I^+ ist proportional zum Kathodenemissionsstrom I^- und zum Druck. Die Proportionalitäts-

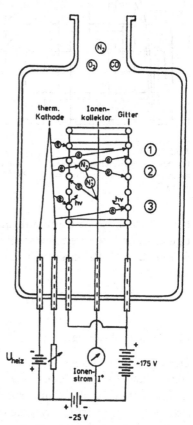

Abb. 2.2.8
Schematischer Aufbau von Ionisationsmanometern vom Bayard-Alpert-Typ mit 1) Elektronenbahn ohne Stoß, 2) Elektronenstoßionisation von N_2 und Ionenstrom zum Kollektor sowie 3) Röntgenanteil durch Elektronenstrom vom Kollektor zum Gitter

konstante ist von der Geometrie, der Primärenergie von ionisierenden Elektronen und von der Gasart abhängig. Dies ist in Abb. 2.2.9 dargestellt. Meist werden Elektronenenergien um 100 eV verwendet. Dafür ergeben sich Eichfaktoren für die Druckbestimmung bestimmter Gase,

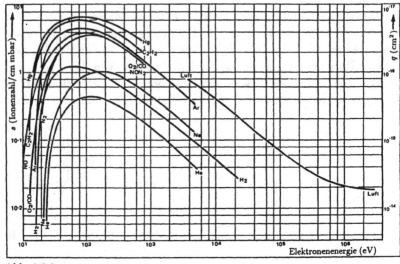

Abb. 2.2.9
Ionisationswahrscheinlichkeit für verschiedene Elektronenenergien bei verschiedenen Gasen ($p = 1$ mbar $= 100$ Pa, $T = 273$ K), ausgedrückt über den Stoßquerschnitt q

die in Tab. 2.2.2 als Empfindlichkeiten angegeben sind. Bei sehr niedrigen Drücken wird ein konstanter Strom gemessen, der einem Druck von etwa 10^{-5} Pa entspricht. Dies wird in der Gleichung

$$I^+ = I^- (p \cdot C + \alpha) \tag{2.2.2}$$

über α berücksichtigt.

Der Reststrom bei $p = 0$ wird durch Photoelektronen bewirkt: Elektronen aus der Kathode erzeugen beim Auftreffen auf das Gitter Lichtquanten, die ihrerseits an der Anode Elektronen auslösen. Dieser Strom hat das gleiche Vorzeichen wie der Ionenstrom und ist druckunabhängig. Bayard und Alpert haben durch Vertauschen von Anode und Kathode und eine Verkleinerung der Anode auf einen dünnen Draht die sogenannte Röntgengrenze (d.h. die Grenze, bis zu der mit dieser Anordnung trotz der Photoelektronen Drücke gemessen werden können) in den Bereich von 10^{-8} Pa verschieben können. Eine Mes-

Tab. 2.2.2
Empfindlichkeit von Ionisationsmanometern für verschiedene Gase (auf Stickstoff normiert). Der Partialdruck eines bestimmten Gases ergibt sich aus dem angezeigten (auf N_2 normierten) Druck dividiert durch die Empfindlichkeit. (Häufig wird auch der Kehrwert der Empfindlichkeit als Korrekturfaktor tabelliert, s. z.B. [Wut 82X].)

Gas	Empfind-lichkeit	Gas	Empfind-lichkeit	Gas	Empfind-lichkeit	Gas	Empfind-lichkeit
Ar	1,19	H_2	0,46	H_2O	0,89	Ne	0,24
CO	1,07	He	0,15	Kr	1,86	O_2	0,84
CO_2	1,37	Hg	3,44	N_2	1,00	Xe	2,73

sung bis zu tieferen Drücken (10^{-11} Pa) ist möglich, wenn der Kollektor abgeschirmt außerhalb des Ionisationsraumes liegt, so daß zwar die Ionen aufgrund des Feldes den Kollektor erreichen, die Photonen jedoch den Kollektor nicht treffen. Dieser Typ wird als *Extraktor-Röhre* bezeichnet. Bei 10 mA Emissionsstrom werden typischerweise 10 mA/Pa Ionenstrom erreicht. Im Ultrahochvakuum mit 10^{-9} Pa ist dann ein Strom von 10^{-11} A zu messen.

Die Druckmessung mit dem Ionisationsmanometer (IM) ist nicht ohne Rückwirkung auf die Restgase der Apparatur. Dabei treten im wesentlichen zwei Effekte auf. Erstens hat jede Meßröhre eine Pumpwirkung in der Größenordnung von einigen 0,1 l/s, die stark vom Zustand der Röhre und den naheliegenden Wänden abhängig ist, da die in der Röhre erzeugten Ionen von den Elektroden und Wänden gepumpt werden können. Die Pumpwirkung ist für frisch ausgeheizte Meßsysteme besonders hoch. Deshalb kann die Druckanzeige bei Meßröhren in einem Glas- oder Metallkolben besonders bei kleiner Öffnung vom IM zum Hauptsystem zu niedrig sein. Dieser Meßfehler wird durch „Eintauchsysteme", die ohne umgebenden Kolben in den Rezipienten hineinragen, verringert. Eine zweite Störung kann durch die erzeugten freien Elektronen und Ionen auftreten, die die zu untersuchende Probe oder andere Meßgeräte stören können, falls nicht Abschirmnetze auf geeigneten Potentialen die Ausbreitung geladener Teilchen verhindern.

Es ist i.allg. wichtig, nicht nur den Totaldruck, sondern auch die Zusammensetzung des Restgases bzw. eines eingelassenen oder von der zu untersuchenden Oberfläche freigesetzten Gases zu kennen. Es gibt viele hierfür geeignete *Massenspektrometer* als Meßgeräte, in denen i.allg. Ionen wie im Ionisationsmanometer erzeugt werden und diese durch Ablenkung im elektrischen und/oder magnetischen Feld nach dem Verhältnis Masse zu Ladung (m/e) ausgefiltert werden. Da der Nachweisstrom sehr gering ist, werden zur Verstärkung die Ionen vielfach direkt in einen Sekundärelektronenvervielfacher (SEV) eingeschossen und am Ausgang analog oder durch Zählen gemessen.

Die meisten derzeit verwendeten Massenspektrometer benutzen ein *Quadrupolmassenfilter*, dessen prinzipieller Aufbau in Abb. 2.2.10 gezeigt ist. Das Massenfilter besteht aus vier im Quadrat angeordneten Stäben. Jeweils zwei gegenüberliegende Stäbe sind elektrisch verbunden. Zwischen den Stäben liegt eine Spannung, die einen Gleich- und einen Wechselspannungsanteil enthält. Es gilt $V = V_0 + V_1 \cos \omega t$. Aus den Bewegungsgleichungen der Ionen nahe der Achse des Filters ergibt sich eine Abbildung der Eintritts- auf die Austrittsblende für $m/e = \text{const} \cdot V_1/\omega^2$. Es ist also bei konstanter Frequenz (typischerweise im MHz-Bereich) ein Massendurchlauf durch Variation der Wechselspannungsamplitude V_1 möglich. Da die Breite des durchgelassenen Bereichs vom Verhältnis V_0/V_1 abhängt, wird dieses dabei

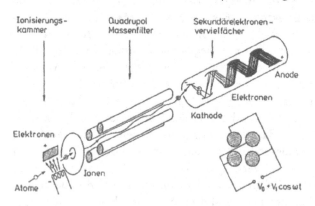

Abb. 2.2.10
Schematischer Aufbau eines Quadrupolmassenspektrometers

konstant gehalten (typischerweise bei etwa 0,17). Die Vorteile dieses Spektrometers liegen in der kleinen Bauform und im Vermeiden von Magneten. Die Ionengeschwindigkeit hat nur einen geringen Einfluß auf den Nachweis der Teilchen. Es können relativ große Ein- und Austrittsblenden benutzt werden. Bei hoher mechanischer Präzision und elektrischer Stabilität wird auch hohe Massenauflösung erreicht. So lassen sich nicht nur die Massen 300 von 301 trennen, es sind auch Massendefekte zur Unterscheidung verschiedener Moleküle bestimmbar (z.B. C_2H_4 mit $m = 28,03$; CO mit $m = 27,99$; N_2 mit $m = 28,006$). In jedem Massenspektrometer sind Gase jedoch auch unterscheidbar durch ihre bei der Ionisierung erzeugten Bruchstücke („cracking pattern") und ihre Isotopenverteilung. So kann man im Massenspektrum von Methan mit $m = 16$ auch die Massen 15, 14, 13, 12, 1 entsprechend den Bruchstücken CH_3, CH_2, CH, C und H und u.U. auch größere Moleküle wie C_2H_6 mit $m = 30$ finden. Die Verhältnisse der Signalhöhen der einzelnen Massen hängen von den Betriebsbedingungen des Massenspektrometers und der Apparatur (Pumpgeschwindigkeit, Einfluß der Wände) ab. Je größer die untersuchten Moleküle sind, umso mehr Bruchstücke treten auf, umso größer sind die Änderungen der Gaszusammensetzung.

Bruchstücke gängiger Gase sind für gegebene Ionisierungsenergien (die typischerweise in der Größenordnung von 80 eV liegen) in Tabellenwerken zu finden [Ste 74X], [Spi 73X], [Cor 76X]. Diese Tabellenwerke dienen der Identifizierung unbekannter Substanzen auch in Gasmischungen. Letzteres wird häufig rechnerunterstützt vorgenommen. Der Vorteil rechnerunterstützter Auswertungen zur Bestimmung der Zusammensetzung von Gasmischungen wird deutlich, wenn man sich klar macht, daß z.B. die Masse 12 in einem Gemisch von Kohlenwasserstoffen von jedem Molekül herrühren kann.

Da das Quadrupolmassenspektrometer aufgrund seiner kleinen Bauform auch im Vakuum beweglich montiert werden kann, ist es u.a. auch für Molekularstrahlexperimente sehr gut geeignet, die in Abschn. 2.4.5 vorgestellt werden.

2.2.5   Typischer Aufbau von UHV-Apparaturen

Eine typische Ultrahochvakuumapparatur mit verschiedenen Pump-
und Analysesystemen ist in Abb. 2.2.11 schematisch dargestellt. Der
Aufriß in Abb. 2.2.11a zeigt im unteren Teil das Pumpsystem (bestehend aus Ionengetterpumpe, Titansublimationspumpe und Ventil
zum Anschluß der Vorpumpe) mit dem Absperrventil. Der obere Teil
besteht aus der Meßkammer (Rezipient) mit der zu untersuchenden
Probe, die auf dem oben angebrachten Manipulator montiert ist. Die

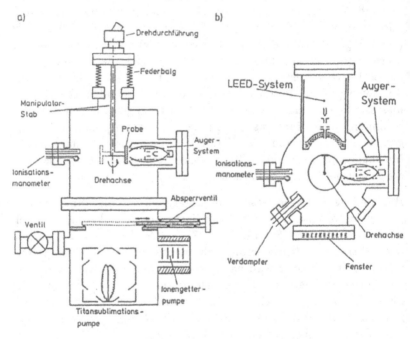

Abb. 2.2.11

a) Schematischer Aufriß einer einfachen UHV-Apparatur aus Edelstahl. Der untere Teil enthält das absperrbare Pumpsystem. Der obere Teil zeigt die Probenhal-
terung auf einem Manipulator sowie zwei Meßstationen. Ein horizontaler Schnitt
durch die Ebene mit der Probe ist in b) gezeigt. Nicht eingetragen sind Hilfsmittel
zum Heizen oder Kühlen, für Temperaturmessung oder Strommessung der Probe.

b) Horizontaler Schnitt durch den Rezipienten der einfachen UHV-Apparatur aus
a). In der Mitte befindet sich die auf dem Manipulator befestigte Probe, die durch
Drehung zu den auf den Flanschen montierten Stationen zur Beobachtung, Behandlung oder Messung gebracht werden kann.

verschiedenen Stationen, zu denen die Probe für Veränderungen oder Messungen durch Drehen am Manipulator gebracht werden kann, sind in Abb. 2.2.11b als horizontaler Schnitt durch den Rezipienten der Abb. 2.2.11a gezeigt. Das Fenster ist für die Beobachtung der Probenposition und des LEED-Beugungsbildes erforderlich.

Außer solchen Darstellungen sind auch Zeichnungen mit Symbolen ähnlich wie bei elektronischen Schaltkreisen üblich. Wie dort ist die Symbolik nicht international einheitlich geregelt. In Anhang 8.5 finden sich die DIN-Symbole. Die ebenfalls gebräuchlichen Normsymbole der American Vacuum Society finden sich in [AVS 67].

Häufig werden integrierte Edelstahl-UHV-Apparaturen eingesetzt. Eine besonders vielseitige Apparatur ist in Abb. 2.2.12 schematisch ge-

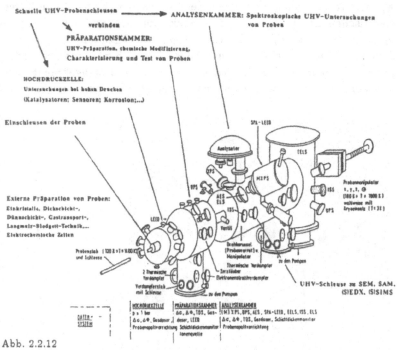

Abb. 2.2.12
Schematischer Aufbau einer besonders vielseitigen UHV-Apparatur mit verschiedenen Untersuchungsmethoden in der Analysenkammer. Details sind im Text beschrieben.

zeigt. Diese Apparatur besteht im wesentlichen aus drei unabhängigen Kammern. In diesen lassen sich u.a. Hochdruckexperimente, Proben-Präparation durch Sputtern, Gasbehandlung und Heizen, kontrolliertes Aufdampfen von Schichten, nachfolgende Elektronenbeugungsexperimente sowie verschiedene spektroskopische Untersuchungen wie Photoemissionsspektroskopie (XPS, UPS), Augerelektronenspektroskopie (AES), Elektronenenergieverlustspektroskopie mit niedriger (ELS) und hoher (HREELS) Energieauflösung und Ionenrückstreuspektroskopie (ISS) durchführen. Dabei können die Proben in jeder Meßposition bei konstanter Temperatur gehalten und dabei die Leitfähigkeit gemessen werden [Göp 89].

Ein Foto der in Abb. 2.2.12 schematisch gezeigten Apparatur ist in Abb. 2.2.13 zu sehen. Daraus wird deutlich, daß ein Ausheizen der Apparatur nur nach Entfernen der zahlreichen hitzeempfindlichen elektrischen Zuleitungen zu den Spektrometern und Analysatoren möglich ist. Dies erklärt die Bedeutung von *Vakuumschleusen*, mit denen Proben ohne Unterbrechung des Ultrahochvakuums und damit ohne zwischenzeitliches Ausheizen der Apparatur eingebracht werden können. Neben den zwei unabhängigen Manipulatoren sind in

Abb. 2.2.13
Photographie der UHV-Apparatur nach Abb. 2.2.12

der Apparatur Vorrichtungen zum Erzeugen definierter Oberflächen sowie Sichtfenster für das Justieren von Proben in den Meßpositionen bzw. für optische Experimente angebracht. Die Manipulation der Probe in den verschiedenen Meßstationen ermöglicht es, an der gleichen Probe unterschiedliche Präparationsschritte und spektroskopische Untersuchungen durchzuführen.

Die relativ umständliche, aber dringend notwendige Erzeugung von Ultrahochvakuum nach Belüften von UHV-Apparaturen erfolgt nach folgendem typischen Zyklus:

1. *Schließen* der Apparatur durch Aufsetzen und Festziehen der Flansche mit 6 bis 40 Schrauben pro Flansch je nach Flanschdurchmesser.

2. *Auspumpen* der Apparatur auf *Vorvakuum* mit einer Sorptionspumpe oder rotierenden Vorpumpe bis auf etwa 1 Pa innerhalb von etwa 20 Minuten bis 1 Stunde.

3. Erzeugung von *Hochvakuum* mit einer Turbomolekular- oder Ionengetterpumpe unter Zuhilfenahme von Titan-Sublimationspumpen über einige Stunden bis zu einem Druck von 10^{-4} bis 10^{-6} Pa.

4. *Ausheizen* der gesamten Apparatur nach Entfernen temperaturempfindlicher elektrischer Zuleitungen auf Temperaturen zwischen 150 und 300 °C über 2 bis 24 Stunden. Der Druckanstieg als Folge der Desorption von kontaminierenden Gasen an den Wänden muß durch Drosselung der Heizleistung auf einen Maximalwert von 10^{-3} Pa begrenzt werden.

5. *Abkühlen* der Apparatur unter ständigem Pumpen mit Titan-Sublimationspumpen durch Sublimation in Intervallen von typischerweise 1/4 bis 1 Stunde. Nach 1/2 bis 1 Tag wird üblicherweise ein Enddruck von 10^{-8} Pa erreicht. Bei hohem Gasanfall als Folge neu eingebauter Teile oder nach Einlaß schlecht pumpbarer Gase (z.B. H_2O) muß das Ausheizen u.U. wiederholt werden.

6. Falls der Enddruck trotz dieser Prozeduren nicht erreicht wird, erfolgt *Lecksuche*, wobei z.B. mit einem Helium-Gasstrom verdächtige undichte Stellen besprüht und der Druckanstieg von Helium innerhalb der UHV-Apparatur mit einem Massenspektrometer verfolgt wird. Auf diese Weise festgestellte Lecks müssen gedichtet werden.

7. *Ausgasen* der Probe und Probenhalter durch Heizen.

Auch bei sorgfältigster Behandlung ist in UHV-Systemen kontinu-
ierliches Pumpen notwendig, um den Enddruck aufrechtzuerhalten.
Dies liegt an verschiedenen Gasquellen wie Desorption und Ausdiffusion von Gasen aus den Wänden, Ausdiffusion aus fast geschlossenen
kleinen Hohlräumen wie Gewindegängen in Schrauben, Nischen bei
Dichtungen, die virtuelle Lecks darstellen und nicht mit einem Leck-
detektor auffindbar sind. Dazu kommt die Permeation der verwendeten Materialien für verschiedene Gase und in der Apparatur erzeugten
Gasströme, z.B. aus heißen Kathoden durch deren Zersetzung oder
Elektronenstoßdesorption oder durch Diffusion von Helium durch eine Kapillare einer Helium-Gasentladungslampe sowie Rückdiffusion
aus den Pumpen.

Die hohen Pumpgeschwindigkeiten üblicher Pumpsysteme in heute
verwendeten Anlagen ermöglichen es trotz großer Zahl von Dichtungen und verwinkelter Aufbauten, in einem komplexen UHV-System
Ultrahochvakuumbedingungen zu erreichen, ohne daß extreme Maß-
nahmen wie Ausheizen der gesamten Apparatur auf 400 °C und mehr
oder Glühen aller inneren Metallteile ergriffen werden müßten.

2.3   Herstellung definierter, einfacher Oberflächen

2.3.1   Präparation von Einkristallen

Eine Voraussetzung zur Herstellung einfacher, d.h. gut geordneter,
reiner Oberflächen ist ein geeignetes Ausgangsmaterial. Von vielen
Materialien gibt es weitgehend fehlerfreie oder zumindest homogene
Einkristalle in hoher Reinheit oder mit gezielt eingestellter Dotierung.
Derartige Einkristalle werden durch Erstarren der Schmelze an einem
Einkristallkeim (z.B. bei Si, GaAs und vielen Metallen), durch Kondensation aus der Gasphase (z.B. bei CdS), durch Ausscheiden aus
übersättigten Lösungen (z.B. bei NaCl, GaAs, SiO_2), durch chemische Reaktion in der Gasphase (z.B. bei ZnO) oder andere Verfahren
gezüchtet.

Vor dem Schneiden der Kristalle zur Erzeugung definierter Einkristall-Flächen müssen diese orientiert werden. Mit der Laue-Rückstreuung auf einem photographischen Film lassen sich Genauigkeiten in der Justierung von etwa $\frac{1}{2}°$ erreichen. Mit präzisen Goniometern und Braggreflexion läßt sich die Genauigkeit wesentlich steigern. Aus einem Kristall wird dann eine Scheibe der gewünschten Oberflächen-Orientierung geschnitten. Bei harten Materialien (z.B. bei Halbleitern wie Si) werden meist diamantbesetzte Trennscheiben verwendet. Bei weichen Kristallen (z.B. bei Metallen wie Cu) wird Funkenerosion bevorzugt. Dabei wird das Material durch Funkenentladung gegen eine langsam vorwärts bewegte Kupferelektrode in einer Schutzflüssigkeit getrennt. In beiden Fällen entsteht eine mechanisch stark gestörte Schicht an der Oberfläche. Bei harten Materialien wird die Oberfläche durch Schleifen und Polieren mit Schleifpulver zunehmend feinerer Körnung (SiC oder Diamant mit kleinsten Korndurchmessern von Bruchteilen eines μm) bis zur optisch fehlerfreien Politur geglättet. Die Oberfläche ist danach fehlerfrei in Dimensionen der Lichtwellenlänge. Im atomaren Maßstab bleiben jedoch chemische Verunreinigungen und strukturelle Gitterstörungen durch den Schleifvorgang bis zu einer Tiefe von mehreren Durchmessern der Körner des verwendeten Schleifpulvers, so z.B. bei Politur mit Diamant der Körnung 0,5 μm Schäden über mehrere μm Tiefe. Bei weichen Kristallen kann durch Polieren der ganze Kristall verformt werden. In diesen Fällen muß die Oberfläche durch chemische oder elektrochemische Ätzung weiter poliert werden. Durch geeignete Wahl der Ätzmischung, Temperatur und Ätzzeit lassen sich gute Polierwirkungen erzielen, so daß gestörte Bereiche entfernt und eine optisch ebene Oberfläche erzeugt wird. Es gibt auch Ätzmischungen, die Störungen im Kristallvolumen, z.B. Durchstoßpunkte von Versetzungen, stark anätzen („Strukturätzen"), so daß Ätzgrübchen als Charakteristika dieser Kristallfehler entstehen. Vielfach wird eine gleichmäßigere Ätzwirkung durch elektrolytisches Ätzen erreicht. Da sich die mechanisch erzeugten Störungen nur begrenzt ausheilen lassen, sind die sichersten Methoden ein rein „chemisches Schneiden" (Perlonfaden mit Ätzmischung) oder ein chemomechanisches Polieren, wo ein Abtragen nur an den durch das weiche Poliermittel (z.B. SiO_2) gestörten Bereichen auftritt. Dieses bei Si und Cu bewährte

Verfahren liefert störungsfreie Oberflächen. Da die günstigsten Verfahren zur Herstellung geometrisch „glatter" Oberflächen je nach Material sehr verschieden sind, konnten hier nur verschiedene Prinzipien angedeutet werden.

Die so erzeugte Oberfläche ist noch nicht für UHV-Studien an Einkristallen geeignet. Durch Ätzlösung, Spülflüssigkeiten und Luft treten i.allg. Verunreinigungen wie adsorbierte Wasserfilme, Oxide oder chemische Abscheidungen in der Dicke mehrerer Monoschichten auf. Zusätzlich ist die Oberfläche zwar optisch, aber bei weitem nicht atomar eben, da mit dem Ätzangriff gewöhnlich eine Aufrauhung im atomaren Maßstab verbunden ist.

Die atomar reine und ebene Fläche kann erst im Ultrahochvakuum erzeugt werden. Folgende Reinigungsverfahren sind möglich:

a) Erhitzen in Ultrahochvakuum. Dadurch werden viele Adsorbate wie Wasser, Wasserstoff oder Kohlenmonoxid desorbiert. Andere Verunreinigungen wie Kohlenstoff, Bor oder Schwefel bleiben vielfach zurück oder diffundieren sogar aus dem Volumen zur Oberfläche und scheiden sich dort ab. Bei Verbindungen und Legierungen kann eine Komponente bevorzugt verdampfen, so daß eine andere chemische Zusammensetzung der Oberfläche entsteht als die des Kristallinneren. Selbst bei hochschmelzenden Elementen und Erhitzung bis nahe unter den Schmelzpunkt kann eine reine Oberfläche nicht in jedem Fall erzeugt werden. Eine Verbesserung wird häufig erreicht, indem man durch chemische Reaktion die Verunreinigung in eine verdampfbare Form bringt. So wird z.B. bei Erhitzen in Sauerstoff der auf Metallen adsorbierte Kohlenstoff oxidiert und als CO oder CO_2 desorbiert. Das bevorzugte Verdampfen einer Komponente in einer Verbindung kann dadurch verhindert werden, daß die flüchtigere Komponente als Gas oder Molekularstrahl angeboten wird. Só kann z.B. GaAs im As-Strahl höher erhitzt werden, ohne daß sich Galliumtröpfchen auf der Oberfläche bilden, wie dies ohne As-Strahl durch bevorzugte Desorption von As auftritt. Wenn die Zusammensetzung nicht stöchiometrisch eindeutig festgelegt ist, kann sich die Oberflächenzusammensetzung durch Erhitzen wesentlich verändern, ohne daß dies durch Überschußangebot der leichter flüchtigen Komponente eindeutig stabilisiert werden kann. Dies ist z.B. bei Legierungen der Fall.

b) Ionenbeschuß (Sputtern). Da thermische Behandlung nicht alle Verunreinigungen beseitigt, werden häufig die obersten Schichten durch Ionenbeschuß abgetragen. Wird z.B. ein Argonionenstrahl mit einer Ionenenergie von 500 eV auf eine Oberfläche gerichtet, so wird größenordnungsmäßig ein Atom an der Oberfläche pro auftreffendem Ion „abgestäubt". Auch wenn nicht alle Elemente mit der gleichen Wahrscheinlichkeit abgestäubt werden (siehe Tab. 2.3.1), ist bei Kristallen meistens auf diese Weise eine Reinigung möglich. Es ist jedoch wegen unterschiedlicher Abtragraten verschiedener Elemente eine Änderung der Oberflächenzusammensetzung möglich bis zum Extremfall, daß bestimmte Verunreinigungen praktisch nicht abgetragen werden. Auch kann durch Verunreinigungen im verwendeten Edelgas (z.B. von CO im Ar) eine ständige Verunreinigung der Oberfläche während des Sputterns bewirkt werden. Titansublimationspumpen pumpen Edelgase nicht, so daß damit das Edelgas gereinigt werden kann.

Tab. 2.3.1
Abtragraten (engl. sputtering yields) in Atom/Ion für den Beschuß von Elementen mit Edelgasatomen bei einer kinetischen Energie von 500 eV [Cza 75X]

	He	Ar	Xe		He	Ar	Xe		He	Ar	Xe
C	0,07	0,12	0,17	Fe	0,15	1,1	1,0	Ag	0,2	3,1	3,3
Si	0,13	0,5	0,4	Ni	0,16	1,45	1,2	W	0,01	0,6	1,0
Ti	0,07	0,5	0,4	Pd	0,13	2,1	2,2	Pt	0,03	1,4	1,9

Durch den Ionenbeschuß wird das Oberflächengitter des Festkörpers gestört. Deshalb muß durch Erhitzen bis zu einer vom jeweiligen Kristallmaterial abhängigen typischen Temperatur das Gitter wieder „ausgeheilt" und das eingelagerte Edelgas verdampft werden. Falls durch das Erhitzen Abscheidungen von Volumen-Verunreinigungen an der Oberfläche auftreten, müssen Ionenbeschuß und Glühen mehrfach wiederholt werden.

Übung 2.3.1. Wieviele Monoschichten werden pro Minute bei einem Ionenbeschuß von 1 $\mu A/cm^2$ abgetragen (Ausbeute $\eta = 1$)?

c) Spalten von Einkristallen. Man kann auf Polieren, Ätzen, Ionenbeschuß und Glühen ganz verzichten, wenn sich der Kristall im UHV spalten läßt, wie dies z.B. für Glimmer-, Graphit(001)-, Silicium(111)- oder GaAs(110)-Flächen möglich ist. In diesem Fall ist die Reinheit der Oberfläche unter UHV-Bedingungen garantiert, da keine Fremdstoffe abgeschieden werden können. Es ist meist nur ein einziger Flächentyp durch Spalten eines bestimmten Einkristalls erzeugbar. Dabei ist weder garantiert, daß die Oberfläche ideal strukturiert noch daß sie thermodynamisch im Gleichgewicht ist. Insbesonders atomare Stufen und Überstrukturen treten an Spaltflächen auf, die wir später detaillierter in Kapitel 3 behandeln werden. Trotzdem spielen Spaltflächen in der Grundlagenforschung eine große Rolle, weil die Reproduzierbarkeit von Experimenten an chemisch reinen Oberflächen relativ leicht gewährleistet ist und weil sich — auf andere Weise nicht herstellbare — metastabile Oberflächenstrukturen erzeugen lassen. Technisch werden Spaltflächen kaum genutzt, weil Materialbedarf und geometrische Einschränkungen meistens zu ungünstig sind. Eine typische Spaltanordnung für Einkristalle von Germanium, Silicium oder anderen Halbleitern ist in Abb. 2.3.1 gezeigt. Dabei ist auch an zwei Beispielen aufgezeigt, daß durch makroskopische Neigungen der Spaltfläche Bereiche mit unterschiedlichen Anteilen atomarer Stufen auftreten können.

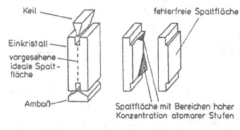

Keil

fehlerfreie Spaltfläche

Einkristall

vorgesehene
ideale Spalt-
fläche

Amboß

Spaltfläche mit Bereichen hoher
Konzentration atomarer Stufen

Abb. 2.3.1
Typische Spaltanordnung für Einkristalle (links). Nichtideale Bereiche mit hohen Konzentrationen von atomaren Stufen können nach dem Spalten auftreten.

2.3.2   Herstellung von Aufdampfschichten

Eine ganz andersartige Oberflächenpräparation ist die Herstellung von geometrisch idealen Oberflächen durch gezieltes Aufdampfen oder Aufstäuben des Materials im Ultrahochvakuum („Epitaxie"). Auf reinen, einkristallinen Unterlagen des gleichen oder eines anderen Materials kann bei geeignet gewählten Temperaturen und Aufdampfraten eine Schicht einkristallin aufwachsen, deren Oberfläche mindestens ebenso „gut", d.h. strukturell geordnet, eben und rein ist wie nach Herstellung über Einkristallspaltung. Es können auf diese Weise auch Oberflächen von Kristallen hergestellt werden, die sich bei einer anderen Präparation der Oberfläche verändern würden, wie z.B. Edelgaskristalle auf Metallunterlagen oder Legierungen und Verbindungen mit einer leicht flüchtigen Komponente. Durch das Wachstum der Schicht im Ultrahochvakuum entfällt die Reinigung oder Nachbehandlung nach der Herstellung der Schicht. Wegen des erhöhten experimentellen Aufwandes gibt es noch nicht viele Untersuchungen an epitaktischen Oberflächen. Wegen der großen Vorteile und der enormen Variationsbreite in der Herstellung unterschiedlicher Schichten findet dieses Verfahren jedoch zunehmend mehr Interesse.

Für die Oberflächenphysik sind Studien an freien Oberflächen im Ultrahochvakuum besonders wichtig, da nur hier die Oberflächen wohldefiniert, stabil und reproduzierbar herstellbar sind und zudem viele Untersuchungsmethoden nur unter diesen Bedingungen angewendet werden können. Gut definierte Oberflächen können vielfach auch als Grenzflächen zwischen festen Körpern und Flüssigkeiten (z.B. im Elektrolyten) oder zwischen festen Körpern hergestellt werden. Als Beispiel sei die Grenzfläche zwischen Silicium und Siliciumdioxid genannt, die aufgrund der großen technischen Bedeutung äußerst „rein", bestens reproduzierbar und sogar mit definierten Zusätzen (über Driften von Verunreinigungen durch das Oxid) hergestellt werden kann. Bei der thermischen Oxidation bei etwa 1000 °C und Atmosphärendruck bildet sich auf dem Siliciumkristall eine amorphe Siliciumdioxidschicht. Die Grenzfläche wandert während der Oxidation in den Siliciumkristall. Da die Grenzfläche von ihrer Entstehung an durch das Oxid geschützt ist, kann sie auch bei Atmosphärendruck untersucht werden, ohne daß die äußere Atmosphäre einen entscheidenden Einfluß hat. Da an dieser Zwischenfläche extrem wenige geladene, elektronische Oberflächenzustände auftreten, ist diese Zwischenfläche besonders gut zum Studium von Raumladungsschichten an der Oberfläche geeignet (siehe Kapitel 4). Deshalb ist diese Grenzfläche auch für das prinzipielle Verständnis der Oberflächenphysik von Bedeutung.

2.4   Häufig verwendete Spektrometerkomponenten

2.4.1 Übersicht

Als Sonden zur Untersuchung von Oberflächen unter Ultrahochvakuumbedingungen können Photonen oder Teilchen wie Elektronen, Ionen und Atome eingesetzt werden. Beim Spektroskopieren von Oberflächen sind prinzipiell drei Komponenten erforderlich, wie dies schematisch in Abb. 2.4.1 gezeigt ist. Erstens muß eine *Quelle* mit geeigneter Optik zur Bündelung und Fokussierung des Strahls vorliegen. Zweitens sind *Monochromatoren* oder Analysatoren erforderlich, die aus einem breiten Spektrum Teilchen in einem spezifischen Zustand herausfiltern, mit denen die Oberfläche untersucht werden soll bzw. die die Oberfläche nach der Wechselwirkung verlassen. Drittens sind *Detektoren* erforderlich, um die Teilchen nachzuweisen. Quellen und Detektoren sind in einigen Versuchsaufbauten beweglich angeordnet, um auch die Winkelverteilung der Teilchenwechselwirkung experimentell erfassen zu können. Je nach Untersuchungsmethode ist u.U. nur die Quelle (mit oder ohne Monochromator) oder nur der Detektor (mit oder ohne Analysator) erforderlich. Häufig werden andere Teilchen oder Wellen detektiert als die, mit denen die Oberfläche aus der Quelle angeregt wird. Auf Details der verschie-

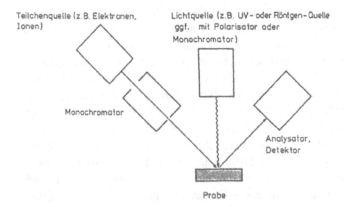

Abb. 2.4.1
Prinzipielle Anordnung für spektroskopische Untersuchungen in der Oberflächenphysik

denen Untersuchungsmethoden kann im folgenden nicht eingegangen werden, vielmehr sollen nur typische Bauteile vorgestellt werden, die z.T. auch als Komponenten für mehrere Methoden eingesetzt werden können.

2.4.2   Elektronen- und Photonenquellen

Elektronenstrahlen werden meist durch thermische Emission aus heißen Kathoden erzeugt. Bei reinem Wolfram sind relativ hohe Temperaturen erforderlich ($T > 2000$ K), um Emissionsströme in der Größenordnung von μA bis mA aus üblichen Kathoden zu erreichen. Dagegen läßt sich durch Beschichten mit Metallen wie Thorium oder mit Oxiden als Folge der erniedrigten Austrittsarbeit die Temperatur stark senken, bei der vergleichbare Elektronenemissionsströme erzielt werden ($T > 1100$ K). Der Zusammenhang zwischen Elektronenemissionsstrom und Austrittsarbeit wird über die Richardson-Dushman-Gleichung (s. Abschn. 4.2.1) beschrieben. Häufig sind niedrigere Temperaturen erwünscht wegen der geringeren Erwärmung der Umgebung, wegen der geringeren Ausgasungsprobleme oder wegen der geringeren Veränderung der chemischen Struktur von Gasmolekülen an der Kathode bei niedrigeren Konzentrationen von Molekül-Bruchstücken. Der Nachteil von beschichteten Kathoden ist, daß diese weniger stabil sind und insbesondere nach Belüftung der UHV-Apparatur und erneutem Evakuieren häufig schlecht reproduzierbare Austrittsarbeiten und damit Elektronenemissionsströme zeigen.

Die Energieunschärfe ΔE bei thermischer Emission beträgt bei einer Maxwell-Boltzmannschen Geschwindigkeitsverteilung der Elektronen etwa 2,5 kT. Werte von ΔE liegen damit bei charakteristischen Kathodentemperaturen in der Größenordnung von 0,3 bis 0,6 eV. Für eine Reihe von Untersuchungsmethoden ist dies ausreichend. Für Messungen von z.B. geringen Elektronenenergieverlusten bei der Spektroskopie von Oberflächenschwingungen sind jedoch Elektronenstrahlen erforderlich, die eine wesentlich höhere Energieschärfe aufweisen. Dies erfordert Monochromatisierung der Elektronen, auf die in Abschn. 2.4.3 eingegangen werden soll.

Die Erzeugung von Photonen wird in unterschiedlichen Spektralbereichen mit verschiedenen Quellen vorgenommen, von denen eine Aus-

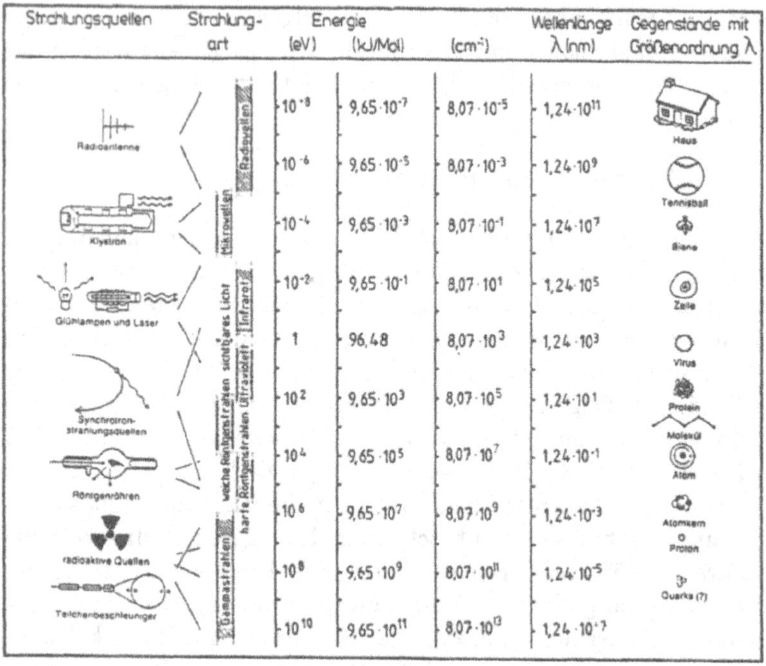

Strahlungsquellen	Strahlungsart	Energie (eV)	(kJ/Mol)	(cm⁻¹)	Wellenlänge λ (nm)	Gegenstände mit Größenordnung λ
Radioantenne	Radiowellen	10^{-8}	$9{,}65\cdot10^{-7}$	$8{,}07\cdot10^{-5}$	$1{,}24\cdot10^{11}$	Haus
		10^{-6}	$9{,}65\cdot10^{-5}$	$8{,}07\cdot10^{-3}$	$1{,}24\cdot10^{9}$	Tennisball
Klystron	Mikrowellen	10^{-4}	$9{,}65\cdot10^{-3}$	$8{,}07\cdot10^{-1}$	$1{,}24\cdot10^{7}$	Biene
Glühlampen und Laser	Infrarot / sichtbares Licht	10^{-2}	$9{,}65\cdot10^{-1}$	$8{,}07\cdot10^{1}$	$1{,}24\cdot10^{5}$	Zelle
	Ultraviolett	1	$96{,}48$	$8{,}07\cdot10^{3}$	$1{,}24\cdot10^{3}$	Virus
Synchrotronstrahlungsquellen	weiche Röntgenstrahlen	10^{2}	$9{,}65\cdot10^{3}$	$8{,}07\cdot10^{5}$	$1{,}24\cdot10^{1}$	Protein / Molekül
Röntgenröhren	harte Röntgenstrahlen	10^{4}	$9{,}65\cdot10^{5}$	$8{,}07\cdot10^{7}$	$1{,}24\cdot10^{-1}$	Atom
radioaktive Quellen	Gammastrahlen	10^{6}	$9{,}65\cdot10^{7}$	$8{,}07\cdot10^{9}$	$1{,}24\cdot10^{-3}$	Atomkern / Proton
		10^{8}	$9{,}65\cdot10^{9}$	$8{,}07\cdot10^{11}$	$1{,}24\cdot10^{-5}$	Quarks (?)
Teilchenbeschleuniger		10^{10}	$9{,}65\cdot10^{11}$	$8{,}07\cdot10^{13}$	$1{,}24\cdot10^{-7}$	

Abb. 2.4.2
Übersicht über verschiedene Photonenquellen in unterschiedlichen Wellenlängen-bereichen mit Angabe der Photonenenergie in eV (pro Photon) bzw. Joule (pro Mol Photonen)

wahl in Abb. 2.4.2 schematisch gezeigt ist. Von besonderer Bedeutung für die Untersuchung von schwach gebundenen Elektronenzuständen in Molekülen und in Valenz- und Leitungsbandzuständen von Festkörpern ist die Bestrahlung mit UV-Licht bei Energien zwischen 10 und 50 eV. Diese Photonen werden im allgemeinen von Linien im Gasentladungsspektrum geliefert. Ein typischer Aufbau einer Gasentladungslampe ist in Abb. 2.4.3 gezeigt. Charakteristische Gasentladungslinien sind in Tab. 2.4.1 zusammengestellt. Diese Lampen werden im Labor vornehmlich für Ultraviolett-Photoemissionsspektroskopie (UPS) eingesetzt, bei der nach Photonenbeschuß die photoemittierten Elektronen in bezug auf ihre Energie spektroskopiert werden. Details dazu werden in Abschn. 4.6 vorgestellt.

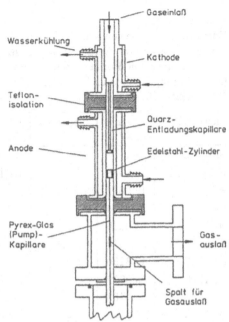

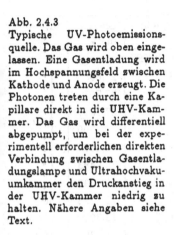

Abb. 2.4.3
Typische UV-Photoemissionsquelle. Das Gas wird oben eingelassen. Eine Gasentladung wird im Hochspannungsfeld zwischen Kathode und Anode erzeugt. Die Photonen treten durch eine Kapillare direkt in die UHV-Kammer. Das Gas wird differentiell abgepumpt, um bei der experimentell erforderlichen direkten Verbindung zwischen Gasentladungslampe und Ultrahochvakuumkammer den Druckanstieg in der UHV-Kammer niedrig zu halten. Nähere Angaben siehe Text.

Ein typischer Aufbau eines Photoemissionsexperimentes ist in Abb. 2.4.4 gezeigt. Dabei ist in dieser schematischen Anordnung angenommen, daß durch Elektronenbeschuß aus einer Anode Röntgenlicht emittiert wird, wobei aus der zu untersuchenden Probe auch Photoelektronen aus fester gebundenen Zuständen emittiert werden können. Photonenenergien typischer Lichtquellen, die für Röntgenphotoemission („X-Ray Photoelectron Spectroscopy", XPS) verwendet werden, sind ebenfalls in Tab. 2.4.1 aufgeführt.

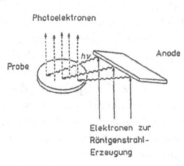

Abb. 2.4.4
Schematischer Aufbau eines Röntgenphotoemissionsexperiments

Tab. 2.4.1
Energetische Lage und Intensitäten einiger Gasentladungs-Linien, die
für UPS verwendet werden können. Relative Intensitäten bezogen auf
100% im höchsten Punkt geben die ungefähren Ausbeuten bei Kapillar-
Gasentladungslampen an [Ela 74X]. Zum Vergleich sind auch Energien für
XPS-Lichtquellen angegeben.

Lichtquellen	Energie in eV	Intensität	Lichtquellen	Energie in eV	Intensität
für UPS:			*für UPS* (Fortsetzung):		
H Lyman α	10,1986	100	Ne II	27,6858	
H Lyman β	12,0872	10		27,7616	
He I α	21,2175	100		27,7827	
He I β	23,0865	2		27,8590	} 20
He I γ	23,7415	0,5	Ne II	30,4520	
He II α	40,8136	< 1		30,5483	
He II β	48,3702		Ar I α	11,6233	
He II γ	51,0153			11,8278	50
Ne I α	16,6704	15	Ar II	13,3019	30
	16,8476	100		13,4794	15
Ne I β	19,6877	< 1			
	19,7792	< 1	*für XPS*:		
Ne II	26,8132	} 100	Mg Kα	1253,6	
	26,9100		Al Kα	1486,6	
			Cu Kα	8055	

Photonenenergien über einen sehr breiten Spektralbereich liegen mit
der Synchrotronstrahlung vor. Das charakteristische elektromagneti-
sche Emissionsfeld von Elektronen, die sich relativistisch auf einer
Kreisbahn bewegen, ist in Abb. 2.4.5 dargestellt. Die Synchrotronstrahlung wird als linear polarisierte, gepulste Strahlung emittiert. Sie
ist charakterisiert durch extreme Fokussierung in Radialrichtung und
durch ein weißes Spektrum, das schematisch in Abb. 2.4.6 für verschiedene Beschleunigungsenergien der Elektronen im Vergleich mit Lini-
enspektren von Gasentladungslampen gezeigt ist. Details zu Synchro-
tronstrahlungs-Photoemissionsexperimenten sind z.B. in [Kun 79] beschrieben.

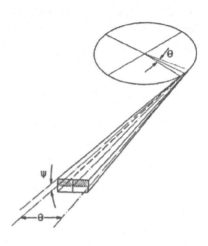

Abb. 2.4.5
Schematische Anordnung der Erzeugung von Synchrotronstrahlung durch Elektronen auf einer Kreisbahn. Gezeigt ist die Abstrahlung elektromagnetischer Strahlung bei relativistischen Elektronengeschwindigkeiten (nahe der Lichtgeschwindigkeit) in einem schmalen, durch Ψ charakterisierten Winkelbereich. Die Polarisation des Lichts liegt in der Kreisebene. Nähere Angaben sind im Text gemacht.

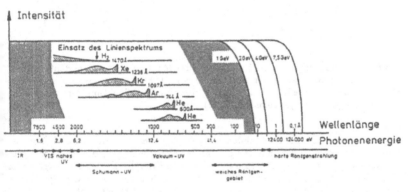

Abb. 2.4.6
Vergleich der spektralen Verteilung von Synchrotronstrahlung mit Gasentladungslampen [Ley 79X]

2.4.3 Monochromatoren und Filter für Photonen und Elektronen

Zur „Monochromatisierung" von Röntgenstrahlung können Absorptionsfilter verwendet werden, wie dies in Abb. 2.4.7 gezeigt ist. Aluminium absorbiert Röntgenstrahlung in einem Bereich zwischen 1,6 und 2,5 keV sehr stark (ausgedrückt durch den Massenabsorptionskoeffizienten μ/ρ), so daß dort die Bremsstrahlung unterdrückt wird.

Die Bremsstrahlung oberhalb von 2,5 keV erzeugt zwar Photoelektronen, diese sind aber so hochenergetisch, daß sie in einem normalen Spektrum (bis ca. 1,5 keV) nicht erscheinen.

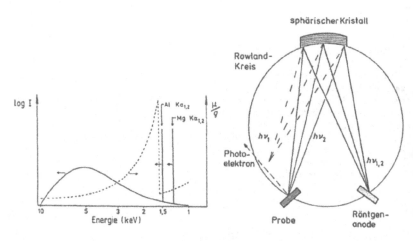

Abb. 2.4.7
Die Energieverteilung I einer Aluminium- oder Magnesium-Anoden-Röntgenquelle bei einer Primärenergie der Elektronen von 10 kV (ausgezogene Kurve). Der Massenabsorptionskoeffizient μ/ρ von Aluminium als Funktion der Energie ist ebenfalls angegeben (gestrichelte Kurve).

Abb. 2.4.8
Monochromator für Röntgenquellen mit gekrümmtem Kristall. Die Reflexion der Photonen am sphärischen Kristall genügt der Braggbedingung an den verschiedenen schematisch eingezeichneten Netzebenen des Kristalls. Der Krümmungsradius dieser Netzebenen ist doppelt so groß wie der Radius des Rowland-Kreises. Dies ermöglicht die Richtungsbündelung der Photonen am Ort der Probe.

Ein typischer *Monochromator für Röntgenstrahlen* ist in Abb. 2.4.8 dargestellt. Dabei wird die Bragg-Reflexion der Photonen an den Gitterpunkten eines Einkristalls ausgenutzt, wobei der Einkristall auf einem Rowland-Kreis angeordnet ist. Dies ermöglicht die Fokussierung der von der Quelle ausgehenden Strahlen für eine bestimmte Frequenz auf die Probe. Als Monochromatoren für Synchrotronstrahlung werden verschiedene (Kristall-)Gitteranordnungen eingesetzt, die im allgemeinen so angeordnet werden, daß bei Variation der Lichtwellenlänge die Photonen auf einen festen Punkt der Probe fokussiert werden [Kun 79].

Monochromatoren für Elektronen lassen sich im einfachsten Fall analog zum optischen Prismenmonochromator unter Ausnutzung elektronenoptischer Brechungsgesetze konstruieren (vgl. Abb. 2.4.9). Analog zum optischen Brechungsgesetz

$$\frac{\sin\alpha}{\sin\beta} = \frac{n_2}{n_1} = \frac{c_1}{c_2} = n_{12} \tag{2.4.1}$$

gilt das elektronenoptische Brechungsgesetz

$$\frac{\sin\alpha}{\sin\beta} = \frac{v_2}{v_1} = \frac{(U + \Delta U)^{1/2}}{U^{1/2}} = \left(1 + \frac{\Delta U}{U}\right)^{1/2}. \tag{2.4.2}$$

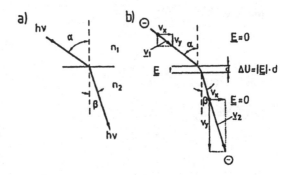

Abb. 2.4.9
Das Brechungsgesetz für Photonen und Elektronenstrahlen. Die Photonen treten aus dem Medium mit n_1 in das Medium mit n_2. Die Elektronen finden vor und nach der Ablenkung einen feldfreien Raum mit der elektrischen Feldstärke $E = 0$ vor. Die Geschwindigkeitskomponente v_y ändert sich durch ΔU. Näheres ist im Text beschrieben.

Darin ist U die Beschleunigungsspannung, die die kinetische Energie der Elektronen mit der Geschwindigkeit v_1 über $\frac{1}{2}mv_1^2 = E = eU$ bestimmt. In Gl. (2.4.1) sind $n_{1(2)}$ bzw. $c_{1(2)}$ die Brechungsindizes bzw. Lichtgeschwindigkeiten in den beiden Medien.

Analog zu optischen Linsensystemen lassen sich auch *Elektronenlinsensysteme* aufbauen. Eine typische Anordnung einer elektrostatischen Linse, die einer Kathode und einem fokussierenden Wehnelt-Zylinder mit Anode nachgeschaltet ist, ist in Abb. 2.4.10 gezeigt.

Abb. 2.4.11 zeigt eine experimentell einfache Anordnung für einen *Elektronenmonochromator*. Bei diesem Plattenspiegelfeldanalysator

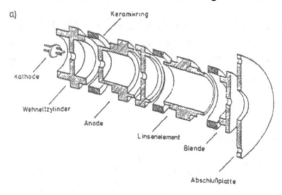

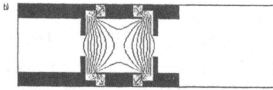

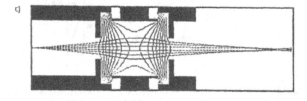

Abb. 2.4.10
Prinzip einer elektrostatischen Linse im Querschnitt
a) Aufbau
b) Potentiallinien in 10-eV-Schritten für eine Spannung von -90 V an der inneren Elektrode
c) Elektronenbahnen für Elektronen von $E_{kin} = 100$ eV in dem in b) gezeigten Potential

(„Parallel Plate Mirror Analyzer", PMA) fallen Elektronen durch den Eintrittsschlitz unter dem Winkel δ mit Geschwindigkeiten v_1, v_2 und v_3 ein. Die Geschwindigkeitskomponente parallel zu den Platten wird beim Durchflug des Platteninneren nicht beeinflußt, senkrecht dazu erfolgt eine konstante Abstoßung aufgrund der negativen Beschleunigung im elektrischen Gegenfeld E. Konstante Geschwindigkeit in der einen und konstante Verzögerung in der anderen Richtung bewirkt wie beim schiefen Wurf eine Parabelbahn, wobei der Abstand

R für Elektronen mit einer ganz bestimmten Geschwindigkeit (hier v_2) den Durchtritt in den nachgeschalteten Detektor im feldfreien Raum ermöglicht. Elektronen mit geringerer und höherer Geschwindigkeit sind in Abb. 2.4.11 mit v_1 bzw. v_3 bezeichnet.

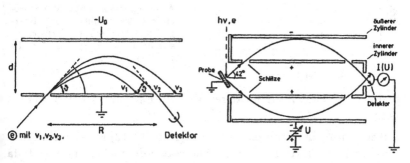

Abb. 2.4.11
Plattenspiegelfeld-Analysator („parallel plate mirror analyzer", PMA). Nähere Angaben sind im Text gemacht.

Abb. 2.4.12
Zylindrischer Spiegelfeld-Analysator („dispersive cylindrical mirror analyzer", CMA). Nähere Angaben sind im Text gemacht.

Wesentlich höhere Selektivität und Nachweisempfindlichkeit wird in einem zylindrischen Spiegelanalysator („Dispersive Cylindrical Mirror Analyzer", CMA) erzielt, der schematisch in Abb. 2.4.12 dargestellt ist. Die durch Photonen oder Elektronen emittierten Sekundärelektronen werden (eventuell nach Durchtritt durch ein Retardierungsfeld) in einer Doppelzylinderanordnung energiedispersiv detektiert. Die höhere Empfindlichkeit wird durch eine sogenannte doppelte Fokussierung erreicht: Elektronen gleicher Energie werden auch bei unterschiedlicher Richtung innerhalb eines bestimmten Winkelbereichs auf die gleiche Detektorposition abgebildet.

Zur Charakterisierung der Güte eines Elektronenmonochromators trägt man die Höhe des Ausgangssignales bei festen Einstellungen des Monochromators als Funktion der Energie des eintretenden ideal monochromatisch gedachten Elektronenstrahls auf. Ein typisches Ergebnis ist in Abb. 2.4.13 gezeigt, das entweder über die Halbwertsbreite ΔE („Full Widths at Half Maximum", FWHM) oder über die Basis-

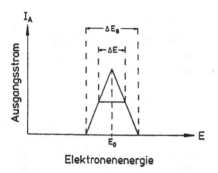

Abb. 2.4.13
Ausgangsstrom eines Monochromators als Funktion der Energie des eintretenden Elektronenstrahls (idealisiert). ΔE ist die Halbwertsbreite.

breite ΔE_B relativ zur mittleren Energie E_0 charakterisiert werden kann.

Außer dem Zylinderspiegelanalysator (Abb. 2.4.12) ist auch ein zylindrischer 127°-Elektronenenergie-Analysator doppelt-fokussierend, da er die Eintritts- auf die Austrittsblende abbildet (Abb. 2.4.14a).

Der in Abb. 2.4.14b gezeigte hemisphärische Analysator besteht aus zwei konzentrischen Halbkugeln und hat in zwei Dimensionen fokussierende Eigenschaften (Abbildung eines Punktes auf einen Punkt).

Dies ist einer der Gründe dafür, warum gerade diese instrumentelle Anordnung relativ häufig in der Photoelektronenspektroskopie eingesetzt wird. Im Prinzip handelt es sich um einen Kugelkondensator. Die geladenen Teilchen bewegen sich in einem radialen elektrostatischen Feld. Wie beim 127°-Analysator werden auch beim hemispärischen Analysator geladene Teilchen, die schräg zur mittleren Kreisbahn in den Analysator eintreten, so beschleunigt oder verzögert, daß alle Teilchen mit der vorgewählten kinetischen Energie die Austrittsblende erreichen.

Um apparative Details eines Monochromators etwas näher kennenzulernen, soll in der folgenden Übung ein einfaches Beispiel vorgestellt werden.

Übung 2.4.1. a) Der Elektronenenergieanalysator der Abb. 2.4.14b habe einen Krümmungsradius $R_0 = 10$ cm. Die Ablenkplatten (Halbkugelschalen) haben einen Abstand $d = 1$ cm. Auf welchen Potentialen müssen die Kugelschalen K^+ und K^- sein, damit Elektronen mit $E_0 = 100$ eV am Eintrittsspalt den Ausgangsspalt erreichen? Die Blenden A_1 und A_2 liegen dabei auf 100 eV.

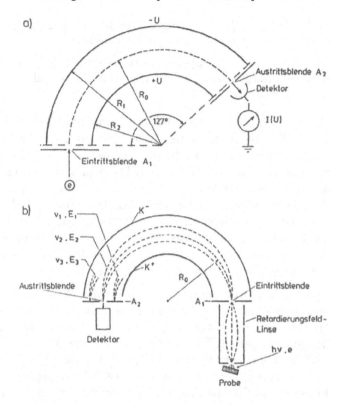

Abb. 2.4.14
Prinzip von elektrostatischen Elektronenenergie-Analysatoren
a) 127° Zylinder-Analysator, b) 180° hemisphärischer Analysator
Schematisch angedeutet sind Elektronenbahnen für Elektronen mit drei verschiedenen Geschwindigkeiten v_i bzw. Energien E_i. Nähere Angaben sind im Text gemacht.

A n l e i t u n g : Man berechne zunächst die erforderliche Querfeldstärke im Analysator und rechne näherungsweise mit konstanter Feldstärke im Kondensator. Die Spaltbreite sei dabei vernachlässigbar.

b) Für welche Energie treffen Elektronen 1 mm neben dem Ausgangsspalt auf?

A n l e i t u n g : Man berechne zunächst den Krümmungsradius der verschiedenen Elektronenbahnen und bestimme dann mit Hilfe der oben berechneten konstanten Feldstärke die Energie der Elektronen.

c) Wie läßt sich daraus die relative Halbwertsbreite $\Delta E/E_0$ bei 0,5 mm breiten Eintritts- und Austrittsspalten berechnen?

A n l e i t u n g : Man lege eine 1:1-Abbildung des Eingangsspaltes auf die Ebene des Ausgangsspaltes zugrunde und konstruiere die Energiedurchlässigkeit gemäß Abb. 2.4.13.

Um Röntgenphotoemissionsspektren quantitativ auswerten zu können, sollten alle Maxima die gleiche instrumentenbedingte Halbwertsbreite besitzen. Dies erreicht man dadurch, daß man die jeweils nachzuweisenden Elektronen vor dem Durchgang durch den Analysator auf eine konstante kinetische Energie im Analysator, die sog. Pass-Energie, verzögert. Da die relative Halbwertsbreite $\Delta E/E$ durch die Kenndaten des Kugelanalysators festgelegt ist, erhält man bei kleiner Pass-Energie eine kleine absolute Halbwertsbreite ΔE. Über eine Reihe verschiedener experimenteller Anordnungen gibt es ausführliche Übersichten z.B. von [Sev 72X], [Ela 74X], [Sie 67X], [Bri 83X].

Eine spezielle Anordnung, die sogenannte 4-Gitter-LEED-Optik, soll im folgenden kurz beschrieben werden, da diese sowohl für die Untersuchungen der geometrischen Struktur von Oberflächen über die Beugung langsamer Elektronen („Low Energy Electron Diffraction", LEED) als auch zur Untersuchung der chemischen Zusammensetzung über Augerelektronenspektroskopie (AES) eingesetzt werden kann. Physikalische Details dieser Untersuchungstechniken werden in den Kapiteln 3 bzw. 4 vorgestellt. Die experimentellen Anordnungen sind in Abb. 2.4.15a bzw. b dargestellt. Bei der Gegenfeldanalysator-Anordnung wird zur Beugung langsamer Elektronen (Abb. 2.4.15a) eine Probe im Krümmungsmittelpunkt des Leuchtschirms und der vier konzentrischen feinmaschigen Gitter justiert. Elektronen aus einer integrierten Elektronenkanone werden an der Kristalloberfläche gebeugt und fliegen durch die Gitter auf den Leuchtschirm. Das innerste erste Gitter auf Probenpotential (in der Regel Erdpotential) erzeugt einen feldfreien Raum zwischen Analysator und Probe und ermöglicht damit eine geradlinige Ausbreitung der Elektronen. Das zweite und dritte Gitter liegen auf einem Abbremspotential U_g, so daß nur Elektronen mit $E > e \cdot U_g$ den Leuchtschirm erreichen können. Damit können unelastisch reflektierte Elektronen vom Leuchtschirm zurückgehalten werden. Das vierte Gitter liegt auf Erdpotential und ist nur

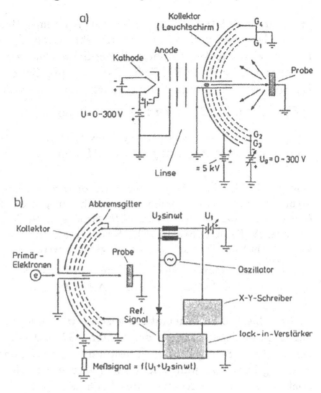

Abb. 2.4.15
Anordnung eines Gegenfeldanalysators für
a) Beugung langsamer Elektronen (LEED) und
b) Energieanalyse, z.B. von Auger-Elektronen (AES). Nähere Angaben sind im Text gemacht.

dann erforderlich, wenn mit dem gleichen Aufbau auch eine Energie-analyse der Elektronen wie bei AES erfolgen soll (s.u.). Die Gitter-Anordnung wirkt als Hochpaß.

Ein Blockschaltbild zur Anwendung der 4-Gitter-LEED-Optik für AES ist in Abb. 2.4.15b dargestellt. Dabei laufen die von der Probe emittierten Auger-Elektronen durch die Gitter auf den als Kollektor dienenden Leuchtschirm, wenn die Energie E der Auger-Elektronen größer als die Schwellenenergie $E_g = e \cdot U_g$ ist. Das vierte Gitter auf Erdpotential dient im AES-Betrieb dazu, eine kapazitive Kopplung der Modulationsspannung an den Abbremsgittern 2 und 3 auf den Kollektor zu verhindern. Der Kollektorstrom $I(E)$ ist durch das Integral aller Elektronen oberhalb der Schwellenenergie gegeben. Bezeichnet man mit $N(E)\mathrm{d}E$ die Zahl der pro Zeiteinheit mit einer Energie zwischen E und $E + \mathrm{d}E$ emittierten Auger-Elektronen, so ist $I(E) = \int\limits_{E}^{\infty} N(E')\mathrm{d}E'$. In der folgenden Übung soll nun berechnet werden, wie man durch Modulation der Gegenfeldenergie E die Dichte $N(E)$ bzw. deren Ableitung $\mathrm{d}N(E)/\mathrm{d}E$ ermitteln kann.

Übung 2.4.2. In einem Gegenfeldanalysator wird die Energie E der Abbremselektrode mit der Frequenz ω durch Anlegen der Spannung $U = U_1 + U_2 \sin \omega t$ moduliert. Hierbei sei U_2 klein gegen U_1. Welche Informationen über $N(E)$ und über $\mathrm{d}N(E)/\mathrm{d}E$ können aus dem Wechselstromanteil von $I(E)$ mit der Frequenz ω bzw. 2ω gezogen werden?

A n l e i t u n g : Man entwickle $I(E)$ um den Punkt E_1 (entsprechend der Spannung U_1) nach E und setze dann $\Delta E = E_2 \cdot \sin \omega t$ ein.

In Abb. 2.4.15b ist schematisch gezeigt, wie man durch Modulation der Gegenfeldspannung an den Gittern G2 und G3 die Intensitätsverteilung $N(E)$ experimentell bestimmen kann. Die eben diskutierte Messung über Spannungsmodulation wird in energiedispersiven Monochromatoren und Analysatoren häufig eingesetzt.

Die Nachweisempfindlichkeiten der verschiedenen Analysatoren sind konstruktiv bedingt unterschiedlich. So werden z.B. im Zylinderspiegelanalysator (CMA, siehe Abb. 2.4.12) die in den Zwischenraum gelangenden Elektronen durch das dort herrschende Feld wieder auf die Achse abgebildet, wobei sich durch geeignete Wahl der Konstruktionsparameter eine Fokussierung 2. Ordnung erreichen läßt. Dies bedeutet, daß sich trotz großer Raumwinkel (von z.B. 20% der Halbkugel) eine gute Energieauflösung in der Größenordnung von $\Delta E/E < 1\%$ erreichen läßt. Da nur die Elektronen der gewünschten Energie den Detektor erreichen, ist der Strom direkt der emittierten Dichte $N(E)$ proportional. Durch Modulation erhält man schon in der Grundwelle der Frequenz ω die Ableitung $\mathrm{d}N(E)/\mathrm{d}E$. Der Hauptvorteil gegenüber dem in Abb. 2.4.15b gezeigten Analysator liegt darin, daß im CMA ein um Größenordnungen geringerer Gesamtstrom im Detektor auftritt, da Elektronen mit nicht passender Energie den Detektor nicht erreichen. Das Schrotrauschen, das proportional zur Wurzel aus dem Strom ist, geht stark zurück. Das Signal-/Rausch-Verhältnis ist demzufolge gegenüber dem des Gegenfeldanalysators erheblich verbessert. Als Analysator für winkelaufgelöste Untersuchungen, bei denen nur die Emission in einen engen Raumwinkelbereich erfaßt wird, oder als Monochromator werden Analysatoren der Abb. 2.4.14a und b häufig eingesetzt. Beide Anordnungen ergeben eine Fokussierung des Eingangsspaltes auf den Ausgangsspalt und damit eine gute Auflösung bei guter Transmission. Ausführlichere Beschreibungen sind in der Sekundärliteratur zu finden [Sev 72X], [Brü 80X].

2.4.4 Detektoren

Als Detektoren für Elektronen dienen im einfachsten Fall Kollektoren in der Form eines Faraday-Käfigs oder einer ausgedehnten Elektrode zur direkten Strommessung. Dabei müssen durch Formgebung, Potentiale und Schutzelektroden die Fehler durch Sekundärelektronenemission oder durch andere freie Streuelektronen vermieden werden. Bei geringen Stromstärken kann der Strom über einen offenen Sekundärelektronenvervielfacher (SEV) mit typischerweise 10 bis 16 einzelnen Dynoden oder mit kontinuierlichem Kanal („Channeltron") verstärkt werden. Bei Strömen unter 10^{-14} A wird der Strom durch Zählen der Pulse am Detektorausgang bestimmt, wobei weniger als ein Elektron pro Sekunde am Detektoreingang noch meßbar ist. Eine erhebliche Empfindlichkeitssteigerung ist durch phasenempfindliche Gleichrichtung über die Lock-In-Verstärker-Technik möglich. Dabei wird das Signal moduliert, so daß sich mit Hilfe des Modulations-Referenzsignals die Grundwelle und jede Oberwelle beliebig schmalbandig (letzteres unter Verwendung entsprechender Zeitkonstanten) und phasenrichtig messen lassen. Damit werden Details der Häufigkeit $N(E)$ der emittierten Elektronen mit gutem Signal-/Rausch-Verhältnis meßbar. Eine weitere Verbesserung ist dadurch möglich, daß die Impulse des Ausgangssignals ohne Modulation als Funktion der Durchlaßenergie des Analysators digital in einen Rechner gespeichert werden. Damit kann nachfolgend schnell und genau eine Glättung, Modulation, Untergrundsubtraktion, Vergleich mit früheren Spektren u.ä. durchgeführt werden. Die optimale Auswertung ist dann nicht mehr von der Einstellung der Meßgeräte (so z.B. von mehr oder weniger geschickt gewählten großen oder kleinen Zeitkonstanten des Lock-In-Verstärkers) abhängig. Wegen des schlechteren Signal-/Rauschverhältnisses und des deswegen wesentlich höheren Primärstroms (etwa 100fach) wird heute die Gegenfeldanordnung kaum noch für AES verwendet.

Ionen anstelle von Elektronen lassen sich über die gleichen Energie-Spektrometer nachweisen. Bei positiven Ionen müssen lediglich die Potentiale im Vorzeichen umgekehrt werden. Für positive und negative Ionen müssen die Potentiale in ihrem Absolutwert angepaßt werden. Auf diese Weise lassen sich Energieverteilungen von Ionen bestimmen. Bei Verwendung eines Massenfilters als Detektor (vgl. dazu Abb. 2.2.10) können auch Störungen durch Ionen anderer Massen eliminiert werden.

2.4.5   Neutralteilchen- und Ionenstrahl-Spektrometer

Wenn man neutrale Teilchenstrahlen für Oberflächenuntersuchungen im Ultrahochvakuum verwenden möchte, muß man zunächst einen gebündelten monochromatischen Strahl herstellen. Wie der typische Aufbau in Abb. 2.4.16 zeigt, kann man im einfachsten Fall zur Herstellung von Molekül- oder Atomstrahlen Gasteilchen aus einer Düse treten lassen und Blenden zur Strahlbegrenzung anbringen. Auf andere Weise ist eine Fokussierung von Neutralteilchen, etwa durch Ablenkung oder Abbildung, nicht möglich. Expansion aus einem Volumen mit niedrigem Druck liefert Teilchen, die im wesentlichen eine Maxwellsche Geschwindigkeitsverteilung mit $\Delta v/\overline{v}$ von ungefähr 1 haben. Monochromatische Teilchenstrahlen lassen sich erzeugen, wenn man die Laufzeit zwischen rotierenden, gegeneinander versetzten Blenden ausnutzt. Auch ein mit einer Blende synchron gesteuertes Massenspektrometer kann Laufzeiten messen bzw. Teilchen mit einer bestimmten Laufzeit auswählen. Monochromatische Strahlen können auch mit einer Hochdruckdüse hergestellt werden („Düsenstrahl"), wie dies in Abb. 2.4.16 schematisch dargestellt ist. In der Düse herrscht gerichtete Strömung mit 10 bis 300facher Überschallge-

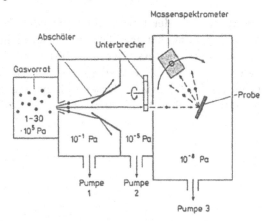

Abb. 2.4.16
Schematische Darstellung einer Atom-(oder Molekular-)Strahl-Apparatur mit Hochdruckdüse. Nähere Angaben sind im Text gemacht.

schwindigkeit. Dabei treten im wesentliche nur Stöße in Vorwärts-richtung auf, wobei schnelle Teilchen abgebremst und langsame be-schleunigt werden. Auf diese Weise erreicht ein hoher Prozentsatz aller Teilchen nach Betrag und Richtung die gleiche Geschwindig-keit, selbst wenn eine Mischung verschieden schwerer Teilchen vor-liegt. Durch nachfolgende Abschäler („Skimmer") werden die Teilchen mit unerwünschter Richtung ausgeblendet. Je nach Anfangsdruck und Geometrie der Anordnung läßt sich eine Geschwindigkeitsverteilung $\Delta v/\overline{v}$ von 0,5 bis 10% erreichen. Die mittlere Geschwindigkeit $\overline{v}$ läßt sich über die Temperatur der Hochdruckdüse oder über Beimischung hoher Anteile schwererer bzw. leichterer Atome verändern. Letzteres ist möglich, da die konstante Geschwindigkeit im Gasgemisch nach der Expansion durch die mittlere Geschwindigkeit des Gemisches im Hochdruckteil gegeben ist. Damit lassen sich Teilchenenergien im Be-reich $0,006 \lesssim E \lesssim 15$ eV einstellen. Da der Nachweis der Teilchen über Massenspektrometer erfolgt, kann häufig ein störender Einfluß der zur Geschwindigkeitsveränderung zugefügten Teilchen (vorwie-gend Edelgase) gering gehalten werden.

Teilchenstrahlenexperimente werden wegen der besonders geringen Eindringtiefe aufgrund der Reflexion der Teilchen an der ersten Schicht gern für Beugungsexperimente oder für Untersuchungen von

Reaktionen an der Oberfläche verwendet. Wie in Abb. 2.4.16 schematisch gezeigt, können Beugungsexperimente durch Schwenken des Massenspektrometers oder der Probe im Ultrahochvakuum durchgeführt werden. Charakteristische Wechselwirkungszeiten von Teilchen mit der Oberfläche lassen sich aus Laufzeitmessungen des „zerhackten" Teilchenstrahls ermitteln (Time of Flight = TOF).

3 Geometrische Struktur von Oberflächen

3.1 Übersicht über mögliche Anordnungen von Atomen an der Oberfläche

Die Anordnung der Atome im Festkörper ist für viele Eigenschaften von ausschlaggebender Bedeutung. So kann der Übergang vom Metall zum Halbleiter (z.B. vom β-Sn zum α-Sn), von ferromagnetischem zu paramagnetischem Stahl (vom kubischen zum hexagonalen Gitter), von weichem zu hartem Material (von Graphit zum Diamant) allein durch eine Änderung der Atomanordnung bewirkt werden. Für die quantitative Beschreibung vieler Eigenschaften wie Gitterschwingungen, elektronische Bandstruktur und optische Eigenschaften ist die Kenntnis der geometrischen Struktur eine unabdingbare Voraussetzung. In gleicher Weise ist es für die eindeutige Beschreibung von Oberflächeneigenschaften unerläßlich, die Anordnung der Atome in der obersten Schicht bzw. in den obersten Schichten zu kennen.

Die Anordnung kann dabei von streng periodisch bis amorph variieren. Die Abweichung der Anordnung von der im Volumen kann allein die oberste oder auch viele darunter liegende Schichten betreffen. Diese Vielfalt der Möglichkeiten soll zunächst qualitativ beschrieben und dann nach der Dimension der Periodizität in eine Ordnung gebracht werden. Die quantitative Beschreibung folgt in Abschn. 3.2, die Meßmöglichkeiten in Abschn. 3.3, 3.4. 3.6 und 3.9. Dazwischen, in Abschn. 3.5, 3.7 und 3.8, werden Hilfen zur Auswertung der Information gegeben.

Im einfachsten Fall bilden alle Oberflächenatome eine vollständige, kristallographisch wohldefinierte Gitterebene auf Plätzen, die durch die Periodizität des Kristallinnern vorgegeben sind (Abb. 3.1.1a). Diese sogenannte ideale Oberfläche wird jedoch in vielen Fällen auch nicht annähernd vorgefunden. Die einfachste Abweichung stellt eine einheitliche Verschiebung der obersten oder mehrerer Lagen gegen die Unterlage dar (deformierte oder relaxierte Oberfläche, Abb. 3.1.1b).

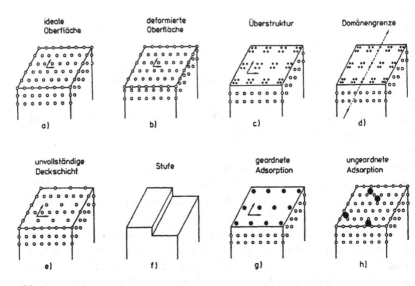

Abb. 3.1.1
Die ideale Oberfläche und einige mögliche Struktur-Veränderungen

Falls die Atome der obersten Lage gegeneinander periodisch verschoben sind, entsteht eine Überstruktur (Abb. 3.1.1c), die auch durch fehlende oder zusätzliche Atome der Unterlage oder andere Atome entstehen kann (Abb. 3.1.1e). Falls Bereiche wie in Abb. 3.1.1a,b,c oder e nur über eine endliche Länge fehlerfrei periodisch sind, müssen als Trennungslinie atomare Stufen oder Domänengrenzen in die Beschreibung mit einbezogen werden (Abb. 3.1.1d und f), die ihrerseits wieder periodisch oder unregelmäßig angeordnet sein können. Schließlich kann die Periodizität durch Punktfehler aller Art gestört sein (Adatome, Fehlstellen, kleine Verrückungen, Austausch eines Atoms auf Gitterplatz usw.).

Die verschiedenen Strukturelemente lassen sich am besten ordnen, wenn man die Dimension der Periodizität heranzieht (Tab. 3.1.1). Gegenüber den in Abb. 3.1.1 genannten Strukturelementen ist hier noch die Facette einbezogen, die einen gegenüber der mittleren Oberfläche geneigten Teilbereich auf einer gemeinsamen einkristallinen, fehlerfreien Unterlage darstellt (siehe Abschn. 3.8) sowie dreidimensionale Baufehler, wie sie aus der Kristallographie bekannt sind. Neben gro-

Tab. 3.1.1
Einteilung der Atomanordnungen in der Oberfläche nach der Dimension der Periodizität

Dimension	Strukturelement
0	Punktfehler: Adatom, Fehlstelle, amorphe Deckschicht, Eckatome an Stufen
1	atomare Stufe, Rand einer Domäne, Phasengrenze, Grenze zwischen Domänen
2	Überstruktur, Facetten
3	Baufehler der Unterlage, Baufehler einer dicken Schicht (Mosaikstruktur, Stapelfehler, Verspannung)

ben Gitterfehlern wie bei einer polykristallinen Probe ist für die Oberflächenphysik besonders die Mosaikstruktur wichtig, bei der die praktisch fehlerfreien Teilbereiche im Mittel um beispielsweise ein Grad oder Bruchteile davon gegen eine mittlere Orientierung verkippt sind. Beim Wachstum von Schichten mit vielen Atomlagen können zusätzlich vielerlei Fehler auftreten, die z.T. durch Unterschiede in der Gitterkonstante von Unterlage und Schicht bedingt sind.

Die hier gegebene Einteilung ist hilfreich bei der Deutung von Beugungsexperimenten zur Bestimmung geometrischer Strukturen und bei der Beschreibung der elektronischen und vibronischen Oberflächenzustände, die durch die gleiche räumliche Periodizität bestimmt sind (Kapitel 4). In gleicher Weise spielt bei den Adsorbatstrukturen die Atomanordnung bei praktisch allen Eigenschaften wie z.B. Bindungsenergie, elektronischen Zuständen oder Austrittsarbeiten eine entscheidende Rolle.

3.2   Mathematische Beschreibung von Kristall-Oberflächen

Die exakte Beschreibung der Position aller Oberflächenatome ist besonders einfach für periodische Strukturen. Je mehr Defekte vorhanden sind, umso schwieriger bzw. aufwendiger wird die Beschreibung. Ersatzweise müssen dann Mittelwerte und Verteilungen um diese Mittelwerte verwendet werden.

Die Beschreibung in diesem Abschnitt bezieht sich ausschließlich auf den Ortsraum, d.h. auf das reelle Gitter. Der k-Raum bzw. das reziproke Gitter werden erst in Abschn. 3.5 eingeführt. Für die Oberfläche genügt die Angabe der Ortsvektoren der Atome in der obersten Schicht. Eventuell müssen zur Charakterisierung der Geometrie auch noch einige darunterliegende Schichten berücksichtigt werden. Für die tieferen Schichten wird die als bekannt vorausgesetzte Struktur des dreidimensionalen Einkristalls zugrunde gelegt. Bei primitiver, kristalliner Struktur ist die Angabe der Ortsvektoren aller sich periodisch wiederholenden Einheitsmaschen besonders einfach:

$$\underline{r} = m_1\underline{a}_1 + m_2\underline{a}_2 \qquad (3.2.1)$$

Dabei sind $\underline{a}_1$ und $\underline{a}_2$ Vektoren in der Oberfläche, die die Periodizität der Anordnung in zwei verschiedenen Richtungen angeben. Konventionsgemäß gilt $|\underline{a}_1| < |\underline{a}_2|$ und eingeschlossener Winkel $\gamma \geq 90°$, wobei $\gamma - 90°$ minimal sein soll. Liegt ein Atom im Nullpunkt des Systems, dann lassen sich durch Wahl ganzzahliger Werte m_1 und m_2 alle Atome einer idealen, fehlerfreien Oberfläche erreichen. Die Beschreibung entspricht ganz der für Kristalle mit primitiver Gitterstruktur und mit drei Einheitsvektoren $\underline{a}_1$, $\underline{a}_2$ und $\underline{a}_3$, wie sie in Lehrbüchern der Kristallographie und der Festkörperphysik zu finden ist. Die Beschreibung ist durch die Beschränkung auf zwei Richtungen vereinfacht. Je nach Zwischenwinkel und Längenverhältnis der beiden Vektoren weist das entstehende Netz als zweidimensionales Gitter verschiedene Symmetrien auf, die durch Drehachsen und Spiegelebenen charakterisiert werden können. Ohne die Symmetrieelemente im einzelnen aufzuzählen, sind in Abb. 3.2.1 die daraus entstehenden Punktnetze, d.h. die fünf Bravais-Netze dargestellt. Entsprechend gibt es 14 Bravaisgitter im Volumen (s. z.B. [Kit 88X] oder [Ash 82X]).

Zur vollständigen Beschreibung eines Gitters reicht nicht allein die Angabe der Einheitsvektoren und damit die Angabe der Einheitsmaschen, es muß auch die Lage der Atome in der Einheitsmasche, also die Basis bekannt sein. Wenn man die dadurch bedingten Verringerungen der Symmetrie berücksichtigt, entstehen die Raumgruppen. Die entsprechend möglichen 17 „Flächengruppen" der Oberfläche sollen hier nicht beschrieben werden, da sie im folgenden nicht benötigt werden.

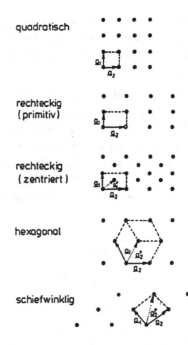

quadratisch

rechteckig
(primitiv)

rechteckig
(zentriert)

hexagonal

schiefwinklig

Abb. 3.2.1
Die fünf Bravais-Netze zur Beschreibung der Oberflächengeometrie mit Einheitsvektoren $\underline{a}_1$, $\underline{a}_2$. Die entsprechenden primitiven Elementarzellen haben die kleinstmögliche Fläche und sind für die unteren 3 Beispiele mit $\underline{a}_1$ und dem gepunkteten Vektor $\underline{a}_2^P$ angegeben.

Details dazu sind in weiterführender Literatur (z.B. [MLa 87X]) zu finden.

Gegenüber dem Volumen kommt eine Besonderheit der Basis an der Oberfläche dazu. Nicht alle Atome müssen in einer Ebene liegen. Insbesondere müssen die Atome in den tieferen Schichten streng genommen der Basis zugeordnet werden, da eine Periodizität senkrecht zur Oberfläche ja nicht vorhanden ist. In Abb. 3.2.2 ist bei einem Querschnitt durch die Oberfläche eingezeichnet, wie eine Basis gewählt

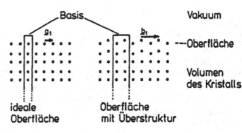

Abb. 3.2.2
Querschnitt durch einen halbunendlichen Kristall mit Angabe der Basis zur Beschreibung der Oberfläche mit und ohne Überstruktur

werden kann. Die Basis sollte dabei über alle tiefer liegenden Schichten, d.h. unbegrenzt ausgedehnt werden. Praktisch genügt es, sich auf die Schichten zu beschränken, die zu dem betrachteten Effekt meßbar beitragen.

Zur Beschreibung einer Oberflächenstruktur geht man von der idealen Oberflächenstruktur aus, d.h. einer, bei der alle Atome, auch die der obersten Schicht, auf Plätzen angeordnet sind, die durch die dreidimensionale Gitterstruktur der Unterlage gegeben sind. Dazu ist es nötig, für eine gegebene Gitterstruktur und die gewünschte Richtung der Oberfläche die Anordnung der Atome, d.h. die Einheitsvektoren und die Basis der Einheitsmasche zu konstruieren. In Abb. 3.2.3 ist

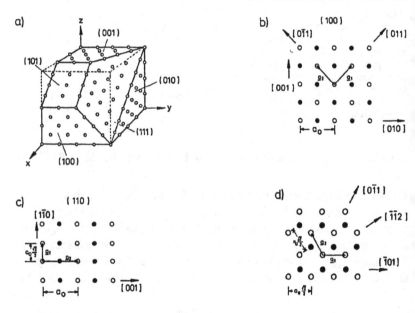

Abb. 3.2.3

a) Würfel eines kubisch flächenzentrierten Kristalls mit Flächen verschiedener Orientierung

b), c) und d) Die oberste Schicht (offene Kreise) und die darunterliegende zweite Schicht (geschlossene Kreise) der idealen (100)-, (110)- und (111)-Oberfläche eines kubisch flächenzentrierten Kristalls mit allen Angaben der Einheitsmasche $\underline{a}_1$, $\underline{a}_2$ sowie verschiedenen Richtungen in der Oberflächenebene. Wie üblich sind Oberflächenorientierungen in runden Klammern und Richtungen in eckigen Klammern angegeben.

dies für das kubisch flächenzentrierte Gitter mit den Flächen (100), (110) und (111) gezeigt, Die Bezeichnung der Flächen mit Hilfe der Millerschen Indizes h_1, h_2, h_3 ist für die Beschreibung dreidimensionaler Kristalle üblich. Details sind in Lehrbüchern der Festkörperphysik, so z.B. in [Kit 88X] oder [Iba 81X] zu finden.

Übung 3.2.1. Man zeichne eine (100)-, (110)- und (111)-Fläche für das einfach kubische, kubisch raumzentrierte sowie für das Diamantgitter. Man gebe ebenfalls die Positionen für die nächste tiefer liegende Schicht an. Man gebe die Vektoren der Einheitsmasche in Einheiten der Kantenlänge der Elementarzelle $\underline{a}_0$ an. Welche der in Abb. 3.2.1 gezeigten Bravais-Netze treten dabei auf?

Die gesuchten Lösungen sowie höher indizierte Flächen und weitere Angaben sind zu finden in [MLa 87X]. Hierin wird auch Software angeboten, um beliebige Flächen auf einem kleinem Computer darzustellen [Her 87].

Für das kubisch flächenzentrierte Gitter sind Atomanordnungen an verschiedenen Oberflächen in Abb. 3.2.3 gezeigt. Dabei ist das Beispiel in Abb. 3.2.3d bezüglich der obersten und der zweiten Schicht identisch mit der (111)-Fläche des Diamantgitters.

Vergleicht man eine experimentell bestimmte Einheitsmasche mit den Vektoren $\underline{b}_1$ bzw. $\underline{b}_2$ mit den für die ideale Oberfläche berechneten Vektoren $\underline{a}_1$ und $\underline{a}_2$, findet man häufig Abweichungen dadurch, daß eine Überstruktur vorliegt. Es kann z.B. ein paarweises Zusammenrücken wie in Abb. 3.1.1c, ein abwechselndes Heben und Senken wie in Abb. 3.2.2 rechts oder ein Fehlen von Oberflächenatomen in regelmäßiger Folge wie in Abb. 3.1.1e auftreten. Für das Beispiel in Abb. 3.1.1c gilt z.B. $\underline{b}_1 = 2\underline{a}_1$ und $\underline{b}_2 = 2\underline{a}_2$. Zur Beschreibung dieser Überstruktur bildet man die Verhältnisse b_1/a_1 und b_2/a_2 und bestimmt den Winkel zwischen den Netzen $\underline{a}_1, \underline{a}_2$ und $\underline{b}_1, \underline{b}_2$. Zusammen mit der chemischen Bezeichnung der Unterlage und den Millerschen Indizes der Oberfläche erhält man die Kurzbezeichnung der Oberflächenstruktur, z.B. Si(111)($\sqrt{3} \times \sqrt{3}$) R 30° in Abb. 3.2.6 (s.u.), d.h. $b_1/a_1 = b_2/a_2 = \sqrt{3}$ und das Netz b_1, b_2 ist um 30° gegenüber der Unterlage verdreht (Abkürzung R = „rotiert"). Ein eventueller Zusatz p oder c nach den Millerschen Indizes gibt an, ob es sich um eine primitive oder eine zentrierte Struktur handelt. Falls die Struktur durch Fremdatome oder -moleküle bestimmt wird, so wird deren chemisches Symbol der Bezeichnung angehängt, z.B. Si(111)($\sqrt{3} \times \sqrt{3}$) R 30° Ag.

Die eben erläuterte Bezeichnung einer Überstruktur ist zwar kurz und in einfachen Fällen übersichtlich, sie ist jedoch nicht überall anwendbar (z.B. für $\sphericalangle(\underline{b}_1, \underline{a}_1) \neq \sphericalangle(\underline{b}_2, \underline{a}_2)$ oder nicht immer anschaulich (z.B. für $|b_1|/|a_1| = \sqrt{31}$ oder für ungewöhnliche Winkel). Dann benutzt man besser die allgemeinere Matrixschreibweise [Som 81X]:

$$\underline{b} = \underline{\underline{S}} \cdot \underline{a} = (S_{ij}) \cdot \underline{a},$$

d.h. $\underline{b_1} = S_{11}\underline{a}_1 + S_{12}\underline{a}_2$

und $\underline{b_2} = S_{21}\underline{a}_1 + S_{22}\underline{a}_2$ (3.2.2)

Mit der Matrix $\underline{\underline{S}} = (S_{ij})$ ist jede Überstruktur beschreibbar. Alle periodischen Oberflächenstrukturen können nach ihrem Verhältnis zum Substratgitter in drei Klassen eingeteilt werden.

a) Alle Koeffizienten S_{ij} sind *ganzzahlig*. Dann liegen *einfache* Strukturen vor, bei denen alle Positionen $m_1\underline{b}_1 + m_2\underline{b}_2$ mit beliebigen ganzzahligen m_1 und m_2 gleichartige Plätze bezüglich der Unterlage sind (z.B. reguläre Gitter- oder Zwischengitterplätze).

Die in Abb. 3.1.1 und 3.2.4 gezeigten Überstrukturen oder auch das oben gegebene Beispiel Si(111)($\sqrt{3} \times \sqrt{3}$) R 30° fallen unter diese einfachen Strukturen.

b) Die Koeffizienten S_{ij} sind *rational*. Es entstehen *Koinzidenz*strukturen, bei denen nicht alle Positionen gleichwertig sind. Ist zum Bei-

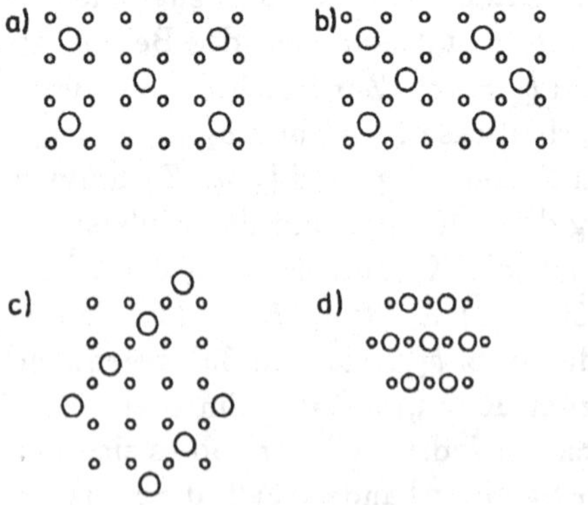

Abb. 3.2.4
Ausschnitte aus periodischen Anordnungen von Oberflächenatomen mit Überstruktur. Adsorbatatome sind durch große, Unterlagenatome durch kleine Kreise repräsentiert.

spiel $b_1 = 1,5 a_1$, dann ist nur jede zweite Oberflächenmasche in gleicher Weise zur Unterlage angeordnet.

c) Falls schließlich die Koeffizienten S_{ij} *irrational* darzustellen sind, liegt eine *inkohärente* Struktur vor, d.h. die Oberflächenstruktur ist unabhängig von der Unterlage, und es liegen keine sich wiederholenden Anordnungen der Oberflächenmaschen zur Unterlage vor.

In der Literatur wird statt rational und irrational auch zwischen kommensurabel und inkommensurabel unterschieden.

Experimentell läßt sich zwischen rational und irrational im allgemeinen nicht exakt unterscheiden. Falls jedoch die Wiederholung der Koinzidenz mit der Unterlage innerhalb des Kohärenzbereiches (das ist der durch die Meßanordnung gegebene interferenzfähige Bereich, siehe Abschn. 3.6) liegt, sind die Koeffizienten als rationale Zahlen experimentell bestimmbar. Für Koinzidenzstrukturen ergeben die Netze der Unterlage und der Überstruktur periodisch in Vielfachen der Einheitsmaschen die gleiche Position. Mit dieser vergrößerten Periode ist eine gemeinsame Beschreibung beider Netze möglich. Für eine inkohärente Struktur gibt es eine Übereinstimmung nur an einem Punkt. Die Oberflächenschicht muß als vollkommen unabhängige Schicht betrachtet werden.

Übung 3.2.2. Man beschreibe für die in Abb. 3.2.4 als Ausschnitt aus einer periodischen Anordnung gezeigten Strukturen die Überstruktur in der Kurzbezeichnung bzw. in der Matrixschreibweise.

Alle in Abb. 3.1.1 aufgelisteten Defekte lassen sich nur dann in Form einer Überstruktur beschreiben, wenn sie periodisch angeordnet sind. Facetten und regelmäßige monotone Stufenfolge werden durch die Millerschen Indizes der Normalenrichtung und ggf. zusätzlich mit einer Überstruktur beschrieben. Für regelmäßige Stufenfolgen wird auch eine andere Schreibweise benützt, wenn niedrig indizierte Terrassen und Kanten speziell benannt werden sollen. Die Bezeichnung $Pt(S)(m(hkl) \times n(h'k'l'))$ bedeutet, daß die regelmäßige Stufenfolge (S) aus Terrassen der Orientierung (hkl) mit einer Breite von m Atomreihen und aus Kantenflächen der Orientierung $(h'k'l')$ mit n Atomreihen besteht. Details zur Nomenklatur sind in weiterführender Literatur zu finden, z.B. bei [Som 81X].

Für unregelmäßige Anordnungen irgendwelcher Defekte ist eine exakte Beschreibung aller Atompositionen nur für kleine Teilbereiche möglich. Für größere Bereiche nimmt man stattdessen Mittelwerte der

Zuordnung	einfach (on-top)	zweifach (Brückenlage)	dreifach (Muldenlage)	vierfach (Muldenlage)
Seitenansicht				
Draufsicht				

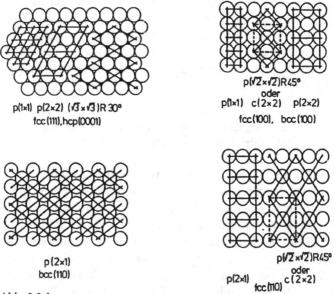

Abb. 3.2.5
Beschreibung der Plätze von Einzelatomen auf Oberflächen über die Symmetrie der Anordnung zu den nächsten Unterlagenatomen

p(1×1) p(2×2) ($\sqrt{3}\times\sqrt{3}$)R 30°
fcc(111), hcp(0001)

p($\sqrt{2}\times\sqrt{2}$)R45°
oder
p(1×1)   c(2×2)   p(2×2)
fcc(100), bcc(100)

p(2×1)
bcc(110)

p($\sqrt{2}\times\sqrt{2}$)R45°
oder
p(2×1)   c(2×2)
fcc(110)

Abb. 3.2.6
Typische Adsorbatstrukturen. Kreise entsprechen Substratatomen, Linien repräsentieren Überstrukturen, die durch geordnete Deckschichten (Adsorbatschichten) erzeugt sein können. An den Schnittpunkten der Linien befinden sich Adsorbatatome [And 81X]. Die Beschreibungen c(2 × 2) und p($\sqrt{2} \times \sqrt{2}$)R45° sind einander im fcc(100)-, bcc(100)- und fcc(110)-Gitter äquivalent.

Abstände, Durchmesser usw. und deren Verteilungsfunktionen (z.B. als Wahrscheinlichkeiten für das Auftreten eines bestimmten Abstandes). Je nach Meßverfahren liefert die Auswertung der Meßwerte entweder direkt die Anordnung in einem kleinen Teilbereich (abbildende Verfahren, Abschn. 3.4) oder direkt die Mittelwerte und die Verteilungsfunktion (beugende Verfahren, Abschn. 3.8).

Den Platz einzelner Atome (z.B. Adsorbatatome) kann man natürlich im Rahmen der Koordinaten in einer Einheitsmasche zusammen mit der Höhe über der obersten Schicht angeben. Für hochsymmetrische Anordnungen wird vielfach die Zahl der nächsten Unterlagenatome und die sich daraus ergebende Symmetrie zur Beschreibung verwendet, wie dies in Abb. 3.2.5 dargestellt ist. Darüberhinaus sind weitere Verfeinerungen wie „unsymmetrische Brückenlage" oder „zweifache Muldenlage" (bei Muldenlage in einem Rechteck mit nur zweifacher Rotationssymmetrie) möglich.

Beispiele typischer Adsorbatstrukturen auf verschiedenen Substratoberflächen mit Angaben der Überstruktur-Nomenklatur gibt Abb. 3.2.6 in einer Zusammenfassung.

3.3 Experimentelle Verfahren und ihre prinzipiellen Grenzen

Eine Methode, die Auskünfte über die geometrische Struktur der Oberfläche liefern soll, muß mehrere Bedingungen erfüllen.

1. Die Auflösung der Abbildung muß im Bereich der Atomabstände liegen, um die Lage der einzelnen Atome angeben zu können. Bei beugenden und abbildenden Verfahren muß entsprechend eine Wellenlänge kleiner als der kleinste noch zu messende Abstand gewählt werden. Die Abbildung soll diesen Abstand auflösen. Bei Rasterverfahren muß der Strahldurchmesser im Bereich der Atomabstände liegen.

2. Die Methode muß oberflächenempfindlich sein, d.h. die Meß- und Beobachtungsgröße muß wesentlich durch die Atome der obersten Schicht bestimmt sein. Eventuell kann durch eine Differenzmessung der Einfluß der Unterlage abgetrennt oder eine Änderung in der obersten Schicht gemessen werden.

3. Die Oberfläche darf durch die Untersuchung nicht irreversibel verändert werden. Die verwendete Strahlung darf also in der Meßzeit keine Änderungen bewirken. Die Messung muß deshalb im Ultrahochvakuum durchgeführt werden.

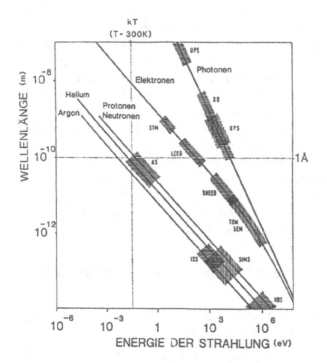

Abb. 3.3.1
Wellenlängen und Energien verschiedener Teilchen oder Wellen mit charakteristischen Bereichen für die Anwendung in Oberflächenanalysetechniken mit UPS = Ultraviolettphotoelektronenspektroskopie, XD = Röntgenstrahlenbeugung (X-Ray-Diffraction), XPS = Röntgenphotoemissionsspektroskopie, STM = Rasterelektronentransmissionsmikroskop (Scanning Transmission Microscope), LEED = Beugung langsamer Elektronen (Low Energy Electron Diffraction), RHEED = Beugung schneller Elektronen (Reflection High Energy Electron Diffraction), TEM = Transmissionselektronenmikroskopie, SEM = Rasterelektronenmikroskopie (Scanning Electron Microscopy), AS = Atomstreuung, ISS = Ionenrückstreuung (Ion Scattering Spectroscopy), SIMS = Sekundärionenmassenspektrometrie, RBS = Rutherford-Rückstreuspektroskopie (Rutherford Back Scattering). Methoden zur Bestimmung der geometrischen Anordnung von Oberflächenatomen werden in Kapitel 3, die übrigen Methoden in Kapitel 4 detaillierter vorgestellt.

Die *erste Bedingung* betrifft die Grenze der Auflösung bei Abbildung und Beugung, die von der Wellenlänge der Strahlung abhängt. Neben elektromagnetischer Strahlung kann z.B. auch der Beschuß mit Teilchen wie Elektronen oder Wasserstoffatomen zur Untersuchung dienen. Nach de Broglie ist der kontinuierliche Fluß von Teilchen mit der Geschwindigkeit v und der Masse m mit der Wellenlänge λ über

$$\lambda = \frac{h}{mv} \tag{3.3.1}$$

korreliert.

Übung 3.3.1. Man berechne die Quantenenergien in eV oder kT (für Raumtemperatur) von Teilchen bzw. Wellen mit der Wellenlänge von 0,1 nm für a) Röntgenstrahlen, b) Elektronen, c) Wasserstoffatome, d) Argonatome.

Abb. 3.3.1 zeigt die Wellenlänge von verschiedenen Strahlungsarten über einen größeren Energiebereich. Alle aufgeführten Strahlungen liefern geeignete Wellenlängen, falls die Energie entsprechend eingestellt wird. Durch Kurzbezeichnung für Beugungsexperimente sind einige Methoden angegeben, die die betreffende Strahlung in dem angegebenen Energiebereich für Strukturinformationen ausnützen. Zum Vergleich sind auch Bereiche anderer Oberflächen-Analyseverfahren eingezeichnet, die z.T. erst in Kapitel 4 eingeführt werden.

Die *zweite Bedingung* betrifft die geforderte Oberflächenempfindlichkeit. Diese kann entweder durch eine geringe Eindringtiefe der Strahlung aufgrund eines großen elastischen oder inelastischen Streuquerschnittes erreicht werden. Möglich ist auch der selektive Nachweis von an der Oberfläche gestreuten Teilchen aufgrund von Ladungszustand oder Energie der Teilchen oder eine Abschattung der unteren Schichten durch die obersten Schichten, z.B. bei Experimenten mit schnellen Ionen. Für Elektronen ist die mittlere Reichweite Λ (vgl. Abschn. 2.1) bis zu einem elastischen oder inelastischen Stoß für sehr viele Materialien als Funktion der Energie gemessen worden (Abb. 3.3.2). Dabei zeigt sich, daß eine Fülle von unterschiedlichen Materialien im Rahmen der Meßgenauigkeit die gleiche universelle Energieabhängigkeit der mittleren Reichweite haben. Dabei ist Λ definiert über die exponentielle, mit dem Ort z abfallende Intensität der Elektronen im Festkörper (für eine verfeinerte Betrachtung vgl. Abschn. 4.4):

$$I = I_0 \exp\left(-\frac{z}{\Lambda}\right) \tag{3.3.2}$$

Für große Energien ($E > 100$ eV) können alle Materialien näherungsweise mit freien Elektronen beschrieben werden, wobei einfallende Elektronen durch elektronische Anregung (z.B. Plasmaanregung) Energie verlieren. Für steigende Energien nimmt die Reichweite etwa proportional mit der Wurzel der Energie zu. Für Energien unter 30 eV wird die Plasmaanregung unwahrscheinlich und schließlich unmöglich, so daß nur weniger wirksame Einelektronenanregungen übrig bleiben. Für Isolatoren mit großem Bandabstand ist wegen fehlender Anregungsmöglichkeiten bei niedrigen Energien mit einem stärkeren Anstieg als bei Metallen zu rechnen.

Im Bereich von 10 bis 500 eV (langsame Elektronen) haben Elektronen die kleinste Reichweite von ca. 1 nm, so daß die obersten Schichten wesentlich zu allen Experimenten mit langsamen Elektronen beitragen. Bei höheren Energien (bis etwa 100 keV) kann die gleiche Oberflächenempfindlichkeit durch streifenden Einfall (1° bis 5°) erreicht werden.

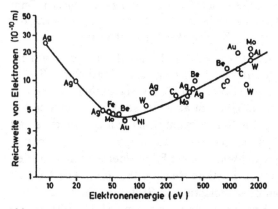

Abb. 3.3.2
Typische Reichweite von Elektronen in Festkörpern. Gezeigt sind Ergebnisse für Metalle. Werte für andere anorganische Materialien liegen für Energien über 50 eV ebenfalls in guter Näherung auf dieser „Universalkurve" [Sea 79]. Genauere Angaben zeigen, daß diese Universalkurve für schlechtleitende Proben und vor allem für organische Materialien nach oben abweicht, d.h. daß die mittleren freien Weglängen größer sind als dies für die hier gezeigten Systeme der Fall ist.

Für Photonen ist die Eindringtiefe wesentlich größer als für Elektronen, so z.B. viele μm bei Energien um 10 keV. Daher kann mit Röntgenstrahlen nur bei extrem streifendem Einfall Oberflächenempfindlichkeit erreicht werden. Wird jedoch mit Röntgenstrahlen lediglich angeregt und mit Photoelektronen ein Streuprozeß nachgewiesen, wie dies z.B. in SEXAFS-Experimenten der Fall ist (siehe Abschn. 4.5), so wird durch die Reichweite der Elektronen Oberflächenempfindlichkeit erzielt.

Thermische Neutronen haben eine so große Eindringtiefe, daß Oberflächenempfindlichkeit nur in Transmissionsuntersuchungen etwa durch Stapeln vieler Schichten von aufgeblähten dreidimensionalen Schichtkristallen („exfoliated crystals") möglich ist.

Atome mit thermischer Geschwindigkeit können in einen Kristall nicht eindringen, sie werden vor der ersten Schicht reflektiert. Dabei besteht eine extreme Oberflächenempfindlichkeit, so daß schon der Abstand zur zweiten Schicht keine direkte Rolle mehr spielt.

Bei der Untersuchung mit Ionen hängt die Informationstiefe wesentlich von deren Neutralisation ab. Wird ein Ion beim Materialdurchgang leicht neutralisiert (z.B. Edelgasionen), so tragen für niedrige und mittlere Energien (bis etwa 20 keV) nur die obersten zwei Schichten wesentlich bei. Für Alkaliionen, die aufgrund der niedrigen Ionisationsenergie nicht so leicht neutralisiert werden, ist auch für Energien unter 1 keV der Beitrag tieferer Schichten wesentlich.

Für Ionen höherer Energie um 1 bis 100 MeV ist die Neutralisation weniger wichtig. Es kommen auch Ionen nach weiten Strecken im Kristall wieder an die Oberfläche, jedoch mit einem Energieverlust, der der Wegstrecke proportional ist. Durch Energieanalyse können die in den obersten Schichten gestreuten Ionen abgetrennt werden. Wird der Ionenstrahl exakt in eine kristallographische Richtung eingeschossen, so können die zweite und alle folgenden Schichten von der ersten abgedeckt sein. Dann werden die Ionen entweder an der obersten Schicht gestreut oder über Kanäle ins Zwischengitter sehr tief eindringen, nicht mehr zur Oberfläche gelangen und damit nicht mehr zum Streusignal beitragen. Bei Ionen über 10 eV Energie ist die Wellenlänge so klein, daß Abbildung und Beugung nicht mehr meßbar sind, jedoch ist eine Strukturinformation über Abschattung (siehe

Abschn. 3.9) und eine Information über die chemische Zusammensetzung durch Energieanalyse (siehe Kapitel 5) möglich.

Die *dritte Bedingung* verlangt, daß die Oberfläche beim Experiment nicht verändert wird. Elektronen bewirken u.a. elektronische Anregungen, die in Metallen und niederohmigen Halbleitern schnell wieder abklingen. Je ionischer und isolierender ein Kristall oder Adsorbat ist, um so stärker sind bleibende Veränderungen durch Elektronenstoßdesorption, Platzwechsel, Dissoziation und ähnliche Sekundärprozesse auf Grund von Ladungsverschiebungen in Atomen und Atomkomplexen. Möglich sind dann bleibende Veränderungen der elektronischen Zustände bis hin zum „Bohren" von Löchern in Ionenkristallen durch Verdampfen aufgrund der Ionisierung durch Elektronenbeschuß. Durch Steigern der experimentellen Nachweisempfindlichkeit für Elektronen (z.B. durch Kanalplatten bei LEED, siehe Abschn. 3.6) und damit verbundene Reduzierung des Primärstroms lassen sich derartige Schäden vielfach hinreichend klein halten. Photonen rufen eine wesentlich geringere Schädigung hervor, so daß empfindliche Systeme damit leichter untersucht werden können. Thermische Atome können aufgrund ihrer Energie, die unter der Bindungsenergie der Atome liegt, keine Schäden hervorrufen.

Ionen über etwa 30 eV können bei zentralem Stoß das getroffene Atom aus seinem Gitterplatz schlagen. Bei hoher Energie können Ionen entsprechend mehr Atome auch bei streifender Streuung verrücken. Deshalb darf eine Oberfläche nur mit sehr geringen Dosen für Strukturuntersuchungen belastet werden, damit die Vorfälle experimentell vernachlässigbar bleiben, bei denen ein Ion einen durch verlagerte Atome veränderten Bereich erneut trifft. Eventuell müssen Gitterschäden durch thermische Behandlung so weit wie möglich vor Weiterführung des Experiments ausgeheilt werden, was bei ionischen Strukturen schwierig sein kann. In vielen Fällen ist jedoch bei hinreichend niedriger Dosis eine zeitunabhängige Analyse möglich, die häufig auch als „statische" oder „quasistatische" Untersuchung bezeichnet wird.

3.4   Direkte Abbildung der Oberfläche

Jedes Mikroskop liefert ein vergrößertes Bild der Oberfläche, wenn Beleuchtung und Beobachtung von der gleichen Seite aus erfolgen (Auflichtverfahren). Das erhaltene Bild liefert jedoch nicht unbedingt oberflächenphysikalisch auswertbare Informationen. Deshalb sollen verschiedene Mikroskoptypen auf ihre diesbezügliche Brauchbarkeit hin untersucht werden.

Die Grenze des *Lichtmikroskops* ist gegeben durch eine optimale Auflösung von etwa 1 μm und durch eine Eindringtiefe des Lichtes von mindestens 0,1 μm. Es wird also sowohl parallel als auch senkrecht zur Oberfläche über viele hundert Atomabstände gemittelt. Eine direkte Information über die oberste atomare Schicht ist deshalb nicht möglich. Eine ideale Oberfläche würde ein völlig strukturloses Bild liefern. Auch erhebliche Abweichungen von einer idealen, geordneten Oberfläche, so z.B. eine mechanisch polierte und damit kristallographisch stark gestörte oder sogar amorphe Oberfläche eines Metalls oder Glases, bleiben häufig vollkommen unsichtbar. Das Lichtmikroskop ist trotzdem sehr nützlich, um makroskopische Fehler wie Schleifspuren, Ablagerungen, Ätzgrübchen (etwa durch bevorzugtes Ätzen an Defekten wie Versetzungen und Korngrenzen) und grobe Unebenheiten oder Inhomogenitäten zu zeigen. Das Bild ist jedoch kein Maßstab für Ordnung und Regelmäßigkeit im atomaren Bereich. Es kann eine lichtmikroskopisch recht zerklüftete Fläche trotzdem im atomaren Bereich im Mittel sehr gut geordnet sein (z.B. Bruchflächen eines Einkristalls) und umgekehrt (poliertes Glas).

Transmissionselektronenmikroskope (TEM) erreichen eine Auflösung von atomaren Dimensionen, die heute bei etwa 0,1 nm liegt. Gitterebenen sind auflösbar, wenn man einen Kristall mit einer Dicke von 2 bis 100 nm studiert. Dazu wird der makroskopische Kristall z.B. von der Rückseite her mit Ionenbeschuß abgetragen, bis ein Loch entsteht. An der Kante des Lochs wird dann ein Bereich geeigneter Dicke für die Untersuchung gewählt. Da diese Präparation nicht im Ultrahochvakuum gemacht werden kann, können hiermit nur Strukturen nachgewiesen werden, die durch die Behandlung oder nachher nicht verändert werden (z.B. die Bildung einkristalliner Bereiche eines

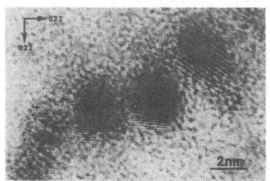

Abb. 3.4.1
Einkristalline Bereiche eines Pt-Silicids auf einer Silicium(100)-Unterlage im
TEM. Die Siliciumscheibe wurde nach Aufbringung des Platins auf die reine Oberfläche im Ultrahochvakuum bei 600 °C 30 min geheizt und dann nach Heraus-
nahme von der Rückseite her auf 10 bis 20 nm gedünnt, so daß die Probe senkrecht zur Oberfläche vom Elektronenstrahl im Mikroskop durchdrungen werden
kann. Die dunklen Bereiche stellen die jeweils einkristallinen Bereiche des Silicids
„PtSi" dar. Die unterschiedliche Musterung ergibt sich durch Überlagerung mit
dem Muster der Unterlage (Moiré-Effekt) (freundlicherweise von P.S. Ho, IBM,
Yorktown-Heights, zur Verfügung gestellt).

Silicids auf einer Siliciumunterlage, Abb. 3.4.1). Möglich ist auch die
Herstellung der dünnen Transmissions-Bereiche im UHV. Für diesen
Fall muß das Elektronenmikroskop selbst für Ultrahochvakuumbe-
trieb ausgelegt sein.

Dafür wird z.B. in ein normales Hochvakuummikroskop ein kleiner
Probenhalter eingebaut, der mit einem mit flüssigem Helium gekühlten engen Zylinder umgeben ist. Nur für den eintretenden und aus-
tretenden Elektronenstrahl müssen kleine Öffnungen vorhanden sein.
Obwohl eine Druckmessung in der Probenkammer wegen ihrer engen
Dimensionen nicht möglich ist, kann der UHV-Druck-Bereich sicher
erreicht werden. Z.B. wurde so eine Probenkammer, die durch eine
Kryopumpe Ultrahochvakuum erreicht, in ein konventionelles Elektronenmikroskop eingebaut [Osa 80,81]. Oberflächenempfindlichkeit
wurde durch Reflexion bei streifendem Einfall erreicht. Auch wenn
hierbei atomare Auflösung noch nicht erreicht wurde, können atomare Stufen, Überstrukturdomänen, Fremdatominseln und dynamische Prozesse wie Verdampfen von Oberflächenatomen (durch Wande-

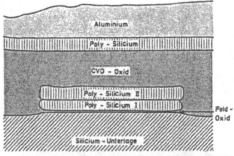

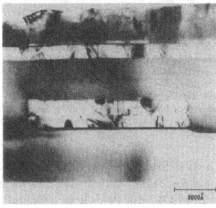

Abb. 3.4.2
Querschnitt durch einen MOS-Transistor. Aus einer Scheibe mit vielen Transistoren wurde ein Querschnitt einer Dicke von 10 bis 20 nm entnommen und im Elektronenmikroskop durchstrahlt [Mar 83X].
a) schematische Darstellung
b) Mikroskopaufnahme

rung von atomaren Stufen) an der wohldefinierten, reinen Oberfläche studiert werden (Abb. 3.4.4).

In einem anderen Beispiel wurde die Reaktion von Ni oder Co mit Siliciumoberflächen beim Heizen gleichzeitig mikroskopiert [Gos 87]. Es ist auch möglich, den Rand kleiner oder dünner Proben zu studieren und dabei Bewegungen einzelner Atome bzw. Atomreihen in Projektion zu verfolgen.

Für die Untersuchung der Grenzfläche einer dicken Deckschicht mit der Unterlage ist ein anderes Verfahren auch für Mikroskope ohne UHV geeignet. Aus der Probe werden Querschnitte erst geschnitten, dann geschliffen und schließlich mit Ionen auf einige 10 nm gedünnt. So können die Strukturen von Halbleiterbauelementen (Abb. 3.4.2) oder Fehler wie atomare Stufen oder Versetzungen an der Grenzfläche

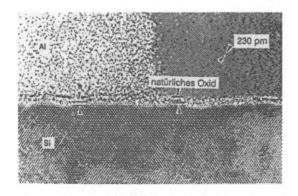

Abb. 3.4.3

Fehler an einer Silicium(100)-Oberfläche mit amorphem natürlichem Oxid („native oxide", Oxidation bei Raumtemperatur an Luft) und einer polykristallinen Aluminiumschicht. Die schwarzen Punkte im Bereich des Siliciums entsprechen jeweils zwei (nicht aufgelösten) Reihen von Siliciumatomen in [011]-Richtung. Die Rauhigkeit der Zwischenfläche ist mit „h" angegeben. Da das Mikroskop nach dem Silicium justiert wurde, ist ein Aluminiumkorn (rechts) mit atomarer Auflösung nur zufällig wegen seiner ebenfalls geeigneten Orientierung zu erkennen [Ant 84].

direkt sichtbar gemacht werden (Abb. 3.4.3). Benötigt man keine atomare Auflösung, kann die Oberfläche im Ultrahochvakuum mit Metall (z.B. mit 0,2 nm Pt) schräg bedampft und mit einer dicken Graphitschicht um 50 nm bedeckt werden. Durch das Schräg-Bedampfen erhält man keine vollständige Deckschicht, sondern durch Unebenheiten beschattete Bereiche. Löst man hinterher die Graphitschicht mit dem Metall ab, so kann man in einem einfachen Elektronenmikroskop alle Unebenheiten durch die Schatten des Metalls bis zu den Schatten einatomarer Stufen (Abdruckverfahren) erkennen. Die Sichtbarkeit von Defekten wie z.B. Stufen kann man stark erhöhen, wenn man den Kristall mit Metallatomen bedampft, die auf der Oberfläche diffundieren und dort an den Defekten große Kristallite (5 bis 10 nm im Durchmesser) bilden („Dekoration von Defekten"). Auf diese Weise können einerseits Defekte sichtbar gemacht werden, andererseits auch Wachstumsprozesse von Metallkristalliten selbst untersucht werden. Man muß hier berücksichtigen, daß die Probe durch den Abdruck zerstört oder zumindest stark verändert werden kann.

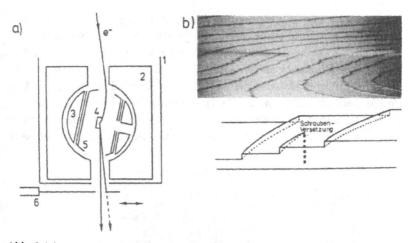

Abb. 3.4.4

a) Prinzipieller Aufbau eines Ultrahochvakuumeinsatzes in ein Elektronenmikroskop für Reflexionsbeobachtung: (1) Kühlung mit flüssigem N_2, (2) Kühlung mit flüssigem He (Kryopumpe zur Erzeugung von UHV), (3) drehbarer Haltestab mit Probenhalter (4). Gezeigt ist die Meßposition für Reflexionsmikroskopie: Nach Drehung kann die Probe durch Beschuß geheizt oder durch Bedampfung verändert werden. (5) Strahlungsabschirmung, (6) Aperturblende der Objektivlinse [Osa 80].

b) UHV-REM-Aufnahme einer gestuften Si(111)-Fläche mit einer Schraubenversetzung (=screw dislocation). Die einatomare Stufenhöhe wird durch das Ende der Stufe an dem Versetzungsdurchstoßpunkt nachgewiesen [Osa 81].

Beim *Rasterelektronenmikroskop* („Scanning Electron Microscope", SEM) wird mit einem feinfokussierten Elektronenstrahl die zu untersuchende Probe abgerastert. Synchron wird die Helligkeit eines Fernsehschirms mit einem vom Elektronenstrahl abgeleiteten Signal gesteuert. Die Auflösung ist durch den Fokus, etwa 1 bis 10 nm, die Oberflächenempfindlichkeit durch die Art des ausgewerteten Signals gegeben. Wird z.B. der Sekundärelektronenstrom bei niedrigen Energien zur Bilderzeugung benutzt, so wird die Bildhelligkeit durch die obersten Schichten bestimmt. Geänderte Zusammensetzung oder Anordnung der obersten Schicht bewirkt eine veränderte Austrittsarbeit (siehe Abschn. 4.2.1) und damit einen veränderten Kontrast. Da auch der Neigungswinkel der Oberfläche die Sekundärelektronenemission beeinflußt, sind auch Unebenheiten wie z.B. Pyramiden oder Bruchflächen des gleichen Materials gut zu erkennen.

Nimmt man zur Bilderzeugung Augerelektronen eines bestimmten
Elementes mit Hilfe eines Energieanalysators aus dem Sekundärelektronenstrom (siehe Abschn. 4.5.3), so erhält man ein Bild der Verteilung dieses Elements an der Oberfläche (*Rasteraugermikroskop* oder
„Scanning Auger Microscope", SAM). Ein Beispiel ist in Abb. 3.4.5c
und d gezeigt. Auch wenn Rastermikroskope i.allg. keine atomare
Auflösung haben, sind sie besonders in Ultrahochvakuumausführung
und mit Augeranalysator für viele Oberflächenuntersuchungen sehr

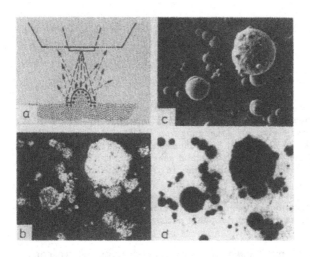

Abb. 3.4.5
Anordnung und Beispiele für ein Rasterelektronenmikroskop
a) Prinzipielle Anordnung: Der auf die Probe fokussierte Strahl wird über die Probe in der x-y-Ebene durch Ablenkung der Primärelektronen gerastert. Von den
in allen Richtungen emittierten Streu- und Sekundärelektronen werden entweder vorzugsweise die Sekundärelektronen durch einen seitlich aufgestellten Kollektor eingesammelt und zur Bilderzeugung benutzt (REM oder SEM, Raster-
(Scanning)-Elektronenmikroskopie) oder es werden allein die Augerelektronen eines Elementes (vgl. Kapitel 4) mit einem meistens koaxialen Energieanalysator
erfaßt und detektiert (Scanning Auger Microscopy, SAM).
b) REM-Bild einer Indiumfolie mit Nickelkügelchen. Die plastische Wirkung
kommt durch die Stellung des Sekundärelektronenkollektors links vom Bild zustande.
c) SAM-Bild wie b), jedoch Bilderzeugung mit Augerelektronen des Nickels (helle
Bereiche)
d) SAM-Bild wie c), jedoch Augerelektronen des Indiums (von Physical Electro-
nics Division der Perkin Elmer Corporation)

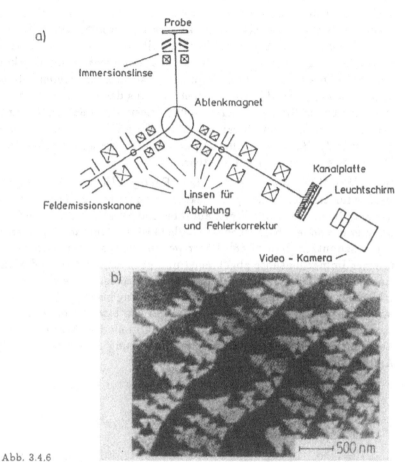

Abb. 3.4.6

a) Prinzipieller Aufbau des Mikroskops für langsame Elektronen (LEEM = Low Energy Electron Microscopy). Ein Elektronenstrahl aus der Feldemissionskanone wird auf 20 keV beschleunigt und mit dem Ablenkmagnet auf die Probe gelenkt. In der Immersionslinse wird der Strahl auf Energien von 0 bis 200 eV abgebremst. Gleichzeitig werden die gestreuten und gebeugten Elektronen beim Rückweg wieder auf 20 keV beschleunigt. Der Ablenkmagnet bringt diese Elektronen in die Richtung des Leuchtschirms. Die Linsen können so eingestellt werden, daß entweder das Beugungsbild oder ein vergrößertes Abbild der Oberfläche (nach Verstärkung durch die Kanalplatte) sichtbar wird [Bau 87,88].

b) Beispiele einer LEEM-Aufnahme: Phasenübergang von der 1×1- zur 7×7-Überstruktur auf der Si(111)-Fläche beim Abkühlen. Die hellen Bereiche sind Domänen der 7×7-Überstruktur, die an Stufenkanten kristallisieren [Bau 87,88].

wichtig. In jedem Fall müssen auch mögliche Schäden durch Elektronenbeschuß (typischerweise mit 10 kV, 1 nA, aber hoher Stromdichte durch Fokussierung) besonders bei Halbleitern und ionischen Materialien berücksichtigt werden. Da das Rastermikroskop auf Defekte bei reinen Oberflächen sehr unempfindlich ist (atomare Stufen liefern keine Kontraste), wird in einer Neuentwicklung das Signal von dem in Reflexion beobachtbaren Beugungsbild abgeleitet [Ich 88]. Dafür wird die Probe streifend vom Strahl getroffen (RHEED-Anordnung, siehe Abschn. 3.6). Bei einer Auflösung bei etwa 15 nm sind strukturelle Defekte wie Stufen sehr gut sichtbar.

Im *LEED-Mikroskop* (LEEM = Low Energy Electron Microscopy) werden für die Elektronenoptik Elektronen hoher Energie (10 kV) verwendet, die kurz vor der Probe auf 0 bis 150 eV abgebremst werden, um hier die hohe Oberflächenempfindlichkeit der langsamen Elektronen auszunutzen [Bau 87,88]. Dafür werden die schnellen Elektronen in einer Immersionslinse abgebremst und nach senkrechter Reflexion einschließlich der gebeugten Strahlen in der gleichen Linse wieder beschleunigt (siehe Abb. 3.4.6). Bei einer Auflösung bis etwa 10 nm kann wahlweise das direkte Bild eines Bereiches von etwa 2 μm oder dessen Beugungsbild beobachtet werden. Strukturelle Defekte und deren Veränderung durch Temperatur oder Bedeckung sind während der Änderungen beobachtbar.

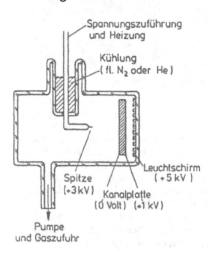

Abb. 3.4.7
Prinzipielle Anordnung eines Feldionenmikroskops

Das älteste Verfahren, das alle in Abschn. 3.3 genannten Kriterien für eine direkte Abbildung erfüllt, ist die *Feldionenmikroskopie.* Das Prinzip der Anordnung ist in Abb. 3.4.7 gezeigt. Eine zu einer scharfen Spitze mit einem Krümmungsradius von ca. 10 bis 50 nm geformte Probe wird unter Anwesenheit eines „Bildgases" (z.B. 10^{-3} bis 10^{-2} Pa Edelgas) einer hohen Feldstärke ausgesetzt (ca. 10^{11} V/m an der Spitzenoberfläche, Spitze positiv). Die an der Spitze ionisierten Gasatome werden durch das Feld von der Spitze weg beschleunigt und erzeugen beim Auftreffen auf dem Leuchtschirm ein Bild. Durch Vorschalten von einer oder zwei Platten aus eng gepackten Elektronenvervielfacherkanälen (Kanalplatten oder „Channelplates") wird die Helligkeit um mehrere Größenordnungen gesteigert und die Zerstörung des Leuchtschirms durch Ionenbeschuß verhindert. Gleichzeitig wird die an der Spitze erforderliche Feldstärke und damit die Feldverdampfung gesenkt. Die zunächst neutralen Gasatome werden durch das inhomogene Feld polarisiert und auf die Spitze hin beschleunigt. Nach inelastischen Stößen mit der Oberfläche bildet sich eine erhöhte Gaskonzentration in der Nähe der Spitze. In einem optimalen Abstand von etwa 0,4 nm erfolgt Ionisation durch Tunneleffekt (Abb. 3.4.8). Bei geringerem Abstand ist für das Elektron des Gas-

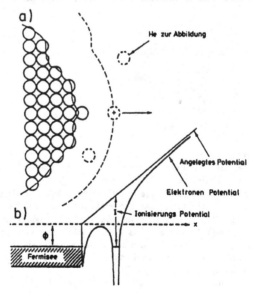

Abb. 3.4.8
Ionisierung eines Atoms im Feld vor der Spitze
a) Geometrisches Modell einer Spitze mit Fläche größter Ionisierungswahrscheinlichkeit (gestrichelte Linie)
b) Potentialverlauf für ein Elektron bei einem Atom im Abstand größter Ionisierungswahrscheinlichkeit: Das höchste besetzte Niveau liegt auf der Höhe des Ferminiveaus. Bei kleinerem Abstand ist keine Ionisierung möglich (da dann das Atomniveau unter dem Ferminiveau liegt). Bei größerem Abstand wird die Tunnelbarriere vergrößert.

atoms kein freies Niveau gleicher Energie an der Spitze vorhanden, bei zu großem Abstand wird die Tunnelwahrscheinlichkeit wegen größerer Potentialbarriere vernachlässigbar klein. Durch das radialsymmetrische Feld vor der Spitze ist das Schirmbild ein um das Verhältnis Abstand/Krümmungsradius vergrößertes Abbild der Spitze (Vergrößerung 10^6 bis 10^7). Damit ist atomare Auflösung erreichbar. Die Helligkeit auf dem Schirm hängt über den Ionenstrom von der Gaskonzentration und der Ionisierungswahrscheinlichkeit der Gasatome vor der Spitze ab. Da die Feldstärke unmittelbar vor dem Zentrum eines Atoms, besonders von Kantenatomen, erhöht ist, ist dort auch die Ionisierungswahrscheinlichkeit und die Gaskonzentration im optimalen Abstand erhöht. Es sind also die Atome einzeln auf dem Leuchtschirm als helle Punkte zu sehen. Da die Ionisation vor der Oberfläche stattfindet, hat nur die oberste atomare Schicht auf das Bild Einfluß. Bis auf das Bildgas, das als Edelgas keine bleibende Veränderung hervorrufen sollte, können Ultrahochvakuumbedingungen aufrechthalten werden. Abb. 3.4.9 zeigt ein Feldionenbild einer Wolfram-Einkristallspitze mit Re-Atomen.

Eine apparative Verbesserung ist dadurch möglich, daß der Leuchtschirm (einschließlich Kanalplatten) an einer Stelle durchbohrt und

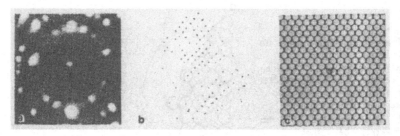

Abb. 3.4.9
Beispiele für Feldionenmikroskop-Aufnahmen: Diffusion eines Rheniumatoms auf einer W-Spitze mit (110)-Orientierung.

a) Das Bild der Spitze mit einzelnem Adatom. Sichtbar sind die Randatome der (110)-Fläche sowie das Einzelatom auf der Fläche in der Mitte.

b) Positionen des Adatoms nach 345 Diffusionsschritten mit jeweils Aufwärmen (feldfrei), Halten auf 336 K über 30 Sekunden und Abkühlen unter 20 K für die Abbildung der Oberfläche. Aus der Schrittweite bei aufeinanderfolgenden Bildern läßt sich die Diffusionskonstante nach der („random walk") Theorie bestimmen [Fin 84] (vgl. Abschn. 5.5).

c) Modell einer (110)-Fläche mit einem Adatom in der Mitte

über eine Flugstrecke mit dem Auffänger verbunden wird. Wird die
Spitze so geschwenkt, daß ein gut sichtbares, d.h. etwas hervorste-
hendes Atom auf dem Loch abgebildet wird, so kann man durch
kurzzeitige Erhöhung der Feldstärke oder einen Laserpuls erreichen,
daß dieses Atom desorbiert wird und durch das Loch fliegt. Aus der
Laufzeit bis zum Auffänger kann man die Masse bestimmen. Durch
Zurückschwenken der Spitze kann man sich auf dem Leuchtschirm
davon überzeugen, ob das gewünschte Atom desorbiert wurde. Es ist
also möglich, nicht nur einzelne Atome in ihrer Lage zu beobachten,
sondern bei der Desorption auch ihre Masse zu bestimmen („atom
probe").

Diesen einzigartigen Vorteilen stehen auch Nachteile gegenüber. Da
zur Abbildung eine hohe Feldstärke erforderlich ist, kann man keine
feldfreie Oberfläche untersuchen. Es ist nicht klar, ob die beobachtete
Anordnung, besonders bei Anwesenheit von Fremdatomen, durch das
Feld verändert worden ist. Es können nur Materialien (Unterlage und
Deckschicht) untersucht werden, die bei dem Feld noch stabil sind,
d.h. noch nicht verdampfen. Auch wenn durch Einsatz von schwe-
reren Edelgasen (z.B. Ar) und von Bildverstärkern (Elektronenver-
vielfacher-Kanalplatten) die nötige Feldstärke gesenkt werden konnte,
sind nur ausgewählte Materialien in reinem Zustand oder mit geeigneter Bedeckung untersuchbar. Schließlich müssen alle Proben zu einer
scharfen Spitze geformt werden. Es kann also keine ebene Fläche mit
einem Durchmesser größer als etwa 10 bis 20 Atomabstände abgebildet werden. Bei Beachtung dieser Einschränkungen können sonst
nicht beobachtbare Vorgänge beobachtet werden, wie z.B. Diffusion
und chemische Identifizierung eines Einzelatoms oder mehrerer Atome
auf einer vollständigen Oberflächenschicht oder die Anordnung eines
Adsorbates auf der Unterlage oder Ausscheidungen einzelner Atome
an Korngrenzen.

Eine interessante Neuentwicklung zur Untersuchung feinster topogra-
phischer Strukturen ist das *Rastertunnelmikroskop* (Binnig, Rohrer,
Physiknobelpreis 1986) [Bin 82], [Han 87]. Dieses liefert 3-dimensio-
nale Bilder von Oberflächen und kann dabei einzelne Atome auflösen. Eine feine Metallspitze wird so weit an die zu untersuchende
Oberfläche herangefahren, bis der Tunnelstrom (s.u.) einsetzt (Ab-

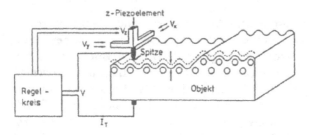

Abb. 3.4.10
Grundprinzip der Rastertunnelmikroskopie (STM). Eine Spannung V_z wird an das z-Piezoelement gelegt, um mit Hilfe des Regelkreises den Tunnelstrom konstant zu halten, während die Spitze über das Objekt durch Variationen von V_x und V_y zeilenförmig gerastert wird.

stand meist ≤ 1 nm). Dann wird die Spitze rasterförmig über die Oberfläche bewegt, wobei der Tunnelstrom und damit der Abstand zwischen Spitze und Objekt über einen elektronischen Regelkreis konstant gehalten wird (Abb. 3.4.10). Durch die Registrierung des Reglersignals erhält man ein direktes Abbild der Oberfläche. Dabei müssen keine Vakuumbedingungen eingehalten werden, und es kann sogar in flüssigem Medium gemessen werden, wenn der Abstand Tunnelspitze - Oberfläche kleiner als die Flüssigkeitsmoleküle gewählt wird.

Neben der Oberflächentopographie enthalten die Bilder u.a. auch Informationen über Elektronendichteverteilungen und elektronische Austrittspotentiale.

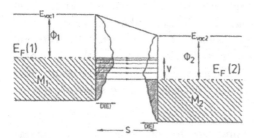

Abb. 3.4.11
Energiediagramm für eine Tunnelstrecke der Dicke s zwischen zwei Metallen. Elektronen tunneln von Zuständen des Metalls 1 (M_1) zwischen dem Ferminiveau $E_F(1)$ und $E_F(1) - V$ in unbesetzte Zustände des Metalls 2 (M_2). $E_{vac\,1,2}$ sind die Vakuumniveaus, $\Phi_{1,2}$ die Austrittsarbeiten. Ebenfalls eingezeichnet sind die Zustandsdichten $D(E)$, wobei schraffierte Bereiche besetzte Zustände andeuten.

Die physikalische Basis des STM ist der quantenmechanische Tunneleffekt. Er findet zwischen Leiterspitze und Probe statt, die über Vakuum mit einer Potentialbarriere getrennt sind (Abb. 3.4.11). Als Näherung ergibt sich für eV $\ll \Phi$ für die Stromdichte j:

$$ j \sim \frac{\sqrt{\Phi}}{s} \cdot V \cdot \exp\left(-k\sqrt{\Phi} \cdot s\right) \qquad (3.4.1) $$

$\Phi = \frac{1}{2}(\Phi_1 + \Phi_2)$ ist die effektive Austrittsarbeit, V die angelegte Spannung, s der Tunnelabstand, k eine Konstante. j hängt also in sehr starkem Maße vom Abstand s und von der Austrittsarbeit Φ ab. Außerdem hängt j von den Elektronendichten der beteiligten Niveaus vor und nach dem Tunneln ('Zahl oder Dichte der Tunnelkanäle') ab. Für eine Abstandsänderung $\Delta s = 0,1$ nm ergibt sich eine Zunahme des Tunnelstroms ungefähr um einen Faktor 10.

Typische Arbeitsparameter für Metalle sind: $V = 100$ mV, $I = 1$ nA bei $\Phi = 4$ eV. Daraus resultiert ein Abstand von ca. 10 Å = 1 nm.

Mit dem STM können verschiedene Betriebszustände und damit Meßmethoden durchgeführt werden:

a) Rastern bei 'konstantem Strom' ($j =$ const) (Abb. 3.4.12a)
Bei den meisten Anwendungen wird die Spitze bei konstant gehaltenem Strom an der Oberfläche nachgeführt. Typische Rasterzeiten sind einige Minuten pro Bild. Damit werden Zustandsdichten der Elektro-

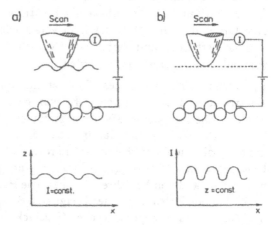

Abb. 3.4.12
Vergleich: a) Rastern bei konstanter Stromdichte j liefert V_s oder $z = f(x,y)$, b) bei konstanter Höhe $j = f(x,y)_{s,V_s}$ [Han 87]

nen nahe dem Ferminiveau E_F räumlich abgetastet. Je nach angelegter Spannung können sich dann sehr unterschiedliche Bilder ergeben.

b) Rastern bei 'konstanter Höhe' ($s = $ const) (Abb. 3.4.12b)
Die Rasterung kann schneller erfolgen (1 s oder schneller pro Bild),
ohne daß der Spitzenabstand zur Oberfläche nachgeführt wird. Die
Änderung des Tunnelstroms wird registriert. Das Verfahren läßt sich
nur bei sehr ebenen Proben durchführen.

c) Messung der Austrittsarbeit Φ
Eine Möglichkeit, 'echte' Oberflächenstrukturen der Elektronendichten von den durch lokale Änderungen der Austrittsarbeit Φ hervorgerufenen Strukturen zu unterscheiden, ergibt sich aus folgendem Zusammenhang (vgl. Gl. (3.4.1)):

$$\frac{\mathrm{d}\ln I}{\mathrm{d}s} \sim \sqrt{\Phi} \qquad (3.4.2)$$

Durch schnelles periodisches Verändern des mittleren Abstandes $\bar{s}$
Spitze - Objekt um ds kann bei gleichzeitiger Messung von d$\ln I$ der
Verlauf der effektiven Austrittsarbeit entlang der Oberfläche gemes-
sen werden.

d) Tunnelspektroskopie
Der Quotient $\mathrm{d}I/\mathrm{d}V = \sigma(V)$ als Leitfähigkeit der Tunnelstrecke wird
bei verschiedenen Spannungen V bei konstantem s an definierten
Oberflächenatompositionen aufgenommen. Auf diese Weise können
Leitfähigkeiten über höherliegende Elektronenorbitale an einem festen Ort und, durch Messungen an verschiedenen Positionen, durch
laterale Verteilung und Verteilungen von elektronischen Oberflächenzuständen sichtbar gemacht werden.

Die vertikale Auflösung des STM ist nur durch mechanische oder
elektrische Störungen begrenzt. Es wurden bereits Werte von 5 pm
erreicht. Die laterale Auflösung liegt für eine einatomige Spitze bei
0,2 nm. Das STM gehört damit neben dem Durchstrahlungselektro-
nenmikroskop und dem Feldionenmikroskop zu den Techniken mit der
besten lateralen Auflösung. Die hervorragende Höhen-Auflösung wird
mit keinem anderen Verfahren erreicht. Die Probleme des Mikroskops
liegen bei der Erzeugung einer geeigneten Spitze, welche immer noch
nur durch Zufall und/oder großes Geschick präpariert werden kann.

Während die Erschütterungsempfindlichkeit durch konstruktive Verbesserungen ein beherrschbares Problem ist, spielt die Hysterese der Piezostäbchen und die thermische Drift durch die unterschiedlichen verwendeten Materialien eine große Rolle. Ebenso sind die Untersuchungsmöglichkeiten sehr rauher Oberflächen und der Einfluß von Adsorbaten noch nicht genau bekannt. Die chemische Identifizierung von gut sichtbaren Verunreinigungen ist meistens ohne andere Hilfsmittel (Charakterisierung der Vorgeschichte bzw. Spektroskopie, wie z.B. AES, siehe Abschn. 4.5.3) nicht möglich. Neue Entwicklungen zielen auf schnelle Abtastung (z.B. 50 Bilder/s und schneller), um die Tunnelstrombelastung niedrig zu halten und auch dynamische Vorgänge untersuchen zu können.

Als Beispiel sei zunächst die Si(111)-Fläche genannt, deren 7×7-Überstruktur vielfach die Teststruktur für atomare Auflösung im UHV darstellt. Das Bild (Abb. 3.4.13) wird bestimmt durch die Atome in der obersten Lage (die „Adatome" der Struktur, die in Abb. 3.7.11 genauer beschrieben ist). Eine Einheitsmasche der Überstruktur ist durch die Löcher in den Ecken der Masche („corner holes") am einfachsten zu erkennen. Abb. 3.4.13 zeigt große fehlerfreie Bereiche. Es

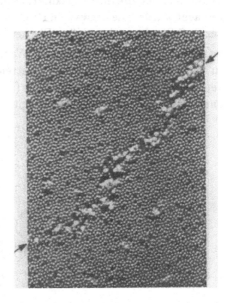

Abb. 3.4.13
Bild einer Si(111)-Oberfläche mit 7×7-Überstruktur in zwei Domänen. Die Domänengrenze ist durch Dekorierung mit Metall deutlich sichtbar (freundlicherweise von U. Köhler zur Verfügung gestellt).

Abb. 3.4.14
Wachstum von einatomaren Inseln mit 2×1-Struktur auf einer gestuften Si(100)-Fläche). Die Richtung der Dimeren der Überstruktur sowie die Vorzugsrichtung von Kanten und Inseln wechselt von Schicht zu Schicht um 90° (freundlicherweise von U. Köhler zur Verfügung gestellt).

ist ein Ausschnitt gewählt mit einer Domänengrenze zwischen zwei 7×7-Domänen, die durch Dekoration mit Metallen besonders sichtbar gemacht wurde. Die schwarzen Flecken der 7×7-Bereiche sind Defekte der 7×7-Struktur, die weißen Flecken unbekannte Adsorbatcluster.

In Abb. 3.4.14 ist das epitaktische Wachstum von Silicium auf Si(100) zu sehen. Die Streifen sind durch Ketten von Dimeren gebildet, aus denen die Überstruktur aufgebaut ist (s. Abschn. 4.1.2 und Abb. 4.1.12 und 4.1.13). Je nach angelegter Spannung an der Spitze haben die

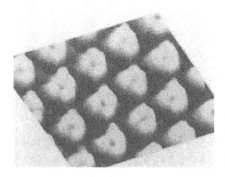

Abb. 3.4.15
Regelmäßige Anordnung von Benzol auf Rh(111) in einer 3×3-Überstruktur mit CO in den Zwischenräumen (das bei dieser Energie nicht sichtbar ist) [Oht 88]

Dimere ein Aussehen, das durch die verschiedenen Elektronenverteilungen (vgl. Abb. 4.1.13) bestimmt ist. Die längliche Form der Inseln zeigt die zweizählige Symmetrie der (100)-Fläche, die in der Diamantstruktur mit jeder Lage um 90° dreht. Ob die Zweizähligkeit durch inhomogene Diffusions- und/oder Bindungsenergie gegeben wird, ist noch Gegenstand der Untersuchung.

Als Beispiel für die Darstellung von Adsorbaten zeigt Abb. 3.4.15 eine regelmäßige Anordnung von Benzolringen auf einer Rh(111)-Fläche. Bei der gewählten Spannung ist einerseits die durch die Adsorption bedingte Dreizähligkeit des Benzolringes zu erkennen, andererseits das zwischen den Benzolmolekülen adsorbierte Kohlenmonoxid überhaupt nicht zu sehen [Oht 88].

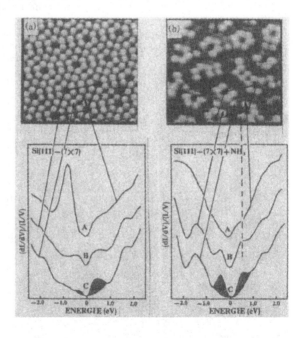

Abb. 3.4.16
Spektroskopie mit dem Rastertunnelmikroskop auf der reinen (links) und mit NH_3 reagierten (rechts) Si(111)-Fläche mit den spektroskopischen Kurven für die angegebenen Stellen der (7×7)-Einheitsmasche. Da der Strom mit dem Integral der Zustandsdichte (s. Abb. 3.4.11) anwächst, ist die normierte Ableitung $(dI/dV/(I/V))$ als Maß für die Zustandsdichte aufgetragen [Wol 88].

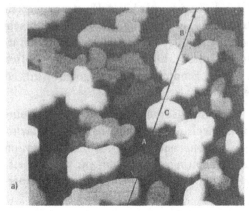

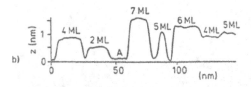

Abb. 3.4.17
a) Silberinseln auf Si(111) nach Aufdampfen von 3 Monolagen bei Raumtemperatur
b) Das Höhenprofil (oben) zeigt die unterschiedliche Höhe der Inseln entlang der in a) gezeigten weißen Linie [Ned 89]

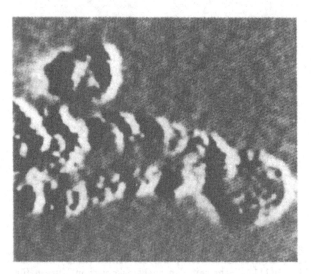

Abb. 3.4.18
Bild einer Schleife der Doppelhelix der DNA. Eine halbe Umdrehung der Wendel mißt 1,73 nm [Kob 89].

Wie oben erwähnt, kann durch Variation der Spannung zwischen Spitze und Oberfläche (bei konstantem Abstand) Spektroskopie der Oberflächenzustände (s. Abschn. 4.1) betrieben werden. In Abb. 3.4.16 ist eine Si(111)-7×7-Fläche vor und nach Reaktion mit NH_3 gezeigt. Die normierten Ableitungen der Stromspannungskurven $[(dI/dV)/(I/V)]$ zeigen je nach Ort auf der Probe sehr unterschiedliche Maxima, die Oberflächenzuständen zuzuschreiben sind [Wol 88].

Auch komplexere Strukturen sind auflösbar, wenn eine kristalline Struktur vorliegt. In Abb. 3.4.17 ist das Wachstum von 3 Monolagen Ag auf Si(111)-7×7 gezeigt, das in epitaktischen Inseln mit ebener Oberfläche, aber unterschiedlicher Dicke (0 bis 7 ML) erfolgt, wie an dem oben gezeigten Querschnitt gut zu erkennen ist [Ned 89].

Auch die Abbildung einer Schleife der Doppelhelix der DNA ist gelungen (Abb. 3.4.18) [Kob 89].

In neuerer Zeit werden mit dem STM nicht nur einzelne Moleküle 'abgebildet', sondern u.a. auch Mikrostrukturen in Polymere, Legierungen [Sta 87] und Ionenleitern geschrieben (Abb. 3.4.19, [Cra 88]), Einzelmoleküle transferiert und adressiert (Abb. 3.4.20, [Fos 88]), photoinduzierte STM-Resultate für gleichzeitige hohe spektroskopische und räumliche Auflösung gewonnen und mit den beim Tunnelprozeß erzeugten Photonen Plasmaanregungen spektroskopisch erfaßt [Cim 89].

Nach der Erfindung des Rastertunnelmikroskops werden nun zahlreiche davon abgeleitete Rastermethoden erprobt und optimiert. Allen

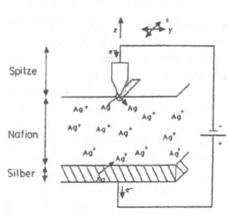

Abb. 3.4.19
Schematische Darstellung einer Methode zur Abscheidung von Silber auf Nafion-Filmen [Cra 88]

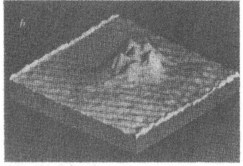

Abb. 3.4.20
STM-Bild eines Di(2-ethylhexyl)phthalat-Moleküls, das auf Graphit mit einem
3,7 V-Puls der Tunnelspitze angeheftet wurde
b) Ein weiteres Molekül, an einer anderen Stelle angeheftet [Fos 88]

gemeinsam ist, daß durch elektrisches Ansteuern von Piezokristallen Abstandsverschiebungen bis in den atomaren Bereich kontrolliert möglich sind. Zu diesen neueren Entwicklungen gehört das *Kraftmikroskop* (Atomic Force Microscope, AFM) mit dem methodischen Vorteil, daß damit auch elektrisch nichtleitende Proben untersucht werden können. Beim Abtasten der Oberfläche mit einer feinen Spitze, z.B. aus mikromechanisch präpariertem Silicium an einer beweglichen Zunge, wird die Kraft der Spitze in einer nachgeschalteten Servo-Anordnung konstant gehalten. Die sich dadurch verändernde Verbiegung der Zunge wird mit einem Abstands-„Sensor" (z.B. einem Tunnelmikroskop) registriert (s. Abb. 3.4.21). Mit dem *rasterthermischen* oder *photothermischen* Mikroskop werden lokale Temperatur- oder

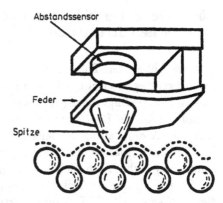

Abb. 3.4.21
Schematische Darstellung des Grundprinzips des Kraftmikroskops. Der Abstandssensor kann z.B. ein Tunnelmikroskop oder ein optisches Interferometer sein.

IR-Strahlungsvariationen der Oberfläche abgetastet. Mit dem *Rasterkapazitätsmikroskop* erfaßt man hochfrequent lokale Variationen der Dielektrizitätskonstanten. Das *Rasterionenleitfähigkeitsmikroskop* nutzt anstelle der Elektronen- die Ionenleitung aus. Dies erfordert die Präparation von mikrostrukturierten ionenleitenden Spitzen, beispielsweise von ausgezogenen Glaskapillaren. Da die Ionenströme bei sehr feinen Kapillaren extrem niedrig werden und Spitzen ohnehin nicht wesentlich feiner als 100 nm ausgezogen werden können, liefert dieses Verfahren keine Auflösung bis in den atomaren Bereich. Dies gilt auch für das *rasternahfeld-optische Mikroskop* (Scanning Nearfield Optical Microscope, SNOM). Es nutzt die Bündelung von Licht bei koaxialer Führung in Glas/Metall-Anordnungen aus, bei denen Licht aus einem Lichtleiter auf die Oberfläche trifft und prinzipiell auf Bereiche fokussiert sein kann, deren Ausdehnung nur Bruchteile der Lichtwellenlänge beträgt. Gemessen wird beim Abrastern der Oberfläche durch den koaxialen Lichtleiter das reflektierte oder transmittierte Licht. Das *rasternahfeld-akustische Mikroskop* nutzt in analoger Weise ortsaufgelöste Änderungen der Reflexion bei akustischer Anregung der Oberfläche aus. Für weiterführende Details der verschiedenen Rastermethoden sei auf Spezialliteratur verwiesen [Wic 89].

3.5   Beugungsbilder von zweidimensionalen periodischen Strukturen

Aus der Abbeschen Theorie der Abbildung oder dem Kirchhoffschen Beugungsintegral ergibt sich (siehe z.B. [Bor 75X] bei idealen experimentellen Bedingungen (Fraunhofersche Beugungsanordnung) das Beugungsbild als Fouriertransformation der beugenden Anordnung (z.B. der Atompositionen, siehe Gl. (3.5.1) und (3.5.2). Durch eine Fouriertransformation des Beugungsbildes sollte also die beugende Anordnung rechnerisch leicht zu bestimmen sein. Aus mehreren Gründen ist jedoch nur ein Teil der Information über die Anordnung auf diesem Weg erhältlich. Das registrierte Bild enthält nur die Intensität und nicht die Phase, die Rekonstruktion ist deshalb auch bei idealem Instrument nicht eindeutig. Als Erschwernis kommt hinzu, daß meistens Mehrfachstreuungen wesentlich sind (s. Abschn. 3.7). Das Beugungsbild und vor allem die Intensität der Reflexe ist deshalb nicht einfach die Fouriertransformation der Anordnung. Im allgemeinen muß eine Atomanordnung angenommen, daraus das Beugungsbild berechnet und dieses dann mit dem Experiment verglichen werden. Die zugrunde gelegte Atomanordnung wird so lange variiert, bis eine hinreichende Übereinstimmung zwischen Berechnung und Experiment erreicht ist. Eine Menge von Informationen (wie Periodizität und Anwesenheit von Defekten) läßt sich jedoch wesentlich einfacher bestimmen.

Um ein Beugungsbild deuten zu können, soll zunächst das Beugungsbild einer zweidimensionalen periodischen Struktur konstruiert werden:

Das Beugungsbild einer zweidimensionalen, periodischen Anordnung läßt sich qualitativ verstehen durch den schrittweisen Aufbau der Anordnung (s. Abb. 3.5.1). Fällt eine ebene Welle auf ein Atom, das hier näherungsweise als punktförmiges Streuzentrum betrachtet wird, so entsteht eine Kugelwelle, d.h. die gebeugte Intensität ist in allen Richtungen gleich (s. Abb. 3.5.1a). Fällt eine monochromatische Welle auf zwei Atome, so verschwindet die Streuintensität für bestimmte Polarwinkel (bezüglich der Verbindungsachse). Durch Überlagerung der beiden Kugelwellen erhält man für die Intensität eine sinusförmige

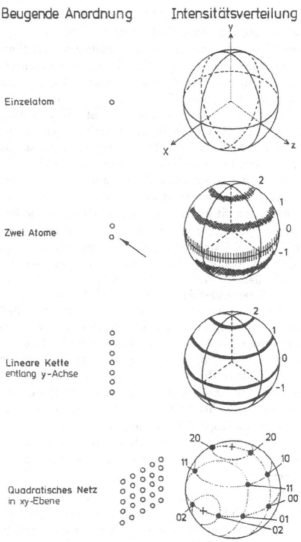

Beugende Anordnung   Intensitätsverteilung

Einzelatom   o

Zwei Atome

Lineare Kette
entlang y-Achse

Quadratisches Netz
in xy-Ebene

Abb. 3.5.1
Zur Entstehung des Beugungsbildes einer zweidimensional periodischen Anordnung. Die ankommende Welle habe die Richtung der positiven z-Achse. Alle Atome befinden sich in der xy-Ebene bzw. auf der y-Achse, d.h. alle Atome werden gleichphasig angeregt. Die geschwärzten Bereiche der Kugeln geben die Winkelverteilung hoher Intensität in großem Abstand an.

Modulation (s. Abb. 3.5.1b). Werden die zwei Atome zu einer langen, regelmäßigen linearen Kette ergänzt, so tritt nur noch unter bestimmten Winkeln ϑ zwischen einfallendem und ausfallendem Strahl eine erhebliche Intensität auf, für die der Phasenunterschied der Streuwellen benachbarter Atome ein ganzzahliges Vielfaches von 2π ist (Abb. 3.5.1c). Dieser Faktor von 2π ist als Index an die Kreise geschrieben. Die gebeugte Intensität ist also in großer Entfernung auf Kegeln zu finden, deren gemeinsame Symmetrieachse die lineare Kette bildet. Baut man viele lineare Ketten zu einem quadratischen Netz zusammen, so treten zwei Systeme von Kegeln auf. Die Schnittkreise dieser Kegel mit einer Kugel sind in Abb. 3.5.1d gezeichnet. Nur in den Richtungen der Schnittlinien von zwei Kegeln kann eine Beugungsintensität beobachtet werden, da durch die Periodizität in zwei Richtungen auch zwei unabhängige Lauebedingungen erfüllt werden müssen. Bei festgelegtem Wellenvektor mit dem Betrag $|k_0|$ der einfallenden Strahlung, d.h. bei monochromatischer Strahlung oder ebenen Wellen mit Wellenlänge λ_0 und $|k_0| = 2\pi/\lambda_0$, müssen beide räumlichen Streuwinkel festgelegt werden. Es ist also für jede Wellenlänge ein Punktmuster als Beugungsbild zu erwarten. Jeder Punkt erhält zwei Indizes (h_1, h_2) gemäß den Indizes der zugehörigen Kegel. Umgekehrt kann man aus einem Punktmuster als Beugungsbild schließen, daß eine in zwei Richtungen periodische Struktur vorliegt. Liegt eine polykristalline Probe mit einer großen Zahl statistisch verteilter Orientierungen der Bereiche vor, so wird die Beugungsfigur in zwei Richtungen verwaschen und weist damit keine scharfe Struktur mehr auf. Bei einer festliegenden Richtung (z.B. bei vielen parallelen Scheibchen bei beliebigem azimutalem Drehwinkel φ) ist nur eine Richtung verwaschen: Die Beugungsfigur besteht aus Ringen um die festliegende Richtung.

Auf eine Besonderheit der Beugung an einer zweidimensionalen Struktur soll noch hingewiesen werden: Da zwei Kegel sich in zwei Schnittlinien schneiden, treten die gleichen Reflexe spiegelsymmetrisch auf der Vorder- und Rückseite des quadratischen Netzes mit den gleichen Indizes auf. Da man im Experiment jedoch gewöhnlich entweder nur die reflektierten oder nur die durchgelassenen (transmittierten) Strahlen beobachten kann, ist die Indizierung der Reflexe eindeutig. Meistens werden die reflektierten Strahlen verwendet.

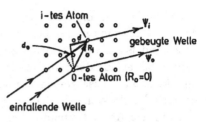

Abb. 3.5.2
Geometrie zur Berechnung des Phasenunterschiedes der emittierten gegenüber der einfallenden Welle in einem typischen Beugungsexperiment an einem Atomgitter

Für eine quantitative Beschreibung sind am besten vektorielle Größen geeignet, die Wellenvektoren der einfallenden und der gestreuten Welle $\underline{k}_0$ und $\underline{k}$, der Streuvektor $\underline{K} = \underline{k} - \underline{k}_0$ und der Ortsvektor $\underline{R}_i$ des i-ten Atoms. Der Ortsvektor $\underline{R}_0$ eines beliebigen Bezugsatoms wird null gesetzt. Der Betrag beider Wellenvektoren ist gleich, da nur elastische Streuung (ohne Energieverlust) betrachtet wird. Es gilt $|\underline{k}_0| = |\underline{k}| = k = 2\pi/\lambda$ mit λ als Wellenlänge. Beschreibt man die vom 0-ten Atom ausgehende Streuwelle in großem Abstand mit $\Psi_0 = f_0(\underline{k}_0, \underline{k}, \underline{r})e^{i\underline{k}\underline{r}}$ als ebene Welle, so ist die vom i-ten Atom ausgehende Welle Ψ_i, falls es sich um ein gleichartiges Atom in gleicher Umgebung handelt, davon nur durch einen Phasenfaktor unterschieden. f_0 wird dabei Atomformfaktor genannt. Gemäß Abb. 3.5.2 ist dabei der Wegunterschied durch die Strecken d_0 und d gegeben. Daraus folgen die Phasenverschiebungen (im Bogenmaß), die durch die Skalarprodukte $(\underline{k}_0 \cdot \underline{R}_i)$ und $(\underline{k} \cdot \underline{R}_i)$ gegeben sind. Dann läßt sich schreiben:

$$\Psi_i = \Psi_0 \cdot \exp(i(\underline{k} - \underline{k}_0) \cdot \underline{R}_i) = \Psi_0 \exp(i\underline{K} \cdot \underline{R}_i) \qquad (3.5.1)$$

In großem Abstand ($\cong$ Fraunhofer-Beugung) ist der Faktor Ψ_0 gegeben durch die ebene, vom 0-ten Atom ausgehende Welle.

Unterschiedliche Atome werden charakterisiert durch unterschiedliche Werte Ψ_{0j}, wobei j das j-te Atom in der Einheitszelle an der Oberfläche charakterisiert.

Eine Summation über alle Atome ergibt die Gesamtintensität der am Detektor ankommenden Welle (als Absolutquadrat der Amplitude) zu

$$I = |\Psi|^2 = \left|\sum_i \Psi_i\right|^2 = \left|\sum_{\substack{j=1 \\ \text{Basis}}}^{J} \Psi_{0j}\right|^2 \cdot \left|\sum_{\substack{j=1 \\ \text{Gitter}}}^{N} \exp(i\underline{K} \cdot \underline{R}_i)\right|^2 = |F|^2 \cdot |G|^2. \quad (3.5.2)$$

F heißt Strukturamplitude. $|F|^2$ nennen wir Strukturfaktor, obwohl diese Bezeichnung in der Literatur auch für F verwendet wird. Entsprechend ist G die Gitteramplitude und $|G|^2$ der Gitterfaktor. F wird gebildet aus der Summe über die Basis, wie sie in Abschn. 3.2 und Abb. 3.2.2 beschrieben worden ist. Die vom j-ten Atom der Basis ausgehende Welle Ψ_{0j} hängt außer von der einfallenden auch von den auf das Atom treffenden Streuwellen, der Dämpfung wegen des Durchgangs durch die Schichten und der Anordnung innerhalb der Basis ab. Die Strukturamplitude F enthält also Informationen über das Streuverhalten des Einzelatoms, über Mehrfachstreuprozesse, inelastische Prozesse, Zusammensetzung und Anordnung innerhalb der Basis. In F sind daher viele schwer bestimmbare Parameter enthalten (s. Abschn. 3.7). Dagegen enthält der Gitterfaktor $|G|^2$ nur die Anordnung identischer Einheiten, die Summe über i ist deshalb bei gegebener Anordnung leicht zu ermitteln. Im einfachsten Fall einer streng periodischen Anordnung lassen sich die Vektoren $\underline{R}_i$ als Linearkombinationen der Einheitsvektoren $\underline{a}_1$ und $\underline{a}_2$ darstellen mit $\underline{R}_i = m_1 \underline{a}_1 + m_2 \underline{a}_2$, wobei die ganzzahligen Koeffizienten m_1 und m_2 jeweils von 1 bis zu einem Höchstwert M_1 bzw. M_2 laufen sollen. Dann ergibt sich für den Gitterfaktor

$$|G|^2 = \frac{\sin^2 \dfrac{M_1 \cdot \underline{K} \cdot \underline{a}_1}{2}}{\sin^2 \dfrac{\underline{K} \cdot \underline{a}_1}{2}} \cdot \frac{\sin^2 \dfrac{M_2 \cdot \underline{K} \cdot \underline{a}_2}{2}}{\sin^2 \dfrac{\underline{K} \cdot \underline{a}_2}{2}} \qquad (3.5.3)$$

Diese Funktion, die von der Beugung am Strichgitter her bekannt ist [Kit 88X], zeichnet sich bei nicht zu kleinem M_1 und M_2 durch scharfe Maxima aus, wobei die Bereiche zwischen den Maxima vernachlässigbar geringe Intensität ergeben. Da der Strukturfaktor dagegen meist eine langsam veränderliche Funktion mit nur wenigen Nullstellen ist, wird durch den Gitterfaktor der Ort und die Schärfe der Reflexe bestimmt, während der Strukturfaktor für die Intensität entscheidend ist (s. Abschn. 3.7 und 3.8).

Um den Ort der Reflexe zu finden, müssen die Maxima des Gitterfaktors bestimmt werden. An den Nullstellen des Nenners wird auch der Zähler gleich null. Wenn beide Nenner verschwinden, ergibt sich für den Gitterfaktor der Maximalwert $|G|^2 = M_1^2 \cdot M_2^2$. Die Bedingungen für die Nullstellen der Nenner sind die bekannten Laue-Bedingungen

$$\underline{K} \cdot \underline{a}_1 = 2 \cdot \pi \cdot h_1 \quad \text{und} \quad \underline{K} \cdot \underline{a}_2 = 2 \cdot \pi \cdot h_2 \tag{3.5.4}$$

wobei h_1 und h_2 beliebige ganze Zahlen sind. Um die Richtungen gestreuter Intensität zu ermitteln, müssen die Werte des Streuvektors $\underline{K}$ bestimmt werden, die die obigen Gleichungen erfüllen. Wenn als Ansatz der Streuvektor $\underline{K}$ als Linearkombination aus den noch zu bestimmenden Vektoren $\underline{a}_1^*$ und $\underline{a}_2^*$ mit den Koeffizienten h_1 und h_2 gebildet wird

$$\underline{K} = h_1 \cdot \underline{a}_1^* + h_2 \cdot \underline{a}_2^*, \tag{3.5.5}$$

so ergeben sich für die Vektoren $\underline{a}_1^*$ und $\underline{a}_2^*$ durch Einsetzen folgende Bedingungsgleichungen:

$$\underline{a}_1 \cdot \underline{a}_2^* = \underline{a}_2 \cdot \underline{a}_1^* = 0 \quad \text{und} \quad \underline{a}_1 \cdot \underline{a}_1^* = \underline{a}_2 \cdot \underline{a}_2^* = 2\pi, \tag{3.5.6}$$

zusammengefaßt

$$\underline{a}_i \cdot \underline{a}_j^* = 2\pi \cdot \delta_{ij}. \tag{3.5.7}$$

Dabei ist δ_{ij} das Kronecker-Symbol.

Dies sind die bekannten Definitionsgleichungen für ein reziprokes Gitter, hier jedoch auf die Ebene beschränkt. Legt man die Vektoren $\underline{a}_1^*$ und $\underline{a}_2^*$ in die durch $\underline{a}_1$ und $\underline{a}_2$ bestimmte Ebene, so sind sie eindeutig bestimmt. Mathematisch ergibt sich:

$$\underline{a}_1^* = 2\pi \cdot \frac{\underline{a}_1 \cdot a_2^2 - \underline{a}_2(\underline{a}_1 \cdot \underline{a}_2)}{a_1^2 \cdot a_2^2 - (\underline{a}_1 \cdot \underline{a}_2)^2} \tag{3.5.8}$$

$$\text{oder} \quad \underline{a}_1^* = \frac{2\pi}{a_1 \cdot \sin^2 \phi} \cdot \left(\frac{\underline{a}_1}{a_1} - \frac{\underline{a}_2}{a_2} \cdot \cos \phi \right) \quad \text{mit} \quad \phi = \sphericalangle(\underline{a}_1, \underline{a}_2)$$

Die Formeln für $\underline{a}_2^*$ ergeben sich durch Vertauschen der Indizes 1 und 2.

Durch die Periodizität parallel zur Oberfläche ist der Streuvektor für Richtungen parallel zur Oberfläche gemäß Gl. (3.5.5) auf diskrete Werte (ganzzahlige Werte von h_1 und h_2) beschränkt. Da senkrecht zur Oberfläche keine Periodizität vorliegt (d.h. Periodenlänge gegen unendlich), müßte man hier einen reziproken Gittervektor mit verschwindender Länge a_3^* wählen. Dadurch kann auch bei ganzzahli-

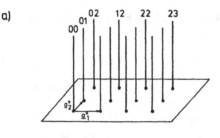

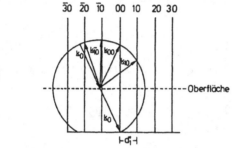

Abb. 3.5.3

Reziproker Raum (K-Raum) einer idealen, d.h. streng periodischen Oberfläche mit den reziproken Gittervektoren $\underline{a}_1^*$ und $\underline{a}_2^*$. Da senkrecht zur Oberfläche keine Periodizität vorliegt, sind die möglichen Streuvektoren gegeben durch $\underline{K} = h_1\underline{a}_1^* + h_2\underline{a}_2^* + h_3\underline{a}_3^*$ mit h_1 und h_2 ganzzahlig und h_3 beliebig. $\underline{a}_3^*$ ist ein beliebiger Vektor senkrecht zur Oberfläche. Dadurch ergeben sich die gezeigten Stangen senkrecht zur Oberfläche.

b) Ewaldsche Konstruktion mit einer Reihe der in a) gezeigten Stangen. Der Radius der Kugel ist durch $k_0 = 2\pi/\lambda$ gegeben. Es sind die Wellenvektoren k_{hk} eingezeichnet, die einer Streuung mit dem reziproken Gittervektor $\underline{G} = h_1\underline{a}_1^* + h_2\underline{a}_2^*$ entsprechen, wobei zu $\underline{G}$ noch eine aus der Konstruktion entnehmbare Komponente senkrecht zur Oberfläche zu addieren ist.

gem h_3 die Kompontente des Streuvektors senkrecht zur Oberfläche $K_\perp = h_3 \cdot a_3^*$ jeden beliebigen Wert annehmen. Das reziproke Gitter einer idealen periodischen Oberfläche ist deshalb durch Stangen wiederzugeben (Abb. 3.5.3a).

Die Konstruktion des Beugungsbildes ist schematisch in Abb. 3.5.3b gezeigt. Den Schnittpunkten in der oberen Hälfte der (Ewald-)Kugel entsprechen von der Oberfläche zurücklaufende, also reflektierte Beugungswellen. Der 00-Reflex ergibt die Spiegelreflexion an der Oberfläche. Beugungsreflexe in Transmission (untere Hälfte der Kugel) können normalerweise (außer bei extrem dünnen Proben und hinreichend hoher Strahlenenergie) nicht beobachtet werden. Die Konstruktion ergibt also einfach und eindeutig die Zahl, die Richtung und die Indizes (h_1, h_2) aller beobachteten Reflexe. Aus der Konstruktion in Abb. 3.5.3b ist klar ersichtlich, daß auch bei monochromatischer Strahlung und damit festem Radius und dünner „Schale" der Ewaldkugel bei hinreichend kurzer Wellenlänge in jedem Fall Beugungsreflexe beobachtet werden und nicht wie bei dreidimensionaler Periodizität für jeden Reflex erst geeignete Winkel oder Wellenlängen aufgesucht werden müssen.

3.6 Beugung mit Elektronen-, Röntgen- und Atomstrahlen

Am häufigsten wird die *Beugung langsamer Elektronen* (LEED) zur Oberflächenstrukturbestimmung benutzt. Durch Verwendung von Elektronen mit einer Energie von 20 bis 500 eV liegt die de Broglie-Wellenlänge $\lambda = h/m \cdot v$ mit $\lambda = 0,05$ bis $0,3$ nm im Bereich atomarer Abstände. Es werden bereits mit niedrigen Ordnungen große Beugungswinkel erreicht. Bei den üblichen Anordnungen (Abb. 2.4.15a und 3.6.1) werden Elektronen mit der Geschwindigkeit v durch ein

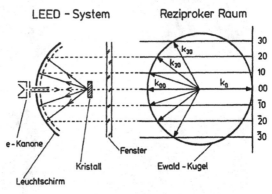

Abb. 3.6.1
Beziehung des LEED-Beugungsbildes zum $\underline{K}$-Raum. Der experimentelle Aufbau einer LEED-Optik wurde schon in Abb. 2.4.15 vorgestellt.

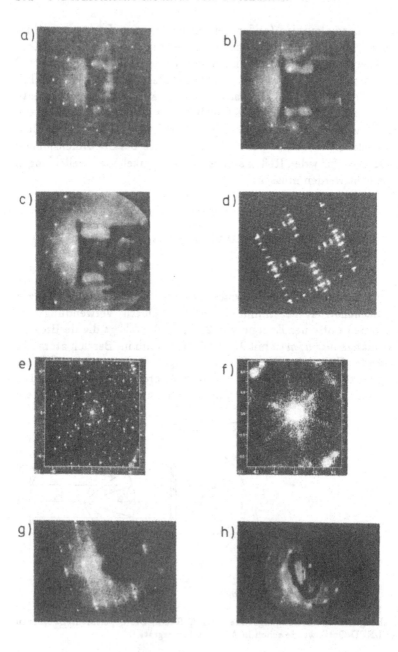

i)

k)

l)

Abb. 3.6.2
LEED-Beispiele

a) Ge(111) mit 2×1-Überstruktur unmittelbar nach Spalten

b) Ge(111): keine Überstruktur nach O_2-Adsorption (nur Normalreflexe sichtbar, s. Abschn. 3.7)

c) Ge(111) mit 2×8-Überstruktur nach Heizen und Abkühlen [Hen 69]

d) Komplexe Überstruktur auf Pt(100), bezeichnet als 5×20, 5×25 oder hexagonal [Hei 79]

e) Hochaufgelöste Aufnahme vom Rechner-Bildschirm der in Abb. 3.6.3 gezeigten Apparatur: Si(111) mit $\sqrt{19} \times \sqrt{19}$-Überstruktur durch Ni-Kontamination. Im Zentrum des Bildes ist der 00-Reflex, am oberen Rand der 10-Reflex.

f) Ausschnitt aus e)

g) Gestufte Oberfläche (Aufspaltung der Normal-Reflexe durch regelmäßige Stufenfolge, siehe Abschn. 3.8), Ge(100) mit Fehlorientierung 9°. Die strichartigen Reflexe sind verbreiterte Reflexe der 2×1-Überstruktur [Cob 88].

h) Pseudozwölfzählige Symmetrie durch drei Orientierungen von NaCl(100)-Kristalliten auf Ge(111) [Föl 89]. Bei allen Kristalliten ist die NaCl(100)-Fläche parallel zur Ge(111)-Oberfläche. Durch Drehungen der Kristallite um die Flächennormale (±60°) entsteht die scheinbare Zwölfzähligkeit.

i) Facettenreflexe: Die strichartigen Reflexe sind (100)-Flächen von NaCl-Pyramiden zuzuordnen, die mit ihrer (111)-Fläche auf der Ge(111)-Unterlage aufgewachsen sind (62 eV) [Föl 89]

k) wie i), jedoch bei 68 eV [Föl 89]

l) Spiegelreflex (hochaufgelöst) einer Si(111)-Fläche mit epitaktischen Inseln. Der Verlauf außerhalb der zentralen Spitze ist durch Form und Größe der Inseln bestimmt.

Driftrohr (feldfreies Rohr) auf die Probe gerichtet. Die gebeugten Elektronen werden auf dem kugelförmigen Leuchtschirm durch Nachbeschleunigung sichtbar gemacht. Das Beugungsbild kann durch ein Fenster am Kristall vorbei oder bei durchsichtigem Leuchtschirm von der Elektronenkanonenseite her beobachtet und fotografiert werden. Auf dem Schirm können meistens Beugungswinkel von 120° bis fast 180° erfaßt werden. Bei senkrechtem Einfall des Elektronenstrahls auf die Oberfläche besteht ein besonders einfacher Zusammenhang zwischen dem beobachteten Beugungsbild und dem reziproken Netz der Oberfläche (Abb. 3.6.1 rechts). Das auf einem ebenen Schirm oder Film bei nicht zu kleinem Abstand aufgenommene Abbild des Leuchtschirms ist proportional der Projektion der Ewaldkugel längs der Stangen, das Bild gibt also maßstäblich den Querschnitt durch die Stangen des reziproken Raums wieder. Die Verzerrungen durch die Krümmungen der Ewaldkugel und des Leuchtschirms heben sich auf. Deshalb geben LEED-Bilder die Periodizität im k-Raum unverzerrt wieder, solange die Probe nicht verkippt wird. Eine solche Verkippung ist allgemein nötig, wenn man den 00-Reflex neben der Primär-Elektronenkanone beobachten will. Einige Beispiele für LEED-Beugungsbilder sind in Abb. 3.6.2 gezeigt. Vergrößert man die Energie des Elektronenstrahls, so vergrößert man wegen der Verkleinerung der Wellenlänge den Radius der Ewaldkugel. Die Winkel zwischen den gebeugten Strahlen werden immer kleiner, die Reflexe wandern auf dem Leuchtschirm näher zusammen. Da die Richtung des 00-Reflexes immer in der Richtung bleibt, die durch die Spiegelung an der Oberfläche gegeben ist, wandern alle Reflexe auf den 00-Reflex zu. Mit dieser Eigenschaft ist es leicht, den 00-Reflex zu identifizieren (wenn man störende Magnetfelder ausreichend kompensiert hat; so sollte z.B. die Magnetfeldstärke senkrecht zum Primärstrahl auf weniger als 1/2 bis 1/10 der Erdfeldstärke reduziert werden). Statt eines Leuchtschirms wird besonders für die Messung von Intensität oder Intensitätsverteilung (Profil) eines Reflexes auch ein Detektor zur direkten Strommessung benutzt. Anstelle des Gitters G_1 in Abb. 2.4.15a treten die Elektronen durch eine kleine, verschiebbare Öffnung. G_2 und G_3 werden durch kreisförmige Blenden ersetzt. Der Strom wird entweder direkt oder nach Verstärkung durch einen Sekundärelektronenvervielfacher gemessen.

Weiterentwicklungen der LEED-Anordnungen sind einerseits auf
schnelle Datenerfassung ausgelegt: Vom Leuchtschirm werden mit
einer Videokamera die Beugungsbilder aufgenommen und direkt oder
später von einem Rechner analysiert (z.B. die integrale Intensität oder
Untergrundsubtraktion) [Lan 79]. In anderen Entwicklungen wird
die Abbildungsschärfe (und damit die Transferweite, s.u.) gesteigert.
Durch verbesserte Elektronenkanonen, Abbildungsoptiken und kleine Detektoröffnungen sind Steigerungen gegenüber der in Abb. 3.6.1
gezeigten Anordnung um mehr als den Faktor 10 erreicht worden
[Lag 83], [Hen 85]. Eine neue Anordnung ist in Abb. 3.6.3 gezeigt
[Sch 86]. Die Anordnung ermöglicht eine schnelle Beobachtung auf
dem Leuchtschirm und eine genaue Messung der Reflexprofile sowie des Untergrundes mit dem Channeltron. Da das Beugungsbild
mit den elektrischen Feldern der beiden Oktopolanordnungen beliebig über den Detektor verschoben werden kann, ist hochauflösende
2-dimensionale Erfassung der Reflexprofile möglich, wie sie besonders
bei der Defektanalyse (siehe Abschn. 3.8) benötigt werden (s. Abb.
3.6.2 e, f und l).

Da bei LEED die Wellenlänge nicht wesentlich kleiner als eine mittlere
Gitterkonstante ist, beobachtet man nur relativ wenige Reflexe. Für
kleine Energien ($E.20$ eV) sieht man gewöhnlich nur den 00-Reflex

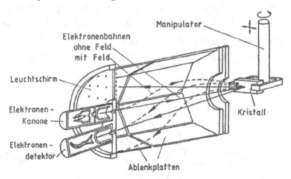

Abb. 3.6.3
Neuentwickeltes LEED-System, das wie in Abb. 3.6.1 die Anordnung von Elektronenkanone, Kristall und Leuchtschirm zeigt. Durch einen Channeltron-Detektor
und verbesserte Elektronenoptik wird eine Transferweite von über 200 nm erreicht.
Um eine Schwenkung des Kristalls zu vermeiden, wird durch die beiden Oktopolanordnungen mit einem in jedem Oktopol homogenen Feld das Beugungsbild über
den Detektor verschoben [Sch 86].

(falls nicht große Periodizitäten durch Überstrukturen vorliegen), für große Energien ($E \sim 500$ eV) Reflexe etwa bis zur 6. Ordnung. Die Auswertung des Beugungsbildes wird in Abschn. 3.7 und 3.8 quantitativ besprochen.

Bei der *Beugung schneller Elektronen* mit Energien im Bereich von 10 bis 50 keV (RHEED, HEED oder RED - „Reflection High Energy Electron Diffraction") arbeitet man bei streifendem Einfall (Abb. 3.6.4), um eine hohe Oberflächenempfindlichkeit bei geringer Eindringtiefe senkrecht zur Oberfläche zu erreichen und den Einfluß der Gitterschwingungen auf die Reduzierung der Intensität klein zu halten (siehe Diskussion des Debye-Waller-Faktors in Abschn. 3.8). Die Kathode liegt dabei auf hohem negativem Potential, Kristall und Leuchtschirm auf Erdpotential. Die elastisch gestreuten Elektronen haben genügend Energie, um ohne Nachbeschleunigung den Leuchtschirm zum Leuchten anzuregen. Die Sekundärelektronen und inelastisch gestreuten Elektronen haben zum größten Teil eine so niedrige Energie, daß zwischen Kristall und Leuchtschirm im einfachsten Fall kein Energiefilter eingebaut werden muß. Das beobachtete Beugungsbild ist überwiegend durch die elastisch gestreuten Elektronen bestimmt. Zur Konstruktion des Beugungsbildes ist wieder die Ewaldsche Kugel anzuwenden. Wegen des großen Radius der Kugel ist nur ein Ausschnitt gezeigt. Nur die Schnittpunkte in der oberen Halbkugel (oberhalb der gestrichelten Linie) sind beobachtbar. Die Schnitte zwischen Kugel und Stangen erfolgen unter einem kleinen Winkel. Als Beugungsfigur der ebenen idealen Oberfläche ergibt sich ein Mu-

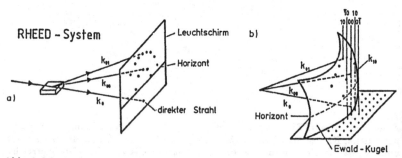

Abb. 3.6.4
Beugungsanordnung und $\underline{K}$-Raum mit Ausschnitt aus der Ewald-Kugel für die Beugung schneller Elektronen (RHEED)

ster aus Punkten, die auf Kreisbögen angeordnet sind entsprechend den Schnittlinien der Ewaldkugel mit den zugehörigen Ebenen des reziproken Raumes (Abb. 3.6.4). Vielfach werden statt runder Reflexe senkrechte Strichstücke beobachtet, die durch einen Schnitt der Ewaldkugel mit endlich dicken Stäben des reziproken Gitters entstehen. Diese Verbreiterung der Stäbe kommt entweder von einer Verkippung einzelner Kristallbereiche (es genügen Bruchteile eines Grades) im Bereich des Elektronenstrahls bei Vorliegen einer Mosaikstruktur oder von Unebenheiten der Oberfläche auf fehlerfreier Unterlage (atomare Stufen, siehe Abschn. 3.8). Entsprechende Beispiele sind in Abb. 3.6.5 gezeigt.

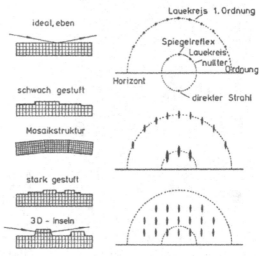

Abb. 3.6.5
Beispiele für Oberflächenstrukturen und entsprechende RHEED-Bilder

Entgegen einer häufig wiederholten Meinung sind die länglichen Reflexe nicht durch die Divergenz oder Abbildungsfehler des Elektronenstrahls, sondern allein durch Kristallfehler bedingt. Eine ideale Fläche zeigt keine Striche, sondern nur Punkte auf Kreisbögen, die durch das Instrument zu Kreisscheiben verbreitert werden.

Ein Beispiel für das Beugungsbild einer idealen Fläche (gemäß Abb. 3.6.5 oben) ist in Abb. 3.6.6 mit der 7×7-Überstruktur der Ge(111)-Fläche gezeigt [Ich 81]. Als Beispiel für Flächen mit Defekten

Abb. 3.6.6
RHEED-Beugungsbild einer
Si(111)-Fläche mit 7×7-Überstruktur, die mit Sn stabilisiert wurde.
Für Si(111)-7×7 wird das gleiche
Bild beobachtet [Ich 81].

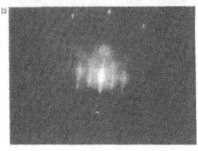

Abb. 3.6.7
RHEED-Beugungsbilder von
GaAs(110)-Flächen
a) Spaltfläche (praktisch fehlerfrei)
b) Fläche nach Ionenbeschuß und
Glühen, wobei eine erhebliche Rauhigkeit zurückblieb [Sav 88]. Der
jeweils unterste helle Punkt ist
durch den direkten Strahl erzeugt.

ist in Abb. 3.6.7 eine fehlerfreie GaAs(110)-Spaltfläche (Teilbild a)
verglichen mit der gleichen Fläche nach Ionenbeschuß und Ausheilen (Teilbild b) gezeigt [Sav 88]. Wegen unvollständigen Ausheilens
sind die Reflexe nahe dem Spiegelreflex (niedriger Ausfallswinkel) aufgrund der stark gestuften Oberfläche länglich ausgezogen und in der
Nähe der 3D-Reflexe besonders stark, so daß auch eine Deutung über
Transmission durch Inseln öfters verwendet wird. Bei sehr starker

Rauhigkeit wird die Intensität sehr stark abgeschwächt, so daß nur in der Nähe der dreidimensionalen reziproken Gitterpunkte noch erhebliche Intensität zu beobachten ist. Wegen des geringen Einfalls- und Ausfallswinkels erreicht die Ewaldkugel diese verbreiterten Bereiche um diese Gitterpunkte des reziproken Gitters. Das Beugungsbild sieht deshalb wie ein Beugungsbild bei Durchstrahlung stark hervorstehender Inseln aus (Abb. 3.6.5 unten). Der gleiche Effekt wird auch bei lateraler Unordnung einer Schicht mit atomar ebener Oberfläche erreicht [Mey 89].

Aus der Konstruktion des Beugungbildes (Abb. 3.6.4) ergibt sich, daß zwar der Wellenvektor $\underline{k}$ wesentlich größer ist als ein Vektor des reziproken Gitters (Faktor 30 bis 100), der Streuvektor $\underline{K} = \underline{k} - \underline{k}_0$ jedoch aufgrund des kleinen Streuwinkels wie bei LEED nur ein kleines Vielfaches des reziproken Gittervektors beträgt. Da wegen des streifenden Einfalls auch die Eindringtiefe vergleichbar ist, ist die mögliche Information etwa die gleiche wie bei LEED. Zur quantitativen Auswertung der Intensitäten (siehe Abschn. 3.7) wird fast ausschließlich LEED benutzt. In Experimenten mit hohem Platzbedarf ist häufig RHEED anzutreffen, z.B. bei Epitaxieexperimenten, bei denen der Platz vor der Probenoberfläche für die Aufdampfquellen benötigt wird.

Röntgenstrahlen eignen sich wegen ihrer großen Eindringtiefe (mehrere μm bei starker Reflexion) schlecht für Oberflächenuntersuchungen. Durch streifenden Einfall wird eine Verbesserung erreicht. Gut meßbar werden Oberflächenanordnungen, wenn man sich auf Streuvektoren (d.h. Ausfallswinkel) beschränkt, für die die dreidimensionale Unterlage keine Beugungsintensität liefert (Überstrukturreflexe und Verbreiterungen aller Reflexe, Normalreflexe weit außerhalb der Reflexe des dreidimensionalen reziproken Gitters). Da wegen der hohen Eindringtiefe die Streuintensität einer Monolage sehr gering ist, sind besonders starke Röntgenquellen (Synchrotron oder Röhren über 10 kW) erforderlich. Mit Hilfe von Berylliumfenstern können Quelle und Detektor außerhalb des UHV bleiben. Der sehr hohe Aufwand (z.B Quellen sowie große Goniometer, um eine ganze UHV-Apparatur auf 0,10° zu justieren) lohnt wegen besonderer Vorteile: Wegen der geringen Wechselwirkung sind Vielfachstreueffekte (siehe Abschn. 3.7) vernachlässigbar und kinematische Rechnungen brauchbar. Ebenso lassen sich Zwischenflächen unter dicken Deckschichten gut untersuchen [Rob 86], [Ami 84].

Eine verwandte Methode ist die Analyse stehender Röntgenwellen, die mit Synchrotronstrahlung einfach möglich ist. Wenn ein Röntgenstrahl an einem perfekten Kristall braggreflektiert wird, wird innerhalb des Kristalls durch die Wechselwirkung der sich kohärent überlagernden einfallenden und gebeugten Wellen ein stehendes Wellenfeld erzeugt. Die Maxima und Minima der Ebenen des stehenden Wellenfeldes sind parallel zu den Beugungsebenen angeordnet und haben deren Periodizität. Durch Variation des Einfallswinkels ist es möglich, die elektrische Feldstärke am Ort des spezifischen Atoms im Kristall zu modulieren. Wenn die Intensität eines Sekundärprozesses, wie z.B. die Fluoreszenz gemessen wird, läßt sich daraus die Position des Atoms relativ zur Gitterebene experimentell bestimmen. Dadurch, daß das stehende Wellenfeld außerhalb des Kristalls in das Vakuum hineinreicht, können auch adsorbierte Atome untersucht werden. Die Methode ist besonders empfindlich für Adsorbate mit hohen Kernladungszahlen Z und für gut einkristalline Kristalle [Mat 85].

Die Photoelektronenbeugung läßt sich ebenfalls zur Bestimmung von Oberflächengeometrien heranziehen. Bei der Photoelektronenbeugung wird der Photoelektronenstrom nach Emission aus einem Rumpfniveau eines adsorbierten Teilchens als Funktion des Emissionswinkels oder Photonenenergie zur Erzeugung dieses Photoelektrons gemessen. Die kohärente Interferenz zwischen den direkt emittierten Elektronen und denen, die elastisch aus der Umgebung gestreut werden, wobei die Umgebung im wesentlichen Substratatome darstellen, ermöglicht es, Informationen über die Position des emittierten Atoms relativ zur einkristallinen Unterlage, d.h. über den Adsorptionsplatz zu erhalten. In einfachen Experimenten wird die Photonenenergie festgehalten. Üblicherweise wird die Probe um die Oberflächennormale bei konstanter Photoneneinstrahl- und Elektronenemissionsrichtung rotiert. Dies führt zu sogenannten azimuthalen oder Φ-Aufnahmen. Eine andere Möglichkeit ist die Variation des Polarwinkels, d.h. des Winkels zwischen der Oberfläche und der Elektronenemissionsrichtung. Ein Nachteil der letzteren Methode gegenüber den azimuthalen Plots ist die Variation der Informationstiefe mit $\cos \Theta$. In einem anderen Experiment wird bei fester Elektronenemissionsrichtung die Photonenenergie variiert. Die Streuvariable ist dann die kinetische Energie der Photoelektronen. Dieses Experiment verlangt die Anwendung von Synchrotronstrahlung. Das resultierende Ergebnis liefert die Intensität des Rumpfniveaus als Funktion der Photonenenergie und wird als „constant initial state"-(CIS)-Spektrum bezeichnet (vgl. dazu auch Abschn. 4.6.1). Dieses Ergebnis entspricht den LEED-I-V-Kurven. Bei LEED ist der Anfangszustand jedoch eine einfallende ebene Welle und nicht - wie bei diesem Experiment - eine lokalisierte Elektronenpunktquelle. Bei der Photoelektronenbeugung werden daher sehr empfindlich lokale Adsorptionsplätze erfaßt. Im Gegensatz zur LEED-Interferenz muß dabei keine Periodizität des beobachteten Adsorbats für die Photoelektronenstreuung vorliegen. Der Winkel, den das Adsorbat mit der Oberflächennormalen einnimmt, muß jedoch fixiert sein, so daß gut einkristalline Unterlagen benötigt werden. Für Details siehe z.B. [Gre 89], [Fad 87].

Mißt man nicht wie bei der Photoelektronenbeugung den Photoelektronenstrom in einer bestimmten Emissionsrichtung, sondern alle Photoelektronen, so kann man aus den Oszillationen des so bestimmten totalen Wirkungsquerschnitts ebenfalls die Nahordnung einzelner Atome in einem Festkörper bestimmen. Dies ist auch bei Adsorbaten auf polykristallinen Unterlagen möglich. Diese Methode heißt EXAFS und wird ausführlicher in Abschn. 4.5.2 besprochen.

Atomstrahlen, wie sie in Abb. 2.4.16 beschrieben sind, eignen sich hervorragend für Beugungsexperimente. Einerseits lassen sie sich im Düsenstrahl monochromatisch mit günstiger Wellenlänge herstellen, andererseits ist die abstoßende Wechselwirkung mit der Oberfläche so stark, daß die Atome (mit Energien unter 0,1 eV) bereits vor der obersten Atomschicht umkehren und deshalb im Beugungsbild die durch die oberste Atomlage bedingte Korrugation ausmessen können. Für eine Berechnung muß der genaue Verlauf des Potentials zwischen streuendem Atom (z.B. He) und der Anordnung der Oberflächenatome berücksichtigt werden [Hin 88]. Dann können periodische Strukturen auch mit adsorbiertem Wasserstoff gemessen werden, der sonst schwer erfaßbar ist [Rie 85]. Ein Beispiel ist in Abb. 3.6.8 gezeigt. Da adsorbierte Einzelatome und atomare Stufen eine besonders große

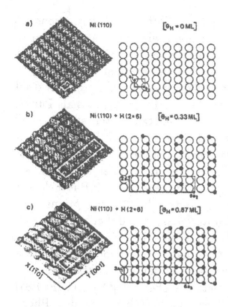

Abb. 3.6.8
Aus He-Atomstreuung ermittelte
Anordnung von H-Atomen auf einer
Ni(110)-Fläche ([Rie 83])

Korrugation bewirken, können derartige Defekte besonders gut bei
kleiner Dichte erfaßt werden [Hin 88], [Com 85], [Lah 87].

Um im folgenden die *Grenzen der experimentellen Beugungsanord-
nungen* abschätzen zu können, soll zunächst ein ideales Experiment
für die Beugung langsamer Elektronen skizziert werden: Der Elektronenstrahl stellt eine monochromatische ebene Welle dar, die in der
Nachweisebene (z.B. auf dem Leuchtschirm) auf einen Punkt fokussiert wird. Dabei sollen nur elastisch gestreute Elektronen nachgewiesen werden. Für einen Reflex des Beugungbildes ist also der Streuvektor eindeutig festgelegt und die zugehörige Intensität bekannt.

Im realen Experiment ist der Wellenvektor der einlaufenden Welle
nach Betrag und Richtung mit einer Unsicherheit behaftet, und der
Detektor weist eventuell auch inelastisch gestreute Elektronen nach.
Die dadurch entstehenden Änderungen kann man über den Begriff
der *Kohärenz*, d.h. der festen Phasenbeziehung beschreiben:

a) Zeitliche Kohärenz beinhaltet die Effekte, die mit der Länge des
Wellenzuges zusammenhängen. Aufgrund der Energieverteilung der
Primärelektronen bei Erzeugung durch thermische Emission

($\Delta E \approx 0,5$ bis 1 eV) und damit der Variation der Wellenlänge entstehen Wellenzüge, die nur über eine endliche Länge (Kohärenzlänge) eine konstante Phasenbeziehung und damit Interferenzfähigkeit besitzen. Der Wegunterschied der Teilbündel darf also nicht größer als diese Länge werden. Für den 00-Reflex (Spiegelreflex) tritt kein Laufunterschied der interferierenden Teilbündel auf, da alle Teilbündel den gleichen Laufweg haben. Je höher die Indizes der Reflexe sind, desto größer ist der Einfluß, da pro Ordnung und Atomabstand ein zusätzlicher Weg gleich der Wellenlänge dazukommt. Dies ist über die Länge des Vektors $\underline{k}_0$ (Abb. 3.5.3b und 3.6.1) und den damit variablen Radius und Mittelpunkt der Ewaldkugel zu berücksichtigen. Für die üblichen Anordnungen mit Elektronen spielt die zeitliche Kohärenz keine bemerkbare Rolle.

b) Unter räumlicher Kohärenz kann man alle Effekte zusammenfassen, die eine endliche Ausdehnung des Bildes (im Idealfall des Punktes) in der Nachweisebene bewirken, auch wenn die beugende Oberfläche selbst ideal, d.h. streng periodisch, fehlerfrei und hinreichend ausgedehnt ist. Die Ausdehnung des Bildes hängt dann von der Ausdehnung der Quelle und dem Abbildungsmaßstab, von Abbildungsfehlern der Elektronenoptik und von einer eventuellen Defokussierung durch das Energiefilter (z.B. durch die drei Netze vor dem Leuchtschirm in Abb. 3.6.1) und schließlich vom Durchmesser des Detektors ab.

Wie in der Licht-Optik wird eine Elektronenwelle dann als kohärent bezeichnet, wenn alle inkohärenten (d.h. unabhängigen) Teilbündel das gleiche Beugungsbild erzeugen. Die Summe der inkohärenten Teilbündel ergibt die Instrumentenfunktion, die weiter unten diskutiert wird. Je kleiner die ausgeleuchtete Breite des ansonsten als ideal angenommenen Kristalls ist, desto größer ist dann die Verbreiterung aller Beugungsreflexe, d.h. umso leichter ist die Kohärenzbedingung erfüllt. Man kann deshalb die Kohärenz auch über die erforderliche Breite der Oberfläche ausdrücken, die bei idealer Elektronenkanone die gleiche Verbreiterung des Reflexes erzeugt wie die gegebene Elektronenkanone bei einem idealen, unendlich großen Kristall. Diese Breite wird Kohärenzbreite, Übertragungs- oder Transferweite (engl. transfer width) genannt. Diese Größe läßt sich leicht aus den in einem Beugungsexperiment ermittelten Daten berechnen:

Übung 3.6.1. Auf einem Leuchtschirm einer LEED-Apparatur (Abb. 3.6.1) werde eine Halbwertsbreite aller Reflexe von $D = 1$ mm beobachtet (Abstand Schirm - Kristall $l = 70$ mm; Elektronenenergie $E = 150$ eV). Wie groß ist die Übertragungsweite t der Anordnung bei fehlerfreiem Kristall?

A n l e i t u n g : Man ersetze den Kristall durch einen Spiegel mit einem Spalt der Breite t unmittelbar vor dem Spiegel und berechne die Halbwertsbreite D wie bei der Beugung am Spalt. Das Ergebnis dieser Rechnung ist in Abb. 3.6.9 für verschiedene Energien gezeigt. Da bei den meisten kommerziellen LEED-Apparaturen die Halbwertsbreite bei $E < 50$ eV größer als 1 mm, bei $E > 100$ eV eher etwas kleiner ist, kann man t im ganzen Bereich zu 10 bis 15 nm abschätzen.

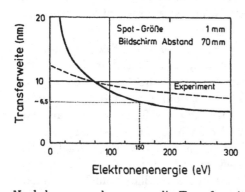

Abb. 3.6.9
Transferweite als Funktion der Elektronenenergie. Nähere Angaben sind im Text gemacht.

Noch bequemer kann man die Transferweite t abschätzen, wenn man den Abstand zweier Beugungsreflexe (z.B. 00- und 10-Reflex) benutzt. Bei kleinen Winkeln ist dieser Abstand (hier soll er ϕ_{10} genannt werden) dem zugehörigen Atom- bzw. Reihenabstand a_0 auf der Oberfläche umgekehrt proportional. Bezeichnet man die Halbwertsbreite mit $\phi_{1/2}$ (in Übung 3.6.1 ist $\phi_{1/2} \approx D/l$), so ist die Übertragungsweite $t \approx a_0 \cdot \dfrac{\phi_{10}}{\phi_{1/2}}$. Da statt der Winkelmessung auch eine Längenmessung auf einer Abbildung des Leuchtschirms in einem beliebigen Maßstab ausreicht (siehe Abb. 3.6.1), ist t aus der (als bekannt vorausgesetzten) Gitterkonstanten a_0 und zwei einfachen Längenmessungen bestimmbar.

Im Experiment hat der Elektronenstrahl einen Durchmesser von etwa 1 mm. Da die Übertragungsweite nur etwa 10 nm beträgt, entsteht das beobachtete Beugungsbild durch inkohärente Überlagerung (d.h. einfache Addition) der Intensitäten, die von sehr vielen (ca. 10^{10}) Bereichen der mittleren Größe 10 nm kommen. Nur innerhalb dieser Bereiche tritt Interferenz auf. Bei genauer Messung sind auch Defekte mit einem mittleren Abstand von mehreren Übertragungsweiten noch erfaßbar (siehe Abschn. 3.8).

Da in Wirklichkeit sowohl die Elektronenquelle als auch der Kristall nicht ideal sind, setzt sich die beobachtete Verbreiterung aus beiden Anteilen zusammen. Mathematisch läßt sich die beobachtete Intensität I_{exp} durch eine Faltung aus der vom realen Kristall bei einer idealen Kanone erwarteten Intensität $I_{Krist}(\underline{K})$ mit der von der Kanone bewirkten Verteilung $T(\underline{K})$ gewinnen, da alle Teilwellen als unabhängig (inkohärent) betrachtet werden können:

$$I_{exp} = I_{Krist}(\underline{K}) * T(\underline{K}) \qquad (3.6.1)$$

Dabei ist $T(\underline{K})$ die Instrumentenfunktion („instrument response function"). Die Faltung wird durch das Symbol $*$ dargestellt. Bildet man von beiden Funktionen die Fouriertransformierte (Übergang vom k-Raum in den Ortsraum), so erhält man

$$I_{Krist} = F(\phi(\underline{r})) \qquad (3.6.2)$$

mit $\phi(\underline{r})$ = Paarkorrelationsfunktion der Atomanordnung und

$$T(\underline{K}) = F(t(\underline{r})) \qquad (3.6.3)$$

mit t = Übertragungsfunktion. F ist das Symbol für die Fouriertransformation. Die Paarkorrelation beschreibt die Wahrscheinlichkeit, zwei Oberflächenatome im Abstand r zu finden. Ein Atom am Ort r_i soll durch eine Deltafunktion $\delta(r - r_i)$ beschrieben werden mit der Normierung $\int \delta(r) \cdot \delta(r) dr = 1$. Dann kann die Anordnung oder Ortsfunktion der Atome $P(r) = \sum_i \delta(\underline{r} - \underline{r}_i)$ gegeben werden. Die Paarkorrelation ist dann bestimmt durch $\phi(r) = \int P(r_i) \cdot P(r_i - r) dr_i$. Zur Erläuterung der auftretenden Größen ist in Abb. 3.6.10 ein einfaches Beispiel dargestellt. Die linke Spalte zeigt einen eindimensionalen Kristall aus 6 Atomen, nach oben ist die Wahrscheinlichkeit aufgetragen, ein Atom zu finden (die Länge des Striches stellt den Wert der δ-Funktion dar). Die mittlere Spalte zeigt die Paarkorrelation dieser Anordnung, d.h. die Wahrscheinlichkeit, zwei Atome im Abstand r zu finden. Für den Abstand 0 ergibt sich die Zahl der Atome, für den Abstand 1 eine um 1 niedrigere Zahl, da alle Atome außer dem rechten Randatom einen rechten Nachbarn haben. Die rechte Spalte zeigt die Beugungsintensität mit idealer Anordnung, die die Fouriertrans-

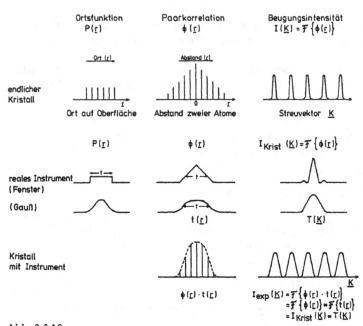

Abb. 3.6.10
Ortsfunktionen, Autokorrelationsfunktionen und Beugungsintensitäten für einen unendlichen Kristall, ein reales Instrument, eine Gauß-Kurve und einen Kristall mit Instrumentenfunktion

formation der Paarkorrelation ist. Zur Beschreibung der Einflüsse des Instruments sind in der zweiten Zeile zwei Instrumentenfunktionen gezeigt, einmal als Durchlaßkurve in Spaltform („Fenster") und dann als gaußförmige Kurve. Die dritte Zeile bringt die Kombination beider Einflüsse, die in der Paarkorrelation als Produkt und entsprechend dem Faltungstheorem als Faltung der Fouriertransformationen der Faktoren auftreten.

$$I_{\text{exp}} = F(\phi(\underline{r}) * F(t(\underline{r})) = F(\phi(\underline{r}) \cdot t(\underline{r})) = I_{\text{Krist}}(\underline{K}) * T(\underline{K}) \quad (3.6.4)$$

Nimmt man der Einfachheit halber für die Instrumentenfunktion $T(\underline{K})$ eine gaußartige Kurve an, hat auch die Übertragungsfunktion $t(x)$ die gleiche Form. Die Funktion $t(x)$ schneidet aus der Funktion $\phi(x)$ einen endlichen Bereich (= Übertragungsweite t) aus, der über die Fouriertransformation das beobachtete Beugungsbild I_{exp}

erzeugt. Die Funktion $t(x)$ wirkt also wie der Spalt vor dem Spiegel in Übung 3.6.1. Die Halbwertsbreite der Transferfunktion $t(x)$ ist die weiter oben definierte Übertragungsweite (Transferweite). Um die gesuchte Funktion $I_{Krist}(\underline{K})$ aus der gemessenen Funktion I_{exp} zu erhalten, ist also eine Rückfaltung mit der (unabhängig zu messenden) Instrumentenfunktion erforderlich.

3.7 Auswertung des Beugungsbildes: Periodizität und Intensität

Das Beugungsbild entsteht durch die Überlagerung der von allen Atomen ausgehenden Streuwellen. Zur Berechnung muß also nicht nur die Lage aller Atome, sondern auch deren Streuverhalten bekannt sein. Selbst wenn man die instrumentellen Einflüssen durch Entfaltung (s. Abschn. 3.6) eliminiert hat, hängt die beobachtete Intensitätsverteilung $I = I(\underline{k}, \underline{k}_0)$ mit $\underline{k}_0$ und $\underline{k}$ als Wellenvektoren der ein-

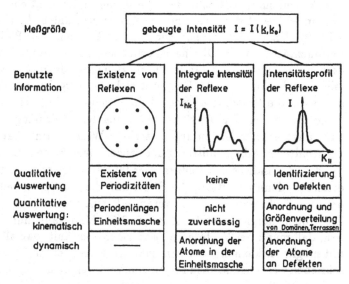

Abb. 3.7.1
Übersicht über mögliche Auswertungen eines Beugungsbildes. Die in der linken und mittleren Spalte gebotenen Möglichkeiten werden in diesem Abschnitt, die der rechten Spalte in Abschn. 3.8 besprochen.

fallenden und der gestreuten Welle noch von anderen Parametern wie
Eindringtiefe und Streuphasen ab, so daß eine vollständige Analyse
der Atomanordnung im allgemeinen nicht möglich ist. Deshalb sollen
die verfügbaren Informationen über die Atomanordnung stückweise,
d.h. über Näherungen aus dem Beugungsbild entnommen werden. Eine Übersicht über die Auswertemöglichkeiten ist in Abb. 3.7.1 gegeben. Im einfachsten Fall nutzt man nur die Existenz der Beugungsreflexe aus und erhält damit die Periodizität der Oberfläche. Mißt man
zusätzlich die integrale Intensität der Reflexe als Funktion der angelegten Spannung, so kann man auch die Basis der Einheitsmasche,
d.h. die Anordnung der Atome innerhalb der Einheitsmasche bestimmen. Diese beiden Möglichkeiten sollen in diesem Abschnitt erläutert
werden. Der folgende Abschnitt (3.8) bringt dann Auswertemöglichkeiten für Oberflächen, deren Periodizität durch Defekte gestört ist.

In Abschn. 3.5 wurde gezeigt, wie eine periodische Anordnung mit den
Einheitsvektoren $\underline{a}_1$ und $\underline{a}_2$ Beugungsmaxima mit den Streuvektoren
$\underline{K} = h_1\underline{a}_1^* + h_2\underline{a}_2^* + h_3\underline{a}_3^*$ liefert, wobei $\underline{a}_1^*$ und $\underline{a}_2^*$ die reziproken Gittervektoren zu $\underline{a}_1$ und $\underline{a}_2$ in der Oberfläche sind und $\underline{a}_3^*$ ein beliebiger
Vektor senkrecht dazu. h_1 und h_2 sind ganze Zahlen, h_3 ist beliebig
wählbar. Umgekehrt können wir aus der Existenz von Reflexen auf
Periodizitäten an der Oberfläche schließen, da nur durch häufig wiederkehrende gleiche Abstände scharfe Beugungsmaxima möglich sind
(siehe auch Abschn. 3.8). Es ergibt sich die Aufgabe, aus dem Beugungsbild die Vektoren $\underline{a}_1^*$ und $\underline{a}_2^*$ zu entnehmen, um daraus $\underline{a}_1$ und
$\underline{a}_2$ zu bestimmen. Da der Streuvektor aus der Wellenlänge sowie der
Richtung der einfallenden und gestreuten Welle bestimmbar ist, fehlt
zur Analyse nur die Ermittlung der ganzzahligen Koeffizienten h_1 und
h_2, d.h. der Indizes der Reflexe. Der 00-Reflex ist am leichtesten indizierbar, denn er tritt an der Stelle auf, die der Spiegelreflexion an
der Oberfläche entspricht und verändert seine Lage bei Änderung der
Elektronenenergie nicht (s. Abschn. 3.6). Man kann nun so vorgehen, daß man zwei Vektoren $\underline{a}_1^*$ und $\underline{a}_2^*$ so auswählt, daß alle Reflexe
mit möglichst kleinen, aber ganzzahligen Koeffizienten h_1 und h_2 beschrieben werden. Die dazu reziproken Vektoren $\underline{a}_1$ und $\underline{a}_2$ sind die gesuchten Einheitsvektoren der Oberfläche. Da man jedoch gewöhnlich
eine bekannte einkristalline Unterlage hat, geht man im allgemeinen
anders vor: Man nimmt die Einheitsvektoren $\underline{a}_1$ und $\underline{a}_2$ von einer zur

Oberfläche parallelen Gitterebene im Innern des Kristalls und berechnet daraus die reziproken Vektoren $\underline{a}_1^*$ und $\underline{a}_2^*$ (s. Abschn. 3.5). Mit den Streuvektoren der beobachteten Reflexe bestimmt man die Indizes h_1 und h_2 unabhängig davon, ob diese Indizes ganzzahlig sind. Ergeben sich ganzzahlige Indizes, so sind $\underline{a}_1$ und $\underline{a}_2$ die gesuchten Vektoren; werden dagegen nicht ganzzahlige Indizes gefunden, so liegt eine Überstruktur vor, wie sie in Abschn. 3.1 beschrieben wurde. Im Beispiel der Abb. 3.1.1c ist die Periode gegenüber der Unterlage verdoppelt. Demzufolge treten auch Beugungsreflexe etwa beim halben Winkel auf, oder exakt ausgedrückt mit einem Streuvektor $\underline{K}$, bei dem auch halbzahlige h_1 und h_2 zugelassen sind. Das für die Anordnung von Abb. 3.1.1c erwartete LEED-Beugungsbild zeigt also außer dem quadratischen Netz der durch die Unterlage bedingten Reflexe (= Normalreflexe, d.h. Reflexe mit ganzzahligen Indizes) zusätzliche Reflexe, die auch Extrareflexe genannt werden, auf Positionen, die durch halbzahlige Indizes beschrieben werden (z.B. 1/2, 0), (0, 1/2) (1/2, 1/2) usw.). Als weitere Beispiele sollen die in Abschn. 3.1 bestimmten Überstrukturen benutzt werden:

Übung 3.7.1. Man konstruiere zu den in Abb. 3.2.4 skizzierten und in Übung 3.2.2 bestimmten Überstrukturen das zu erwartende LEED-Beugungsbild.

A n l e i t u n g : Man berechne aus den Überstrukturvektoren $\underline{b}_1$ und $\underline{b}_2$ die zugehörigen reziproken Vektoren $\underline{b}_1^*$ und $\underline{b}_2^*$ und trage sie in das Bild der Normalreflexe (aus $\underline{a}_1^*$ und $\underline{a}_2^*$) ein. Bei der Anordnung nach Abb. 3.2.4a kann man entweder primitive Vektoren (z.B. $\underline{b}_1 = 2\underline{a}_1$ und $\underline{b}_2 = \underline{a}_1 + 2\underline{a}_2$) oder rechtwinklige Vektoren (z.B. $\underline{b}_1 = 2\underline{a}_1$ und $\underline{b}_2 = 4\underline{a}_2$) wählen. Bei den rechtwinkligen Vektoren ergeben sich noch zusätzliche Beugungsreflexe, da zusätzlich noch die Auslöschung einiger Reflexe durch die zwei Atome der Basis (2. Atom um $\underline{a}_1 + 2\underline{a}_2$ verschoben) berücksichtigt werden muß. Wie in Lehrbüchern der Kristallographie [Cow 81X] und Festkörperphysik [Kit 88X] nachzulesen ist, läßt sich hier der Strukturfaktor zu $|F| = |1 + \exp 2\pi i(h_1 + 2h_2)|^2$ angeben. Er verschwindet für alle Reflexe mit ungeraden Werten für $2h_1 + 4h_2$, z.B. für (1/2, 0). Man überzeuge sich, daß sich nach Berücksichtigung der Auslöschung für beide Sätze der Überstrukturvektoren die gleichen Beugungsreflexe ergeben.

Nach dem gleichen Rezept lassen sich aus dem Beugungsbild zunächst die Vektoren $\underline{b}_1^*$ und $\underline{b}_2^*$ entnehmen. Daraus folgen die Vektoren $\underline{b}_1$ und $\underline{b}_2$ und damit die gesuchte Überstruktur.

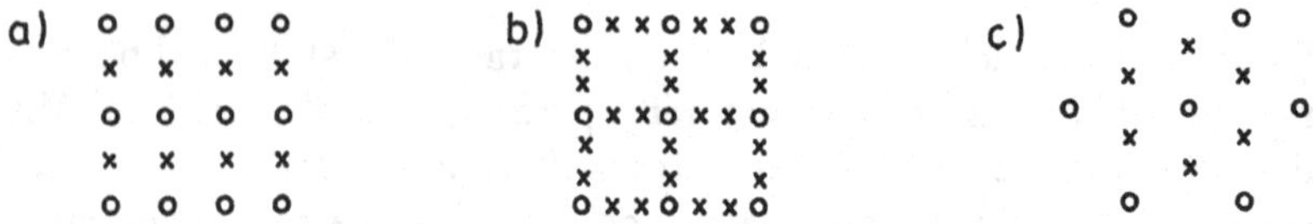

a)
```
o   o   o   o
  x   x   x   x
o   o   o   o
  x   x   x   x
o   o   o   o
```
b)
```
o x x o x x o
  x   x   x
  x   x   x
o x x o x x o
  x   x   x
  x   x   x
o x x o x x o
```
c)
```
    o   x   o
      x   x
o   o   o   o
    x   x
      x
    o   o
```

Abb. 3.7.2
Beispiele für Normalreflexe vor der Adsorption (offene Kreise) und Zusatzreflexe durch Adsorption (Kreuze) in einem LEED-Experiment

Übung 3.7.2. Man gebe für die in Abb. 3.7.2 skizzierten LEED-Beugungsbilder mögliche Einheitsmaschen und die dazugehörige Bezeichnung der Überstrukturen an.

Bei Abb. 3.7.2b ist zu beachten, daß innerhalb der Quadrate keine Extrareflexe zu beobachten sind (z.B. fehlt der Reflex (1/3, 1/3)). Statt einer 3×3-Struktur ist deshalb die Überlagerung von verschiedenen orientierten Überstrukturen vorzuziehen, die jeweils nur die Extrareflexe auf den waagrechten bzw. senkrechten Verbindungslinien der Normalreflexe enthalten.

Durch die Bestimmung der Streuvektoren für jeden beobachteten Reflex hat man die Periodizität, d.h. die Größe und Orientierung der sich periodisch wiederholenden Einheitsmasche auf der Oberfläche ermittelt. Will man darüberhinaus die Anordnung der Atome innerhalb der Einheitsmasche bestimmen, muß man die Intensität der Reflexe messen und mit Rechnungen vergleichen.

Zur Berechnung der Intensität muß man, wie in Abschn. 3.5 beschrieben, sowohl den durch die Basis gegebenen Strukturfaktor $|F|^2$ als auch den durch die Periodizität bestimmten Gitterfaktor $|G|^2$ kennen. Während der Gitterfaktor für die periodische Oberfläche einfach die Richtungen für die Reflexe ergibt (s. Abschn. 3.5 und Gl. (3.5.2)), geht es für die Intensitätsberechnung im wesentlichen um den Strukturfaktor $|F|^2$. Man verwendet zunächst die bei der Röntgenbeugung übliche kinematische Näherung, d.h. die durch die einfallende Welle am Einzelatom gebildete Streuwelle wird als schwach angenommen, so daß Vielfachstreuungen zu vernachlässigen sind. Damit läßt sich die Intensität leicht berechnen. Gemäß Abb. 3.7.3 addiert man die Amplituden, die sich bei Erfüllung der Braggbedingung $\underline{K} \cdot \underline{d} = n \cdot 2\pi$ phasengleich addieren, sonst aber eine sehr kleine Resultierende erge-

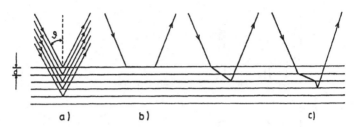

Abb. 3.7.3
Streuprozesse für die Intensitätsberechnung
a) Einfachstreuung
b) Zweifachstreuung in einer Schicht
c) Mehrfachstreuung
Für alle Streuprozesse ist die gleiche Einfalls- und Ausfallsrichtung zugrunde gelegt

ben. Trägt man die Intensität nicht gegen den Streuvektor $\underline{K}$, sondern gegen die Beschleunigungsspannung V der Elektronen auf, so ergeben sich scharfe Maxima für Spannungen, die außer vom Schichtabstand d auch vom Einfallswinkel ϑ gegen die Normale und außer beim 00-Reflex auch von den Periodizitäten $\underline{a}_1$ und $\underline{a}_2$ abhängen. Für den 00-Reflex ergeben sich wegen $\underline{K} = 2 \cdot \underline{k} \cdot \cos \vartheta$ Maxima mit ganzzahligem n für

$$V = \frac{M \cdot n^2}{4d^2 \cdot \cos^2 \vartheta} \tag{3.7.1}$$

mit $\quad M = \dfrac{h^2}{2e \cdot m} = 150 \text{ V\AA}^2 = 1,5 \cdot 10^{-18} \text{ Vm}^2 = 1,5 \text{ Vnm}^2$

Die Braggbedingung $\underline{K} \cdot \underline{d} = n \cdot 2 \cdot \pi$ berücksichtigt die Periodizität d senkrecht zur Oberfläche. Es wird hier also zusätzlich die Komponente des Streuvektors senkrecht zur Oberfläche festgelegt, die beim Gitterfaktor $|G|^2$ für die Periodizität $\underline{a}_1$ und $\underline{a}_2$ parallel zur Oberfläche keine Rolle spielt (s. Abschn. 3.5). Die Endpunkte des so voll bestimmten Streuvektors bilden deshalb die Punkte des dreidimensionalen reziproken Gitters, wie es aus der Kristallographie bekannt ist. Trägt man die so berechnete Intensität I eines Reflexes gegen die Spannung V auf, erhält man die sogenannte I-V-Kurve (Abb. 3.7.4a). Die Maxima werden Bragg-Maxima 1. Ordnung genannt (first order Bragg peaks), da sie bei Einfachstreuung auftreten. Die so berechnete Kurve muß erheblich korrigiert werden, um mit gemessenen Kurven vergleichbar

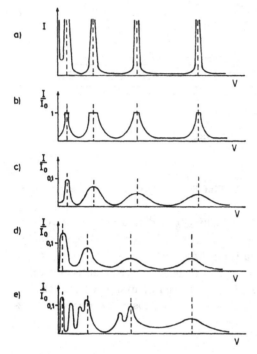

Abb. 3.7.4
Intensität eines Reflexes als
Funktion der Beschleunigungsspannung V (schematisch)
a) Einfachstes kinematisches
Modell
b) Einfachste Berücksichtigung der Vielfach-Streuung
(verbotene Zonen)
c)   Berücksichtigung   von
Dämpfung
d) Berücksichtigung von in-
nerem Potential und Phasenverschiebung
e)   Berücksichtigung   aller
Vielfachstreuungen

zu werden. Der wesentliche Fehler liegt in der Annahme einer kleinen
Streuamplitude. Durch eine starke Streuung treten zwei zusätzliche
Effekte auf, die Vielfachstreuung und die Abnahme der Amplitude
beim Durchgang in tiefere Schichten. Weil die gestreute Welle noch
eine erhebliche Amplitude hat, trägt auch die zwei- und dreimal gestreute Welle noch zur Gesamtamplitude bei (Abb. 3.7.3b und 3.7.3c).
Berücksichtigt man alle Vielfachstreuungen, kommt man auf eine Pro-
blemstellung wie bei elektronischen Bandstrukturrechnungen: Es gibt
erlaubte und verbotene Energiebereiche der gestreuten Wellen, wobei Blochwellen die Lösungen im Kristall bilden. Für Energien im
verbotenen Bereich fällt die Amplitude nach innen exponentiell ab,
die Welle wird total reflektiert. Da Bandlücken an den Grenzen der
Brillouin-Zonen (d.h. bei Braggreflexion) auftreten, liegen die Reflexi-
onsmaxima in Abb. 3.7.4b an den in Abb. 3.7.4a gezeigten Stellen. Die
an der zweiten Schicht ankommende Welle ist einerseits durch elasti-

sche Streuung, andererseits durch inelastische Prozesse geschwächt. Dies wird mathematisch durch einen ortsunabhängigen imaginären Anteil am Potential berücksichtigt. Dadurch werden die Maxima aus Abb. 3.7.4b niedriger und breiter (Abb. 3.7.4c). Schließlich ist zu berücksichtigen, daß sich beim Eintritt in den Kristall die Energie der Elektronen erhöht und die Wellenlänge dadurch verkürzt wird. Dies wird über ein sogenanntes inneres Potential beschrieben. Zusätzlich wird die Phase beim Durchgang durch eine Schicht verändert, wobei dieser Phasensprung von der Energie abhängen kann. Die Braggreflexion tritt also nicht mehr an den oben berechneten Spannungen, sondern meist bei niedrigeren Werten auf (Abb. 3.7.4d). Wenn man noch berücksichtigt, daß die nach Vielfachreflexion sich bildende Amplitude stark von der Energie abhängt, sind zusätzliche Maxima und Minima zu erwarten. Im einfachsten Fall deuten zusätzliche Maxima auf einen Vielfachstreuprozeß mit mindestens einem Teilschritt hin, der selbst die Braggbedingung erfüllt (Bragg-Maximum zweiter Ordnung) (Abb. 3.7.4e).

Für eine genauere Rechnung wird im allgemeinen ein Potential entsprechend Abb. 3.7.5 zugrunde gelegt: Das angenommene Potential (ausgezogene Kurve) wird genähert durch ein rotationssymmetrisches Potential um jedes Atom (engl. muffin tin potential, d.h. ein Potential wie bei einem Backblech mit einzelnen runden Mulden für jedes zu „backende Plätzchen"), ein konstantes Potential zwischen den Atomen und ein höheres konstantes Potential im Außenraum mit abruptem Übergang. Das Potential in Atomnähe wird aus Atomdaten abgeleitet und wird benutzt, um die Streuphasen bei Streuung an diesen Atomen zu bestimmen. Üblicherweise werden zuerst für eine isolierte Schicht alle Wellen ausgerechnet, die die Schicht

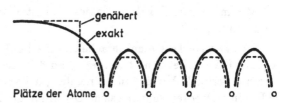

genähert

exakt

Plätze der Atome o   o   o   o   o

Abb. 3.7.5
Erwarteter (ausgezogene Linien) und als Näherung verwendeter (gestrichelte Linien) Potentialverlauf in einem Schnitt senkrecht zur Oberfläche

nach oben oder unten verlassen (Mehrfachstreuung nur innerhalb
dieser Schicht, Abb. 3.7.3b) und dann für jede Schicht als einfallende Welle die Primärwelle und die von allen anderen Schichten
kommenden Streuwellen genommen. Weitere Annahmen und Details
(z.B. Einfluß der Kristalltemperatur) sind der Spezialliteratur zu entnehmen [Pen 74X], [VHo 79X], [VHo 86X]. Die Grenzen der Berech-
nungsmöglichkeiten liegen einerseits im erforderlichen Rechenumfang,
andererseits in der Reproduzierbarkeit der experimentellen Bedingungen sowie in den Kriterien für die Übereinstimmung mit dem Experiment. Durch ständige Entwicklung der Rechenprogramme können
jetzt Strukturen auch mit größeren Einheitsmaschen gerechnet und
durch Variation mehrerer Parameter dem Experiment angeglichen
werden. Für das Experiment ist es entscheidend wichtig, sowohl die
Oberflächenbedingungen als auch die Meßbedingungen (Einfallswinkel) exakt zu bestimmen, zu reproduzieren und über die Meßzeit zu
erhalten. Es ist auch wichtig, nach welchen Maßstäben die Güte der
Übereinstimmung zwischen gemessener und gerechneter Kurve festgestellt werden soll (z.B. Existenz, Lage oder Höhe der Maxima), ob
festgestellte Abweichungen auf Näherungen der Rechnung (Form des
Abschneidepotentials an der Oberfläche, konstantes imaginäres Potential) oder auf Idealisierung der Oberfläche (Vernachlässigung von
Defekten wie Fehlstellen, Stufen, Domänengrenzen, Vereinfachung der
Temperaturbewegungen und inelastischen Prozesse usw.) zurückge-
führt werden. Die Güte der Übereinstimmung wird mit einem Zu-
verlässigkeitsfaktor (R-Faktor) angegeben, der die Unterschiede zwischen Rechnung und Messung in festgelegter Weise ermittelt. Hierbei
wird die Differenz zwischen Meßwert und gerechnetem Wert gebildet
und je nach Verfahren mit Steigung oder Intensität gewichtet und für
jeden Reflex normiert [Zan 77], [VHo 84], [Pen 80]. Durch Aufsuchen
des Minimums des R-Faktors lassen sich Atomabstände auf weniger
als 0,01 nm angeben.

Als erstes Beispiel soll eine einfache Oberfläche ohne Überstruktur, die
Al(110)-Fläche, betrachtet werden [And 84]. Aus Symmetriegründen
sind nur vertikale Verrückungen möglich, die sich jedoch über mehrere Lagen erstrecken können (siehe Definition der Basis in Abb. 3.2.2).
Zur Vereinfachung und zur sicheren Übereinstimmung zwischen Rechnung und Messung wurde senkrechter Einfall gewählt, der durch glei-

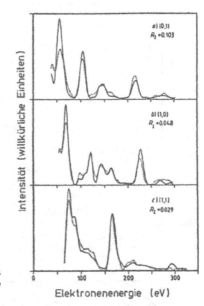

Abb. 3.7.6
Gemessene und berechnete I-V-Kurven
für drei Reflexe der Al(110)-Oberfläche
[And 84]

che Helligkeit symmetrischer Reflexe (z.B. 10 und $\bar{1}0$ bzw. 11, $\bar{1}1$, $1\bar{1}$, $\bar{1}\bar{1}$) sichergestellt wurde. Zur Anpassung der Rechnung an die Messung wurden die Abstände der ersten drei Schichten, das imaginäre Potential und die Debyetemperatur so lange variiert, bis der R-Faktor minimal war. Die Güte der Übereinstimmung ist für drei der neun wesentlich verschiedenen, gemessenen Reflexe in Abb. 3.7.6 gezeigt. Die Genauigkeit läßt sich aus der Steigung des R-Faktors bei Variation einzelner Schichtabstände entnehmen (Abb. 3.7.7). Der Abstand d_1 der ersten Schicht (Kurve A) und der der dritten Schicht (C) sind verringert, der der zweiten ist gegenüber dem Volumenabstand d_b erhöht (oszillatorisches Verhalten), die Genauigkeit zweier Variablen wird durch gleichzeitige Variation überprüft (Abb. 3.7.8). Die fast rotationssymmetrische Form des R-Faktors garantiert eine sichere Bestimmung.

Inzwischen sind in ähnlicher Weise von vielen Gruppen zahlreiche Messungen und Rechnungen durchgeführt worden. Eine neue Übersicht ist bei [MLa 87X] zu finden. Die inzwischen erzielte weitgehende Übereinstimmung unabhängiger Messungen und Rechnungen zeigt

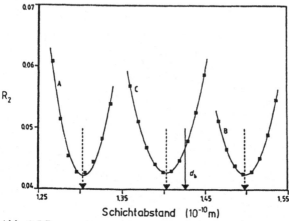

Abb. 3.7.7

Der R-Faktor für Al(110) bei Variation der einzelnen Schichtabstände d_{12} (Kurve A), d_{23} (Kurve B) und d_{34} (Kurve C) [And 84]

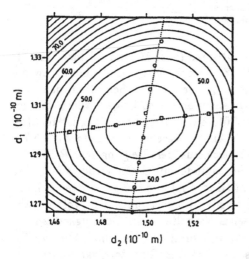

Abb. 3.7.8
Der R-Faktor für Al(110) bei gleichzeitiger Variation der Abstände d_{12} und d_{23} [And 84]

den erreichten hohen Stand. So wurde für Al(110) für den ersten und zweiten Abstand Übereinstimmung und nur für den dritten Abstand ein (kleiner) Unterschied gefunden [Noo 84].

Als weiteres Beispiel sollen höher indizierte Flächen des Fe zeigen, wie bei einer gestuften Fläche aufgrund der erhöhten Rauhigkeit größere

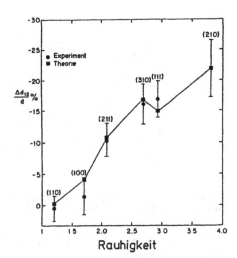

Abb. 3.7.9
Verringerung des obersten Schichtabstandes für verschiedene Eisen-(bcc)-Oberflächen. Die Rauhigkeit ist durch den Kehrwert der Flächendichte gegeben (dichteste Kugelpackung entspricht 1,1) [Jia 86].

Verschiebungen auftreten (Abb. 3.7.9). Hier sind die Messungen mit den nach Energieminimierungsrechnungen erwarteten Absenkungen verglichen [Jia 86]. Je offener eine Fläche ist (Rauhigkeit als Abszisse), desto größer ist die relative Absenkung. Die Verrückungen (auch horizontal) aller Oberflächenatome sind der Orginalarbeit zu entnehmen.

Halbleiter haben aufgrund der kovalenten Bindung eine viel offenere Struktur. Da der Valenzzustand der Oberflächenatome geändert sein kann (siehe Abschn. 4.1, Oberflächenzustände), sind auch veränderte Bindungswinkel zu erwarten. Ein gut untersuchtes Beispiel ist die GaAs(110)-Spaltfläche, die zwar keine Überstruktur, aufgrund der Verbindung jedoch zwei unterschiedliche Oberflächenatome in der Einheitsmasche besitzt. Die Seitenansicht der aus LEED-Intensitäten bestimmten Anordnung ist in Abb. 3.7.10 gezeigt. Es sind insbesondere vertikale Verschiebungen der beiden Atomsorten gemeinsam und gegeneinander festzustellen [Kah 83X].

Die Si(111)-2×1-Spaltfläche ist zunächst mit Bindungs- und Energieüberlegungen berechnet worden („π-bonded chain") [Pan 82]. Mit diesem Modell konnten die LEED-Daten noch weitere Verfeinerungen liefern [Him 84]. Durch Näherungsverfahren können inzwischen auch

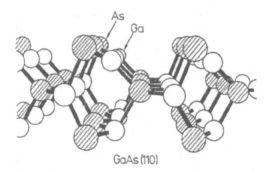

Abb. 3.7.10
Seitenansicht einer GaAs(110)-Spaltfläche: In der obersten Schicht sind die As-Atome nach außen verschoben [MLa 87X]

größere Einheitsmaschen bestimmt werden, z.B. Benzol und CO auf Rh(111) [VHo 87].

Als Beispiel für Beugung mit hochenergetischen Elektronen soll die Bestimmung der Si(111)-7×7-Struktur dienen. Mit Hilfe der Beugungsintensität aus der Durchstrahlung sehr dünner Blättchen, die im UHV-Mikroskop gereinigt waren, konnte mit kinematischer Auswertung (geringe Vielfachstreuung wegen Beobachtung in Transmission) die in Abb. 3.7.11 gezeigte Struktur gefunden werden [Tak 85].

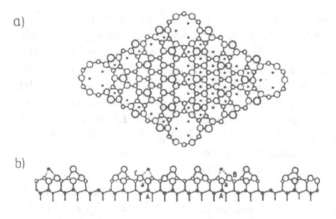

Abb. 3.7.11
Modell der Si(111)-7×7 [Tak 85]

Auch mit Röntgenbeugung liegen Strukturbestimmungen vor, die besonders für laterale Anordnung von Adsorbatschichten erfolgreich sind, da hier die Streuung der Unterlage am wenigsten stört [Rob 88].

Während mikroskopische Bilder Strukturelemente und Baufehler qualitativ sehr gut wiedergeben, können exakte Atompositionen nur mit den Beugungsverfahren bestimmt werden, die mehrere Atomlagen erfassen. Erst die Kombination der verschiedenen Verfahren ermöglicht den heutigen Kenntnisstand.

3.8   Defektstrukturen

3.8.1   Kinematische Näherung

Bisher wurden nur periodische Anordnungen betrachtet. Das Beugungsbild wurde beschrieben durch Reflexe mit 2 Indizes h_1, h_2 und den von der Energie abhängigen Intensitäten. Mathematisch war die Intensität (ohne Berücksichtigung einer instrumentenbedingten Verbreiterung) durch das Produkt aus dem Strukturfaktor $|F|^2$ und dem Gitterfaktor $|G|^2$ dargestellt worden (Gl. (3.5.2)). Der Gitterfaktor $|G|^2$ war nur benutzt worden, um die Streuvektoren $\underline{K}$ mit maximaler Intensität zu finden (Gl. (3.5.4) bis (3.5.7), Abb. 3.5.3). Für andere Streuvektoren wurde die Intensität nicht beachtet, da bei periodischen Anordnungen hier nur eine vernachlässigbare Intensität zu erwarten ist. Liegen Abweichungen von der Periodizität vor, so ändert sich einerseits der Gitterfaktor $|G|^2$ wegen veränderter Anordnung der ganz oder teilweise identischen Einheiten, andererseits ändert sich auch der Strukturfaktor $|F|^2$, da sich die Nachbarschaft der Atome in der Basis in der Nähe eines Defekts (z.B. einer Stufe) ändert. Die Berechnung von $|F|^2$ wird dabei so erschwert, daß Defekte entweder nur pauschal (z.B. Wärmebewegung der Atome) oder in anderen Näherungen berücksichtigt werden. Es ist bis jetzt kaum möglich, aus dem F-Faktor, d.h. aus der Intensitätsmessung, detaillierte Informationen über Defekte zu erhalten. Es wird deshalb im folgenden nicht mit Hilfe des Strukturfaktors ausgewertet, sondern es werden die durch den Gitterfaktor $|G|^2$ bewirkten Veränderungen (z.B. Verbreiterung oder Aufspaltung) eines Reflexionsprofils zur Strukturanalyse benutzt.

Dies hat den Vorteil, daß die zur Berechnung des Gitterfaktors notwendigen Rechnungen aufgrund der hierfür anwendbaren kinematischen Näherung wesentlich vereinfacht sind und die Deutung entsprechend erleichtert ist. In der kinematischen Näherung wird an die Beschreibung der periodischen Fläche angeknüpft (siehe Abschn. 3.2). Eine streng periodische Oberfläche besteht aus vollkommen identischen Einheiten (der Basis in Abb. 3.2.2). Eine nicht periodische Oberfläche kann durch geeignete Anordnung derartiger Einheiten beschrieben werden, z.B. eine gestufte Oberfläche aus Einheiten der Abb. 3.2.2 links und eine ebene Oberfläche mit endlich großen Überstrukturdomänen mit Einheiten der Abb. 3.2.2 rechts. Die Näherung besteht darin, daß alle Einheiten als identisch betrachtet werden, obwohl solche an der Stufe bzw. Domänengrenze eine unterschiedliche Umgebung und damit eine veränderte Strukturamplitude haben können. Da jedoch der G-Faktor periodisch im k-Raum ist, läßt sich daran jede daraus abgeleitete Aussage experimentell überprüfen. Für reine Oberflächen mit Stufen und Facetten hat diese Überprüfung die Anwendbarkeit der Näherung für LEED erwiesen [Hen 85].

Ist der Strukturfaktor für Defekte wie Kantenatome oder einzelne adsorbierte Atome wesentlich größer als für reguläre Plätze (wie dies bei der Streuung thermischer Atome der Fall ist), kann die hier vorgestellte Näherung nicht verwendet werden. Wie die sich dadurch gegebene besondere Defektempfindlichkeit ausgenutzt werden kann, ist in Abschn. 3.8.5 erläutert.

Im Rahmen der kinematischen Näherung wird also die Strukturamplitude konstant gesetzt und auf die in der integralen Intensität enthaltene Information (s. Abschn. 3.7) verzichtet. Die Modulation der Intensität ist allein über die Anordnung der Einheiten (z.B. Oberflächenatome oder Überstrukturmaschen) gegeben. In Abb. 3.8.1 ist schematisch dargestellt, wie aus der Anordnung (gegeben durch δ-Funktionen am Ort der Einheiten) die Intensität gewonnen werden kann. Ziel ist es, umgekehrt aus der beobachteten Intensität die Anordnung abzuleiten. Selbst wenn man, wie in Abschn. 3.6 beschrieben, die durch das Instrument bewirkte Verbreiterung der Reflexe berücksichtigt hat (z.B. über eine Rückfaltung mit der Instrumentenfunktion), ist eine Umkehrung ohne weiteres nicht möglich. Wie durch Pfeile in

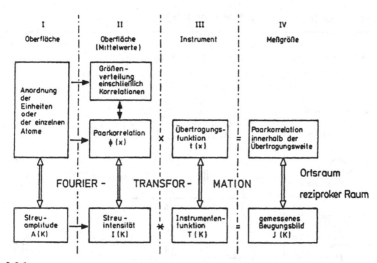

Abb. 3.8.1
Schematische Darstellung des Zusammenhangs zwischen geometrischer Anordnung und gestreuter Intensität bei einem Beugungsexperiment

Abb. 3.8.1 angedeutet ist, ist zwar die Fouriertransformation eindeutig umkehrbar, nicht jedoch die Funktion der Paarkorrelation.

Es soll deshalb über einfache Beispiele versucht werden, mögliche Zuordnungen zwischen Anordnungen mit Defekten und ihren Beugungsbildern zu erkennen. In Abb. 3.8.2 ist für eindimensionale Anordnungen die zugehörige Intensität, wie sie z.B. auf einem Leuchtschirm einer LEED-Optik längs einer Richtung zu sehen ist, zusammen mit der Halbwertsbreite und dem Abstand der Beugungsreflexe dargestellt: Während eine Einheit im Rahmen der kinematischen Näherung eine konstante Intensität liefert, erhält man für zwei Einheiten die bekannte Zweistrahlinterferenz, aus der der Abstand a mit Hilfe des Reflexabstandes oder Streifenabstandes je nach experimenteller Anordnung errechnet werden kann. Für N regelmäßig angeordnete Streuer ergibt sich entsprechend das Beugungsbild eines Gitters mit N Spalten. Im Teilbild 3.8.2d ist die Interferenz zweier identischer Bereiche gezeigt. Da sich die Anordnung über die Faltung der Anordnung c) mit der in b) mit dem Abstand g darstellen läßt, ist die Intensität I_4 nach dem Faltungstheorem als das Produkt der Intensitäten

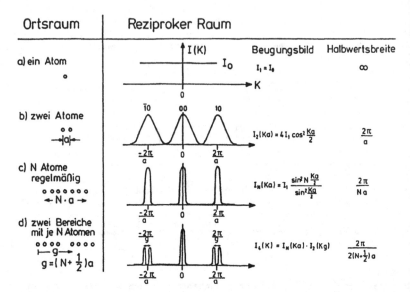

Abb. 3.8.2
Zusammenhang von Anordnung und Gitterfaktor G für einfache Atomanordnungen

I_2 und I_N darstellbar, was sich auch rechnerisch leicht nachvollziehen läßt. (In I_2 muß der Abstand a durch g ersetzt werden.) Es liegt also eine Überlagerung des Beugungsbildes des Einzelbereichs mit der Interferenz benachbarter Bereiche vor. Dieses für einfache Anordnungen gewonnene Ergebnis läßt sich leicht verallgemeinern: Jedem Abstand zwischen zwei beliebigen Reflexen im Beugungsbild (d.h. jeder Differenz $\Delta \underline{K}$ der entsprechenden Streuvektoren) entspricht auf der Oberfläche ein häufig auftretender Abstandsvektor $\underline{d}$ (d.h. Maximum der Paarkorrelationsfunktion $\phi(r)$). Hierbei gilt: $\Delta \underline{K} \cdot \underline{d} = 2 \cdot \pi \cdot n$ mit ganzzahligem n. Durch Aufsuchen des kleinsten $\Delta \underline{K}$ kann der Abstand d entsprechend $n = 1$ ermittelt werden. Beispielsweise ist bei Abb. 3.8.2d eine Verschiebung $\underline{g} = (N + 0{,}5)\underline{a}$ zweier identischer Bereiche gezeigt. Aus der gemessenen Aufspaltung des Reflexes $\left(|\Delta \underline{K}| = \dfrac{2\pi}{a} \cdot \dfrac{1}{N + 0{,}5} \right)$ kann deshalb unmittelbar $\underline{g} = (N + 0{,}5) \cdot \underline{a}$ als häufiger Abstand und damit als Abstand zweier Bereiche gefolgert werden. Als weiteres Ergebnis sieht man hier, daß die Halbwertsbreite $\Delta \underline{K}_{1/2}$ umgekehrt proportional der Ausdehnung des gesamten

Bereichs $\underline{D} = (2N + 1)\underline{a}$ ist gemäß:

$$\Delta \underline{K}_{1/2} \cdot \underline{D} \approx 2\pi \tag{3.8.1}$$

Mit diesen beiden Kriterien kann man, wie an den weiter unten ausführlich erläuterten Beispielen gezeigt wird, qualitativ und in erster Näherung sogar quantitativ ein Beugungsbild auf Größe und Abstand periodischer Bereiche auswerten.

Übung 3.8.1. Man erzeuge die Beugungsbilder der in Abb. 3.8.2 gezeigten und ähnlichen Anordnungen durch optische Simulation oder durch Rechnung mit einem programmierbaren Rechner.

A n l e i t u n g für die optische Simulation: Man zeichnet die Anordnung als schwarze Striche im Abstand von etwa 5 mm und stelle ein verkleinertes photographisches Negativ her (Kleinbildkamera). Von diesem Negativ erzeugt man am bequemsten mit einem kleinen He-Ne-Laser und Aufweitungsoptik das Beugungsbild im Abstand einiger Meter. Bei sehr starker Verkleinerung kann man auf die Aufweitungsoptik verzichten. Für eine Berechnung benütze man Gl. (3.5.2), wobei $F = 1$ gesetzt wird [Ell 72]. Ein so erzeugtes Bild findet sich in [Hen 77].

3.8.2 Regelmäßige Anordnungen

Bei der Chemisorption von Gasen treten Überstrukturen häufig dadurch auf, daß nur ein Teil der Plätze (z.B. jeder zweite oder dritte) in regelmäßiger Folge besetzt ist. Wird nun die Bedeckung weiter gesteigert, so kann dies durch Zusammenrücken endlich großer Domänen erreicht werden, wobei allein an den Domänengrenzen der Abstand nächster Nachbarn unterschritten wird (z.B. zwei statt drei Atomabstände). Eine streng periodische Anordnung gleich großer, gegeneinander versetzter Domänen ergibt sich aus dem Beispiel d) in Abb. 3.8.2, wenn die Folge identische Bereiche periodisch fortgesetzt wird. Es sollen die möglichen Gitterplätze der Adsorbatatome den Abstand a und die Überstruktur die Periode $2a$ haben. Liegen in einer Domäne N Atome in einer Reihe, so soll der Verschiebungsvektor $\underline{g}$ den Wert $(2N - 1)a$ haben. Gemäß Abb. 3.8.2d ist die Intensität durch $I = I_N \cdot I_F$ gegeben, wobei F sehr groß sein soll. Es ist also jeder zweite Reflex aufgespalten mittels des Verschiebungsvektors $\underline{g}$. Da die nicht aufgespaltenen Reflexe in diesem Beispiel gerade mit

den Beugungsreflexen der Unterlage zusammenfallen, sind hier alle
Extrareflexe aufgespalten. In ähnlicher Weise kann eine regelmäßige
Stufenfolge beschrieben werden. Hier muß allerdings berücksichtigt
werden, daß jetzt ein Vektor $\underline{g}$ eine Komponente senkrecht zur Oberfläche enthält.

Stellen wir den Vektor $\underline{g}$ dar durch eine Terrassenbreite von $N\underline{a}$ und
eine Stufenhöhe $\underline{d}$ mit $\underline{g} = N\underline{a} + \underline{d}$, so ist die Intensität darstellbar
durch

$$I(\underline{K} \cdot \underline{a}) = I_N(\underline{K} \cdot \underline{a}) \cdot I_F(\underline{K} \cdot \underline{g}), \tag{3.8.2}$$

wobei I_N die Intensität der Einzelterrasse (entsprechend Abb. 3.8.2c)
und I_F die Folge identischer Einheiten wiedergibt.

Da mit steigender Elektronenenergie für einen gegebenen Reflex nur
die parallele Komponente des Streuvektors konstant bleibt, die senk-
rechte Komponente jedoch kontinuierlich ansteigt, d.h. $\underline{K} \cdot \underline{g} = \underline{K}_\parallel N \cdot \underline{a}$
$+ K_\perp \cdot \underline{d}$, ändert sich die Abhängigkeit $I_F(\underline{K}_\parallel \cdot \underline{g})$ mit der Elektronenenergie und damit die Reflexform periodisch.

Beide Faktoren werden gleichzeitig maximal, wenn $\underline{K} \cdot \underline{a} = 2\pi \cdot n$ und
$\underline{K} \cdot \underline{g} = 2 \cdot \pi \cdot n'$ gilt. Es muß also zusätzlich zu den Bedingungen der
Gl. (3.5.4) die dritte Interferenzbedingung $\underline{K} \cdot \underline{d} = 2\pi n''$ senkrecht
zur Oberfläche erfüllt sein. Die Ewaldkugel berührt in diesem Fall
einen Punkt des dreidimensionalen reziproken Gitters, es ergibt sich
ein scharfer Einzelreflex. Ist die dritte Interferenzbedingung verletzt
und gilt $\underline{K} \cdot \underline{d} = 2 \cdot \pi(n'' + 1/2)$, so ist die Intensität in der Mitte des
Reflexes null, der Reflex ist in einen Doppelreflex aufgespalten. Mit
steigender Energie wird deshalb ein periodischer Wechsel zwischen
Einzel- und Doppelreflex beobachtet.

Übung 3.8.2. Für welche Elektronenenergien ergibt sich für einfach kubisches Gitter ($a_0 = 0,3$ nm) auf der gestuften (100)-Fläche ein Einzelreflex
(00-Reflex, 45°-Einfallswinkel)?

Der gleiche Vorgang ist noch anschaulicher zu überblicken, wenn man
alle obigen Schritte im reziproken Raum ausführt. Abb. 3.8.3 zeigt
deshalb eine Gegenüberstellung der einzelnen Anordnungen zu den
entsprechenden Fouriertransformationen im reziproken Raum. Durch
Eintragungen der entsprechenden Ewaldkugel läßt sich für jeden gewünschten Einzelfall das Beugungsbild sowie das Reflexprofil leicht

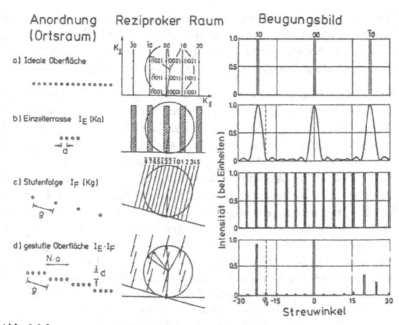

Abb. 3.8.3
Konstruktion des Beugungsbildes einer regelmäßig gestuften Fläche aus Einzelterrasse und Stufenfolge. Das im rechten Teilbild gezeigte Beugungsbild ergibt sich
für die Energie, die der eingezeichneten Ewald-Kugel entspricht.

angeben. Für andere Reflexe, Kristallstrukturen und Einfallswinkel
ist eine vollständige Formel in der Literatur zu finden [Hen 76].

Die Teilbilder a), b) und c) entsprechen dem Beispiel in Abb. 3.8.2c
mit passendem N und a. Das Teilbild 3.8.3d zeigt die Faltung aus b)
und c) im Ortsraum, die nach dem Faltungstheorem eine Multiplikation im reziproken Raum ergibt. Die Schnittpunkte der Ewaldkugel
mit den Strichabschnitten ergeben das beobachtete Beugungsbild. Mit
steigender Elektronenenergie (wachsende Kugel) werden abwechselnd
Einzel- und Doppelreflexe beobachtet, wobei die Reflexe kontinuierlich wachsen und verschwinden.

Die Stufenbreite und -höhe ist leicht aus der Beobachtung zu entnehmen. Die Folge der Spannungen mit Einzel- bzw. Doppelreflex ergibt
gemäß Übung 3.8.2 und Gl. (3.7.1) mit ganz- bzw. halbzahligen n die

Stufenhöhe, die Aufspaltung $\Delta \underline{K}_\parallel$ des Doppelreflexes gemäß $\Delta \underline{K} \cdot \underline{g} = 2\pi$ die Projektion der Terrassenbreite. Bezieht man die Aufspaltung $\Delta K_\parallel$ in der Richtung von $\underline{g}$ und $\underline{K}_{10}$ auf den Normalreflexabstand K_{10}, so ist die Auswertung einfacher: $\Delta K_\parallel / K_{10} = a/g$, da $K_{10} \cdot a = 2\pi$.

Eine andere häufig beobachtbare Erscheinung ist die Facette. Kleine Bereiche einer Oberfläche haben eine von der mittleren Fläche abweichende Orientierung, bilden also eine andere ebene Kristallfläche auf der gemeinsamen Einkristallunterlage aus. Z.B. bilden sich Ätzgrübchen häufig mit einer drei- oder vierseitigen Pyramide mit ebenen Flächen, wenn die Ätzrate im Zentrum des Grübchens wegen eines Defektes (z.B. Versetzung) stark erhöht ist. Eine Facette kann im Prinzip über eine regelmäßige Stufenfolge beschrieben werden. Dies ist bei niedrig indizierten Orientierungen meist unzweckmäßig, da die Terrassen nur ein bis zwei Atomabstände breit sind. Der Begriff Facette sollte nur benützt werden, wenn es sich um Abweichungen von einer mittleren Fläche handelt. Sonst sollte die Fläche einfach mit ihrer Orientierung beschrieben werden. Die Beschreibung verläuft wie in Abb. 3.8.3c, da jede Teilfläche selbst über viele Atomabstände eben ist. Abb. 3.8.4a zeigt ein Beispiel. Da alle Bereiche die gleiche einkristalline Unterlage haben, müssen alle Stangensätze durch die gleichen Punkte des dreidimensionalen reziproken Raumes gehen. Bei Variation der Elektronenenergie kann man das Kreuzen der Reflexe auf dem Schirm beobachten. Überträgt man die Position der Reflexe für mehrere Energien in den reziproken Raum gemäß Abb. 3.8.4a, so kann man durch Verbinden dieser Punkte die Orientierung der Facette leicht bestimmen, die sich als Differenz der Indizes von zwei auf der Geraden liegenden Punkten des reziproken Gitters ergibt.

Eine andere Abweichung von der Idealstruktur stellt die Mosaikstruktur dar. Hierbei ist die Unterlage selbst nur in Teilbereichen (z.B. einige μm) fehlerfrei und Nachbarbereiche gegeneinander um Bruchteile eines Grades verkippt. Der Gesamtkristall setzt sich also mosaikartig aus fast gleich orientierten Bereichen zusammen, wobei jeder Bereich über viele Atomabstände fehlerfrei ist. Das reziproke Gitter ist rechts in Abb. 3.8.4 dargestellt, wobei parallele Stangen jeweils zum gleichen Kristallit gehören. Man beobachtet also mit steigender Elektronenenergie eine monotone Verbreiterung eines Profils, wobei

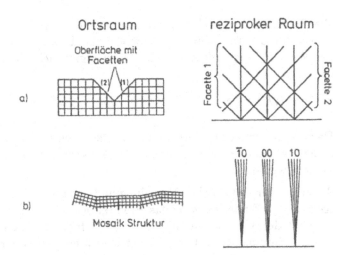

Ortsraum

reziproker Raum

Oberfläche mit Facetten

Facette 1

Facette 2

Mosaik Struktur

Abb. 3.8.4
a) Modell eines reziproken Gitters für eine Oberfläche mit Facetten. (100)-Fläche mit einer (110)- und einer (1$\bar{1}$0)-Facette.
b) Gitter und reziproke Gitter einer Mosaikstruktur mit 3 Kristalliten

die Punkte des dreidimensionalen Gitters hier keine Bedeutung haben. Damit ist eine Unterscheidung der von Mosaikstrukturen und von Facetten bedingten Aufspaltungen leicht möglich.

Allen bisher besprochenen Defektstrukturen ist gemeinsam, daß sie fehlerfrei periodisch über Abstände größer als die Transferweite sind. Das Beugungsbild besteht deshalb nur aus Reflexen, deren Schärfe allein durch die Transferweite des Instruments beschränkt ist. Alle Informationen wurden deshalb allein aus der Position der Reflexe im Beugungsbild und deren Änderung mit der Elektronenenergie abgeleitet.

3.8.3   Unregelmäßige Anordnungen

Auch unregelmäßige Anordnungen oder nur über eine kurze Strecke periodische Anordnungen ergeben charakteristische Änderungen, die sich über die kinematische Näherung beschreiben lassen. Der einfachste Fall ist die statistische Verteilung von Atomen eines Adsorbats auf Gitterplätzen, das sogenannte Gittergas. Es kann jetzt nicht für alle Einheiten die gleiche Strukturamplitude gewählt werden, wie es in Abschn. 3.2 und Abb. 3.2.2 möglich war. Es soll dem n-ten Platz der Wert F_n zugeordnet werden. Dann ergibt sich die Intensität I zu:

$$I(\underline{K}) = \left| \sum_n F_n \mathrm{e}^{\mathrm{i}\underline{K}\,\underline{r}_n} \right|^2 = \sum_{m,n} F_m \cdot F_n^* \cdot \mathrm{e}^{\mathrm{i}\underline{K}(\underline{r}_m - \underline{r}_n)} \qquad (3.8.3)$$

Da eine individuelle Bewertung aller Plätze einen großen, unübersichtlichen Rechenaufwand erfordern würde, müssen geeignete Mittelwerte gesucht werden.

Aufgrund der statistischen Verteilung und der angenommenen großen Anzahl von Einheiten wird das Produkt $F_m \cdot F_n$ ersetzt durch das Produkt der Mittelwerte $\langle F \rangle \cdot \langle F \rangle = \langle F \rangle^2$ für alle Fälle mit $m \neq n$. Für die Summanden mit $m = n$ ist jedoch eine strenge Korrelation zwischen dem ersten und dem zweiten Faktor gegeben, es muß also erst das Quadrat und dann der Mittelwert gebildet werden: $\langle F_n \cdot F_n \rangle = \langle F^2 \rangle$. Damit ergibt sich $\langle F_m \cdot F_n \rangle = \langle F \rangle^2 + \delta_{mn} (\langle F^2 \rangle - \langle F \rangle^2)$ und damit für N Gitterplätze im kohärenten Bereich:

$$I(\underline{K}) = N \left(\langle F^2 \rangle - \langle F \rangle^2 \right) + \langle F \rangle^2 \cdot \sum_{m,n} \mathrm{e}^{\mathrm{i}\underline{K}(\underline{r}_m - \underline{r}_n)} \qquad (3.8.4)$$

Das Beugungsbild gemäß Gl. (3.8.4) besteht also aus zwei Anteilen: Der erste Anteil ist unabhängig vom Streuvektor, d.h. er bildet einen homogenen Untergrund im Beugungsbild. Der zweite Anteil ist bis auf den Vorfaktor $\langle F \rangle^2$ identisch mit dem Gitterfaktor der idealen Oberfläche (siehe Abb. 3.8.2). Er bildet also Reflexe über dem Untergrund, die die gleiche Profilform wie beim idealen Gitter haben. In Abb. 3.8.5b ist die beobachtete Intensität dargestellt, wobei in 3.8.5a nochmals die Intensitätsverteilung für ein ideales Gitter gezeigt ist. Für den Mittelwert $\langle F_n F_m \rangle$ ist die Annahme einer statistischen Verteilung wesentlich. Sind z.B. benachbarte F_n bevorzugt gleich („Anziehung" gleicher Werte für F_n) oder bevorzugt ungleich („Abstoßung"), so ergeben sich Modulationen des Untergrundes, die schematisch in Abb. 3.8.5c und d dargestellt sind.

Bei nur zwei unterschiedlichen Strukturamplituden kann in Gl. (3.8.4) der Untergrund durch die Differenz der Faktoren beschrieben werden. Gl. (3.8.4) soll an einem Beispiel erläutert werden. Wird durch ein

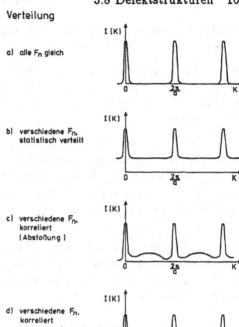

Abb. 3.8.5
Beugungsbilder bei unregelmäßigen Verteilungen von Punktdefekten. Im Teilbild c) ist zugrundegelegt, daß bei zwei verschiedenen F_n benachbarte Werte bevorzugt ungleich sind, im Teilbild d) sollen dagegen benachbarte Werte bevorzugt gleich sein.

Adsorbatatom die Strukturamplitude eines Platzes wesentlich erhöht, so soll näherungsweise die Strukturamplitude besetzter Plätze $F_n = 1$ und der unbesetzter Plätze $F_n = 0$ gesetzt werden. Ist der Bruchteil Θ der Plätze besetzt, ergibt sich für $\langle F \rangle = \langle F^2 \rangle = \Theta$ und für $\langle F \rangle^2 = \Theta^2$. Somit wird:

$$I(\underline{K}) = N(\Theta - \Theta^2) + \Theta^2 \cdot \sum_{m,n} e^{i\underline{K}(\underline{r}_m - \underline{r}_n)} \tag{3.8.5}$$

Der Untergrund verschwindet also für Bedeckungen für $\Theta \approx 0$ und $\Theta \approx 1$, da in beiden Bereichen die Unordnung oder Unsicherheit, ein Adsorbatatom zu finden, sehr gering ist.

Bildet man das Verhältnis aus der integralen Intensität in einem Reflex ($N \cdot \Theta^2$) zu der gesamten Intensität in einer Brillouin-Zone ($N \cdot \Theta$, Reflex und Untergrund), so ergibt sich gerade die Bedeckung Θ unabhängig vom Streufaktor. Auf diese Weise läßt sich eine Bedeckung auch bei Korrelation der Streuer (z.B. Inselbildung) quantitativ bestimmen [Wol 89], [Fal 89], [Wol 90].

Übung 3.8.3. Man stelle Gl. (3.8.5) für den Fall auf, daß die Strukturamplitude besetzter Plätze F_1 und die unbesetzter Plätze $F_0 \neq 0$ ist. Man überzeuge sich, daß der Untergrund für $F_1 = F_2$ sowie für $\Theta \approx 0$ und $\Theta \approx 1$ verschwindet.

Eine andere Art Unordnung ist durch geringfügige Verrückung der Atome von den regelmäßigen Gitterplätzen gegeben. Eine solche Verrückung kann statisch (z.B. durch Zwischengitteratome nach Ionenbeschuß) oder dynamisch durch die Wärmebewegung bedingt sein. Die Plätze $\underline{r}_n$ der Atome werden beschrieben durch

$$\underline{r}_n = \underline{r}_n^0 + \underline{u}_n, \tag{3.8.6}$$

wobei $\underline{r}_n^0$ die streng periodischen Ruhelagen darstellen und $\underline{u}_n$ die kleinen Auslenkungen. Analog zu dem oben gezeigten Beispiel müssen Mittelwerte gebildet werden. Dabei ergibt sich (vgl. Lehrbücher zur Festkörperphysik wie z.B. [Kit 88X]):

$$I = N \cdot \left\{ 1 - \exp\left(-K^2 \cdot \langle u_K^2 \rangle\right) \right\}$$
$$+ \exp\left(-K^2 \cdot \langle u_K^2 \rangle\right) \cdot \sum_{m,n} \exp\left\{ i\underline{K} \cdot \left(\underline{r}_m^0 - \underline{r}_n^0\right) \right\} \tag{3.8.7}$$

Hier ist $\langle u_K^2 \rangle = \frac{1}{3}\langle u_n^2 \rangle$ der Mittelwert der Quadrate der Auslenkungen u_n in Richtung des Streuvektors $\underline{K}$. Für steigenden Streuvektor $\underline{K}$ steigt also der Untergrund an (erster Term in Gl. (3.8.7)), und gleichzeitig sinkt die Intensität in den Reflexen, wobei das Profil unverändert bleibt.

Der entscheidende Term ist also der Exponentialterm $\exp(-\underline{K}^2 \langle u_K^2 \rangle)$, der Debye-Waller-Faktor genannt wird. Zum Vergleich mit dem Experiment wird ausgenutzt, daß das Quadrat der Schwingungsamplitude einer Gitterschwingung proportional mit der Temperatur wächst (für nicht zu tiefe Temperaturen). Beschreibt man den Streuvektor $\underline{K}$ für den (00)-Strahl mit der Wellenlänge λ und dem Winkel ϕ gegen die Normale mit $K = 2 \cdot (2\pi/\lambda) \cdot \cos\phi$, dann kann man die Intensität des 00-Reflexes als Funktion der Temperatur T beschreiben

$$I_{00}(T) = I_{00}(0) \cdot \exp\left\{ -\frac{12h^2}{mk} \left(\frac{\cos\phi}{\lambda}\right)^2 \frac{T}{\Theta_D^2} \right\} \tag{3.8.8}$$

mit h als Plancksche Konstante, m als Masse der Atome und k als Boltzmannkonstante. Die besonderen Eigenschaften eines Materials sind in der Debyeschen Näherung mit einem Parameter, der Debyetemperatur Θ_D erfaßt, die zugleich die Maximalfrequenz $\omega_{max} = k \cdot \Theta_D / \hbar$ (im Rahmen der Näherung) ergibt.

Aus Gl. (3.8.7) und (3.8.8) ist ersichtlich, daß durch die thermische Unordnung Intensität aus den Beugungsreflexen in den Untergrund verteilt wird. Im Rahmen der Näherung ist die Reflexform unverändert, der Untergrund konstant (wie in Abb. 3.8.5b) und das Integral beider Anteile über eine ganze Brillouin-Zone von der thermischen Unordnung unabhängig. Wenn man ein brilliantes LEED-Bild mit niedrigem Untergrund erhalten möchte, muß man entweder eine niedrige Temperatur (d.h. $\langle u_K \rangle$ klein) oder einen kleinen Streuvektor $\underline{K}$ (durch kleine Energie oder streifenden Einfall) wählen.

Aus einer Messung der Intensität eines Reflexes über dem Untergrund bei einer Energie als Funktion der Temperatur folgt unmittelbar die Debyetemperatur. Abb. 3.8.6 zeigt eine Messung einer Silberoberfläche [Den 73]. Die Debyetemperatur der Oberfläche ist bei Metallen meistens niedriger als die des Volumens, da die Oberflächenatome wegen der geringeren Zahl von Nachbarn niedrigere Eigenfrequenzen und damit höhere Amplituden zeigen (Gleichverteilungs-

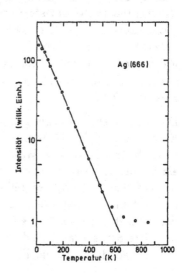

Abb. 3.8.6
Temperaturabhängigkeit der Intensität des 00-Reflexes von Silber(111) [Den 73]

satz). Gleichzeitig hängt die Debyetemperatur über die Eindringtiefe des Elektronenstrahls (siehe Abb. 3.3.2) von der Elektronenenergie ab, da die tieferen Schichten sich den Schwingungen des Volumens annähern.

Für den 00-Reflex tragen nur Schwingungen senkrecht zur Oberfläche zum Debye-Waller-Faktor bei, da auch der Streuvektor diese Richtung hat. Für andere Reflexe tragen über die Parallelkomponente des Streuvektors auch Schwingungen parallel zur Oberfläche bei. Durch die Abhängigkeit von $K^2 \sim E$ nimmt die Intensität aller Reflexe mit steigender Energie ab, so daß bei senkrechtem Einfall und Raumtemperatur etwa ab 300 bis 500 eV die Beobachtbarkeit verschwindet. Bei geneigtem Einfall sind die Werte mit $1/cos^2\phi$ wegen der Reduktion des Streuvektors zu multiplizieren. Bei erhöhter (erniedrigter) Temperatur wird der nutzbare Bereich kleiner (größer).

Da die Verrückungen u_n nicht statisch sind, sondern sich im Rahmen der Gitterschwingungen mit einer Frequenz ω periodisch ändern, haben die Elektronen im Untergrund eine um $\hbar\omega$ verkleinerte oder vergrößerte Energie (Energieerhaltung bei Stoß mit Phonon der Energie $\hbar\omega$). Die üblichen Beugungsapparaturen können jedoch diese kleinen Änderungen (.0, 1 eV) nicht auflösen. Deshalb wird das mit solchen Apparaturen gemessene Signal, bestehend aus Reflexen, elastischem Untergrund (aufgrund statischer Defekte) und inelastischem Untergrund (aufgrund von Gitterschwingungen), zusammengefaßt als „quasielastisch". Eine exakte Trennung ist möglich, wenn der einfallende Elektronenstrahl monochromatisiert ($\Delta E < 10$ meV) und auch der gestreute Strahl mit der gleichen Genauigkeit analysiert wird (siehe Abschn. 4.7.1).

Die bisherigen Überlegungen lassen sich auch verwenden, wenn die Einheiten nicht Einzelatome (d.h. Punktstreuer), sondern ausgedehnte Einheiten darstellen. Wachsen z.B. aus einem Gittergas Inseln in einer Überstruktur (z.B. Sauerstoff auf W(110) und W(100) oder Silber auf Ge(111)), so beschreibt man die Oberfläche als ideale Unterlage mit einer statistischen Verteilung (nahezu) identischer Einheiten, den Überstrukturinseln. Es kann also die Gl. (3.8.4) verwendet werden. Die Strukturamplitude F darf allerdings nicht gleich 1 gesetzt werden, sondern hat die Form einer endlichen periodischen Einheit

I_N mit N Perioden in einer Richtung (siehe Abb. 3.8.2c). Demzufolge ist hier der Untergrund nicht homogen, sondern hat die durch I_N gegebene Struktur.

Ein besonders günstiger Fall liegt vor, wenn die Insel in einer Überstruktur wächst. Wie in Abb. 3.8.7 gezeigt, kann der Faktor I_M an den Überstrukturreflexen ohne Überlagerung durch die meist wesentlich stärkeren Normalreflexe ausgemessen und dadurch die Inselgröße und -form bestimmt werden. Auch hier ist die Annahme einer statistischen Verteilung wesentlich, da nur in diesem Fall allein I_M das Profil der Extrareflexe bestimmt. Eine Auswertung ist auch über die Schultern des Normalreflexes möglich. Hierzu tragen nicht nur die Überstrukturdomänen, sondern zusätzlich die Bereiche zwischen ihnen bei. Die Auswertung ist zwar komplizierter, liefert jedoch zusätzliche Aussagen.

Bisher wurden nur identische Einheiten in regelmäßiger oder statistischer Anordnung berücksichtigt. Häufig sind jedoch auch noch Größenverteilungen zu berücksichtigen, z.B. verschieden breite Terrassen einer gestuften Oberfläche oder verschieden große Domänen oder Inseln einer Schicht mit oder ohne Überstruktur. In einfachen Fällen ist auch hier eine geschlossene Rechnung möglich. Bei der sogenannten geometrischen Verteilung nimmt man an, daß das Auftreten von Stufenkante bzw. Domänengrenze bei Vorrücken auf einen benachbarten Gitterplatz durch eine konstante Wahrscheinlichkeit γ gegeben ist. Die mittlere Größe einer Terrasse ist also $1/\gamma$. Es treten jedoch Terrassen jeder Breite N auf mit der Häufigkeit

$$P(N) = \gamma(1 - \gamma)^{N-1}. \tag{3.8.9}$$

Für diese Verteilung ergibt sich eine exponentielle Paarkorrelationsfunktion und daraus durch Fouriertransformation ein lorentzförmiges Intensitätsprofil [Bus 86]. In Abb. 3.8.3d oder 3.8.7 ist dann statt des aufgespaltenen Reflexes bzw. für den verbreiterten Extrareflex ein Lorentzprofil einzusetzen. Ist das gemessene Profil exakt eine Lorentzkurve, hat man über $P(N)$ sowohl die mittlere Breite als auch die Breitenverteilung bestimmt. Wegen der einfachen Berechenbarkeit hat sich die geometrische Verteilung als erste und bequemste Näherung bewährt. Für andere Breitenverteilungen müssen numeri-

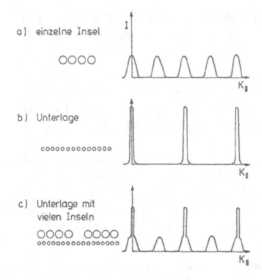

a) einzelne Insel

b) Unterlage

c) Unterlage mit vielen Inseln

Abb. 3.8.7
Beugungsbild einer Oberfläche mit einer statistischen Verteilung von Überstrukturinseln gleicher Größe

sche Verfahren zur Berechnung der erwarteten Profilformen eingesetzt werden.

Für gestufte Oberflächen kann die Verteilung der Oberflächenatome in horizontaler und vertikaler Richtung aus dem Beugungsbild quantitativ entnommen werden. Dazu ist in Abb. 3.8.8 schematisch der reziproke Raum einer statistisch gestuften Fläche dargestellt, wobei die Schwankungen innerhalb weniger Atomlagen bleiben. Die Beugungsreflexe bestehen aus einer zentralen scharfen Spitze und einer breiten Schulter. Nahe den Punkten des dreidimensionalen reziproken Gitters ist die gesamte Intensität in der Spitze („In-Phase-Bedingung"). Zur Mitte hin zwischen diesen Punkten nimmt die Intensität ab, eventuell

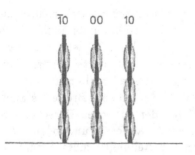

Abb. 3.8.8
Darstellung einer unregelmäßig gestuften Oberfläche im K-Raum. Die Rauhigkeit soll sich nur über wenige Lagen erstrecken.

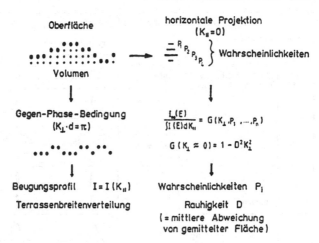

Abb. 3.8.9
Schematische Darstellung der Auswertung einer Messung nach Bild 3.8.8

mit mehreren Minima oder Nullstellen, wobei die fehlende Intensität in der Schulter erscheint.

Die Möglichkeiten der Auswertung sind in Abb. 3.8.9 zusammengestellt: Für die Gegenphase-Bedingung (maximale Schulter) kann aus der Profilform der Schulter gemäß der 2. Spalte in Abb. 3.8.1 die Größenverteilung aller Terrassen bestimmt werden. Ein einfaches Rechenverfahren ist in [Bus 86] zu finden. Eine weitere Auswertung ist auf der rechten Seite von Abb. 3.8.9 gezeigt. Betrachtet man allein die Intensität der zentralen Spitze ($K = 0$ oder $2\pi/a \cdot n$), dann ist die Oberfläche durch die Wahrscheinlichkeit P_i gegeben, ein Oberflächenatom in der Schicht i zu finden. Der Anteil der Gesamtintensität in der Spitze ist durch die angegebene Funktion G gegeben. In einfachen Fällen lassen sich die Werte P_i einzeln angeben, in jedem Fall jedoch die mittlere quadratische Abweichung von einer Ausgleichfläche. Für Einzelheiten sei auf die Originalliteratur verwiesen [Alt 88].

3.8.4   Übersicht über Meßmöglichkeiten mit LEED

Die möglichen Defekte und die zu ihrer Identifizierung und quantitativen Bestimmung verfügbaren Meßgrößen sollen hier zusammengefaßt werden. Abb. 3.8.10 zeigt mögliche Defekte und ihren Einfluß auf das

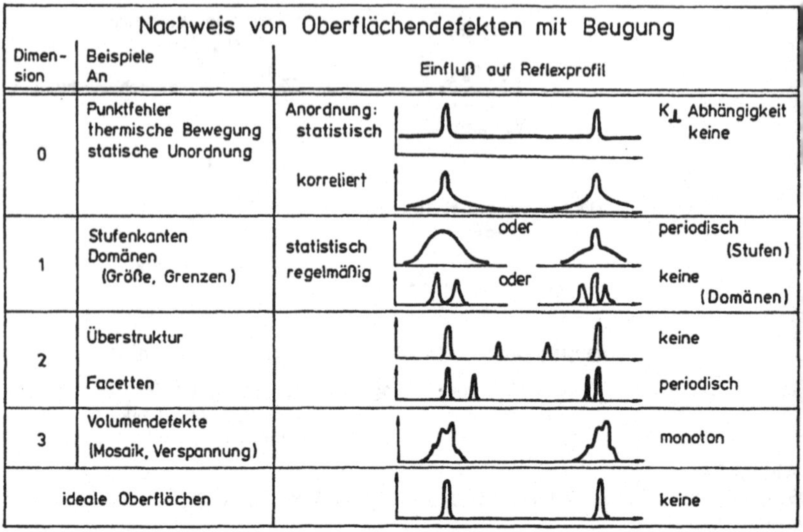

Nachweis von Oberflächendefekten mit Beugung		
Dimen-sion / Beispiele An		Einfluß auf Reflexprofil
0 — Punktfehler, thermische Bewegung, statische Unordnung	Anordnung: statistisch / korreliert	$K_\perp$ Abhängigkeit keine
1 — Stufenkanten, Domänen (Größe, Grenzen)	statistisch regelmäßig / oder	periodisch (Stufen) / keine (Domänen)
2 — Überstruktur / Facetten		keine / periodisch
3 — Volumendefekte (Mosaik, Verspannung)		monoton
ideale Oberflächen		keine

Abb. 3.8.10
Zusammenstellung der Meßmöglichkeit von Defekten mit der Beugung

Beugungsbild. Die Auswertung erfolgt immer über:

$$\Delta \underline{K}_{\|} \cdot \underline{d} = 2\pi \cdot n \qquad (3.8.10)$$

Einem gemessenen Abstand $\Delta \underline{K}_{\|}$ im Beugungsbild entspricht ein Abstand $\underline{d}$ im Gitter. Sind alle Reflexe in ihrer Schärfe durch das Instrument gegeben, so liegen Anordnungen identischer Einheiten vor, die über die Transferweite des Instruments hinaus periodisch sind. Durch Größen- und Abstandsverteilungen treten Reflexverbreiterungen auf, die durch Vergleich mit gerechneten Verteilungen ausgewertet werden können. Eine weitere wesentliche Information ist die Energieabhängigkeit des Beugungsbildes. Liegt eine ebene Anordnung vor, wird keine Energieabhängigkeit des Profils beobachtet, da das Produkt $K_\perp \cdot \underline{g}$ des Streuvektors senkrecht zur Oberfläche mit jedem Ortsvektor null ist. Die Intensität variiert jedoch unter Beibehaltung der Profilform, wie in Abschn. 3.7 beschrieben. Für gestufte Oberflächen wird eine Periodizität mit der Stufenhöhe beobachtet. Bei Facetten bilden die Punkte des dreidimensionalen reziproken Gitters Kreuzungspunkte aller Facettenreflexe, und bei einer Mosaikstruktur steigt der Abstand der Teilreflexe linear mit dem Streuvektor $\underline{K}_\perp$ an. Wenn zusätzlich der Untergrund in die Auswertung einbezogen wird, sind die Defekte erfaßbar. Die Grenzen sind einerseits durch das Instrument gegeben (s. Abschn. 3.6), die durch die Transferweite, die Nachweisempfindlichkeit und den instrumentenbedingten Untergrund (z.B. durch die Netze einer LEED-Optik) bestimmt sind. Andererseits wird zur Auswertung bisher die kinematische Näherung benutzt (s. Abschn. 3.8.1), die allerdings in jedem Einzelfall durch Kontrolle der in der Näherung vorhergesagten Periodizität der Profilform im K-Raum experimentell überprüft werden kann. Durch Einbeziehen dynamischer Effekte, wie bei den Intensitäten (s. Abschn. 3.7), ist jedoch eine erweiterte Anwendung möglich, die z.B. die exakte Position eines Adsorbatatoms gegenüber der Unterlage selbst bei statistischer Anordnung bestimmen läßt [Hei 85], [Hei 86].

3.8.5 Defektanalyse mit Hilfe der Beugung von Atomstrahlen

Die in Abschn. 3.8.1 erläuterte kinematische Näherung baut auf der Annahme auf, daß alle Einheiten der Oberfläche den gleichen Formfaktor haben. Die in Abschn. 3.8.2 und 3.8.3 gezeigten Auswertungen ergeben sich aus den Beugungsprofilen, die durch Interferenz periodischer Bereiche (wie Terrassen oder Domänen) entstehen. Wesentlich andere Beugungseffekte sind zu erwarten, wenn Defekte einen sehr großen Streuquerschnitt haben. Dies ist bei der Streuung thermischer Atome sehr ausgeprägt der Fall. Da z.B. Heliumatome bereits mehrere Atomabstände vor einer Kristalloberfläche aufgrund der Abstoßung umkehren, hat eine dichte Fläche wie die (111)-Fläche eines kubisch flächenzentrierten Kristalls eine sehr geringe Korrugation, so daß außer dem Spiegelreflex fast keine Intensität beobachtet wird. Aus dem gleichen Grund hat jedoch ein auf einer Fläche sitzendes Einzelatom oder -molekül einen Stoßquerschnitt, der um ein Vielfaches größer ist als der Platzbedarf.

Als Beispiel sollen Messungen der Xe-Adsorption auf Pt(111) dienen [Com 85]. Bei geringer Bedeckung und nicht zu tiefer Temperatur (z.B. $\Theta = 0,01$ und $T = 90$ K) sind die Xe-Atome statistisch auf die Muldenplätze der Oberfläche verteilt. Wegen des großen Streuquerschnittes ist die Intensität im Spiegelreflex des He-Strahls bereits

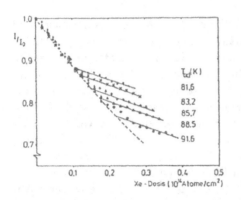

Abb. 3.8.11
Abschwächung der Spiegelreflexion von He-Atomen durch Adsorption von Xe auf Pt(111). Der erste steile Abfall ist durch statistische Adsorption auf Gitterplätzen (Gittergas) bedingt. Nach dem Knick fällt die Kurve langsamer ab wegen Überlappung der Streuquerschnitte bei der Kondensation in zweidimensionalen Inseln [Com 85].

um 20% gesunken (s. Abb. 3.8.11). Die Intensität sinkt exponentiell mit der Bedeckung. Bei höherer Bedeckung oder tieferer Temperatur kondensiert das Xe zu zweidimensionalen Inseln, so daß der gesamte Streuquerschnitt gegenüber dem Gittergas gleicher Bedeckung abnimmt. Dies äußert sich in Abb. 3.8.11 als Knick der Kurve, der den Beginn der Kondensation für jede Temperatur deutlich ergibt.

Ebenfalls an Pt(111) wurde die He-Beugung an einzelnen atomaren

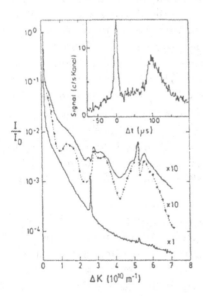

Abb. 3.8.12
Winkelverteilung der Intensität der He-Streuung einer Pt(111)-Fläche in [112]-Richtung. Die unterste Kurve zeigt für die gut ausgeheilte Fläche über dem kontinuierlich abfallenden Untergrund nur sehr schwache Intensität in der ersten Ordnung und kaum sichtbare Intensität in der zweiten Ordnung. Durch atomare Stufen (obere Kurve) ist die Intensität zwischen den Reflexen erhöht. Bei Beschränkung auf elastisch gestreute Atome (mittlere Kurve) wird die Oszillation des Untergrundes verstärkt. Die Energieauflösung (oberes Teilbild) wird durch zeitaufgelöste Messung erreicht [Lah 86].

Stufen untersucht [Lah 86], [Hin 88]. In Abb. 3.8.12 zeigt die untere Kurve die gemessene Intensität für eine glatte Oberfläche bei Streuvektoren in [112]-Richtung. Aufgrund der geringen Korrugation ist die Intensität des (10)-Beugungsreflexes um mehr als den Faktor 1000 gegenüber dem Spiegelreflex reduziert. Für eine statistisch gestufte Oberfläche (unvollständig ausgeheilt nach Ionenbeschuß) steigt die Intensität zwischen den Reflexen an und zeigt Oszillationen, die bei Abtrennung der inelastisch gestreuten Atome (über eine zeitaufgelöste Messung) noch deutlicher werden. Die Oszillationen können weitgehend durch einen Potentialverlauf an der Stufe reproduziert werden, der bei einer Stufenhöhe von 0,23 nm eine Breite von 0,7 nm hat. Der große Streuquerschnitt der Defekte kann also ausgenutzt werden, um Details über die Defekte selbst zu erfahren. Im Gegensatz dazu ergibt die LEED-Analyse kaum eine Information über die einzelnen Defekte, dafür über die Interferenz der fehlerfreien Bereiche detailliertere Informationen über Größen- und Abstandsverteilungen der Defekte.

3.9   Strukturuntersuchung mit Ionenstrahlen

Außer Elektronen und Atomen werden in zunehmendem Maße auch schnelle Ionen für die Strukturuntersuchung von Oberflächen benutzt. Da hierbei die Strukturinformationen nach anderen Prinzipien gewonnen werden, wird diese Methode separat behandelt.

Beim zentralen Stoß zweier Atome ist der kürzeste Abstand stark von der Energie abhängig. Während Atome thermischer Energie sich nur bis auf mehrere 10^{-10} m (Atomdurchmesser) beim Stoß nähern, ist für schnelle Atome oder Ionen der Abstand um Größenordnungen kleiner (Kerndurchmesser).

Übung 3.9.1. Man berechne den minimalen Abstand aus dem Coulombschen Gesetz bei einem Stoß eines He-Ions ($E = 0,1$ MeV) mit einem ruhenden Ni-Atom. Man benütze und begründe die Näherung, daß hier nur die Kernladung wesentlich ist.

Stößt das Teilchen auf einen festen Körper, so hängen die wesentlichen Effekte entscheidend davon ab, ob der minimale Abstand kleiner oder größer als der Atomabstand ist. Anhand von Abb. 3.9.1 läßt sich

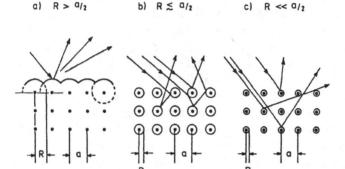

Abb. 3.9.1
Schematische Darstellung der Streuung von Atomen und Ionen an Kristallen. R ist der kleinste Abstand, der sich bei zentralem Stoß ergibt. Das gesamte abstoßende Potential ist angenähert durch die Überlagerung von Kugeln mit dem Radius R.

erkennen, daß bei großem Stoßabstand die Teilchen vor der obersten Atomlage umkehren, also an einem mit der Periodizität des Gitters modulierten Potential gestreut werden. Der Stoßpartner ist das ganze Gitter, so daß elastische Streuung ohne Energieverlust und Verluste über kollektive Anregungen (z.B. Phononen) überwiegen. Die Beugung mit den hierfür verwendeten Atomstrahlen ist in Abschn. 3.6 und 3.8 behandelt, Verlustmessungen folgen in Abschn. 4.7.

Für Energien über 10 eV werden statt Atomen Ionen verwendet, da sich hierbei einerseits die Energie bequem einstellen läßt und sich andererseits nach Streuung, wenn keine Neutralisierung auftritt oder aber nachionisiert wird, der Energieverlust leicht bestimmen läßt. Bei Ionenenergien über 100 eV ist im Teilchenbild der kleinste Stoßabstand und im Wellenbild die Wellenlänge wesentlich kleiner als der Atomabstand. Die Wechselwirkung kann deshalb in guter Näherung über den Stoß zweier Einzelatome beschrieben werden. Dabei können nacheinander mehrere Stöße auftreten und auch die gestoßenen Atome aus dem Gitterplatz verdrängt werden.

Je höher die Ionenenergie ist, desto durchsichtiger ist das Gitter aufgrund kleiner Stoßabstände, so daß die Teilchen tief eindringen können und nach einem Stoß mit einem einzelnen Atom den Kristall ohne weitere Stöße verlassen können. Bei diesem elastischen Stoß tritt ein Energieverlust auf, der von den beiden Teilchenmassen und dem

Streuwinkel abhängt. Zusätzlich treten niederenergetische elektronische Energieverluste auf, die sich zu einem Wert proportional zur Laufstrecke im Kristall addieren.

Der Energieverlust bei Streuung an den Oberflächenatomen läßt sich aus dem Stoß freier Teilchen berechnen, wenn die Bindungsenergie des gestoßenen Atoms im Gitter vernachlässigbar (wenige eV) gegen die kinetische Energie ist, die beim Stoß übertragen wird. Durch Anwendung von Impulserhaltung und Erhaltung der kinetischen Energie ergibt sich für die Energie E_1 des gestoßenen Teilchens ([Woo 86X])

$$E_1 = \frac{1}{\left(1 + \dfrac{m_2}{m_1}\right)^2} \left[\cos\Theta + \left(\left(\frac{m_2}{m_1}\right)^2 - \sin^2\Theta\right)^{\frac{1}{2}}\right]^2 \cdot E_0, \quad (3.9.1)$$

wobei m_1 und m_2 die Massen des stoßenden und des gestoßenen Teilchens und E_0 die kinetische Energie des stoßenden Teilchens sind. Beträgt der Streuwinkel $\Theta = 90°$, so vereinfacht sich Gl. (3.9.1) zu

$$E_1 = \frac{m_2 - m_1}{m_2 + m_1} E_0. \quad (3.9.2)$$

Es können also unter 90° die elastisch reflektierten Teilchen nach einem einfachen Stoß nur beobachtet werden, wenn das gestoßene Teilchen schwerer ist ($m_2 > m_1$).

Gl. (3.9.1) erklärt die Anwendbarkeit der Ionenstreuung für die chemische Analyse von Oberflächen über die Massenbestimmung von m_2 (s. Kapitel 5). Für Strukturinformationen über Beugung ist diese Technik nicht verwendbar, da die Wellenlänge von Ionen von typischerweise verwendeten mittleren Energien um 1 keV zu klein ist, um noch meßbare Beugungswinkel zu erreichen. Dagegen ist die Korpuskularnäherung, die die Wechselwirkung über Stöße harter unabhängiger Kugeln beschreibt, in guter Näherung anwendbar. Dies eröffnet eine ganz andersartige Strukturinformation über die unmittelbare „Schattenwirkung" der Atome im Gitter aufeinander.

Betrachtet man die möglichen Bahnen von Ionen für verschiedene Stoßparameter (Abb. 3.9.2), so erkennt man einen Schattenbereich („shadow cone"), in den das aus einer vorgegebenen Richtung an-

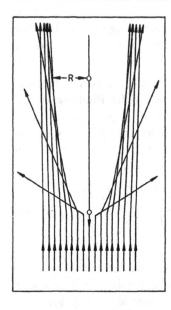

Abb. 3.9.2
Mögliche Bahnen von Ionen für verschiedene
Stoßparameter

kommende Ion auf keinen Fall eindringen kann. Das direkt zentral
gestoßene Teilchen wird durch den Stoß häufig aus seinem Platz entfernt, so daß die Überlegung nur für das „erste" Ion, d.h. für geringe
Dosis oder für ständige Gitterausheilung durch Diffusion von Gitterbausteinen gilt.

Wird eine niedrige Energie gewählt ($E < 1$ keV), so ist der Radius des Schattenkegels so groß, daß Atome der zweiten Schicht kaum
erreicht werden. Für Edelgasionen ist zusätzlich die Neutralisierungs-
wahrscheinlichkeit bei Eindringen in den Kristall so groß, daß nur
Atome der obersten Schicht die Energie der gestreuten Ionen bestimmen (ISS, „Ion Scattering Spectroscopy", oder LEIS, „Low Energy Ion
Scattering"). Es ist deshalb eine sehr oberflächenempfindliche Analyse der obersten Schicht möglich. So kann beispielsweise festgestellt
werden, daß bei adsorbiertem Kohlenmonoxid das Kohlenstoffatom
von dem Sauerstoffatom bedeckt, also unmittelbar an die Metallfläche
gebunden ist, wie dies in Abb. 4.1.19 schematisch gezeigt ist.

Den Schattenkegel kann man gut ausnützen, um strukturelle Informationen zu erhalten. Besonders gut eignen sich hier bei mittleren Energien (1 bis 5 keV) Alkaliionen, um Neutralisierung auszuschließen,

so daß einerseits auch bei geringem Strahlstrom ein genügend hoher Strom gestreuter Ionen erreichbar ist, andererseits mehrere Schichten erreicht werden, ohne daß schwer berechenbare Korrekturen für Neutralisation nötig wären. Für möglichst große Streuwinkel (nahe 180°) wird die Auswertung besonders einfach (ICISS, „Impact Collision Ion Scattering Spectroscopy") [Aon 82], [Nie 84]. Bei streifendem Einfall verhindert der Schattenkegel auf einer idealen Oberfläche ein direktes Auftreffen auf ein Oberflächenatom, so daß kein Ion in den Detektor zurückgestreut wird. Erst bei genügend großem Einfallswinkel ist eine Rückstreuung möglich, wobei beim Grenzwinkel das Signal durch Regenbogenwirkung (in Abb. 3.9.2 ist am Rand des Schattenkegels eine erhöhte Strahldichte erkennbar) erheblich verstärkt wird.

In Abb. 3.9.3 ist die gestreute Na-Ionenrate als Funktion des Einfallswinkels aufgetragen, der durch Drehen des Kristalls gegenüber feststehender Quelle und feststehendem Detektor verändert wird. Unter 13° wird kein Signal beobachtet. Bei 15° und 55° werden steile Anstiege und bei 65° ein steiler Abfall beobachtet. In dem oberen Teilbild ist erläutert, wie diese Winkel aufgrund der Kristallstruktur

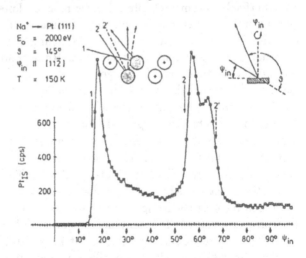

Abb. 3.9.3
Intensität der an Pt-Atomen unter 145° gestreuten Na-Ionen als Funktion des Einfallswinkels gegen die (111)-Fläche bei festem Streuwinkel. Die den steilen Bereichen entsprechenden Ionenbahnen sowie die experimentellen Bedingungen sind in den oberen Teilbildern angegeben [Nie 85].

zustande kommen [Nie 85]. Durch Messung dieser Winkel für verschiedene Azimuthwinkel können wesentliche Beiträge zur Strukturbestimmung geleistet werden. Insbesonders können regelmäßige Leerstellen oder fehlende Reihen einer Überstruktur nachgewiesen werden.

Bei hohen Ionenenergien (> 100 keV) wird der Schattenkegel sehr eng, so daß die Ionen tief in den Kristall eindringen können (HEIS, „High Energy Ion Scattering", oder bei Verwendung von He-Ionen auch RBS, „Rutherford Backscattering").

Da wegen der hohen Energie auch die Neutralisierung keine Rolle spielt, können auch tief liegende Schichten (einige 100 nm) erfaßt werden. Trotzdem ist eine oberflächenempfindliche oder tiefensensitive Messung möglich: Den engen Schattenkegel kann man bei kristallinen Proben durch geeignete Wahl des Einfallswinkels zur selektiven Untersuchung der Oberflächenatome ausnützen.

Beschreibt man einen Kristall über Reihen von Atomen, die jeweils aus einem Oberflächenatom und den darunter in einer Reihe liegenden Atomen bestehen, so werden bei geeigneter Einschußrichtung nur die Oberflächenatome getroffen. Da die meisten Ionen nur gering abgelenkt werden, werden sie von den Nachbarreihen zurückgestreut, so daß über eine Kanalwirkung („channeling") die meisten Ionen sehr tief eindringen und nicht mehr im Rückstreuraum nachgewiesen werden können. Wird dagegen unter einem beliebigen Winkel eingestrahlt, wobei die Atome in tieferen Schichten i.allg. nicht im Schattenbereich liegen, so tragen alle Schichten zur Streuung bei. Die Intensität der vom Festkörper reflektierten Ionen steigt um Größenordnungen. Da sich das Ion bei einer Streuung in tiefen Schichten auf dem Hin- und Rückweg im Kristall bewegt, erleidet es einen Energieverlust, der dem Weg im Kristall, d.h. der Tiefe der Streustelle proportional ist. In Abb. 3.9.4 ist die Energieverteilung der gestreuten Ionen für eine Richtung mit Kanalwirkung und für eine beliebige Richtung angegeben. Man sieht, daß im ersten Fall (offene Kreise) fast alle Ionen von der obersten Schicht mit konstanter Energie gestreut werden. Im zweiten Fall treten alle Energien und eine viel höhere Intensität auf. Die im hochenergetischen Maximum enthaltene Intensität („surface peak") wird mit Hilfe einer Absoluteichung umgerechnet auf die Zahl der Atome pro Reihe, die in der gegebenen Anord-

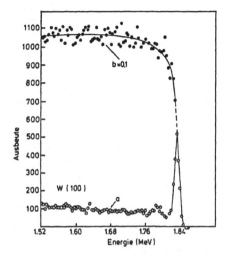

Abb. 3.9.4
Energieverteilung gestreuter He-Ionen mit 2,0 MeV Energie an einer W(100)-Oberfläche [Woo 86X]
(○) Strahlrichtung entlang der (100)-Achse
(●) Strahlrichtung außerhalb einer kristallographischen Richtung

nung zur Streuung beiträgt. Da auch durch thermische Bewegung die Atome der unteren Schicht aus dem Schatten heraustreten können, wird auch für die ideale Fläche und optimale Orientierung je nach Teilchenenergie (d.h. Schattenradius), Gitterstruktur (d.h. Abstand der zweiten Schicht) und Temperatur (d.h. mittlere Auslenkung aus der Ruhelage) mehr als ein Atom pro Reihe nachweisbar (etwa zwischen 1 und 5).

Für die strukturelle Information ist die Variation der Atomzahl pro Reihe mit der Oberflächenveränderung entscheidend. In Abb. 3.9.5b ist zu sehen, daß durch seitwärtige Verrückung der obersten Schicht die Atomzahl verdoppelt wird. Durch Energievariation (d.h. Variation des Schattenradius) kann die Verrückung quantitativ angegeben werden. Eine vertikale Verschiebung verändert das Signal bei senkrechtem Einschuß nicht, sie wird jedoch bei schrägem Einfall in einer anderen Richtung mit Kanalwirkung sichtbar (Abb. 3.9.5c). Sitzen Adsorbatatome genau auf den Unterlagenatomen, verschwindet das entsprechende Signal, dafür erscheinen Ionen mit der verschobenen Energie der Streuung an den Adsorbatatomen (Abb. 3.9.5d, gezeigt für Adsorbatatome, die schwerer als die Unterlagenatome sind).

Eine weitere Information ist erhältlich, wenn auch der Detektor in einer Vorzugsrichtung steht.

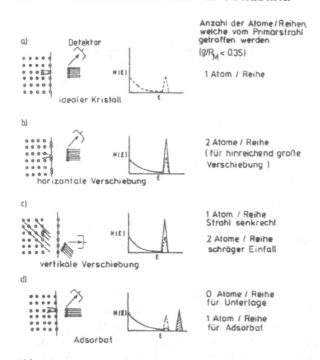

Abb. 3.9.5
Ionenstreuung an verschiedenen Oberflächenstrukturen eines kubischen Kristalls.
Das Rückstreuspektrum (rechts) zeigt das zu erwartende Signal der Oberfläche
(durchgezogene Linie) im Vergleich zum Signal vom idealen Kristall (gestrichelte
Linie).

In Abb. 3.9.6 ist gezeigt, daß die an der zweiten Schicht gestreuten
Ionen von den Atomen der ersten Schicht wiederum gestreut werden
(„Blockierung"). Durch Messung der Detektorstellung mit kleinstem
Signal kann deshalb der entsprechende Winkel zwischen erster und
zweiter Schicht gemessen werden.

Als Beispiel soll die Messung einer reinen Oberfläche Si(100)-2×1 gebracht werden [Tro 83]. Abb. 3.9.7 zeigt, daß durch die Verschiebungen aufgrund der Überstruktur umso mehr Atome sichtbar werden,
je enger der Schattenkegel ist. Auch wenn mit diesen Daten allein
keine vollständige Strukturanalyse möglich ist, werden Bedingungen
gegeben, die jeder Strukturvorschlag erfüllen muß.

a) Oberfläche
Volumen
Δθ

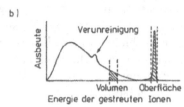

b) Verunreinigung
Ausbeute
Volumen Oberfläche
Energie der gestreuten Ionen

Abb. 3.9.6
a) Prinzip einer Streugeometrie mit senkrechtem Ioneneinschuß. Die gestreuten Teilchen werden in einem Raumwinkel, der nicht senkrecht zur Oberfläche steht, detektiert.
b) Energieverteilung der gestreuten Teilchen mit markierten Bereichen, die von der Oberfläche, dem Volumen bzw. von einer Verunreinigung stammen
c) Winkelverteilung gestreuter Teilchen des Volumens und der Oberfläche

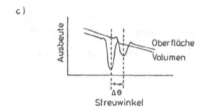

c) Ausbeute
Oberfläche
Volumen
Δθ
Streuwinkel

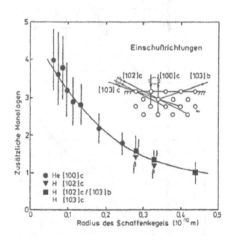

Einschußrichtungen
[102]c [100]c [103]b
[103]c

5
4
3
2
1
0

Zusätzliche Monolagen

● He [100]c
▼ H [102]c
■ H [102]c / [103]b
  H [103]c

0   0,1   0,2   0,3   0,4   0,5
Radius des Schattenkegels (10⁻¹⁰ m)

Abb. 3.9.7
Differenz zwischen experimentellen und gerechneten Oberflächen. Peakintensitäten einer Si(100)-2×1-Oberfläche als Funktion des Radius des Schattenkegels. Die Experimente wurden mit H- und He-Ionen mit verschiedenen Energien durchgeführt [Tro 63].

Ein Beispiel dafür zeigt die Messung der Epitaxie von Ge-Si-Legierungen auf Silicium. Je nach Schichtdicke und Germaniumanteil (je größer dieser Anteil, um so größer die Verspannung aufgrund unterschiedlicher Gitterkonstanten) wurde ein Aufwachsen unter Erhaltung der Gitterkonstanten parallel zur Oberfläche und gleichzeitiger tetragonaler Verzerrung des Gitters oder aber ein kubisches Aufwachsen unter gleichzeitiger Bildung von Versetzungsnetzwerken an der Grenzfläche beobachtet. Abb. 3.9.8 zeigt, daß die tetragonale Verspannung über die veränderte (110) Kanalrichtung meßbar ist. Im Fall des unteren Teilbildes liegt die Kanalrichtung bei 45°, die Versetzungen sind in beiden Kanalrichtungen als Erhöhung des Untergrundes zu sehen für Energien, die unter dem Wert liegen, der der Tiefe der Zwischenschicht entspricht.

Mit dieser Methode konnte gezeigt werden, daß Ge_xSi_{1-x}-Schichten umso dicker pseudomorph (gemäß Abb. 3.9.8a) aufwachsen können, je geringer der Unterschied der Gitterkonstanten ist (Abb. 3.9.9).

Da der elektronische Energieverlust proportional zur Eindringtiefe ist,

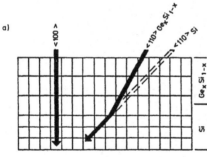

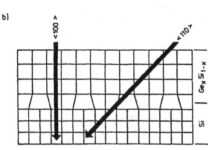

Abb. 3.9.8
Messung einer tetragonalen Verzerrung bei epitaktischen Schichten in senkrechter und 45°-Einschußrichtung
a) Schichtenwachstum, bei dem die Gitterkonstante des Substrats parallel zur Oberfläche beibehalten wird, jedoch mit tetragonaler Verzerrung
b) Gitterverzerrung der epitaktischen Schicht in beiden Kanalrichtungen

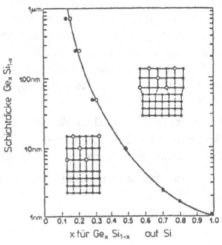

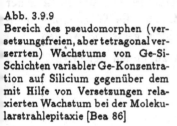

Abb. 3.9.9
Bereich des pseudomorphen (versetzungsfreien, aber tetragonal verzerrten) Wachstums von Ge-Si-Schichten variabler Ge-Konzentration auf Silicium gegenüber dem mit Hilfe von Versetzungen relaxierten Wachstum bei der Molekularstrahlepitaxie [Bea 86]

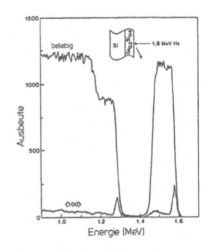

Abb. 3.9.10
Tiefenprofilanalyse einer 100 nm dicken Ge-Si-Schicht auf Silicium mit Hilfe der Streuung schneller Ionen in beliebiger Einfallsrichtung (obere Kurve) und in [110]-Richtung (untere Kurve) [Bea 84]

kann die Methode ein Tiefenprofil verschiedener Elemente liefern. In Abb. 3.9.10 ist das erwartete Spektrum für eine $Ge_{0,2}Si_{0,8}$-Schicht auf Silicium wiedergegeben. Wegen der höheren Masse erscheint Germanium bei höherer Energie. Aus der Breite des Ge-Signals folgt die Dicke der Ge-Si-Schicht.

Da die Ge-Si-Schicht epitaktisch ist, kann einerseits eine beliebige Einschußrichtung zur Dickenbestimmung und eine Vorzugsrichtung zur Bestimmung der Oberflächenkonzentration und zur Qualitätsbestimmung der aufgewachsenen Schicht verwendet werden. Der starke Abfall der unteren Kurve nach den Oberflächenmaxima für Ge und Si deutet auf eine fehlerfreie Schicht (pseudomorphes Wachstum gemäß Abb. 3.9.8a) [Bea 84].

Wird statt des üblichen Si-Dioden-Detektors ein elektrostatischer Analysator zur Energieanalyse benutzt, kann die Tiefenempfindlichkeit in günstigen Fällen bis zur Monoschicht gesteigert werden.

Zusammenfassende Darstellungen sind zu finden bei [VVe 85] und [Fel 86X].

4 Elektronische und vibronische Struktur von Oberflächen

Während das vorangehende Kapitel 3 Auskunft über die geometrische Anordnung der Atome an der Oberfläche gibt, soll hier die Frage behandelt werden, welche energetischen Quantenzustände eine Oberfläche mit vorgegebenen Atompositionen hat. Da in bezug auf Symmetrie und verwendete Meßmethoden weitgehende Analogien zwischen elektronischen und vibronischen (d.h. Schwingungs-) Zuständen bestehen, werden beide im gleichen Kapitel behandelt.

Bei Kenntnis der elektronischen Zustände kann eine Vielzahl elektrischer und optischer Eigenschaften beschrieben werden wie z.b. die elektrische Leitfähigkeit, optische Absorption, Austrittsarbeit oder Ausbeuten der thermischen Elektronenemission. Auch die Antwort auf allgemeinere Fragen erfordert die Kenntnis elektronischer Zustände, so z.B. die Fragen der Gleichgewichtsanordnung der Oberflächenatome unter Einbezug des elektronischen Beitrags zur Energie, der günstigsten Lage für Adsorbatatome sowie der Ladungsübergänge bei Adsorption und Katalyse.

In diesem Kapitel geht es in Abschn. 4.1 zunächst um das prinzipielle Verständnis von Oberflächenzuständen, in Abschn. 4.2 um Eigenschaften der Oberfläche im thermischen Gleichgewicht, in Abschn. 4.3 um elektrische Leitfähigkeit und in Abschn. 4.4 bis 4.7 um spektroskopische Methoden. Letztere liefern detaillierte Auskünfte über Elektronen - und Schwingungszustände der Oberfläche, aber auch Informationen über chemische Zusammensetzung und Bindungszustände von Atomen an Oberflächen. Darauf wird detaillierter in Kapitel 5 im Zusammenhang mit allgemeiner Festkörper-Gas-Wechselwirkung eingegangen.

4.1 Elektronische und vibronische Oberflächenzustände

4.1.1 Allgemeine Beschreibung

Aus Molekül- und Festkörperphysik ist bekannt, daß Elektronenzustände freier Atome durch die Wechselwirkung benachbarter Atome aufspalten und sich im Kristall Bänder erlaubter Zustände mit scharfen Grenzen zwischen verschiedenen Bändern bilden [Kit 88X], [Ash 82X], [Har 80X], [Iba 81X]. In Abb. 4.1.1 sind die wesentlichen

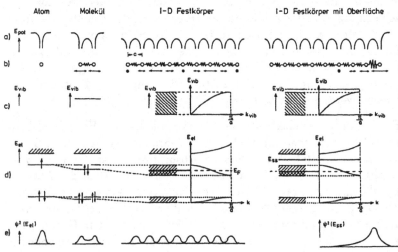

Abb. 4.1.1
Schematische Darstellung vibronischer und elektronischer Oberflächenzustände anhand eines eindimensionalen Modells durch Vergleich mit der Anordnung eines Einzelatoms, eines Moleküls, eines unendlich ausgedehnten eindimensionalen Festkörpers und eines eindimensionalen Festkörpers mit Oberfläche. Dabei ist $k_{vib} = 2\pi/\lambda_{vib}$ der Betrag des Phononenwellenvektors mit λ_{vib} als Wellenlänge, a die Gitterkonstante und $k = 2\pi/\lambda$ der Betrag des Elektronenwellenvektors mit λ als Elektronenwellenlänge.
a) Verlauf der potentiellen Energie
b) Atompositionen, Federkonstanten und klassische Schwingungsamplituden, schematisch
c) Schwingungs-Bandstruktur
d) Elektronen-Bandstruktur
e) Aufenthaltswahrscheinlichkeit Ψ^2 in einem charakteristischen elektronischen Zustand mit der Energie E_{el} bzw. E_{ss}

elektronischen und vibronischen Strukturen für ein Einzelatom, ein Molekül, einen unendlichen und einen halbunendlichen Kristall stark vereinfacht nebeneinander dargestellt. Die Oberfläche wird hierbei über den Abbruch der eindimensionalen Kette und veränderte Abstände, Federkonstanten und Potentiale des Außenatoms simuliert (siehe Abb. 4.1.1, rechts).

Auch Oberflächenschwingungen lassen sich im modifizierten Modell der linearen Kette rechnerisch leicht einbeziehen. Ausgangspunkt dazu ist hier das Schwingungsspektrum der linearen Kette ohne Oberfläche [Kit 88X], [Ash 82X].

Übung 4.1.1. Man berechne den Oberflächenschwingungszustand der linearen Kette mit freier Oberfläche, wie er in Abb. 4.1.1 rechts gezeigt ist. Der Abstand der Atome voneinander beträgt a. Die Federrichtgröße zwischen den einzelnen Atomen soll k, die zwischen dem äußersten Atom und dem nächsten Nachbarn K betragen.

A n l e i t u n g : Man numeriere die Atome von außen nach innen mit $n = 0$ beginnend durch und stelle 3 Bewegungsgleichungen für die Schwingungsamplitude des n-ten Atoms mit $S_n = U_n e^{i\omega t}$ für $n = 0$, $n = 1$ und $n \geq 2$ auf. U_n ist die Maximalamplitude.

Man zeige, daß es für $n \geq 2$ eine Lösung mit komplexem Wellenvektor $k_{vib} = iq + \dfrac{\pi}{a}$ und $U_n = \exp(ik_{vib} \cdot a)U_{n-1}$ gibt, die eine zur Oberfläche hin exponentiell ansteigende Amplitude besitzt. Man zeige mit einer graphischen Lösung, daß die beiden anderen Bewegungsgleichungen für ein bestimmtes ω und k_{vib} gleichzeitig lösbar sind, wenn K einen bestimmten Wert übersteigt. Dieser Fall stellt eine Oberflächenschwingung dar.

Die Lösung der Übungsaufgabe ist in Abb. 4.1.1b und c qualitativ angegeben. Es kann ein Oberflächenzustand mit Energie E_{vib} existieren, der, wie hier gezeigt, oberhalb des Bandes mit erlaubten Volumenenergiezuständen liegt. Volumenzustände sind durch ihre Dispersion $E_{vib} = f(k_{vib})$ bzw. die schraffierten Bereiche angedeutet. Dabei ist $k_{vib} = 2\pi/\lambda_{vib}$ der Betrag des Wellenzahlvektors mit λ_{vib} als Wellenlänge der Schwingung. Der Wert k_{vib} ist eigentlich das 2π-fache der Wellenzahl $\tilde{\nu} = \lambda^{-1}$, wird jedoch oft auch direkt als Wellenzahl („wave number") oder Betrag des Wellenvektors („wave vector") $\underline{k}_{vib}$ bezeichnet. Die Existenz und die Energie des Oberflächenzustandes hängen von den spezifischen Oberflächenparametern wie Masse des

Oberflächenatoms und Federrichtgröße K ab. Ein weiteres wesentliches Kennzeichen der Oberflächenschwingung ist, daß die Schwingungsamplituden von der Oberfläche aus nach innen exponentiell abklingen. Es können dabei, wie in Übung 4.1.1, benachbarte Atome gegenphasig schwingen.

Entsprechende Überlegungen lassen sich für elektronische Zustände anstellen. Auch hier liefert das unendlich periodische Potential Bänder mit erlaubten Zuständen, wobei alle Zustände in den Bändern einen reellen Wellenvektor haben. Die Zustände bilden im Bereich $0 < k < \pi/a$ Bänder, die für den eindimensionalen Festkörper in Abb. 4.1.1d dargestellt sind mit k als Wellenzahl der Elektronenenergiezustände. Man erkennt deutlich die Ausbildung von Bändern und verbotenen Zonen für bestimmte Energiebereiche.

Durch die Existenz der Oberfläche können auch Zustände in den verbotenen Zonen mit dabei allerdings komplexem Wellenvektor eine endliche Lösung der Schrödingergleichung durch Anpassung an eine nach außen exponentiell abfallende Wellenfunktion ergeben. So wurde schon in der ersten Arbeit über Oberflächenzustände von Tamm 1930 eine Berechnung eines elektronischen Oberflächenzustandes im eindimensionalen Kronig-Penney-Potential mit geeigneten Modellannahmen für die Oberfläche durchgeführt [Man 71X].

Wie bei der Oberflächenschwingung hängen Existenz und Energie des elektronischen Oberflächenzustandes von den Oberflächenparametern, insbesondere von dem exakten Verlauf des Potentials im Bereich der Oberfläche ab. Details dazu sind von Davisson und Levine beschrieben worden [Dav 70]. Die Wellenfunktion eines elektronischen Oberflächenzustandes ist im Innern des Kristalls darstellbar durch eine Blochwelle des dreidimensionalen Kristalls mit komplexem Wellenvektor, d.h. durch eine gitterperiodische Funktion, multipliziert mit einer nach innen abfallenden Exponentialfunktion. Im Außenraum ist einfach eine Exponentialfunktion anzusetzen, da hier ein konstantes Potential der freien Elektronen vorliegt. Beide Bereiche gehen an der Oberfläche stetig differenzierbar ineinander über, wobei der exakte Verlauf ebenso wie die Energie vom Potential abhängen. Ein Elektron in einem Oberflächenzustand ist also mit größter Wahrscheinlichkeit nahe der Oberfläche zu finden. Die Wahrscheinlichkeit, es weiter innen oder außen zu finden, nimmt exponentiell mit zunehmendem Abstand ab. Dabei kann der Zustand im Volumen auf die Wahrscheinlichkeit null bzw. auf einen endlichen Wert abfallen. Ersteres beschreibt „bona fide" Oberflächenzustände, letzteres Oberflächenresonanzen.

Für viele Experimente sind auch Elektronen in der Nähe der Oberfläche von Bedeutung. Es ist deshalb i.allg. erforderlich, auch den Verlauf der Aufenthaltswahrscheinlichkeiten für Elektronen im Außenraum bzw. in Volumenbändern weiter entfernt von der Oberfläche zu beachten. In Abb. 4.1.2 sind dazu neben dem echten Oberflächenzustand (1) noch die Oberflächenresonanz (2) als Volumenzustand mit erhöhter Amplitude im Oberflächenbereich angegeben. Ebenso können die im Vakuum freien Elektronen an Blochwellen des Volumens in verschiedener Weise ankoppeln (4-6).

Wir haben uns bisher mit der „Oberfläche" eines eindimensionalen Kristalls beschäftigt. Die Oberfläche eines dreidimensionalen Kristalls

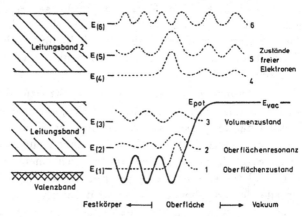

Abb. 4.1.2
Schematischer Verlauf der potentiellen Energie E_{pot} an einer Festkörperoberfläche mit E_{vac} als Energie der freien Elektronen mit kinetischer Energie null (dicke Linie). Gestrichelt sind charakteristische Aufenthaltswahrscheinlichkeiten eingezeichnet für Oberflächenzustände (1), Oberflächenresonanzen (2), die mit Volumen-Blochzuständen koppeln und für Volumenzustände (3). Elektronen mit unterschiedlicher kinetischer Energie im Vakuum können in verschiedener Weise mit dem Festkörper ankoppeln, wie dies in den Beispielen (4) bis (6) gezeigt ist. Dabei sind $E_{(1)}$ bis $E_{(6)}$ die entsprechenden Elektronenenergien. Das Leitungsband 2 entspricht hochangeregten Elektronenzuständen im Festkörper.

erfordert zusätzlich die Beschreibung der Zustände in den zwei Dimensionen parallel zur Oberfläche. Bei idealen Oberflächen liegt eine strenge Periodizität parallel zur Oberfläche vor, wie dies schon in Abb. 3.1.1 gezeigt wurde. Für die Dimensionen parallel zur Oberfläche kann also die Beschreibung wie beim unendlich ausgedehnten Gitter der Abb. 4.1.1 vorgenommen werden. Die Komponenten $k_{vib,x}$ und $k_{vib,y}$ des Wellenvektors $\underline{k}_{vib\|}$ parallel zur Oberfläche sind reell. Die Zustände liegen in Bändern mit scharfen Kanten. Die Wahrscheinlichkeit für das Auftreten bestimmter Schwingungsamplituden (bzw. bei elektronischen Zuständen die Aufenthaltswahrscheinlichkeit des Elektrons in der Nähe eines Atoms) ist für alle Oberflächenatome gleich. Dies kann mit einer ebenen (Bloch-) Welle geeignet beschrieben werden. Zu einer vollständigen Beschreibung der Schwingungen an Oberflächen muß dabei der Wellenvektor in reelle Komponenten k_x, k_y parallel zur Oberfläche und in eine komplexe Komponente $k_z = k_\perp$ senkrecht zur Oberfläche aufgespalten werden. Die Schwingungsamplitude (bzw. die Aufenthaltswahrscheinlichkeit) ist parallel zur Oberfläche konstant (bzw. periodisch), senkrecht zur Oberfläche jedoch nach innen und außen exponentiell abfallend. Die Oberflächenschwingungszustände treten deshalb für ideale Oberflächen in Bändern auf, wobei die Energie als Funktion von $\underline{k}_{vib\|} = (k_x, k_y)$ angegeben wird.

Wir werden nun zuerst die geometrische Struktur der Oberfläche betrachten. Wie schon in Kapitel 3 für Beugungsexperimente beschrieben, ist das reziproke Gitter in besonderer Weise geeignet, den Einfluß der Periodizität auf die Beugung einer Welle zu beschreiben. Der Streuvektor $\underline{K} = \underline{k} - \underline{k}_0$ ist dabei gleich einem reziproken Gittervektor $\underline{G}$ für eine ebene Welle. Für Wellen im Kristall kann man einfallende und gebeugte Wellen nicht unterscheiden. Alle Wellen mit Vektoren $\underline{k} = \underline{k}_0 + \underline{G}$ für jeden beliebigen reziproken Gittervektor sind miteinander gekoppelt, so daß es für viele Betrachtungen ausreicht, die durch geeignete Wahl von $\underline{G}$ reduzierten, d.h. möglichst kleinen $\underline{k}$-Werte zu wählen. Dieser Bereich der kleinsten Werte heißt 1. Brillouinsche Zone. Diese wird als Bereich innerhalb aller Mittelsenkrechten der Vektoren des reziproken Gitters konstruiert. Details dazu sind im Anhang 8.1 und in Lehrbüchern der Kristallographie oder Festkörperphysik beschrieben [Kit 88X], [Ash 82X], [Iba 81X].

Für die Oberfläche ist diese Konstruktion besonders einfach und anschaulich, da das reziproke Gitter zweidimensional ist und sich deshalb vollständig in einer Ebene darstellen läßt. Als Beispiel werden in Abb. 4.1.3 die ersten Brillouin-Zonen für die (100)-, (110)- und (111)-Fläche des kubisch-flächenzentrierten (fcc) Gitters gezeigt, die auch für die Diamantstruktur gelten. Bei dreidimensionalen Brillouin-

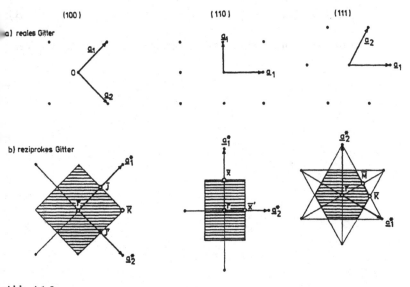

Abb. 4.1.3
Konstruktion der ersten Brillouin-Zone für die (100)-, (110)- und (111)-Fläche des kubisch-flächenzentrierten Gitters mit der Bezeichnung charakteristischer Symmetriepunkte. $\underline{a}_1$, $\underline{a}_2$ bzw. $\underline{a}_1^*$, $\underline{a}_2^*$ sind Einheitsvektoren des realen bzw. reziproken Gitters (vgl. Abschn. 3.5).

Zonen ist es üblich, bestimmte Punkte und Richtungen mit Buchstaben zu bezeichnen, die aus der gruppentheoretischen Beschreibung stammen. Für Brillouin-Zonen der Oberfläche werden entsprechende Buchstaben, jedoch mit Querstrich gewählt, wovon einige in Abb. 4.1.3 angegeben sind. Ganz allgemein kennzeichnet man Symmetriepunkte des reziproken Gitters der Oberfläche durch einen Strich über dem Symmetriesymbol. Die Richtung senkrecht zur Oberfläche mit $k_x = k_y = 0$ wird i.allg. durch $\overline{\Gamma}$ gekennzeichnet. Details sind in Anhang 8.1 aufgeführt.

Abb. 4.1.4 zeigt die 1. Brillouin-Zone des dreidimensionalen kubisch-flächenzentrierten (face-centered-cubic, „fcc") Gitters. Ebenfalls angegeben ist die Konstruktion der zweidimensionalen Zonen verschiedener Flächen. Für diese Konstruktion werden alle Punkte des dreidimensionalen reziproken Gitters $\underline{G}_{h_1 h_2 h_3}$ auf die entsprechende Fläche mit der Normalen $\underline{n}$ projiziert

$$\underline{G}_{\|} = \underline{G}_{h_1 h_2 h_3} - (\underline{G}_{h_1 h_2 h_3} \cdot \underline{n}) \cdot \underline{n} \tag{4.1.1}$$

Aus dem dadurch enstehenden zweidimensionalen Netz der $\underline{G}_{\|}$ Vek-

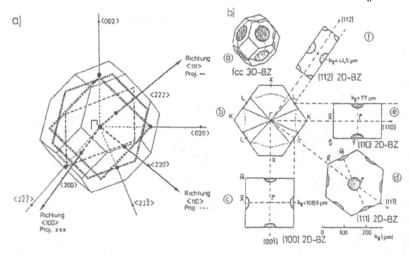

Abb. 4.1.4
a) Die 1. Brillouinsche Zone des dreidimensionalen kubisch-flächenzentrierten Gitters (fcc) mit Angabe verschiedener reziproker Gittervektoren ($\langle 200 \rangle$, $\langle 111 \rangle$, $\langle 220 \rangle$ etc.) und mit der 1. Brillouinschen Zone der Oberflächen dieses Gitters mit $\langle 100 \rangle$-Flächennormale (xxx), mit $\langle 110 \rangle$-Flächennormale (---) und mit $\langle 111 \rangle$-Flächennormale (...)
b) Die gleiche Brillouin-Zone wie in a), jedoch hier mit Darstellung der Fermiflächen, d.h. der Flächen konstanter Energie E_F im k-Raum für ein fcc-Edelmetall (ⓐ). Die schraffierten Flächen entsprechen Wellenvektoren der sp-Bandlücke im Bereich des L-Punktes. In der Mitte links ist ein Schnitt durch die dreidimensionale Brillouin-Zone gezeigt (ⓑ). Die weiteren Flächen sind Projektionen, d.h. zweidimensionale Brillouin-Zonen (ⓒ bis ⓕ), wobei die Flächen in runden und die entsprechenden Flächennormalen in eckigen Klammern angegeben sind. Symmetriepunkte werden an Oberflächen mit einem Strich über dem Volumen-Symbol gekennzeichnet, so zum Beispiel $\overline{\Gamma}$ statt Γ für die Richtung senkrecht zur Oberfläche.

toren konstruiert man mit Hilfe der Mittelsenkrechten die Brillouin-Zonen. Man beachte, daß durch die Projektion auch Vektoren $\underline{G}_\parallel$ auftreten können, die im dreidimensionalen Gitter verboten sind.

Übung 4.1.2. Man suche die dreidimensionale Indizierung der in Abb. 4.1.3 gezeichneten Punkte des zweidimensionalen reziproken Gitters. Man beachte, daß es sich dabei auch um im dreidimensionalen verbotene Punkte (d.h. nicht-ganzzahlige Indizes) handeln kann.

Übung 4.1.3. Man konstruiere Brillouin-Zonen gemäß Abb. 4.1.3 für (211)- und (411)-Flächen des kubisch-flächenzentrierten, des kubisch-raumzentrierten und des hexagonalen Gitters.

Zur Beschreibung von elektronischen und vibronischen Oberflächen-zuständen ist es hinreichend, die Energie und den auf die erste Brillouin-Zone reduzierten Wellenvektor anzugeben. Dabei kann man in erster Näherung voraussetzen, daß die Oberfläche keine spezifischen elektronische Zustände aufweist und sich damit aus der Projektion der Volumenbandstruktur auf die Oberfläche ergibt. Zusätzlich können dann noch Oberflächenzustände auftreten, die sich aus den an der Oberfläche geänderten Bindungsverhältnissen ergeben. Die Energie muß für eindeutige „bona fide"-Oberflächenzustände in einem im Volumen für diesen Wellenvektor $\underline{k}_\parallel$ verbotenen Bereich liegen. Dies muß für beliebige Komponenten $k_\perp$ gelten. Es sei an dieser Stelle darauf hingewiesen, daß in Elektronenemissionsexperimenten u.a. bestimmt werden kann, aus welcher Brillouin-Zone ein Teilchen emittiert wird. Bei Emission aus höheren Brillouin-Zonen ist das Elektron im Außen-raum durch einen dem größeren Wellenvektor entsprechenden größe-ren Impuls parallel zur Oberfläche nachweisbar, da im Vakuum außer-halb des Festkörpers die Reduzierung mit einem Vektor des reziproken Gitters nicht mehr möglich ist.

Der Grad der Störung von Bindungsverhältnissen zwischen benach-barten Atomen an der Oberfläche gegenüber denen im Volumen ist sehr unterschiedlich. Die ausgeprägtesten spezifischen Strukturen von elektronischen Oberflächenzuständen zeigen kovalente Element- oder Verbindungshalbleiter. Die physikalische Ursache dafür ist schema-tisch in Abb. 4.1.5 gezeigt. Bei den vierwertigen Elementhalbleitern wie Kohlenstoff, Silicium oder Germanium wird die elektronische

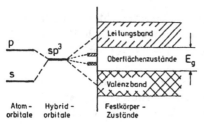

Abb. 4.1.5
Schematische Darstellung der s- und p-Atomorbitale, der sp³-Hybridorbitale und der Valenz- und Leitungsbandzustände eines kovalenten Kristalls mit Diamantgitter (wie z.B. Si oder C). E_g ist die Breite der verbotenen Zone (g steht für „gap").

Struktur des Festkörpers nicht direkt aus den s- bzw. p-Atomfunktionen hergeleitet. Vielmehr ergibt sich eine energetisch wesentlich günstigere Konfiguration, wenn zunächst sp³-Hybridorbitale der Atome gebildet und daraus die entsprechenden Bänder aufgebaut werden. Dies führt zu einer tetraedrischen Anordnung der Atome in der Einheitszelle. Die Ausbildung von Valenz- und Leitungsbändern aus den sp³-Hybriden entspricht der Ausbildung von bindenden bzw. antibindenden Orbitalen zwischen zwei Atomen. Oberflächen dieser vierwertigen Elementhalbleiter sind dadurch gekennzeichnet, daß die Überlappung der sp³-Orbitale nicht so ausgeprägt ist wie im Volumen und daher auch elektronische Zustände innerhalb der verbotenen Zone zu erwarten sind.

Wie Abb. 4.1.6 zeigt, treten als Folge der schwachen Wechselwirkung der Hybridorbitale bindende und antibindende Bänder auf, wobei die Überlappung und dementsprechend die Bänder ausgeprägt flächenspezifische Strukturen aufweisen. Dies ist die Folge der gestörten Symmetrie von Atomen an der Oberfläche gegenüber der im Volumen, wobei die aus der Oberfläche herausreichenden freien Valenzen („dangling bond"-Orbitale) miteinander wechselwirken und sich dadurch die geometrische Struktur der Oberflächenatome ändern kann. Derartige Änderungen, die auch Überstrukturen bewirken können, werden als Rekonstruktion bezeichnet. Darauf wird weiter unten im Zusammenhang mit der Diskussion der Verhältnisse an Si(111)-Flächen näher eingegangen. Die Triebkraft für die Rekonstruktion von Oberflächenatomen ist die Minimierung der Gesamtenergie.

Abb. 4.1.7 zeigt schließlich, daß an Verbindungshalbleitern Flächen mit gleichen und unterschiedlichen Atomarten auftreten können. So ist in dem gezeigten Beispiel der Struktur von Zinkoxid mit polaren

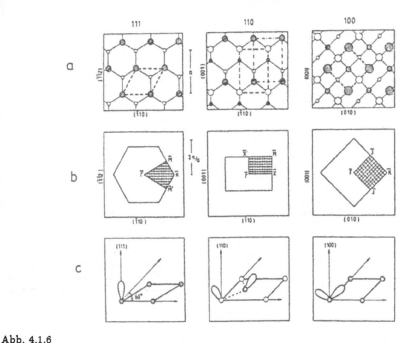

Abb. 4.1.6

a) **Anordnung der Atome in der obersten Lage einer (111)-, (110)- und (100)-Oberfläche eines Zinkblendegitters. Schraffierte Kreise charakterisieren Kationen und offene Kreise Anionen. Die Geometrie eines Diamantgitters ist die gleiche, nur daß in diesem Fall Kationen und Anionen durch ein Element zu ersetzen sind. Die Oberflächeneinheitszellen sind durch gestrichelte Linien gekennzeichnet.**

b) **Entsprechende Brillouin-Zonen für die unterschiedlichen Flächen**

c) **Oberflächeneinheitszellen und räumliche Anordnung der sp^3-Hybridorbitale im realen Gitter, die an unrekonstruierten (111)-, (110)- und (100)-Flächen des idealen Kristalls existieren würden [Iva 80]**

Zn- bzw. O-Oberflächen (die im Idealfall nur eine Atomsorte enthalten) und mit unpolaren Oberflächen zu rechnen, die jeweils völlig unterschiedliche elektronische Strukturen aufweisen.

Die bisherige Beschreibung elektronischer Strukturen bezog sich im wesentlichen auf ideale Oberflächen mit einer Periodizität der Atompositionen, die dem idealen Volumen entspricht. Wie schon in Kapitel 3 gezeigt wurde, kann als periodische Änderung auch eine Überstruktur auftreten, die über zusätzliche Reflexe im LEED-Beugungsbild nachweisbar ist. Diesen Reflexen entsprechen zusätzliche Punkte

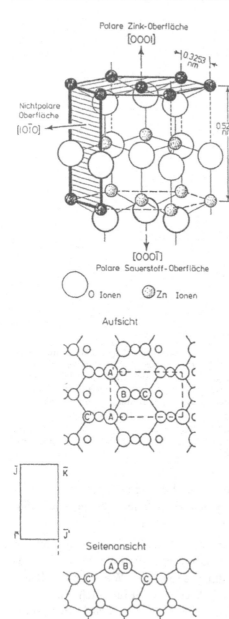

Polare Zink-Oberfläche
[0001]

0.3253 nm

Nichtpolare
Oberfläche
[10$\bar{1}$0]

0.5211 nm

[000$\bar{1}$]
Polare Sauerstoff-Oberfläche

O Ionen   Zn Ionen

Abb. 4.1.7
Geometrische Darstellung des Wurzit-Gitters von Zinkoxid mit den polaren und unpolaren Flächen

Aufsicht

A B C
C' A

J $\bar{K}$

Γ $\bar{J}'$

Seitenansicht

A B   C
C'

Abb. 4.1.8
Schematische Darstellung der Atompositionen an einer 2×1 rekonstruierten Si(111)-Oberfläche in Aufsicht und Seitenansicht. Der gezeigte Quadrant der Oberflächen-Brillouin-Zone ist entsprechend der gestrichelt gezeichneten rechteckigen Einheitsmasche der Überstruktur in der Aufsicht gezeichnet [Pan 81].

im reziproken Gitter mit einer gegenüber dem idealen Gitter ver-
kleinerten Brillouin-Zone. Als Beispiel ist in Abb. 4.1.8 die (2×1)-
Überstruktur der Siliciumspaltfläche Si(111) gezeigt im Zusammenhang mit den erst durch die Überstruktur entstandenen Grenzen
der Brillouin-Zone an der Oberfläche. Ebenfalls angegeben sind Bezeichnungen für Hochsymmetriepunkte in der Brillouin-Zone. Für die
Brillouin-Zone ist nur die Periodizität der Oberfläche, nicht jedoch
die tatsächliche Lage der Oberflächenatome von Bedeutung.

Liegen Störungen der Atompositionen an der Oberfläche vor, die wie
Domänengrenzen oder einatomare Stufen der Abb. 3.1.1 nur noch
eine Periodizität in einer Richtung aufweisen, so zeigen die zugehörigen vibronischen und elektronischen Zustände entsprechend eine re-
elle Komponente von $\underline{k}_\parallel$ in Richtung der Periodizität und komplexe
Komponenten, d.h. exponentiellen Abfall der Amplitude in den bei-
den anderen Richtungen. Für echte Oberflächenzustände muß auch
hier die Energie in einem für diesen Wert von $k_\parallel$ verbotenen Bereich
liegen. Schließlich sind auch punktförmige Störstellen möglich, die
formal wie im Volumen zu beschreiben sind. Durch den besonderen
Potentialverlauf an der Oberfläche wird jedoch der gleiche Störstel-
lentyp (z.B. ein Fremdatom oder eine Leerstelle) an oder nahe der
Oberfläche andere elektronische Energiezustände und Bildungsener-
gien als im Innern des Kristalls haben.

4.1.2 Grundlagen und Beispiele für die Berechnung von Oberflächenzuständen

Zur Berechnung der elektronischen Oberflächeneigenschaften legt
man häufig ein Potential zugrunde, das im Innern dem Potential
zur Berechnung der Volumenbandstruktur entspricht und das an den
Außenraum unter Berücksichtigung von experimentellen Ergebnissen
von Austrittsarbeitsmessungen angepaßt wird. Auf letztere wird in
Abschn. 4.2 noch näher eingegangen. Für den Übergangsbereich an
der Oberfläche wird zunächst ein beliebiger Verlauf der potentiellen
Energie E_{pot} angenommen, wofür in Abb. 4.1.1 oder 4.1.2 Beispiele
angegeben sind. Für dieses halbempirisch festgelegte Potential wird
unter Benutzung der Lösungen für den unendlichen dreidimensionalen
Kristall die Schrödingergleichung gelöst, wodurch man alle elektro-

nischen Zustände im Innern und an der Oberfläche erhält. Durch Aufsummieren der Ladungen in den besetzten Zuständen erhält man eine ortsabhängige Ladungsdichte ϱ, aus der man mit Hilfe der Poissongleichung unter Berücksichtigung eines Austauschpotentials, z.B. in der sogenannten X_α-Näherung von Slater mit dem empirischen Potential

$$V(r) = \alpha \cdot \varrho^{\frac{1}{3}}(r) \tag{4.1.2}$$

ein verbessertes Potential erhält. Damit können die Oberflächenzustände wiederum verbessert bestimmt werden, bis nach mehrmaligem Durchlauf Selbstkonsistenz zwischen Potential, Oberflächenzuständen und Ladungsverteilung erreicht ist. Dieses Verfahren ist schematisch in Abb. 4.1.9 gezeigt und liefert ein selbstkonsistentes Potential V_{sc} („sc" steht für „self consistent"). Für Details dieser Rechnungen sei auf Spezialliteratur verwiesen. Darin sind insbesondere eine Reihe von Näherungsverfahren bei einer wesentlichen Verringerung des Rechenaufwandes beschrieben [Feu 78X], [Bla 75X], [Gar 79X], [Krü 88].

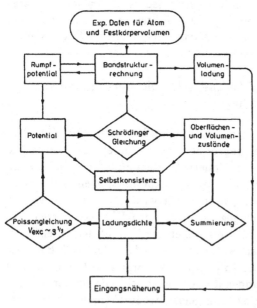

Abb. 4.1.9
Flußdiagramm zur Berechnung von Oberflächenzuständen und Oberflächenpotentialen. Details sind im Text beschrieben.

Als Information aus einer vollständigen selbstkonsistenten Rechnung folgt nicht nur die Bandstruktur der Oberflächenzustände mit $E = f(\underline{k}_{\parallel})$, sondern auch der Potentialverlauf $V_{sc} = f(z)$, die Ladungsverteilung $e \cdot |\Psi|^2$ in jedem Zustand der Energie E, die Gesamtladungsverteilung und die örtliche Zustandsdichte wie z.B. der Anteil aller Wellenfunktionen in einer Schicht parallel zur Oberfläche in vorgegebener Tiefe, d.h. die „Layer Density of States" (LDOS). Letztere kann als Funktion der Energie ohne Unterscheidung von Volumen- und Oberflächenzuständen aufgetragen werden. Von besonderem Interesse ist der Vergleich der LDOS in verschieden tiefen Schichten, woraus sich Anteile aus Oberflächenzuständen und Oberflächenresonanzen als Funktion der Schichtdicke herleiten lassen. Eine weitere Steigerung der Differenzierung ist die gleichzeitige Berücksichtigung des Wellenvektors $\underline{k}_{\parallel}$ in der „Wave Vector Resolved Layer Density of States" (WRLDOS), d.h. eine Darstellung der Dichte der Zustände als Funktion von E und $\underline{k}_{\parallel}$ für eine bestimmte Schicht. Eine derartige Darstellung wird benötigt, wenn entsprechende Messungen über winkelaufgelöste Photoemission vorliegen und interpretiert werden sollen, auf die in Abschn. 4.6 näher eingegangen wird. (Details zu LDOS und WRLDOS s. auch Abschn. 5.2.4.)

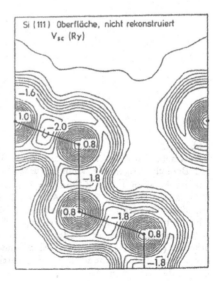

Abb. 4.1.10
Potential V_{sc} im Oberflächenbereich (selbstkonsistentes Pseudopotential zur Beschreibung der Ladung im Valenzband) für die ideale Si(111)-Fläche im Schnitt einer (110)-Ebene durch die Oberflächenatome (dunkle Kreise). Energiewerte von V_{sc} sind als Parameter der Konturlinien in Einheiten von Rydberg (1 Ry = 13,6 eV), bezogen auf das Vakuumniveau angegeben [Sch 75].

Einige Beispiele sollen die Möglichkeiten der unterschiedlich differenzierten Darstellung elektronischer Zustände erläutern. Abb. 4.1.10 zeigt den Potentialverlauf nach einer selbstkonsistenten Rechnung für die ideale Si(111)-Oberfläche für einen Schnitt in einer (110)-Ebene durch die Oberflächenatome [Sch 78]. Die geraden Linien sind Verbindungslinien zwischen den als Punkte gekennzeichneten Atomen. Für die Si(100)-Fläche wurden ausführliche Rechnungen von Pollmann und Mitarbeitern ausgeführt [Pol 85], [Pol 86], [Pol 87], [Krü 88]. In Abb. 4.1.11 ist die Bandstruktur einer idealen Oberfläche von Si(100) gezeigt. Die schraffierten Bereiche zeigen die Volumenzustände nach Projektion auf die Oberfläche mit dem angegebenen Wellenvektor $\underline{k}_{\parallel}$ parallel zur Oberfläche und einer beliebigen Komponente senkrecht zur Oberfläche. Mit den Abkürzungen $\overline{\Gamma} - \overline{J}' - \overline{K} - \overline{J} - \overline{\Gamma}$ wird der Weg durch die Oberflächen-Brillouin-Zone vom Zentrum $\overline{\Gamma}$ zur Seiten-

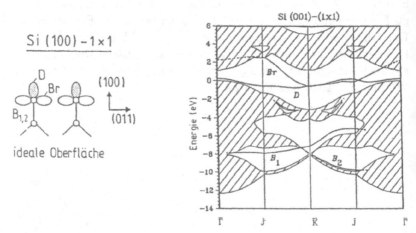

Abb. 4.1.11
Berechnete Bandstruktur für die ideale Si(100)-Fläche [Pol 86]. Die schraffierten Bereiche zeigen die Volumenzustände nach Projektion auf die Oberfläche. Die Buchstaben $\overline{\Gamma}$, $\overline{J}'$, $\overline{K}$ und $\overline{J}$ geben die Eckpunkte eines Quadrats aus der Oberflächen-Brillouin-Zone (s. Abb. 4.1.3) an. Die Bandstruktur ist längs der Seiten dieses Quadrats gezeigt. Das linke Teilbild zeigte einen Schnitt senkrecht zur Oberfläche mit Angabe der Bereiche, in denen die Zustandsdichte der zugehörigen Oberflächenzustandsbänder hauptsächlich zu finden ist mit Br = Brückenbindung („Bridge"), D = freie Valenzbindung („dangling bond"), B = Bindung zur 2. Schicht („backbond"). In der Projektion auf der linken Seite fallen beide B-Anteile zusammen.

mitte $\bar{J}'$ über Ecke $\bar{K}$ und Seitenmitte $\bar{J}$ zurück zum Zentrum beschrieben (s. Abb. 4.1.3b links). Die Oberflächenzustände haben für jeden Wert $k_{\parallel}$ diskrete Werte (keine Bänder), da keine Abhängigkeit von $k_{\perp}$ existiert. Für die Oberfläche sind $\bar{J}'$ und $\bar{J}$ nicht gleichwertig, da die oberste Schicht eine Vorzugsrichtung in [0$\bar{1}$1] oder [011]-Richtung hat, je nachdem, welchem Teilgitter der Diamantstruktur sie angehört. Auf der (100)-Fläche der Diamantstruktur ist zwar das Netz der Atome in jeder Schicht quadratisch und damit vierzählig, jedoch liegen die Projektionen der Bindungen zur nächsten Schicht abwechselnd in [0$\bar{1}$1]- bzw. [011]-Richtung, d.h. das Netz ist nur zweizählig. In Abb. 4.1.11 rechts sind für die Oberflächenzustände Bezeichnungen angegeben, die die Lokalisierung angeben mit Br = Brückenbindung innerhalb der Schicht, D = freie Valenz („dangling bond"), B = Rückbindung zur zweiten Schicht („back bond"), wie es auch links schematisch gezeigt ist. (D ist hier als sp_z-Orbital und Br als $p_x p_y$-Orbital dargestellt. Diese Orbitale ergeben sich aus der Linearkombination von zwei sp^3-Orbitalen, die in Abb. 4.1.6c dargestellt sind.) Solche Zuordnungen lassen sich aus der Ladungsverteilung oder Zustandsdichteverteilung $|\Psi \cdot \Psi^*|$ entnehmen, die in einer vollständigen Lösung immer enthalten sind. In Abb. 4.1.13 ist dies für die Oberflächenzustände aus Abb. 4.1.11 am $\bar{J}'$-Punkt dargestellt.

Bei der freien Si(100)-Oberfläche ist eine ideale 1×1-Oberfläche energetisch nicht stabil, es bildet sich eine 2×1-Überstruktur, die durch paarweises Zusammenrücken von Oberflächenatomen entsteht. Diese Paare („Dimere") sind asymmetrisch, eines der beiden Atome steht weiter von der Oberfläche ab (Abb. 4.1.12 links). Die in Abb. 4.1.12 rechts schraffiert gezeigte Bandstruktur zeigt die gleichen Volumenzustände, die jetzt jedoch bezüglich der neuen, halb so großen Brillouin-Zone dargestellt sind. $\bar{\Gamma}$ und $\bar{J}'$ bleiben als Punkte in der neuen Brillouin-Zone erhalten, während $\bar{J}$ und $\bar{K}$ jeweils auf den halben Abstand gerückt sind. Die Volumenbandstruktur am $\bar{\Gamma}$-Punkt nach der Rekonstruktion entspricht dann der Überlagerung der Volumenbandstruktur am $\bar{\Gamma}$-Punkt vor der Rekonstruktion und der Volumenbandstruktur am $\bar{J}$-Punkt vor der Rekonstruktion, da letzterer nach der Rekonstruktion bei der Reduzierung auf die erste Brillouin-Zone auf den $\bar{\Gamma}$-Punkt gefaltet wird. Ebenso entspricht die Volumenbandstruktur am $\bar{J}$-Punkt nach der Rekonstruktion der Überlagerung der-

Si (001)–(2×1)

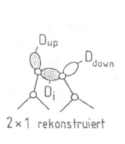

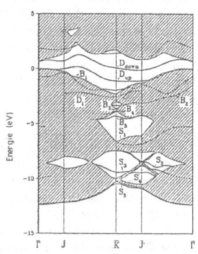

Abb. 4.1.12
Berechnete Bandstruktur der Si(100)-2×1-Oberfläche mit einer Überstruktur durch asymmetrische Dimere [Krü 88]. Die Bandstruktur ist ähnlich wie in Abb. 4.1.11 entlang den Kanten eines Rechtecks in der Oberflächen-Brillouin-Zone aufgetragen, jedoch in entgegengesetzter Richtung entlang der Linie $\overline{\Gamma}$ – $\overline{J} - \overline{K} - \overline{J}' - \overline{\Gamma}$. $\overline{\Gamma}$ und $\overline{J}'$ entsprechen den Kanten in Abb. 4.1.4. $\overline{J}$ ist wegen der 2×1-Überstruktur auf halben Abstand in Richtung [011] gerückt. $\overline{K}$ bildet die $\overline{\Gamma}$ gegenüberliegende Ecke des Rechtecks $\overline{\Gamma}, \overline{J}, \overline{K}, \overline{J}'$. D_{up} und D_{down} bezeichnen freie Valenzbindungen des angehobenen bzw. abgesenkten Atoms, D_i die Dimerenbindung.

jenigen vor der Rekonstruktion und derjenigen am $\overline{K}$-Punkt vor der Rekonstruktion. Die Oberflächenzustände sind durch die Überstruktur wesentlich verändert. So tritt eine Aufspaltung der Zustände in der verbotenen Zone des Volumens in zwei Bänder auf. Auf den linken Teilbildern ist die Lokalisierung der Oberflächenzustände dargestellt mit D_{up} als freier Valenz des angehobenen Atoms („dangling bond"), D_{down} als freie Valenz des abgesenkten Atoms und D_i als Orbital der Dimerenbindung. Diese Zuordnung wird wiederum nachgewiesen über die räumliche Verteilung der Zustandsdichte.

Abb. 4.1.13 und 4.1.14 zeigen dazu die Elektronendichte für einige Zustände am $\overline{K}$-Punkt der Brillouin-Zone mit den Bezeichnungen aus Abb. 4.1.12. Die Bezeichnung der Zustände ergibt sich aus

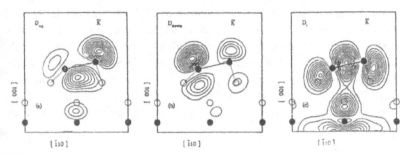

Abb. 4.1.13
Elektronendichte $W_{(v)}(\underline{r}, E)$ einiger Zustände aus Abb. 4.1.12 am $\overline{K}$-Punkt der Brillouin-Zone in einer $(\overline{1}10)$-Schnittebene senkrecht zur (001)-Oberfläche, die Atome der ersten und vierten Schicht enthält (diese Atome sind als ausgefüllte Kreise gezeichnet, die projizierte Lage der Atome aus der zweiten und dritten Schicht sind als hohle Kreise gezeichnet) [Krü 88]

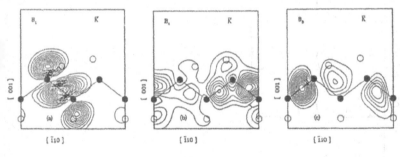

Abb. 4.1.14
Elektronendichte $W_{(v)}(\underline{r}, E)$ einiger Zustände aus Abb. 4.1.12 am $\overline{K}$-Punkt in einer $(\overline{1}10)$-Schnittebene senkrecht zur (001)-Oberfläche, die Atome der zweiten und dritten Schicht enthält [Krü 88]

dem Ort der erhöhten Dichte: Bei D_{up} und D_{down} ist das Elektron überwiegend in der freien Bindung („dangling bond") des angehobenen bzw. abgesenkten Oberflächenatoms der 2×1-Struktur. Bei D_i ist das Elektron vorwiegend in der Dimerenbindung zwischen den Atomen zu finden. B_1 bis B_5 bezeichnen die verschiedenen Rückbindungen („back bonds") zwischen Atomen der zweiten und dritten Lage.

Daß es sich um Oberflächenzustände handelt, kann man auch sichtbar durch Auftragung der Zustandsdichte pro Schicht (WRLDOS =

Wave Vector Resolved Layer Densitity of States) machen. Jeder Zustand trägt nur so viel zu einer Schicht bei, wie dem Anteil seiner Wahrscheinlichkeitsdichte, integriert über diese Schicht, entspricht. Abb. 4.1.15 zeigt die Verteilung aller Zustände am $\overline{K}$-Punkt (Oberflächen- und Volumenzustände) über die ersten fünf Lagen und in einer Volumenschicht. Die Lokalisierung der freien Bindungen auf die erste und der Rückbindungen auf die folgenden Schichten ist klar zu erkennen.

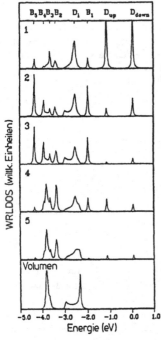

Abb. 4.1.15
Lagenzustandsdichte (WRLDOS) der ersten fünf Lagen der Si(001)-2×1-Überstruktur und einer Volumenlage am $\overline{K}$-Punkt [Krü 88]

Die räumliche Verteilung der Zustandsdichte in den freien Bindungen zeigt sich in der Winkelabhängigkeit der Photoemission und inversen Photoemission (siehe Abschn. 4.6.3 und 4.6.6 mit Abb. 4.6.31). Sie führt auch zu einem unterschiedlichen Kontrast bei der Rastertunnelmikroskopie (STM) je nach angelegter Spannung, da die Zustandsdichte des Siliciums auf der Höhe des Ferminiveaus der Spitze für die Bildhelligkeit entscheidend ist. So können durch das Vorzeichen und die Größe der angelegten Spannung entweder die angehobenen oder die abgesenkten Atome im STM zur Kontrastierung verwendet werden [Ham 86] (siehe dazu auch Abschn. 3.4).

Als letztes Beispiel soll eine wellenvektoraufgelöste Lagenzustandsdichte für verschiedene Werte $\underline{k}_{\parallel} = (k_x, k_y)$ von $ZnO(10\bar{1}0)$ in Abb.

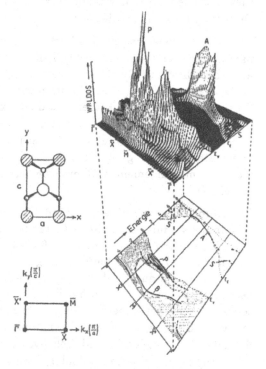

Abb. 4.1.16
Wellenvektoraufgelöste Lagenzustandsdichte (WRLDOS) für die 1. Schicht von $ZnO(10\bar{1}0)$-Oberflächen (rechts oben) mit Einheitszelle (links oben), 1. Brillouin-Zone (links unten) und projizierter Bandstruktur (rechts unten). Der überwiegende Anteil zur WRLDOS stammt von Volumenzuständen, deren Beitrag durch Summation über alle $k_{\perp}$ für ein bestimmtes $k_{\parallel}$ (d.h. einen bestimmten Punkt längs der $\bar{\Gamma}$, $\bar{Y}$, $\bar{M}$, $\bar{X}$, $\bar{\Gamma}$- Linie) als Funktion der Energie erhalten wird.
In der projizierten Bandstruktur charakterisiert P den Oberflächenzustand (im wesentlichen ein O-2p-Zustand als doppelt besetztes „dangling bond"-Orbital), S die Oberflächenresonanz (im wesentlichen eine Zn-4s-Oberflächenresonanz), sowie B und A die Oberflächenzustände der Bindung zwischen Atomen der 1. und 2. Schicht („back-bonds" bzw. „anti-back-bonds"). In der Einheitszelle sind Sauerstoff- und Zink-Atome dunkel bzw. hell gekennzeichnet, Atome der obersten Schicht sind größer gezeichnet als die in der zweiten Schicht [Iva 81].

4.1.16 gezeigt werden [Iva 81]. Eine derartige Darstellung ist sinnvoll für Messungen, bei denen der Wellenvektor eine unmittelbare Rolle spielt wie bei der winkelaufgelösten Photoemission (s. Abschn. 4.6.3). Die räumliche Verteilung der verschiedenen Oberflächenzustände wird in der Bildunterschrift in Zusammenhang mit der Dispersion ($E = f(\underline{k}_{\parallel})$) erläutert.

Die Beispiele sollen zeigen, daß Rechnungen in selbstkonsistenter oder parametrisierter Form sehr weitgehende und detaillierte Informationen über Existenz, Dichte und Verteilung der Oberflächenzustände im Ortsraum und reziproken Raum liefern. Auf die spektroskopische Bestimmung dieser Strukturen aus dem Experiment soll weiter unten in diesem Abschnitt eingegangen werden. Definitionen der verschiedenen Zustandsdichten mit unterschiedlicher Mittelwertsbildung über unterschiedlich große Bereiche im Ortsraum werden im Zusammenhang mit allgemeinen Oberflächenexzeßgrößen in Abschn. 5.2.4 eingeführt.

Für vibronische Oberflächenzustände gilt im Prinzip die gleiche Beschreibung wie für elektronische Zustände, wie bereits in Abschn. 4.1.1 ausgeführt. Für die Berechnung muß die harmonische Bindung jedes Atoms an die Ruhelage berücksichtigt werden. Für Oberflächenatome ist diese Bindung aufgrund einer anderen Umgebung natürlich verändert, und zwar unterschiedlich für Auslenkungen parallel und senkrecht zur Oberfläche. Die Aufgabe besteht also darin, erst die harmonische Bindung der Oberflächenatome zu bestimmen und damit dann die Eigenfrequenzen und Wellenvektoren der Oberflächenphononen sowie deren Schwingungsbilder, Eindringtiefe usw. zu ermitteln.

Im einfachsten Fall wird der Kristall als elastisches Kontinuum betrachtet. Durch die Existenz der Oberfläche gibt es eine entlang der Oberfläche laufende elastische Welle, deren Eindringtiefe etwa gleich der Wellenlänge ist (Rayleigh-Welle) [Iba 71]. Für Wellenlängen, die wesentlich größer als die Gitterkonstante sind, ist die Welle aufgrund der Eindringtiefe ganz durch die makroskopischen Volumenkonstanten beschrieben (Elastizitätskonstanten). Für mehratomige Kristalle gibt es eine entsprechende Oberflächenwelle des optischen Zweiges mit langer Wellenlänge, die bei ionischer Bindung mit einem elektrischen Feld gekoppelt ist.

Für kurze Wellenlängen ist die atomare Struktur wie bei den Gitterschwingungen im Volumen zu beachten. Es tritt demzufolge Dispersion mit einem Extremum an der Zonengrenze auf. Bei mehratomigen Gittern treten außer den akustischen Zweigen auch optische Zweige auf. Um beobachtete Dispersionen im Volumen zu beschreiben, genügen nicht die Zentralkräfte zwischen nächsten Nachbarn. Es müssen viele Nachbarn, eventuell auch Winkelsteifigkeiten berücksichtigt werden.

Für die Oberfläche ist wie bei den elektronischen Zuständen die Projektion der Volumenzustände auf die Oberfläche zunächst auszuführen. Zusätzlich ergeben sich dann Oberflächenphononen, d.h. Schwingungen mit einer Energie im verbotenen Bereich der projizierten Volumenphononen und mit einem exponentiellen Abklingen der Amplitude ins Innere. Abb. 4.1.17 zeigt eine derartige Rechnung für Ag(111) unter Benutzung von Kraftkonstanten, die aus Anpassung an Volumendaten (Phononenspektrum aus Neutronenstreuung) gewonnen wurden [Bor 85]. Da die Rechnung mit Hilfe einer Scheibe aus 45 Lagen durchgeführt wurde, ist das Kontinuum des Volumens durch endlich viele Linien dargestellt.

Im Vergleich mit Experimenten (siehe Abschn. 4.7) ergab sich vielfach eine schlechte Übereinstimmung. Zur Verbesserung muß daher berücksichtigt werden, daß die Oberflächenatome aufgrund einer an-

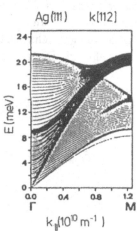

Abb. 4.1.17
Berechnete Phononendispersion für eine Ag(111)-Scheibe aus 45 Lagen für die Richtung [112] parallel zur Oberfläche. Aufgetragen ist die Energie E (in eV) als Funktion des Wellenvektors $k_\parallel$ (in der Literatur auch häufig als Q bezeichnet). Der unterste abgespaltene Zweig stellt die Rayleigh-Schwingung der Oberfläche dar. Die Oberflächenatome sind mit den gleichen Kraftkonstanten gebunden wie die Unterlagenatome [Bor 85].

deren Zahl von Nachbarn, anderer Abstände oder anderer Elektronen-dichteverteilung auch gegenüber dem Volumen geänderte Kraftkon-stanten haben. Dadurch werden die Zweige der Oberflächenzustände empfindlich verändert. Zusätzlich ändert sich die Dichte der Volumen-zustände in Oberflächennähe (d.h. Oberflächenresonanzen), so daß gleichzeitig ein Vergleich mit dem Experiment an mehreren Punkten möglich ist.

Bei diesen Beispielen wurde keine absolute Rechnung durchgeführt, sondern eine Parameterbestimmung über Anpassung an Messungen erreicht. Für eine „ab-initio"-Rechnung kann die Gesamtenergie ei-nes Kristalls unter Berücksichtigung aller Wechselwirkungen zu Hil-fe genommen werden. Falls die Atompositionen vorgegeben werden, sind aus individuellen Verrückungen zunächst die Kraftkonstanten und daraus das volle Spektrum der Volumen- und Oberflächenphono-nen ableitbar (Abb. 4.1.18) [Cal 85]. Eine Verbesserung wird erreicht, wenn die experimentell bestimmten Atompositionen oder noch besser die aufgrund der Minimierung der Gesamtenergie bestimmten Atom-positionen zugrunde gelegt werden. Die Beschreibung der zugehörigen Experimente erfolgt in Abschn. 4.7.

Bei der Defektstrukturanalyse in Abschn. 3.8 wurde erläutert, daß nur bei periodischen Strukturen Streuvektoren auftreten, die durch die Vektoren des reziproken Gitters definiert und „scharf" sind, d.h. nur eine geringe Variationsbreite besitzen. Je größer die Lokalisie-rung im Ortsraum ist, desto breiter wird ein Beugungsreflex, d.h. desto weniger scharf ist der zugehörige Vektor des reziproken Git-ters definiert. Die gleiche Aussage gilt für elektronische und vibroni-

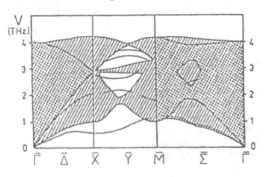

Abb. 4.1.18
Berechnete Phononendis-persion einer Na(100)-Scheibe aus 15 Lagen über dieGesamtenergie[Cal 85]. Aufgetragen ist die Fre-quenz ν (in 10^{12} Hz) als Funktion von $k_\parallel$ für ver-schiedene Bereiche der Oberflächen-Brillouin-Zo-ne.

sche Zustände. Eine wohldefinierte, scharfe Dispersionskurve ist nur
für streng periodische Anordnungen möglich. Je lokaler eine Struktur
ist, um so unschärfer wird die zugehörige Dispersionskurve. Isolierte Punktfehler sind deshalb dispersionslos, d.h. ohne Abhängigkeit
vom Wellenvektor, aber trotzdem mit einem scharfen Energieeigen-
wert. Bei den Schwingungszuständen spielen die Punktfehler durch
Adsorbatmoleküle eine besondere Rolle, da die Eigenmoden des freien
Moleküls bei Adsorption eventuell nur wenig verändert sind. Als Beispiel soll die Adsorption eines CO-Moleküls auf einer Metalloberfläche
diskutiert werden. Ein Molekül mit N Atomen hat $3N$ Freiheitsgrade, von denen drei der Translation, drei der Rotation und der Rest
$(3N - 6)$ den Schwingungen zuzuordnen sind. Bei gestreckten Molekülen sind es nur zwei Rotationen und dafür eine Schwingung mehr.
Nach Adsorption kann man alle Freiheitsgrade wiedererkennen, wenn
man die freie Translation und Rotation in der „frustrierten" Translation und Rotation als Schwingungsform identifiziert. Abb. 4.1.19 zeigt
die Eigenmoden eines stehend adsorbierten CO-Moleküls, wobei zwei

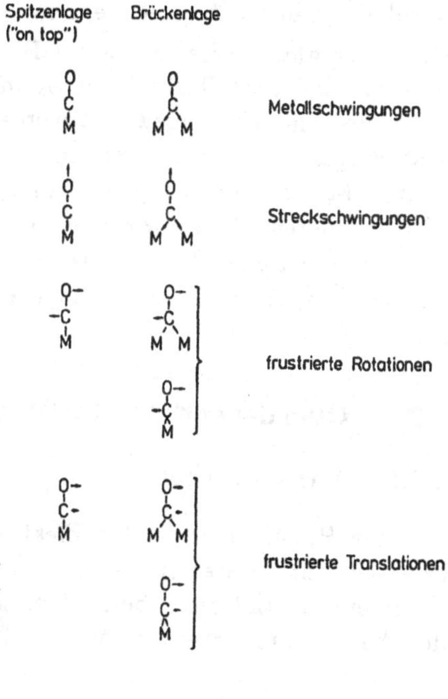

Abb. 4.1.19
Eigenmoden eines stehend adsorbierten CO-Moleküls auf einer Metalloberfläche für Spitzenlage („on top")
und Brückenlage

Bindungsplätze („on top" und Brückenplatz) nebeneinander gestellt sind [Ric 79]. Die 6 Freiheitsgrade des Moleküls sind als 6 Schwingungen des Adsorbates wiederzufinden, wobei die einzige Schwingung des freien Moleküls als Streckschwingung des Adsorbats bezeichnet wird. Die frustrierte Translation senkrecht zur Oberfläche wird oft auch Metallschwingung (Schwingung gegen das Metall) genannt. Es ist gleichzeitig zu sehen, daß die Entartungen beim freien Molekül und beim hochsymmetrischen Adsorptionsplatz durch die niedrigere Symmetrie des Brückenplatzes aufgehoben werden.

Zur Berechnung der Eigenfrequenzen kann von den freien Molekülen ausgegangen werden und eine Änderung durch die Kopplung an die Unterlage berücksichtigt werden. Durch die Bindung an die Unterlage wird die Bindung innerhalb des Moleküls durch Verlagerung der Elektronenverteilung verändert. In einem einfachen Modell wird durch jede Bindung an die Unterlage ein Anteil der Elektronendichte aus der innermolekularen Bindung in die Bindung zur Unterlage verlagert, so daß eine Absenkung der Eigenfrequenz zu erwarten ist. Es sollte also $\nu_{Brücke} < \nu_{on\,top}$ aus Abb. 4.1.19 und wiederum $\nu_{on\,top} < \nu_{Gas}$ sein, was den Experimenten meistens entspricht.

Für eine Näherungsrechnung zur Bestimmung der Frequenzen kann zunächst der Kristall durch ein Atom ersetzt werden, so daß übliche Molekülrechnungen angewandt werden können, z. B. $Ni(CO)_4$. Verbesserungen sind durch Berechnungen eines Metallclusters mit adsorbiertem Molekül möglich [Ric 79], [Wil 83]. Für viele adsorbierte Moleküle ist deren Wechselwirkung zu beachten, die bei unregelmäßiger Anordnung zu einer Verbreiterung und bei regelmäßiger Anordnung zu einer Dispersion führen. Beispiele werden in Abschn. 4.7 besprochen.

4.2   Oberflächen im elektronischen Gleichgewicht

4.2.1   Austrittsarbeit

Um den Potentialverlauf für Elektronen eines Kristalls in Oberflächennähe angemessen zu beschreiben, darf man nicht das periodische Volumenpotential am Oberflächenatom abbrechen und konstant in den Außenraum fortsetzen. Man muß vielmehr auch berücksichtigen, daß eine zusätzliche Arbeitsleistung erforderlich ist, um ein Elektron vom Festkörperinnern über die Oberfläche nach außen zu befördern. Diese zusätzliche Energieschwelle, erfaßt über die Austrittsarbeit Φ, hat verschiedene Gründe:

Wie im vorigen Abschnitt beschrieben, treten einerseits im Bereich der Oberfläche zusätzliche, mit Elektronen besetzbare Zustände auf. Andererseits weisen die Volumenzustände im Bereich der Oberfläche eine veränderte Dichte und damit auch veränderte Ladung auf. Die Oberfläche zeigt deshalb i.allg. eine Flächenladung, die durch Ladungen im Festkörperinnern neutralisiert wird. Bei Metallen mit hoher Dichte beweglicher Ladung ist diese Neutralisation innerhalb weniger Atomabstände möglich („Dipolschicht"). Bei Isolatoren und Halbleitern erfolgt diese Neutralisation einerseits auch in einer Dipolschicht durch Ladungsverschiebung im atomaren Bereich. Dies bestimmt die Elektronenaffinität χ. Zusätzliche Ladungen an der Oberfläche führen zu einer Flächenladungsdichte $Q_{(s)ss}$ („ss" steht für „surface states").

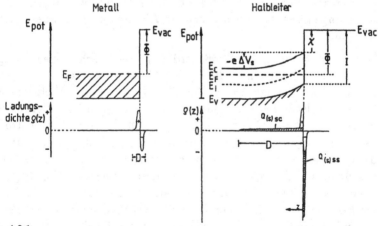

Abb. 4.2.1
Vergleich des Potential-(E_{pot}-) und Ladungsdichte-($\varrho(z)$-)Verlaufs im Oberflächenbereich für Metalle und Halbleiter (schematisch). Die Potentialvariation zwischen den Atomen ist vernachlässigt. Die Dicke (Debye-Länge) D ist bei Metallen im Bereich der Atomabstände, bei Halbleitern je nach Dotierung und Oberflächenkonzentration der Ladungsträger typischerweise 1 bis 1000 nm und bei Isolatoren in der Größenordnung der makroskopischen Probendurchmesser. Im zuletzt genannten Fall kann ein konstantes elektrisches Feld im Volumen vorliegen. Zur Definition der verschiedenen Parameter siehe Text.

Diese Ladungen werden in einer Schicht mit neutralisierender Raumladung mit der Flächenladungsdichte freier Ladungsträger $Q_{(s)sc}$ („sc" steht für „space charge") kompensiert. Diese Schicht ist um so dicker, je niedriger die Dichte freier Ladungen im Volumen ist. Die Ladungstrennung in $Q_{(s)ss}$ und $Q_{(s)sc}$ bestimmt die Bandverbiegung $e\Delta V_s$. Die Reichweite der Störung elektrischer Felder als Folge dieser Ladungstrennung an Oberflächen heißt effektive Debye-Länge und ist in Abb. 4.2.1 mit D gekennzeichnet. Bei Halbleitern ist der Einfluß der Ladungstrennung auf den Potentialverlauf nahe der Oberfläche quantitativ über die Poisson-Gleichung zu berechnen (vgl. Gl. (4.2.11)). Auf die exakte Definition der Größen $Q_{(s)ss}$ und $Q_{(s)sc}$ wird in Abschn. 4.2.2 eingegangen.

Ein weiterer wesentlicher Beitrag zur oben genannten Energieschwelle basiert auf der Vielteilchenwechselwirkung der Valenzelektronen untereinander und auf der Wechselwirkung der Valenzelektronen mit den Elektronen der inneren Schalen über Austausch- und Korrelationseffekte. Für die Abschätzung dieser Wechselwirkungen werden Näherungen benutzt, wie sie schon in Abschn. 4.1.2 kurz beschrieben wurden.

Zur Verdeutlichung der Größenordnung der verschiedenen Energiebeiträge sind beispielhaft die für Si(111) abgeschätzten Zahlenwerte in Abb. 4.2.2 gezeigt. Der größte Anteil stammt von Vielteilcheneffekten und ist daher ein Volumeneffekt, der durch Orientierung und Beschaffenheit der Oberfläche nicht beeinflußt wird. Der elektrostatische Anteil dagegen ist bestimmt durch die Ladungsverteilung an der Oberfläche und ist damit von zahlreichen Oberflächenparametern wie Struktur, Fremdatombelegung, Beleuchtung etc. abhängig. Die Kenntnis der Oberflächenbarriere oder zumindest deren Änderung bei bestimmten Änderungen der Oberflächenstruktur ist deshalb für Oberflächenuntersuchungen wichtig. Ein zusätzlicher Beitrag durch eine Raumladungsschicht mit entsprechender Bandverbiegung (vgl. Abb. 4.2.1) ist in der vereinfachten Abb. 4.2.2 nicht berücksichtigt.

Der Messung leichter zugänglich als diese Oberflächenpotentialbarriere ist die Austrittsarbeit. Damit wird vereinfacht die minimale Arbeit bezeichnet, die notwendig ist, um ein Elektron vom Festkörperinnern in das Vakuum zu bringen. Genauer betrachtet ist die Austrittsarbeit

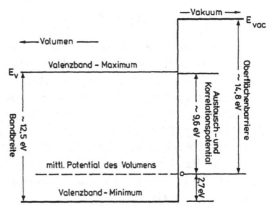

Abb. 4.2.2
Schematisches Energiediagramm für die Beiträge zum Potentialverlauf an der Si(111)-Oberfläche. Die Potentialbarriere wird durch den elektrostatischen Oberflächenanteil und den Volumenanteil aufgrund von Austausch- und Korrelationswechselwirkungen gebildet. Ein Beitrag der Bandverbiegung ist hier noch nicht berücksichtigt.

der Energieunterschied zwischen zwei Gleichgewichtszuständen, bei denen zunächst N Elektronen im Kristall und dann $N-1$ Elektronen im Kristall und ein Elektron ohne kinetische Energie weit davon entfernt vorliegen, wobei N eine sehr große Zahl ist. Dies bedeutet, daß die Austrittsarbeit nur bei unendlich langsamem Entfernen des Elektrons gemessen wird. Im anderen Extrem sehr schneller Elektronenanregung ist die positive Ladung des Lochs noch lokalisiert und wird erst anschließend durch die Elektronen des Gitters delokalisiert, wobei die sogenannte Relaxationsenergie frei wird. Auf dieses Problem werden wir in Abschn. 4.5.1 bei der Diskussion von Photoemissionsspektren zurückkommen. Streng genommen ist diese Definition nur für halbunendliche, homogene Kristalle brauchbar. Praktisch ist sie auch für kleinere homogene Oberflächenbereiche anwendbar, da das Vakuumpotential schon in einigen 100 nm Abstand von der Oberfläche als konstant angesehen werden kann [Höl 79X].

Die Austrittsarbeit Φ ist nach der genaueren Definition beschreibbar als die Differenz zwischen Fermienergie an der Oberfläche und Vakuumniveau in hinreichend großem Abstand vor der Oberfläche. Dabei ist es gleichgültig, ob im Bereich des Ferminiveaus elektronische Zustände vorhanden sind oder nicht. Es gilt:

$$\Phi = E_{\text{vac}} - (E_N - E_{N-1}) = E_{\text{vac}} - E_F \qquad (4.2.1\text{a})$$

Bei Halbleitern liegen im Bereich des Ferminiveaus im allgemeinen keine Zustände. Hier werden zusätzlich die Größen Elektronenaffinität χ als Abstand zwischen Leitungsbandkante und Vakuumniveau und die Ionisierungsenergie I als Abstand zwischen Valenzbandkante und Vakuumniveau eingeführt, wie dies in Abb. 4.2.1 gezeigt ist. Die Ionisierungsenergie ist dabei die Energie, die bei sehr schneller Bewegung (s.o.) zur Ablösung des Elektrons benötigt wird. Unter Berücksichtigung der Bandverbiegung ($e\Delta V_s$) und der Energie der Bandkanten E_C bzw. E_V im Innern (mit Index b entsprechend „bulk") läßt sich dann Φ angeben als

$$\begin{aligned}\Phi = E_{\text{vac}} - E_F &= \chi + (E_C - E_F)_b - e\Delta V_s \\ &= I - (E_F - E_V)_b - e\Delta V_s. \qquad (4.2.1\text{b})\end{aligned}$$

Danach sind Änderungen von Φ auftrennbar erstens in Oberflächendipolanteile, beschrieben über Änderungen von χ oder I, zweitens in Bandverbiegungsanteile, beschrieben über Änderungen von $e\Delta V_s$, und drittens in Volumenanteile, beschrieben über die Änderung von $(E_C - E_F)_b$ bzw. $(E_V - E_F)_b$ im Volumen des Halbleiters.

Methoden zur Messung der Austrittsarbeit kann man einteilen in solche zur Absolutmessung und solche zur Relativmessung:

Zur *Absolutmessung* sind Experimente der Elektronenemission durch Erwärmung (thermische Emission), durch Beleuchtung (Photoemission) oder durch Anlegen hoher elektrischer Felder (Feldemission) geeignet.

Bei der thermischen Emission wird ausgenutzt, daß durch Erwärmung des Festkörpers die Besetzung der Zustände über dem Ferminiveau gemäß der Fermistatistik ansteigt, so daß auch der bei Anlegen einer Saugspannung auftretende Sättigungsstrom durch emittierte Elektronen mit steigender Temperatur ansteigt. Nur die Elektronenniveaus über dem Vakuumniveau tragen dabei zum Strom bei, so daß über den Strom die Austrittsarbeit bestimmt werden kann. Die Rechnung ergibt für die Sättigungsstromdichte j_s bei nicht zu großer Feldstärke (so daß eine Barrierenabsenkung (Schottky-Effekt) vermieden wird) die Richardson-Dushman-Gleichung

$$j_s = AT^2 \exp\left(-\frac{\Phi}{kT}\right) \tag{4.2.2}$$

mit T als absoluter Temperatur, k als Boltzmannkonstante und A einer allgemeinen Konstante, die nur gering materialabhängig ist ($A = 120\ \mathrm{AK^{-2}cm^{-2}}$). Aus der Messung des Sättigungsstroms bei verschiedenen Temperaturen kann die Austrittsarbeit über Gl. (4.2.2) bestimmt werden [Höl 79X].

Bei der Photoemission wird der gesamte Elektronenemissionsstrom I bei variierter Energie $h\nu$ des einfallenden Lichtes gemessen und der Grenzwert der Photonenenergie $h\nu_0 = \Phi$ durch Extrapolation auf den Strom $I = 0$ bestimmt. Steht ein Elektronenenergiespektrometer für diese Studien zur Verfügung, wie bei Versuchsaufbauten zur Photoemission oder Augerelektronenemission, so bestimmt man zunächst das hochenergetische Ende des Sekundärelektronen-Spektrums und rechnet über den Energiesatz auf das Kristallpotential zurück. Da die Elektronen knapp über dem Vakuumniveau mit der kinetischen Energie $E_{kin} = 0$ emittiert werden, läßt sich auf diese Weise die Valenzbandkante von Halbleitern bzw. das Ferminiveau von Metallen bestimmen (vgl. Abschn. 4.6).

Bei der Feldemission wird an eine scharfe Spitze eine hohe negative Spannung gelegt, so daß Elektronen aus dem Valenzband ohne Übergang in ein höheres Elektronenniveau durch die Potentialbarriere tunneln können, wie dies in Abb. 4.2.3 oben angedeutet ist. Die Gesamtstromdichte läßt sich aufgrund der Tunnelwahrscheinlichkeit über die Fowler-Nordheim-Gleichung berechnen zu

$$j = \frac{C_1 \cdot E^2}{\Phi} \cdot \exp\left(\frac{-C_2\Phi^{3/2}}{E}\right), \tag{4.2.3}$$

wobei E die elektrische Feldstärke vor der Spitze ist. C_1 und C_2 sind Konstanten. Der Nachteil dieser Methode ist, daß nur scharfe Spitzen untersucht werden können (da nur damit die erforderlichen hohen Feldstärken erzielt werden können). Der Vorteil dieser Methode ist, daß Elektronen von verschiedenen kristallographischen Richtungen nebeneinander emittiert werden und auf dem Leuchtschirm gleichzeitig beobachtbar sind. Ein Versuchsaufbau ist schematisch in

a)

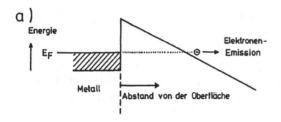

b)

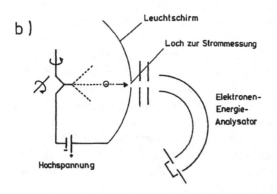

Abb. 4.2.3
Energieschema (a) und
experimentelle Anord-
nung (b) für Feldemis-
sionsmessungen an
Metalloberflächen

Abb. 4.2.3 unten gezeigt. Ist die Spitze schwenkbar angeordnet, so daß die Emission in einer vorgegebenen Richtung durch ein Loch des Schirms („probe hole") gemessen werden kann, so können nacheinander aus Stromspannungskurven die Austrittsarbeiten bei verschiedener Orientierung der Spitze ausgemessen werden. Werden die emittierten Elektronen auch nach der Energie spektroskopiert, so sind zusätzlich detaillierte Aussagen über elektronische Strukturen an der Oberfläche möglich. Bei diesem Verfahren ist zu beachten, daß in den Tunnelstrom einerseits die Zustandsdichte der emittierenden Zustände eingeht und andererseits der Emissionsstrom selbst das Oberflächenpotential verändern kann. Deshalb ist dieses Verfahren bei Halbleitern kaum und bei Isolatoren überhaupt nicht zur quantitativen Austrittsarbeitsbestimmung geeignet.

Bei *Differenzmessungen* zur Austrittsarbeit wird ausgenützt, daß zwischen zwei Materialien mit unterschiedlicher Austrittsarbeit im thermischen Gleichgewicht ein elektrisches Feld besteht, wie dies in

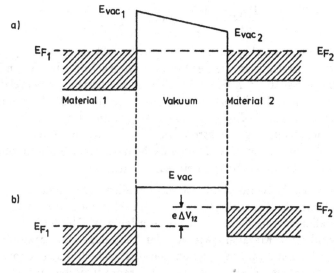

Abb. 4.2.4
Potentialverlauf zwischen zwei unterschiedlichen Metallen in großem Abstand
a) im thermischen Gleichgewicht mit gleicher Position der Ferminiveaus $E_{F1} = E_{F2}$ (Metalle elektrisch kurzgeschlossen) und
b) mit angelegter Spannung ΔV_{12} und feldfreiem Verlauf im Vakuum mit $E_{vac1} = E_{vac2}$

Abb. 4.2.4 schematisch dargestellt ist. Da hierbei die beiden Ferminiveaus energetisch auf gleicher Höhe liegen, ergibt sich durch die
Differenz der Austrittsarbeiten $e\Delta V_{12}$ ein elektrisches Feld, das bei
sehr kleinem Abstand der beiden Materialien voneinander groß und
damit gut meßbar ist.

Bei der sogenannten Kelvinmethode wird dieser Abstand periodisch
variiert und damit die Kapazität C zwischen den zu untersuchenden
Materialien und einer inerten Gegenelektrode moduliert. Damit wird
auch die influenzierte Ladung

$$Q_{in} = C \cdot \Delta V_{12} \qquad (4.2.4a)$$

moduliert. Diese Variation der Ladung kann als Wechselstrom mit
Elektrometer- und Lock-In-Verstärkern gemessen werden. Wird nun
eine zusätzliche variable Gleichspannung V_{Bias} angelegt, so läßt sich
der Wechselstrom

$$I = \frac{dQ_{in}}{dt} = \frac{dC}{dt} \cdot (\Delta V_{12} - V_{Bias}) \qquad (4.2.4)$$

bei $V_{Bias} = \Delta V_{12}$ auf null bringen. So läßt sich aus V_{Bias} die Differenz ΔV_{12} bestimmen. Da der Wechselstrom sehr niedrig ist und typischerweise bei 10^{-12} A liegt, läßt sich die Methode auch bei relativ schlecht leitenden Halbleitern anwenden. Experimentell ist sorgfältig darauf zu achten, daß durch geeignete Anordnung der periodisch schwingenden inerten Gegenelektrode und durch geeignete Abschirmung nur der auf der zu messenden Probenfläche influenzierte Strom und damit die gewünschte Austrittsarbeit erfaßt wird.

Bei der Kelvinmethode ist wie bei allen Differenzmessungen eine Eichung der Austrittsarbeit der Gegenelektrode unerläßlich. Als Materialien für die Gegenelektrode werden z.B. Oberflächen von Graphit, oxidierten Metallen (wie W oder Ta) oder Gold verwendet, da diese weitgehend unabhängig von den Restgasbedingungen konstante Austrittsarbeit zeigen bzw. im UHV reproduzierbar präpariert werden können.

Änderungen der Austrittsarbeit können auch über den Anlaufstrom einer Elektronenstrahl-Diode oder -Triode gemessen werden, wie dies in Abb. 4.2.5 gezeigt ist. Wird die Probe 1 durch Probe 2 ersetzt oder die Austrittsarbeit der Probe 1 durch Adsorption, Bedampfen usw. verändert, so verschiebt sich die Stromspannungskurve um die Austrittsarbeitsänderung ΔV_{12}. Da sich jedoch gleichzeitig auch der Sättigungswert des Stroms über den Reflexionskoeffizienten ändern kann, sollte dies überprüft und die Messung möglichst bei Bruchteilen des Sättigungsstromes im linearen Teil der Kennlinie durchgeführt werden. Da bei gleichem Vakuumpotential von Kathode und Probe in der Triodenanordnung alle emittierten Elektronen die Probe erreichen können, wird i.allg. die lineare Extrapolation des mittleren Teils der Stromspannungskennlinie auf den Sättigungswert in guter Näherung die Differenz der Austrittsarbeiten liefern, wie dies in Abb. 4.2.5 angedeutet ist. Diese Extrapolation ist umso genauer ausführbar, je steiler und linearer die Kennlinie ist.

Wird als Elektronenquelle eine Feldemissionsspitze genommen, so starten die emittierten Elektronen in guter Näherung mit der Energie des Ferminiveaus. Die Extrapolation auf den Sättigungsstrom in der

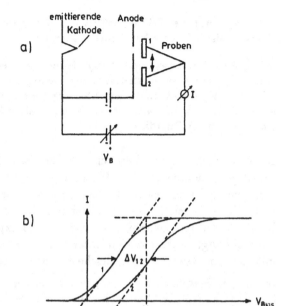

Abb. 4.2.5
Elektronenstrahlmethode zur Messung der Austrittsarbeit (schematisch):
a) Meßanordnung
b) Typische Stromspannungskurven
Die Proben 1 und 2 können abwechselnd hinter das Loch der Anode A gebracht
werden. Der Wert $e \cdot \Delta V_{12}$ ist die Differenz der Austrittsarbeiten zwischen Probe 1
und Probe 2. Der Wert eV_{1K} ist in guter Näherung die Austrittsarbeit der Probe 1
bei Verwendung einer Feldemissionskathode oder die Differenz der Austrittsarbeiten von Probe 1 und Kathode bei Verwendung einer thermischen Kathode.

Triodenanordnung bei typischen Beschleunigungsspannungen von 500
bis 1000 V führt zu einer Absolutbestimmung der Austrittsarbeit, da
für diese Spannungen das Ferminiveau der Spitze mit dem Vakuumniveau der zu untersuchenden Probe auf gleicher Höhe liegt und somit
die angelegte Spannung gleich der Austrittsarbeit der Probe ist.

Zur Abschätzung des Einflusses von Oberflächenladungen auf die Austrittsarbeit dienen die folgenden Übungen.

Übung 4.2.1. An einer Kristalloberfläche habe sich eine Schicht mit einem Elektron pro Oberflächenatom im Mittel um 0,01 nm gegenüber den
Atomrümpfen nach außen verschoben. Hat sich die Austrittsarbeit vergrö-

ßert oder verkleinert? Wie groß ist der Betrag der Änderung, wenn nur elektrostatische Effekte berücksichtigt werden?

Übung 4.2.2. Bei Adsorption von 1/3 Monoschicht eines Gases im Abstand von 0,3 nm wird eine Austrittsarbeitserniedrigung von 0,5 eV beobachtet. Welche Ladung muß man jedem Atom formal zuschreiben, falls der Effekt allein dadurch bewirkt wird, daß die Kompensationsladung im angegebenen Abstand von der Oberfläche liegt?

Bei nicht homogenen Oberflächen werden Mittelwerte der Austrittsarbeit gemessen, wobei die Mittelung von der Meßmethode abhängt. Während bei thermischer Emission, Photoemission und der Diodenmethode die Bereiche niedriger Austrittsarbeit bevorzugt werden (wobei der Grad der Bevorzugung noch von der experimentellen Anordnung abhängt), bildet man mit der Kelvinmethode einen Mittelwert mit gleichen Gewichten für gleiche Flächenanteile.

In einigen Beispielen soll nun gezeigt werden, wie Austrittsarbeiten bei Änderungen der Oberfläche beeinflußt werden.

Bei der Wechselwirkung von Teilchen mit Metalloberflächen ist die beobachtete Änderung $\Delta\Phi$ bis zur Vervollständigung der ersten Adsorptionsschicht beim Bedeckungsgrad $\Theta = 1$ vielfach proportional zum Bedeckungsgrad Θ dieser Teilchen. Dabei hängt jedoch die Steigung und damit das Dipolmoment pro Adsorbatatom (vgl. dazu Abschn. 5.6.5 sowie Gl. (5.6.6) und (5.6.7) für $\Delta\Phi = \Delta\chi$) nicht nur vom Adsorbatatom selbst, sondern auch von der Struktur der Unterlage ab. Beispiele dafür sind in Abb. 4.2.6 angegeben. Das formal dem Adsorbat zuzuordnende Dipolmoment wird also der Größe und dem Vorzeichen nach von dem Adsorptionsplatz und der dadurch gegebenen Anordnung von Nachbaratomen wesentlich beeinflußt.

Damit ist es nicht verwunderlich, daß auch verschieden orientierte Oberflächen des reinen Kristalls verschiedene Austrittsarbeiten haben. In einem einfachen Modell zur Erklärung dieser Abhängigkeit wird nach Smoluchowski den Atomrümpfen eine unbewegliche positive Ladung, den Elektronen jedoch eine kontinuierliche „verschmierte" Ladungsverteilung zugeschrieben, so daß rauhe Oberflächen auf Grund der „hervorstehenden" positiven Ladung der Atomrümpfe eine kleinere Austrittsarbeit haben. So nimmt für kubisch-raumzentrierte

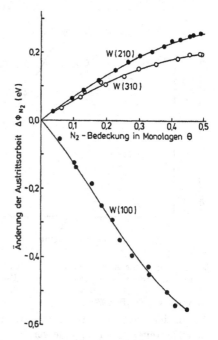

Abb. 4.2.6
Änderung $\Delta\Phi_{N_2}$ der Austrittarbeit bei Adsorption von Stickstoff auf verschiedenen einkristallinen Wolframoberflächen als Funktion der Bedeckung Θ [Ada 71]

Metalle die Austrittsarbeit von der (110)- über die (100)- zur (111)-Fläche gemäß der „atomaren Rauhigkeit" ab, wogegen für kubischflächenzentrierte Gitter diese Reihenfolge aus dem gleichen Grund umgekehrt ist. Besonders deutlich kann dieser Effekt bei regelmäßig gestuften Oberflächen beobachtet werden, wo man die Stufendichte und damit die Zahl der Kantenatome pro Flächeneinheit kontinuierlich über die Orientierung der Oberfläche variieren kann. So kann man aus den Ergebnissen der Abb. 4.2.7 das Dipolmoment pro Kantenatom berechnen. In allen Fällen ist für die Änderung der Austrittsarbeit lediglich die Komponente des Dipolmoments senkrecht zur Oberfläche ausschlaggebend und damit experimentell zugänglich.

Übung 4.2.3. Man berechne aus Abb. 4.2.7 das Dipolmoment eines Kantenatoms für die vier gezeigten Fälle.

Anleitung: Man berechne zunächst die Kantenatomdichte aus Gitterkonstante und Kantenorientierung (hier [110]). Man überzeuge sich anhand einer Skizze der Aufsicht auf die (111)-Fläche, daß die Kantenatome von

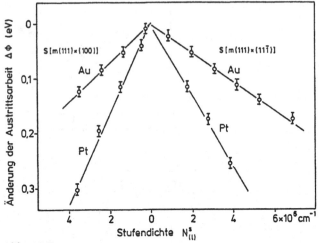

Abb. 4.2.7
Verringerung der Austrittsarbeit durch atomare Stufen an reinen Metalloberflächen aufgrund des Dipolmomentes von Kantenatomen. Dieser Effekt ist abhängig vom Material (Au, Pt) und von der Richtung, in der die Fehlorientierung vorgenommen wurde [Bes 77].

den in der linken und rechten Hälfte gezeigten Orientierungen trotz gleicher Kantenorientierung eine verschiedene Anordnung nächster Nachbarn zeigen und deshalb verschiedenes Dipolmoment haben können.

Ein weiteres Beispiel soll den möglichen Einfluß der Ordnung in der Adsorptionsschicht auf die Austrittsarbeit zeigen. Bei der Adsorption von Alkalimetallen wird gewöhnlich eine Abnahme der Austrittsarbeit beobachtet. Desorbiert man die Alkalischicht durch Heizen, wird die ursprüngliche Austrittsarbeit wieder erreicht. Abb. 4.2.8 zeigt Messungen der Austrittsarbeit bei Adsorption und Desorption von Kalium auf Ge(111) [Web 69]. Während des Heizens findet gleichzeitig eine Umordnung des Adsorbates statt, die sich in der Nähe der Bedeckung mit 1/3-Monolage deutlich in Überstrukturen mit 1/3- und 1/6-Reflexen zeigt (siehe die angegebenen Bereiche der Überstruktur in Abb. 4.2.8 bei Bedeckungsgraden um 0,3 bis 0,4). Auf die Bestimmung von Dipolmomenten bei Adsorbaten an Oberflächen wird detaillierter in Abschn. 5.6 eingegangen.

Ein Beispiel für eine inhomogene Fläche ist in Abb. 4.2.9 zu sehen. Hier ist die Austrittsarbeit über den Anlaufstrom gemessen. Die

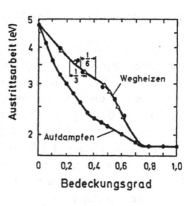

Abb. 4.2.8
Austrittsarbeit einer Ge(111)-Oberfläche nach Bedampfen der reinen Fläche mit Kalium und nach schrittweiser Desorption durch Heizen. Der Unterschied der beiden Kurven ist durch Umordnen beim Heizen bedingt. Der Bereich von Überstrukturen mit 1/3- und 1/6-Reflexen ist an der oberen Kurve angegeben [Web 69].

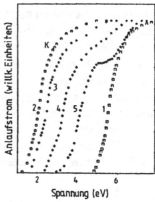

Abb. 4.2.9
Messung der Austrittsarbeit einer durch Adsorbatinseln inhomogenen Oberfläche mit Hilfe des Anlaufstromes in einer Diodenanordnung [Sur 88]. Eine reine Ru($10\bar{1}0$)-Fläche (Kurve 1) wurde erst mit Kalium (Kurve 2) und dann mit steigender Dosis CO (Kurve 3 bis 5) belegt.

Kurve 1 ist für eine reine Ru($10\bar{1}0$)-Fläche gemessen. Durch Kaliumbedeckung ergibt sich Kurve 2. Nach steigender CO-Bedeckung wurden die Kurven 3 bis 5 gemessen. Kurve 5 zeigt besonders klar, daß zunächst die Bereiche kleiner Austrittsarbeit (unterer Teil der Kurve bis zur Schulter) und nach Sättigung dieser Bereiche die übrigen Bereiche höherer Austrittsarbeit (letzter Anstieg der Kurve bis zur Sättigung) zum gemessenen Anlaufstrom beitragen. Die niedrigste Austrittsarbeit ist am sichersten meßbar, die Bereiche höherer Austrittsarbeit nur in Sonderfällen wie diesem [Sur 88].

4.2.2   Raumladungsrandschichten in Halbleitern

Wie in Abb. 4.2.1 schon angedeutet wurde, kann die Dipolschicht mit delokalisierten Ladungen $Q_{(s)sc}$ im Halbleiter sehr weit ausgedehnt sein, wenn die Konzentration beweglicher Ladungsträger sehr gering ist. In diesem Fall bewirken schon kleine Ladungsänderungen an der Oberfläche große Änderungen der Austrittsarbeit. Bei Isolatoren führt dies schließlich zu makroskopisch beobachtbaren elektrostatischen Aufladungen des Festkörpers. Die an Halbleitern entstehenden weit ausgedehnten Raumladungsschichten sind für den Ladungstransport senkrecht und parallel zur Oberfläche wichtig und sollen im folgenden quantitativ beschrieben werden.

Dabei geht man zunächst von einer als neutral gedachten und vom Volumen entkoppelten Oberfläche und einem neutralen Halbleiterinnern aus. In diesem Fall sind einerseits die Oberflächenzustände bis zu einer Energie E_0 besetzt, wobei E_0 dem Neutralniveau oder dem Ferminiveau der entkoppelten neutralen Oberflächenzustände entspricht. Andererseits verlaufen die Bandkanten im Volumen horizontal. Die Position der Valenzbandkante E_V und der Leitungsbandkante E_C relativ zum Ferminiveau E_F bestimmen die Konzentration freier Ladungsträger. Die Energie E_i in Abb. 4.2.10 charakterisiert das Ferminiveau bei Eigenleitung in Abwesenheit von Dotierungen.

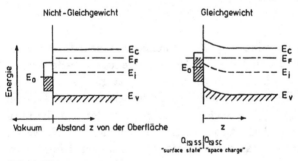

Abb. 4.2.10
Potentialverlauf im Oberflächenbereich eines Halbleiters für neutrale Oberflächen, entkoppelt vom Volumen (Nicht-Gleichgewicht) (links) und thermisches Gleichgewicht (rechts). E_C und E_V sind die Energien der Bandkanten, E_i das Eigenleitungsniveau, d.h. die Lage des Ferminiveaus im Volumen des neutralen Eigenhalbleiters, und E_0 das Neutralniveau der Oberflächenzustände. Schraffiert sind die Bereiche der besetzten Zustände angegeben. Nähere Angaben sind im Text gemacht.

Für den Fall, daß $E_0 < E_F$ gilt, müssen zur Einstellung des elektronischen Gleichgewichtes Elektronen vom Halbleiter in die Oberflächenzustände fließen. Für den Fall, daß $E_0 > E_F$ gilt, muß Ladungstransport mit umgekehrtem Vorzeichen erfolgen, um die Oberfläche mit dem Volumen in elektronisches Gleichgewicht zu bringen. Die Folge dieser Ladungsübertragungsreaktionen ist, daß die Oberfläche und der Volumenbereich nahe der Oberfläche nicht mehr neutral sind.

Bei einem Metall werden die Oberflächenzustände bis zum Volumen-Ferminiveau E_F aufgefüllt, da eine relativ hohe Konzentration freier Ladungsträger zur Verfügung steht. Bei einem Halbleiter ist dies nicht möglich, da die Dichte der freien Ladungsträger wegen ihres niedrigen Wertes in einer Schicht erheblicher Dicke durch den Ladungstransport in Oberflächenzustände bzw. aus Oberflächenzuständen ins Volumen merklich beeinflußt wird. Die Folge dieses Ladungstransports ist die Ausbildung der Raumladungsrandschicht, wobei eine Krümmung des Potentials und damit eine Bandverbiegung nahe der Oberfläche auftritt, wie dies schematisch weiter unten in Abb. 4.2.12 gezeigt ist. Dabei hängt die Ladungsdichte $Q_{(s)ss}$ als Ladung pro Einheitsfläche in den Oberflächenzuständen von der Position des Fermi-Niveaus E_F relativ zu E_0 an der Oberfläche ab. Auch die Ladung $Q_{(s)sc}$ in der Raumladungsrandschicht, bezogen auf die Einheitsfläche, wird eindeutig durch die Bandverbiegung bei gegebenen Volumenparametern bestimmt. Da die energetische Position der Oberflächenzustände von Halbleitern relativ zu den Bandkanten festliegt und in diesem Konzept die Bandverbiegung Potentialänderungen ohne Berücksichtigungen der x- und y-Abhängigkeit in einem großen z-Bereich beschreibt, ist die Gesamtladung $Q_{(s)ss} + Q_{(s)sc}$ durch die Bandverbiegung festgelegt. Abb. 4.2.11 zeigt schematisch den Verlauf für beide Größen. Für den Fall des neutralen Halbleiters gilt

$$Q_{(s)ss} + Q_{(s)sc} = 0. \qquad (4.2.5)$$

Über diese Gleichung sind elektronisches Gleichgewicht und Ladungen eindeutig festgelegt. Wird durch äußere Einflüsse eine Ladung $Q_{(s)in}$ pro Flächeneinheit influenziert, wie dies in Feldeffektexperimenten der Fall ist, so ist das verschobene Gleichgewicht durch

$$Q_{(s)ss} + Q_{(s)sc} = Q_{(s)in} \qquad (4.2.6)$$

232 4 Elektronische und vibronische Struktur von Oberflächen

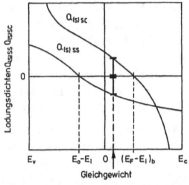

Abb. 4.2.11
Verlauf der Ladungsdichte pro Flächeneinheit in Oberflächenzuständen $Q_{(s)ss}$ und in der Raumladungsschicht $Q_{(s)sc}$ in Abhängigkeit der Lage des Ferminiveaus an der Oberfläche relativ zu E_i. Bei $(E_0 - E_i)$ bzw. $(E_F - E_i)_b$ sind die Oberflächenzustände bzw. die Raumladungsschichten neutral. Im Gleichgewicht und bei neutralem Gesamtsystem gilt $Q_{(s)ss} + Q_{(s)sc} = 0$.

bestimmt. Zur quantitativen Berechnung der Kurven der Abb. 4.2.11 muß die Ladungsdichte aus der Verteilung der Oberflächenzustandsdichte $D_{(s)}(E_{ss})$ und der Besetzungsfunktion $f(E_{ss})$ in der Fermi-Dirac-Statistik berechnet werden:

$$Q_{(s)ss} = -e \int\limits_{-\infty}^{+\infty} D_{(s)}(E_{ss}) f(E_{ss}) \mathrm{d}E_{ss} + Q_{(s)0}, \qquad (4.2.7)$$

wobei $Q_{(s)0}$ die Ladung in den Oberflächenzuständen ist, wenn alle Zustände unbesetzt sind ($E_F \rightarrow -\infty$). Eine an dieser Stelle häufig gemachte Unterscheidung von Oberflächenzuständen nach Donatorbzw. Akzeptoranteilen ist noch nicht erforderlich. Darauf soll jedoch im Zusammenhang mit der Diskussion der Chemisorption an Halbleiteroberflächen in Abschn. 5.6 eingegangen werden.

Bei kleinen Abweichungen des Fermi-Niveaus an der Oberfläche gegenüber E_0 kann eine Potenzreihenentwicklung um E_F durchgeführt werden, aus der sich eine effektive Zustandsdichte $\overline{D}_{(s)ss}$ als Zahl der elektronischen Oberflächenzustände pro Flächeneinheit ergibt. Dafür gilt:

$$Q_{(s)ss} = e\overline{D}_{(s)ss} \cdot (E_0 - E_F) \qquad (4.2.8)$$

Andererseits kann bei großen Änderungen und niedrigen Temperaturen die Fermifunktion durch eine Stufenfunktion angenähert werden, bei der alle Zustände mit $E < E_F$ besetzt und alle mit $E > E_F$ leer sind. Dafür gilt:

$$Q_{(s)ss} = -e \int_{E_0}^{E_F} D_{(s)}(E_{ss})dE_{ss} \qquad (4.2.9)$$

Die Raumladungsdichte pro Flächeneinheit $Q_{(s)sc}$ wird über

$$Q_{(s)sc} = \int_0^\infty \varrho(z)dz \qquad (4.2.10)$$

bestimmt. Darin ist $\varrho(z)$ die auf die Volumeneinheit bezogene Raumladung in der Raumladungsrandschicht mit der Randbedingung, daß im neutralen Volumen des Halbleiters $\varrho(z) = 0$ ist. (In unserer Nomenklatur wäre $\varrho(z) = Q_{(v)}(z)$, wir wählen aber im folgenden die in der Literatur übliche Bezeichnung.) Wir nehmen in Gl. (4.2.10) vereinfachend an, daß die Raumladungsdichte ϱ lediglich z-Abhängigkeit aufweist. Über die Poisson-Gleichung ist $\varrho(z)$ durch die Überschußladungen beiderlei Vorzeichens in der Randschicht gegenüber dem Festkörperinneren festgelegt. Es gilt für Halbleiter mit einfach geladenen Donatoren und Akzeptoren:

$$\varrho(z)=e\big(N_{(v)p}(z)-N_{(v)n}(z)+N_{(v)D^+}(z)-N_{(v)A^-}(z)\big)=\varepsilon_r\varepsilon_0\frac{d^2V}{dz^2} \qquad (4.2.11)$$

Die Größen $N_{(v)p}$ und $N_{(v)n}$ sind auf das Volumen bezogenen Dichten der freien Defektelektronen bzw. Elektronen in der Randschicht und werden in der Literatur üblicherweise mit p und n bezeichnet, die Größen $N_{(v)D^+}$ und $N_{(v)A^-}$ sind die entsprechenden Volumendichten einfach geladener Donatoren bzw. Akzeptoren, ε_r ist die Dielektrizitätskonstante des Materials. Die Integration von Gl. (4.2.11) liefert unter Berücksichtigung der Ladungsneutralität in Gl. (4.2.5) den Potentialverlauf und die in Oberflächenzuständen bzw. in der Raumladungsschicht eingefangene Ladung. Es ist zur Durchführung dieser Rechnungen im allgemeinen üblich, die dimensionslose Größe

$$u = \frac{E_F - E_i(z)}{kT} \qquad (4.2.12)$$

einzuführen. Damit ist die Eigenleitung durch $u = 0$, n-Leitung durch $u > 0$ und p-Leitung durch $u < 0$ charakterisiert, wie dies weiter unten in Abb. 4.2.13 graphisch dargestellt ist. Der Index „s" und „b" beschreibt den Wert u an der Oberfläche („surface") bzw. im Volumen („bulk"), so daß $(u_s - u_b)kT$ die Bandverbiegung $e\Delta V_s$ ergibt.

Für den Sonderfall, daß nur flache Störstellen mit vollständiger und örtlich konstanter Ionisierung von Donatoren und Akzeptoren vorliegen und keine Entartung auftritt (wie dies beim Durchtritt des Ferminiveaus durch Bandkanten bei hohen Bandverbiegungen der Fall ist), sind die Lösungen der Poisson-Gleichungen tabelliert. Diese Lösungen lassen sich auf allgemeine Situationen an Halbleitern unterschiedlicher Dotierungen und Temperaturen übertragen. Für große Werte von u_s und u_b lassen sich einfache Näherungsformeln verwenden [Man 71X], [Fra 67X].

Da die vollständige Lösung der Poisson-Gleichung im allgemeinen nicht geschlossen dargestellt, sondern nur numerisch gewonnen werden kann, soll zur Vereinfachung der Diskussion typischer Ergebnisse der einfachste Fall vorgestellt werden. Es handelt sich dabei um

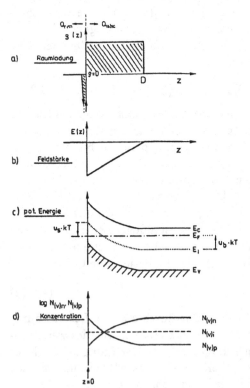

Abb. 4.2.12
Raumladung ϱ (a), Feldstärke E (b), potentielle Energie und Bandkanten (c) und Trägerkonzentrationen freier Ladungen (d) der Verarmungsrandschicht eines n-Halbleiters. Gleichzeitig sind in der Figur $u_s \cdot kT$ und $u_b \cdot kT$ gemäß Gl. (4.2.12) eingetragen. Weitere Erklärungen siehe Text.

die Verarmungsrandschicht eines n-Halbleiters mit $N_{(v)D} = N_{(v)D^+}$
(d.h. vollständige Ionisierung der Donatoren) und vernachlässigbarer
Akzeptor- und Löcherkonzentration. Dafür läßt sich die Raumladung
im Oberflächenbereich für $0<z<D$ durch $\varrho(z)=eN_{(v)D^+}$ nähern, wenn
$N_{(v)n} \ll N_{(v)D^+}$ für diesen Bereich angenommen wird. Im Innern wird
für $z>D$ der Wert von $\varrho(z) = 0$ gewählt, da hier $N_{(v)n} = N_{(v)D^+}$ ist.
Zur Definition von D siehe Abb. 4.2.12. Durch einen in dieser Näherung scharfen Übergang in $\varrho(z)$ läßt sich durch einmalige Integration
der Poisson-Gleichung der Verlauf der Feldstärke und durch weitere
Integration der Verlauf der Bandkanten mit einfacher Rechnung gewinnen. Dabei sind die Randbedingungen des konstanten Potentials
im Volumen schon berücksichtigt. Da im Falle intrinsischer Halbleiter
die Trägerkonzentration exponentiell von der Bandverbiegung über

$$N_{(v)n} = N_{(v)i} \exp(u) \quad \text{und} \quad N_{(v)p} = N_{(v)i} \exp(-u) \quad (4.2.13)$$

abhängt (Index „i" für intrinsisch), ist der Verlauf der Bandkanten
gleich dem der Trägerkonzentrationen in logarithmischer Auftragung,
wie dies Abb. 4.2.12 im untersten Teilbild zeigt.

Übung 4.2.4. Man gebe die in Abb. 4.2.12 dargestellten Kurven analytisch
an und leite daraus eine Abhängigkeit zwischen Ladungsdichte $Q_{(s)sc}$ und
Bandverbiegungen $e\Delta V_s$ her. Man berechne typische Dicken der Verarmungsrandschicht für Dotierungen von 10^{18} bis 10^{24} m^{-3}, $\varepsilon = 10$ und
Bandverbiegungen $e\Delta V_s$ von 0,1 bis 1 eV.

Wird nur die Ladung in der Raumladungsschicht und die Randbedingung der Feldfreiheit tief im Innern benützt, so werden Feld und
Potential im Innern richtig beschrieben. Berücksichtigt man noch die
Ladung in den Oberflächenzuständen $Q_{(s)ss}(= -Q_{(s)sc})$, am einfachsten in Form einer δ-Funktion (vgl. Abb. 4.2.12a für $z < 0$), so geht
die Feldstärke an der Oberfläche auf den Wert null im Außenraum.
Für die Beschreibung des Potentials im Außenraum müssen zusätzlich
eine mögliche Dipolschicht und die Elektronenkorrelation berücksichtigt werden (siehe Abschn. 4.2.1).

Die möglichen Raumladungsschichten lassen sich in drei Gruppen einteilen, in Anreicherungsschichten, in Verarmungsschichten und in Inversionsschichten. Die Einteilung charakterisiert verschiedene Konzentrationen $N^s_{(v)n}$ bzw. $N^s_{(v)p}$ der Elektronen bzw. Defektelektronen

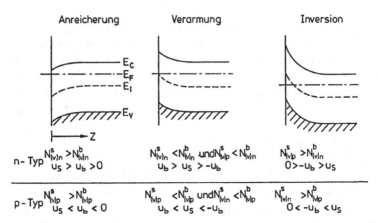

Abb. 4.2.13
Charakteristische Bandverbiegungen der Anreicherungs-, Verarmungs- und Inversionsschichten. Die gezeigten Bandverbiegungen gelten für n-Leitung. Die gleichen Diagramme gelten nach Spiegelung an einer horizontalen Linie und entsprechendem Umbenennen der Bandkanten auch für p-Leitung.

nahe der Oberfläche im Vergleich zu entsprechenden Werten im Innern des Kristalls. Dies ist in Abb. 4.2.13 für einige Beispiele dargestellt. In Anreicherungsschichten sind Majoritätsladungsträger im Bereich der Oberfläche angereichert. In Inversionsschichten findet man Minoritätsladungsträger bevorzugt an der Oberfläche, so daß an der Oberfläche eine Inversion des Leitungstyps auftritt.

Als Folge der Bandverbiegung tritt eine Überschuß-(Exzeß-)Ladungsträgerdichte in der Raumladungsschicht auf. Die auf die Einheitsfläche bezogenen Größen

$$\Delta N_{(s)n} = N_{(s)n}^{exc} = \int\limits_0^\infty \left(N_{(v)n}(z) - N_{(v)n}^b \right) dz \qquad (4.2.14)$$

bzw. $\quad \Delta N_{(s)p} = N_{(s)p}^{exc} = \int\limits_0^\infty \left(N_{(v)p}(z) - N_{(v)p}^b \right) dz \qquad (4.2.15)$

ergeben sich aus der gegenüber dem Volumenwert $N_{(v)n}^b$ bzw. $N_{(v)p}^b$ abweichenden z-Abhängigkeit von Elektronen- bzw. Defektelektronendichten. Der obere Index „exc" steht dabei für die Exzeßgröße. Zur allgemeinen Definition von Exzeßgrößen siehe Abschn. 5.2.4. Ein

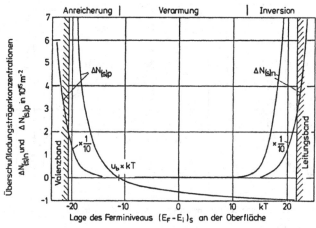

Abb. 4.2.14
Überschußladungsträger-Konzentration $\Delta N_{(s)n} = N_{(s)n}^{exc}$ und $\Delta N_{(s)p} = N_{(s)p}^{exc}$
pro Flächeneinheit für Silicium mit einer Akzeptor-Dotierung $N_{(v)A} = 10^{21} m^{-3}$
bei Zimmertemperatur als Funktion der Position der Ferminiveaus E_F relativ
zum Eigenleitungsniveau E_i an der Oberfläche, angegeben in Einheiten kT (für
$T = 300$ K)

Beispiel für das Ergebnis einer Berechnung von Überschußladungs-
trägerdichten ist in Abb. 4.2.14 für Silicium bei Zimmertemperatur
angegeben [Hen 75]. Detaillierte Rechnungen und tabellierte Werte
findet man in der Literatur [Fra 67X].

Der mittlere Abstand der Ladungsträger in der Raumladungsschicht
von der Oberfläche ist insbesondere bei Verarmungsrandschichten
recht groß. Dieser Abstand liegt etwa bei dem halben Wert der in
Übung 4.2.4 berechneten Schichtdicke. Bei höheren Ladungsträgerdichten in Anreicherungs- und insbesondere in Inversionsschichten
sind die Ladungsträger relativ stark an der Oberfläche lokalisiert, so
daß der mittlere Abstand nur noch wenige Atomlagenabstände betragen kann. Das Ergebnis einer Rechnung zeigt Abb. 4.2.15 [Hen 75].

In sehr dünnen Raumladungsschichten ändert sich die Energie der
Bandkanten schon über wenige Atomabstände erheblich. Als Folge
davon sind Ladungsträger senkrecht zur Oberfläche nicht mehr frei
beweglich, sondern sind in einem engen Potentialtopf mit z-Abhängig-
keit eingesperrt. Es bilden sich stehende Wellen und damit diskrete

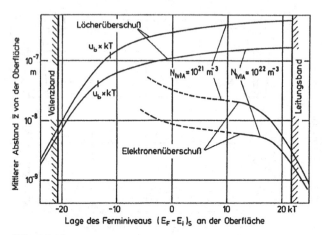

Abb. 4.2.15

Mittlerer Abstand $\bar{z}$ der Überschußladungsträger von der Oberfläche für Silicium bei Zimmertemperatur in der gleichen Abszissenauftragung wie Abb. 4.2.14. Die Akzeptor-Dotierungen betragen $N_{(v)A} = 10^{21}$ bzw. 10^{22} m^{-3}. Die Rechnung wurde für den nichtentarteten Fall durchgeführt. Für Entartung sind die Werte etwas höher als angegeben.

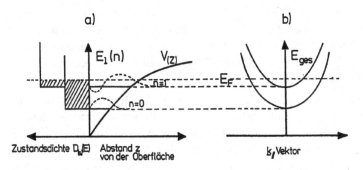

Abb. 4.2.16

Quantisierung der Elektronenzustände im Leitungsband bei starker Inversion (schematisch)

a) Annähernd dreieckig angenommener Potentialverlauf mit diskreten Energieniveaus $E_\perp$ durch Quantisierung der Elektronenzustände senkrecht zur Oberfläche mit Andeutung der Wellenfunktionen ($n = 0$, $n = 1$) im rechten Teil und der zweidimensionalen Zustandsdichte $D_{(s)}(E)$ im linken Teil

b) Teilbänder für jeden diskreten Wert der Quantisierung (charakterisiert durch n) durch freie Bewegung der Elektronen parallel zur Oberfläche mit dem Wellenvektor $k_\parallel$ und der Energie $E_\parallel = \dfrac{\hbar^2 k_\parallel^2}{2m}$. Für die Gesamtenergie gilt $E_{ges} = E_\parallel + E_\perp$.

Energiewerte für die Komponente des Wellenvektors $k_\perp$ senkrecht zur Oberfläche aus. Die Bewegung parallel zur Oberfläche ist nach wie vor frei. Daraus ergeben sich Energien $E_\parallel$ und $E_\perp$ und Leitungsband-Zustandsdichten $D_{(s)}(E)$, die vereinfacht in Abb. 4.2.16 dargestellt sind. Das linke Teilbild zeigt die diskreten Energiewerte für eine Bewegung senkrecht zur Oberfläche mit Andeutung der zugehörigen Wellenfunktionen [Koc 81]. Zu jedem Energiewert $E_\perp(n)$ ergibt sich ein Teilband („subband") mit konstanter Zustandsdichte oberhalb des Energiewertes $E_\perp(n)$ aufgrund der freien Bewegung in den zwei Richtungen parallel zur Oberfläche (s. rechtes Teilbild der Abb. 4.2.16). Diese Quantisierung wirkt sich einerseits auf die in Abb. 4.2.16 gezeigte Zustandsdichte aus. Die Subbänder sind über optische Übergänge im Bereich von einigen meV der direkten Messung zugänglich, wie dies in Abschn. 4.6 noch gezeigt wird. Zum anderen werden auch die in Abb. 4.2.14 und 4.2.15 gezeigten Werte von Ladungsträgerdichten verändert. Für eine vorgegebene Überschußkonzentration ist hier eine größere Bandverbiegung und größere Ausdehnung senkrecht zur Oberfläche vorhanden. Für weiterführende Betrachtungen zweidimensionaler gequantelter elektronischer Systeme sei auf Spezialliteratur hingewiesen [And 82X], [Koc 81].

4.3   Transportvorgänge und Nichtgleichgewichte

4.3.1   Definitionen und Begriffe

Jede Messung eines Gleichgewichtszustandes verursacht eine mehr oder weniger große Störung des Gleichgewichts, deren Größenordnung man für die exakte Bestimmung von Gleichgewichtswerten kennen muß. Auf der anderen Seite werden in einer ganzen Reihe von Versuchen Nichtgleichgewichtszustände eingestellt und wesentlich ausgenutzt, beispielsweise bei Photoleitung oder beim Betrieb eines MOS-Transistors. Wir wollen uns daher in diesem Kapitel mit Abweichungen vom Gleichgewicht beschäftigen und dabei insbesondere Abweichungen durch elektrische Felder oder Bestrahlung mit Licht diskutieren.

Eine relativ geringe Störung kann bewirkt werden durch niedrige elektrische Felder parallel zur Oberfläche, die einen Stromfluß im Volumen verursachen. In der einfachsten Beschreibung nimmt man als Folge des elektrischen Feldes eine einheitliche mittlere (Drift-)Geschwindigkeit $\bar{v}$ aller beweglichen Ladungsträger der effektiven Massen m_{eff} an und vernachlässigt spezifische Leitungsphänomene in oberflächennahen Bereichen. Die statistische thermische Bewegung der Elektronen wird nicht explizit berücksichtigt und man beschreibt $\bar{v}$ über den stationären Wert aus der Bewegungsgleichung

$$m_{\text{eff}}\dot{\bar{v}} + m_{\text{eff}}\frac{\bar{v}}{\tau} = qE. \qquad (4.3.1)$$

Darin ist τ die Relaxationszeit, die die Dämpfung der Elektronenbewegung im elektrischen Feld der Feldstärke E charakterisiert und $q = z \cdot e$ die Ladung, wobei e der Betrag der Elementarladung ist. Diese Dämpfung verursacht im stationären Fall, d.h. bei Gleichstrommessungen, eine konstante Driftgeschwindigkeit

$$\bar{v} = \frac{q}{m_{\text{eff}}} \cdot \tau \cdot E = \mu \cdot E \qquad (4.3.2)$$

mit μ als Beweglichkeit der Ladungsträger. (In der Chemie wird die Beweglichkeit meist mit u bezeichnet. Wir wählen hier die in der Physik gebräuchliche Form, um Verwechslungen mit der in Gl. (4.2.12) eingeführten Größe zu vermeiden.) Damit läßt sich das bekannte Ohmsche Gesetz

$$I = R^{-1} \cdot U \quad \text{mit} \quad R^{-1} = \sigma \cdot \frac{A}{l} = \varrho^{-1} \cdot \frac{A}{l} \qquad (4.3.3a)$$

mit R als Widerstand, ϱ als spezifischem Widerstand, σ als Leitfähigkeit (= spezifischer Leitwert), A als homogenem Leiterquerschnitt und l als Leiterlänge ausdrücken als

$$j = qN_{(v)} \cdot v = q \cdot \mu \cdot N_{(v)} \cdot E = \sigma \cdot E. \qquad (4.3.3b)$$

Bei unserer vereinfachenden Beschreibung haben wir angenommen, daß die Stromdichte j und die Feldstärke E bzw. die spezifische Leitfähigkeit σ und die Beweglichkeit μ skalare Größen sind, so daß wir auf eine vektorielle bzw. tensorielle Beschreibung verzichten können. Letztere ist immer dann nötig, wenn elektrische Feldrichtung und Stromrichtung nicht übereinstimmen. Für diesen allgemeinen Fall wird die Beweglichkeit μ als Tensor $\underline{\underline{\mu}}$ in Gl. (4.3.3b) eingeführt, und es gilt:

$$\underline{j} = \underline{\underline{\sigma}} \cdot \underline{E} = q \cdot \underline{\underline{\mu}} \cdot N_{(v)} \cdot \underline{E} \qquad (4.3.3c)$$

Stark richtungsabhängige Leitfähigkeiten oder Beweglichkeiten werden beispielsweise in anorganischen Schichtgittern (z.B. im Graphit) oder in organischen Molekülkristallen (z.B. in Anthracen- oder Phthalocyanin-Einkristallen) beobachtet. Zur Vereinfachung sollen jedoch im folgenden nur Beispiele mit isotroper Leitfähigkeit oder Beweglichkeit diskutiert werden.

In einer genaueren Beschreibung elektrischer Transportgrößen gibt man die Energieverteilung der Ladungsträger als Funktion der Wellenzahl $\underline{k}$ und des Ortes an und berücksichtigt deren Änderungen durch das elektrische Feld über die Boltzmannsche Transportgleichung. Dabei sind einerseits die $\underline{k}$-abhängigen effektiven Massen und andererseits Mittelwerte der energieabhängigen Relaxationszeiten zu berücksichtigen [Hen 75].

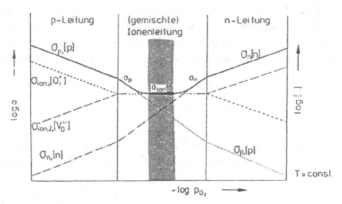

Abb. 4.3.1

Ladungsträgerkonzentrationen [···], Teilleitfähigkeiten der Ladungsträger σ_i und Gesamtleitfähigkeit σ für ein typisches Metalloxid, das Frenkel-Fehlordnung besitzt, als Funktion des Sauerstoffpartialdrucks p_{O_2} bei konstanter Temperatur. Eckige Klammern stehen für die Konzentrationen der Ladungsträger, die hier als doppelt positiv geladene Sauerstoffleerstellen $V_0^{··}$, zweifach negativ geladenen Zwischengittersauerstoff $O_i^{||}$, Elektronen (n) und Löcher (p) angenommen werden. Zur Vereinfachung wurde angenommen, daß die Beweglichkeiten von Löchern und Elektronen bzw. Sauerstoffleerstellen und Zwischengittersauerstoff jeweils gleich sind. Die geladenen Punktdefekte sind erst bei höheren Temperaturen beweglich, wobei deren Konzentration i.allg. auch die Konzentration der Elektronen und Defektelektronen bestimmt. Die ionische Leitfähigkeit σ_{ion} über geladene Punktdefekte dominiert im mittleren Partialdruckbereich. Bei tiefen Temperaturen überwiegen i.allg. Elektronen- und Defektelektronenleitung für alle Partialdrücke p_{O_2}. Eine Ausnahme sind sog. reine Ionenleiter wie z.B. ZrO_2 in kubischer Kristallform.

Im allgemeinsten Fall muß selbst bei isotroper Leitfähigkeit berücksichtigt werden, daß Ladungstransport über Elektronen, Defektelektronen oder Ionen erfolgt. Die Leitfähigkeit setzt sich dann additiv aus den verschiedenen Beiträgen

$$\sigma = \sum_i \sigma_i = \sum_i q_i \mu_i N_{(v)i} \tag{4.3.4}$$

zusammen. Dabei ist q_i die Ladung, μ_i die Beweglichkeit und $N_{(v)i}$ die Volumendichte der Ladung transportierenden Teilchen. Abb. 4.3.1 zeigt als Beispiel die Defektkonzentrationen (zur Nomenklatur s. Abschn. 5.6.6) und Leitfähigkeiten σ_i verschiedener Ladungsträger in Abhängigkeit vom Sauerstoffpartialdruck für ein typisches Metalloxid.

Zur Vereinfachung wollen wir im folgenden zunächst davon ausgehen, daß nur Elektronenleitung auftritt. Zur Beschreibung des spezifischen Ladungstransports entlang einer Oberfläche oder in einem dünnen Film ist es dann sinnvoll, anstelle der Volumenkonzentration $N_{(v)}$ der Ladungsträger (in diesem Beispiel Elektronen) deren Flächenkonzentration

$$N_{(s)} = \int_0^d N_{(v)}(z)\mathrm{d}z \tag{4.3.5}$$

zu betrachten mit d als Dicke der Schicht. Der Stromdichte j als Strom pro Flächeneinheit entspricht in dieser Beschreibung ein Strom

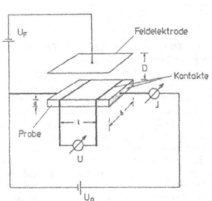

Abb. 4.3.2
Anordnung zur Messung der Oberflächenleitfähigkeit $\sigma_\square$ und Feldeffektbeweglichkeit μ_{FE}. Durch die Verwendung von Spannungssonden (4-Sondenmethode) und möglichst stromloser Spannungsmessung wird ein u.U. erheblicher Fehler durch Spannungsabfall an den Strom- bzw. Spannungssonden vermieden. Dazu legt man eine Gegenspannung U an, die in dem inneren Stromkreis zwischen den Kontakten im Abstand l zur Stromlosigkeit führt. Einfache Kontaktanordnung und Auswertung ist möglich für $D \ll b$ und l.

pro Längeneinheit (quer zur Stromrichtung), der Leitfähigkeit σ (in $\Omega^{-1}\text{cm}^{-1}$) die Flächenleitfähigkeit $\sigma_\square$ (in Ω^{-1}). Die Flächenleitfähigkeit hat die Dimension Strom/Spannung und ist gegeben durch den Leitwert eines Oberflächenquadrates mit beliebiger Seitenlänge. Sie läßt sich bei Proben mit konstantem Querschnitt und parallelen Kontaktabständen l sowie einer Breite b über

$$\sigma_\square = R^{-1} \cdot \frac{l}{b} = R^{-1} \frac{l^2}{A} = q \cdot \mu \cdot N_{(s)} \qquad (4.3.6)$$

beschreiben (Abb. 4.3.2). Dabei ist R der aus Strom I und Spannung U ermittelte Widerstand und $A = l \cdot b$ die Fläche zwischen den Meßkontakten.

4.3.2 Leitung in Bändern von Oberflächenzuständen

Wie in Abschn. 4.1 ausgeführt wurde, bilden elektronische Oberflächenzustände Bänder, in denen sich Elektronen in gleicher Weise bewegen sollten wie in Volumenbändern mit dem charakteristischen Unterschied, daß es sich um eine auf zwei Dimensionen eingeschränkte Bewegung handelt. Wir erwarten also eine spezifische Leitfähigkeit σ_{ss} über die Oberflächenzustände. Experimentell konnte diese Zusatzleitfähigkeit bisher an keinem Beispiel nachgewiesen werden, obwohl die Bänder von Oberflächenzuständen an Halbleitern in vielen Beispielen u.a. spektroskopisch eindeutig nachgewiesen wurden. Dabei liegt die experimentell abgesicherte Nachweisgrenze um mindestens 6 bis 7 Größenordnungen unter dem Wert, der bei metallischer Leitfähigkeit in Oberflächenzuständen erwartet wird [Hen 75].

Für Metallschichten auf Halbleitern wurde erst ab einer Schichtdicke von etwa zwei Monolagen (von z.B. Cs auf Si oder GaAs) eine Flächenleitfähigkeit gefunden, die größenordnungsmäßig in der Nähe des erwarteten metallischen Wertes lag. Diese Beispiele charakterisieren den heute noch ungelösten Widerspruch, daß einerseits alle spektroskopisch bestimmten zweidimensionalen Bänder von Oberflächenzuständen an Halbleitern an den bisher untersuchten Systemen keine meßbaren Zusatzleitfähigkeiten zeigen, andererseits jedoch zweidimensionale Bänder von adsorbierten Metallatomen an Halbleitern experimentell meßbare metallische Leitfähigkeit aufweisen [Hen 75].

4.3.3   Leitung in der Raumladungsschicht

In Abschn. 4.2 wurden die durch die Bandverbiegung bedingte Raumladungsdichte $Q_{(s)sc}$ und die Überschußladungsdichten $\Delta N_{(s)n}=N_{(s)n}^{exc}$ bzw. $\Delta N_{(s)p} = N_{(s)p}^{exc}$ eingeführt. Die durch die Bandverbiegung erzeugten zusätzlichen Ladungsträger können den Leitwert einer Probe wesentlich ändern. Für die in Abb. 4.3.2 gezeigte Scheibe einer Dicke d, Breite b und Länge l ergibt sich der Gesamtleitwert zu

$$\frac{1}{R} = G = \frac{b}{l} \cdot \sigma_\square = \frac{b}{l}(\sigma_{\square u_s=u_b} + \Delta\sigma) \tag{4.3.7}$$

wobei $\sigma_{\square u_s=u_b}$ die Flächenleitfähigkeit bei Flachbandsituation, d.h. für $u_s = u_b$ bedeutet, für die näherungsweise gilt:

$$\sigma_{\square u_s=u_b} = \sigma_b \cdot d \tag{4.3.8}$$

Die Abweichung

$$\Delta\sigma = \sigma^{exc} = \left(\frac{1}{R} - \frac{1}{R_0}\right)\frac{l}{b} = \sigma_\square - \sigma_b \cdot d \tag{4.3.9}$$

wird als die (eigentliche) Oberflächenleitfähigkeit (der Raumladungsschicht) oder Oberflächen-Exzeßleitfähigkeit bezeichnet. Die Bezeichnung $\Delta\sigma$ ist dabei in der Literatur üblich, wir wählen jedoch im folgenden die nach unserer Nomenklatur konsequentere Bezeichnung σ^{exc}. Der Anteil $\sigma_b \cdot d$ wird auch bei Flachbandsituation vom Volumenbeitrag mit der spezifischen Leitfähigkeit σ_b erwartet und steigt daher proportional zur Schichtdicke d an. Der Wert σ^{exc} ist im Gegensatz zu dem im letzten Abschnitt diskutierten Beitrag der Zusatzleitfähigkeit σ_{ss} aus Oberflächenzuständen eine zusätzliche Leitfähigkeit in den Volumenbändern nahe der Oberfläche, die als Folge der Bandverbiegung auftritt. Demzufolge kann σ^{exc} positive und negative Werte annehmen.

Als Beispiel ist in Abb. 4.3.3 die Wechselwirkung von O_2 und NO_2 mit einem Bleiphthalocyanin (PbPc)-Film gezeigt. Man erkennt, daß Sauerstoff nur die Volumenleitfähigkeit (Steigung der Kurve) beeinflußt, während bei der Wechselwirkung mit NO_2 eine Oberflächenexzeßleitfähigkeit auftritt, die Volumenleitfähigkeit jedoch konstant bleibt. Dies ist darauf zurückzuführen, daß O_2 ins Volumen eingebaut wird, während NO_2 nur mit der Oberfläche wechselwirkt. (Für Einzelheiten zu verschiedenen Wechselwirkungsmechanismen s. Kapitel 5.)

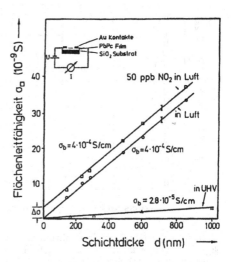

Abb. 4.3.3
Oberflächenleitfähigkeit $\sigma_\square$ eines Bleiphthalocyaninfilms in Abhängigkeit von der Schichtdicke im Ultrahochvakuum (reine Volumenleitfähigkeit), in Luft (erhöhte Volumenleitfähigkeit gemäß der erhöhten Steigung) und in Luft mit 50 ppb NO_2 (erhöhte Oberflächenleitfähigkeit $\Delta\sigma$ proportional zum Achsenabschnitt bei $d = 0$)
[Moc 89]

Zur quantitativen Beschreibung benötigt man die in Abschn. 4.2 eingeführten Überschußkonzentrationen $N_{(s)n}^{exc}$ und $N_{(s)p}^{exc}$ sowie die Beweglichkeiten für Elektronen und Löcher $\mu_{n,s}$ bzw. $\mu_{p,s}$ in der Randschicht. Der Index „s" bei den Beweglichkeiten gibt an, daß Beweglichkeiten nahe der Oberfläche von Volumenwerten abweichen können, wie dies weiter unten noch eingehender beschrieben wird. Da Löcher und Elektronen gleichermaßen zur Leitfähigkeit beitragen, gilt mit $|q| = e$:

$$\sigma^{exc} = e \cdot \mu_{n,s} \cdot N_{(s)n}^{exc} + e \cdot \mu_{p,s} \cdot N_{(s)p}^{exc} \tag{4.3.10}$$

Beispiele für σ^{exc} sind in Abb. 4.3.4 als Funktion der Position des Ferminiveaus an der Oberfläche für Si bei 300 K gezeigt. Während im Bereich der Verarmung ein geringer negativer Wert beobachtet wird, tritt im Bereich der Anreicherung und der Inversion ein exponentieller Anstieg der Leitfähigkeit auf, der über $N_{(s)n}^{exc} \sim \exp\left(\dfrac{u_s}{2}\right)$ bzw. $N_{(s)p}^{exc} \sim \exp\left(\dfrac{-u_s}{2}\right)$ bei starker Anreicherung bzw. Inversion beschrieben wird.

Den Einfluß der Oberfläche auf die Beweglichkeit kann man sich in einem einfachen Modell klarmachen. Wir nehmen an, daß ein Teilchen beim Stoß mit der Oberfläche seine im Feld gewonnene Zusatzge-

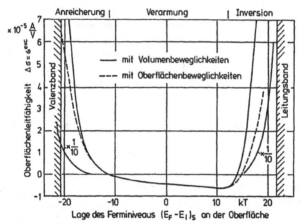

Abb. 4.3.4
Oberflächenleitfähigkeit als Funktion der Lage des Ferminiveaus E_F relativ zum Eigenleitungsniveau E_i an der Oberfläche, angegeben in Einheiten von kT. Das Beispiel gilt für Silicium mit $N_{(v)A} = 10^{21}$ m^{-3} bei $T = 300$ K. Die gestrichelte Kurve gilt für Beweglichkeiten $\mu_{n,s}$ bzw. $\mu_{p,s}$, die bei einer diffusen Streuung der Ladungsträger an der Oberfläche zu erwarten sind.

schwindigkeit in Vorzugsrichtung verliert, d.h. daß das Teilchen nach dem Stoß seine Erinnerung an die Bewegung davor verloren hat. Dies tritt im Volumen im Mittel nach dem Zurücklegen der mittleren freien Weglänge Λ auf, wogegen der Oberflächeneinfluß über einen mittleren Abstand $\bar{z}$ der Ladungsträger von der Oberfläche erfaßt werden kann (vgl. dazu Abb. 4.2.15). Damit ergibt sich als maximale Korrektur

$$\mu_s = \frac{\mu_b}{1 + \dfrac{\Lambda}{\bar{z}}}. \tag{4.3.11}$$

Daraus folgt, daß sowohl bei Anreicherung als auch bei Inversion mit einer starken Verringerung der Beweglichkeit in der Raumladungsschicht zu rechnen ist.

Gegen dieses Modell läßt sich einwenden, daß eine ideale Oberfläche die Ladungsträger spiegelnd reflektieren sollte, wobei die Geschwindigkeit parallel zur Oberfläche erhalten bleibt. Daher sollten Einflüsse der Oberfläche lediglich durch Störungen der Periodizität auftreten. Störungen sind einerseits durch Gitterschwingungen gegeben. Andererseits können lokalisierte Streuzentren als Störung auftreten. Dafür kommen insbesondere elektrisch geladene Punktdefekte oder geometrische Störungen wie z.B. atomare Stufen in Betracht.

Unterschiedliche Beiträge zu Streueinflüssen an der Oberfläche lassen sich über die Abhängigkeit der Beweglichkeit von der Temperatur und von der Ladungsträgerdichte unterscheiden. Dabei ist die Temperaturabhängigkeit der Beweglichkeit für die Streuung an akustischen Phononen $\mu \sim T^{-1}$, an optischen Phononen $\mu \sim T^{-2}$ sowie an geladenen Störstellen $\mu \sim T$. Bis auf den unterschiedlichen Wert des Temperaturexponenten werden diese Oberflächeneinflüsse analog zur Beweglichkeit im unendlich ausgedehnten dreidimensionalen Kristall beschrieben [Hen 75], [Sah 72].

Trägerkonzentrationen in der Randschicht lassen sich über die Bandverbiegung mit Hilfe des Feldeffekts (vgl. dazu Abschn. 4.3.4) über Größenordnungen variieren. Aus Experimenten dieser Art erkennt man, daß mit wachsender Trägerkonzentration die Coulombstreuung aufgrund der Abschirmung der Streuzentren durch die beweglichen Ladungsträger geringer wird, was über

$$\mu \sim \left(N_{(s)}^{exc} \right)^{\alpha} \quad \text{mit} \quad 1 \lesssim \alpha \lesssim 2 \tag{4.3.12}$$

formal beschrieben werden kann. Andererseits nimmt in Anreicherungsrandschichten die Streuung an Defekten wegen des abnehmenden mittleren Abstandes zur Oberfläche sehr stark zu. Die Messung der Beweglichkeit über den Hall-Effekt in Abb. 4.3.5 zeigt ein daher erwartetes Maximum bei mittleren Trägerdichten sowie den Bereich der überwiegenden Coulombstreuung bei niedrigen und der Rauhigkeitsstreuung bei hohen Trägerdichten.

Die Messung der Oberflächenleitfähigkeit ist bei vernachlässigbarem Beitrag des Volumens einfach. Dies ist z.B. bei Halbleitern mit Anreicherungsschichten bei großem Bandabstand und geringer Dotierung oder bei tiefen Temperaturen der Fall. Im Verarmungsbereich oder bei hoher Volumenleitfähigkeit muß jedoch der Anteil des Volumens am Gesamtleitwert experimentell ermittelt werden. Da man die Flachbandsituation nicht unmittelbar am Leitwert erkennen kann, muß man gemäß Abb. 4.3.4 zunächst das Minimum des Leitwerts zwischen Anreicherung und Inversion durch Variation der Bandverbiegung, z.B.

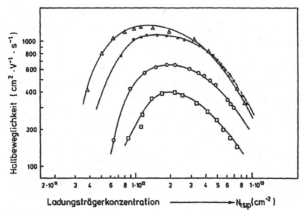

Abb. 4.3.5

Hallbeweglichkeit von Löchern in einer Inversionsschicht auf n-leitendem Silicium bei $T = 4$ K in einer MOS-Anordnung. Der Anstieg bei niedrigen Trägerdichten ist auf Coulombstreuung, der Abfall bei hohen Dichten auf Streuung an atomaren Stufen zurückzuführen. Die höher liegenden Kurven stammen von Proben mit geringerer Dichte an geladenen Streuzentren und atomaren Stufen [Hah 84].

über den in Abschn. 4.3.4 beschriebenen Feldeffekt oder über die in Kapitel 5 beschriebenen Adsorptionsphänomene variieren. Zu dem auf diese Weise bestimmten Minimalwert der Gesamtleitfähigkeit muß der von der Volumendotierung abhängige Teil der Verarmungsschicht zugezählt werden, um den Leitwert für die Flachbandsituation und damit den Nullpunkt für die Oberflächenleitfähigkeit ($\sigma^{exc} = 0$) zu erhalten. Bei dünnen Schichten kann man auch die Schichtdicke variieren und auf Schichtdicke null extrapolieren (vgl. Abb. 4.3.3).

Übung 4.3.1. Man berechne die Oberflächenleitfähigkeit des Minimums für Silicium mit $N_{(v)A} = 10^{21}$ m^{-3} bei $T = 300$ K.

A n l e i t u n g : Man bestimme das Minimum mit Hilfe der Verarmungsschicht von Übung 4.2.4 bei einer Bandverbiegung von $2u_b$.

Übung 4.3.2. Wie groß ist der Anteil dieses Oberflächenleitwertes am Gesamtleitwert bei einer Probendicke von 1 mm? Wie dick ist die Raumladungsschicht?

Die Inversionsleitfähigkeit kann man experimentell dann einfach ermitteln, wenn die Isolierwirkung eines p-n-Überganges zwischen Inversionsschicht und Volumen ausgenutzt wird. Besonders vorteilhaft ist es, wenn die Kontakte ebenfalls durch p-n-Übergang isoliert sind, wie z.B. bei p-dotierten Kontaktbereichen auf einer n-Unterlage. In diesem Fall fließt praktisch kein Strom durch die Unterlage, und der Gesamtleitwert ist durch die Inversionsschicht gegeben. Dies wird als „channeling"-Methode bezeichnet. Details dazu sind auch bei der Beschreibung des MOS-Transistors im Abschn. 4.3.4 gegeben.

4.3.4   Feldeffekt

Das Gleichgewicht zwischen Oberflächenzuständen und der Raumladungsschicht läßt sich einfach verändern durch influenzierte Ladungen $Q_{(s)in}$ mit Hilfe eines elektrischen Feldes E senkrecht zur Oberfläche, wie dies in Abb. 4.3.2 schematisch gezeigt ist. Selbst bei einer maximal möglichen Feldstärke (der Durchschlagfeldstärke) ist die influenzierte Ladungsdichte nur etwa $10^{17} e/m^2$, d.h. nur etwa 1% der Oberflächenatomdichte. Das sich dabei einstellende Gleichgewicht kann gemäß Abb. 4.2.11 mit der Neutralitätsbedingung $Q_{(s)ss} + Q_{(s)sc} = Q_{(s)in}$ bestimmt werden. Der Anteil der Änderung von $Q_{(s)sc}$ kann über die Änderung der Oberflächenleitfähigkeit $d\sigma^{exc}$ gemessen werden. Der Quotient beider Größen ist eine Beweglichkeit und wird Feldeffektbeweglichkeit μ_{FE} genannt. Es gilt:

$$\mu_{FE} = -\frac{d\sigma^{exc}}{dQ_{(s)sc}} \qquad (4.3.13)$$

Nach dieser Definition ist bei n-leitender Oberfläche die Feldeffektbeweglichkeit positiv aufgrund der Erhöhung des Leitwertes durch Influenz von negativer Ladung und entsprechend negativ bei p-leitender Oberfläche. Die Feldeffektbeweglichkeit ist keine Trägerbeweglichkeit im unmittelbaren Sinne, sondern lediglich ein Maß für den Teil der influenzierten Ladung in der Raumladungsschicht, da der Teil in den Oberflächenzuständen unbeweglich ist.

Aus dem Vorzeichen des Feldeffekts kann unmittelbar der Leitungstyp entnommen werden, so daß eindeutig zwischen dem Zweig links und rechts vom Minimum in Abb. 4.3.4 unterschieden werden kann. Ist darüber hinaus auch die Oberflächenleitfähigkeit gemessen worden, so kann die Bandverbiegung eindeutig angegeben werden. Aus dem

Betrag der Feldeffektbeweglichkeit läßt sich zusätzlich die Dichte der Oberflächenzustände in dem vom Ferminiveau erfaßten Bereich innerhalb der verbotenen Zone angeben. Ist dieser Bereich klein gegen kT, so ergibt sich die effektive Oberflächenzustandsdichte $\overline{D}_{(s)ss}(E)$, die schon in Abschn. 4.2 eingeführt wurde. Durch Umformen von Gl. (4.3.13) und Berücksichtigung der Beziehung $Q_{(s)ss} + Q_{(s)sc} = Q_{(s)in}$ erhält man

$$-\frac{1}{\mu_{FE}} = \frac{dQ_{(s)sc}}{d\sigma^{exc}} + \frac{dQ_{(s)ss}}{du_s}\left(\frac{d\sigma^{exc}}{du_s}\right)^{-1}. \qquad (4.3.14)$$

Hierbei ergibt sich die gesuchte Zustandsdichte $\overline{D}_{(s)ss}(E)$ in der Nähe des Ferminiveaus aus $dQ_{(s)ss}/du_s = eD_{(s)ss}(E) \cdot kT$. Die Werte $d\sigma^{exc}/du_s$ und $dQ_{(s)sc}/d\sigma^{exc}$ können aus der berechneten Oberflächenleitfähigkeit entnommen werden (vgl. dazu Abb. 4.2.14 und 4.3.4). Dabei ist $d\sigma^{exc}/dQ_{(s)sc} = \mu_b$, wenn Oberflächenstreuung zu vernachlässigen ist und der Transport nur von einer Ladungsträgerart bestimmt wird, d.h. wenn $\mu_s = \mu_{n,b}$ bzw. $\mu_s = \mu_{p,b}$ gilt.

Das folgende Übungsbeispiel bezieht sich auf die relativ leicht berechenbare Verarmungsrandschicht.

Übung 4.3.3. Aus der gemessenen Feldeffektbeweglichkeit $\mu_{FE} = 10^{-4}$ m^2(Vs)$^{-1}$ für die reine Siliciumspaltfläche berechne man die effektive Zustandsdichte. Man wähle $N_{(v)A} = 10^{21}$ m^{-3}, $T = 300$ K, $\mu_s = \mu_b = 0,05$ m^2(Vs)$^{-1}$ und $u_s - u_b = -2$. Die Ergebnisse aus den Übungen 4.3.2 und 4.3.1 können bei der Berechnung als Hilfen genommen werden.

Der Feldeffekt wird relativ häufig bei technischen Anwendungen und wissenschaftlichen Untersuchungen in den Fällen ausgenützt, in denen Leitwertsänderungen besonders groß gemacht werden können. Dazu muß die Feldstärke hoch, die Dichte der Oberflächenzustände klein und der Beitrag der Unterlage zum Leitwert vernachlässigbar sein. Diese Bedingungen sind z.B. erfüllt für Oberflächen-Feldeffekttransistoren, so z.B. für MOSFETs („Metal Oxide Semiconductor Field Effect Transistors") oder allgemeiner IGFETs („Insulated Gate Field Effect Transistors"). Die hohe Feldstärke bei niedriger Spannung wird durch ein dünnes, weitgehend fehlerfreies Oxid in einer Dicke von 10 bis 100 nm erreicht, das bei geeigneten Herstellungsbedingungen, d.h. bei höchster Reinheit sowohl des Substrats als auch des zur thermi-

schen Oxidation des Substrats verwendeten Sauerstoffs und bei opti-
mierten Ausheilvorgängen von Eigendefekten des Oxids eine außerordentlich niedrige Zustandsdichte im Bereich der verbotenen Zone
liefert, die in der Größenordnung von $\overline{D}_{(s)ss}(E) < 10^{14} \text{ m}^{-2}(\text{eV})^{-1}$
liegt. Der Volumenleitwert spielt keine Rolle, wenn sich das Feld
auf die Inversionsschicht beschränkt und eine Isolierung durch einen
p-n-Übergang vorgenommen wird, wie dies in Abb. 4.3.6a gezeigt
ist. Durch Anlegen einer Spannung an die Steuerelektrode („Gate")
bildet sich unter der Isolierschicht an der Halbleiteroberfläche eine
Inversionsschicht aus. (Bei einem p-Halbleiter bildet sich durch eine
positive Spannung an der Steuerelektrode gegenüber dem Innern der
Probe eine n-Inversionsschicht). Liegt zwischen den Stromkontakten
(„drain" und „source") keine Spannung an, so hat diese Inversionsschicht oder dieser Kanal eine konstante Dicke. Bei Erhöhung der
„Drain"-spannung wird der Kanal zum „Drain" hin schmaler, bis er
sich bei genügend hoher Spannung abschnürt. Bis zu diesem Punkt ist
die Kennlinie des Transistors durch eine Parabel beschrieben. Ist der
Kanal abgeschnürt, kann der Strom auch bei Erhöhung der Spannung

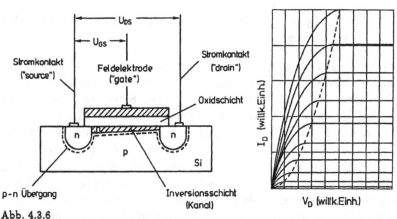

Abb. 4.3.6

a) Schematischer Querschnitt durch einen MOS-Transistor. Als typische Abmessungen gelten für die Dicke des Oxids 10 bis 100 nm, für den Abstand der Kontakte
(= Länge des Kanals) 1 bis 10 μm und für die Dicke der Inversionsschicht 1 bis
10 nm.

b) Idealisierter Verlauf der Strom-Spannungs-Charakteristik eines MOSFETs bei
verschiedenen Gate-Spannungen. Die gestrichelte Linie ist der Ort der Sättigungs-
spannung, bei der der Strom konstant wird.

nicht weiter anwachsen. Der Strom wird durch die Injektion von Minoritätsladungsträgern in die Raumladungszone (zwischen dem Abschnürpunkt und dem hochdotierten Drainbereich) bestimmt. Die Strom-Spannungs-Charakteristik eines MOSFETs zeigt Abb. 4.3.6b.

Der Feldeffekttransistor kann auch in einer vereinfachten Form als spannungsgesteuerter Kondensator betrieben werden. Hierbei verzichtet man auf die Drain- und Source-Elektroden und variiert die Weite der Raumladungszone und damit die Kapazität durch Anlegen einer Spannung zwischen der Steuerelektrode und dem Silicium. Eine solche Struktur nennt man MIS-(Metal-Insulator-Semiconductor-) bzw. MOS-(Metal-Oxide-Semiconductor-)Struktur.

Auf die Bedeutung von Feldeffekttransistoren aus technischer Sicht sei auf Sekundärliteratur hingewiesen. Für die Bedeutung für wissenschaftliche Anwendungen, insbesondere für das Studium der Quantisierungseffekte in Raumladungs-Anreicherungsschichten, sei ebenfalls auf weiterführende Literatur hingewiesen [Nic 82X], [Sze 85X], [And 82X], [Hen 75], [Hei 75], [Dor 73].

4.3.5 Nichtgleichgewichte durch elektrische Felder und Beleuchtung

Bisher wurde bis auf die Störung durch ein niedriges Feld parallel zur Oberfläche nur das thermische Gleichgewicht zwischen Oberflächenzuständen und Raumladungsschichten betrachtet. Auch beim Feldeffekt stellt sich nach einer charakteristischen Einstellzeit ein durch das Feld modifiziertes neues thermisches Gleichgewicht ein. Durch Beleuchten oder kurz nach dem Einschalten eines elektrischen Feldes können jedoch erhebliche Abweichungen vom thermischen Gleichgewicht auftreten, wie dies für den p-n-Übergang beim Fließen eines elektrischen Stromes der Fall ist. Das Einstellen des Gleichgewichts nach Einschalten der Störung erfolgt durch Einstellung der Wanderungsgeschwindigkeit der Ladungsträger im Feld sowie durch die Einstellung der Ladungsträgerkonzentration über thermische Generation und Rekombination bis zu einem stationären Wert. Diese im Volumen intensiv untersuchten Prozesse werden unter Einbeziehung von Bändern und lokalisierten Zuständen beschrieben. Auch an der Oberfläche werden keine prinzipiell neuen Effekte erwartet. Die entsprechenden Relaxationsphänomene müssen jedoch als Folge der Existenz von Oberflächenzuständen und von Raumladungsschichten formal gesondert beschrieben werden. Die Oberflächenzustände wirken als zusätzliche Rekombinationszentren, so daß die Lebensdauer der Ladungsträger in der Nähe der Oberfläche verringert wird. Es tritt Oberflächenrekombination auf. Der Einfluß der Bandverbiegung auf die Oberflächenrekombination ist dabei ausgeprägt, da die Rekombinationsrate der Konzentration $N^s_{(v)n}$ bzw. $N^s_{(v)p}$ in den Volumenbändern proportional ist. Da diese Konzentration über die Bandverbiegung über viele Größenordnungen variiert werden kann (es gilt $N^s_{(v)n} = N_{(v)i} \cdot \exp u_s$), ist die Oberflächenrekombination entscheidend von der Verteilung und Besetzung der Oberflächenzustände und von der Bandverbiegung abhängig. Ein weiterer wesentlicher Effekt der Rekombination entsteht durch das Feld in der Raumladungsrandschicht. Durch dieses Feld werden die Ladungsträger senkrecht zur Oberfläche bewegt, so daß einerseits ein Stromfluß senkrecht zur Oberfläche, andererseits eine veränderte Raumladung und damit veränderte Bandverbiegung auftritt.

Einige einfache Fälle sollen im folgenden qualitativ beschrieben werden. Für eine quantitative Beschreibung sei auf die Literatur verwiesen [Man 71X], [Fra 67X]. Wird beim Feldeffekt die an der Feldelektrode angelegte Spannung mit hoher Frequenz variiert, so wird derjenige Anteil der Oberflächenzustände nicht umgeladen, dessen Zeitkonstante größer ist als die Periodendauer. Dies gilt für sogenannte „langsame" Zustände. Man kann also durch Variation der Frequenz die Zeitkonstante verschiedener Oberflächenzustände und bei Messung der Temperaturabhängigkeit deren Aktivierungsenergie bestimmen.

Bei Beleuchtung der Oberfläche kann man über die Wellenlänge des Lichtes einen zusätzlichen Parameter einführen und Relaxationsphänomene auch spektroskopisch untersuchen. Im Bereich der Grundgitterabsorption erzeugt man Elektron-Loch-Paare, die man entweder über eine Erhöhung der Leitfähigkeit in sogenannten Photoleitungs-Experimenten oder über eine Änderung der Bandverbiegung in sogenannten Oberflächenphotospannungs-Experimenten nachweisen kann.

Für Photonenenergien kleiner als der Bandabstand lassen sich Oberflächenzustände direkt über Anregungsprozesse vom besetzten Zustand ins Leitungsband oder vom Valenzband in leere Zustände nachweisen. Über das Vorzeichen der Oberflächenphotospannung kann man beide Prozesse eindeutig unterscheiden. Wie beim elektrischen Feld kann man auch die Beleuchtung sinusförmig oder pulsförmig modulieren und dabei entweder über Lock-in-Technik sehr empfindliche Messungen durchführen oder über die Zeitkonstanten zusätzliche Informationen über die Dynamik der Relaxation gewinnen.

Mit dem stationären Wert bei Beleuchtung, mit den Anstiegs- und Abfallszeitkonstanten und mit eventuellen Nichtlinearitäten bei Variation der Intensität stehen Einzelinformationen zur Verfügung, die für die quantitative Auswertung der Meßdaten erforderlich sind [Kuh 80]. In der Auswertung müssen Modellannahmen über Nichtgleichgewichtsparameter gemacht werden, so z.B. über den Verlauf des Quasiferminiveaus innerhalb der Raumladungsschicht. Darauf soll in Abschn. 4.6 im Zusammenhang mit der spektroskopischen Anwendung von Photoleitung und Oberflächenphotospannung noch näher eingegangen werden.

4.4   Übersicht über spektroskopische Methoden

Wir wollen uns im folgenden mit spektroskopischen Methoden zur Untersuchung von elektronischen Strukturen an Oberflächen beschäftigen. Dabei können wir verschiedene Teilchen oder Wellen als Sonden einsetzen. Im Idealfall haben wir zur Anregung Sonden in wohldefinierten Zuständen der Energie (E), des Wellenvektors ($\underline{k}$), des Spins ($\underline{s}$), der Polarisation ($\underline{P}$), der Teilchenzahl im Adsorbat (N''), der Schwingungs- (v_i) und der Rotations-Quantenzahlen (J_i) zur Verfügung, wie dies in Abb. 4.4.1 schematisch dargestellt ist. Die Sonden treffen aus einer über Θ und ϕ definierten Richtung auf eine orientierte Einkristallfläche. Im idealen Experiment weisen wir die Wechselwirkung über veränderte Energien und Quantenzahlen nach, die in Abb. 4.4.1 über die entsprechenden gestrichelten Größen charakterisiert sind. Änderungen der Oberflächeneigenschaften, Adsorptionsphänomene, Phasenübergänge etc. können wir dadurch studieren,

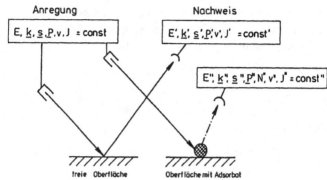

Abb. 4.4.1
Schematische Darstellung der Untersuchung von Festkörperflächen vor und nach Adsorption von Teilchen oder Wellen in definierten Quantenzuständen. Details dazu sind im Text beschrieben.

daß die gleiche Oberfläche vor und nach der Änderung (z.B. durch Phasenumwandlung oder Wechselwirkungen mit einem Adsorbat) untersucht wird, wobei die in Abb. 4.4.1 doppelt gestrichenen Größen nach der Wechselwirkung gemessen werden.

In Abb. 4.4.2 ist für Experimente, die nur eine Variation der Energie und des Wellenvektors bzw. Impulses berücksichtigen, gezeigt, welche Änderungen E und k eines Teilchens durch Wechselwirkung mit Materie in einem Transmissions- bzw. Reflexionsexperiment hervorgeru-

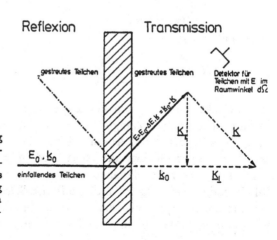

Abb. 4.4.2
Schematische Darstellung der Änderungen der Energie E und des Wellenvektors k eines Teilchens bei der Wechselwirkung mit Materie in einem Reflexions- bzw. Transmissionsexperiment

fen werden können. Diese Bcdingungen sind bei der Elektronenenergieverlustspektroskopie in Reflexion (vgl. Abschn. 4.6.5), aber auch in Transmissionsexperimenten erfüllt.

Es gilt der Energiesatz:

$$\hbar\omega = E_0 - E = \frac{\hbar^2}{2m}\left(k_0^2 - k^2\right) = \frac{\hbar^2}{2m}\left(k_0 - k\right)\left(k_0 + k\right) \qquad (4.4.1)$$

Für geringen Impulsübertrag ($|\underline{K}| \ll |\underline{k}_0|$) gilt:

$$k_0 - k \approx K_{\parallel} \qquad (4.4.2)$$

$$k_0 + k \approx 2k_0 \qquad (4.4.3)$$

$K_{\parallel}$ ist dabei die Komponente von $\underline{K}$ parallel zur Oberfläche und gleich $k_{\parallel}$. Mit diesen Voraussetzungen ergibt sich:

$$K_{\parallel} = k_0 \sin\Theta \approx k_0\Theta = k_0\left(\frac{\hbar\omega}{2E_0}\right) \qquad (4.4.4)$$

Für die Dämpfung der Intensität kann man allgemein ansetzen (vgl. Abschn. 3.3):

$$I = I_0 \cdot \exp\left(-\frac{z}{\Lambda(\Omega, E)}\right) \qquad (4.4.5)$$

Die mittlere freie Weglänge Λ ist dabei mit dem Wirkungsquerschnitt q verknüpft über (vgl. Abschn. 2.1):

$$\Lambda = \frac{1}{N_{(v)}q(\Omega, E)} \qquad (4.4.6)$$

Für q gilt:

$$q(\Omega, E) = \iint\limits_{\Omega\,E} \left(\frac{\partial^2 q}{\partial\Omega\partial E}\right)\mathrm{d}\Omega\mathrm{d}E \qquad (4.4.7)$$

In der Spektroskopie üblich sind Experimente, bei denen sowohl winkel- als auch energieabhängige Messungen durchgeführt werden ($q = f(\Omega, E)$, z.B. HREELS, Abschn. 4.7.1), bei denen bei festem Winkel Ω nur energiedispers analysiert wird ($q = f(E)$, z.B. ELS, Abschn. 4.6.5) oder bei denen bei konstanter Energie der Raumwinkel Ω variiert wird ($q = f(\Omega)$, z.B. LEED, Abschn. 3.5 bis 3.8). Der Massenabsorptionskoeffizient μ, der in Abschn. 4.5.2 eingeführt wird, entspricht dem über Winkel und Energie integrierten integralen

Stoßquerschnitt ($q \neq f(\Omega, E)$). Im allgemeinen Fall können zur Anregung und zum Nachweis auch jeweils unterschiedliche Sonden gewählt werden (vgl. Anhang 8.6). Der in Anhang 8.8 aufgeführte Wirkungsquerschnitt für Röntgenphotoemissionsexperimente ist deshalb eine relative Größe. Sie gibt die Zahl der durch Photoemission ausgelösten Elektronen an, bezogen auf die Ausbeute an Kohlenstoff-1s-Elektronen.

Definierte Experimente müssen bei konstanter Temperatur und ggfs. konstantem Bedeckungsgrad adsorbierter Teilchen sowie konstanten elektrischen und magnetischen Feldern an der Oberfläche durchgeführt werden.

Die in Abb. 4.4.1 schematisch gezeigten Idealexperimente lassen sich praktisch kaum durchführen, da eine Spektroskopie aller Quantenzustände in definierter Probengeometrie experimentell sehr aufwendig ist. Eine Fülle von unterschiedlichen Methoden wird derzeit in der Oberflächenphysik eingesetzt, die die gezeigten Idealexperimente zumindest teilweise approximieren und von denen einige besonders wichtige im folgenden vorgestellt werden sollen. Dabei erscheint es methodisch günstiger, wenn wir zunächst spektroskopische Ergebnisse an freien Atomen oder Molekülen diskutieren und danach charakteristische Ergebnisse zur Oberflächenspektroskopie vorstellen. Bei der Wechselwirkung der freien Teilchen mit der Oberfläche werden wir dann die spektroskopischen Ergebnisse auf der Basis der Ergebnisse an freien Teilchen bzw. an freien Oberflächen interpretieren. Je nach Bindungsstärke bei der Wechselwirkung dieser Teilchen mit der Oberfläche werden die spektroskopischen Eigenschaften der freien Teilchen mehr oder weniger stark modifiziert.

Die bei der Spektroskopie mit Photonen bzw. Elektronen unterschiedlicher Wellenlänge auftretenden charakteristischen Wechselwirkungsmechanismen mit der Materie lassen sich nicht nur über den Wirkungsquerschnitt, sondern auch über den in Abb. 4.4.3 schematisch gezeigten Real- bzw. Imaginärteil der Dielektrizitätskonstante charakterisieren. Die komplexe Dielektrizitätskonstante ε wird über

$$\underline{D}(\omega) = \varepsilon_0 \underline{E}(\omega) + \underline{P} = \varepsilon_0 \cdot \varepsilon_r(\omega) \cdot \underline{E}(\omega) = \varepsilon_0 \left(\varepsilon_r'(\omega) + i\varepsilon_r''(\omega) \right) \underline{E}(\omega) \quad (4.4.8)$$

definiert.

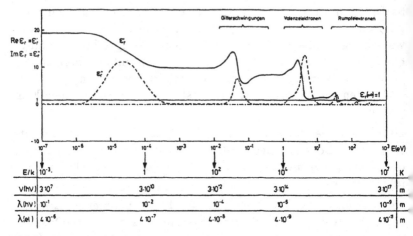

Abb. 4.4.3
Schematische Darstellung von Real- (Re $\varepsilon_r = \varepsilon'_r$) und Imaginär-Teil (Im $\varepsilon_r = \varepsilon''_r$) der Dielektrizitätskonstanten in Flüssigkeiten mit charakteristischen Energiebereichen. Für Festkörper treten Absorptionen erst im Bereich ab ca. 10^{-3} eV auf. Den Energien entsprechen bestimmte Wellenlängen von Photonen $\lambda(h\nu)$, von Elektronen $\lambda(\text{el})$ sowie Temperaturen, ausgedrückt durch E/k mit k als Boltzmannkonstante.

Dabei ist $\underline{P}$ die dielektrische Polarisation, $\underline{D}$ die dielektrische Verschiebung und $\underline{E}$ die elektrische Feldstärke, die im allgemeinen auch bei harmonischen Störungen nicht in Phase mit $\underline{D}$ schwingt. Aus diesem Grund wird ε als komplexe Zahl und im allgemeinen Fall als Tensor $\underline{\varepsilon}$ angesetzt.

Die Dielektrizitätskonstante ist ein Maß für die Polarisierbarkeit der Materie, die aufgrund der Wechselwirkung mit elektrischen Feldern auftritt. Die Polarisation kann durch Verschiebung mikroskopischer Ladungen, also der Elektronen gegen die Kerne oder von Ionen gegeneinander, verursacht werden (Verschiebungspolarisation) oder durch Ausrichten von permanenten Dipolen (Orientierungspolarisation).

Bei sehr niedrigen Frequenzen beobachtet man im Realteil von ε die statische Dielektrizitätskonstante, die der Summe aus Verschiebungs- und Orientierungspolarisation von polarisierbaren und im allgemeinen mit Dipolmomenten behafteten Teilchen entspricht. Im hochfrequenten Bereich erreicht ε'_r asymptotisch den Wert 1. Für den im Bereich des sichtbaren Lichts üblichen Brechungsindex n gilt die Maxwell-Relation $n^2 = \varepsilon_r'$.

Der Imaginärteil von ε kann mit dem Absorptionskoeffizienten korreliert werden. An den Absorptionsstellen treten charakteristische Resonanzphänomene im Realteil in typischen Frequenzbereichen auf, wie dies schematisch in Abb. 4.4.3 gezeigt ist. Der starke Abfall im niederfrequenten Bereich ist dagegen ein Relaxationsphänomen und wird durch die Reibungswärme der sich ausrichtenden Dipole verursacht. Er wird deshalb in stark verdünnten Gasen nicht beobachtet.

Man kann also aus Abb. 4.4.3 erkennen, in welchen Frequenz- bzw. Energiebereichen besonders ausgeprägte Photonen- oder Elektronenwechselwirkungen mit Teilchen und der Oberfläche zu erwarten sind und bei welchen Temperaturen diese Anregungsprozesse auch thermisch angeregt werden können.

Photonen zeigen im allgemeinen relativ hohe Eindringtiefen bzw. Ausdring- oder Fluchttiefen bei der Wechselwirkung mit Festkörpern (z.B. bei Röntgenphotonenbeschuß für XPS-Untersuchungen in der Größenordnung von 10 nm). Daher sind oberflächenspezifische Spektroskopien unter Verwendung von Photonen zur Anregung u n d zum Nachweis experimentell aufwendig. Vergleichsweise einfach können oberflächenspezifische Untersuchungen mit Elektronen durchgeführt werden, die insbesondere im Energiebereich um 50 eV aufgrund ihrer geringen Fluchttiefe bei starker Wechselwirkung mit Oberflächenatomen nur oberflächennahe Bereiche erfassen (vergleiche dazu auch Abb. 3.3.2). Die Spektroskopie mit emittierten Elektronen ist daher in besonderer Weise geeignet, oberflächenspezifische Informationen zu bekommen.

Abb. 4.4.4 zeigt typische Ergebnisse zur Emission von Elektronen aus Festkörpern nach Anregung mit Photonen mit der Energie E_{prim}. Aufgetragen ist die Häufigkeit $N(E)$ der emittierten Elektronen als Funktion der kinetischen Energie. Der hochenergetische Einsatzpunkt liegt für Metalle bei $E_{prim} - \Phi$, wobei Φ die Austrittsarbeit ist. In Halbleitern ohne Oberflächenzustände liegt der Einsatzpunkt bei $E_{prim} - E_V$ mit E_V als Energie der Valenzbandkante bei einem hier gewählten Energienullpunkt $E_{vac} = 0$ eV. Im hochenergetischen Bereich dieses Spektrums, d.h. bei hohen kinetischen Energien der Elek-

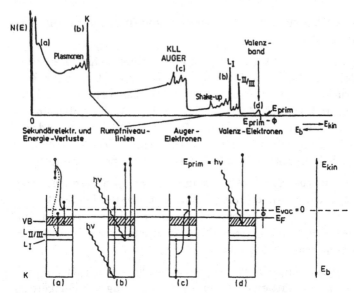

Abb. 4.4.4
Schematische Übersicht der Zahl $N(E)$ photoemittierter Elektronen („Intensität")
und charakteristischer Anregungsprozesse in Metallen. Dabei ist E_{kin} die kinetische Energie photoemittierter Elektronen und E_b die Bindungsenergie der Elektronen im Festkörper, bezogen auf das Vakuumniveau E_{vac}. Häufig werden Bindungsenergien in Festkörpern auch auf das Ferminiveau E_F als Energie-Nullpunkt
bezogen.
a) Sekundärelektronenanregung und Energieverluste bei inelastischer Streuung
der Elektronen vor dem Emissionsprozeß
b) Emission aus Rumpfniveaus
c) Augerprozesse und
d) Emission aus dem Valenzbandbereich
E_{prim} entspricht $h\nu$.

tronen, treten zunächst typische Strukturen durch Photoemission aus
dem Valenzband auf. Diese sind charakteristisch für die Bindungen
der Atome nahe der Festkörperoberfläche. An Einkristallen sind Valenzbandstrukturen oft stark abhängig von der Richtung der emittierten Elektronen. Darauf wird im Zusammenhang mit der Bestimmung
zweidimensionaler Bandstrukturen von Oberflächenzuständen in Abschn. 4.6 eingegangen.

Im Spektrum der Abb. 4.4.4 folgen bei niedrigeren kinetischen Energien typische Rumpfniveaulinien L_I, $L_{II/III}$ und K, die der Emission

aus L- bzw. K-Schalen des Atoms entsprechen. Dies ist in Prozeß b) im unteren Teil des Bildes angedeutet. Die Messung der energetischen Position dieser Linien ermöglicht eine Elementbestimmung, da die Position der Rumpfniveaus elementspezifisch ist. Das gleiche gilt für Augerelektronen mit dem in der Abb. 4.4.4c gezeigten Elementarprozeß der Elektronenanregung. Dabei wird ein durch Photoemission oder Elektronenbeschuß erzeugtes Loch durch ein Elektron aus einer höherliegenden Schale aufgefüllt. Die freiwerdende Energie kann auf ein weiteres Elektron übertragen werden, das dadurch mit einer definierten kinetischen Energie emittiert wird. Augerübergänge werden deshalb über die Angabe der beteiligten drei Orbitale charakterisiert. Im gezeigten Beispiel handelt es sich um einen KLL- oder genauer um einen $KL_IL_{II/III}$-Übergang.

In Abb. 4.4.4 sind auf der niederenergetischen Seite der Rumpfniveau- und der Augerübergänge Strukturen zu sehen, die beispielsweise durch Anregung von Plasmonen, d.h. von kollektiven Elektronenschwingungen entstehen (vgl. Abschn. 4.5.1).

Andere Ursachen für das Auftreten dieser Strukturen sind elektronische oder vibronische Energieverluste emittierter Elektronen. Dabei sind im unteren Teil der Abbildung unter a) zwei Prozesse gezeigt, in denen Elektronen mit Energien oberhalb des Vakuumniveaus einen Energieverlust erleiden, der zur Anregung eines Elektrons aus der L_I-Schale in das Valenzband bzw. aus dem Valenzband in den Bereich oberhalb des Vakuumniveaus verwendet wird. Deren Spektroskopie ist nur dann einfach, wenn einfache Elektronenenergieverluste der gezeigten Art studiert werden. Im allgemeinen kann ein Elektron Mehrfachverluste erleiden und mehrere Sekundärelektronen erzeugen. Dies führt zu dem starken Anstieg der Kurve $N(E)$ bei sehr kleinen kinetischen Energien, wobei ggfs. eine spezifische Struktur der Kurve spezifische Übergänge in diesem Bereich wiedergibt („wahre" Sekundärelektronen).

Von besonderer Bedeutung ist die Spektroskopie von Sekundärelektronen nach Anregungen mit Photonen u.a. wegen des methodischen Vorteils, daß die Primäranregung mit Photonen an empfindlichen Festkörperoberflächen wesentlich geringere Strahlungsdefekte als bei Anregung mit Elektronen verursacht.

Bei der Primäranregung mit Elektronen (Abb. 4.4.5) tritt eine charakteristische Modifizierung des gezeigten $N(E)$-Spektrums mit einem Peak bei $E_{prim} = E_{kin}$ auf, da bei elastischer Reflexion der anregenden Elektronen im Sekundärelektronenspektrum diese Energie

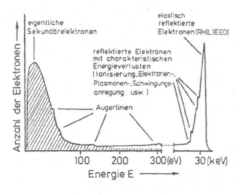

Abb. 4.4.5
Schematische Übersicht der Anzahl $N(E)$ emittierter Elektronen nach Anregung mit Elektronen der Energie 30 keV. Diese Energie ist typisch für die Rasterelektronenmikroskopie. Bei der Augerspektroskopie üblich sind Energien von 5 keV, bei LEED 10 bis 200 eV und bei HREELS 1 bis 10 eV. Nähere Details sind im Text beschrieben.

unverändert wiedergefunden wird. Dabei beträgt typischerweise der Anteil der elastisch reflektierten Elektronen nur etwa 1% der insgesamt emittierten Elektronen. Mit den elastisch reflektierten Elektronen werden u.a. die schon in Kapitel 3 eingehend diskutierten Experimente zur Beugung langsamer und schneller Elektronen durchgeführt. Charakteristische Peaks auf der niederenergetischen Seite des elastischen Peaks, deren relative Position bezüglich des Primärpeaks nicht von der Primärenergie des elastischen Peaks abhängt, werden in der Elektronenenergieverlustspektroskopie zur Identifizierung von elektronischen (Abschn. 4.6.5) und vibronischen (Abschn. 4.7.1) Zuständen untersucht. Geringe Verluste in der Größenordnung von 100 meV erleiden beispielsweise die Elektronen, die Oberflächenphononen oder Schwingungen von an der Oberfläche adsorbierten Teilchen angeregt haben. Im Energieverlustbereich bis ca. 50 eV finden sich Elektronen, die Verluste durch Anregung von Valenzelektronen erlitten haben. Dabei beobachtet man sowohl Einelektronenanregung als auch Kollektivanregung von Plasmonen. Bei hoher Energie ($\gtrsim 50$ eV) können auch Rumpfelektronen angeregt werden. Die dadurch erzeugten Verlustpeaks erscheinen damit im Energiebereich der Augerpeaks (vgl. Tabellen der Bindungsenergien und Augerenergien in Anhang 8.10).

Valenzbänder sind charakteristisch für den Bindungstyp des Festkörpers und breit gegenüber den elementspezifischen, stark lokalisierten Rumpfniveaus. Wir werden daher die folgende Diskussion aufteilen in die Diskussion der Spektroskopie im Bereich der Rumpfelektronen (Abschn. 4.5) und der Valenzelektronen (Abschn. 4.6).

Eine weitere Gruppe von Spektroskopien kommt ohne Emission von Elektronen aus. Hierbei werden Übergänge an der Oberfläche durch Elektronen, Photonen oder Atome angeregt. Diese Anregungen werden durch Absorption, Energie- oder Impulsänderung des anregenden Teilchens oder durch Lichtaussendung nachgewiesen. Einige Prozesse sind schematisch in Abb. 4.4.6 dargestellt.

Wie schon erwähnt, können Elektronen oder Atome bei der Reflexion (oder Beugung) zusätzlich einen inelastischen Streuprozeß erleiden, der über Energie und Impuls des gestreuten Teilchens wertvolle Informationen über die Anregung der Oberfläche für die elektronische (Abschn. 4.6.5) und vibronische Struktur (Abschn. 4.7.1) liefert (Abb. 4.4.6a). Beim Einfangen eines Elektrons (Abb. 4.4.6b) kann

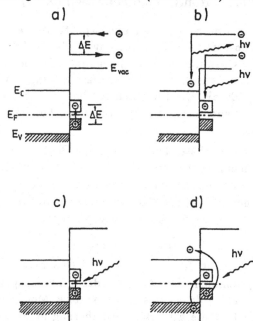

Abb. 4.4.6
Schematische Darstellung verschiedener Verlustprozesse an Festkörperoberflächen. Details sind im Text beschrieben.

ein Photon freigesetzt werden und dieses Auskünfte über die Besetzung eines vorher unbesetzten Zustandes liefern (inverse Photoemission (Abschn. 4.6.6)). Die Absorption eines Photons (Abb. 4.4.6c) kann einen elektronischen (Abschn. 4.6.7) oder vibronischen (Abschn. 4.7.3) Übergang anregen. Schließlich kann die Absorption eines Photons auch indirekt durch freie Ladungsträger in Halbleitern über deren Leitfähigkeit oder Bandverbiegung (Abb. 4.4.6d, Abschn. 4.6.7) oder über Erwärmung nachgewiesen werden. Durch die Kombination der verschiedenen Verfahren können also besetzte und unbesetzte elektronische Niveaus wie auch Schwingungsniveaus bestimmt werden. Durch Messung der Winkelabhängigkeit werden auch Impulskomponenten erfaßt, so daß damit auch der experimentelle Zugang zu den in Abschn. 4.1 diskutierten wellenverktoraufgelösten Oberflächenzuständen gegeben ist.

4.5   Spektroskopie im Bereich der Rumpfelektronen

4.5.1   Röntgenphotoemission (XPS)

Die Röntgenphotoemissionsspektroskopie wird auch XPS („X-Ray Photoemission Spectroscopy") oder ESCA („Electron Spectroscopy for Chemical Analysis") genannt. Man bezeichnet damit die Elektronenspektroskopie nach Primäranregung mit Photonen einer Energie $\gtrsim 100$ eV. Die Photonen werden im Labor mit Röntgenquellen oder im Synchrotron erzeugt, wie dies schon im Abschn. 2.4.2 beschrieben wurde.

Im einfachsten Fall läßt sich die Photoelektronenemission als Einteilchenanregung verstehen. Abb. 4.5.1a zeigt schematisch die idealisierte Photoemission eines Atoms oder Moleküls, wobei die Ionisierungsenergie $I_{1(2)}$ die kinetische Energie der photoemittierten Elektronen bei gegebener Photonenenergie über

$$h\nu - I_{1(2)} = E_{kin1(2)} \qquad (4.5.1)$$

bestimmt. Im einfachsten Fall (Koopmannsches Theorem) wird angenommen, daß während des Emissionsprozesses die elektronische Struktur des neutralen Atoms bzw. Moleküls unverändert bleibt und deshalb die Einelektronennäherung in Gl. (4.5.1) eine adäquate Be-

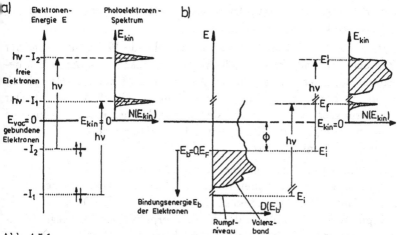

Abb. 4.5.1
Idealisierte Photoionisationsprozesse und Photoelektronenspektren $N(E_{kin})$ für
a) Atome. Darin bedeuten $I_{1(2)}$ Ionisierungsenergien, die im Koopmannschen
Theorem identisch sind mit den negativen Orbitalenergien $E_{b1(2)}$.
b) Festkörper. Gezeigt ist das Beispiel eines Metalls mit Bindungsenergien im
Rumpfniveau- (E_i) und Valenzband-Bereich (E_i'). Nähere Details sind im Text
angegeben.

schreibung des Photoionisationsprozesses ermöglicht. Dabei sind die
Ionisierungsenergien $I_{1(2)}$ dieser Gleichung identisch mit der negativen Orbitalenergie des Systems vor dem Photoemissionsprozeß. Orbitalenergien werden im allgemeinen auf $E_{vac} = 0$ bezogen und nehmen daher für gebundene Elektronen negative Werte an. Die positiven Ionisierungsenergien sind in dieser Näherung identisch mit
den Bindungsenergien E_b der Elektronen in den jeweiligen Orbitalen.

Im allgemeinen wird die kinetische Energie E_{kin} photoemittierter
Elektronen größer sein als die auf diese Weise abgeschätzte, da sich
das $(N-1)$-Elektronensystem nach der Photoionisation des N-Elek-
tronensystems i.allg. noch nicht im Grundzustand befindet. Dies liegt
daran, daß die Gleichgewichtsabstände der Atome und Elektronen im
$(N-1)$-Elektronensystem andere sind als die im N-Elektronensystem.
Durch Übergang des angeregten Ions oder Moleküls in den Grundzustand wird demzufolge eine Relaxationsenergie frei, die dem photoemittierten Elektron zumindest teilweise übertragen werden kann.

Auf Prozesse dieser Art wird weiter unten noch detaillierter eingegangen (Abb. 4.5.5).

Zum Vergleich gibt Abb. 4.5.1b entsprechende Verhältnisse bei der
Photoelektronenemission aus Festkörperoberflächen an. Auch hier bestimmt der Energiesatz in erster Näherung die kinetische Energie E_f
photoemittierter Elektronen (dabei steht „f" für „final state"). Der
Ionisierungsenergie bzw. Orbitalenergie in Atomen entspricht hier die
Bindungsenergie bzw. die Energie des Anfangszustandes E_i (dabei
steht „i" für „initial state").

Die Bindungsenergie E_b eines Zustandes der Energie E wird bei
Festkörpern im allgemeinen nicht vom Vakuumniveau, sondern vom
Ferminiveau E_F aus gemessen, d.h. $E_b = E - E_F$. Dieser Energie-
Nullpunkt ist einerseits in der Festkörperphysik als Bezugsgröße für
das thermische Gleichgewicht der Elektronen (s. Abschn. 4.2.1) gebräuchlich, andererseits auch experimentell direkt zugänglich, da bei
Photoemissionsexperimenten die zu untersuchende Probe im allgemeinen ebenso wie der Analysator geerdet und daher mit diesem auf
gleiches Potential gelegt ist. Die kinetische Energie ergibt sich dann
zu

$$E_{kin} = h\nu - E_b - \Phi \tag{4.5.2}$$

mit Φ als Austrittsarbeit des Festkörpers.

Die höchste kinetische Energie (vgl. Abb. 4.4.4) ist dann für Metalle
gegeben durch

$$E_{kin,max} = h\nu - \Phi \tag{4.5.3}$$

und für Halbleiter ohne Oberflächenzustände durch

$$E_{kin,max} = h\nu - \Phi - E_{b,max} = h\nu - (E_{vac} - E_V) \tag{4.5.4}$$

mit E_V als Energie der Valenzbandkante.

Da das Ferminiveau experimentell einfach zugänglich ist, läßt sich
an Halbleitern die Position des Ferminiveaus relativ zur Valenzbandkante an der Oberfläche sowie dessen Änderung bei Bandverbiegung
$e\Delta V_s$ einfach bestimmen. Austrittsarbeiten und deren Änderungen
lassen sich sowohl an Metallen als auch an Halbleitern aus Photoemissionsexperimenten bestimmen, bei denen der Einsatzpunkt der
Sekundärelektronenemission bei $E_{kin} = 0$ durch Variation einer Pro-

benvorspannung exakt bestimmt wird. Absolutwerte der Austrittsarbeit lassen sich durch Eichung gegen Proben bekannter Austrittsarbeit ermitteln. Wegen der größeren Genauigkeiten werden solche
Werte jedoch üblicherweise aus UPS-Spektren (s. Abschn. 4.6) bestimmt.

Das in Abb. 4.5.1b gezeigte Beispiel charakterisiert auch die Struktur der unbesetzten Niveaus oberhalb E_F. Falls diese Struktur keine ausgeprägten Maxima und Minima aufweist, wird das Spektrum
$N(E_{kin}) = N(E)$ im wesentlichen die Struktur der Anfangszustän-
de, d.h. des Valenzbandes bzw. der Rumpfniveaus wiedergeben. Die
analogen antibindenden und unbesetzten Zustände des freien Teilchens in Abb. 4.5.1a sind zur Vereinfachung nicht angegeben worden.
Da bei der UV-Photoemission die Endzustände eine stärker ausgeprägte Struktur besitzen als bei der Röntgenphotoemission, werden
wir uns in Abschn. 4.6.1 näher mit diesem Problem befassen und dabei
auch die Möglichkeit kennenlernen, Photoemissionsspektren quantitativ auszuwerten. Auch die winkelaufgelöste Photoemission werden wir
erst in Abschn. 4.6.3 behandeln.

Die allgemeine Bedeutung der Röntgenphotoemissionsspektroskopie liegt darin, daß durch Vergleich der experimentell beobachteten
Rumpfniveaulinien mit tabellierten Werten für die Bindungsenergi-
en von Elektronen in Atomen eine Elementanalyse des Moleküls, des
Festkörpers oder der Festkörperoberfläche vorgenommen werden kann
(vgl. Tabellen im Anhang 8.8) [Sie 82].

Ein Vorteil liegt darin, daß die Elemente nicht nur einfach identifiziert
werden können, sondern daß auch die effektive Ladungsverteilung am
Ort dieses Elementes erfaßt wird. Dies wird mit Erfolg seit vielen Jahren in der Chemie so durchgeführt [Nor 72], [Ege 87]. Die tatsächlich
ermittelte Bindungsenergie $E_{b,eff}$ hängt dabei von verschiedenen Ter-
men ab:

$$E_{b,eff} = E_b(\text{Atom}) + \Delta E_{chem} + \Delta E_{Mad} + \Delta E_{r,int} + \Delta E_{r,ext} \qquad (4.5.5)$$

Die chemische Verschiebung ΔE_{chem} und der Madelungterm ΔE_{Mad},
der nur in Ionenkristallen auftritt, erfassen die statischen Effekte, die
die Energie des Grundzustandes beeinflussen, während für die Relaxationseffekte ΔE_r dynamische Prozesse ausschlaggebend sind, die
die energetische Lage des gemessenen Endzustandes verändern.

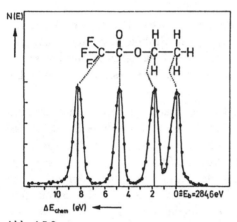

Abb. 4.5.2
Chemische Verschiebung der Kohlenstoff-1s-Rumpfniveaus von den verschiedenen
Kohlenstoffatomen im Ethylfluoroacetatmolekül. Im oberen Teil des Bildes ist die
Molekülstruktur und die Zuordnung zu den C1s-Emissionspeaks im darunterlie-
genden XPS-Spektrum gezeigt [Sie 67X]. Die chemische Verschiebung ΔE_{chem}
wurde auf die Bindungsenergie $E_b = 284,6$ eV von Kohlenstoff in einer kovalenten C-H-Umgebung bezogen. Erhöhte Bindungsenergien ($\Delta E_{chem} > 0$) treten
dadurch auf, daß elektronegative Nachbaratome (O,F) Elektronenladung partiell
vom Kohlenstoff abziehen.

Die effektive Ladung des Atoms und der Einfluß nächster Nachbarn
werden über ΔE_{chem} bestimmt. Abb. 4.5.2 zeigt ein typisches Beispiel,
in dem die Kohlenstoff-1s-Emission je nach lokaler Umgebung der
Kohlenstoffatome in dem gezeigten Molekül verschoben auftritt. Der
Energienullpunkt ist der C1s-Emission der CH_3-Gruppe zugeordnet
worden und liegt bei 284,6 eV Bindungsenergie. Die energetische Verschiebung der C1s-Emission gegenüber dem Kohlenstoff mit weitgehend kovalenter tetraedrischer lokaler Umgebung in der CH_3-Gruppe
ΔE_{chem} ist umso größer, je mehr Außenelektronen vom zentralen
Kohlenstoffatom durch die benachbarten Atome „abgezogen" werden.
Dies führt zu einer effektiv höheren Bindungsenergie der tiefliegenden
Rumpfelektronen, da bei Entfernen von Valenzelektronen die effektive
Kernladungszahl des Kohlenstoffs für das 1s-Elektron erhöht wird.

Bei der Untersuchung einer Reihe von Molekülen oder Festkörpern
hat es sich historisch in der Chemie (unabhängig von den diskutierten
Photoemissionsmessungen an Rumpfniveaus) als vorteilhaft erwiesen,
über die Differenz $\Delta\chi$ von Elektronegativitäten der beteiligten Ato-

me eine dimensionslose effektive Paulingsche Ladung q_p zur formalen Charakterisierung der Bindung zwischen verschiedenen Atomen zu definieren. Der Wert q_p ist gleich 0, wenn dem Zentralatom in einem Molekül (hier dem Kohlenstoffatom) effektiv die gleiche Anzahl von Elektronen zugeordnet werden kann wie dem freien Atom. Die Ionizität von chemischen Bindungen läßt sich über

$$q_{p,A} = \frac{q}{e} + \sum_{B_i} \delta_{AB_i} \qquad (4.5.6)$$

mit $\quad \delta_{AB_i} = 1 - \exp\left[-0.25(\chi_A - \chi_{B_i})^2\right] \qquad (4.5.7)$

beschreiben. Darin ist q die dem Zentralatom A formal zugeordnete Ladung, z.B. $q/e = +1$ für Stickstoff im $(NH_4)^+$-Ion. Aufsummation der Beiträge des ionischen Charakters δ_{AB_i} der Einzelbindungen vom Zentralatom A zu den Nachbaratomen B_i, die sich aus den entsprechenden Differenzen der Paulingschen Elektronegativitäten χ_A und χ_{B_i} ergeben, und Addition von q/e ergibt $q_{p,A}$. Dabei wird δ_{AB_i} positiv gesetzt, wenn $\chi_{B_i} > \chi_A$ gilt. Gl. (4.5.7) gilt dabei exakt nur für zweiatomige Moleküle bzw. für Atome in Verbindungen, bei denen nur nächste Nachbarn zum Zentralatom existieren. Der Fehler für Atome in Kristallen ist jedoch gering [Mod 75]. Mit Gl. (4.5.6) kann für jedes beliebig herausgegriffene Zentralatom A eine Paulingsche Ladung $q_{p,A}$ ermittelt werden [Nor 72].

Übung 4.5.1. Man berechne die Paulingsche Ladung für den Stickstoff in einem Alkylammonium-Ion $[(CH_3)_2 NH_2]^+$.

H i n w e i s : Die Differenz $\Delta\chi$ der Elektronegativitäten zwischen N^+ und C ist 0,8, die positive Ladung des Ions ist am N-Atom lokalisiert.

Dieses formale Verfahren ermöglicht es, die in XPS-Spektren gemessenen Verschiebungen für eine große Zahl von Verbindungen sehr unterschiedlicher Struktur mit einem einzigen berechneten Parameter $q_{p,A}$ zu korrelieren, wie dies für eine Reihe von Molekülen in Abb. 4.5.3 für das Zentralatom Kohlenstoff schematisch dargestellt ist. Elektronegativitäten und Paulingsche Ladungen sind einerseits rein empirische Parameter zur Charakterisierung von Bindungsverhältnissen in Molekülen (vgl. Anhang 8.9). Diese Parameter können andererseits auch über quantenmechanisch berechnete Ladungsdichteverteilungen in Molekülen definiert und berechnet werden [Sie 71X].

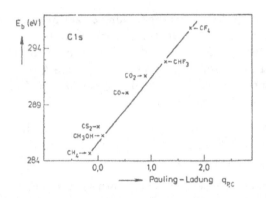

Abb. 4.5.3
Bindungsenergie E_b der Kohlenstoff-1s-Rumpfniveauelektronen als Funktion der Pauling-Ladung $q_{P,C}$ am Kohlenstoffatom [Sie 71X]

Ein spezifischer Ansatz korreliert dabei beispielsweise Orbitalanteile verschiedener Atome im Molekül über sogenannte Mulliken-Populationsdaten mit effektiven Ladungen an einem bestimmten Atom [Sun 88].

Häufig ist es bei Experimenten an Festkörperoberflächen aufschlußreich, daß Wechselwirkungen mit Molekülen aus der Gasphase über charakteristische chemische Verschiebungen in den Bindungsenergien

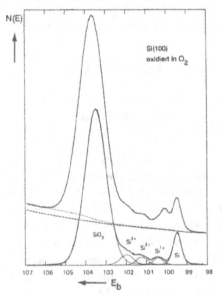

Abb. 4.5.4
Photoemissionsspektren der Silicium-2p-Rumpfniveaus nach Anregung einer Silicium(111)-Oberfläche mit $h\nu = 130$ eV. Die obere Kurve zeigt die Rohdaten, die untere die $Si2p_{3/2}$-Emission nach Abzug des Untergrundes (gepunktete Linie) und der $Si2p_{1/2}$-Emission. Nach Wechselwirkung mit Sauerstoff treten charakteristische chemische Verschiebungen auf, die unterschiedlichen Oxidationsstufen von Si in der Nahordnung zugeordnet werden können [Him88].

von Rumpfniveaus der Oberflächenatome erfaßt werden. Ein typisches Beispiel dafür ist die Oxidation von Eisen [Kui 88] oder die in Abb. 4.5.4 gezeigte Oxidation von Silicium. Freies Silicium ergibt als Folge der Spin-Bahn-Aufspaltung (s.u.) eine Duplettstruktur, die der Emission aus den Silicium-2p-Zuständen bei etwa 99,5 eV zugeordnet werden kann. Bei Wechselwirkung von Silicium mit Sauerstoff treten charakteristische Änderungen auf, die über höhere Bindungsenergien der Sauerstoff-2p-Zustände und damit formal über entsprechende chemische Verschiebungen diskutiert werden können. Da Sauerstoff elektronegativer ist als Silicium, führt die zunehmende Zahl von Nachbar-Sauerstoffatomen um das Zentralatom Silicium zu zunehmender Verschiebung elektronischer Ladungen vom Silicium zum Sauerstoff und damit zu zunehmendem Oxidationsgrad von Silicium. Dabei läuft die Oxidation über Si_2O ($\Delta E_b = \Delta E_{chem} = 0,9$ eV), SiO ($\Delta E_b = 1,6$ eV), Si_2O_3 ($\Delta E_b = 2,4$ eV) bis hin zum SiO_2 ($\Delta E_b = 3,6$ eV) ab. Auf diese Weise kann auch die lokale Atomanordnung über XPS ermittelt werden. Allerdings lassen sich keine Aussagen über den Abstand der Atome voneinander machen. Dies ist jedoch möglich bei der Auswertung der in Abschn. 4.5.2 zu diskutierenden Streuexperimente mit Photoelektronen.

Eine Übersicht über Photoemissionsstudien an Oberflächen mit adsorbiertem Sauerstoff und Oxidschichten findet man in [Wan 82].

Der Madelung-Term ΔE_{Mad} erfaßt in Ionenkristallen zusätzlich das elektrische Potential aller Gitterbausteine am Ort des Zentralatoms [Bro 80]. Obwohl in erster Näherung oft nur Änderungen der chemischen Verschiebungen beim Vergleich verschiedener Verbindungen diskutiert werden, sind Änderungen im Madelungterm häufig nicht vernachlässigbar und können den Effekt der chemischen Verschiebung u.U. vollständig kompensieren.

Die Relaxationseffekte erfassen die Vielteilcheneffekte, durch die man bei langsamer Anregung der Elektronen effektiv eine kleinere Bindungsenergie bestimmt als bei einer schnellen. Dies liegt daran, daß man bei schneller Anregung nicht in das absolute Potentialminimum des ionisierten Gesamtsystems anregt. So erfolgt beispielsweise eine schnelle Elektronenanregung in Molekülen bei zunächst konstantem Kernabstand (Franck-Condon-Prinzip). Erst anschließend an die schnelle Elektronenemission relaxiert das System, indem einerseits das entstandene Loch durch Elektronen aus höheren Schalen aufgefüllt wird und andererseits die übrigen Elektronen eine höhere effektive Bindungsenergie spüren und ihre Energieniveaus deshalb etwas abgesenkt werden. Dadurch wird auch die geometrische Anordnung der Elektronen in den unterschiedlichen Orbitalen beeinflußt.

Abb. 4.5.5 verdeutlicht die energetischen Verhältnisse während der Relaxation an dem einfachen Beispiel des H_2-Moleküls (vgl. dazu auch Abb. 4.6.6). Abb. 4.5.5a zeigt im Einteilchenbild die Bindungsenergie E_b im Zusammenhang mit der Photonenenergie $h\nu$ und der kinetischen Energie E_{kin} des photoemittierten Elektrons. Abb. 4.5.5c zeigt die Gesamtenergie E_{pot} eines Moleküls und des entsprechenden Ions nach Photoemission. Der Parameter Ψ charakterisiert die räumliche Relaxationskoordinate, die im Gleichgewicht unterschiedliche Werte Ψ_{Mol} bzw. Ψ_{Ion} für das Minimum der potentiellen Gesamtenergie E_{pot} des Moleküls bzw. Ions annimmt. In diesem einfachsten Fall des H_2-Moleküls ist der Relaxationsparameter der Abstand der H-Atomkerne voneinander. Schon bei dreiatomigen Molekülen ist die Relaxation der Molekülgeometrie als Folge der Ionisierung des Moleküls nur über die Variation mehrerer geometrischer Parameter beschreibbar. (Ein Beispiel dafür wird in Abb. 5.6.25 in Abschn. 5.6.5 gezeigt.) Im allgemeinen wird man nicht in den elektronischen Grundzustand des Ions anregen, so daß in der Abb. 4.5.5c unterschiedliche Potential-

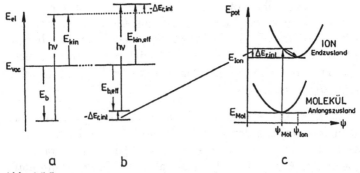

Abb. 4.5.5
Relaxationseffekte und das Einteilchenbild der Photoemission am Beispiel des H_2-Moleküls. Nähere Details sind im Text beschrieben. E_{Mol} und E_{Ion} sind die elektronischen Grundzustände von H_2 bzw. H_2^+.

kurven angeregter Moleküle berücksichtigt werden müßten (vgl. Abb. 4.6.5b).

In Abb. 4.5.5b ist gezeigt, daß bei sehr langsamer (adiabatischer) Anregung das Photoelektron noch die Relaxationsenergie des Gesamtsystems aufnehmen kann und so mit einer größeren kinetischen Energie emittiert wird. In diesem Fall ergibt sich die Bindungsenergie E_b(Atom) aus $E_{b,\text{eff}} = E_b(\text{Atom}) + (-\Delta E_{r,\text{int}})$ (vgl. Gl. (4.5.5)).

Bei Festkörpern tritt ein zusätzlicher Relaxationseffekt dadurch auf, daß das photoemittierende Atom in ein polarisierbares Medium eingebettet ist. In diesem Fall wirkt das durch Photoemission erzeugte Loch als lokale positive Ladung, die Elektronen des Gitters (und nicht nur die am Zentralatom lokalisierten) zur Abschirmung anzieht. Die Abschirmung bewirkt eine Erniedrigung der Gesamtenergie des Systems. Diese Energiedifferenz kann wiederum dem emittierten Photoelektron übertragen werden. Im Gegensatz zu dem zuvor diskutierten intra-atomaren Relaxationseffekt wird dieser Effekt als extra-(oder inter-)atomarer Relaxations-(oder auch Polarisations-)Effekt bezeichnet. Der Polarisationseffekt ist ausgeprägt in Systemen mit wohldefinierten Lochzuständen und ist demzufolge im allgemeinen groß für Rumpfniveauzustände, aber relativ schwach für Valenzbandzustände. In Adsorbatatomen an Festkörperoberflächen können ausgeprägte extraatomare Relaxationseffekte auch im Valenzbandbereich gefunden werden, wenn die Bindung des Moleküls durch energetisch schmale Adsorbatniveaus charakterisiert ist, in denen das Loch relativ lange lokalisiert bleiben kann.

All diese Effekte können durch die andere Koordination auch zu unterschiedlichen Bindungsenergien von Oberflächenatomen im Vergleich zu Volumenatomen führen (s. z.B. [Pur 89]).

In den XPS-Spektren werden über die bisher diskutierten Rumpfniveauübergänge hinaus noch verschiedene andere Peaks beobachtet (vgl. Abb. 4.4.4).

Zunächst treten neben den Photoelektronenlinien auch *Augerlinien* auf, da der Augerprozeß in Konkurrenz zur Aussendung charakteristischer Röntgenstrahlung bei der Wiederauffüllung von Rumpfniveaus als Folgeprozeß der Photoemission auftritt (vergleiche dazu Abb. 4.4.4 und Abschn. 4.5.3).

Weiterhin treten sogenannte *Shake-up-* und *Shake-off-*Linien auf, die sich in Satellitenpeaks mit niedrigerer kinetischer Energie der Größenordnung einiger eV neben dem Primärpeak äußern. Diese Linien resultieren aus Zweielektronenprozessen, bei denen mit der Emission eines Photoelektrons gleichzeitig ein anderes gebundenes Elektron angeregt wird, so daß das Photoelektron mit entsprechend geringerer Energie emittiert wird. Bei Shake-up-Prozessen bleibt das zweite angeregte Elektron gebunden, während bei Shake-off-Prozessen das zweite angeregte Elektron ebenfalls emittiert wird. Die Verschiebungen und relativen Intensitäten der Shake-up-Satelliten-Peaks können zur Identifizierung des chemischen Zustands dieses Elements herangezogen werden, da die Energieübertragung orbitalspezifisch abläuft.

Darüber hinaus kann eine *Multiplett-*Aufspaltung auftreten. Sie demonstriert einen für die gesamte Photoemissionsspektroskopie zentralen Punkt: Die gemessenen Spektren sind immer für einen Zustand repräsentativ, dem ein Elektron fehlt, und nicht für den Grundzustand der untersuchten Probe.

Eine Ursache ist die *Spin-Spin-Kopplung* von Elektronen. Beim Photoionisationsprozeß hinterläßt das emittierte Elektron einen Lochzustand, der mit anderen ungepaarten Elektronen des Atoms in verschiedener Weise koppelt. Da sich verschiedene Spinkopplungen energetisch unterscheiden, werden bei der Relaxation unterschiedliche Energiebeträge frei, die das emittierte Elektron bei langsamer Anregung zusätzlich aufnimmt (s.o.). Dies führt zu einer Aufspaltung in den Photoemissionsspektren, für die charakteristische Beispiele in Abb. 4.5.6 gezeigt sind. Die Wahrscheinlichkeit eines Lochzustandes ist dabei um so größer, je mehr Spinanordnungen gemäß $2S + 1$ möglich sind.

Die N1s-Emission aus dem diamagnetischen N_2 ist nicht aufgespalten. Die Linie zeigt die natürliche Linienbreite, bewirkt durch die Linienbreite der Primäranregung. Im paramagnetischen NO läßt sich die Aufspaltung der N1s-Emission als Folge der zwei unterschiedlichen möglichen Orientierungen des im Rumpfniveau verbliebenen Elektrons relativ zum Spin des Elektrons im 2s-Niveau nachweisen. Die Flächen verhalten sich dabei gemäß $S = 1$ und $S = 0$ wie 3 : 1.

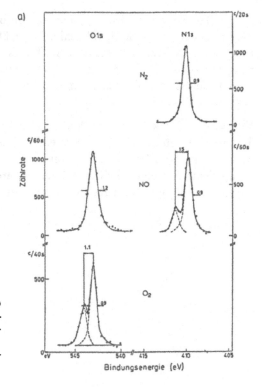

Abb. 4.5.6
a) XPS-Spektren von N_2, NO und O_2 mit der Spinaufspaltung des 1s-Niveaus in paramagnetischen Molekülen
b) Schematisches Orbitaldiagramm von N_2, NO und O_2
[Sie 71X]

In der O1s-Emission wird lediglich eine Verbreiterung festgestellt. Im paramagetischen O_2-Molekül schließlich läßt sich auch eine Aufspaltung der O1s-Niveaus nachweisen. Dies ist eine Folge der Orientierungsabhängigkeit des Spins des photoemittierten Elektrons relativ zu den beiden parallel angeordneten Spins im $\Pi_g 2p$-Orbital von O_2 (vgl. Abb. 4.5.6b).

Eine andere Ursache für ein Multiplett ist die *Spin-Bahn-Kopplung*. Je nachdem, ob ein Elektron mit einer günstigeren (Gesamtdrehimpuls $j = l - s$) oder ungünstigeren ($j = l + s$) Kopplung emittiert wird, besitzt es eine niedrigere oder höhere kinetische Energie. Im Gegensatz zur Spin-Spin-Kopplung handelt es sich hier also um einen

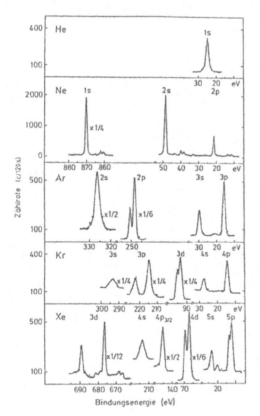

Abb. 4.5.7
Photoemissionsspektrum von H, He, Ne, Ar, Kr und Xe, aufgenommen mit Mg-K_α-Strahlung. Angegeben ist die Zählrate (als Maß für $N(E_b)$) als Funktion der Bindungsenergie E_b in eV. Die Niveaus mit Bahndrehimpulsen $l \geq 1$ zeigen eine Spin-Bahn-Aufspaltung, die experimentell wegen der Linienbreite der Primärstrahlung nicht in allen Fällen aufgelöst werden kann [Sie 71X].

Effekt des Anfangs- und nicht des Endzustandes. Unterschiedliche Flächen entstehen durch die Häufigkeit $2j + 1$ eines Kopplungszustandes.

Abb. 4.5.7 zeigt typische Rumpfniveauspektren von Edelgasen, aufgenommen mit MgK_α-Strahlung, bei denen Linien von Niveaus mit endlichem Bahnmoment (p- und d-Orbitale) durch die Spin-Bahn-Kopplung eine zweifache Aufspaltung zeigen, die nicht in allen Fällen aufgelöst werden kann.

Zudem werden i. allg. *Elektronenenergieverlustpeaks* in definiertem Abstand zu einer Photoemissionslinie beobachtet, von denen Energieverluste als Folge der Plasmonenanregung die häufigsten sind. Plasmonen sind kollektive Elektronenschwingungen, die durch die Störung des Elektronenkollektivs bei der Emission des Photoelektrons angeregt werden, wodurch dem Elektron definiert Energie fehlt (1-, 2-, 3fach ...). Solche Prozesse hängen in starkem Maße von der Zeitskala der entsprechenden beteiligten Fundamentalprozesse ab. Die Photonenabsorption erfolgt i. allg. schneller als 10^{-17} s. Abhängig von der kinetischen Energie der Photoelektronen im Endzustand wird das Loch in Zeiten zwischen 10^{-17} und 10^{-14} s erzeugt. Ist diese Locherzeugung schnell ("sudden limit"), dann treten im allgemeinen Plasmonensatellitenpeaks auf. Beim anderen Extrem sehr langsamer Locherzeugung wird in adiabatischer Näherung die Energie des Photoelektrons um die Relaxationsenergie erhöht.

4.5.2 Streuexperimente mit Photoelektronen

Mit Photoelektronen können Streuexperimente durchgeführt werden. Zum Verständnis dieser Experimente sind zunächst in Abb. 4.5.8 Wechselwirkungsquerschnitte gezeigt, wobei μ als reziproke mittlere Eindringtiefe der Strahlung über den exponentiellen Abfall der Strahlungsintensität definiert ist. Man findet experimentell, daß Wechselwirkungsquerschnitte (bzw. Absorptionskoeffizienten) in der festen Phase in guter Näherung durch entsprechende Werte in der Gasphase oder auch durch entsprechende theoretische Rechnungen approximiert werden können. Dies ist am Beispiel der Abb. 4.5.8 für Aluminium gezeigt. Abweichungen werden i.allg. nur in der Nähe der Röntgenabsorptionskanten (hier $L_{II/III}$ und L_I) gefunden. Bei Energien oberhalb

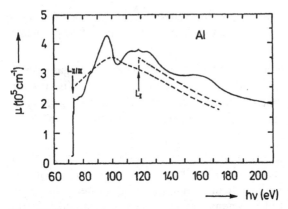

Abb. 4.5.8
Photonen-Absorptionskoeffizient μ als Funktion der Photonenenergie $h\nu$ für Aluminium. Experimentelle Ergebnisse am festen Aluminium sind ausgezeichnet, theoretische Resultate für freie Aluminiumatome sind gestrichelt angegeben [Man 78].

der Absorptionskante treten sogenannte EXAFS-(„Extended X-ray Absorption Fine Structure"-)Oszillationen auf, sofern um die Atome eine Nahordnung besteht. Der Absorptionskoeffizient ist dabei unterschiedlich für Elektronen mit unterschiedlichen Quantenzahlen im

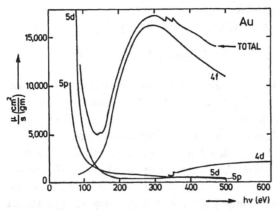

Abb. 4.5.9
Theoretischer Verlauf des Photonen-Absorptionskoeffizienten μ dividiert durch die Dichte ϱ für Gold. Angegeben sind die Beiträge einzelner Unterschalen der Hauptquantenzahlen 4 und 5 sowie der totale Absorptionskoeffizient [Man 78].

selben Atom, wie dies in Abb. 4.5.9 für Ergebnisse am Gold gezeigt ist.

Die EXAFS-Oszillationen können zur Bestimmung der Nahordnung der Atome in einem Festkörper herangezogen werden. Das aus dem angeregten Atom emittierte Photoelektron mit der kinetischen Energie $h\nu - E_0$ (mit E_0 als Schwellenenergie zur Anregung von Rumpfelektronen an der Röntgenabsorptionskante) kann als eine sich vom Zentralatom wegbewegende Kugelwelle mit der Materiewellenlänge $\lambda = 2\pi/k = h/p$ aufgefaßt werden, wobei k aus der kinetischen Energie

$$E_{\text{kin}} = \frac{\hbar^2 k^2}{2m} = h\nu - E_0 \qquad (4.5.8\text{a})$$

zu

$$k = \sqrt{\frac{2m(h\nu - E_0)}{\hbar^2}} \qquad (4.5.8\text{b})$$

berechnet wird.

Dies führt abhängig von der Wellenlänge zu Interferenzen mit Nachbaratomen, wie dies schematisch Abb. 4.5.10 zeigt. Am Zentralatom ändert sich durch die Interferenz der Wirkungsquerschnitt für die Photoemission und damit μ, wodurch bei kontinuierlicher Veränderung der Photonenenergie die typischen Oszillationen entstehen.

Der Bereich unter ca. 50 eV von der Absorptionskante läßt sich i.allg. schwer interpretieren, da dort die Oszillationen durch Mehrfachstreuung und die chemische Umgebung des Zentralatoms stark beeinflußt werden. Untersuchungen, die sich mit diesem Bereich des Spektrums beschäftigen, werden als XANES („X-ray Absorption Near Edge Structure") oder NEXAFS („Near Edge EXAFS") bezeichnet. Solche Spektren enthalten Informationen über die chemische Umgebung und den elektronischen Zustand des Zentralatoms. So kann z.B. dem emittierten Photon diskrete Energie zur Anregung eines definierten besetzten Niveaus in ein unbesetztes entzogen werden (vgl. Shake up bei XPS, Abschn. 4.5.1).

Für den Bereich > 50 eV von der Absorptionskante lassen sich die Oszillationen für die Anregung eines s-Zustandes mathematisch über die folgende Beziehung für die relative Änderung $\chi(k)$ des Absorpti-

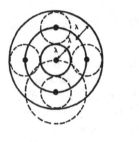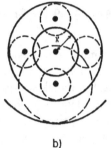

a)   b)

Abb. 4.5.10

Schematische Darstellung der Interferenzbedingungen bei EXAFS. Ausgezogene Kreise entsprechen den vom angeregten Zentralatom (Punkt in der Mitte) emittierten konzentrischen Materiewellen der Photoelektronen mit λ_{el}. Gestrichelte Kreise entsprechen den von Nachbaratomen reflektierten zurücklaufenden Wellen:

a) Interferenz ohne und
b) Interferenz mit Phasendifferenz

onskoeffizienten μ gegenüber dem Wert des freien Atoms μ_0 mit

$$\chi(k) = [\mu(k) - \mu_0(k)] \cdot \mu_0(k)^{-1} = \frac{\Delta\mu}{\mu_0} \qquad (4.5.9a)$$

und

$$\chi(k) = \sum_j N_j \left(kR_j^2\right)^{-1} |f_j(k)| \cdot \exp\left(-2k^2 \left\langle u_j^2\right\rangle\right)$$
$$\cdot \exp\left\{-R_j \Lambda(k)^{-1}\right\} \sin\left(2kR_j + \alpha_j\right) \qquad (4.5.9b)$$

beschreiben. Darin bedeutet N_j die Zahl der Atome in einer Schale mit dem Radius R_j um das Zentralatom, f_j die Streuamplitude des Nachbaratoms j für Photoelektronen, $\langle u_j^2\rangle$ das mittlere Amplitudenquadrat für Schwingungen des Atoms j um die Ruhelage, $\Lambda(k)$ die wellenlängen- bzw. energieabhängige mittlere freie Weglänge der Elektronen und α_j die doppelte Phasenverschiebung bei der Streuung [Say 71].

Zur Auswertung von Gl. (4.5.9) wird eine Fouriertransformation von $\chi(k)$ durchgeführt, aus der sich das Streuprofil $F(R)$ als Funktion der radialen Entfernung vom angeregten Atom ergibt. Darin entsprechen die einzelnen Maxima der Streuung der Zentralwelle an den Nachbaratomen des angeregten Atoms. Auf diese Weise lassen sich mittlere Atomabstände und aus den Flächen unter den einzelnen Maxima auch mittlere Zahlen von streuenden Nachbaratomen ermitteln.

Der prinzipielle Vorteil von EXAFS-Untersuchungen besteht darin, daß die Messungen nicht an einkristallinen Proben durchgeführt werden müssen. Gegenüber LEED hat die EXAFS-Methode zur geometrischen Bestimmung von Atompositionen den Vorteil, daß sie die lo-

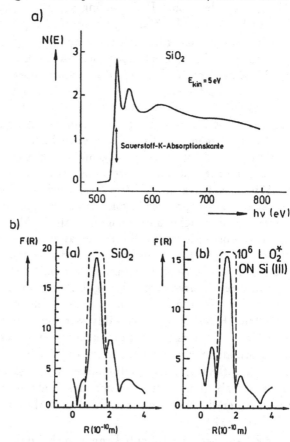

Abb. 4.5.11

a) EXAFS-Spektren von festem SiO_2, aufgenommen mit einem Energiefenster der emittierten Elektronen bei $E_{kin} = 5$ eV. Dabei ist $N(E)$ die Intensität der Photoemission in willkürlichen Einheiten [Göp 80].

b) Fouriertransformationsspektrum $F(R)$ für dieses EXAFS-Spektrum (a) und für Sauerstoff, adsorbiert auf Silicium(111)-Flächen (b). Danach beträgt im SiO_2 der Si-O-Abstand für nächste Nachbarn $1, 61 \cdot 10^{-10}$ m, der O-O-Abstand $2, 11 \cdot 10^{-10}$ m. Die entsprechenden Si-O-Werte für adsorbierten Sauerstoff sind größer [Stö 79].

kale Umgebung der Atome erfaßt und daß die Umgebung jeder einzelnen Spezies in einem Festkörper separat studiert werden kann, wenn das Spektrometer auf die entsprechende Absorptionskante des jeweiligen Elementes eingestellt wird. Außerdem müssen bei Detektion von Röntgenstrahlen keine UHV-Bedingungen eingehalten werden. Für eine ausführlichere Darstellung sei auf [Lee 81] verwiesen.

Möchte man Oberflächenuntersuchungen (SEXAFS, „Surface EXAFS") durchführen, so mißt man EXAFS-Oszillationen nicht durch die Messung der Modulation des Absorptionskoeffizienten μ, sondern durch die Messung der entsprechenden Oszillationen im Emissionsspektrum photoemittierter Elektronen. Dabei werden die photoemittierten Elektronen i.allg. in einem wohldefinierten „Energiefenster" aufgefangen und die Elektronenausbeute in diesem Fenster als Funktion der Photonenenergie gemessen. Ein typisches Beispiel ist in Abb. 4.5.11a mit der Auswertung aus der Fourieranalyse in Abb. 4.5.11b gezeigt. Da die mittlere freie Weglänge von Elektronen kleiner ist als die entsprechende von Photonen, eignet sich diese Methode besser für Oberflächenuntersuchungen als die Messung von Änderungen der Absorption, da Oberflächenatome wesentlich stärker zum Signal beitragen als Atome im Innern. Häufig erweist es sich auch als vorteilhaft, ein EXAFS-Experiment mit emittierten Augerelektronen oder mit der Fluoreszenzstrahlung durchzuführen.

Bei solchen Oberflächenuntersuchungen können verschiedene experimentelle Realisierungen gewählt werden: Im einfachsten Aufbau wird EXAFS bei variabler Photonenenergie, fester Probengeometrie und Normalemission der Elektronen durchgeführt. In einem anderen Versuchsaufbau wird die Photonenenergie festgehalten und die Elektronenstrahlemission als Funktion des Emissionswinkel untersucht. Einen Überblick über die verschiedenen Methoden geben [Cit 86] und [Kon 88X].

EXAFS-analoge Experimente können auch durch Anregung mit Elektronen durchgeführt werden [DCr 85]. Dabei wird beispielsweise der Energieverlust der transmittierten Elektronen vermessen. Diese Methode wird EXELFS („Extended Electron Energy Loss Fine Structure") oder EELFS („Electron Energy Loss Fine Structure") [Woo 88] genannt. Eine Zusammenfassung EXAFS-ähnlicher Methoden findet sich z.B. in [Ste 86].

4.5.3   Augerelektronenspektroskopie (AES)

Wie schon in Abb. 4.4.4 schematisch gezeigt wurde, treten Augerelektronen durch einen Folgeprozeß neben photoemittierten Elektronen auf. Als Konkurrenzprozeß zur Emission von Augerelektronen kann die durch den Elektronenübergang erzeugte Energie auch als charakteristische Röntgenstrahlung abgegeben werden. Analysiert man die Energie dieser Strahlung, so spricht man von EDX („Energy Dispersive X-Ray Analysis"). Abb. 4.5.12 zeigt, daß die Augerelektronen spektroskopie bei relativ niedrigen Ordnungszahlen, EDX bei relativ hohen Ordnungszahlen einen empfindlichen Nachweis von Elementen ermöglicht. Wegen der wesentlich größeren Fluchttiefe von Photonen wird bei EDX jedoch über einen tiefen Bereich (ca. 1 μm) unter der Oberfläche gemittelt, so daß schon weitgehend Volumeneigenschaften erfaßt werden.

Der Augerelektronenprozeß ist bestimmt durch drei Orbitalenergien. So läßt sich beispielsweise die kinetische Energie von $KL_{I}L_{II/III}$-Elektronen (vgl. Anhang 8.10) über

$$E(KL_{I}L_{II/III}) = E(K) - E(L_{I}) - E(L_{II/III})^{*} \tag{4.5.10}$$

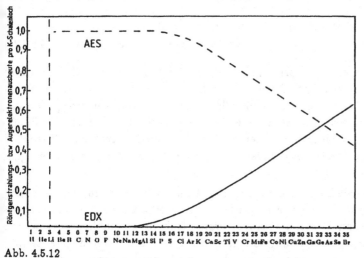

Abb. 4.5.12
Ausbeuten von Auger-Elektronen und Röntgenphotonen, bezogen auf ein Loch in der K-Schale als Funktion der Ordnungszahl der Atome

grob abschätzen. Darin ist $E(K)$ die Bindungsenergie des unteren Lochzustandes, $E(L_I)$ die Bindungsenergie des Elektrons, das diesen Lochzustand auffüllt, und $E(L_{II/III})^*$ die effektive Bindungsenergie des emittierten Augerelektrons. Letztere weicht signifikant von der Energie des neutralen Atoms ab, da starke Wechselwirkungen zwischen den beiden Endzustandslöchern im Atom auftreten. So wird in dem o.g. Beispiel nach Auffüllung der K-Schale durch das L_I-Elektron die Bindungsenergie des $L_{II/III}$-Elektrons erhöht durch das Erzeugen eines Lochs im L_I-Orbital. Die Loch/Loch-Wechselwirkung in der Endzustandskonfiguration hängt dabei davon ab, ob beide Löcher in den Rumpfniveaus, ein Loch im Rumpfniveau und ein anderes in schwächer gebundenen Bändern oder beide in Bändern auftreten. In guter Näherung lassen sich die Augerelektronenenergien abschätzen über ([Pru 83X]):

$$E\left[KL_IL_{II/III}\right] = E\left[K(Z)\right] - \frac{1}{2}\left\{E\left[L_I(Z)\right] - E\left[L_I(Z+1)\right]\right.$$
$$\left. + E\left[L_{II/III}(Z)\right] + E\left[L_{II/III}(Z+1)\right]\right\} \qquad (4.5.11)$$

Auch gebräuchlich ist es, die Coulomb-Abstoßung der Lochzustände über einen separaten Energieterm zu erfassen. Dabei wird angesetzt:

$$E\left[KL_IL_{II/III}\right] = E\left[K(Z)\right] - E\left[L_I(Z)\right]$$
$$- E\left[L_{II/III}(Z)\right] - U\left[KL_IL_{II/III}\right] \qquad (4.5.12)$$

Darin erfaßt der Term $U[KL_IL_{II/III}]$ alle Korrelationseffekte. Bei hoher Korrelation der Bewegung der Löcher und großer räumlicher Nähe erfolgt starke Coulomb-Abstoßung. Diese qualitativen Beispiele machen deutlich, daß die Augerelektronenspektroskopie neben dem überwiegenden Einsatz zur Elementcharakterisierung auch zur Charakterisierung lokaler Bindungsverhältnisse am Zentralatom herangezogen werden kann.

Ebenso wie bei XPS sind Augerelektronenübergänge unter ausschließlicher Beteiligung von Rumpfniveaus durch relativ scharfe Linien gekennzeichnet, deren Form in erster Näherung unabhängig von der chemischen Umgebung ist, die jedoch eine charakteristische chemische Verschiebung aufweisen können. Augerelektronen unter Beteiligung des Valenzbandes zeigen dagegen eine extreme Abhängigkeit der Linienform vom Zustand der Oberfläche. Eine quantitative Auswertung ist allgemein schwierig, da wegen der Beteiligung mehrerer Orbitale eine Entfaltung vorgenommen werden muß, um die Valenzbandstruktur aus Augerelektronenspektren zu ermitteln.

Die große Oberflächenempfindlichkeit der Augerelektronenspektroskopie ist durch die Fluchttiefe der Elektronen (vgl. Abb. 3.3.2) bei kinetischen Energien der Elektronen unter 1000 eV gegeben.

Bezüglich der Details zur Augerelektronenspektroskopie sei auf Sekundärliteratur hingewiesen [Bri 83X], [Ert 85X].

4.5.4 Geometrische Abbildungen mit Photonen und Augerelektronen

Auf die prinzipielle Möglichkeit der direkten Abbildung von Oberflächen über Elektronen und Photonen wurde schon in Abschn. 3.4 hingewiesen. Durch Rastern des Elektronen-Primärstrahls lassen sich lokal Elektronen und Photonen im Festkörper anregen und auf diese Weise ortsaufgelöst ßelementspezifische Bilder erzeugen, wenn entweder Photonen oder Augerelektronen aufgrund von Übergängen zwischen inneren Schalen als Signal aufgefangen werden. Im ersten Fall spricht man von EDX-Mikroskopie („Energy Dispersive X-ray Emission"), im letzteren Fall von SAM-Mikroskopie („Scanning Auger Microscopy"). Abb. 3.4.5 zeigt ein Beispiel.

Beim EDX-Verfahren wird aufgrund der relativ großen Fluchttiefe von Photonen über einen tiefen Bereich unterhalb der Oberfläche gemittelt, während das SAM-Verfahren wegen der geringeren Fluchttiefen der Elektronen oberflächenspezifischer ist. Beide Verfahren können daher komplementär eingesetzt werden, um die Verteilung von Elementen im Volumen und nahe der Oberfläche zumindest qualitativ zu bestimmen. Dies ist für viele Anwendungsbereiche, so z.B. in der Mikroelektronik, Katalyse oder chemischen Sensorik von Bedeutung. Die Ortsauflösung ist bei SAM häufig durch den minimalen Durchmesser des Primärstrahls bei einer für das Nachweisverfahren genügend großen Stromstärke bestimmt und liegt aus prinzipiellen physikalischen Gründen wegen der von der Augeranregung erfaßten Umgebung bei etwa 50 nm. Bei EDX wird etwa 1 μm erfaßt.

4.5.5   Tiefenprofilanalyse

Im Gegensatz zu den qualitativen Bestimmungen von Elementzusammensetzungen nahe der Oberfläche in vergleichenden EDX- und SAM-Messungen lassen sich quantitative Ergebnisse zur Elementverteilung nahe der Oberfläche in Experimenten erzielen, in denen die Abhängigkeit der Fluchtiefe emittierter Elektronen von deren kinetischer Energie nach Eichung genutzt wird.

Dies läßt sich dadurch erreichen, daß man entweder die kinetische Energie der emittierten Photoelektronen in XPS durch Variation der anregenden Photonenenergie ändert, oder dadurch, daß man in AES die Intensitäten verschiedener Augerübergänge des gleichen Elements mit unterschiedlichen kinetischen Energien der emittierten Elektronen miteinander vergleicht. Eine Tiefenprofilanalyse der Elementverteilung läßt sich andererseits auch dadurch durchführen, daß man die Emission von Elektronen bei variiertem Winkel der Primärstrahlung mißt und auf diese Weise die effektive Eindringtiefe der Primärstrahlung senkrecht zur Oberfläche variiert.

Diese Verfahren haben den Vorteil, daß sie ohne Abtragen des Materials eine Tiefenprofilanalyse ermöglichen. Demgegenüber gibt es Verfahren, bei denen bei oder nach dem Zerstäuben („Sputtern") der Oberfläche durch Augerelektronenspektroskopie oder Röntgenphotoemissionsspektroskopie eine Elementanalyse vorgenommen wird.

Ein weiteres Verfahren ist die Sekundärionenmassenspektrometrie (SIMS), bei der durch Beschuß der Oberfläche mit Ionen eine kontinuierliche Abtragung der Oberfläche über eine Massenanalyse der abgesputterten positiven oder negativen Ionen verfolgt wird. Ein prinzipieller Nachteil der Verfahren mit Abtragung von Materie besteht darin, daß bestimmte Elemente bevorzugt abgetragen (z.B. Sauerstoff auf Oxiden) bzw. durch Ionen in das Festkörpervolumen hinein geschossen werden, so daß der Meßvorgang selbst eine Änderung der Elementzusammensetzung in der oberflächennahen Schicht verursacht.

4.6 Spektroskopie im Bereich der Valenzelektronen

Die Spektroskopie schwach gebundener elektronischer Zustände in Atomen und Molekülen ermöglicht Aussagen über Bindungen in Molekülen, die durch charakteristische Änderungen der Atomniveaus erklärt werden können. Im Extremfall einer unendlich großen Anzahl gleichartiger Atome bilden sich im Festkörper entsprechende Bandstrukturen aus, die in charakteristischer Weise an der Oberfläche modifiziert werden (vgl. Abschn. 4.1 und Anhang 8.1). Das Verständnis der Wechselwirkung von freien Molekülen mit Festkörperoberflächen setzt das Verständnis der chemischen Bindung von Atomen in Molekülen, der Festkörperbandstruktur mit entsprechender Modifizierung an der Oberfläche und der charakteristischen Änderungen dieser Bandstruktur durch Wechselwirkung mit Molekülorbitalen voraus. Aus den Änderungen der Emission im Valenzbandbereich freier Oberflächen als Folge der Wechselwirkung von Teilchen mit bekannter elektronischer Struktur mit dieser Oberfläche kann auf den Bindungstyp bei der Adsorption von Teilchen geschlossen werden. Von besonderem Interesse für detaillierte Oberflächenuntersuchungen sind periodische Oberflächenstrukturen, die charakteristische winkelaufgelöste Photoemissionsexperimente und damit Aussagen über die Dispersion von elektronischen Oberflächenzuständen ermöglichen. Diese Aussagen können mit Ergebnissen zur Geometrie der Oberflächenatome verglichen werden, wie sie aus unabhängigen LEED-Experimenten folgen. Die folgende Diskussion soll sich daher nach einem einführenden Abschnitt zunächst auf die Photoemission aus Atomen und Molekülen, dann auf freie Oberflächen und schließlich auf Oberflächen mit Adsorbaten konzentrieren. In Abschn. 4.6.5 bis 4.6.7 werden dann andere Methoden besprochen, die Elektronenverlustspektroskopie (Abschn. 4.6.5), die inverse Photoemission und Zwei-Photonen-Photoemission (Abschn. 4.6.6), die optische Absorption, Photoleitung und Photospannung (Abschn. 4.6.7).

4.6.1 Grundlagen der UV-Photoemission (UPS)

Um die erforderliche Oberflächenempfindlichkeit zu erzielen, wird die Spektroskopie im Bereich der Valenzelektronen im allgemeinen bei Photonenenergien zwischen 10 und 100 eV vorgenommen. Besonders verbreitet sind UPS-Untersuchungen mit He(II)-Anregung. Diese ermöglichen insbesondere eine gute energetische Auflösung von Zuständen schwach gebundener Elektronen wegen der wesentlich schärferen Primärenergieverteilung (in der Größenordnung von 80 meV bei He(II)-Anregung) im Vergleich zur XPS-Anregung (Linienbreite bei 1 eV für Mg K_α-Anregung).

Wir haben in Abschn. 4.5.1 bereits die Grundlagen der Photoemission behandelt. Wir wollen nun zunächst einige Aspekte zur quantitativen Auswertung von Photoemissionsexperimenten diskutieren. Der Photostrom in einer bestimmten Richtung $\underline{R}$ bei einer gegebenen Energie des Endzustandes E_f und Photonenenergie $h\nu$ läßt sich für den Fall, daß die Relaxation der Lochzustände vernachlässigt werden kann, entsprechend der goldenen Regel der Quantenmechanik beschreiben als

$$I(\underline{R}, E_f, h\nu) = \frac{2\pi e}{\hbar} \left(\frac{e}{m_e \cdot c} \right)^2 \sum_i |\mu_{fi}|^2 \, \delta\left(E_f - E_i - h\nu\right), \qquad (4.6.1)$$

wobei das Matrixelement μ_{fi} für Übergänge mit einer Anfangszustandsenergie E_i und einer Endzustandsenergie E_f gegeben ist als

$$\mu_{fi} = \int \Psi_f \left(\underline{A} \cdot \underline{p} + \underline{p} \cdot \underline{A} \right) \Psi_i dr = \left\langle f \left| \underline{A} \cdot \underline{p} + \underline{p} \cdot \underline{A} \right| i \right\rangle \qquad (4.6.2)$$

mit $\underline{A}$ als dem elektromagnetischen Vektorpotential im homogenen Magnetfeld mit der Induktionsdichte $\underline{B}$, definiert über $\underline{B} = \text{rot}\underline{A}$, $\underline{p}$ als dem Impulsoperator des photoemittierten Elektrons mit der Masse m_e und Ψ_f bzw. Ψ_i den Wellenfunktionen des End- bzw. Anfangszustandes [Feu 78X]. Die Summe in Gl. (4.6.1) erstreckt sich über alle besetzten Zustände. Der große Vorteil der Photoelektronenspektroskopie zur Bestimmung von elektronischen Zuständen besteht darin, daß bei der Photoemission an Festkörpern die Komponente des Wellenvektors des Elektrons parallel zur Oberfläche, $\underline{k}_\parallel$, (also der Impuls parallel zur Oberfläche) erhalten bleibt. Daher läßt sich $\underline{k}_\parallel$ aus dem Anteil der kinetischen Energie E_{kin} des photoemittierten Elektrons zur Impulskomponente $\underline{k}_\parallel$ über den Elektronenemissionswinkel Θ ermitteln über (s. Gl. (4.4.4))

$$|\underline{k}_\parallel| = \sin\Theta \, (2m_e E_{kin})^{1/2} \cdot \hbar^{-1}$$

$$= 0,51 \cdot (10^{-10} \text{ m})^{-1} \cdot \sin\Theta \, (E_{kin}/(1 \text{ eV}))^{1/2}. \qquad (4.6.3)$$

Eine Reihe von experimentellen Resultaten zur Photoemission konnte erfolgreich auf der Basis eines einfachen Dreistufenmodells diskutiert werden, das aus den Teilschritten der Photonenanregung im Festkörper, Diffusion zur Oberfläche und Ablösung der Elektronen ins Vakuum besteht. Die Anzahl der photo*angeregten* Elektronen kann man näherungsweise als

$$N(\underline{R}, E_f, h\nu) \sim \int D_{(v)i}(E_i) D_{(v)f}(E_i + h\nu) |\mu_{fi}|^2 \cdot dE_i \qquad (4.6.4)$$

beschreiben. Darin sind $D_{(v)i}$ bzw. $D_{(v)f}$ lokale Zustandsdichten der Anfangs- bzw. Endzustände. Die Anzahl der tatsächlich photo*emittierten* Elektronen hängt noch von vielen anderen Faktoren ab wie der mittleren freien Weglänge, die Anzahl der im Detektor *nachgewiesenen* Elektronen wird auch von verschiedenen apparativen Größen wie dem vom Spektrometer erfaßten Raumwinkel oder der Transmission des Analysators mitbestimmt [Ert 85X].

Um Zustandsdichten von Anfangszuständen bestimmen zu können, muß man Elektronen in einen konstanten Endzustand anregen, um so den Einfluß von $D_{(v)f}$ auszuschließen. Um die Zustandsdichten der Endzustände zu bestimmen, muß man die Elektronen aus einem konstanten Anfangszustand emittieren. Experimentelle Anordnungen für solche Experimente sollen im folgenden besprochen werden.

Im einfachsten Fall mißt man bei konstanter Photonenenergie die Verteilung $N(E)$ der kinetischen Energie von emittierten Photoelektronen. Dies ist in Abb. 4 6.1 schematisch dargestellt. Das Meßverfahren liefert EDC („Energy Distribution Curve") genannte Energieverteilungskurven. Abb. 4.6.1 erläutert auch einen möglichen Elementarprozeß zur Erzeugung der breiten niederenergetischen Flanke des $N(E)$-Spektrums, indem ein Photoelektron die Energie E_s an ein gebundenes Elektron im Valenzbandbereich abgibt, wobei letzteres in einen angeregten Zustand (c) und das Photoelektron in der Gasphase in den Endzustand (b) überführt wird. Diese Abbildung verdeutlicht, warum es bei der historischen Entwicklung der Beschreibung von Photoemissionsexperimenten an Festkörpern zunächst nahe lag, den Photoemissionsprozeß vereinfacht als einen Dreistufenprozeß zu beschreiben: In der ersten Stufe erfolgt Anregung des Elektrons in den Zustand (a) im Festkörper, in der zweiten Stufe der Transport

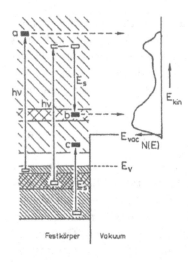

Abb. 4.6.1
Anzahl $N(E)$ photoemittierter Elektronen bei der EDC-(„Energy Dispersive Curve"-) Meßanordnung, die bei konstanter Photonenenergie $h\nu =$ const durchgeführt wird. Einfache dichte Schraffur entspricht geringer, doppelte Schraffur hoher Zustandsdichte im Festkörper. Im Bereich oberhalb E_V sind unbesetzte Zustände des Festkörpers in breiter Schraffur gezeigt. E_V ist die Valenzbandkante bei Halbleitern. Angedeutet sind
a) direkte Photoemission aus dem Endzustand und
b) Photoemission nach Energieverlust von E_s durch
c) Anregung eines gebundenen Elektrons. Nähere Details sind im Text beschrieben.

des Elektrons zur Festkörperoberfläche und in der dritten Stufe der Durchtritt des Elektrons durch die Oberfläche in das Vakuum mit dem kontinuierlichen Spektrum erlaubter Energiezustände oberhalb E_{vac}.

Ein Nachteil der bisher diskutierten experimentellen Anordnung ist, daß die Intensität der photoemittierten Elektronen bestimmt ist durch Zustandsdichten sowohl im Anfangs- als auch im Endzustand der angeregten Elektronen („Joint Density of States", JDOS). Wenn man dagegen bei konstanter kinetischer Energie der photoemittierten Elek-

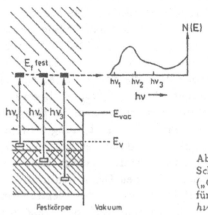

Abb. 4.6.2
Schematische Darstellung der CFS-(„Constant Final State"-)Meßanordnung für drei verschiedene Photonenenergien $h\nu_i$. Details sind im Text beschrieben.

tronen mißt und die Photonenenergie kontinuierlich variiert, so kann man bei konstantem Endzustand die Energieverteilung von Anfangszuständen ermitteln. Dies ist in Abb. 4.6.2 schematisch gezeigt. Dieses Verfahren eliminiert den Einfluß der Energieverteilung von Endzuständen auf das Photoemissionsspektrum. Diese Spektroskopie wird als CFS-(„Constant Final State"-)Spektroskopie bezeichnet.

Im dritten Fall typischer Photoemissionsexperimente wird bei konstanter Anfangsenergie die Energieverteilung der Endzustände gemessen. Dies erzielt man dadurch, daß sowohl die Photonenenergie als auch das „Fenster" der kinetischen Energie synchron durchfahren werden, so daß die Energiedifferenz konstant gehalten wird. Dieses Verfahren wird als CIS-(„Constant Initial State"-)Spektroskopie bezeichnet und dient der Ermittlung von Zustandsdichten in Endzuständen in Festkörpern, wie dies schematisch in Abb. 4.6.3 dargestellt ist.

Häufig ist die Struktur der Zustandsdichten im Endzustand wesentlich weniger ausgeprägt als die des Anfangszustandes, so daß schon einfache EDC-Experimente Informationen über Anfangszustandsverteilungen ergeben. Diese Experimente lassen sich im Labormaßstab mit Gasentladungslampen relativ leicht durchführen. Das Verfahren liefert i.allg. relativ gute Ergebnisse für Experimente mit hohen Endzustandsenergien. Abb. 4.6.4 zeigt Valenzbandstrukturen verschiedener Metalloxide sowie den relativen Anteil von Sauerstoff-2p- bzw. Metall-d-Zustän-

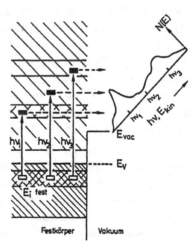

Abb. 4.6.3
Schematische Darstellung der CIS-(„Constant Initial State"-)Meßanordnung. Details dazu sind im Text beschrieben.

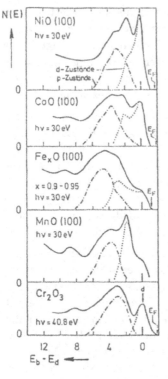

Abb. 4.6.4
Winkelintegrierte (EDC)-Photoemissionsspektren verschiedener Metalloxide, aufgenommen mit $h\nu = 30$ eV bzw. 40,8 eV. Angegeben sind Bindungsenergien der Elektronen, bezogen auf das Maximum der d-Elektronenzustandsdichte E_d. E_F ist das Ferminiveau, $N(E)$ der Photoemissionsstrom in willkürlichen Einheiten [Eas 75].

den an der Zustandsdichte des Valenzbandes, gemessen mit winkelintegrierter Photoemission. Bei Variation der Photonenenergie läßt sich unter Ausnutzung der energieabhängigen Photoabsorptionskoeffizienten der einzelnen Element-(Sauerstoff-2p- bzw. Metall-d-)Anteile (vgl. das Beispiel in Abb. 4.5.9) für die p- bzw. d-Zustände eine Trennung vornehmen unter der Annahme, daß sich weder die Matrixelemente der entsprechenden Übergänge noch der relative Anteil von Oberflächen- zu Volumenzuständen mit der Photonenenergie signifikant verändern.

Letztere Annahme gilt besonders bei Photonenenergien unter 80 eV wegen der geringen Fluchttiefe der Photoelektronen nicht immer. Änderungen im relativen Anteil der Emission von der Oberfläche zu der vom Volumen bei Änderungen in der Photonenenergie können zur Identifizierung von Oberflächenzuständen ausgenutzt werden. Darauf werden wir in Abschn. 4.6.2 näher eingehen.

4.6.2   Photoemission an Atomen und Molekülen

Die gute Energieschärfe des Primärstrahls bei UPS-Messungen ermöglicht die Auflösung der Feinstruktur von Photoemissionsspektren.
Abb. 4.6.5 zeigt die Gegenüberstellung der Ergebnisse von XPS-
und UPS-Messungen am CO-Molekül. Man kann deutlich erkennen, daß das UPS-Spektrum eine Schwingungsauflösung des Valenzbandbereiches zeigt. Die Schwingungsbanden sind eine Folge von
Schwingungsanregung bei der Photoionisation. Die Linien bei 14
und 19 eV sind von wenigen Schwingungslinien begleitet, während
die Linie bei 16 eV sehr viele Schwingungsobertöne aufweist. Dieses
unterschiedliche Verhalten nutzt man zur Analyse derartiger Spek-

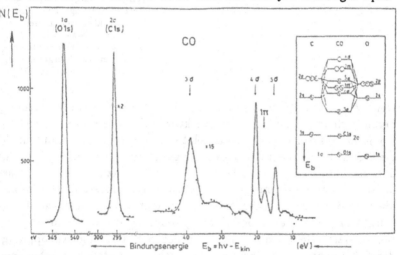

Abb. 4.6.5a
XPS-Spektrum von gasförmigem CO, aufgenommen mit Magnesium K_α-Strah-
lung. Im Bereich der Rumpfniveaus, also für Bindungsenergien $\gtrsim 100$ eV, findet
man die ungestörten Niveaus der beiden das Molekül CO zusammensetzenden
Atome. Charakteristische Peaks des Photoemissionsspektrums sind im Molekül-
orbitalschema des rechten Teils der Abbildung im Zusammenhang mit den entsprechenden C- und O-(1s- bis 2p-)Atomfunktionen gezeigt. Daraus wird deutlich, daß die elektronischen Zustände des Moleküls mit hoher Bindungsenergie
im wesentlichen durch die Atomfunktionen wiedergegeben werden können (O1s-
σ- und C1s-σ-Atom- bzw. Molekülfunktionen), während schwächer gebundene
Elektronen mit kleineren Bindungsenergien aus überlappenden Hybridorbitalen
der entsprechenden Atomfunktionen von Kohlenstoff und Sauerstoff entstehen
[Sie 71X].

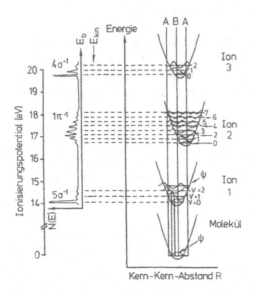

Abb. 4.6.5b
UV-Photoemissionsspektrum von CO, aufgenommen mit He(I)-Anregung. Die Vibrationsstruktur der Linien ist im Gegensatz zu Abb. 4.6.5a sichtbar. Sie tritt besonders stark am 1π-Übergang auf, da er bindend ist [Bru 83X].

tren. Wenn die Photoionisation aus einem nichtbindenden Orbital heraus erfolgt, dann wird die Rückwirkung auf das gesamte elektronische System des Moleküls relativ gering sein und damit auch die Wahrscheinlichkeit der Schwingungsanregung. Daraus ergibt sich, daß die Linien bei 14 und 19 eV σ-Orbitalen zuzuordnen sind, was in Übereinstimmung mit der angegebenen Klassifizierung ist. Die Linie bei 16 eV ist dagegen einem bindenden π-Orbital zuzuordnen, woraus sich die starke Schwingungskopplung bei der Photoionisation erklärt. Neben der unterschiedlichen Stärke der Ankopplung der Schwingungen beobachtet man auch eine unterschiedliche Verschiebung der Schwingungsfrequenzen gegenüber denen im Grundzustand von neutralen Molekülen (gemessen mit Raman- oder IR-Spektroskopie). Die Schwingungsfrequenzen aus der Anregung von nichtbindenden Orbitalen stimmen etwa mit den optischen Grundzustandsspektren überein. Dagegen haben die Schwingungsfrequenzen aus der Anregung von bindenden Orbitalen eine geringere Frequenz, weil die Photoionisation die Atom-Atom Bindung schwächt.

Abb. 4.6.6 zeigt He(I)-UPS-Spektren für H_2-Moleküle mit ausgepräg-

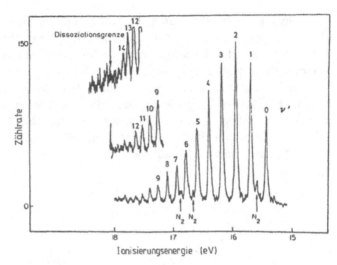

Abb. 4.6.6a
He(I)-UPS-Spektrum von H_2-Molekülen [Tur 70X]

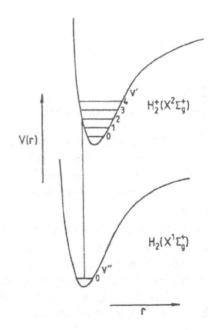

Abb. 4.6.6b
Das Franck-Condon-Prinzip, ange-
wendet auf den Ionisationsprozeß
$H_2 \rightarrow H_2^+$ [Sie 67X]

ten Schwingungsfeinstrukturen. Dieses ist ein besonders drastisches Beispiel für die Tatsache, daß die Endzustände bei der Photoionisation sehr wesentlich das UPS-Spektrum bestimmen. Nach dem Franck-Condon-Prinzip sind Schwingungsübergänge mit $\Delta v = 2$ aus dem $(v = 0)$-Grundzustand die wahrscheinlichsten. Auch der Relaxationseffekt, d.h. die Vergrößerung des Bindungsabstands nach der Photoemission (vgl. Abschn. 4.5.1), läßt sich der Abb. 4.6.6 deutlich erkennen. Selbst die Rotationsfeinstruktur läßt sich mit Messungen dieser Art im Prinzip noch auflösen.

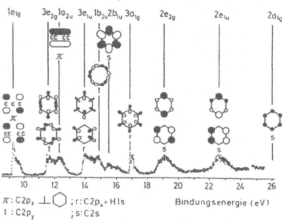

$\pi : C2p_z \perp \bigcirc$; $r : C2p_x + H1s$ Bindungsenergie (eV)
$t : C2p_y$; $s : C2s$

Abb. 4.6.7
UV-Photoemissionsspektrum von Benzol (C_6H_6) mit einer Zuordnung der räumlichen Orbitalkonfigurationen [Bru 83X]

Abb. 4.6.7 demonstriert die Anwendbarkeit von UPS-Ergebnissen zur Identifizierung von Molekülorbitalen am Beispiel des Benzols. Die Orbitalenergien werden aus unabhängigen Rechnungen ermittelt und damit die gemessenen Maxima bestimmten Orbitalkonfigurationen zugeordnet.

Die Orbitalverbreiterung durch Delokalisierung von Elektronen in bestimmten Orbitalen wird besonders deutlich an dem in Abb. 4.6.8 gezeigten Beispiel. In der Gruppe der C-2p-abgeleiteten Orbitale (bei niedrigeren Bindungsenergien) sind im wesentlichen Elektronen der C-2p/H-1s-Bindungen beteiligt. Auf der höherenergetische Seite der Bindungsenergien sind im wesentlichen Elektronen von bindenden

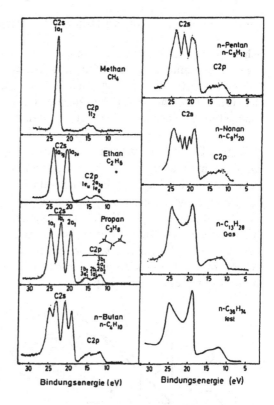

Abb. 4.6.8
Valenzelektronenspektren
von Alkanen [Sie 82]

und antibindenden Orbitalen aus C-2s-Atomorbitalen beteiligt. Die Zahl der Niveaus in diesem Bereich ist identisch mit der Zahl der Kohlenstoffatome in der Alkankette. Für eine große Anzahl dieser Atome führt dies zu einer eindimensionalen Bandstruktur, die sich ab etwa 6 Kohlenstoffatomen deutlich ausbildet. Dieses ist ein instruktives Beispiel für die Ausbildung der Bandstruktur durch Wechselwirkung identischer Atome mit identischen Atomorbitalen.

Umgekehrt lassen sich auch elektronische Zustände von Festkörpern und deren Oberflächen durch Berechnen von elektronischen Strukturen von Atomanordnungen („Cluster") theoretisch erfassen. Beispiele dazu werden noch in Abschn. 5.6.3 gegeben. Vorteil der Cluster-Rechnung ist es, daß man die lokalen Bindungsverhältnisse an der Oberfläche vor und nach der Wechselwirkung anschaulich verstehen kann.

4.6.3   Photoemission an freien Oberflächen

Schematische Anordnungen von Photoemissionsexperimenten an
Oberflächen sind in Abb. 4.6.9 dargestellt. Dabei treffen Photonen
unter definierten Winkeln Φ_i und Θ_i bei gegebener Orientierung des
elektromagnetischen Vektorpotentials $\underline{A}(\Phi_A, \Theta_A)$ auf eine orientierte
Einkristalloberfläche. Elektronen werden in einer definierten Rich-
tung, charakterisiert durch die Winkel Φ, Θ und den Vektor $\underline{R}$ aufgefangen. Diese Anordnungen können dabei für EDC-, CFS- und CIS-
Experimente realisiert werden, wobei man für den Fall, daß sowohl die
Polarisationsrichtung der Photonen als auch die Emissionsrichtung
der Elektronen definiert vorgegeben werden, von PAR-(Polarisation
and Angular Resolved-)EDC, -CFS bzw. -CIS spricht. Bei Variation
der Polarisationsrichtung des einfallenden Lichtes ist es dabei üblich,
zwischen p- und s-Polarisation zu unterscheiden, je nachdem, ob das
Vektorpotential $\underline{A}$ eine Komponente in Richtung der Oberflächennormalen besitzt oder nicht [Lap 79].

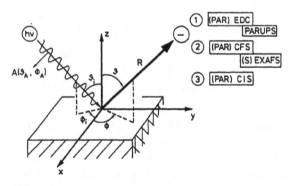

Abb. 4.6.9
Schematische Darstellung der verschiedenen Meßanordnungen zur Photoemission.
Die Erklärungen der Abkürzungen sind im Text angegeben.

Einfacher als bei winkelintegrierten Untersuchungen (mit dem Beispiel der Abb. 4.6.4) gelingt eine Identifizierung von Oberflächenstrukturen in winkelaufgelösten Photoemissionsexperimenten dadurch, daß bei zweidimensional periodischen Strukturen an der Oberfläche im allgemeinen schärfere Peakstrukturen beobachtet werden
können. Ein Beispiel dafür gibt Abb. 4.6.10 an. Die größte Oberflä-

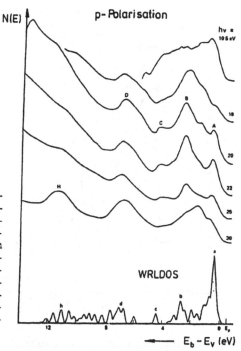

N(E)   p-Polarisation

hν = 10.5 eV

16

20

22

25

30

WRLDOS

12   8   4   0 E₁

$\longleftarrow$ $E_b - E_v$ (eV)

Abb. 4.6.10
Winkel- und polarisationsaufgelöste PARUPS-Photoemissionsspektren an Si(111)-2×1-Spaltflächen, aufgenommen am $\overline{\Gamma}$-Punkt ($\Theta=0°$) mit verschiedenen Photonenenergien $h\nu$ in p-Polarisation ($\Theta_i=45°$). Zum Vergleich ist die theoretische wellenvektoraufgelöste Zustandsdichte WRLDOS der obersten Si-Schicht am $\overline{\Gamma}$-Punkt ($\underline{k}_\| =0$) ebenfalls angegeben [Han 80].

chenempfindlichkeit wurde in diesen Experimenten bei $h\nu = 20$ eV gefunden, wobei ausgeprägte Peaks A, B, C und D am $\overline{\Gamma}$-Punkt der Si(111)-2×1-Oberfläche auftreten, die sich mit entsprechenden theoretischen Berechnungen der wellenvektoraufgelösten lokalen Zustandsdichte an der Oberfläche vergleichen lassen. Abb. 4.6.11 zeigt, daß bei optimaler Oberflächenempfindlichkeit der PARUPS-Experimente um $h\nu = 20$ eV eine starke Dispersion der Oberflächenzustände entlang der $(2\overline{1}\overline{1})$-Ebene auftritt, die mit Durchlaufen des Polarwinkels Θ punktweise erfaßt wird. Diese Dispersion folgt auch aus theoretischen Berechnungen zur rekonstruierten Si(111)-Oberfläche und kann somit zur experimentellen Bestätigung theoretischer Rekonstruktionsmodelle herangezogen werden. Geometrische Struktur und Brillouin-Zone der Si(111)-2×1-Oberfläche wurden schon in Abb. 4.1.8 vorgestellt. Für weitere Details vgl. z.B. [Han 80] und die dort angegebenen Referenzen.

Die eindeutige Bestimmung von Oberflächenzuständen aus Photo-

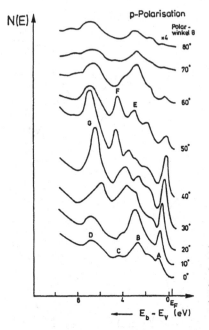

Abb. 4.6.11
PARUPS-Spektren entsprechend Abb. 4.6.10 für verschiedene Polarwinkel Θ, gemessen in der $(2\bar{1}\bar{1})$-Ebene von Si(111)-2×1-Spaltflächen. Dies entspricht der $\overline{\Gamma}\,\overline{K}\,\overline{K}'$-Linie in Abb. 4.1.8.

emissionsexperimenten ist von großer Bedeutung. Allgemein gilt, daß eine eindeutige Identifizierung gelingt, wenn die folgenden wichtigen Kriterien beachtet werden:

Erstens muß einer bestimmten Energie photoemittierter Elektronen ein Vektor $\underline{k}_{\|}$ eindeutig zugeordnet sein, da $k_\perp$ keine Quantenzahl eines Oberflächenzustandes ist. Dies bedeutet insbesondere, daß bei Photoemission in Normalenrichtung ($\underline{k}_{\|} = 0$) die Energielage eines Oberflächenzustandes unabhängig von der Photonenenergie sein muß. Bei nichtnormaler Photoemission wird die Emission von Oberflächen-zuständen unter verschiedenen Polarwinkeln Θ beobachtet, die nach Gl. (4.6.3) von der Photonenenergie abhängen. Die gemessene zwei-dimensionale Dispersion $E_b(k_{\|})$ muß dabei unabhängig von der Pho-tonenenergie sein.

Zweitens zeigen Oberflächenzustände i.allg. eine starke Abhängigkeit von der Bedeckung mit Fremdatomen. Die meisten Oberflächenzu-stände verschwinden bei der Adsorption einer Monolage oder weniger von Atomen aus der Gasphase. Ein typisches Beispiel ist die Sättigung von „dangling bond"-Silicium-Oberflächenzuständen nach Adsorption von atomarem Wasserstoff.

Drittens gehört ein Oberflächenzustand nicht zur dreidimensionalen Bandstruktur des entsprechenden Kristalls. Falls die zu identifizierende Photoemissionsstruktur in einer Energie-Bandlücke des Volumens für den gemessenen Wert des Vektors $\underline{k}_\parallel$ liegt, scheiden zu ihrer Interpretation Übergänge von dreidimensionalen Zuständen aus und deuten auf die Existenz eines Oberflächenzustandes hin.

Viertens zeigen die gemessenen Übergänge von Oberflächenzuständen i.allg. eine starke Intensitätszunahme mit Abnahme der Photonenenergie mit typischen Maxima für Halbleiter bei etwa $h\nu = 20$ eV.

Fünftens zeigt die Emission von Oberflächenzuständen i.allg. eine starke Abhängigkeit von der Polarisation der einfallenden Strahlung und von ihrem Einfallswinkel.

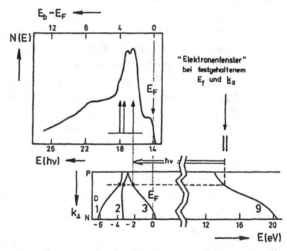

Abb. 4.6.12

Winkel- und polarisationsaufgelöstes (PARCFS)-Photemissionsspektrum bei konstantem Endzustand $E_f = 14,2$ eV für $|\underline{k}_\parallel| = 1,4 \cdot 10^{10}\,\mathrm{m}^{-1}$ entlang der D-Linie von Wolfram, gemessen in s-Polarisation ($\Theta_i = 0°$) an Wolfram(100)-Flächen. Für die experimentellen Resultate ist die Bindungsenergie, bezogen auf das Ferminiveau ($E_b - E_F$) angegeben. Darunter ist die Photonenenergie $E(h\nu)$ aufgetragen. Der entsprechende Teil der Volumenbandstruktur ist im unteren Teil der Abbildung so angeordnet, daß die Anfangszustände der Photoemission übereinstimmen [Lap 77].

Ein Beispiel für winkel- und polarisationsaufgelöste Spektroskopie von Volumenzuständen bei konstanten Endzuständen („PARCFS" ist in Abb. 4.6.12 gegeben. Der obere Teil der Abbildung zeigt ein Spektrum für W(100) im (111)-Azimut bei einer Endzustandsenergie $E_f = 14,2$ eV und einem Polarwinkel von $\Theta = 66°$ entsprechend $|\underline{k}_{\parallel}| = 1,4 \cdot 10^{10}$ m^{-1} in der Nähe des Punktes N der Brillouin-Zone. Das PARCFS-Spektrum kann entweder als Funktion von $h\nu$ wie im unteren Teil der Skala oder als Funktion von $E_i = h\nu - E_f$ wie im oberen Teil der Skala angegeben werden, wobei die Umrechnung voraussetzt, daß das Einteilchenanregungsmodell gilt und Vielteilcheneffekte vernachlässigt werden dürfen. Der untere Teil zeigt Energiebänder für die D-Linie in der Volumen-Brillouin-Zone aus theoretischen Berechnungen mit schematischer Angabe des „Energiefensters" bei $E_f = 14,2$ eV und der Photonenenergie $h\nu$ durch einen horizontalen Pfeil. Im Bereich der festgehaltenen Endzustandsenergie weist die Volumenzustandsdichte lediglich ein Band auf, so daß das Energiefenster den Übergang auf einen einzigen Punkt in der Volumen-Brillouin-Zone begrenzt. Übergänge bei diesem einzig möglichen $\underline{k}$-Vektor sind als gestrichelte Linien im unteren Teil angegeben. Im Rahmen der Einteilchennäherung erwarten wir drei Emissionslinien, die auch experimentell mit PARCFS gefunden werden. Um die gesamte D-Linie von Wolfram zu analysieren, müssen verschiedene Spektren mit der Randbedingung $|\underline{k}_{\parallel}| = 1,4 \cdot 10^{10}$ m^{-1} im (111)-Azimut aufgenommen werden. Dies ist möglich durch Einstellen des „Energiefensters" auf einen anderen Wert E_f und gleichzeitige Änderung von Θ, so daß entsprechend Gl. (4.6.3) $|\underline{k}_{\parallel}|$ konstant bleibt. Die auf diese Weise gefundenen Resultate zur Dispersion der Anfangs- und Endzustände lassen sich im wesentlichen mit Volumenübergängen interpretieren.

Das Beispiel zeigt, wie über Photoemissionsexperimente die Dispersion von Volumenbändern ermittelt werden kann. Details dieses „band mapping" sind z.B. in einem Übersichtsartikel [Him 80] beschrieben worden.

Die folgenden Beispiele für Spektroskopie von Oberflächenzuständen demonstrieren, daß die elektronische Struktur verschiedener Einkristallflächen signifikante Unterschiede aufweisen kann, die besonders ausgeprägt an Verbindungshalbleitern sind. Das Beispiel der Abb. 4.6.13 zeigt charakteristische Exzeß-Emission aus Oberflächenzustän-

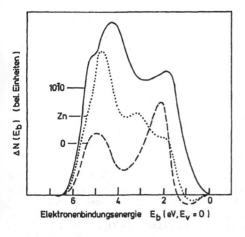

Abb. 4.6.13 Winkelintegrierte Photoemissionsdifferenzspektren $\Delta N(E_b)$ von ZnO als Funktion der Bindungsenergie E_b, bezogen auf die Valenzbandkante E_V. Die Photoelektronendifferenzspektren wurden durch Extrapolation auf reine Oberflächenanteile in der Photoemission aus Experimenten bei verschiedenen mittleren Fluchttiefen der Elektronen gewonnen [Göp 82].

den und -resonanzen der polaren und unpolaren Einkristallflächen von ZnO. Wie der schematischen Abb. 4.1.7 zu entnehmen ist, erwartet man starke Unterschiede in der elektronischen Struktur von Oberflächenzuständen der drei Flächen, die experimentell aus der Differenz von Photoemissionexperimenten bei unterschiedlichen Photonenenergien und dabei unterschiedlichem Volumen- zu Oberflächen-Verhältnis in der Empfindlichkeit des Nachweises elektronischer Zustände gewonnen wurden. Die Kenntnis der elektronischen Struktur der verschiedenen Flächen ist wichtig bei der Diskussion von Adsorptionsphänomenen, die für Einkristalle dieser Art extrem flächenempfindlich sind. Weitere Beispiele sind z.B. in einem Übersichtsartikel [Han 88] beschrieben.

Die folgenden zwei Beispiele sollen demonstrieren, wie aus winkelaufgelösten Photoemissionsexperimenten Informationen über die geometrische Anordnung von Atomen an freien Oberflächen gewonnen werden können. Angegeben ist in Abb. 4.6.14 die wellenvektoraufgelöste Exzeß-Emission aus Oberflächenzuständen und -resonanzen $\Delta N(E_b, \underline{k}_\parallel)$ der elektrostatisch neutralen ZnO(10$\bar{1}$0)-Oberfläche an verschiedenen Punkten der Oberflächenbrillouinzone. Zur Nomenklatur der verschiedenen Symmetriepunkte siehe die Übersicht in Abb. 4.1.6. Das Ergebnis theoretischer Berechnungen zur elektronischen Struktur am $\overline{M}$-Punkt zeigt eine besonders starke Abhängigkeit der Positionen des „back bond"-Zustandes B von der Position des Ober-

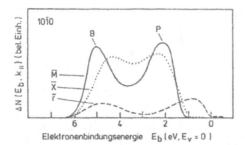

Elektronenbindungsenergie E_b (eV, $E_v = 0$)

Abb. 4.6.14
Winkelaufgelöstes Photoelektronendifferenzspektrum $\Delta N(E_b, \underline{k}_{\parallel})$ von ZnO als Funktion der Bindungsenergie von Elektronen E_b, bezogen auf die Valenzbandkante E_V. Ebenso wie in Abb. 4.6.13 wurden die Differenzspektren durch Extrapolation der Photoemissionsspektren auf Fluchttiefe 0 gewonnen. Gezeigt sind charakteristische Emissionen an Hochsymmetriepunkten der Oberflächen-Brillouin-Zone, die schon in Abb. 4.1.6 definiert und eingeführt wurden. Nähere Details sind im Text gegeben [Göp 82].

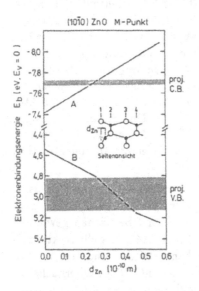

Abb. 4.6.15
Relaxationsinduzierte Verschiebungen der kovalenten Oberflächenzustände A und B am $\overline{M}$-Punkt der ZnO(10$\overline{1}$0)-Oberfläche als Funktion der Verschiebung von Zinkatomen d_{Zn} in Richtung Festkörperinneres. Der schraffierte Bereich entspricht der projizierten Volumenbandstruktur im Valenzband- bzw. Leitungsband-Bereich am $\overline{M}$-Punkt. Aus dem Maximum von B aus experimentellen Daten der Abb. 4.6.14 wird auf eine Verschiebung äußerster Zinkatome um $0,4 \cdot 10^{-10}$ m in Richtung Volumen geschlossen [Göp 82].

flächen-Zinkatoms d_{Zn}, die schematisch in Abb. 4.6.15 angegeben ist. Die Lage des Maximums von B am $\overline{M}$-Punkt ergibt durch Vergleich mit theoretischen Rechnungen den Wert $d_{Zn} = 0,4 \cdot 10^{-10}$ m. Die Verschiebung von Oberflächen-Zinkatomen auf der ZnO(10$\overline{1}$0)-Oberfläche um ca. $0,4 \cdot 10^{-10}$ m in Richtung Festkörpervolumen stimmt quantitativ mit Resultaten aus dynamischen LEED-Rechnungen zur Interpretation der experimentellen Elektronenbeugungsdaten überein.

Man erkennt also, daß winkelaufgelöste Photoemission und Elektronenbeugungsexperimente mit unterschiedlichem Ansatz zur Bestimmung der Relaxation von Oberflächenatomen herangezogen werden können.

Wir haben in diesem Kapitel nur Beispiele für winkelaufgelöste UPS-Spektren behandelt, da winkelaufgelöste XPS-Spektren wegen der geringeren Oberflächenempfindlichkeit nur selten zur Bestimmung von Oberflächenstrukturen herangezogen werden. Eine Übersicht über solche XPS-Experimente an Übergangsmetalloberflächen findet sich z.B. in [Spa 85].

4.6.4   Photoemission an Oberflächen mit Adsorbaten

Bei der Adsorption von Atomen oder Molekülen an Festkörperoberflächen werden die in der Gasphase i.allg. relativ gut verstandenen Eigenschaften freier Teilchen in charakteristischer Weise geändert. Ausgangspunkt für die Diskussion von Photoemissionsspektren zur Adsorption ist daher zweckmäßigerweise zunächst das Verständnis für die elektronische Struktur der freien Teilchen, die i.allg. entweder aus Photoemissionsexperimenten oder aus theoretischen Berechnungen bekannt ist. Ein Beispiel für Photoemission freier Moleküle war schon in Abb. 4.6.5 für das Beispiel eines CO-Moleküls gegeben. Die elektronische Struktur des freien CO-Moleküls wird bei der Adsorption in charakteristischer Weise geändert, wobei einerseits Verschiebungen in der energetischen Lage der O-1s- bzw. C-1s-Rumpfniveaus auftreten können, die im allgemeinen als „chemical shifts" diskutiert werden, und andererseits Änderungen in den schwächer gebundenen Elektronenzuständen auftreten durch Wechselwirkung dieser Elektronen mit Leitungs- bzw. Valenzbandelektronen des Festkörpers. Auf letztere soll im folgenden eingegangen werden.

Schematisch ist in Abb. 4.6.16 gezeigt, daß bei Adsorption von Molekülen im Photoemissionsspektrum Zusatzemission auftritt, so daß aus der Differenz zwischen der Photoemission nach der Adsorption

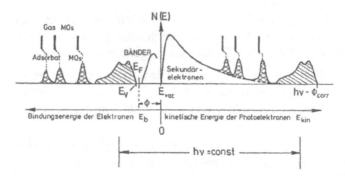

Abb. 4.6.16
Schematische Darstellung der Bestimmung von Adsorbatmolekülorbitalen aus Differenz-UPS-Spektren durch Vergleich mit den entsprechenden Spektren der gasförmigen Moleküle. Dabei wurden die Relaxationsverschiebungen mitberücksichtigt (vgl. Abschn. 4.5.1). Details dazu sind im Text beschrieben.

und der entsprechenden vor Adsorption auf Molekülorbitale des Adsorbats zurückgeschlossen werden kann. Auf diese Weise gelingt eine erste Charakterisierung der nach Adsorption an der Oberfläche häufig zusätzlich auftretenden elektronischen Niveaus. Aus charakteristischen Verschiebungen der Adsorbatniveaus gegenüber denen des freien Moleküls kann auf den Typ der chemischen Bindung geschlossen werden.

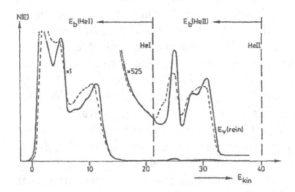

Abb. 4.6.17
Beispiel für ein winkelintegriertes EDC-Spektrum, aufgenommen mit Helium(I)- bzw. Helium(II)-Strahlung an ZnO(10$\bar{1}$0)-Oberflächen. Die ausgezogene Linie wurde vor und die gestrichelte Linie nach Chemisorption einer drittel Monolage von CO_2-Molekülen aufgenommen [Göp 80].

Ein Beispiel für solche Photoemissionsspektren ist in Abb. 4.6.17 gezeigt. In den Experimenten mit einer Helium-Gasentladungslampe treten zwei charakteristische UPS-Spektren für die starken He(I)- bzw. He(II)-Resonanzlinien auf. Man erkennt, daß nach der Adsorption von CO_2-Molekülen an $ZnO(10\bar{1}0)$-Oberflächen das Spektrum an der Valenzbandkante E_V verschoben ist. Diese Verschiebung gleicht der Änderung der Bandverbiegung $e\Delta V_s$ durch Adsorption. Die entsprechende Verschiebung bei $E_{kin} = 0$ ist gleich der Änderung der Austrittsarbeit $\Delta\Phi$ durch Chemisorption. Zur Bildung der Differenzspektren muß das Spektrum auf gleiches E_V verschoben werden. Darüber hinaus erkennt man, daß die CO_2-Adsorption im He(II)-Spektrum zu einer Erniedrigung der Emission des Peaks in der Nähe von 25 eV führt. In diesem Bereich liegen Zn-3d-Zustände des Festkörpers, die an der chemischen Bindung des Adsorbats nicht beteiligt sind. Die erniedrigte Emission in diesem Bereich ist im wesentlichen zurückzuführen auf die Schwächung der Substratemission durch

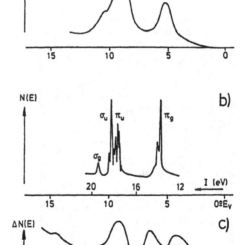

Abb. 4.6.18
Photoemissionsdifferenzspektren, aufgenommen an ZnO-$(10\bar{1}0)$-Oberflächen für
a) physisorbiertes CO_2,
b) CO_2 in der Gasphase mit charakteristischen Ionisierungsenergien I bzw. Molekülorbitalen und
c) chemisorbiertes CO_2 mit ΔN, bestimmt aus den Ergebnissen der Abb. 4.6.17

die zusätzliche Adsorbatschicht und kann bei der Differenzbildung durch Normierung auf gleiche Zn-3d-Emission berücksichtigt werden. Abb. 4.6.18 zeigt auf diese Weise gewonnene Photoemissionsdifferenzspektren $\Delta N(E)$ für schwach gebundenes ("physisorbiertes") CO_2 (a), das im wesentlichen die elektronische Struktur des freien CO_2-Moleküls (b) aufweist. Dabei bezeichnet I die Ionisierungsenergie der entsprechenden Molekülorbitale, die sich über die Austrittsarbeit, das Ferminiveau und die Relaxationsverschiebung in die entsprechende Energieskala der ZnO-Oberfläche umrechnen läßt.

Bei stärkerer Bindung des CO_2 an die Unterlage beobachtet man in einem anderen Temperaturbereich ein vollkommen anderes Photoemissionsdifferenzspektrum, das dem chemisorbierten CO_2 zugeordnet werden kann (c). Zur Interpretation dieses Spektrums müssen quantenchemische Rechnungen des Adsorbatkomplexes durchgeführt werden, auf die in Abschn. 5.6.5 näher eingegangen wird.

Ein weiteres Beispiel für den Vergleich von Photoemissionsdifferenzspektren $\Delta N(E)$ sowie Gasphasenspektren $N(E)$ ist in Abb. 4.6.19 für die Moleküle C_2H_4O bzw. CH_3OH gegeben. Wiederum muß be-

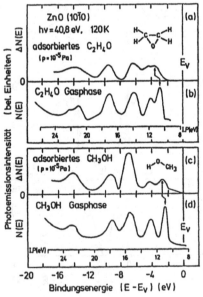

Abb. 4.6.19
Photoemissionsdifferenzspektren $\Delta N(E)$ bzw. Gasphasenspektren $N(E)$ als Funktion der Bindungsenergie, bezogen auf die Valenzbandkante für C_2H_4O bzw. CH_3OH [Hei 84]

achtet werden, daß bei der Adsorption die Energiemaßstäbe nach Korrektur um Austrittsarbeiten durch Relaxationsenergien verschoben sind. Die Bestimmung der Relaxationsenergien läßt sich durch Vergleich der Ionisierungspotentiale (I.P. in Abb. 4.6.19b und d) mit der Bindungsenergie nach Korrektur um die angegebenen Parameter bestimmen. Man erkennt in den gezeigten Beispielen der Abb. 4.6.19, daß der oberste Peak im Gasphasenspektrum bei Adsorption in charakteristischer Weise energetisch abgesenkt wird. Eine quantenmechanische Analyse zeigt, daß es sich dabei um ein doppelt besetztes, nicht bindendes Sauerstofforbital des freien Moleküls handelt, das in der Adsorptionsphase mit dem Substrat in Wechselwirkung tritt. Auf diese Weise lassen sich aus der charakteristischen Verschiebung eines Peaks im Photoemissionsspektrum der adsorbierten Phase Rückschlüsse auf den Typ der Chemisorptionsbindung ziehen.

Wesentlich detailliertere Informationen über Adsorbatsysteme lassen sich dann erzielen, wenn die Adsorbate periodische Überstrukturen bilden und daher zweidimensionale Bänder an der Oberfläche ausbilden, die mit Hilfe der winkelaufgelösten Photoemission untersucht werden können. Dabei werden zunächst die Brillouin-Zonen der reinen bzw. adsorbatbedeckten Oberflächen entsprechend dem Beispiel in Abb. 4.6.20 definiert. Ein Beispiel für auf diese Weise erzielte experimentelle Resultate an einer zweidimensionalen Bandstruktur ist

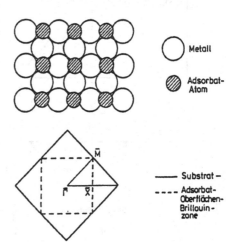

Abb. 4.6.20
Oberflächengitter und Oberflächen-Brillouin-Zonen einer (100)-Fläche eines fcc-Festkörpers mit c(2×2)-Überstruktur des Adsorbats. Die angegebenen Symmetriepunkte der Brillouin-Zone beziehen sich auf das Adsorbat.

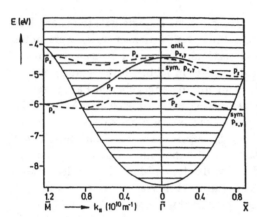

Abb. 4.6.21
Experimentell bestimmte zweidimensionale Bandstruktur für eine c(2×2)-Schwefelschicht auf Nickel(100). Die gestrichelten bzw. durchgezogenen Linien entsprechen symmetrischen bzw. antisymmetrischen p-Zuständen. Das schraffierte Gebiet entspricht der Projektion des symmetrischen sp-Bandes auf die Oberfläche [Plu 80].

in Abb. 4.6.21 angegeben. Das schraffierte Gebiet bezeichnet die Projektion des Metall-sp-Bandes. Als Folge der Hybridisierung von symmetrischen Bändern mit dem Metall-sp-Band kann deren voller Verlauf nicht verfolgt werden. Besonders definiert konnte in diesen Experimenten eine Dispersion von etwa 1,5 eV des antisymmetrischen

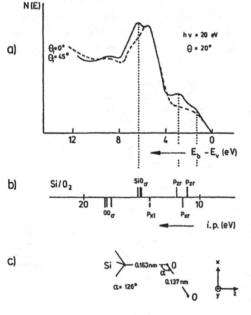

Abb. 4.6.22
a) Polarisations- und winkelaufgelöstes Photoemissionsspektrum (PARUPS), aufgenommen am System Si(111)/O$_2$. Durch Variation des Einfallswinkels der Photonen kann die Symmetrie bindender Orbitale bestimmt werden.

b) und c) Ergebnisse zu Molekülorbitalen und Bindungsenergien des chemisorbierten Sauerstoffs an der Oberfläche von Si(111), die mit den experimentellen Ergebnissen in Übereinstimmung sind. Details sind im Text beschrieben [Göp 80].

p_y-abgeleiteten Bandes entlang $\overline{\Gamma}\,\overline{M}$ bestimmt werden. Als weiteres Beispiel zeigt Abb. 5.6.11 die berechnet Bandstruktur und die Photoemissionsspektren von CO auf der (111)-Fläche von Übergangsmetallen. Eine genaue Diskussion findet sich in Abschn. 5.6.3.

Eine zusätzliche Möglichkeit zur Charakterisierung von Orientierungen der adsorbatinduzierten elektronischen Niveaus an der Oberfläche ergibt sich dadurch, daß Photonen bei Einstrahlung unter unterschiedlichen Richtungen polarisationsabhängige Effekte auslösen können. Die Matrixelemente für die entsprechenden elektronischen Übergänge hängen von der Symmetrie der Anfangs- und Endzustände sowie von der Orientierung des Vektorpotentials $\underline{A}$ relativ zur Richtung der Adsorbatbindung ab [Lap 79].

Ein Beispiel dafür zeigt Abb. 4.6.22. Photoemission von einer Si(111)-Oberfläche mit chemisorbiertem molekularem Sauerstoff führt bei Senkrechteinstrahlung der Photonen ($\Theta_i = 0°$) zu Photoemission mit vernachlässigbaren Beiträgen aus den in z-Richtung orientierten Molekülorbitalen des chemisorbierten Sauerstoffs. Beim Übergang auf einen Einstrahlwinkel von $\Theta_i = 45°$ tritt zusätzliche Emission aus den Orbitalen SiO_σ, p_{zr} und p_{zl} (r $\hateq$ rechten, l $\hateq$ linken O-Atomen

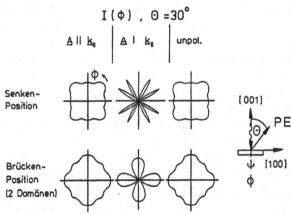

Abb. 4.6.23
Strukturen winkelaufgelöster Photoemissionsexperimente bei unterschiedlicher Orientierung des Vektorpotentials der anregenden Photonen relativ zum Vektor $\underline{k}_\|$ im Vergleich zu Resultaten mit unpolarisiertem Licht. Es wird deutlich, daß die Photoemissionsspektren empfindlich auf unterschiedliche lokale Adsorbatgeometrien reagieren [Bra 83].

der Abb. 4.6.22c) auf. Die energetische Zuordnung liefert im Rahmen der Meßgenauigkeit Positionen von Molekülorbitalen, wie sie auch aus quantenchemischen Rechnungen erzielt wurden. Auf diese Weise gelingt auch eine Bestimmung der Bindungsgeometrie.

Abb. 4.6.23 zeigt den ausgeprägten Einfluß der Richtungsvariation des Vektorpotentials $\underline{A}$ des einfallenden Lichtes einmal parallel, zum anderen senkrecht zum Vektor $\underline{k}_{\parallel}$ im Vergleich zu Experimenten, die mit unpolarisiertem Licht erzeugt wurden. Da diese Unterschiede auch für unterschiedliche lokale Adsorptionsplatzgeometrien auftreten, läßt sich aus winkel- und polarisationsaufgelösten Photoemissionsexperimenten eine detaillierte Information über lokale Adsorbatgeometrien erhalten.

4.6.5   Elektronenenergieverlustspektroskopie

Bei der Photoemission spielt der besetzte Anfangszustand die entscheidende Rolle, da der angeregte und der Endzustand ein freies bzw. fast freies Elektron repräsentieren. Wertvolle Informationen über besetzte und unbesetzte Zustände in der Nähe des Ferminiveaus sind erhältlich, wenn ein Elektron angeregt wird, ohne den Kristall zu verlassen. Dabei kann der Prozeß über das anregende Teilchen selbst nachgewiesen werden. Eine Möglichkeit bietet die Elektronenenergieverlustspektroskopie (EELS), bei der über Energie- und Impulsänderung des gestreuten Elektrons die entsprechenden Änderungen vom Ausgangs- zum Endzustand im Kristall erfaßbar sind. Ausgangszustand kann jeder besetzte Zustand wie Rumpfniveau-, Valenzband- oder Oberflächenzustand, Endzustand jeder unbesetzte Zustand wie Leitungsband- oder Oberflächenzustand sein (vgl. Abschn. 4.4, Abb. 4.4.6). Der Energiesatz liefert unmittelbar den Niveauzustand, für den Impuls gilt wie bei der Beugung nur die Erhaltung der Komponenten parallel zur Oberfläche, wobei in der Bilanz außer dem zu messenden Impuls des elektronischen Übergangs auch ein Vektor des reziproken Gitters auftreten kann (siehe auch Abschn. 4.6.3).

Da für elektronische Übergänge meistens eine Auflösung von einigen zehntel Elektronenvolt genügt, wird häufig auf einen Monochromator verzichtet. Als Analysator sind dann Zylinder- oder Halbkugelanalysatoren ausreichend. Für bessere Auflösung sind hochauflösende Geräte ($\Delta E < 10$ meV) mit Doppelmonochromator und -Analysator erforderlich, wie sie für die Schwingungsanalyse entwickelt wurden (vgl. Abschn. 4.7, Abb. 4.7.1, und [Iba 82X], [Fro 77]).

Zur Erfassung möglicher Anregungen läßt sich in klassischer Beschreibung die Dielektrizitätskonstante $\varepsilon_r = \varepsilon_r' + i\varepsilon_r''$ heranziehen (vgl. Abschn. 4.4). Durch das Elektron wird ein elektrisches Feld aufgebaut, das durch die Dielektrizitätskonstante abgeschirmt wird. Für ein Elektron außerhalb des Kristalls ist das Feld im Kristall um den Faktor $\varepsilon_r + 1$ geschwächt (bei Transmission um den Faktor ε_r). Da sich das Elektron zeitweise in der Nähe des Kristalls befindet, tritt eine Dämpfung proportional zum Imaginärteil ε_r'' auf, reduziert in der Intensität I mit dem Quadrat der Abschirmung:

$$I \sim \frac{\varepsilon_r''}{(\varepsilon_r + 1)^2} = -\mathrm{Im}\left(\frac{1}{\varepsilon_r + 1}\right) = \frac{\varepsilon_r''}{(\varepsilon_r' + 1)^2 + \varepsilon_r''^2} \qquad (4.6.5)$$

Eine maximale Dämpfung mit der Frequenz ω, d.h. dem Energieverlust um $\Delta E = \hbar\omega$ tritt auf, wenn entweder der Imaginärteil ε_r'' maximal oder der Nenner minimal, d.h. $\varepsilon_r = -1$ ist.

Zur Abschätzung des relevanten Frequenzbereiches kann folgende Überlegung führen. Ein Elektron in Ruhe kann keine Anregung erzielen. Ein Elektron im Abstand d mit der Geschwindigkeitskomponente $v_\perp$ zur Oberfläche hin befindet sich bei einer spiegelnden Reflexion in der Zeit $\Delta t = 2d/v_\perp$ höchstens im Abstand d von der Oberfläche. Es kann also alle Anregungen mit einer Schwingungsdauer $T > \Delta t$ oder $\hbar\omega < h/\Delta t$, besonders gut die mit $T \approx \Delta t$ anregen. Je niedriger die Eigenfrequenz der Anregung oder je größer die Geschwindigkeit, um so größer ist der Abstand d, über den die Anregung stattfinden kann.

Das Feld des ankommenden und gestreuten Elektrons ist das einer Punktladung. Allerdings wird es in Oberflächennähe wesentlich verändert durch die Polarisation des Kristalls, die beim Metall (mit ideal ebener Oberfläche) durch die Bildladung entgegengesetzten Vorzeichens exakt beschrieben wird. Bei Halbleitern und Isolatoren ist bei großem ε_r die gleiche Beschreibung bei guter Näherung gültig. Diese Bildladung bewegt sich mit dem Primärelektron in exakter Spiegelposition (Abb. 4.6.24). Die resultierende Feldstärke ist senkrecht zur

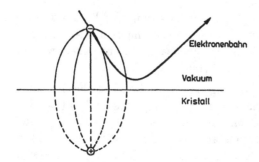

Abb. 4.6.24
Schematische Darstellung der
Oberflächenanregung durch
Bildladungseffekte bei Streu-
ung eines Elektrons

Oberfläche gerichtet und etwa über einen Bereich ausgedehnt, der dem Abstand des Elektrons entspricht. Dies hat zwei Konsequenzen: Einmal ist die anregende Feldstärke senkrecht zur Oberfläche orientiert. Es können deshalb nur Übergänge angeregt werden, deren Dipolmoment selbst eine Komponente senkrecht zur Oberfläche haben. Zum anderen ist der anregende Bereich sehr groß (so groß wie der Abstand des Elektrons). Es findet deshalb gleichzeitig eine Anregung eines großen Bereichs statt, so daß ein Impulsübertrag parallel zur Oberfläche entsprechend klein sein muß ($\Delta \underline{k}_{\parallel} < 2\pi/d$). Bei kleiner Energie- und minimaler Impulsänderung weicht das inelastisch gestreute Elektron nur wenig von der Richtung des gebeugten Elektrons ab. Es gibt noch andere qualitative Begründungen für diese Vorwärtsstreuung bei Dipolwechselwirkung, wichtiger ist jedoch, daß dieses Ergebnis auch bei quantitativen Rechnungen gilt und sich dabei noch präzisieren läßt. Wenn man die (kohärente) Überlagerung der einfallenden und der elastisch gestreuten Welle mit der „vor" oder „nach" der Beugung einen Verlust erleidenden Welle (der exakte Zeitpunkt ist prinzipiell nicht angebbar) über das Dipolmoment eines Übergangs koppelt, findet man die meisten inelastisch gestreuten Elektronen in einem Winkelbereich

$$\Theta_{\mathrm{E}} = \frac{\hbar\omega}{2E_0} \tag{4.6.6}$$

um den gebeugten Strahl (vgl. Abschn. 4.4, Gl. (4.4.4)), wobei der Energieverlust $\Delta E = \hbar\omega$ im Rahmen der Näherung klein gegen die Primärenergie E_0 sein soll. Für weitere Abhängigkeiten (z.B. Einfallswinkel, Energie), Voraussetzungen und Ergebnisse sei auf die Spezialliteratur verwiesen [Iba 82X], [Fro 77]. Auf die Abgrenzung gegen andere Streumechanismen (Stoßstreuung) wird noch im Abschn. 4.7.1 eingegangen.

Ein Beispiel für eine Messung mit Volumenübergängen zeigt Abb. 4.6.25. Zinkoxid hat eine Bandlücke von über 3 eV. Deshalb sind nach den elastisch gestreuten Elektronen ($\Delta E = 0$) nur Übergänge mit Verlusten $\Delta E \geq 3$ eV möglich [Fro 74]. Da die gestreuten Elektronen im Mittel die gleiche Richtung wie die gebeugten Elektronen haben, tritt eine kleine Impulsänderung in Richtung der Parallelkomponente der Elektronengeschwindigkeit auf (es ändert sich der Betrag der Geschwindigkeit, aber kaum deren Richtung). ZnO hat eine polare Achse, die in der untersuchten Fläche ($10\bar{1}0$) liegt (vgl. Abb. 4.1.7). Die Bandstruktur unterscheidet sich deshalb für Richtungen parallel oder senkrecht zur polaren Achse (c-Achse). Es ist deshalb verständlich, daß für Einfallsebenen, die die c-Achse enthalten bzw. senkrecht zu ihr liegen, unterschiedliche Spektren erhalten werden.

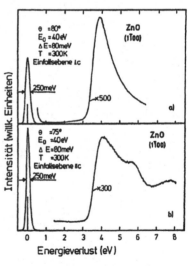

Abb. 4.6.25
Verlustspektrum für Streuung der von Elektronen mit $E = 40$ eV an ZnO($10\bar{1}0$) mit einer Einfallsebene, die entweder die polare Achse enthält ($\parallel$ c) oder senkrecht auf ihr steht ($\perp$ c). Nach den elastisch gestreuten Elektronen ($\Delta E = 0$) ist erst für $\Delta E > 3$ eV, d.h. Energien größer als die Bandlücke im ZnO, wieder ein Signal beobachtbar.

Für Messungen an der frischen Siliciumspaltfläche mit Überstruktur Si(111)2×1 sieht man ebenfalls einen starken Anstieg für $\Delta E >$ 1,1 eV, d.h. für Band-Band-Übergänge des Volumens. Innerhalb der verbotenen Zone wird jedoch auch ein starker Verlust in einem Bereich von 0,2 bis 1 eV beobachtet [Fro 74], [Mat 82], [Pen 86]. Da dieser Verlust nach Heizen oder Adsorption vieler verschiedener Gase verschwindet, sind Oberflächenzustände beteiligt. Durch Vergleichen mit Messungen der Photoemission und Methoden, die Übergänge zwischen Oberflächen- und Volumenzuständen ausnutzen (z.B. Oberflächenphotospannung, Abschn. 4.6.7), ist sicher, daß es sich um einen Übergang zwischen Oberflächenzustandsbändern handelt. (Für Über-

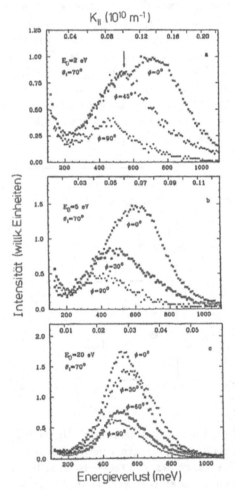

Abb. 4.6.26
Verlustspektrum für die reine Siliciumspaltfläche Si(111)-2×1.
Durch Variation von Primärenergie und Einfallswinkel wird der Impulsübertrag $p_{\parallel} = \hbar \cdot k_{\parallel}$ parallel zur Oberfläche variiert [Pen 86].

gänge mit höherer Energie und Adsorptionsempfindlichkeit sind Volumenzustände als Anfangs- oder Endzustand nicht auszuschließen, s.u.) Für diesen Übergang sind genaue Messungen mit verschiedenen Primärenergien und Einfallswinkeln durchgeführt worden (siehe Abb. 4.6.26). Da die inelastisch gestreuten Elektronen vorwiegend in der Richtung des Spiegelreflexes gefunden werden, ist der Impulsübertrag $\Delta K_\parallel$ ungefähr gegeben durch

$$\Delta K_\parallel = \frac{\Delta E \sqrt{m} \sin \Theta}{\sqrt{2E_0}\,\hbar} \tag{4.6.7}$$

mit Primärenergie E_0, Einfallswinkel Θ (gegen Normale) und Energieverlust ΔE. Der Impulsübertrag ist also proportional zu ΔE, wobei die Proportionalitätskonstante durch Einfallswinkel und Energie der Primärelektronen veränderbar ist. Ein Maximum in Abb. 4.6.26 bedeutet also, daß es für diese Energie besonders viele Übergänge mit dem zugehörigen Impulsübertrag gibt. Wenn auch damit nicht der k-Wert des Anfangs- und Endzustands bestimmt werden kann (vgl. Abschn. 4.6.3), sind hieraus Aussagen über die relative Lage der beiden Oberflächenzustandsbänder sowie deren Dispersion möglich, insbesonders wenn Effekte des Matrixelementes abgetrennt werden können.

Als letztes Beispiel sollen Ergebnisse eines Adsorbatsystems vorgestellt werden, der Sauerstoffadsorption auf Germanium Ge(100)

Abb. 4.6.27
Ableitung $d^2N(E)/dE^2$ des Verlustspektrums gegen die Energie für eine Primärenergie von 130 eV bei einer Germaniumfläche Ge(100) nach Adsorption von Sauerstoff. Man beachte, daß hier die Verlustenergie von rechts nach links steigt. Die Verluste bei E_1 und E_2 sind Volumenübergänge, S_1 und S_2 Übergänge unter Beteiligung von Oberflächenzuständen, $\hbar\omega_p$ und $\hbar\omega_s$ sind die Plasmaverluste im Volumen bzw. an der Oberfläche, d_1 bis d_3 und d_s sind Übergängen aus dem Ge-3d-Zustand in das Leitungsband bzw. in einen Oberflächenzustand zugeordnet. Die Übergänge A, B und C enthalten Zustände durch die Adsorption von Sauerstoff.

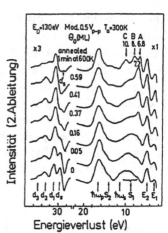

[Sur 82]. Hier wurden die Verluste durch die zweite Ableitung des mit einer LEED-Optik als Gegenfeldanalysator (siehe Abb. 2.4.15b) gemessenen Stromes bestimmt (Abb. 4.6.27). Durch Wahl einer höheren Primärenergie ($E_0 = 130$ eV) konnten Verluste höherer Energie bis zur Einbeziehung von Rumpfniveaus erfaßt werden. Man sieht bei der reinen Oberfläche für kleine Verlustenergien die durch Valenz- und Leitungsband gegebenen Übergänge. Zusätzlich tauchen Plasmaverluste (Volumen- und Oberflächenplasmonen) auf. (Bei wesentlich höherer Primärenergie (z.B. bei AES, siehe Abschn. 4.5.3) würden allein die Volumenplasmonen einschließlich derer Vielfachanregungen dominieren.) Im Bereich von $\Delta E \approx 30$ eV sind schließlich Übergänge zu sehen, die vom d-Band des Germaniums, also einem Rumpfniveau stammen. Durch die Adsorption von Sauerstoff verschwinden die mit Oberflächenzuständen verbundenen Übergänge sowie das Oberflächenplasmon, dafür erscheinen neue Übergänge, die mit Zuständen des adsorbierten Sauerstoffs zusammenhängen. Da durch den hohen Energiebereich und den großen Akzeptanzwinkel des Detektors die Dipolnäherung nicht mehr ausreicht, können auch keine Aussagen über den Impuls gemacht werden. Dafür wird ein sehr großer Energiebereich erfaßt.

4.6.6   Inverse Photoemission und Zwei-Photonen-Photoemission

Die in Abschn. 4.6.1 bis 4.6.4 beschriebene Photoemission liefert Informationen über die besetzten Zustände, die besonders im Bereich des Ferminiveaus für die Bindung wichtig sind. Ebenso wichtig sind jedoch hierfür unbesetzte Zustände nahe des Ferminiveaus. Während einige Verfahren Übergänge zwischen besetzten und unbesetzten Zuständen ausnutzen (s. Abb. 4.4.6 und Abschn. 4.6.5 und 4.6.7), schafft die Einführung der inversen Photoemission (IPE) oder Bremsstrahlungs-Isochromatenspektroskopie (BIS) eine Möglichkeit, unbesetzte Zustände direkt nachzuweisen [Dos 85], [Bor 87]. Wie in Abb. 4.4.6 schematisch gezeigt, wird ein Elektron von außen in ein Niveau

$$E_i = E_{vac} + E_{kin} \qquad (4.6.8)$$

oberhalb des Vakuumniveaus E_{vac} gebracht. Bei Übergang in einen tieferen unbesetzten Endzustand E_f kann ein Photon der Energie $h\nu = E_i - E_f$ ausgesandt werden (Energieerhaltung). Wie bei der Photoemission muß jedoch im Matrixelement des Übergangs die Kopplung der beiden Zustände über das Photon mit Hilfe des Potentials der Oberfläche herbeigeführt werden. Demzufolge gilt wie bei der Photoemission der Impulserhaltungssatz mit

$$\underline{k}_f = \underline{k}_i + \underline{k}_{\mathrm{ph}} + \underline{G}. \tag{4.6.9}$$

Wegen der Periodizität parallel zur Oberfläche kann ein Vektor des zweidimensionalen reziproken Gitters dazu kommen, was bei Reduktion auf die 1. Brillouin-Zone keine Unsicherheit bewirkt. Der Impuls des Photons $\hbar k_{\mathrm{ph}}$ ist bei nicht zu großen Photonenenergien ($h\nu <$ 40 eV) vernachlässigbar bei üblicher Auflösung, so daß die Näherung eines „direkten" Übergangs mit $k_f = k_i$ die Beschreibung erleichtert. Mit der Photoemission bestehen viele Gemeinsamkeiten in der Beschreibung. Neben Energie- und Impulserhaltungssatz ist das Photon (Erzeugung bzw. Vernichtung) sowie der höchste beteiligte Zustand über dem Vakuumniveau beiden Verfahren gemeinsam. Der Unterschied liegt in der Rolle des tieferen Zustands. Während die Photoemission besetzte Zustände unterhalb des Ferminiveaus erfaßt, bietet die inverse Photoemission in komplementärer Weise die Möglichkeit, die unbesetzten Zustände oberhalb des Ferminiveaus zu erfassen (Abb. 4.6.28).

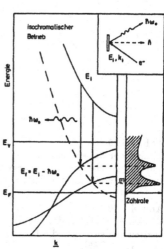

Abb. 4.6.28
Schematische Darstellung direkter Übergänge bei der inversen Photoemission. Die gestrichelte Kurve ist der Anfangszustand nach Verschiebung um die Nachweisenergie $\hbar\omega_0$. Deren Schnittpunkte mit den unbesetzten Endzustandsbändern ergeben Energie und Impuls der beobachteten Maxima [Dos 85].

Die experimentellen Möglichkeiten und Grenzen sind wesentlich durch den Nachweis der ausgesandten Photonen bestimmt. Hier wurde der Durchbruch erzielt mit einem Filter aus CaF_2 (Durchlässigkeit für $h\nu < 10,2$ eV) und einem Geiger-Müller-Zähler mit Joddampffüllung (Photoionisation für $h\nu > 9,2$ eV) [Dos 77]. Durch andere Fenster und andere Detektoren wie z.B. offene Multiplier konnte die Auflösung gesteigert werden ($\Delta E \lesssim 400$ meV). Die Detektoren zeichnen sich durch einfachen Aufbau und hohe Empfindlichkeit aus. Eine verbesserte Auflösung bei variabler Photonenenergie ist mit Monochromatoren möglich, wobei allerdings die Empfindlichkeit erheblich absinkt. Wird der Elektronenstrahl gebündelt, ist über Einstellung eines Einfallswinkels auch die Parallelkompo-

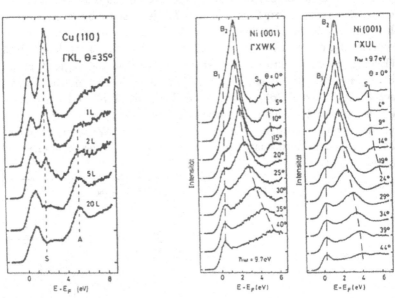

Abb. 4.6.29
Einfluß der Sauerstoffadsorption auf das Spektrum inverser Photoemission einer Cu(110)-Fläche. Der mit S bezeichnete Oberflächenzustand verschwindet zugunsten eines adsorbatinduzierten Zustandes (mit A bezeichnet) [Dos 85].

Abb. 4.6.30
Winkelabhängigkeit der Spektren inverser Photoemission von Ni(001). Die gestrichelten Linien zeigen die Dispersion von Volumen- und Oberflächenzuständen (B bzw. S) [Gol 85].

nente $\underline{k}_{\parallel}$ des Elektrons im Anfangs- und damit auch Endzustand einstellbar.

Diese Ergebnisse lassen sich weitgehend analog zur Photoemission beschreiben: Während für Volumenzustände die Unsicherheit in der Angabe der senkrechten Komponente $k_\perp$ bei einer einzelnen Messung ebenfalls besteht, sind Oberflächenzustände nach Energie und Impuls bestimmbar. Zur Unterscheidung von den Volumenzuständen gelten die gleichen Kriterien wie bei der Photoemission. Oberflächenzustände reagieren beispielsweise empfindlich auf Adsorbate. Dies wird für Sauerstoffadsorption auf Cu(110) in Abb. 4.6.29 gezeigt [Dos 84]. Mit dem Verschwinden des Oberflächenzustandes erscheint gleichzeitig der durch Sauerstoffadsorption geschaffene Zustand. Ein „echter" Oberflächenzustand liegt in einer für den jeweiligen $k_{\parallel}$-Wert verbotenen Zone des Volumens. In Abb. 4.6.30 sind Messungen an der Ni(100)-Fläche gezeigt [Gol 85]. Während die mit B bezeichneten Bänder Volumenzustände sind, d.h. im schraffierten Bereich der mög-

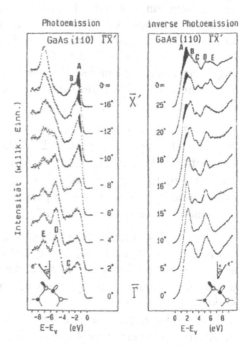

Abb. 4.6.31
Gegenüberstellung der Energieverteilungskurven von Photoelektronen ($\hbar\omega = 21,2$ eV) und von Spektren der inversen Photoemission ($\hbar\omega = 9,9$ eV) für GaAs(110). Die schematischen Bilder am unteren Rand zeigen den Polarwinkel des Elektronenstrahls bezüglich der Oberflächenatome. Die Emission aus den Oberflächenzuständen (geschwärzte Bereiche) ist maximal für Richtungen, die etwa den freien Valenzen (dangling bonds) entsprechen [Car 87].

lichen Volumenbänder liegen, stellen die mit S bezeichneten Bänder Oberflächenzustände dar.

Eine besonders wertvolle Information erhält man bei Messung von Photoemission und inverser Photoemission an der gleichen Probe, da hierbei apparative Unsicherheiten verringert werden können. Nach Eichung mit dem Ferminiveau eines Metalles kann bei Halbleitern der Abstand von besetzten und unbesetzten Bändern an verschiedenen Punkten der Brillouinzone besonders gut gemessen werden. Als Beispiel werden Messungen an der Spaltfläche von GaAs(110) gezeigt. In Abb. 4.6.31 sind nebeneinander Messungen mit Photoemission ($\hbar\omega = 21,2$ eV) und mit inverser Photoemission ($\hbar\omega = 9,9$ eV) gezeigt [Car 87]. Hier sind für Photoemission negative Winkel gewählt, um die besetzte freie Bindung („dangling bond") des Ga-Atoms mit möglichst hoher Intensität zu erfassen (siehe Skizze im unteren Bildteil). In gleicher Weise sind bei der inversen Photoemission positive Winkel gewählt zugunsten der entsprechenden unbesetzen freien Bindung am As-Atom. Durch Adsorption mit Sauerstoff wurde nachgewiesen (vgl. Abschn. 4.6.3), daß die Maxima A Oberflächenzustände sind, die jeweils diesen freien Bindungen zugeordnet werden. In Abb. 4.6.32 sind schließlich für drei Punkte der Brillouinzone die zugehörigen Messungen der Photoemission und inversen Photoemission gemeinsam aufgetragen, um die jeweiligen Bandlücken besonders deutlich zu machen [Car 87].

Bei der Adsorption von CO spielt das tiefste unbesetzte Orbital, ein 2π-Zustand, eine wichtige Rolle. Deshalb wurde dieser Zustand nach Adsorption auf vielen Metallflächen untersucht. Abb. 4.6.33 zeigt den Zusammenhang zwischen dem Abstand dieses Niveaus vom Vakuumniveau und der Desorptionstemperatur, die wiederum proportional der Bindungsenergie ist (siehe auch Abschn. 5.4.3) [Dos 85].

Ein neuer Effekt wurde mit Zuständen knapp unter dem Vakuumniveau gefunden. Trotz Unempfindlichkeit gegen Gasadsorption handelt es sich um einen Oberflächenzustand. Aufgrund der Bildkraft wird die potentielle Energie eines Elektrons schon bei der Annäherung abgesenkt, es entsteht also durch das Bildpotential ein Potentialtopf, der nahe am Vakuumniveau sehr breit ist. Liegt für diesen Energiebereich im Kristall eine verbotene Zone, so wird der Potentialtopf zum Volu-

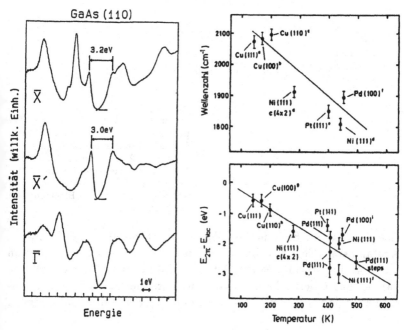

Abb. 4.6.32
Darstellung der Energielücken an hochsymmetrischen Punkten der Oberflächen-Brillouin-Zonen für GaAs(110). Die linke Kurve stammt jeweils von Messungen der Photoemission, die rechte von Messungen der inversen Photoemission [Car 87].

Abb. 4.6.33
Energetische Lage des unbesetzten CO-2π-Zustands nach Adsorption auf verschiedenen Metalloberflächen. Das untere Teilbild zeigt die relative Lage unterhalb des Vakuumniveaus als Funktion der Desorptionstemperatur (als Maß für die Bindungsenergie, Abschn. 5.4.3). Zum Vergleich ist im oberen Teilbild die Streckgeschwindigkeit des adsorbierten CO-Moleküls (s. Abschn. 4.7) gegen die Desorptionstemperatur aufgetragen [Dos 85].

men hin ebenfalls abgeschlossen, da das Elektron mit dieser Energie in den Kristall nicht eindringen kann. In diesem Potentialtopf entstehen deshalb gebundene Zustände, die eine wasserstoffartige Serie bilden. In Abb. 4.6.34 ist für die Cu(100)-Fläche der Potentialverlauf durch Bildpotential und verbotene Zone sowie die energetische Lage und Elektronenverteilung für die Zustände für $n = 1$ und $n = 2$ gezeigt [Str 86]. Eine einfache Abschätzung für Metalle ergibt als Bindungs-

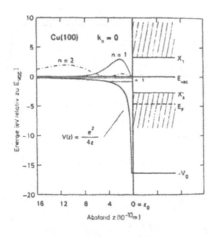

Abb. 4.6.34
Schematische Darstellung von Bildpotential und Bandstruktur an der Cu(100)-Oberfläche. Mit $n = 1$ und $n = 2$ sind die ersten beiden Bildpotentialzustände mit Energielage und der zugehörigen Aufenthaltswahrscheinlichkeit des Elektrons bezeichnet [Str 86].

energie 1/16 der Energien des Wasserstoffatoms und einen mittleren Abstand eines Elektrons im Zustand $n = 1$ zur obersten Atomlage von $d = 0,4$ nm [Str 86]. Da der Potentialtopf für eine ebene Oberfläche parallel zur Oberfläche offen ist, muß zur Energie noch eine kinetische Energie $(\hbar k)^2 / 2m^*$ addiert werden. Aufgrund des relativ großen

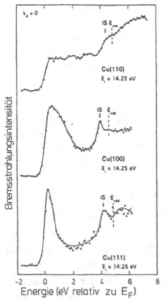

Abb. 4.6.35
Spektren der inversen Photoemission verschiedener Cu-Flächen bei senkrechtem Elektroneneinfall (IS = Bildzustand, E_{vac} = Vakuumniveau) [Str 86]

Abstandes zur Oberfläche gleicht die effektive Masse m^* ungefähr der freien Elektronenmasse [Gie 87].

Mit inverser Photoemission sind die Zustände für $n = 1$ für viele Metalloberflächen nachgewiesen worden. Die Ergebnisse in Abb. 4.6.35 zeigen durch Verwendung eines Monochromators besonders hohe Auflösung [Str 86]. Während für die Cu(100)- und Cu(111)-Fläche der Zustand IS („Image State") deutlich aufgelöst ist, kann man für die (110)-Fläche nur eine Andeutung erkennen. Der Unterschied wird bei Berücksichtigung der Bandstruktur verständlich, da nur die (110)-Fläche in diesem Energiebereich keine verbotene Zone hat und der Bildzustand deshalb kein echter Oberflächenzustand, allenfalls eine Oberflächenresonanz sein kann. Durch Kopplung an Volumenzustände wird er stark gedämpft.

Mit üblicher Photoemission sind unbesetzte Zustände unter dem Vakuumniveau wie die Bildzustände nicht erfaßbar. Mit Zwei-Photonen-Photoemission ist dies jedoch möglich. Wählt man eine Photonenenergie knapp unterhalb der Austrittsarbeit und eine hinreichend hohe Photonendichte, so wird die Zwei-Photonen-Photoemission über die Bildzustände als Zwischenzustände resonant verstärkt. Abb. 4.6.36 zeigt die Auflösung zweier Bildzustände für Cu(100). Bei Erhöhung

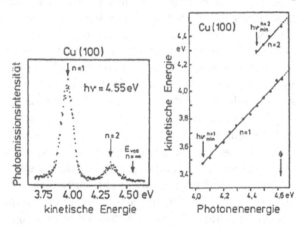

Abb. 4.6.36
Zwei-Photonen-Photoemission an Cu(100). Links: Spektrum für festes $h\nu$ mit der Auflösung von zwei Bildzuständen, rechts: Lage der beiden Maxima für verschiedene Photonenenergien [Gie 87].

der Photonenenergie von einem Minimalwert (= Abstand Ferminiveau − Bildzustand) bis zu einem Maximalwert (= Abstand Fermininiveau − Vakuumniveau) steigt die kinetische Energie der emittierten Elektronen wie die Photonenenergie, da der Anfangszustand in dem breiten Kontinuum des Valenzbandes liegt. Ist der Anfangszustand ein scharfer Zustand (z. B. ein Oberflächenzustand nahe E_F bei Cu(111)), steigt (ohne Mitwirkung der Bildzustände) die kinetische Energie mit der doppelten Photonenenergie [Gie 87].

Die Photoemission mit zwei Photonen kann deshalb zwischen Emission aus scharfem Anfangszustand (mit virtuellem Zwischenzustand) und resonanter Emission aus einem sonst unbesetzten reellen Zwischenzustand durch Variation der Photonenenergie und Messung der kinetischen Elektronenenergie unterscheiden.

Durch Wahl der Elektroneneinfalls- bzw. -ausfallsrichtung ist mit beiden Methoden auch die parallele Komponente des Wellenvektors erfaßbar und auf diese Weise z. B. die effektive Masse eines Elektrons im Bildzustand meßbar [Gie 87].

4.6.7   Optische Absorption, Photoleitung und Photospannung

Wie in der Übersicht in Abschn. 4.4 schon vorgestellt, kann man durch Absorption eines Photons Übergänge im Bereich des Ferminiveaus anregen. Wegen der verglichen mit den Elektronen hohen Eindringtiefe der Photonen (typischerweise mindestens zehnmal so groß) sind oberflächenrelevante Ergebnisse im Bereich der Grundgitterabsorption nur bei oberflächenempfindlichem Nachweis möglich. Hier interessiert deshalb der Bereich innerhalb der verbotenen Zone E_g, d.h. $h\nu \lesssim E_g$, da das Innere des Kristalls hierfür keine Absorption zeigt und deshalb schon die Anregung oberflächenspezifisch sein muß. Der spektrale Bereich des nahen Infrarots ist experimentell über Monochromatoren und UHV-taugliche Fenster bis etwa 0,1 eV mit hoher spektraler Auflösung relativ leicht zugänglich. Wegen der niedrigen Intensitäten der Meßsignale sind meist Modulationstechniken und ein Verzicht auf hohe spektrale Auflösung notwendig.

Die drei in diesem Abschnitt behandelten Verfahren nutzen die Absorption eines Photons, wobei Anfangs- oder Endzustand oder beide

Zustände Oberflächenzustände sind. Der Nachweis über die Beteiligung von Oberflächenzuständen wird typischerweise über die Unterschiede zur gleichen Messung nach Adsorption eines Gases geführt. Die meisten Messungen liegen für die reinen Oberflächen von Silicium und Germanium vor, bei denen die Oberflächenzustände aus der verbotenen Zone durch Adsorption von Sauerstoff verschwinden.

Der Nachweis der Photonenabsorption kann direkt über die Schwächung des transmittierten oder reflektierten Lichtes geführt werden. Da die Schwächung sehr gering ist, wird sie oft in geeigneten Aufbauten durch Vielfachreflexion im Totalreflexionsbereich (10- bis 50fach) verstärkt. Aufgrund des hohen Brechungsindexes und der guten Transmission jenseits der Kante eignen sich hierfür besonders Ge und Si. Das berühmteste Beispiel stammt von Chiarotti et al. [Chi 71]. Hier wurde ein Siliciumkristall vor dem Spalten so angeschrägt, daß nach dem Spalten vielfache Totalreflexion möglich war. Der schematische Aufbau sowie eine Meßkurve für die frische Spaltfläche (als Differenz zur Meßkurve nach O_2-Adsorption) ist in Abb. 4.6.37 gezeigt.

Ein Maximum bei etwa 0,5 eV entspricht dem mit EELS gemessenen Wert (siehe Abb. 4.6.26). Da das Photon einen gegen einen rezipro-

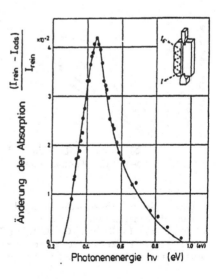

Abb. 4.6.37
Optische Absorption bei innerer Reflexion an der Spaltfläche Si(111). Die erhöhte Intensität I_{ads} nach Sauerstoffadsorption gegenüber der Intensität I_{rein} der frischen Spaltfläche ist auf das Verschwinden der Oberflächenzustände durch Chemisorption zurückzuführen [Chi 71]. Der Strahlengang mit Vielfachreflexion ist im oberen Teilbild gezeigt. Die Oberflächenzustandsbänder S_1 und S_2, zwischen denen die Übergänge erfolgen, sind in Abb. 4.6.40 zu sehen.

ken Gittervektor vernachlässigbaren Impuls hat, ergibt die Messung näherungsweise die kombinierte Zustandsdichte für direkte Übergänge (entsprechend Abb. 4.6.26 für sehr hohe Primärenergien). Für die Si(111)7×7 konnten keine ausgeprägten Maxima und nur sehr schwache Signale gefunden werden. Wegen der Einschränkung der Spektralbereiche ($h\nu < E_g$) und Anforderungen an die Unterlage (keine Absorption) sind dazu sonst nur wenige Beispiele bekannt [Sel 87].

Die Oberflächeneffekte können auch indirekt über die Polarisationsänderungen des reflektierten Lichtes gemessen werden (Ellipsometrie) [Mey 71], [Hab 80]. Wird linear polarisiertes Licht mit gleicher Komponente parallel und senkrecht zur Einfallsebene eingestrahlt, so ist das reflektierte Licht elliptisch polarisiert. Die Ellipse wird über zwei Winkel, Ψ und Δ beschrieben (tan Ψ = Verhältnis der Hauptachsen, Δ = Drehung der Hauptachse gegen Einfallsebene). Diese Winkel hängen von der komplexen Dielektrizitätskonstante und dem Einfallswinkel ab. Wird die Oberfläche z.B. durch Adsorption verändert, so beobachtet man eine geringfügige Änderung dieser Winkel. Abb. 4.6.38 zeigt eine Messung der Adsorption verschiedener Gase auf

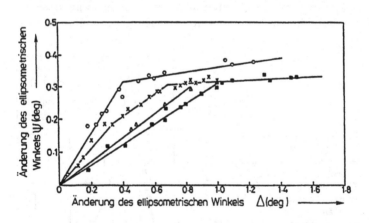

Abb. 4.6.38
Änderung des ellipsometrischen Winkels Ψ gegen die Änderung des anderen ellipsometrischen Winkels Δ während der Adsorption verschiedener Gase auf der Si(100)-Fläche: (○) H_2O; (×) CH_3OH; (△) CH_3OCH_3; (■) O_2 [Mey 71]. Der Knickpunkt entspricht der Sättigung der ersten Monolage, bei der die Änderung der Oberflächenzustände (zu sehen an $\delta\Psi$) praktisch abgeschlossen ist.

Si(100) [Mey 71]. Die Änderungen werden beschrieben durch die dielektrischen Eigenschaften der Adsorptionsschicht und die Änderung der Unterlage, die beispielsweise durch Änderung der Oberflächenzustände durch Chemisorption gegeben sein kann (vgl. dazu Abschn. 5.6.3 bis 5.6.6). Bei reiner Physisorption nicht absorbierender Gase (vgl. Abschn. 5.6.2) wird nur eine Änderung des Winkels Δ beobachtet, die ganz mit den Moleküldaten des Gases beschreibbar ist. In Abb. 4.6.38 wird die Änderung in Ψ bis zum Knickpunkt dem Verschwinden der Oberflächenzustände bei Chemisorption zugeschrieben, während die Änderung in Δ der Menge bzw. Dicke proportional ist. Da die Wellenlänge des Lichtes wesentlich größer als Atomabstand und Schichtdicke ist, wird über die Adsorbate gemittelt, so daß auch Submonolagen wie homogene dünne Schichten behandelt werden können.

Da hier eine Reflexion von außen benutzt wird, sind auch Halbleiter im Grundgitterabsorptionsbereich und Metalle als Unterlagen brauchbar. Während die Informationen über Oberflächenzustände recht begrenzt und indirekt sind, können Eigenschaften dünner Schichten wie Brechungsindex oder Dicke aus den beiden ellipsometrischen Winkeln in einem großen Schichtdickenbereich von Bruchteilen einer Monolage bis zu einigen 100 nm (z.B. für SiO_2 auf Si) bestimmt werden.

Die Absorption von Photonen kann bei Halbleitern auch über die angeregten Elektronen nachgewiesen werden. Während bei direkter Messung die Lebensdauer der angeregten Zustände (abgesehen von seltenen Sättigungseffekten) keine Rolle spielt, ist bei indirekter Messung eine ausreichende Lebensdauer entscheidend, da die stationäre Konzentration zusätzlicher Ladungsträger aus dem Produkt von Anregungsrate und Lebensdauer gebildet wird. Eine weitere Einschränkung ist dadurch gegeben, daß nur Änderungen in den Volumenbändern nachweisbar sind. Der weiter oben besprochene Übergang zwischen Oberflächenzuständen ist deshalb hier nicht (jedenfalls nicht unmittelbar) nachweisbar. Besonders interessieren hier die Übergänge zwischen Volumen- und Oberflächenzuständen.

Die Zusatzladungsträger können über zwei Effekte nachgewiesen werden: Erhöhung des Leitwertes durch erhöhte Löcher- oder Elektronenkonzentration (Photoleitung) oder Veränderung der Bandverbiegung durch die Zusatzladungsträger (Oberflächenphotospannung), die als

Veränderung der Austrittsarbeit während der Beleuchtung gemessen wird. Beide Verfahren lassen sich spektroskopisch bei verschiedenen Wellenlängen durchführen und benutzen Modulations- oder Pulsverfahren.

Zur Berechnung der stationären oder temporären Ladungsträgerdichte in Leitungs- und Valenzband sind mehrere Prozesse wichtig. Je nach Wellenlänge des verwendeten Lichtes sind Band-Band- und Oberflächenzustands-Band- bzw. Band-Oberflächenzustands-Anregungen zu berücksichtigen, wobei mit „Band" hier ausschließlich die Volumenbänder gemeint sind. Diese zusätzlichen Ladungsträger in den Bändern wandern aufgrund der Diffusion. Dieser Effekt (Dember-Effekt) ist meistens klein und deshalb vernachlässigbar. Wesentlich ist jedoch die Wanderung im Feld aufgrund der Bandverbiegung. Diese Wanderung zieht jeweils nur Elektronen oder Löcher von der Oberfläche weg und die andere Ladungsträgerart entsprechend zur Oberfläche. Dieser Effekt bewirkt deshalb immer eine Verringerung der Bandverbiegung, wenn bei Band-Band-Anregung gleichviel Elektronen und Löcher erzeugt werden (wie beim beleuchteten p-n-Übergang). An der Oberfläche ist jedoch noch zusätzlich die Oberflächenrekombination wesentlich. Da reine Halbleiteroberflächen (z.B. Si(111)) vielfach eine hohe Oberflächenzustandsdichte haben, kann die Oberflächenrekombination der entscheidende Faktor für die Änderung der Bandverbiegung sein. Die Rekombinationsrate von Elektronen des Leitungsbandes in leere Oberflächenzustände kann beschrieben werden durch

$$\frac{dN_{(s)n}}{dt} = k \left(N_{(s)n}^{s} D_{(s)ss}(\text{leer}) - N_{(s)n}^{s,0} D_{(s)ss}^{0}(\text{leer}) \right), \quad (4.6.10)$$

wobei der Index 0 die Gleichgewichtswerte angibt. Für die Gesamtbilanz muß ebenso der Übergang Oberflächenzustände-Valenzband erfaßt werden. Für die Bestimmung des stationären Zustandes muß das Gleichgewicht zwischen Erzeugung durch Photonenabsorption und Rekombination gesucht werden, das durch eine bestimmte Bandverbiegung und eine bestimmte Ladungsträgerkonzentration in den Bändern gegeben ist [Fra 66], [Kuh 80]. Bei Anregung mit einer Photonenenergie $h\nu < E_g$ können über besetzte bzw. unbesetzte Zustände sowohl zusätzliche Elektronen wie Löcher erzeugt werden. Da aber durch die Bandverbiegung nur eine Sorte von der Oberfläche nach innen gedrängt wird und deshalb eine große Bandverbiegung erzeugt, sind bei nach oben gebogenen Bändern nur besetzte Oberflächenzustände und bei nach unten gebogenen Bändern nur unbesetzte Zustände von Bedeutung. Da durch die Volumendotierung bei gleichen Oberflächenzuständen unterschiedliche Bandverbiegung eingestellt werden kann, können mit Hilfe der Oberflächenphotospannung unabhängig besetzte und unbesetzte Zustände ausgemessen werden [Kuh 80], [Cla 80]. Als Beispiel ist in Abb. 4.6.39 eine Messung der Oberflächenphotospannung an der Si(111)-Oberfläche gezeigt [Cla 80]. Auch für Photonenenergien $h\nu < E_g$ ist ein Signal zu sehen, das durch

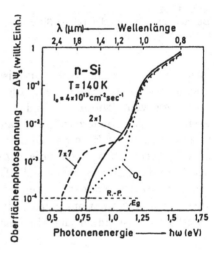

Abb. 4.6.39
Spektren der Oberflächenphotospannun an n-leitendem Silicium, normiert auf konstanten Photonenfluß I_0 (R.-P. = Rauschpegel) [Cla 80]

Übergänge von besetzten Oberflächenzuständen in das Leitungsband erzeugt wird. Je nach Struktur und Rauhigkeit beobachtet man verschiedene Übergänge. Ähnliche Ergebnisse sind auch mit der Photoleitung erzielt worden [Mül 74]. Eine Auswertung der Messung der Oberflächenphotospannung für n- bzw. p-leitende Si(111)-Spaltflächen ist in Abb. 4.6.40 zu sehen. Hier sind in der Mitte die Oberflächenzustandsbänder und auf der Seite die jeweiligen Bandverbiegungen mit den wesentlichen Übergängen gezeigt [Cla 80].

Die wenigen Beispiele ergeben, daß die Übergänge von Oberflächenzuständen und Valenzbändern in den Fällen eine besonders gute In-

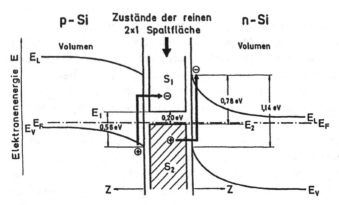

Abb. 4.6.40
Bandstrukturmodell der reinen Siliciumspaltfläche Si(111)-2×1 für p- und n-leitendes Material [Cla 80]

formation liefern, in denen praktisch keine konkurrierenden Volumenübergänge vorhanden sind, d.h. für Halbleiter mit geringer Konzentration von Volumenzuständen in der verbotenen Zone. Erst die Ausnutzung der Bandverbiegung kann auch im Bereich der Grundgitterabsorption mit Hilfe der Oberflächenrekombination Oberflächenzustände erfassen. Während die in Abschn. 3.6.1 bis 3.6.6 beschriebenen Methoden im wesentlichen die Dichte und Lage der Oberflächenzustände erfassen können, ist bei den zuletzt beschriebenen Methoden auch der Rekombinationsquerschnitt, d.h. eine dynamische Größe der Oberflächenzustände in der Messung erfaßbar.

4.7   Schwingungsspektroskopie

Bisher wurden ausschließlich elektronische Anregungen über Einzel- oder Kollektivprozesse betrachtet. Dabei wurden bis auf die Bestimmung des Debye-Waller-Faktors in Abschn. 3.8.3 alle Atome auf Plätzen, die durch die Gleichgewichtslage gegeben sind, starr festgehalten. Es sind jedoch bei Molekülen und unendlichen Kristallen Schwingungsanregungen möglich, die über das (näherungsweise) harmonische Potential jeder Gleichgewichtslage der Atome berechnet werden. Dabei kann es sich um eine lokalisierte Schwingung eines einzel-

nen adsorbierten Atoms oder Moleküls, eine alle Oberflächenatome erfassende Schwingung (Oberflächenphonon) oder eine Volumenschwingung handeln.
Die theoretische Beschreibung der so entstehenden Eigenmoden ist bereits in Abschn. 4.1 angedeutet worden. Für die Messung ist wesentlich, daß diese Schwingungsenergien unter 500 meV, vielfach zwischen 1 und 50 meV liegen. Jedes Meßverfahren sollte daher mindestens eine Auflösung von 10 meV haben. Als zweite Bedingung ist eine geeignete Kopplung zwischen der Sonde und der Eigenschwingung nötig. Als Sonden haben sich Licht, Elektronen und Atome bewährt. Bei Licht ist die energetische Auflösung besonders gut, Empfindlichkeit und spektraler Bereich wurden jedoch erst durch die Fourierspektroskopie wesentlich verbessert. Atome lassen sich durch Düsenstrahlen hinreichend monochromatisieren (siehe Abschn. 2.4.5). Hier liegt die Einschränkung bei dem maximal erreichbaren Energieverlust. Bei Elektronen ist erst durch spezielle Monochromatoren [Fro 77] eine ausreichende Energieauflösung erreicht worden, die allerdings die guten Werte der Lichtabsorption und Atomstreuung nicht erreicht. Dafür

Tab. 4.7.1
Methoden zur Schwingungsanalyse an Oberflächen
(+: gut geeignet, −: schlecht geeignet)

Methode	Elektronenstreuung	Lichtabsorption	Atomstreuung
Erfaßbarer Bereich	10 meV bis viele eV	1 meV bis 1 eV	0,1 bis 30 meV
Auflösung	< 5 meV	< 0,1 meV	< 0,1 meV
Messung in:			
Reflexion	+	+	+
Transmission	−	+	−
bei hohen Drücken	−	+	−
Dipolstreuung	+	+	−
Stoßstreuung	+	−	+
Empfindlichkeit (kl. Bedeckung)	+	−	0

sind mit Elektronen besonders vielseitige Messungen in bezug auf
Energiebereich und Art der Wechselwirkung möglich geworden.
Einige wesentliche Parameter, die in Abschn. 4.7.1 bis 4.7.3 näher
erläutert werden sollen, sind in Tab. 4.7.1 kurz gegenübergestellt. Alle Methoden sind experimentell relativ aufwendig, wobei derzeit die
Messung mit Elektronen noch am einfachsten eine Kombination mit
anderen Untersuchungsverfahren ermöglicht. Je nach Themenstellung
ist das eine oder andere Meßverfahren vorzuziehen. Verschiedene spezifische Verfahren sind in [Cha 88] und [Woo 86] beschrieben.

4.7.1 Schwingungsspektroskopie mit Elektronen

In Abschn. 4.6.5 haben wir bereits höherenergetische Elektronenenergieverluste durch Anregung von elektronischen Übergängen kennengelernt. Dort war aufgrund der Höhe der Energieverluste keine extreme
Auflösung gefordert. Für die Schwingungsspektroskopie mit Elektronen werden Monochromatoren und Analysatoren benötigt, die bei
einer Strahlenergie von typischerweise 2 bis 5 eV Elektronen auf weniger als 1 eV abbremsen, um eine hohe Auflösung von 5 meV zu

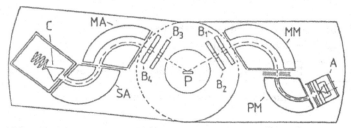

Abb. 4.7.1
Elektronenspektrometer mit Doppel-Monochromator und Doppelanalysator zur
hochauflösenden Messung von Energieverlusten. A: Elektronenquelle, PM und
MM: Vor- und Hauptmonochromator. B_1 bis B_4: Blenden zur Ablenkung, Fokussierung, Beschleunigung und zur Abbremsung von Elektronen. P: Kristall.
MA und SA: Haupt- und Nachanalysator. C: Elektronennachweis über Channeltron. Der Monochromatorzweig ist gegenüber dem Analysatorzweig drehbar
angeordnet.

erreichen. Zur Erzielung eines hohen dynamischen Bereiches (10^3 bis
10^4) bei Verlustenergien über 20 meV haben sich Doppelmonochro-
matoren und -analysatoren aus 127°-Zylinderanalysatoren besonders
bewährt (Abb. 4.7.1) (siehe auch Abschn. 2.4.3) [Fro 77], [Fro 84]. Bei

sorgfältiger Abschirmung (magnetisch und elektrisch) ist eine Kombination mit vielen anderen Untersuchungsmethoden gut möglich.

Aufgrund ihrer Ladung können Elektronen Oberflächenschwingungen besonders gut anregen, wenn mit der Schwingung ein Dipolmoment verknüpft ist. Diese Wechselwirkung ist in Abschn. 4.6.5 bereits ausführlich diskutiert. Auch hier muß das Dipolmoment eine Komponente senkrecht zur Oberfläche haben, da eine Parallelkomponente durch die Bildladung größtenteils kompensiert wird. Wegen der langen Reichweite der Kräfte wird ein großer Bereich gleichzeitig erfaßt, so daß nur nahe bei einem Beugungsreflex (meistens der Spiegelreflex) eine erhebliche Intensität beobachtet wird. In einer formalen Beschreibung ([Iba 82X]) wird zwischen Verlust vor bzw. nach elastischer Streuung unterschieden. Der daraus berechnete Wirkungsquerschnitt ergibt das Maximum nahe dem Beugungsreflex mit einer Winkelbreite von $\Delta E/2E_0$, wobei E_0 die kinetische Energie vor der Streuung darstellt. Ebenso ergibt sich eine maximale Empfindlichkeit für streifenden Einfall und eine (näherungsweise) der Bedeckung eines Gases proportionale Intensität. Diese Wechselwirkung ergibt häufig eine sehr hohe Empfindlichkeit (z.B. 10^{-3} einer Monolage), da die Wechselwirkungszeit lang und die Wechselwirkung stark ist.

Zusätzlich gibt es noch eine kurzreichweitige Wechselwirkung, die durch die Abstoßung der Valenz- und Schalenelektronen der Oberflächenatome vermittelt wird (Stoßstreuung, „impact scattering"). Die Reichweite ist auf atomare Dimensionen (0,1 nm) begrenzt, so daß die Streuung auch eine breite Winkelverteilung zeigt. Die Auswahlregeln der Dipolstreuung (Dipolmoment senkrecht zur Oberfläche erforderlich, Streuung in Richtung der elastischen Beugung) gelten hier nicht, so daß hierfür Messungen außerhalb des Spiegelreflexes möglich und auch wegen der wesentlich niedrigeren Empfindlichkeiten nötig sind. Aufgrund anderer Auswahlregeln findet Stroßstreuung nur außerhalb des Spiegelreflexes statt.

Ein Beispiel ist in Abb. 4.7.2 gezeigt. In Spiegelreflexion ($\Theta_s = 0$) ist nur die symmetrische Schwingung ν_s des Wasserstoffatoms senkrecht zur Oberfläche zu sehen, weil nur diese Schwingung ein Dipolmoment in dieser Richtung hat. Für andere Winkel sind jedoch auch die beiden anderen Schwingungen parallel zur Oberfläche zu sehen

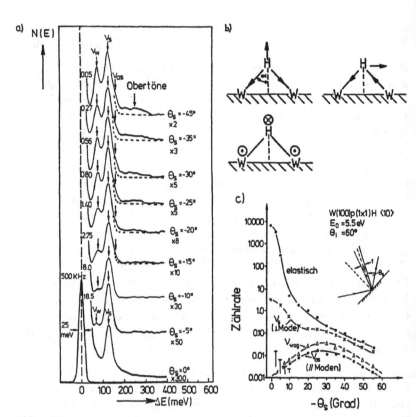

Abb. 4.7.2

Energieverlustspektrum einer mit H gesättigten W(100)-Fläche. Der Streuwinkel Θ_s ist die Abweichung von der Spiegelreflexion (bei $\Theta_s = 0$)

a) Spektren

b) Schwingungsmoden für H in Brückenlage: Symmetrische Schwingung ν_s (dipolaktiv) links, asymmetrische Streckschwingung ν_{as} (nicht dipolaktiv) rechts; Biegeschwingung ν_w (aus der Bindungsebene heraus, nicht dipolaktiv) unten. Bei $\Theta_s = 0$ ist nur die dipolaktive Schwingung zu sehen, bei den anderen Winkeln alle Schwingungen sowie deren Überlagerung (Obertöne).

c) Intensität der einzelnen Schwingungsmoden als Funktion des Streuwinkels [Ho 78]

(Verluste ν_w und ν_{as}), die allein durch Stoßstreuung angeregt werden. Die Winkelabhängigkeit gibt also Auskunft über die Symmetrie der Eigenschwingung.

Für alle Streuungen sind zusätzlich die Erhaltungssätze für Energie und Impuls zu berücksichtigen. Die Primärenergie kann durch Anregung einer Schwingung erniedrigt werden. Bei nicht zu niedriger Temperatur kann jedoch auch ein Schwingungsquant $\hbar\omega$ aufgenommen werden, so daß allgemein gilt $E = E_0 \pm \hbar\omega$. Da für beide Prozesse das gleiche Matrixelement gilt, ist das Intensitätsverhältnis $N^-/N^+ = \exp(-\hbar\omega/kT)$ der Schwingungsverluste ($\Delta E = -\hbar\omega$, Stokes-Linien) und der Schwingungsgewinne ($\Delta E = +\hbar\omega$, Antistokes-Linien) allein durch Verlustenergie und Temperatur bestimmt [Iba 77X]. Es werden bei starken Verlustintensitäten (z.B. infrarotaktive Phononen) auch Mehrfachverluste und Kombinationen verschiedener Verluste beobachtet (Abb. 4.7.3). Für die Impulserhaltung ist wieder die

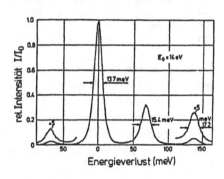

Abb. 4.7.3
Verlustspektren von 14-eV-Elektronen an einer ZnO($1\bar{1}00$)-Fläche aufgrund dipolaktiver Gitterschwingungen nahe $\overline{\Gamma}$ (optischer Zweig) [Iba 72]

Beschränkung auf die Richtung parallel zur Oberfläche wichtig, da der Streuprozeß eine beliebige Komponente senkrecht zur Oberfläche immer bereitstellt. Während für statistische Adsorbate auch der Parallelimpuls unbestimmt bleibt, ist für geordnete Oberflächen (mit oder ohne Adsorbat) der $K_\parallel$-Vektor des beteiligten Phonons auf diese Weise bestimmbar. Stoßstreuung ist wegen des großen Winkelbereiches für die Messung von Dispersionen besonders wichtig.

Als Beispiel für die Darstellung verschiedener Eigenmoden soll die Adsorption von CO auf Pt(111) dienen. Abb. 4.7.4 zeigt das Verlustspektrum bei einer Bedeckung von $\Theta = 1/2$ mit vier Eigenschwingungen des Moleküls [Sch 88]. Durch Kombination mit LEED-Untersuchungen [Fro 77], die eine c(4×2)-Struktur zeigen, lassen sich Schwingungen den beiden Streck- und Metallschwingungen der Abb.

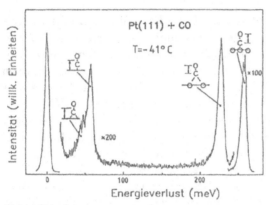

Abb. 4.7.4
Verlustspektrum nach Adsorption einer halben Monolage von CO auf Pt(111).
Von den in Abb. 4.1.19 gezeigten Eigenschwingungen sind nur die Streck- und
Metallschwingungen zu sehen. Die übrigen Eigenschwingungen sind zu niederener-
getisch und nicht dipolaktiv, d.h. im Spiegelreflex nicht nachweisbar [Sch 88].

4.1.19 zuordnen. Bei geringer Bedeckung ist nur die Spitzenlage besetzt. Die anderen Eigenmoden (frustrierte Translation bei 6 bis
7 meV und frustrierte Rotation bei 26 meV) sind hier nicht auflösbar,
sind jedoch mit Atomstreuung nachweisbar, die wiederum die anderen Schwingungen nicht erfassen kann [Lah 86]. Alle Schwingungen in
Abb. 4.7.4 sind dipolaktiv. Ihre große Intensität konnte deshalb für die
Messung von Platzwechselvorgängen zwischen Spitzen- und Brückenplatz bei Adsorption und Desorption ausgenutzt werden [Sch 88].
Abb. 4.7.5 zeigt das allmähliche Auffüllen der beiden Plätze durch
Adsorption, wobei zunächst die Spitzenlage gefüllt wird. Dies wird

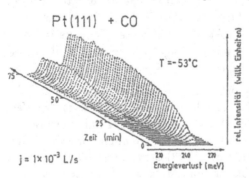

Abb. 4.7.5
Gleichzeitige Adsorption in
Spitzenlage und Brückenlage
nach Einschalten eines Molekularstrahls von CO auf
Pt(111). Bei kleiner Bedek-
kung geht das in Brückenlage adsorbierte CO in die Spitzenlage über [Sch 88].

trotz gleichzeitiger Adsorption in beiden Plätzen durch einen Übergang aus der Brückenlage erreicht. Durch Vergleich von Desorption mit der Adsorption kann die Übergangsrate von der Brückenlage in die Spitzenlage und umgekehrt quantitativ erfaßt werden.

Eine weitere platzspezifische Adsorption ist bei H auf Si gegeben (Abb. 4.7.6) [Fro 85], [Stu 83], [Sch 84]. In Abb. 4.7.7 ist das Elektro-

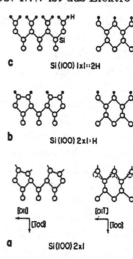

Abb. 4.7.6
Schematische Seitenansicht einer Si(100)-Fläche in [011]- und [01$\bar{1}$]-Richtung als reine Fläche mit asymmetrischen Dimeren (unten), mit halber Wasserstoffsättigung und Überstruktur (Monohydrid) (Mitte) und Wasserstoffsättigung (Dihydrid) (oben) [Stu 83].

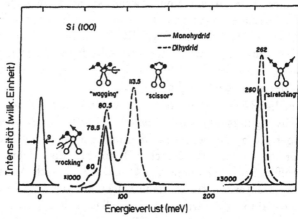

Abb. 4.7.7
Verlustspektrum einer halb (ausgezogen) bzw. ganz (gestrichelt) mit Wasserstoff gesättigten Si(100)-Fläche (s. auch Abb. 4.7.6) [Sch 84]

nenenergieverlustspektrum (EELS) von Wasserstoff auf der Si(100)-Fläche gezeigt. Bei Adsorption von Wasserstoff bei höheren Temperaturen wird eine Monohydrid-Adsorptionsphase mit Si-H-Komplexen ausgebildet, die sich durch charakteristische Streckschwingungen um 260 meV und Biegeschwingungen um 78,5 meV auszeichnet. Bei der Ausbildung einer sogenannten Dihydridphase mit Si-H_2-Komplexen werden die in Abb. 4.7.7 gestrichelt gezeigten Schwingungsspektren gefunden. Dabei ist die Streckschwingung zu höheren Frequenzen leicht verschoben und es tritt eine zusätzlich Scherschwingung bei 113,5 meV auf. Eine erste Zuordnung der verschiedenen Schwingungsmoden erfolgt bei derartigen Untersuchungen i.allg. durch Vergleich mit bekannten Infrarotspektren anorganischer Substanzen. Die Interpretation ist besonders einfach, weil das Wasserstoffatom leicht gegenüber dem Siliciumatom der Unterlage ist und damit die reduzierte Masse der Oszillatoren im wesentlichen durch die Massen der H-Atome bestimmt ist.

Die Schwingung der beiden H-Atome an einem Siliciumatom ist als Indikator für den Adsorptionszustand und bei Sättigung als Maß für die Zahl von Oberflächenatomen mit zwei freien Valenzen geeignet. Solche Plätze sind auf der (111)-Fläche nur durch Störungen oder Rekonstruktion verfügbar [Fro 85].

Da die Verlustspektroskopie bei nicht zu hohen Drücken ($p < 10^{-3}$ Pa) während der Adsorption anwendbar ist, kann auch die Kinetik des Platzwechsels zwischen den Bindungsplätzen erfaßt werden (Abb. 4.7.5). Während für CO auf Pt sich zwischen Spitzen- und Brückenplatz ein temperaturabhängiges Gleichgewicht in meßbarer Zeit einstellt, wird bei H auf Si kein Übergang von einem Zustand in einen anderen beobachtet [Sch 88], [Fro 85].

Da die Masse sehr einfach in die Eigenfrequenz eingeht (für bestimmte Schwingungsmoden beispielsweise mit der Quadratwurzel), lassen sich über Isotopenmessungen Identifizierungen von Schwingungen leichter vornehmen. Als einfaches Beispiel sei die Adsorption von Wasserstoff auf Si(111) gebracht (Abb. 4.7.8). Durch Angebot von atomarem Deuterium treten neue Schwingungen auf, deren Frequenz um den Faktor $\sqrt{2}$ verringert sind. Gleichzeitig wird nachgewiesen, daß der ankommende atomare Wasserstoff den adsorbierten Wasserstoff teilweise entfernt durch Bildung von H_2 und Desorption [Fro 85].

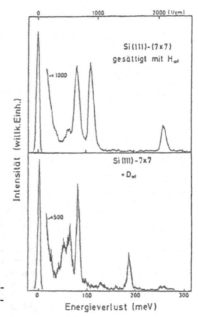

Abb. 4.7.8
Verlustspektrum von Si(111) nach H-Adsorption (oben) und nachträglicher D-Adsorption [Fro 85]

Bei der Oxidation von Silicium durchläuft der Sauerstoff über die Adsorption Zwischenzustände, die durch charakteristische Verluste nachgewiesen werden können [Iba 82].

Bei der Adsorption ist es häufig wichtig, etwas über eine eventuelle Dissoziation zu erfahren. Als Beispiel sei hier die Wasseradsorption auf der Si(111)-2×1-Spaltfläche angeführt (Abb. 4.7.9) [Sch 85]. Bei tiefer Temperatur und genügend großer Schichtdicke ($\Theta \geq 2$) werden Schwingungen gefunden, die dem vollständigen Wassermolekül zuzuordnen sind. Bei kleiner Bedeckung ($\Theta < 0,5$) oder Erwärmung auf Zimmertemperatur werden die für Wasserstoff und OH-Adsorption typischen Werte gefunden, so daß Dissoziation sicher nachweisbar ist.

Als letztes Beispiel einer ungeordneten Adsorption soll die Anregung der Rotation eines physisorbierten Moleküls (H_2 auf Cu(100)) [And 82] dienen. Aufgrund der schwachen Bindung in der Physisorption sind sowohl die (fast) freie Rotation (45 und 72 meV) sowie die Streckschwingungen gekoppelt mit Rotation nachweisbar (518 bis

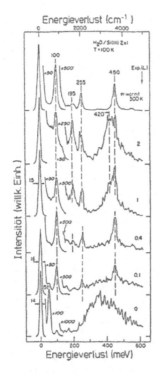

Abb. 4.7.9
Verlustspektrum nach H_2O-Adsorption auf der Si(111)-2×1-Spaltfläche. Die reine Fläche (unterste Kurve) zeigt ein breites Maximum zwischen 200 und 600 meV aufgrund der elektronischen Übergänge der Oberflächenzustände (s. Abschn. 4.6.4) und einen Phononenübergang bei 50 meV. Bei geringer Adsorption (Dosis bis 0,4 · 10^8 Pas) sind die der Si-H- und der Si-O-H-Schwingung zugeordneten Verluste (100, 255 und 450 meV) zu sehen, nur bei hoher Dosis und tiefer Temperatur ist nicht dissoziiertes H_2O nachweisbar (195, 420 meV) [Sch 84].

587 meV). Die Identifizierung wird durch Messungen mit Deuterium gestützt.

Für periodische Oberflächen ist die Winkelabhängigkeit des Verlustes wichtig, um gleichzeitig den Wellenvektor des Phonons zu bestimmen, wie dies schon bei der winkelabhängigen Photoemission für die elektronischen Bänder diskutiert wurde (Abschn. 4.6.3).

Die geordnete Adsorbatschicht von Sauerstoff auf Nickel in der Ni(100)c(2×2)O-Struktur zeigt eine deutliche Dispersion (Abb. 4.7.10) [Rah 84]. Die Messungen mußten mit höherer Elektronenenergie (100 bis 200 eV) durchgeführt werden, um zwischen den elastischen Reflexen die Verluste aufgrund von Stoßstreuung bei geringer elastischer Intensität (nur durch Defekte, siehe Abschn. 3.8.3) und genügend großem k-Vektor zu finden. Bei zu niedriger Energie kann nicht die

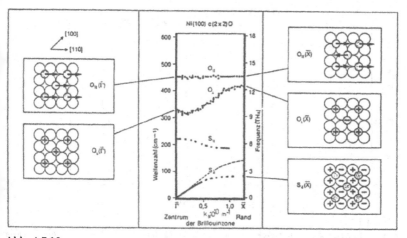

Abb. 4.7.10
Phononendispersion einer geordneten Sauerstoffschicht auf Nickel (Ni(100)-c(2×2)O). Die beiden unteren Zweige sind gegenüber der reinen Oberfläche nur leicht verändert, die beiden oberen Zweige sind erst durch den Sauerstoff entstanden. Die seitlichen Bilder zeigen die zugehörigen Schwingungsbilder für den $\bar{\Gamma}$ und den $\bar{X}$-Punkt [Rah 84].

ganze Brillouin-Zone erfaßt werden. Nur bei wenigen Elektronenenergien war die Intensität der Verluste meßbar und so die Phononenenergie bestimmbar. Die unteren beiden Zweige sind auch bei der reinen Oberfläche vorhanden. Der unterste Zweig ist allerdings durch das Adsorbat gegenüber der reinen Fläche (gestrichelte Kurve) stark abgesenkt, was in der Rechnung durch eine Halbierung der Federkonstante zwischen erster und zweiter Schicht simuliert werden kann [Rah 84]. Die beiden oberen Zweige sind durch Schwingung der Sauerstoffschicht gegen die Unterlage beschreibbar. Die Schwingungsbilder auf der Seite zeigen für den $\bar{\Gamma}$- und den $\bar{X}$-Punkt die Richtung und Gleichsinnigkeit der Auslenkungen für die einzelnen Zweige.

Erheblich größere Schwierigkeiten ergeben sich bei der Schwingungsspektroskopie von Adsorbaten an heteropolar-kovalenten oder gar ionischen Halbleitern. Der Grund dafür sind stark ausgeprägte Fuchs-Kliever-Phononen, d.h. kollektive Schwingungen der Ionen. Dies sind infrarotaktive, durch die Existenz der Oberfläche modifizierte Volumenmoden, die in allen ionischen Substanzen auftreten und die in Verlustspektren der freien Oberfläche ausgeprägte Strukturen zeigen. Als

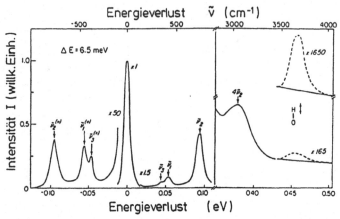

Abb. 4.7.11
Elektronenenergieverlustspektrum einer $TiO_2(110)$-Oberfläche [Roc 84]. Details sind im Text beschrieben.

Beispiel ist in Abb. 4.7.11 das EELS-Spektrum von $TiO_2(110)$ gezeigt. Fuchs-Kliever-Phononen treten bei den Wellenzahlen $\tilde{\nu}_1$, $\tilde{\nu}_2$ und $\tilde{\nu}_3$ sowie bei Vielfachen und Kombinationen dieser Grundwellenzahlen auf. Ebenfalls gezeigt sind die „Gewinnspektren", die um den Boltzmann-Faktor geschwächt bei negativen Verlustenergien links neben dem elastischen Peak auftreten. Selbst bei relativ hohen Konzentrationen von Oberflächen-OH-Gruppen in der Größenordnung von einer zehntel Monolage kann bei Energien unter 0,4 eV keine Adsorbatschwingung aufgelöst werden. Nur ein relativ schwaches OH-Streckschwingungsspektrum wird bei 0,46 eV gefunden, dessen Intensität kleiner ist als die der vierfach angeregten Grundwellenzahl $\tilde{\nu}_2$. Das Beispiel der $TiO_2(110)$-EELS-Spektren zeigt, daß die experimentelle Bestimmung von Schwingungsmoden lokalisierter Adsorbatspezies an ionischen Substanzen i.allg. erfordert, daß empfindliche EELS-Differenzspektren aufgenommen werden.

4.7.2   Inelastische Atomstreuung

Für die Analyse von Schwingungsmoden ist die Atomstreuung über die Helium-Atom-Energie-Verlust-Spektroskopie (HAELS) erfolgreich eingesetzt worden. Eine geeignete Apparatur ist in Abb. 4.7.12 gezeigt [Toe 87]. Die Monochromatisierung wird durch den Düsenstrahl erreicht. Durch die Unterbrecherscheibe läßt sich die Flugzeit der He-Atome bis ins Massenspektrometer messen und dadurch der Energieverlust bzw. -gewinn bestimmen. Durch die zahlreichen differentiellen Pumpstufen bis zum Massenspektrometer wird der Untergrund des He-Partialdruckes sehr stark reduziert, so daß auch bei kleinen Streuraten ein hohes Signal-Rauschverhältnis erreicht wird.

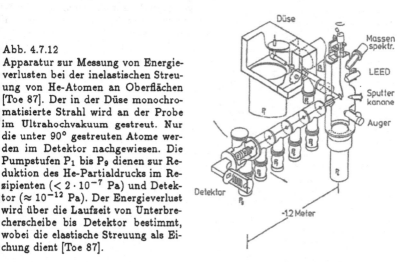

Abb. 4.7.12
Apparatur zur Messung von Energieverlusten bei der inelastischen Streuung von He-Atomen an Oberflächen [Toe 87]. Der in der Düse monochromatisierte Strahl wird an der Probe im Ultrahochvakuum gestreut. Nur die unter 90° gestreuten Atome werden im Detektor nachgewiesen. Die Pumpstufen P_1 bis P_9 dienen zur Reduktion des He-Partialdrucks im Rezipienten ($< 2 \cdot 10^{-7}$ Pa) und Detektor ($\approx 10^{-12}$ Pa). Der Energieverlust wird über die Laufzeit von Unterbrecherscheibe bis Detektor bestimmt, wobei die elastische Streuung als Eichung dient [Toe 87].

Für neutrale Atome ist keine Dipolwechselwirkung mit der Oberfläche, sondern eine kurzandauernde, kurzreichweitige Abstoßung einige Atomabstände vor der Oberfläche entscheidend. Es können deshalb alle Eigenmoden auch mit großer Impulsübertragung angeregt werden, die meistens in der Streuebene liegt. Eine Einschränkung ist allerdings durch die maximale Energie der Atome gegeben, so daß nur kleine Verluste ($\Delta E < E_{\text{kin}} < 50$ meV) nachweisbar sind.
Als Beispiel für Schwingungsmoden adsorbierter Moleküle soll wie-

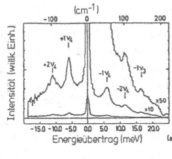

Abb. 4.7.13
Energieverlustspektren für eine geringe Bedeckung CO auf Pt(111). Die zugehörigen Eigenschwingungen der Spitzenadsorptionslage sind im unteren Teilbild gezeigt [Lah 86].

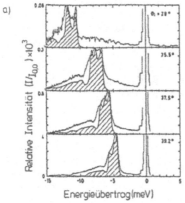

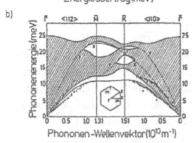

Abb. 4.7.14
Phononendispersion an der reinen Pt(111)-Fläche durch HAELS
a) Meßkurven (wobei die zeitliche Verzögerung bereits auf einen Energiebetrag umgerechnet wurde)
b) Phononendispersion mit Meßpunkten, gerechneten projizierten Volumenphononen (schraffierter Bereich) und gerechneten Oberflächenphononen (ausgezogene Kurven) [Har 85]

der wie in Abschn. 4.7.1 die Adsorption von CO auf Pt(111) dienen.
Von den in Abb. 4.1.19 gezeigten Eigenschwingungen des adsorbierten Moleküls konnten mit EELS die hochenergetischen, dipolaktiven
Streck- und Metallschwingungen nachgewiesen werden (siehe Abb.
4.7.4). Mit Atomstreuung sind die nicht dipolaktiven, niederenergetischen Eigenschwingungen gut nachweisbar [Lah 86]. Abb. 4.7.13 zeigt
die frustrierte Translation ν_4 als Gewinn und Verlust. Wegen der hohen Intensität sind auch die zweifachen Werte als Doppelanregung gut
zu sehen. Die frustrierte Rotation ν_3 ist gerade noch identifizierbar.

Für periodische Oberflächen ist der Impulsübertrag parallel zur Oberfläche durch das Phonon bestimmt. In Abb. 4.7.14 sind Messungen
an der reinen Pt(111)-Fläche gezeigt [Har 85]. Elastische Streuung
($\Delta E = 0$) ist außerhalb des Beugungsreflexes nur durch Defekte
möglich (siehe Abschn. 3.8). Die schraffierten Bereiche ergeben die
aus Berechnungen ermittelten Verluste durch Oberflächen- und Volumenphononen. Die starke Verschiebung bei Drehung des Kristalls
kommt von der Dispersion, die in Abb. 4.7.14 unten für zwei Richtungen zusammen mit Rechnungen gezeigt ist.

Auch für geordnete Adsorbatschichten ist eine Dispersion meßbar.
Durch Kondensation lassen sich epitaktische Schichten von Kr auf

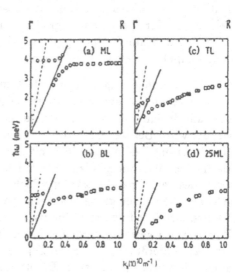

Abb. 4.7.15
Phononendispersion epitakti-
scher Kr-Schichten auf Pt(111)
für Monolage (ML), Doppella-
ge (BL), Dreifachlage (TR) und
Vielfachlage (25 ML) [Ker 87]

Pt(111) herstellen [Ker 87]. Eine dicke Schicht (25 Monolagen) zeigt in Abb. 4.7.15d die gleiche Dispersion wie eine reine Oberfläche (siehe Abb. 4.7.14). Wird dagegen nur eine Monolage adsorbiert (Abb. 4.7.15a), so ist auch für $-k_\parallel = 0$ eine erhebliche Phononenenergie (4 meV) vorhanden, weil die Adsorbatschicht gegen die schwerere und fester gebundene Unterlage schwingt. Diese Energie ist für die Doppel- und Dreifachlage (Abb. 4.7.15b und c) geringer, weil die Kopplung der obersten Schicht an die Unterlage durch die Mehrfachschicht schwächer wird. Bei der Einfachschicht ist auch eine resonanzartige Kopplung mit dem akustischen Zweig der Unterlage (ausgezogene Gerade) besonders gut zu sehen [Ker 87].

4.7.3   Infrarotabsorption

Lichtabsorption ist eine klassische Methode, um vibronische Übergänge an Molekülen zu studieren. Auch in der Festkörperphysik ist über die Absorption im optischen Zweig der Alkalihalogenide („Reststrahlen") sehr früh Gitterschwingungsspektroskopie betrieben worden. Im Gegensatz zur Streuung von Elektronen und Atomen (Abschn. 4.7.1 und 4.7.2) ist hier der Impulsübertrag vernachlässigbar klein gegenüber den Vektoren des reziproken Gitters. Der zweite wesentliche Unterschied liegt in der Wechselwirkung über das elektrische Feld bei großer Wellenlänge (großer homogener Wechselwirkungsbereich), so daß nur Kopplung an Schwingungen möglich ist, die mit einem Dipolmoment verbunden sind.

Drei Anordnungen sind möglich: Reflexion von außen (bei Metallen die einzige Möglichkeit), Transmission (bei Halbleitern und Isolatoren) und Totalreflexion, die vorzugsweise als Vielfachreflexion angewendet wird. Bei Reflexion von außen wird das wirksame Feld durch Überlagerung der einfallenden mit der reflektierten Welle gebildet. Bei hohem Brechungsindex oder hoher Absorption ist die Komponente des Feldes parallel zur Oberfläche durch destruktive Interferenz sehr klein. Für eine große Feldstärke an der Oberfläche muß deshalb streifender Einfall und eine Polarisation innerhalb der Streuebene (p-Polarisation) gewählt werden. Die resultierende Feldstärke ist senkrecht zur Oberfläche, so daß nur Dipole mit einer Normalkomponente angeregt werden (siehe auch Dipolstreuung in Abschn. 4.6.5). Für

Transmission und Totalreflexion gilt diese Einschränkung nicht, so daß mit diesen Methoden die Normal- und die Parallelkomponente eines schwingenden Dipols durch Wahl von Polarisation und Einfallswinkel bestimmt werden können. In jedem Fall muß mit der Schwingung ein Dipolmoment verbunden sein. Es ist auch nur eine gleichphasige Anregung benachbarter Dipole möglich, was bei geordneten Strukturen dem Γ-Punkt oder $K_{\parallel} = 0$ entspricht.

Experimentell ist eine Messung mit Monochromatoren oder Fourierspektrometern, mit breitbandigen Strahlern oder Lasern als Lichtquelle möglich. Die Anwendbarkeit eines Systems ist durch Lichtquelle und Detektor bestimmt. Falls nur ein enger Spektralbereich erforderlich ist (z.B. in der Nähe einer Moleküleigenfrequenz), ist ein Monochromator mit abgestimmtem Detektor (oder bei sehr engem Bereich ein Laser) mit Vorteil einsetzbar. Durch Fourierspektrometer und breitbandige Detektoren mit hohem dynamischen Bereich (gekühlte InSb- oder HgCdTe-Detektoren) sind Spektren über einen großen Spektralbereich mit hoher Auflösung und in kurzer Meßzeit verfügbar. Es ist jedoch nur ein relativ kleines Signal vorhanden (z.B. Schwächung der Reflexion um 1% in der stärksten Absorption einer Monolage), so daß bisher im wesentlichen Adsorbate mit starkem Dipolmoment (z.B. CO, H_2O, CO_2) oder bei hoher Belegungsdichte untersucht wurden. Experimentelle und theoretische Einzelheiten sind beschrieben bei [Cha 88], [Bra 88], [Woo 88]. Abb. 4.7.16 zeigt eine

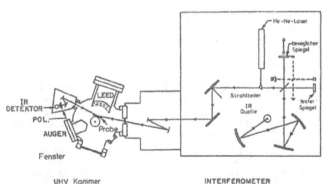

Abb. 4.7.16
Anordnung mit Fourierspektrometer zur Messung der IR-Absorption bei streifender Reflexion [Cha 83]

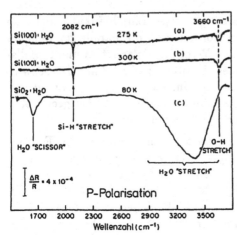

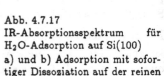

Abb. 4.7.17
IR-Absorptionsspektrum   für H$_2$O-Adsorption auf Si(100)

a) und b) Adsorption mit sofortiger Dissoziation auf der reinen Fläche

c) Adsorption ohne Dissoziation auf oxidiertem Silicium bei tiefen Temperaturen (80 K)

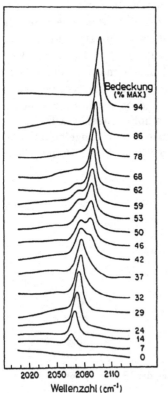

Abb. 4.7.18
IR-Absorptionsspektren der CO-Streckschwingung auf Pt(533) bei steigender Bedeckung. Bei niedriger Bedeckung tritt Adsorption nur an den Stufenplätzen auf. Bei hoher Bedeckung ist durch die Kopplung der CO-Moleküle untereinander nur eine mittlere Streckfrequenz zu sehen, die im wesentlichen durch die Terrassenplätze gegeben ist [Hay 85].

Apparatur mit Fourierspektrometer [Cha 83]. Da Spektrometer und Detektor in Luft (oder Schutzgas) sind, müssen geeignete Fenster (z.B. Alkalihalogenide) an der UHV-Apparatur angebracht werden.

Die folgenden Beispiele sollen zeigen, wie der Adsorbatzustand, der Adsorptionsplatz und die Wechselwirkung mit der Unterlage und mit den Nachbaradsorbaten durch IR-Absorption erfaßt werden können.

Bei der Adsorption von H_2O ist es wichtig festzustellen, ob Dissoziation auftritt (siehe auch Abb. 4.7.9). Auf der Si(100)-Fläche wurden durch H_2O-Adsorption scharfe Absorptionen gefunden, die den dissoziierten Gruppen Si-H und Si-OH zugeordnet werden konnten (Abb. 4.7.17) [Cha 84]. Nur durch Adsorption auf eine oxidierte und gekühlte Fläche konnte die Dissoziation von Wasser vermieden werden.

Der Einfluß des Adsorptionsplatzes ist wegen der hohen Auflösung auch bei geringen Verschiebungen mit IR nachweisbar. Unterschiedliche Plätze sind auf einer regelmäßig gestuften Fläche in wohldefinierter Weise und Zahl vorhanden. Bei der CO-Adsorption auf Pt(533) wurde bei niedriger Bedeckung eine niedrigere Eigenfrequenz aufgrund der höheren Koordination an einer Kante gefunden (Abb. 4.7.18) [Hay 85]. Bei höherer Bedeckung tritt eine höhere Frequenz auf, wobei die niedrigere allmählich verschwindet. Offensichtlich ist die Kopplung

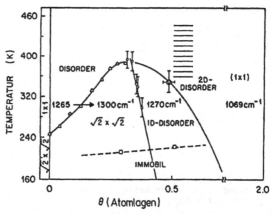

Abb. 4.7.19
Phasendiagramm der Wasserstoffadsorption auf W(100) aufgrund der symmetrischen Streckschwingung des Wasserstoffes. Die vom Ordnungszustand abhängige Frequenz ist in den jeweiligen Feldern angegeben [Pry 87].

der CO-Moleküle so stark, daß die an Stufen adsorbierten Moleküle keine separate Eigenschwingung aufrecht erhalten können.

Die Kopplung der Adsorbate untereinander ist sehr deutlich zu sehen bei der Bildung von geordneten Überstrukturen. Bei der Adsorption von Wasserstoff auf W(100) treten je nach Temperatur und Bedeckung verschiedene geordnete bzw. ungeordnete Phasen auf, die sich wegen der unterschiedlichen Umgebung der Adsorbatatome in der Streckfrequenz unterscheiden (Abb. 4.7.19) [Pry 87]. Von den möglichen Schwingungen ist hier nur die einzige dipolaktive symmetrische Streckschwingung zu sehen, während mit EELS alle drei Moden meßbar sind (siehe Abschn. 4.7.1 und Abb. 4.7.2).

Als letztes Beispiel soll die Adsorption von CO_2 auf NaCl(100) vorgestellt werden. Während bei geringer Bedeckung (Abb. 4.7.20 unten)

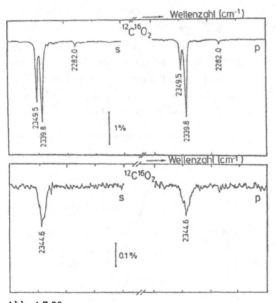

Abb. 4.7.20
IR-Transmissionsspektrum (asymmetrische Streckschwingung) für die Adsorption von CO_2 auf NaCl(100)
Oben: geschlossene, geordnete Monoschicht ($T = 80$ K, $p = 6 \cdot 10^{-6}$ Pa)
Unten: geringe, ungeordnete Bedeckung ($T = 80$ K, $p = 0,1 \cdot 10^{-7}$ Pa)
s und p geben die Polarisation (senkrecht bzw. parallel zur Einfallsebene) an.
Einfallswinkel ist 50° [Kam 88].

nur eine Linie der asymmetrischen Streckschwingung zu sehen ist, spaltet diese Linie bei einer vollständigen Monolage auf (Abb. 4.7.20 oben) [Kam 88]. Aus den Gesamtabsorptionen wird auf die Bedeckung und aus den relativen Intensitäten der beiden Polarisationsrichtungen bei niedriger Bedeckung auf flach liegende und bei einer Monolage auf schräg liegende Moleküle geschlossen. Die Kopplung an Nachbarmoleküle kann auch aus Isotopenmischungen geschlossen werden, da $^{13}C\,^{16}O_2$ und $^{12}C\,^{18}O_2$ so wesentlich andere Eigenfrequenzen haben, daß eine Kopplung ausgeschlossen ist. Abb. 4.7.21 zeigt die Aufspal-

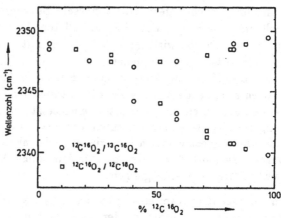

Abb. 4.7.21
Lage und Aufspaltung der Linien in Abb. 4.7.20 oben für eine geschlossene Monolage bei Verdünnung mit anderen Isotopen [Kam 88]

tung der $^{12}C\,^{16}O_2$-Streckschwingung für eine geschlossene Monolage, wobei allerdings nur der angezeigte Anteil aus $^{12}C\,^{16}O_2$-Molekülen besteht. Erst bei einer Bedeckung über 1/3 ist eine Aufspaltung zu erkennen.

Die Beispiele zeigen, daß die IR-Absorption vor allem wegen der genaueren Frequenzmessung und der Messung bei Transmission gegenüber den in Abschn. 4.7.1 und 4.7.2 erläuterten Methoden zusätzliche Informationen liefern kann.

5 Wechselwirkungen von Teilchen mit Oberflächen

Die chemischen, geometrischen, elektronischen und dynamischen Eigenschaften von Festkörperoberflächen lassen sich durch Wechselwirkung mit Teilchen gezielt beeinflussen. Bei diesen Teilchen kann es sich um gasförmige Moleküle, Metallatome o.ä. handeln. Das Studium der Wechselwirkung von Teilchen mit Festkörperoberflächen ist einerseits von prinzipiellem theoretischem Interesse, andererseits spielt die Wechselwirkung in einer Fülle von Anwendungsbereichen eine entscheidende Rolle und wird in zahlreichen technologisch bedeutenden Prozessen entweder gezielt eingesetzt (so z.B. bei der Entwicklung von Halbleiterbauelementen, chemischen Sensoren, Katalysatoren oder korrosionsfesten Materialien) oder als Störeinfluß sorgfältig vermieden (so z.B. die Korrosion). Auf einige Anwendungsbeispiele wird in Kapitel 6 eingegangen.

Im vorliegenden Kapitel sollen zunächst im Abschn. 5.1 einfache Experimente zur Bestimmung der Bedeckung und der Auftreffrate von Teilchen an Festkörperoberflächen zusammengefaßt werden.

Im Abschn. 5.2 wird eine Übersicht über verschiedene Festkörper/Gas-Wechselwirkungen sowie über eine eindeutige Charakterisierung von Oberflächeneffekten vorgestellt. Die Triebkraft für die Wechselwirkung von Teilchen mit Festkörperoberflächen wird im Abschn. 5.3 im Rahmen der phänomenologischen und statistischen Thermodynamik von Festkörper/Gas-Wechselwirkungen beschrieben. Die Geschwindigkeit der verschiedenen Festkörper/Gas-Wechselwirkungsprozesse wird in Abschn. 5.4 diskutiert. Abschn. 5.5 beschäftigt sich dann mit Gleichgewichts- und Nichtgleichgewichtsstrukturen von reinen Oberflächen und dünnen Schichten. In Abschn. 5.6 werden charakteristische Wechselwirkungen von Teilchen mit Festkörperoberflächen diskutiert.

5.1 Bestimmung der Bedeckung und Adsorptionsrate von Teilchen an Festkörperoberflächen

Von entscheidender Bedeutung für das Studium der Wechselwirkungen zwischen Festkörperoberfläche und Atomen und Molekülen ist die experimentelle Bestimmung der Bedeckung und der Adsorptionsrate dieser Teilchen. Die Adsorptionsrate ist die Zahl der pro Zeit- und Flächeneinheit an der Oberfläche adsorbierten Teilchen (vgl. Abschn. 5.4.3). Zu ihrer Bestimmung läßt sich eine Fülle experimenteller Untersuchungsmethoden einsetzen, die in der folgenden Übersicht ohne Anspruch auf Vollständigkeit unter vier Gesichtspunkten zusammengefaßt sind.

5.1.1 Chemische Analyse der Oberfläche über Massenbestimmung desorbierender Teilchen

Die chemische Zusammensetzung der Oberfläche läßt sich indirekt aus der chemischen Zusammensetzung der Gasphase bestimmen, wenn durch eine Störung der Oberfläche Bruchstücke entfernt und diese nachfolgend in der Gasphase nachgewiesen werden. Die Methoden eignen sich sowohl zur Bestimmung von adsorbierten Fremdteilchen als auch zur Bestimmung der Elementzusammensetzung des eigentlichen Substrates.

Die erforderliche Aktivierungsenergie zum Entfernen der Teilchen von Festkörperoberflächen kann einerseits aus der thermischen Anregung beim Aufheizen der Oberflächen gewonnen werden. Dazu wird die Oberflächentemperatur beispielsweise linear erhöht, wobei dann in charakteristischen Temperaturbereichen bestimmte Massen über eine massenspektrometrische Analyse der Gasphasenzusammensetzung nachgewiesen werden. Dieses Verfahren hat große praktische Bedeutung, wird etwas irreführend als thermische Desorptionsspektroskopie bezeichnet und soll im Abschn. 5.4 detaillierter beschrieben werden.

In der Sekundärionenmassenspektrometrie (SIMS) oder Sekundär-Neutralteilchen-Massenspektrometrie (SNMS) werden Bruchstücke durch Beschuß mit Ionen oder Neutralteilchen erzeugt und nachfolgend entweder die desorbierenden Ionen (bei SIMS) oder die desorbierenden Neutralteilchen (bei SNMS) massenspektrometrisch nachgewiesen.

Bei der Rutherford-Rückstreu-Methode (RBS, „Rutherford Backscattering") beziehungsweise allgemein bei der Untersuchung gestreuter Ionen (ISS, „Ion Scattering Spectroscopy") wird eine Massenbestimmung von Teilchen an der Oberfläche aus der Änderung der Energie gestreuter Ionen nach der Wechselwirkung ermittelt. Diese Verfahren erfordern nicht, daß Bruchstücke aus der Oberfläche herausgeschlagen werden, obwohl dies i.allg. experimentell nicht vermieden werden kann (für Details vgl. Abschn. 3.9).

5.1.2 Chemische Analyse der Oberfläche über elektronische und vibronische Zustände

Alle im Kapitel 4 vorgestellten spektroskopischen Verfahren zur Charakterisierung der elektronischen und vibronischen Zustände reiner Oberflächen lassen sich im Prinzip auch dazu verwenden, adsorbierte Teilchen über die Änderung dieser Zustände nach Wechselwirkung der Oberfläche mit diesen Teilchen und entsprechende Eichung nachzuweisen.

Von besonderer Bedeutung ist dabei die Augerelektronenspektroskopie (AES) und die Röntgenphotoemissionsspektroskopie (XPS), da beide Verfahren eine direkte und eindeutige Charakterisierung der Elementzusammensetzung ermöglichen.

Informationen über schwach gebundene Elektronenzustände und Chemisorptionseffekte lassen sich insbesondere aus Ultraviolett-Photoemissionsexperimenten (UPS) gewinnen. Die Nachweisempfindlichkeit ist dabei allerdings um den Faktor 10^2 bis 10^3 geringer als bei Leitfähigkeitsmessungen (vgl. Abschn. 5.1.3).

Auch die hochauflösende Elektronenenergieverlustspektroskopie (HREELS oder EELS) läßt sich zur Charakterisierung verwenden, da das Schwingungsspektrum adsorbierter Teilchen i.allg. in äußerst empfindlicher Weise von den Bindungsverhältnissen, von den Kraftkonstanten der Bindung, der lokalen Geometrie des Wechselwirkungsplatzes und der Masse des wechselwirkenden Teilchens abhängt.

Einige Beispiele wurden bereits im Abschn. 4.7 diskutiert. Weitere Beispiele zur Adsorption sollen in Abschn. 5.6 vorgestellt werden.

5.1.3 Charakterisierung von Oberflächenbedeckungen über unspezifische phänomenologische Meßgrößen

Alle phänomenologischen Meßgrößen von Oberflächeneigenschaften lassen sich bei ausreichender Empfindlichkeit nach entsprechender Eichung (z.B. mit den oben charakterisierten spektroskopischen Verfahren) dazu verwenden, Oberflächenbedeckungen zu ermitteln. Einige Beispiele dazu wurden bereits in Kapitel 4 gegeben. Praktische Bedeutung haben vor allem Messungen von Änderungen der Austrittsarbeit, der Leitfähigkeit, des Reflexionskoeffzienten, der optischen Absorption und Reflexion. Durch die Messung von Änderungen der Oberflächenleitfähigkeit bzw. der Austrittsarbeit lassen sich Bedeckungsgrade von 10^{-4} und weniger nachweisen. Diesem Vorteil der extremen Empfindlichkeit steht der Nachteil der relativ pauschalen Aussagekraft dieser Methoden im Gegensatz zu spektroskopischen Untersuchungen gegenüber.

Auch die in Kapitel 3 vorgestellten LEED-Intensitäten von Normal- und Zusatzreflexen lassen sich zur indirekten Bestimmung von Bedeckungsgraden adsorbierter Teilchen heranziehen.

Entscheidend für die quantitative Interpretation dieser Daten ist es, daß mit einer unabhängigen Meßmethode die gemessene phänomenologische Größe mit dem Bedeckungsgrad adsorbierter Teilchen eindeutig korreliert wird.

5.1.4 Bestimmung der Adsorptionsrate von Teilchen an Oberflächen

Wenn es gelingt, Festkörperoberflächen chemisch rein darzustellen, so läßt sich der Bedeckungsgrad von adsorbierten Fremdteilchen auch über Messung der Adsorptionsrate dieser Teilchen ermitteln. Die Messung der Adsorptionsrate adsorbierender Teilchen ist von prinzipiellem Interesse für das Verständnis zeitabhängiger Festkörper/Gas-Wechselwirkungen. Adsorptionsraten lassen sich beispielsweise über massenabhängige Eigenfrequenzen eines Schwingquarzes, über charakteristische Druckänderungen bei Adsorption in einem geschlossenen Volumen oder über Änderungen des massenspektrometrisch erfaßten Partialdrucks in einem Molekularstrahl quantitativ erfassen. Darüber hinaus sind nach Eichung alle oben genannten Untersuchungsverfahren zur Bestimmung des Bedeckungsgrades dazu geeignet, die Adsorptionsraten über zeitabhängige Messungen zu ermitteln. Bei unabhängiger Messung der Auftreffrate der Teilchen und der Änderung des Bedeckungsgrades kann der sogenannte Haftkoeffizient S bestimmt werden. Die Adsorptionsrate ergibt sich dann durch Multiplikation der Auftreffrate der Teilchen mit dem Haftkoeffizienten S (vgl. dazu Abschn. 5.4).

5.2   Übersicht verschiedener Festkörper/Gas-Wechselwirkungen

5.2.1   Problemstellung

Nachdem wir Möglichkeiten zur Bestimmung von Bedeckungsgraden oder Adsorptionsraten wechselwirkender Teilchen allgemein vorgestellt haben, wollen wir nun eine Übersicht darüber geben, welche unterschiedlichen Wechselwirkungsmechanismen dieser Teilchen mit der Oberfläche auftreten können, die entweder unter Gleichgewichtsbedingungen („thermodynamisch kontrolliert") oder Ungleichgewichtsbedingungen („kinetisch kontrolliert") studiert werden können.

Die Wechselwirkung von Teilchen mit Festkörperoberflächen wird als Adsorption bezeichnet. Abb. 5.2.1 zeigt ein einfaches Gedankenexperiment dazu. Dabei wird ein Festkörper in einer Apparatur mit konstantem Volumen bei konstanter Temperatur gespalten. Als Folge der Adsorption an den durch Spaltung neu geschaffenen Oberflächen 2A sinkt der Druck, und die Konzentration der adsorbierten Teilchen

$$N_{(s)}^{ad} = \frac{N^{ad}}{2A} \tag{5.2.1}$$

ergibt sich dabei aus dem idealen Gasgesetz über

$$-N^{ad} = N_{(nach)}^{g} - N_{(vor)}^{g}, \tag{5.2.2}$$

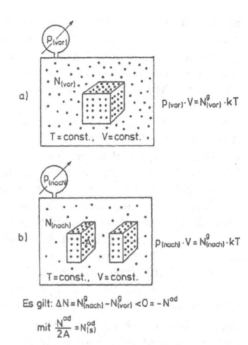

Abb. 5.2.1
Schematische Darstellung der Adsorption von Gasteilchen bei Spalten eines Einkristalls in einem geschlossenen System

Es gilt: $\Delta N = N^g_{(nach)} - N^g_{(vor)} < 0 = -N^{ad}$

mit $\dfrac{N^{ad}}{2A} = N^{ad}_{(s)}$

wobei $N^g_{(nach)}$ bzw. $N^g_{(vor)}$ die entsprechenden Teilchenzahlen in der Gasphase darstellen.

Die Wechselwirkung von Festkörperoberflächen mit Molekülen oder Atomen kann sehr spezifisch sein, wie dies schematisch in Abb. 5.2.2

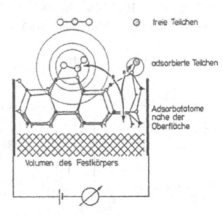

Abb. 5.2.2
Schematische Darstellung der Adsorption von Teilchen an Festkörperoberflächen. In diesem speziellen Beispiel ist auch angenommen, daß sich Ladungsträgerkonzentrationen freier Elektronen bei der Adsorption ändern und dies an einer außen kontaktierten Probe über die Leitfähigkeiten gemessen werden kann.

dargestellt ist. In dieser Abbildung soll angedeutet werden, daß bei gegebenen experimentellen Bedingungen (Partialdrücken verschiedener Teilchen und Temperatur) unter Umständen nur eine bestimmte Teilchensorte in einem bestimmten Bindungszustand aus der Gasphase an der Oberfläche des Festkörpers adsorbiert wird. Bei dieser Adsorption bilden sich chemische Bindungen zu den Unterlagenatomen aus, wobei u.a. die Geometrie der Atomanordnung der freien Teilchen im Adsorbatzustand geändert wird. Dies ist in Abb. 5.2.2 für das im Gaszustand lineare, dreiatomige Molekül (wie z.B. CO_2) gezeigt. Zudem können z.B. bei Adsorption an Halbleitern freie Elektronen (hier mit e gekennzeichnet) in dem Adsorptionskomplex eingefangen werden bzw. vom Adsorptionskomplex in das Leitungsband des Halbleiters übergeben werden. Die entsprechende Konzentrationsänderung freier Ladungsträger als Folge der Akzeptor- bzw. Donatorwirkung der Adsorption läßt sich experimentell u.a. über Änderungen der elektronischen Leitfähigkeit erfassen. Auf diese Weise lassen sich Adsorptionsphänomene indirekt über Leitfähigkeitsänderungen messen und beispielsweise als Signal für einen chemischen Sensor ausnutzen.

Bei der Wechselwirkung von Festkörpern mit Atomen oder Molekülen ändern sich nicht nur chemische Zusammensetzungen der Oberfläche, sondern auch die geometrischen, elektronischen und magnetischen Eigenschaften der Oberfläche. Im allgemeinen werden zudem verschiedene Atome oder Moleküle an der gleichen Festkörperoberfläche nebeneinander gebunden. Ein spezielles Beispiel möglicher Wechselwirkungen an Halbleiteroberflächen ist in Abb. 5.2.3 gezeigt. Auf der rechten Seite der Abbildung sind Elektronenzustände in Coulomb-

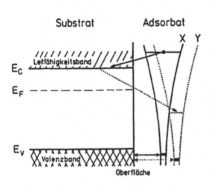

Abb. 5.2.3
Schematische Darstellung der Wechselwirkung von Atomen mit Donator(X)- bzw. Akzeptor(Y)-Eigenschaften mit Halbleiteroberflächen. Neben der Beteiligung von Atomorbitalen oberhalb des Valenzbandbereiches sind auch Änderungen der elektronischen Adsorbatzustände im Valenzbandbereich angedeutet.

Potentialen von Atomen des Typs X bzw. Y schematisch angedeutet. Bei der Wechselwirkung mit einem Halbleitersubstrat zeigen diese charakteristische Ladungsverschiebungen. Hier ist angenommen, daß die freien, neutralen Atome X bzw. Y in den gezeigten obersten Elektronenniveaus mit Elektronen entweder besetzt (X) oder nicht besetzt (Y) sind. Dies führt bei der angegebenen Position des Fermi-Niveaus E_F (als elektrochemischem Potential der Elektronen im Halbleiter) zu einer Donator-Wechselwirkung des Atoms X und einer Akzeptor-Wechselwirkung des Atoms Y, wobei Elektronen vom obersten besetzten Niveau des Atoms X ins Leitungsband des Festkörpers bzw. aus dem Leitungsband ins tiefste unbesetzte Niveau von Y übertragen werden. Bei gleichzeitiger Wechselwirkung beider Atome mit der Oberfläche kann der (in der Gasphase beim Stoß der Atome X und Y nicht mögliche) Elektronentransfer von X nach Y unter Ausbildung eines ionischen Oberflächenmoleküls $(X^+ Y^-)^{ad}$ ablaufen. Falls dieser Donator-Akzeptor-Komplex als insgesamt neutrales Molekül in die Gasphase desorbiert, hat die Oberfläche als Katalysator der Reaktion

$$X + Y \rightarrow (X^+Y^-)^g$$

gewirkt.

Bei Metallen führt eine Elektronenübertragung zu adsorbiertem Sauerstoff vor allem unter Mitwirkung von Wasser häufig zu irreversiblen Reaktionen (Oxidation, Korrosion).

Die energetisch tiefer liegenden besetzten Orbitale der freien Atome bzw. der besetzten Valenzbandzustände bewirken nur eine vernachlässigbare Wechselwirkung unter schwacher Verbreiterung der ursprünglichen Energiezustände. Details werden in Abschn. 5.6 besprochen. Dort wird dieses Konzept zur Beschreibung der Chemisorption insbesondere auf Moleküle erweitert. Die Änderungen geometrischer Strukturen von Molekülen bei der Adsorption (siehe z.B. Abb. 5.2.2) können z.B. dadurch abgeschätzt werden, daß der Adsorptionsprozeß über die Wechselwirkung einiger weniger Unterlagenatome mit den Atomen des freien Moleküls beschrieben wird (vgl. unterschiedliche Zahl von Atomen in den Kreisen der Abb. 5.2.2). Dies wird in sogenannten Clusterrechnungen versucht, auf die ebenfalls in Abschn. 5.6 näher eingegangen werden soll. Die Darstellung der elektronischen

Änderungen bei Adsorption in Abb. 5.2.3 legt nahe, Adsorptionsprozesse mit Ladungsaustausch über punktförmige Störungen des unendlich periodischen Gitters der idealen Unterlage zu beschreiben, wobei neben den oben bereits diskutierten Donator-Akzeptor-Niveaus auch Modifikationen tieferliegender Niveaus im Valenzbandbereich bei Überlappung der entsprechenden Wellenfunktionen des Festkörpers bzw. der Atome erfaßt werden müssen. Auf Modellvorstellungen in der theoretischen Behandlung dieses Problems für periodische und nicht-periodische Adsorptionsschichten soll ebenfalls in Abschn. 5.6 eingegangen werden.

Zur Verdeutlichung möglicher geometrischer Anordnungen von Teilchen im Adsorptionszustand sind Beispiele mit periodischen oder statistischen Anordnungen in Abb. 5.2.4 gezeigt. Das Beispiel a) zeigt ein zweidimensionales Gas, bei dem angenommen wird, daß die thermische Bewegung der adsorbierten Teilchen parallel zur Oberfläche uneingeschränkt erfolgt und lediglich senkrecht zur Oberfläche durch

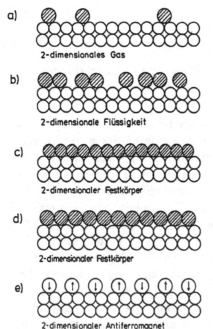

a) 2-dimensionales Gas

b) 2-dimensionale Flüssigkeit

c) 2-dimensionaler Festkörper

d) 2-dimensionaler Festkörper

e) 2-dimensionaler Antiferromagnet

Abb. 5.2.4
Geometrische Anordnung von Atomen in adsorbierten Schichten an einigen Modellbeispielen. Für nähere Erläuterungen siehe Text.

eine Potentialbarriere eingeschränkt ist. Horizontal sind hier nur bestimmte Gitterplätze als stabile Plätze möglich (Gittergas). Analog können zweidimensionale Flüssigkeiten auftreten für den Fall, daß die Wechselwirkung zwischen den Adsorbatteilchen nicht vernachlässigbar ist und mittlere Adsorbatabstände statistisch schwanken (Beispiel b)). Diese Wechselwirkung führt in einem fließenden Übergang zu Beispiel c), in dem ein zweidimensionaler Festkörper gezeigt ist. Bei diesem speziellen Beispiel sind die Gitterabstände identisch mit den Gitterabständen der Unterlage. Diese Wechselwirkung kann bei dem Aufwachsen von Adsorbatschichten auf Festkörperunterlagen zu sogenanntem epitaktischem Wachstum, d.h. der Ausbildung von periodischen Schichtstrukturen führen. Das Beispiel d) charakterisiert Systeme, bei denen die Gitterkonstante der geschlossenen Adsorbatschicht von der der Unterlage abweicht, wobei das Verhältnis beider Gitterkonstanten keine rationale Zahl sein muß. Im letzteren Fall spricht man von inkommensurablen Adsorbatschichten, die auch epitaktisch sein können. Das zuletzt gezeigte Beispiel e) soll andeuten, daß bei niedrigen Bedeckungsgraden Überstrukturen der Adsorbate an der Oberfläche auftreten können, die durch entsprechende Elektronenbeugungsbilder experimentell nachgewiesen werden können. Eine mögliche physikalische Ursache für das Auftreten dieser Überstrukturen kann z.B. der in dieser Abbildung gezeigte Antiferromagnetismus der Adsorbatteilchen sein.

5.2.2   Verschiedene Wechselwirkungsmechanismen zwischen Teilchen und Festkörperoberflächen

Die im letzten Abschnitt diskutierten Wechselwirkungen zwischen Molekülen oder Atomen und Oberflächen von Festkörpern sind Spezialfälle der allgemeinen Wechselwirkung zwischen Teilchen in der Gasphase und Festkörpern unter Berücksichtigung von Volumeneffekten, wie sie an charakteristischen Beispielen in Abb. 5.2.5 zusammenfassend dargestellt sind.

Bei schwacher Wechselwirkung von Teilchen mit Bindungsenergien typischerweise unter 50 kJ/mol (0,5 eV/Teilchen) spricht man von Physisorption. Die Wechselwirkung ist eine Folge der van-der-Waals-Kräfte zwischen Teilchen und Atomen der Unterlage und tritt demzu-

folge bei jedem Festkörper-Gas-System auf. Gut untersuchte Physi-
sorptionssysteme sind Edelgase auf Metallen, Halbleitern oder Isolatoren bei tiefen Temperaturen. Typischerweise erreicht man eine
komplette Monolagen-Belegung in der Physisorptionsschicht bei Gas-
drücken, die in der Größenordnung von einem Zehntel des Sättigungsdampfdrucks dieser Teilchen sind. Bei Erhöhung auf den Sättigungsdampfdruck kondensieren die Teilchen in dicken Schichten auf der
Unterlage aus. Da die Kondensationsenergie im allgemeinen kleiner
ist als die Physisorptionsenergie in der ersten Schicht, lassen sich aus
der Druckabhängigkeit der Bedeckungsgrade physisorbierter Teilchen
Bedingungen experimentell recht einfach herausfinden, unter denen
eine komplette Physisorptionsschicht ausgebildet wird. Bei bekanntem Platzbedarf eines Moleküls läßt sich daraus die spezifische Oberfläche eines Festkörpers bestimmen. Dieses Verfahren findet insbesondere bei der Bestimmung von Oberflächen pulverförmiger Proben
praktische Anwendung (BET-Verfahren, siehe Abschn. 5.3.1). Dabei wird im allgemeinen anstelle von Edelgasen molekularer Stickstoff verwendet. Da die Wechselwirkung bei der Physisorption relativ gering ist, ändert sich die Rekonstruktion der Oberflächenatome
kaum. Dies ist in Abb. 5.2.5a dadurch angedeutet, daß die aus ener-

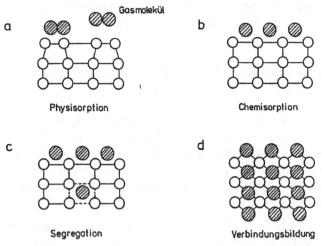

Abb. 5.2.5
Schematische Darstellung verschiedener Teilchen/Festkörper-Wechselwirkungen
eines zweiatomigen Moleküls. Nähere Details sind im Text beschrieben.

getischen Gründen jeweils paarweise zusammengerückten Atome der freien Oberfläche ihren Abstand voneinander bei der Physisorption nicht ändern. Die physikalischen Grundlagen der Physisorption werden in Abschn. 5.6.2 näher beschrieben.

Als Chemisorption bezeichnet man starke chemische Wechselwirkung mit Wechselwirkungsenergien von typischerweise mehr als 50 kJ/mol. Ein Beispiel ist schematisch in Abb. 5.2.5b dargestellt, wobei hier angenommen wurde, daß die Oberflächenrekonstruktion durch die starke Wechselwirkung mit dem Adsorbat aufgehoben wird. Die Chemisorption von Molekülen kann dabei einerseits molekular ablaufen, wie dies z.B. am System Platin(111)/Sauerstoff bei tiefen Temperaturen oder am System Nickel(111)/Kohlenmonoxid gefunden wird. Andererseits kann Chemisorption von Molekülen zu deren Dissoziation an der Oberfläche führen. Typische Beispiele sind die Wechselwirkung von Wasserstoff mit Nickel (111) oder von Sauerstoff mit Platin(111)-Oberflächen bei höheren Temperaturen.

Atomare Chemisorption spielt in der heterogenen Katalyse eine besondere Rolle. Die Folge der starken Wechselwirkung ist eine Änderung der Oberflächenatomstruktur (Aufhebung oder Erzeugung einer Überstruktur oder Relaxation, vgl. Abschn. 3.7). Häufig wird am Einkristall eine periodische Anordnung der chemisorbierten Teilchen gefunden, wie dies in Abb. 5.2.5b gezeigt ist. Die Beispiele der Abb. 5.2.2 und 5.2.3 charakterisieren ebenfalls Chemisorptionszustände. Häufig tauschen Elektronen im Chemisorptionszustand zwischen wechselwirkenden Teilchen und dem Festkörper aus, so daß sich der effektive Ladungszustand chemisorbierter Teilchen gegenüber dem freier Teilchen ändert.

Während an Metallen i.allg. lediglich Partialladungen verschoben werden, gibt es zahlreiche Halbleiterchemisorptionssysteme, in denen definierte ganzzahlige Oxidations- oder Reduktionszustände adsorbierter Teilchen eingestellt werden können. Physikalische Grundlagen der Chemisorptionseffekte werden in Abschn. 5.6.3 bis 5.6.6 beschrieben. Dabei wird insbesondere auch der Einfluß von Gitterstörungen an Einkristalloberflächen auf die Chemisorption diskutiert.

Das nächste Beispiel in Abb. 5.2.5c zeigt Segregation von Teilchen, die auch im Volumen des Festkörpers löslich sind, wobei in der schraf-

fiert gezeigten Umgebung eines ins Volumen eingebetteten Atoms
starke elastische Verzerrungen des Gitters auftreten können. Der Einbau kann auf einem regulären Gitterplatz oder im Zwischengitter erfolgen. Bei hohen Temperaturen läßt sich häufig ein Gleichgewicht
zwischen der an der Oberfläche segregierten Menge und der im Volumen gelösten Konzentration von Fremdatomen entweder über die
Gasphase oder über das Volumen einstellen. Ein typisches Beispiel
für ein Segregationssystem ist Kohlenstoff in Eisen oder Nickel.

Das zuletzt gezeigte Beispiel in Abb. 5.2.5d zeigt, daß bei hoher Wechselwirkungsenergie der adsorbierten Teilchen mit den Volumenatomen
Verbindungsbildung auftreten kann. Die Folge einer hier gezeigten
stöchiometrischen Verbindungsbildung ist die Ausbildung neuer dreidimensionaler Strukturen mit drastisch veränderten chemischen, elektronischen und magnetischen Eigenschaften nicht nur an der Oberfläche. Beispiele dafür sind Wechselwirkungen von Sauerstoff mit Nickel,
Aluminium oder Silicium unter Ausbildung der entsprechenden Oxide NiO, Al_2O_3 oder SiO_2 (vgl. Abb. 5.3.6) bei höheren Temperaturen
oder Wechselwirkungen von Metallen mit Silicium unter Bildung von
Siliciden. Bei nicht vollständiger Volumenreaktion bilden sich Defektstrukturen aus, die die chemischen und elektronischen Eigenschaften
auch in oberflächenfernen Bereichen drastisch verändern.

5.2.3   Thermodynamisch und kinetisch kontrollierte Experimente

Die in Abschn. 5.2.2 diskutierten Wechselwirkungsphänomene treten
für bestimmte Teilchen/Festkörper-Kombinationen bei charakteristischen Drücken und Temperaturen auf, wobei vereinfachend angenommen wurde, daß der Partialdruck des Festkörpers selbst vernachlässigbar ist. Ein einfaches Adsorptionsexperiment ist in Abb. 5.2.6 gezeigt. Hier wird durch Variation der Stempelposition der Druck der
Gasphase variiert, was bei konstanter Temperatur eine Variation des
Bedeckungsgrades Θ adsorbierter Teilchen an der Oberfläche zur Folge
hat. Wenn Θ eine eindeutige Funktion von p ist, d.h. wenn das System
reversibel auf Variation des Druckes (z.B. über die Stempelposition)
mit entsprechenden Bedeckungsgraden reagiert, können wir das Ad-
sorptionssystem thermodynamisch beschreiben. Auf die Thermody-

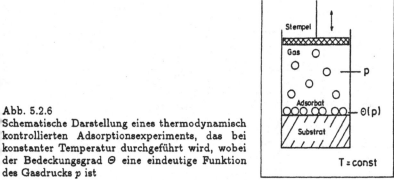

Abb. 5.2.6
Schematische Darstellung eines thermodynamisch kontrollierten Adsorptionsexperiments, das bei konstanter Temperatur durchgeführt wird, wobei der Bedeckungsgrad Θ eine eindeutige Funktion des Gasdrucks p ist

namik von Adsorptionssystemen werden wir in Abschn. 5.3 detailliert eingehen.

Experimentell findet man häufig, daß verschiedenen Wechselwirkungsmechanismen des gleichen Teilchens mit der gleichen Oberfläche auftreten können, wobei die relativen Anteile der verschiedenen Wechselwirkungen durch Variation von Druck und Temperatur verschoben werden können.

Viele Adsorptionssysteme zeigen zudem bei Variation von Druck und Temperatur keine eindeutigen Bedeckungsgrade adsorbierter Teilchen. Vielmehr hängt der Zustand des Adsorptionssystems häufig von der Vorgeschichte ab, so daß eine thermodynamische Beschreibung nicht möglich ist.

Zur Verdeutlichung, unter welchen Bedingungen von der Vorgeschichte abhängende Bedeckungsgrade adsorbierter Teilchen auftreten können, dient Abb. 5.2.7. Diese Abbildung charakterisiert ein Festkörper-Gas-System, bei dem molekulare Adsorption (hier: Physisorption) und atomare Chemisorption auftreten. Ein Beispiel dafür ist die oben diskutierte Wechselwirkung von Sauerstoff mit Platin(111)-Oberflächen, die bei tiefen Temperaturen zu schwach gebundenem molekularem Sauerstoff und bei höheren Temperaturen zu atomarem Sauerstoff führt. In der Abbildung ist die potentielle Energie E_{pot} des Systems „Molekül mit Unterlage" als Funktion des Abstandes des Moleküls von der Festkörperunterlage aufgezeichnet. Wenn das

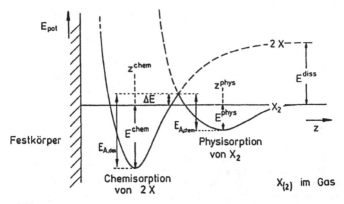

Abb. 5.2.7
Potentialdiagramm für die dissoziative Chemisorption eines zweiatomigen Moleküls X_2. Dabei ist z der Abstand von der Oberfläche. Zur Vereinfachung sind Erniedrigungen der effektiven Bindungsenergien als Folge der Nullpunktsenergien in den Chemisorptions- und Physisorptionsminima vernachlässigt. Nähere Details sind im Text beschrieben.

Molekül X_2 der Oberfläche genähert wird, so tritt in relativ großem Abstand als Folge der konkurrierenden Einflüsse von Anziehung und Abstoßung ein Energieminimum in einem Abstand z^{phys} von der Oberfläche auf, den man dem physisorbierten Molekül $X_{2,phys}$ zuordnen kann. Nähert man das Molekül X_2 der Oberfläche über z^{phys} hinaus, so steigen die Abstoßungskräfte dieses Adsorptionszustandes an. Andererseits kann man in der Gasphase das Molekül X_2 unter Aufwendung der Dissoziationsenergie E^{diss} in zwei Atome spalten und diese der Oberfläche nähern. Die Atome werden dann in einem geringeren Chemisorptionsabstand z^{chem} mit der Energie E^{chem} an der Oberfläche gebunden. Der Schnittpunkt der beiden Energiekurven liegt um die Energie ΔE höher als die Energie ruhender Teilchen X_2 bei unendlicher Entfernung. Diese „Aktivierungsenergie" muß aufgebracht werden, um die Teilchen beim Stoß aus der Gasphase in den Chemisorptionszustand zu befördern. Falls die thermische Energie kT klein gegen ΔE ist, erfolgt bei einem Angebot von Molekülen aus der Gasphase keine Chemisorption, selbst wenn die Chemisorptionsenergie E^{chem} wesentlich größer ist als die Physisorptionsenergie E^{phys}. Experimentell findet man bei Systemen dieser Art häufig, daß bei tiefen Temperaturen molekulare Physisorption, bei höheren Temperaturen eine „thermisch aktivierte" atomare Chemisorption auftritt. Ein Beispiel dafür ist die Wechselwirkung von O_2 mit Galliumarsenid(110)-Oberflächen. Eine solche Chemisorption aus dem Physisorptionszustand („precursor state") erfolgt mit einer effektiven Aktivierungsenergie $E_{A,eff} = E_{A,chem} = \Delta E + E^{phys}$, wogegen bei hohen Temperaturen und vernachlässigbarer Konzentration von Teilchen im Physisorptionszustand effektiv nur ΔE wirksam ist (vgl. z.B. [Pon 74X]) (zur Definition der Aktivierungsenergien s. Abb. 5.2.10).

Ein vertieftes Verständnis der Energetik bei Chemisorptionsphänomenen gelingt nur, wenn auch die Oberfläche in atomarer Auflösung betrachtet und nicht wie in Abb. 5.2.7 als „homogene Unterlage" angesehen wird (vgl. dazu Abb. 5.4.9). Schließlich ändert sich die Bindung der Oberflächenatome zueinander und zu den tieferliegenden Atomen sehr wesentlich bei der Ausbildung von starken Chemisorptionsbindungen mit Adsorbaten. Als Folge davon werden bei der Annäherung von Molekülen und Atomen an eine Festkörperoberfläche auch die Positionen der Unterlagenatome geändert. Dies läßt sich verdeutlichen, wenn anstelle der Abstandskoordinate z in Abb. 5.2.7 eine sogenannte Reaktionskoordinate (RK) eingeführt wird, wie dies beispielsweise zur Beschreibung der Reaktion von freien Atomen und Molekülen untereinander üblich ist (s. Lehrbücher der kinetischen Theorie chemischer Reaktionen oder Abschnitt 5.4.2).

Diese Reaktionskoordinate kann nur in ganz einfachen Fällen graphisch dargestellt werden. Das einfachste Beispiel dafür ist in Abb. 5.2.8 gezeigt. Dargestellt ist die potentielle Energie als Funktion der Lagekoordinaten d_1 bzw. d_2 für die Gasphasenreaktion

$$H_2 + D \rightleftharpoons DH + H.$$

Dabei wird deutlich, daß die Dissoziation von H_2 längs der Reaktionskoordinate RK mit einem relativen Energieminimum am Sattelpunkt energetisch am günstigsten verläuft. Am Sattelpunkt haben alle Atome voneinander den gleichen Abstand, insbesondere ist der Gleichgewichtsabstand von isoliertem H_2 in diesem Übergangszustand vergrößert. Die Folge davon ist eine Bindungslockerung im H_2-Molekül und damit die Möglichkeit der Ausbildung der DH-Bindung

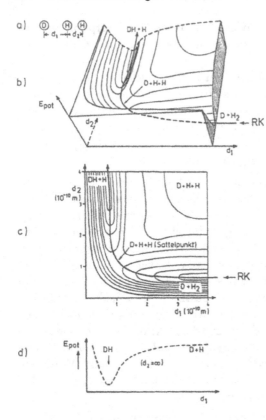

Abb. 5.2.8
Energiehyperflächen sowie
Reaktionskoordinate RK
für die Reaktion D+ H$_2$ →
DH + H. Dabei ist d_1 der
Abstand von D zu H, d_2 der
Abstand von H zu H. Die
Atome sind zu jedem Zeit-
punkt linear zueinander angeordnet.
a) Definition der Abstände
d_1 und d_2
b) Perspektivische Darstellung der Energiehyperfläche
c) Schichtliniendiagramm
d) Potentialdiagramm für
DH-Moleküle für $d_2 = \infty$

nach Passieren des Sattelpunktes. Die Energiedifferenz zwischen der
Energie der Ausgangsstoffe (E_{pot} für $d_1 \rightarrow \infty$) bzw. Endprodukte
(E_{pot} für $d_2 \rightarrow \infty$) gegenüber der potentiellen Energie am Sattelpunkt
ist die Aktivierungsenergie E_A für diese Hin- bzw. Rückreaktion.

Abb. 5.2.8 ist nur geeignet, das Konzept der Reaktionskoordinaten bei
einer einfachen chemischen Reaktion zu erläutern. Bei Adsorptions-
oder Desorptionsphänomenen unter Einbeziehung mehrerer Atome
der Oberfläche müssen analog die energetischen Verhältnisse als Funktion der Position aller beteiligten Atome in beliebiger Konfiguration
zueinander angegeben werden. Daraus ergibt sich dann die Reaktionskoordinate im Energiehyperraum als die Koordinate, längs derer alle Atompositionen bei Annäherung adsorbierender Teilchen so

geändert werden, daß bei gegebenem mittleren Abstand der Teilchen von der Oberfläche lokale Energieminima eingenommen werden. Die entsprechenden energetischen Verhältnisse lassen sich nicht mehr einfach graphisch darstellen. Relativ einfache Rechnungen und Darstellungen sind jedoch möglich, wenn nur die veränderte Relaxation der unmittelbar beteiligten Oberflächenatome berücksichtigt wird.

Diese Relaxationsänderungen spielen auch bei der Wechselwirkung von Teilchen mit tiefer liegenden Schichten im Festkörper (z.B. bei der Eindiffusion) eine entscheidende Rolle. Dies soll Abb. 5.2.9 an einem einfachen Beispiel verdeutlichen. Es zeigt, wie wesentlich es ist, bei Oberflächenreaktionen die Veränderung der Position von Oberflächenatomen als Funktion des Abstandes der wechselwirkenden Teilchen mit einzubeziehen.

Nur auf diese Weise gelingt es, in theoretischen Modellvorstellungen die Energetik der Adsorptionseffekte auch quantitativ zu beschreiben. Das Beispiel zeigt den Übergang von einem Sauerstoffatom aus dem Chemisorptionszustand an Nickel(111)-Oberflächen oberhalb der ersten Atomlage von Nickel in eine energetisch stabilisierte Position unterhalb der obersten Nickellage. Über diese Position läuft dann die weitere Oxidation von Nickel ab. Abb. 5.2.9a zeigt die Sauerstoffbindungsenergie als Funktion des Abstandes von der obersten Schicht unter der Annahme, daß sich die Positionen der Nickelatome trotz der veränderten Position des Sauerstoffatoms nicht ändern (statischer Fall) bzw. unter der realistischeren Annahme, daß die Nickelatome un-

Abb. 5.2.9a
Bindungsenergie von Sauerstoff auf Ni(111)-Oberflächen als Funktion des Abstandes von der obersten Ni-Schicht, gemessen in Ni-Atomlagen-Abständen a_0. Im statischen Fall bleiben die Atomkoordinaten der Ni-Atome konstant. Im adiabatischen Fall wurden die Energieminima des Gesamtsystems bei fest vorgegebenem Abstand des Sauerstoffatoms von der obersten Schicht berechnet.

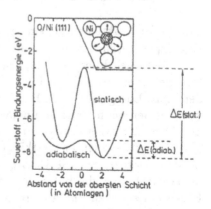

ter Minimierung der Gesamtenergie auseinanderrücken (adiabatischer Fall). Experimentell wird eine wesentlich kleinere Aktivierungsenergie für den Durchtritt des Sauerstoffs vom chemisorbierten Zustand oberhalb der Oberfläche in den Zustand zwischen 1. und 2. Nickellage gefunden, als dies durch die statische Simulation gefunden wird. Dies läßt sich theoretisch nur in der adiabatischen Näherung simulieren, bei der die Nickel-Atome seitlich ausweichen (relaxieren). Die entsprechende Reaktionskoordinate ist in Abb. 5.2.9b unter Berücksichtigung der Relaxation der Oberflächenatome in Prozent angegeben. Diese Reaktionskoordinate wurde in der adiabatischen Näherung von Abb. 5.2.9a berechnet. Die statische Näherung entspricht der Energievariation für 0% Relaxation.

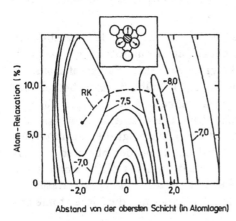

Abb. 5.2.9b
Adiabatische Relaxation der Ni-Atome in % von a_0 in der graphisch oben dargestellten Pfeilrichtung als Funktion von a_0. Linien gleicher Sauerstoff-Bindungsenergie (in eV) charakterisieren die adiabatische Reaktionskoordinate längs des relativen Energieminimums bei Variation von a_0 [Cha 85].

Chemische Reaktionen allgemein und Reaktionen von Teilchen mit Festkörperoberflächen im besonderen werden nicht über Änderungen der potentiellen Energie allein, sondern über Änderungen der Gibbs-Energie (oder freien Enthalpie) ΔG bestimmt. Nur die Diskussion der Gibbs-Energie für eine Oberflächenreaktion erklärt die Desorption von Teilchen bei höherer Temperatur, obwohl die potentielle Energie des Systems hierbei erhöht wird. Auch die Ausbildung von intrinsischen Punktdefekten an Festkörperoberflächen bei höheren Temperaturen erfordert wie die Desorption Energieaufwand und läßt sich daher nicht über die potentielle Energie allein erklären. In beiden Fällen müssen vielmehr Änderungen der Entropie S mit berücksich-

tigt werden. Die Entropie nimmt sowohl bei Desorption als auch bei Defektbildung zu, d.h. es gilt $\Delta S > 0$.
Oberflächenreaktionen laufen ab, wenn

$$\Delta G = \Delta H - T\Delta S < 0 \qquad (5.2.3)$$

gilt. Dabei bedeutet ΔG die Differenz der freien Enthalpie des Gesamtsystems nach und vor der Oberflächenreaktion und ΔH die entsprechende Differenz der Enthalpie. Gleichgewicht liegt bei $\Delta G = 0$ vor. Die auf ein Teilchen (oder ein Mol Teilchen) bezogene Gibbs-Energie wird als chemisches Potential μ des Teilchens (oder eines Mols Teilchen) bezeichnet und ist im Gleichgewichtszustand überall konstant, d.h. es hat im Gas und in allen Adsorptions- oder Volumenbindungszuständen dieses Teilchens den gleichen Wert (vgl. Abschn. 5.3).

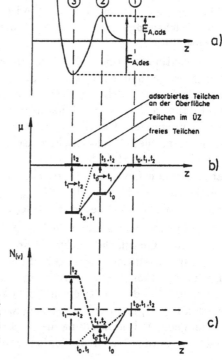

Abb. 5.2.10
Schematischer Verlauf
a) der potentiellen Energie
b) des chemischen Potentials
und
c) der Teilchendichte als Funktion des Abstands von der Oberfläche für drei verschiedene Phasen eines Adsorptionsexperiments.   Nähere Details sind im Text beschrieben.

Zur Verdeutlichung der Unterschiede zwischen der ausschließlichen Berücksichtigung der potentiellen Energie und thermodynamischen Konzepten zur Beschreibung von Festkörper/Gas-Reaktionen dient Abb. 5.2.10. In Abb. 5.2.10a ist der Verlauf der potentiellen Energie als Funktion des Abstandes z für die Chemisorption von freien Teilchen (1) über eine Aktivierungsbarriere an der Oberfläche gekennzeichnet. Im Gegensatz zu Abb. 5.2.7 ist hier die Physisorption ohne Aktivierungsbarriere vernachlässigt, um die folgende Diskussion zu vereinfachen. Durch Anbieten von Teilchen in der Gasphase zur Zeit t_0 stellt sich zunächst nach der Zeit t_1 ein chemisches Gleichgewicht zwischen dem Gaszustand und dem aktivierten Komplex (2) ein. Diese Teilreaktion wird durch eine Aktivierungsenergie $E_{A,ads}$ bestimmt. Anschließend erfolgt langsamere Gleichgewichtseinstellung im Adsorptionszustand (3). Das Gleichgewicht des Gesamtsystems wird nach der Zeit t_2 erreicht. Es ist charakterisiert durch das gleiche chemische Potential μ des Teilchens im Adsorptions- (3), Aktivierungs- (2) und Gas-Zustand (1). Dies führt zu entsprechenden Teilchenkonzentrationen $N_{(v)}$, die in Abb. 5.2.10c schematisch dargestellt sind.

Die Reaktion insgesamt läuft nur ab, wenn zur Zeit t_0 die Änderung der freien Enthalpie ΔG_{chem} für die Chemisorption < 0 ist. Die Folge davon ist, daß Teilchen aus der Gasphase in den aktivierten Zustand und dann in den thermodynamisch begünstigten Chemisorptionszustand übergehen. Die Zeit t_1 ist dadurch gekennzeichnet, daß thermodynamisches Gleichgewicht zwischen aktiviertem Zustand und der Gasphase existiert (d.h. es gilt $\Delta G_{akt} = 0$), daß das Gleichgewicht aber für den Chemisorptionszustand mit der Gasphase noch nicht eingestellt ist (d.h. es gilt $\Delta G_{chem} < 0$). Die Zeit t_2 ist schließlich dadurch gekennzeichnet, daß ΔG_{akt} und ΔG_{chem} gleich null sind.

Zusammenfassend ergibt sich folgendes Bild: Die Richtung des Ablaufs einer Oberflächenreaktion wird durch die Änderung der freien Enthalpie bestimmt. Gleichgewicht ist durch ein Minimum der freien Enthalpie gekennzeichnet. Aus der Kenntnis der Differenz der freien Enthalpie bei der Reaktion läßt sich keine Information über die Geschwindigkeit, mit der das Gleichgewicht erreicht wird, herleiten. Es ist möglich, daß thermodynamische Nichtgleichgewichtszustände „eingefroren werden" werden, nämlich dann, wenn das Gleichgewicht nur über eine im Vergleich zur thermischen Energie kT sehr hohe Aktivierungsbarriere E_A erreicht werden kann. In diesen Fällen hängt der Zustand der Oberfläche sehr wesentlich von der Vorgeschichte ab. Nichtgleichgewichtszustände werden häufig nach dem schnellen Abkühlen einer bei hohen Temperaturen vorbehandelten Probe gefunden. Thermodynamische Gleichgewichtsprozesse spielen in der chemischen Sensorik und der heterogenen Katalyse eine große Rolle. Nichtgleichgewichtsstrukturen mit starker kinetischer Hemmung zur Einstellung des thermodynamischen Gleichgewichts sind von entscheidender Bedeutung bei der Herstellung von mikroelektronischen Bauelementen.

Im einen Fall werden schnelle Reaktionszeiten, im anderen Fall unendlich langsame Reaktionszeiten von Oberflächen- bzw. Grenzflächenreaktionen angestrebt. Dies entspricht niedrigen bzw. hohen Aktivierungsbarrieren der dabei ablaufenden Elementarprozesse. Die Energiebarrieren zum Überwinden des Aktivierungskomplexes der Hin- und der Rückreaktion sind i.allg. unterschiedlich, wie dies schon aus Abb. 5.2.10a aus dem Vergleich von $E_{A,ads}$ mit $E_{A,des}$ folgt.

Auf die Berechnung der freien Enthalpie G, der Enthalpie H und der Entropie S in den verschiedenen Zuständen wird in Abschn. 5.3 eingegangen.

5.2.4   Exzeßgrößen an der Oberfläche

Wie aus dem Vorangegangenen deutlich wird, ist im allgemeinen bei Wechselwirkungen von Teilchen mit Festkörperoberflächen damit zu rechnen, daß die Teilchen nicht nur an der Oberfläche adsorbieren, sondern auch in den Festkörper eindringen. Selbst wenn die Teilchen nur an der Oberfläche adsorbieren, werden auch oberflächennahe Bereiche des Volumens modifiziert. Bei einer exakten Beschreibung von Adsorptionsphänomenen ist es daher unerläßlich, die Oberfläche des Festkörpers zunächst vor der Adsorption exakt zu beschreiben, um Adsorptionsphänomene als Änderungen dieser Oberflächeneigenschaften eindeutig zu erfassen.

Für die eindeutige Beschreibung von Adsorptionsphänomenen ist die Einführung von sogenannten Exzeßgrößen wichtig. Dies soll am Beispiel des in Abb. 5.2.1 gezeigten Adsorptionsexperiments illustriert werden. Die adsorbierte Menge ist dabei gegeben durch

$$N^{ad} = N^{exc} = N^{tot} - N^b - N^g_{nach}.$$ (5.2.4)

Darin ist N^{ad} bzw. N^{exc} die Zahl der Teilchen, die nach dem Spalten zusätzlich adsorbieren, N^{tot} die Gesamtzahl aller Teilchen und N^b die Zahl der im Volumen gelösten Teilchen. Vor dem Spalten galt

$$0 = N^{tot} - N^b - N^g_{vor}.$$ (5.2.5)

Es läßt sich experimentell also durch Vergleich der Zahl der Teilchen in der Gasphase vor und nach dem Spalten des Einkristalls die adsorbierte Menge eindeutig experimentell bestimmen.

Dieses Konzept können wir nun auf beliebige physikalische Größen X erweitern, die in der Gasphase den Wert X^g und im Festkörpervolumen den Wert X^b haben. Wie schon in Kapitel 4 eingeführt, verwenden wir obere Indizes zur Charakterisierung der Phase. Als integrale Oberflächenexzeßgröße X^{exc} definieren wir nun

$$X^{exc} = X^{tot} - X^b - X^g.$$ (5.2.6)

Schon im Beispiel von Abb. 5.2.1 konnten wir experimentell aus der Änderung von Teilchenzahlen in der Gasphase nicht eindeutig darauf schließen, daß die Teilchen nur an der Oberfläche adsorbiert werden (dies entspräche N^b oder allgemeiner $X^b = 0$). Vielmehr konnten Teilchen auch dadurch verschwinden, daß sie in oberflächennahe Bereiche eindiffundieren. Es ist daher in einer Verfeinerung der Beschreibung von integralen Exzeßgrößen sinnvoll, ortsaufgelöste Exzeßgrößen über lokale Dichten einzuführen, um damit auch Diffusions- oder Segregationsprofile von Teilchen zu erfassen. Wir führen dazu ortsabhängige Volumendichten

$$X_{(v)} = \frac{\partial X}{\partial V}$$ (5.2.7)

und Flächendichten

$$X_{(s)} = \frac{\partial X}{\partial A}$$ (5.2.8)

ein.

Abb. 5.2.11 zeigt einen schematischen Verlauf von Volumendichten (beispielsweise von gelösten Teilchen) nahe der Oberfläche eines Festkörpers. Im Idealfall führt die homogene Volumeneigenschaft $X^b_{(v)}$

(hier: Volumendichte oder Molenbruch gelöster Teilchen) bis zur „idealen Grenzfläche" und fällt dann mit unendlicher Steigung auf den Wert $X^g_{(v)}$ (hier: Gasdichte der Teilchen bei Partialdruck p) in der Gasphase ab. An realen Grenzflächen treten nahe der Grenzfläche Abweichungen von diesem einfachen Stufenverlauf auf. Die genau Position der Grenzfläche muß definiert werden (s. z.B. Gl. (5.3.11) mit $V^{exc} = 0$). Hat man die z-Koordinate der „idealen Grenzfläche" festgelegt, so kann eine Oberflächenexzeßkonzentration $X^{exc}_{(s)}$ (pro Flächeneinheit) berechnet werden aus

$$X^{exc}_{(s)} = \int_{-\infty}^{\infty} \left(X^{tot}_{(v)}(z) - X^b_{(v)} - X^g_{(v)} \right) dz. \qquad (5.2.9)$$

Sie entspricht der schraffierten Fläche in Abb. 5.2.11 und ist gleich dem durch die Gesamtfläche dividierten Wert von X^{exc} aus Gl. (5.2.6).

Die Volumendichten in Abb. 5.2.11 können mit unterschiedlicher Ortsauflösung betrachtet werden. Abb. 5.2.11a zeigt eine Auflösung von

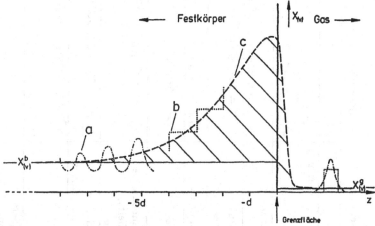

Abb. 5.2.11
Schematischer Verlauf der Volumendichten $X_{(v)}$ einer beliebigen physikalischen Größe X in der Nähe der Grenzfläche. Im realen System werden die homogenen Volumendichten $X^b_{(v)}$ bzw. $X^g_{(v)}$ in charakteristischer Weise verändert. Diese Änderung läßt sich mit unterschiedlicher räumlicher Auflösung erfassen, die durch die Kurven a, b und c charakterisiert sind. d ist der Netzebenenabstand senkrecht zur Oberfläche.

Tab. 5.2.1
Einige Oberflächen- und Volumeneigenschaften in der Übersicht

	$X^s_{(s)}$	$X^b_{(v)}$	$X^g_{(v)}$
Chemische Zusammensetzung Teilchenzahl Molzahl	$N^{ad}_{(s)}$ (m^{-2}) $n^{ad}_{(s)}$ (mol·m^{-2})	$N^b_{(v)}$ (m^{-3}) $n^b_{(v)}$ (mol·m^{-3})	$N^g_{(v)}$ (m^{-3}) $n^g_{(v)}$ (mol·m^{-3})
Geometrische Struktur Atomabstände	(keine allgemeine Exzeßgröße definiert)		
Elektronische Struktur Leitungselektronendichte	$N^{exc}_{(s)n} = \Delta N_{(s)n}$ (m^{-2})	$N^b_{(v)n} = N_{(v)n}$ (m^{-3})	
Defektelektronendichte	$N^{exc}_{(s)p} = \Delta N_{(s)p}$	$N^b_{(v)p} = N_{(v)p}$	
Überschußladungsdichte[1]	$Q_{s(ss)}$, $Q_{(s)sc}$ (As m^{-2})	$Q^b_{(v)} = \varrho^b_{(v)} = 0$ (As m^{-3})	
integrierte Zustandsdichte (pro Energieeinheit), Zahl der Zustände	$N^s_{(s)}(E) = D_{(s)}(E)$ (eV^{-1}m^{-2})	$N^b_{(v)}(E) = D_{(v)}(E)$ (eV^{-1}m^{-3})	
Exzeß-Zustandsdichte integriert über eine Schicht	$\sum_i LDOS(i) - LDOS(\infty)$(eV^{-1}m^{-2})		
wellenvektoraufgelöste Zustandsdichte	$\sum_i WRLDOS(i) - WRLDOS(\infty)$ (eV^{-1}m^{-2})		
Magnetische Struktur Magnetische Momente von Spins in Paramagneten		$M_{(v)}$	

Fortsetzung Tab. 5.2.1

Magnetische Momente von Spins in Ferromagneten (bei Sättigung)			J_s
Anisotropieenergie bei Ferromagneten	$\gamma_{(s)}$ (eVm^{-2})	$K_{(v)}$ (eVm^{-3})	
Thermodynamische Struktur			
Grenzflächenenergiedichte[2]	$\gamma = \left(\dfrac{\partial A}{\partial A_\square}\right)_{T,n_s^{ad}}$ (eV mol^{-1} m^{-2})		
Enthalpie pro Mol adsorbierter Teilchen[3]	$-\dfrac{Q_{ads}}{A_\square}$ (eV mol^{-1} m^{-2})	$H_{(v)}^b$	$H_{(v)}^g$

Allgemein: Untere Indizes geben in Klammern an, ob die Größe auf die Fläche (s) oder das Volumen (v) bezogen ist. Obere Indizes geben die Phase an, wobei g für Gas, b für Festkörpervolumen („bulk"), s oder ad für Oberfläche oder Adsorptionsphase steht. Wenn es sinnvoll erschien, sind sowohl die auf die Flächeneinheit bezogenen Oberflächen-Exzeßgrößen $X_{(s)}^{exc}$ als auch die entsprechenden auf die Volumeneinheit bezogenen Größen im Festkörpervolumen $X_{(v)}^b$ bzw. im Gas $X_{(v)}^g$ angegeben.

[1] Die Überschußladungsdichte wurde in den Abschn. 4.2 und 4.3 über $Q_{(s)as}$ bzw. $Q_{(s)ac}$ eingeführt. In der Halbleiterphysik ist es üblich, Ladungsdichten über ϱ und nicht über die komplizertere - aber im Rahmen dieses Buches konsequentere - Bezeichnungsweise Q_b^b zu beschreiben. Das gleiche gilt für die Parameter $\Delta N_{(s)n}$, $\Delta N_{(s)p}$, $\Delta N_{(v)n}$ und $\Delta N_{(v)p}$, die hier als $N_{(s)n}^{exc}$, $N_{(s)p}^{exc}$, $N_{(v)n}^b$ und $N_{(v)p}^b$ bezeichnet werden.

[2] Die Grenzflächenenergiedichte γ wird in Abschn. 5.3.2 eingeführt. Nach der IUPAC-Symbolik werden freie (Helmholtz-) Energien mit A bezeichnet. Die ebenfalls mit A zu bezeichnende Fläche kennzeichnen wir zur Unterscheidung mit $A_\square$.

[3] Die Exzeßgröße Q_{ads} wird in Abschn. 5.3.2 eingeführt. Sie entspricht der Wärmemenge, die bei der Adsorption eines Mols Teilchen frei wird.

$X_{(v)}$ innerhalb der Wigner-Seitz-Zelle (strichpunktierte Linie), b) eine stufenweise Änderung von Atomlage zu Atomlage (punktierte Linien) und c) einen kontinuierlichen Verlauf (gestrichelte Linien). Je nach experimentell oder theoretisch zugänglicher Information können diese verschiedenen Ortsauflösungen diskutiert werden. Im allgemeinen Fall muß auch die Variation von $X_{(v)}$ parallel zur Oberfläche erfaßt werden.

Es ist sinnvoll, Exzeßgrößen der chemischen Zusammensetzung sowie der geometrischen, der elektronischen, der magnetischen und der dynamischen Struktur zu definieren. Häufig verwendete Oberflächenexzeßgrößen in der Physik und Chemie sind in Tab. 5.2.1 aufgeführt und sollen im weiteren näher erläutert werden.

a)   Chemische Zusammensetzung

In der Gasphase gilt unter UHV-Bedingungen i.allg. das ideale Gasgesetz

$$N_{(v)}^{g} = \frac{p}{kT} \tag{5.2.10}$$

mit p als Druck und k als Boltzmann-Konstante. Diese Teilchen können an der Festkörperoberfläche adsorbieren, mit dem Festkörper reagieren und dabei eine chemische Verbindung bilden oder sich im Festkörpervolumen lösen. Nach der Teilchen/Festkörper-Wechselwirkung stellt sich ein Konzentrationsprofil mit einem typischen Verlauf ein, wie es z.B. in Abb. 5.2.11 angedeutet ist. $X_{(v)}$ entspricht dabei der Teilchendichte $N_{(v)}$. Die Konzentrationsunterschiede werden bei niedriger Volumenlöslichkeit oft über Molenbrüche

$$x_2(z) = \frac{N_{(v)2}}{N_{(v)2} + N_{(v)1}} \approx \frac{N_{(v)2}}{N_{(v)1}} \ll 1 \tag{5.2.11}$$

charakterisiert, wobei „2" die gelöste Komponente und „1" die Atome des Festkörpers selbst mit jeweiligen Teilchendichten $N_{(v)i}$ bezeichnet. Da der Einbau von Fremdteilchen ins Gitter i.allg. nur auf definierten Plätzen erfolgen kann, zeigt eine Darstellung $x_2(z)$ extreme Variationen innerhalb der Einheitszelle.

Falls Teilchen nicht im Volumen löslich sind und an der Oberfläche mit Bedeckungen von weniger als einer einatomaren Schicht adsorbie ren, erfaßt man deren Oberflächen-Exzeßkonzentrationen $N_{(s)}^{exc} = N_{(s)}^{ad}$ häufig über Angabe des Bedeckungsgrades Θ. Wir definieren Θ an idealen Einkristalloberflächen als das Verhältnis der Zahl adsorbierter Fremdatome zur Zahl der Unterlagenatome. Bei Festkörpern, die aus mehreren Atomarten gebildet werden, beziehen wir Θ auf die kleinste ganzzahlige Formeleinheit zur Beschreibung der Festkörperverbindung. So gilt z.B. $\Theta = 1$ für die Bedeckung von einem H-Atom pro GaAs-Oberflächenpaar der GaAs(110)-Fläche. Einige Autoren bevorzugen, den Bedeckungsgrad in Bruchteilen eines maximalen, auf eins normierten Bedeckungsgrades $\Theta_r = \Theta/\Theta_{sat}$ anzugeben. Dies ist sinnvoll, wenn $N_{(s)}^{ad}$ bei der maximalen (Sättigungs-) Bedeckung Θ_{sat} genau bestimmt werden kann. Dies ist z.B. für das System Ni(111)/H der Fall, bei dem bei einem H-Atom pro drei Ni-Oberflächenatome eine wohldefinierte Adsorptionsstruktur auftritt und die Adsorptionsenergie oberhalb dieses Bedeckungsgrades drastisch absinkt. Hier kann als Θ_{sat} die Bedeckung der Drittel-Monolage gewählt werden. Wegen der verschiedenen Möglichkeiten in der Definition von Θ ist bei Veröffentlichungen auf die Definition von $\Theta = 1$ zu achten.

b)   Geometrische Struktur

Die geometrische Struktur der Oberfläche kann erheblich von der des idealen Festkörpers abweichen (vgl. z.B. Abb. 3.1.1). Die auch an Einkristalloberflächen gestörten Bindungsverhältnisse können einerseits zur Rekonstruktion und Ausbildung von Überstrukturen in der ersten Atomlage führen, andererseits aber auch Atomabstände in tieferen Schichten ändern. Schematisch ist dies in Abb. 5.2.12 gezeigt.

In diesem Zusammenhang ist es zweckmäßig, neben dem Volumen und der Adsorbatphase eine Randschicht („selvedge", siehe z.B. [Hag 76X]) einzuführen. Für ideale Einkristalle ist diese Randschicht bei kovalenten Halbleitern mit ihren stark gerichteten Bindungen am ausgedehntesten. Es folgen ionische Halbleiter und Metalle mit weniger stark gerichteten Bindungen bis hin zu Molekülkristallen mit i.allg. nur schwach gerichteten Bindungen sowie niedriger Gitterenergie und damit vernachlässigbarer Dicke der Randschicht. Zusätzlich hängt die Dicke der gestörten Randschicht stark von der Orientierung der Fläche und von deren Belegung mit Fremdatomen ab. Die Triebkraft für das Entstehen von Verzerrungen ist dabei immer die

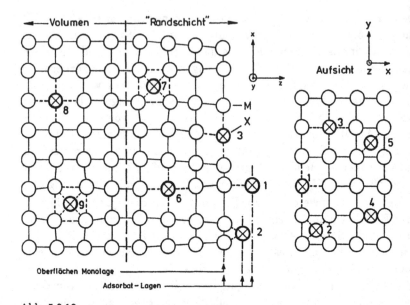

Abb. 5.2.12

5chematische Darstellung der geometrischen Struktur von Einkristalloberflächen vor und nach Wechselwirkung mit Teilchen X. Vereinfacht lassen sich die verschiedenen Oberflächenkomplexe durch Adsorption über die Bildung der „Moleküle" MX (1), M_4X (2 und 3) und M_2X (4 und 5) beschreiben. Rekonstruktion der Oberflächenatome wurde in der Aufsicht vernachlässigt. Ebenfalls angedeutet sind mögliche Positionen der Fremdatome im Volumen auf Gitterplätzen (6 und 8) bzw. Zwischengitterpositionen (7 und 9).

Minimierung der Gibbs-Energie unter den gegebenen Randbedingungen.

Eine Exzeßgröße könnte man über alle Atome auf Plätzen, die nicht durch die ideale Periodizität der Unterlage im Volumen gegeben sind, definieren. Da die Verrückungen von der idealen Lage für tiefer liegende Schichten auf null abklingen, ist die Genauigkeit der experimentellen Bestimmung dieser Exzeßgrößen stark von der Meßgenauigkeit abhängig. Experimentell sind sie z.B. über Streuung schneller Ionen (Abschn. 3.9) faßbar, wobei die Zahl der für den Ionenstrahl „sichtbaren", d.h. nicht abgeschatteten Atome angegeben wird. Während für eine geeignete Einschußrichtung beim idealen Kristall nur die Atome der obersten Schicht streuen, ist jede Erhöhung des Streusignals der Unterlagenatome auf überschüssige, d.h. nicht auf idealen Gitterplätzen liegende Atome zurückzuführen.

Wie Abb. 5.2.12 ebenfalls andeutet, führen Ab- und Adsorption zu einer Änderung der Randbedingungen und damit der Gitterverzerrungen. Durch Adsorption werden die relativ hohen mechanischen Grenzflächenspannungen der freien Oberfläche reduziert. Die Abbildung zeigt auch die Schwierigkeit, ohne detaillierte Kenntnis der geometrischen Struktur die Position der in Abb. 5.2.11 eingeführten „idealen Grenzfläche" festzulegen.

Die durch Adsorption gebildeten Oberflächenkomplexe lassen sich durch „Molekülcluster" besonders einfach charakterisieren, wenn Bindungen längs der angedeuteten Linien wesentlich stärker sind als alle übrigen prinzipiell denkbaren Bindungen zwischen dem Ad-Atom X und den Unterlagenatomen M.

c)   Elektronische Struktur

Als Exzeßgröße ist in diesem Zusammenhang die Ladung von besonderem Interesse. In Abschn. 4.1 und 4.2 wurde schon diskutiert, daß sowohl die Oberfläche über die Flächenladungsdichte $Q_{(s)ss}$ als auch die anschließende Randschicht über die Flächenladungsdichte $Q_{(s)sc}$ eine Überschußladung zeigen können. Dabei ist nicht nur die integrierte Gesamtladung von Bedeutung, sondern auch die in Abb. 5.2.11 schematisch dargestelle räumliche Verteilung. Wie in Abschn. 4.1 und 4.2 ebenfalls diskutiert wurde, beschränkt man sich entweder auf die Diskussion der Ladungen in Bändern (z.B. von $\Delta N_{(v)n}$ als Überschußladungsträgerdichte im Leitungsband oder $\Delta N_{(v)p}$ als entsprechende Dichte im Valenzband) oder auf die Diskussion von bestimmten Energieniveaus (so z.B. local densities of states) mit oder ohne Berücksichtigung des Wellenvektors (WRLDOS bzw. LDOS). Bei einer schichtweisen Darstellung elektronischer Zustände ist der Unterschied zu einer Schicht tief im Volumen die Überschußgröße. Dies soll im folgenden quantitativ beschrieben werden. Dabei werden Ladungsverteilungen mit verschiedenen räumlichen Auflösungen behandelt, wie diese schematisch in der Abb. 5.2.11a bis c gezeigt wurden.

α) Die innerhalb der Wigner-Seitz-Zelle aufgelöste lokale elektronische Zustandsdichte (dies entspricht der Kurve a) in Abb. 5.2.11) wird i.allg. als „local density of states" $W_{(v)}(\underline{r}, E)$ bezeichnet. Die Wahrscheinlichkeit, Elektronen dieser Zustände in $d\underline{r}$ zu finden, ist

$$W(\underline{r}, E) = W_{(v)}(\underline{r}, E)d\underline{r} = \sum_i |\Psi_i(\underline{r})|^2 \, \delta(E - E_i)d\underline{r}. \quad (5.2.12)$$

Ein Beispiel für einzelne Zustände ist schon in Abb. 4.1.13 gezeigt.

β) Die Ladungsdichteverteilung kann auch (über die Wigner-Seitz-Zelle (WSC) integriert) Schicht für Schicht aufgelöst werden (dies entspricht der Kurve b) in Abb. 5.2.11). Diese Größe wird i.allg. als „layer density of states" bezeichnet:

$$LDOS = W(\underline{r}_{\text{Schicht}}, E)$$
$$= \sum_i \int_{\text{WSC}} |\Psi_i(\underline{r} - \underline{r}_{\text{Schicht}})|^2 \, \delta(E - E_i) \, d\underline{r} \quad (5.2.13)$$

Ein Beispiel zeigt Abb. 5.2.13 für die relaxierte Si(111)2×1-Oberfläche.

γ) Zur Charakterisierung der Symmetrie von Wellenfunktionen an der Oberfläche und zur Analyse von winkelaufgelösten Photemissionsexperimenten ist es sinnvoll, eine wellenvektoraufgelöste Zustandsdichte („wavevector resolved layer density of states") einzuführen (siehe z.B. [Göp 80]):

$$WRLDOS = W(\underline{r}_{\text{Schicht}}, \underline{k}_{\|}, E)$$
$$= \sum_s \int_{\text{WSC}} \left|\Psi_{s,\underline{k}_{\|}}(\underline{r} - \underline{r}_{\text{Schicht}})\right|^2 \delta\big(E - E_s(\underline{k}_{\|})\big) \, d\underline{r} \quad (5.2.14)$$

Dabei werden alle $k_\perp$ Zustände zu gleichem $k_\|$ über „s" aufsummiert, da $k_\|$ auch an der Oberfläche eine definierte Größe ist und beim Durchtritt der Elektronen aus dem Festkörper ins Vakuum erhalten bleibt (vgl. Abb. 4.1.4 und Abschn. 4.6). Beispiele sind in Abb. 4.1.15 für die Si(001)- und in Abb. 4.1.16 für die ZnO(10$\bar{1}$0)-Oberfläche gegeben. Man erkennt in Abb. 4.1.16 die ausgeprägte Abhängigkeit der Zustandsdichte von der Position in der Oberflächen-Brillouin-Zone. Dies führt zu starker Dispersion in winkelaufgelösten Photoemissionsspektren und ermöglicht u.a. eine Identifizierung der Symmetrie von Oberflächenzuständen.

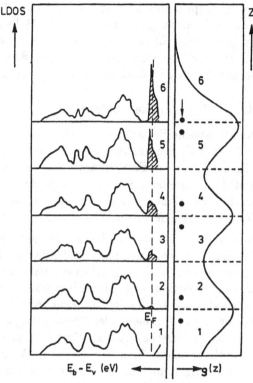

Abb. 5.2.13
Berechnete Lagenzustandsdichte (LDOS) der relaxierten Si(111)-Oberfläche für sechs Schichten parallel zur Oberfläche als Funktion der Bindungsenergie, bezogen auf das Valenzband. Oberflächenzustände in der Energielücke sind schraffiert angegeben. Daneben ist die Gesamtladungsdichte $\varrho(z)$ als Funktion des Abstandes von der Oberfläche angegeben [Sch 78].

δ) Die Oberflächenexzeßdichte an freien Elektronen $N_{(s)n}^{exc}(E){=}\Delta N_{(s)n}$ wurde schon in Abschn. 4.2 in Gl. (4.2.14) vorgestellt. Sie ist für die Beschreibung von Potentialverhältnissen an Halbleiteroberflächen von Bedeutung und beschreibt dabei die Abweichung der Ladungsträgerdichte an Halbleiteroberflächen gegenüber der Flachbandsituation. Diese Abweichungen treten dadurch auf, daß in Oberflächenzuständen mit Donator- und Akzeptorcharakter Ladungen fixiert werden, die durch entsprechende Änderungen in der Ladungsdichte freier Ladungsträger in der Raumladungsschicht kompensiert werden. Dieses Konzept wurde ausführlich in Abschn. 4.2.2 vorgestellt. Der Einfluß lokaler Ladungsverschiebungen an Halbleiteroberflächen ohne Beteiligung freier Ladungsträger wird wie an Metallen über eine Dipolschicht und entsprechende Elektronenaffinitäten beschrieben. Dieses Konzept wurde in Abschn. 4.2.1 vorgestellt.

d)   Magnetische Struktur

Relativistische Berechnungen elektronischer Eigenschaften zeigen deren engen Zusammenhang zu den dia-, para- und ferromagnetischen Eigenschaften von Festkörpern. Daher ist auch eine starke Abhängigkeit der magnetischen Struktur vom Abstand zur Oberfläche zu erwarten. Dies läßt sich z.B. in Paramagneten über eine ortsabhängige Volumendichte $M_{(v)}$ von magnetischen Momenten ausdrücken.

Wir wollen uns im folgenden zur Vereinfachung nur auf die Charakterisierung ferromagnetischer Oberflächen konzentrieren. Ausgangspunkt ist eine Ortsabhängigkeit der Volumendichte magnetischer Momente bei Sättigung in hohen Magnetfeldern, d.h. der Sättigungsmagnetisierung J_s. In klassischen Rechnungen läßt sich J_s bei starker Delokalisierung, d.h. bei großer Überlappung der elektronischen Niveaus und dementsprechend breiten Bändern, über gegeneinander verschobene elektronische Spin-Teilbänder mit Vorzugsbesetzung einer Spinorientierung ermitteln. Änderungen in der elektronischen Struktur nahe der Oberfläche bewirken Änderungen in der effektiven Magnetisierung. Auch im (Heisenberg-)Bild lokalisierter Spins kann eine Modifizierung der magnetischen Eigenschaften nahe der Oberfläche erklärt werden, wie dies schematisch in Abb. 5.2.14 dargestellt ist.

Dabei ist es wichtig, zwischen *temperaturabhängigen* („size") und *temperaturunabhängigen* („surface") Effekten zu unterscheiden.
Physikalische Ursache für die Temperaturabhängigkeit von $J_s(z)$ („size effect") ist die temperaturabhängige Anregung von Magnonen. Magnonen sind die Quanten von Spinwellen, d.h. von magnetischen Anregungen im Festkörper, bei denen sich die Orientierung der Spins relativ zum Gitter ändert (s. Anhang 8.2). Das Anregungsspektrum der Magnonen wird dabei durch die Existenz der Oberfläche bei gegebener Temperatur und Oberflächenanisotropie in charakteristischer

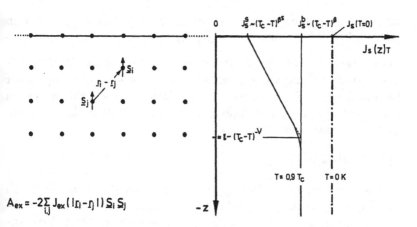

Abb. 5.2.14
Magnetische Struktur von ferromagnetischen Oberflächen im Heisenberg-Bild. Gezeigt ist die z-Abhängigkeit der Sättigungsmagnetisierung J_s bei $T = 0$ K im Vergleich zur Situation bei Temperaturen nahe dem Curie-Punkt T_C. Das Hochtemperaturverhalten T_C wird formal durch Korrelationslängen ξ und kritische Exponenten ν, β und β^s beschrieben. Dabei ist A_{ex} die Austauschenergie [Göp 80].

Weise modifiziert, wie dies für Gitterschwingungen bereits formal in Abb. 4.1.1 angedeutet wurde.

Selbst bei $T = 0$ K kann eine Ortsabhängigkeit der Magnetisierung vorliegen, wenn die Spins $S_{i,j}$ nahe der Oberfläche von Volumenwerten abweichen („surface effect"). Verschwindende oder besonders große $S_{i,j}$ in der ersten Schicht bewirken magnetisch „tote" und „lebendige" Lagen. Bei höheren Temperaturen bricht die Magnetisierung nahe der Oberfläche aufgrund der reduzierten Zahl nächster Nachbarn eher zusammen als im Volumen. Der Effekt ist besonders ausgeprägt in der Nähe des Curie-Punktes T_c und wird formal über kritische Exponenten beschrieben. Näheres dazu auch im Zusammenhang mit zweidimensionalen Phasenübergängen von Adsorbatsystemen wird z.B. von [Sin 80X] oder [Whi 79X] beschrieben.

Beim Auftreten magnetischer Anisotropien, d.h. bei anisotroper Heisenberg-Austauschkopplung, treten Orientierungseffekte auf. Diese lassen sich im Volumen über Energiedichten $K_{(v)}$ beschreiben, die von der Orientierung des Magnetisierungsvektors J_s relativ zu den Gittervektoren abhängen (siehe z.B. [Kit 88X]). Analog läßt sich eine magnetische Oberflächen-Anisotropie-Energiedichte $\gamma_{(s)}$ einführen (siehe z.B. [Göp 80] und dort angegebene Referenzen).

Durch Wechselwirkung mit Fremdatomen können an der Oberfläche zusätzliche lokalisierte Spins auftreten oder lokalisierte Spins der Oberfläche ausgelöscht werden. Im Bänderbild des Magnetismus kann diese Modifizierung durch Auffüllen bzw. Leeren entsprechender Spin-Teilbänder interpretiert werden.

e)   Gitterdynamik

Analog zur temperaturabhängigen Anregung von Magnonen läßt sich die Gitterdynamik von Festkörperoberflächen über temperaturabhängige Anregung von Phononen beschreiben. Die gestörte Translationssymmetrie führt an der Oberfläche zu veränderten Kraftkonstanten und damit einerseits auch bei $T = 0$ zu veränderten Nullpunktsenergieschwingungen ("surface effect", vgl. Abb. 4.1.1). Auch das thermische Anregungsspektrum der Phononen wird nahe der Oberfläche modifiziert. Dies äußert sich u.a. in größeren Schwingungsamplituden der Oberflächenatome im Vergleich zu den Atomen im Volumen, was formal über niedrigere Oberflächen-Debye-Temperaturen als im Volumen erfaßt werden kann ("size effect").

Bei Adsorption tritt eine Störung der Phononenspektren auf. Wenn die Masse der adsorbierenden Fremdatome klein ist gegenüber der Masse der Festkörperatome, kann diese Störung als lokalisierte Oberflächenschwingung charakterisiert werden. Das andere Extrem nahezu identischer Massen führt zu einer weitreichenden Störung der Phononenspektren nahe der Oberfläche (zur Vertiefung siehe z.B. Kap. 4.7 oder [Lag 75] und dort angegebene Referenzen).

f)   Thermodynamische Eigenschaften

Die Thermodynamik macht Aussagen über statistische Mittelwerte in Systemen und kann daher prinzipiell nicht mit der Ortsauflösung beschrieben werden, wie dies z.B. bei der Diskussion der elektronischen Struktur der Fall war. So bereitet z.B. die Bestimmung der Gibbs-Energie für adsorbierte Teilchen an der Oberfläche oder für freie Teilchen und freie Oberflächen prinzipiell keine Probleme, während die Gibbs-Energie längs der Reaktionskoordinate experimentell nicht und theoretisch nur mit geeigneten Modellannahmen im Rahmen der statistischen Thermodynamik zu erfassen ist. Aus diesem Grund werden die Eigenschaften der freien Oberfläche und deren Änderung durch Ad- oder Absorption i.allg. nur über integrale Oberflächen-Exzeßgrößen erfaßt. Entsprechend Gl. (5.2.6) werden auf diese Weise Oberflächen-Exzeß-Gibbs-Energien G^{exc}, -Enthalpien H^{exc} oder -Entropien S^{exc} eingeführt. Daraus lassen sich dann spezifische Wärmen oder zweidimensionale Zustandsgleichungen herleiten. Der Zusammenhang mit den atomaren Eigenschaften ergibt sich über die statistische Thermodynamik. Darauf wird in Abschn. 5.3.5 näher eingegangen.

5.3 Phänomenologische und statistische Thermodynamik von Festkörper/Gas-Wechselwirkungen

In diesem Abschnitt sollen Wechselwirkungen zwischen Teilchen in der Gasphase und Festkörperoberflächen unter Gleichgewichtsbedingungen thermodynamisch beschrieben werden (für eine ausführliche Darstellung siehe auch [Cer 83], [Spa 85]). Dabei werden zunächst Systeme betrachtet, bei denen eine Adsorptionsphase im Gleichgewicht mit der Gasphase ist. Dieses Gleichgewicht wird im Abschn. 5.3.1 formal über Adsorptionsisothermen beschrieben. In Abschn. 5.3.2 werden thermodynamische Grundbegriffe hergeleitet, die in Abschn. 5.3.3 auf Systeme übertragen werden, bei denen verschiedene Wechselwirkungsmechanismen einer Teilchenart mit der Oberfläche gleichzeitig auftreten. Es folgt in Abschn. 5.3.4 eine formale Beschreibung derjenigen Festkörper/Gas-Systeme, bei denen Teilchen in der Gasphase mit dem Festkörper über Volumenreaktionen eine neue homogene Volumenverbindung bilden. Dabei soll auch auf Gradienten in der Zusammensetzung des Festkörpers nahe der Oberfläche eingegangen werden. In Abschn. 5.3.5 wird schließlich das Konzept der statistischen Mechanik zur Berechnung von thermodynamischen Funktionen aus den atomaren Eigenschaften des Adsorptionssystems vorgestellt.

5.3.1   Adsorptionsthermen

Wie schon in Abschn. 5.2.3 dargestellt wurde, sind thermodynamische Untersuchungen der Festkörper/Gas-Wechselwirkung möglich, wenn das System reversibel auf Änderungen von Druck und Temperatur reagiert. Abb. 5.2.6 deutete dabei an, daß unter diesen Bedingungen der Bedeckungsgrad Θ eine eindeutige Funktion von p und T ist. Die Bedeckung Θ kann z.B. bei fester Temperatur durch Änderung des Partialdrucks über Bewegung des Stempels variiert werden und man erhält die Adsorptionsisotherme $\Theta = f(p)_{T=\text{const}}$.

Im einfachsten Fall ist Θ proportional zum Druck (vgl. Abb. 5.3.1a). Diese Abhängigkeit wird als Henry-Isotherme bezeichnet und häufig bei sehr niedrigen Bedeckungsgraden gefunden. Die Henry-Isotherme geht aus der sogenannten Langmuir-Isotherme für den Grenzfall $\Theta \to 0$ hervor. Letztere ist dadurch gekennzeichnet, daß eine Maximalbedeckung Θ_{max} auch bei hohen Drücken nicht überschritten wird

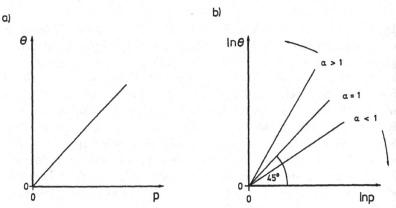

Abb. 5.3.1
Adsorptionsisothermen zur Erläuterung von Tab. 5.3.1
a) Henry-Isotherme
b) Freundlich-Isotherme
c) Langmuir-Isotherme
d) BET-Isotherme für Kondensation auf der 1. Monolage (gestrichelt). Ebenfalls gezeigt ist der Fall für Kondensation nach Doppelschichtadsorption (strichpunktiert). p_0 ist der Sättigungsdampfdruck für die Kondensation auf der 1. Monolage.
e) Fowler-Isotherme
f) Hill-de-Boer-Isotherme

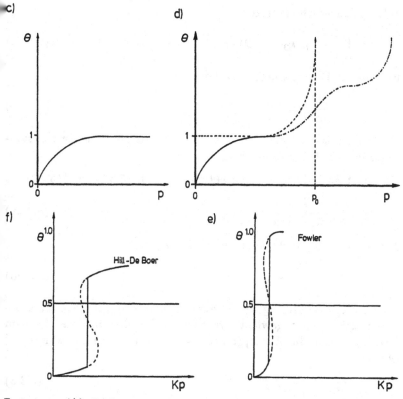

Fortsetzung Abb. 5.3.1

(siehe Abb. 5.3.1c). Θ_{max} entspricht beispielsweise einer geschlossenen Adsorptions-Schicht. Die Langmuir-Isotherme läßt sich kinetisch
unter der Annahme herleiten, daß Adsorptions- und Desorptionsgeschwindigkeit im thermodynamischen Gleichgewicht identisch sein
müssen, so daß sich dynamisch eine bestimmte Bedeckung bei gegebenem Druck und einer bestimmten Temperatur einstellt. Dabei
wird die Adsorptionsgeschwindigkeit proportional zum Druck und
zur Zahl freier Oberflächenplätze und die Desorptionsgeschwindigkeit
proportional zum Bedeckungsgrad angesetzt. Dieser Bedeckungsgrad
kann maximal den Wert Θ_{max} erreichen. Hier wird $\Theta_{max} = 1$ gesetzt.
(Bei einer anderen Definition von Θ bezieht man die Zahl adsorbierter Teilchen auf die Zahl der Unterlagenatome.) Man setzt für die

Adsorptionsgeschwindigkeit

$$\left(\frac{\mathrm{d}\Theta}{\mathrm{d}t}\right) = k_3(1 - \Theta) \cdot p \qquad (5.3.1a)$$

und für die Desorptionsgeschwindigkeit

$$-\left(\frac{\mathrm{d}\Theta}{\mathrm{d}t}\right) = k_3'\Theta \qquad (5.3.1b)$$

an. Der Index 3 ist eine Laufzahl, die die unterschiedlichen Konstanten k in Tab. 5.3.1 unterscheidet.

Gleichsetzen und Auflösen nach Θ ergibt aus Gl. (5.3.1a) und (5.3.1b)

$$\Theta = \frac{k_3 p}{k_3' + k_3 p}. \qquad (5.3.2a)$$

Mit der Gleichgewichtskonstanten $K = k_3/k_3'$ gilt:

$$\Theta = \frac{Kp}{1 + Kp} \qquad (5.3.2b)$$

Eine andere Herleitung der Langmuir-Isotherme geht vom thermodynamischen Gleichgewicht zwischen den Teilchen im Gas X_2^{g} beim Druck p und in der Adsorptionsphase X_2^{ad} mit dem Bedeckungsgrad Θ aus:

$$X_2^{\mathrm{g}} + \square^{\mathrm{s}} \rightleftharpoons X_2^{\mathrm{ad}} \qquad (5.3.3)$$

$\square^{\mathrm{s}}$ kennzeichnet dabei einen freien Oberflächenplatz des „Bedeckungsgrades" $(1-\Theta)$. Die Gleichgewichtskonstante K dieser Reaktion ergibt sich zu

$$K = \frac{\Theta}{p(1 - \Theta)}. \qquad (5.3.2c)$$

Auflösen nach Θ ergibt ebenfalls Gl. (5.3.2b).

Eine dritte Herleitung ist über die statistische Thermodynamik möglich und wird in Abschn. 5.3.5 kurz skizziert.
Voraussetzung für diese Herleitungen ist eine gegen die Bindungsenergie vernachlässigbare Wechselwirkung zwischen den adsorbierten Teilchen und eine bedeckungsunabhängige Bindungsenergie der Teilchen.

Tab. 5.3.1
Klassifizierung von Adsorptions-Isothermen (Zur Vertiefung siehe z.B. [Ros 75X], [Hay 64X], [Cer 83])

1. Henry-Isotherme	$\Theta = k_1 \cdot p$	ideales 2D-Gas, frei beweglich (beschreibbar über 2D-Idealgasgleichung, Gl. (5.3.19))
2. Freundlich	$\Theta = k_2 \cdot p^{\alpha}; \quad \alpha \neq 1$	
3. Langmuir	$\Theta = \dfrac{k_3 \cdot p}{k_3 \cdot p + k_3'}$	Lokalisierte Adsorption einer Monolage, keinerlei Wechselwirkung der Teilchen als starre Kugeln untereinander
4. Langmuir bei Dissoziation	$\Theta = \dfrac{k_4 \cdot \sqrt{p}}{k_4 \cdot \sqrt{p} + k_4'}$	Lokalisierte Adsorption wie bei 3., Dissoziation der Teilchen A_2 bei Adsorption als A_{chem}
5. Brunauer-Emmett-Teller (BET)	$\Theta = \dfrac{k_5 \cdot p}{(p_0 - p)\left[1 + \dfrac{p}{p_0} \cdot (k_5' - 1)\right]}$	Mehrschichtadsorption, Kondensation bei $p = p_0$ (beschreibbar über 2D-Realgasgleichung, Gl. (5.3.36))
6. Fowler	$K \cdot p = \dfrac{\Theta}{1 - \Theta} \exp(-k_6 \cdot \Theta)$	Lokalisierte Adsorption einer Monolage mit Wechselwirkung der Teilchen untereinander
7. Hill-de-Boer	$K \cdot p = \dfrac{\Theta}{1 - \Theta} \exp\left(\dfrac{\Theta}{1 - \Theta} - k_7 \cdot \Theta\right)$	Mobiles 2D-Gas, Molekülgröße und Wechselwirkung werden berücksichtigt

Physikalische Ursache für das Auftreten bestimmter Isothermen sind der Platzbedarf adsorbierter Teilchen und deren (u.U. bedeckungsabhängige) Bewegungen sowie Wechselwirkungskräfte zwischen den adsorbierten Teilchen untereinander und mit der Unterlage. Den Zusammenhang zwischen Adsorptionsisothermen und diesen atomaren Bewegungen und Kräften liefert die statistische Mechanik. Dabei sind Modellannahmen nötig, auf die z.T. in Abschn. 5.3.5 eingegangen wird. So läßt sich die Henry-Isotherme unter der Annahme herleiten, daß die Teilchen in der adsorbierten Phase ein zweidimensionales Gas bilden. Wenn in diesem zweidimensionalen Gas van-der-Waals-Wechselwirkungen zwischen den adsorbierten Teilchen auftreten, ergibt sich die Hill-de-Boer-Isotherme (vgl. Abb. 5.3.1f).

Wenn bei Dissoziation pro adsorbiertem Teilchen aus der Gasphase zwei Adsorbatteilchen entstehen, tritt in Gl. (5.3.2) $\sqrt{p}$ anstelle von p auf (vgl. 4. in Tab. 5.3.1).

Häufig findet man einen Verlauf des Bedeckungsgrades als Funktion des Drucks, der bei konstanter Temperatur weder über eine Henry- noch über eine Langmuir-Isotherme beschrieben werden kann. Es in diesem Fall üblich, die experimentell gefundenen Kurven über eine der in Tab. 5.3.1 aufgezählten gängigen Adsorptionsisothermen zu beschreiben, wobei die dort für den jeweiligen Isothermentypen charakteristischen Parameter k_i und α so angepaßt wurden, daß eine möglichst optimale Beschreibung der experimentell gefundenen Kurve möglich ist (vgl. Abb. 5.3.1b).

Auch Mehrschichtenadsorption läßt sich formal mathematisch geschlossen beschreiben. Als ein Beispiel beschreibt die BET-Isotherme (Abb. 5.3.1d) eine Kondensation von weiteren Gasschichten auf der ersten Adsorptionsschicht. p_0 in Gl. (5) der Tab. 5.3.1 beschreibt dabei den Sättigungsdampfdruck des Gases. Strichpunktiert ist in Abb. 5.3.1d der Verlauf einer anderen Isotherme dargestellt, bei der die Kondensation erst auftritt, nachdem zwei Schichten adsorbiert wurden. Nähere Einzelheiten zu den Isothermen findet man unter den angegebenen Zitaten.

Alle experimentellen Ergebnisse können formal auch über Adsorptionsisobaren $\Theta = f(T)_{p=const}$ erfaßt werden.

5.3.2   Thermodynamische Grundbegriffe

In der Thermodynamik werden verschiedene Funktionen eingeführt, um Gleichgewichtszustände beliebiger Systeme beschreiben zu können. Abb. 5.3.2 zeigt den Zusammenhang der Funktionen untereinander über das Produkt aus Temperatur T und Entropie S bzw. über die intensiven mechanischen (elektrischen, magnetischen, ...) Variablen x (so z.B. p, φ, μ), die auch als generalisierte Kräfte bezeichnet werden, sowie die dazugehörigen extensiven Variablen Y (so z.B. V, A, n), die auch als generalisierte Koordinaten bezeichnet werden. Diese Parameter sollen im folgenden beschrieben und zur Charakterisierung von Adsorptionssystemen herangezogen werden. In der Chemie werden dabei häufig alle Größen auf 1 mol Teilchen bezogen, während es in der Physik üblich ist, auf ein Teilchen bezogene Größen zu verwenden. Wir werden diese Größen nur da unterscheiden, wo es zu Mißverständnissen kommen kann, und kennzeichnen dort molare Größen mit dem Index „m".

Analog zum dreidimensionalen Druck einer Komponente in der Gasphase

$$p = - \left(\frac{\partial A}{\partial V} \right)_{T,n} \qquad (5.3.4)$$

mit n als Molzahl und A als freier (Helmholtz-) Energie wird für Adsorptionssysteme über die Oberflächenexzeßgröße A^{exc} (vgl. Abschn. 5.2.4 und Gl. (5.3.8)) ein zweidimensionaler Druck φ

$$\varphi = - \left(\frac{\partial A^{\text{exc}}}{\partial A_\square} \right)_{T,n_{(s)}^{\text{ad}}} \qquad (5.3.5)$$

als Spreitungsdruck („spreading pressure") eingeführt, der mit der Fläche $A_\square$ multipliziert eine Energie ergibt. Dabei ist $n_{(s)}^{\text{ad}}$ die Molzahl adsorbierter Teilchen pro Flächeneinheit (siehe z.B. [Cla 70X], [Eve 50], [Whi 71]).

Unter experimentellen Bedingungen werden oft bei konstanter Molzahl n und Oberfläche $A_\square$ zwei der Variablen S, V, p oder T festgehalten. Gleichgewichte sind charakterisiert durch Minimalwerte derjenigen thermodynamischen Funktion, in die diese Variablen unabhängig eingehen, so z.B. S und V (für U) oder T und p (für G) (vgl. Abb. 5.3.2).

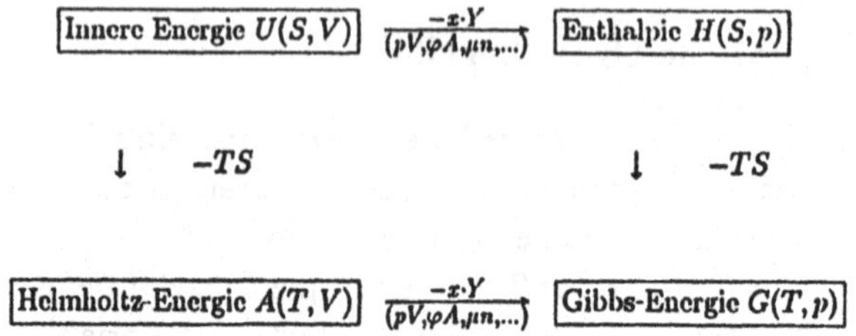

Innere Energie $U(S,V)$	$\xrightarrow[(pV,\varphi A,\mu n,...)]{-x\cdot Y}$	Enthalpie $H(S,p)$

$\downarrow$ $-TS$ $\downarrow$ $-TS$

Helmholtz-Energie $A(T,V)$	$\xrightarrow[(pV,\varphi A,\mu n,...)]{-x\cdot Y}$	Gibbs-Energie $G(T,p)$

Abb. 5.3.2
Zusammenhang zwischen den thermodynamischen Funktionen U, A, H und G über $T \cdot S$ (T = Temperatur, S = Entropie) bzw. $x \cdot Y$. Unabhängige Variable in Systemen mit konstanter Teilchenzahl sind hinter den thermodynamischen Funktionen in Klammern angegeben (vgl. z.B. [Kor 72X]).

In der gewöhnlichen dreidimensionalen Thermodynamik ist das totale Differential der freien (Helmholtz-) Energie gegeben als

$$dA = -SdT - pdV + \sum \mu_i dn_i \qquad (5.3.6)$$

mit μ_i als chemische Potentiale der verschiedenen Komponenten und n_i als entsprechende Molzahlen.

Wir betrachten im folgenden ein nichtflüchtiges Substrat (a) mit einer flüchtigen Komponente (b), deren Adsorptionsschicht im Gleichgewicht mit der Gasphase ist und die sich im Volumen von (a) nicht löst. Dann gilt für den Oberflächenexzeß adsorbierter Mole $n^{exc} = n^{tot} - n^b - n^g = n^{ad}$ (vgl. Abschn. 5.2.4) und für den Festkörper mit Adsorbat

$$dA = -SdT - pdV + \mu_a dn_a + \mu_b^{ad} dn_b^{ad}. \qquad (5.3.7)$$

Phasen werden hier wie schon zuvor durch obere Indizes, Komponenten durch untere Indizes gekennzeichnet. Da wir nur eine gasförmige Komponente betrachten wollen, setzen wir zur Vereinfachung $\mu_b^{ad} = \mu^{ad}$. Der letzte Term entfällt in Abwesenheit der zu adsorbierenden Komponente.

Entsprechend Abschn. 5.2.4 werden nun Oberflächenexzeßwerte A^{exc}, S^{exc} und V^{exc} der entsprechenden thermodynamischen Größen definiert. Für den Oberflächenexzeß der freien Energie gilt z.B.

$$A^{exc} = A^{tot} - A_0 = A^{tot} - A^b - A^g \qquad (5.3.8)$$

mit A^{tot} als freier Energie nach Adsorption und A_0 als entsprechender Funktion vor Adsorption. Damit ergibt sich aus den Gl. (5.3.6) bis (5.3.8)

$$dA^{\text{exc}} = -S^{\text{exc}}dT - pdV^{\text{exc}} - (\mu_{\text{a},0} - \mu_{\text{a}})\,dn_{\text{a}} + \mu^{\text{ad}}dn^{\text{ad}}. \qquad (5.3.9)$$

Setzt man Gl. (5.3.9) in Gl. (5.3.5) ein, so erhält man

$$\varphi = -\left(\frac{\partial A^{\text{exc}}}{\partial A_\square}\right)_{T,V^{\text{exc}},n^{\text{ad}}} = (\mu_{\text{a},0} - \mu_{\text{a}})\,\frac{dn_{\text{a}}}{dA_\square} \qquad (5.3.10)$$

und damit

$$dA^{\text{exc}} = -S^{\text{exc}}dT - pdV^{\text{exc}} - \varphi dA_\square + \mu^{\text{ad}}dn^{\text{ad}}. \qquad (5.3.11)$$

Der Term pdV bezieht sich auf das adsorbierende Gas eines inerten Festkörpers ($p_\text{s} = 0$). Der Wert $V^{\text{exc}} = 0$ wird durch geeignete Wahl der Grenzflächenposition ($z = 0$ in Abb. 5.2.11) eingestellt (s. z.B. auch [Whi 79]), konstantes n^{ad} in Gl. (5.3.10) entspricht konstantem $n^{\text{ad}}_{(\text{s})}$ aus Gl. (5.3.5).

Der so eingeführte Spreitungsdruck φ ist formal eine negative Exzeßgröße, die über die Differenz der Grenzflächenenergiedichten γ (oder Grenzflächenspannungen, vgl. [Ben 67], [Whi 71])

$$\gamma = -\left(\frac{\partial A}{\partial A_\square}\right)_{T,n^{\text{ad}}_{(\text{s})}} \qquad (5.3.12)$$

vor und nach der Adsorption eingeführt wird. Es gilt:

$$\varphi = \gamma_0 - \gamma \qquad (5.3.13)$$

Im Gleichgewicht müssen die chemischen Potentiale μ der flüchtigen Komponente in der Gasphase und im adsorbierten Zustand gleich sein. Das chemische Potential ist am anschaulichsten als molare Gibbs-Energie G bei konstantem T und p aufzufassen und charakterisiert die Fähigkeit des Systems, unter diesen Bedingungen reversibel nutzbare Arbeit zu leisten, wenn man entweder einer großen Menge der Phase (Gas bzw. Adsorptionsschicht) ein Mol Teilchen hinzufügt, ohne daß sich Druck bzw. Bedeckung ändern, oder wenn man eine infinitesimale Menge zugibt und auf 1 Mol umrechnet.

Von erheblichem Vorteil für die Ermittlung chemischer Potentiale in Adsorptionsphasen ist, daß das chemische Potential der Gasphase sehr einfach über

$$\mu^g(T,p) = \left(\frac{\partial G^g}{\partial n^g}\right)_{p,T} = \mu_0^g(T) + RT \ln\left(f^g \cdot \frac{p}{p_0}\right) = \mu^g(T,V)$$

$$= \left(\frac{\partial A^g}{\partial n^g}\right)_{V,T} = \mu_0^g(T) + RT \ln a^g \tag{5.3.14}$$

bei bekanntem chemischem Standard-Potential μ_0^g (Wert von μ beim Standard-Druck p_0) berechnet werden kann. Dabei ist $R = k \cdot N_L$ die Gaskonstante und f^g der i.allg. druckabhängige Fugazitätskoeffizient. Bei Idealgasen ist $f^g = 1$. Dies ist unter UHV-Bedingungen immer der Fall. Bei Realgasen wird $f^g(p)$ aus den p, V, T-Daten über Abweichungen des Ausdrucks für die reversible Volumenarbeit $\int p dV$ von dem eines Idealgases berechnet. Die Größe $f^g p/p_0$ wird als Aktivität a^g bezeichnet (siehe z.B. [Kor 72X]).

Der Wert des chemischen Potentials unter Standardbedingungen (unterer Index 0)

$$\mu_0^g(T) = H_0^g(T) - TS_0^g(T) = G_0^g(T) \tag{5.3.15}$$

kann aus den i.allg. für $T_0 = 289$ K und $p_0 = 10^5$ Pa tabellierten Werten der molaren Enthalpie H_0 und Entropie S_0 des Gases ermittelt werden (siehe Tabellenwerke wie [Lan XXX], [Bar 73X], [Wag 68X], [Wea 86X]). Die Berechnung von $\mu^g(T)$ für beliebige Temperaturen erfolgt unter Berücksichtigung der i.allg. ebenfalls tabellierten Werte der molaren spezifischen Wärme C_p^g mit Gl. (5.3.15), wobei temperaturabhängige Werte von H^g bzs. S^g berechnet werden über

$$H^g(T) = H_0^g(T_0) + \int_{T_0}^{T} C_p^g dT \tag{5.3.16}$$

und $\quad S^g(T) = S_0^g(T_0) + \int_{T_0}^{T} \frac{C_p^g}{T} dT. \tag{5.3.17}$

Die Druckabhängigkeit von μ^g ergibt sich aus Gl. (5.3.14).

Die thermodynamischen Größen zur Berechnung des chemischen Potentials in der Gasphase sind einerseits wie oben erwähnt über Tabellenwerke zugänglich, die aus experimentellen Resultaten zusammengestellt wurden. Andererseits können sie auch theoretisch aus den atomaren Eigenschaften der Moleküle berechnet werden, wie dies in Abschn. 5.3.5 gezeigt wird.

Im Gleichgewicht sind chemische Potentiale der flüchtigen Komponente im Gas und in der Adsorptionsphase gleich (zur Definition von μ siehe z.B. [Cla 70X], [Whi 71]). Analog zu Gl. (5.3.14) kann man ansetzen (vgl. [Göp 80]):

$$\mu^{ad}(T,p) = \left(\frac{\partial G^{exc}}{\partial n^{ad}} \right)_{T,p,A} = \mu_0^{ad}(T,p_0) + RT \ln \left(f^{ad} \cdot \frac{\Theta}{\Theta_0} \right)$$

$$= \mu_0^{ad} + RT \ln a^{ad} \qquad (5.3.18)$$

Damit kann bei bekanntem Standardpotential $\mu_0^{ad}(T,p_0)$ in der Adsorptionsphase (bei dem Bedeckungsgrad Θ_0) und bekanntem zweidimensionalem Fugazitätskoeffizienten $f^{ad}(\Theta)$ das chemische Potential μ^{ad} für beliebige Bedeckungen Θ ermittelt werden. Wie in der Gasphase ist dabei die Wahl des Standardzustandes mit μ_0^{ad} bei einer bestimmten Bedeckung Θ_0 und einer bestimmten Temperatur T zunächst willkürlich. Eine zweckmäßige Wahl wird weiter unten diskutiert.

Nach Wahl von Θ_0 folgt bei bekanntem μ^g aus $\mu^{ad} = \mu^g$ der Verlauf $f^{ad}(\Theta)$ für eine Adsorptionsisotherme. Die Größe $a^{ad}(\Theta)$ ist die Aktivität in der Adsorptionsphase.

Experimentell liegen i.allg. Adsorptionsisothermen vor, wie sie in Tab. 5.3.1 vorgestellt wurden. Der einfachste Fall einer Henry-Isotherme ist gekennzeichnet durch $f^{ad} = 1$. Dies kann formal über die Gültigkeit einer zweidimensionalen Idealgasgleichung für die Adsorptionsphase

$$\varphi = N_{(s)}^{ad} \cdot kT \qquad (5.3.19)$$

beschrieben werden. Dabei entspricht φ dem dreidimensionalen Druck p und die Flächendichte $N_{(s)}^{ad}$ der Volumendichte $N_{(v)}^g$ von Teilchen.

Es ist sinnvoll, den Wert Θ_0 beim Druck p_0 in Gl. (5.3.18) in den Bereich niedriger Bedeckungsgrade zu legen, da hier häufig ideales Verhalten der Isothermen (Henry-Verlauf, $f^{ad} = 1$) gefunden wird. Werte $f^{ad} < 1$ charakterisieren Anziehungskräfte, Werte $f^{ad} > 1$ Abstoßungskräfte der adsorbierten Teilchen untereinander. So folgt beispielsweise $f^{ad} = \infty$ für den Zustand maximaler Bedeckung bei $\Theta = \Theta_{max}$ in der Langmuir-Isothermen (Gl. (5.3.2)). Der Vorteil in der Beschreibung von bedeckungsunabhängigen Fugazitäten $f^{ad} = f(\Theta)$ liegt darin, daß über die freien Plätze (vgl. Gl. (5.3.3)) und das Eigenvolumen der adsorbierten Teilchen keine Aussagen gemacht werden müssen.

Der Zusammenhang zwischen zweidimensionaler Zustandsgleichung und experimentell ermittelter Adsorptionsisotherme ergibt sich allgemein aus der Änderung der Grenzflächenspannung γ. Adsorption führt immer zu einer Erniedrigung von γ. Die Änderung kann aus der Adsorptionsisothermen bei bekannter Flächendichte $N^{ad}_{(s)}(p)$ adsorbierter Teilchen mit der sogenannten Gibbschen Adsorptionsisothermen

$$d\gamma = -N^{ad}_{(s)} \cdot \frac{1}{N_L} d\mu = -n^{ad}_{(s)} d\mu = -n^{ad} \cdot \frac{1}{A_\Box} d\mu \qquad (5.3.20)$$

berechnet werden. Vereinfachend können wir annehmen, daß sich das Gas unter den verwendeten experimentellen Bedingungen wie ein Idealgas verhält, für das das chemische Potential bekannt ist (Gl. (5.3.14) mit $f^g = 1$). Wegen $\mu^g = \mu^{ad}$ ergibt sich nach Integration von Gl. (5.3.20) bei konstanter Temperatur

$$\varphi = \gamma_0 - \gamma = kT \int\limits_0^p N^{ad}_{(s)} d\ln p. \qquad (5.3.21)$$

Die Werte γ_0 der freien Oberfläche sind über theoretische Rechnungen oder experimentelle Untersuchungen zugänglich [Bla 73X], [Ben 67], [Pri 76]. Die Erniedrigung von γ_0 durch Adsorption an Festkörperoberflächen spielt insbesondere bei der Korrosion eine große praktische Rolle.

Abweichungen vom Idealgasverhalten werden im Dreidimensionalen über Virialkoeffizienten oder die van-der-Waals-Gleichung beschrieben (siehe z.B. [Kor 72X]). Analog lassen sich zweidimensionale Realgasgleichungen formulieren, die mit experimentell beobachteten Adsorptionsisothermen über Gl. (5.3.21) zusammenhängen (siehe z.B. [Ros 75X]). Insbesondere lassen sich auch Phasenübergänge wie die zweidimensionale Kondensation über eine der van-der-Waals-Gleichung analoge zweidimensionale Realgasgleichung beschreiben (vgl. Tab. 5.3.1).

Neben der thermischen Zustandsgleichung folgen aus den Adsorptionsisothermen auch kalorische Daten. Die bei weitem wichtigste kalorische Größe ist die Adsorptionswärme. Diese läßt sich mit der Clausius-Clapeyronschen Gleichung aus den Änderungen der Entropie S und Enthalpie H pro Mol adsorbierter Teilchen zwischen Gas und Adsorptionsphase berechnen über

$$\left(\frac{\partial \ln(p/p_0)}{\partial T}\right)_\Theta = \frac{S^g - S^{exc}}{RT} = \frac{H^g - H^{exc}}{RT^2} = \frac{Q_{ads}}{RT^2} \quad (5.3.22a)$$

oder

$$\left(\frac{\partial \ln(p/p_0)}{\partial (1/T)}\right)_\Theta = -\frac{Q_{ads}}{R}. \quad (5.3.22b)$$

Dabei ist p_0 der Einheitsdruck, Q_{ads} wird als molare isostere Adsorptionswärme bezeichnet und beschreibt die molare Enthalpiedifferenz bei einer bestimmten Bedeckung. Anschaulich ist dies die bei der Adsorption freiwerdende Wärme, die über die Adsorptionsisothermen ermittelt werden kann, ohne daß kalorische Experimente erforderlich sind. Dies ist insbesondere dann von Vorteil, wenn die Wärmetönung des Gesamtsystems relativ klein ist. So ist es z.B. schwierig, die freiwerdende Adsorptionswärme bei der Wechselwirkung von Gasen mit relativ großen Einkristallen experimentell zu erfassen. Wegen der i.allg. bedeckungsabhängigen Wechselwirkungen der adsorbierten Teilchen ist Q_{ads} auch bedeckungsabhängig. Da die Enthalpie in der Gasphase H^g i.allg. bekannt ist, folgt aus Gl. (5.3.22) die Exzeß-Enthalpie H^{exc} der Adsorptionsschicht sowie über die allgemeine Definition der molaren spezifischen Wärme

$$C_p = \left(\frac{\partial H}{\partial T}\right)_p \quad (5.3.23)$$

aus H^{exc} die entsprechende Exzeß-Größe $C_p^{exc}(\Theta)$ als spezifische Wärme der Adsorptionsschicht.

Isostere Wärmen beliebiger Festkörper/Gas-Systeme sind generell bei niedrigen Bedeckungsgraden und an nicht-idealen Oberflächen mit einer großen Zahl von Ecken-und Kantenatomen, Versetzungen etc. höher als bei großen Bedeckungsgraden bzw. idealen Einkristall-Oberflächen. Dies liegt an entsprechend stärkeren Bindungen zwischen adsorbierten Teilchen und der Unterlage. Zweidimensionale Phasenübergänge erkennt man aus dem Verlauf von Q_{ads} vs Θ, wie dies im folgenden Beispiel der Adsorption von Xe auf Ag(111) gezeigt wird.

Experimentell können isostere Wärmen aus der Steigung m einer $\log p/p_0$ gegen $1/T$ Auftragung der Adsorptionsisothermen bestimmt werden. Aus Gl. (5.3.22) folgt $m\,[\mathrm{K}] = -Q_{\mathrm{ads}} \cdot 2,303/R$. Abb. 5.3.3 zeigt ein Beispiel, wobei hier $p_0 = 1$ Pa gesetzt wurde. Über Änderungen in den LEED-Reflexintensitäten können an Ag(111)-Oberflächen charakteristische Bedeckungsgrade Θ adsorbierter Xe-Atome als Funktion von p und T bestimmt werden. Auf diese Weise können in der Adsorptionsschicht Phasenumwandlungen beobachtet werden zwischen einem zweidimensionalen Xe-Gas, einem zweidimensionalen Xe-Festkörper, einer Doppelschicht adsorbierter Teilchen bis hin zur Kondensation von festem Xe. In erster Näherung erfolgt die Phasenumwandlung bei einem definierten Bedeckungsgrad Θ, der durch p und T längs der ausgezogenen Linien in Abb. 5.3.3 eingestellt werden kann. Aus den Steigungen ergeben sich die Werte $Q_{\mathrm{ads}}(\Theta = 1) = 21,72$ kJ mol^{-1} und $Q_{\mathrm{ads}}(\Theta = 2) = 16,70$ kJ mol^{-1} im Vergleich

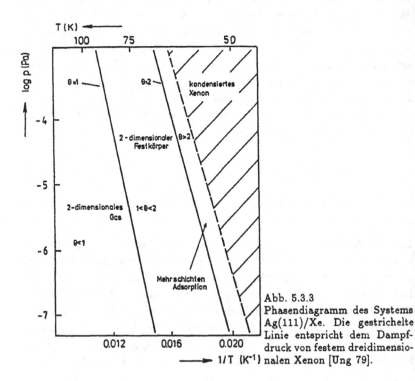

Abb. 5.3.3
Phasendiagramm des Systems Ag(111)/Xe. Die gestrichelte Linie entspricht dem Dampfdruck von festem dreidimensionalen Xenon [Ung 79].

zur Sublimationswärme von festem Xe mit 15,54 kJ mol^{-1} für die gestrichelte Linie. Dies entspricht Werten von 0,225 bis 0,161 eV pro Xe-Atom.

5.3.3   Thermodynamik allgemeiner Adsorptionssysteme

In Abschn. 5.2.2 wurde schon darauf hingewiesen, daß eine Teilchenart verschiedene Wechselwirkungsmechanismen mit der Festkörperoberfläche zeigen kann. Im allgemeinen Fall läßt sich dabei zwischen Physisorption, Chemisorption und Volumenreaktionen unterscheiden [Göp 80]. Voraussetzung einer einfachen thermodynamischen Beschreibung unter Einbeziehung der Volumenreaktionen ist, daß sich die Struktur des Festkörpers nicht wesentlich ändert, d.h. die Dichte der wechselwirkenden Teilchen im Festkörpervolumen klein ist. Das andere Extrem einer Volumenreaktion unter Ausbildung einer neuen chemischen Verbindung wird in Abschn. 5.3.4 vorgestellt.

Abb. 5.3.4 zeigt charakteristische Verläufe der potentiellen Energie E^i von wechselwirkenden Teilchen. Unter der Annahme, daß Entropieeffekte keine signifikanten Änderungen zwischen dem Verlauf von E^i und dem entsprechenden von G^i bewirken (niedrige Temperaturen), charakterisiert der Fall a ein System, bei dem Teilchen aus dem Volumen oder Gas in die Adsorptionsphase eintreten. Im Fall b erfolgt Volumenreaktion, wobei Teilchen aus der Gasphase über zwei Adsorptionsphasen als Zwischenstufen reagieren. Adsorptionsplätze an realen Oberflächen, wie sie z.B. Ecken- oder Kantenatome der Unterlage anbieten können, lassen sich formal über entsprechende Potentiale berücksichtigen, die dann auch parallel zur Oberfläche variieren.

Im Gleichgewicht führt die Bedingung gleicher chemischer Potentiale in den verschiedenen Zuständen zu charakteristischen Bedeckungsgraden bzw. Flächen- oder Volumendichten wechselwirkender Teilchen (vgl. Abb. 5.2.10). Der relative Anteil auf den verschiedenen Plätzen ist i.allg. stark temperatur- und partialdruckabhängig. So findet man z.B. bei konstantem Partialdruck in der Gasphase bei tiefen Temperaturen Adsorption, bei höheren Temperaturen als Folge der höheren Entropie der Teilchen in der Gasphase Desorption.

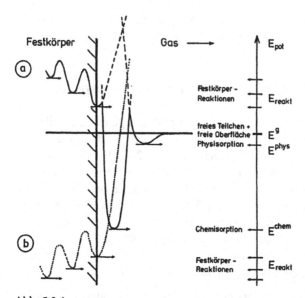

Abb. 5.3.4
Schematische Darstellung charakteristischer Festkörper/Gas-Wechselwirkungen über den Verlauf der potentiellen Energie als Funktion des Abstandes z von der Oberfläche [Göp 80]

Die Festkörper/Gas-Wechselwirkung kann mit unterschiedlicher Ortsauflösung betrachtet werden (vgl. dazu Abschn. 5.2.4). Falls im Adsorptionsexperiment die verschiedenen möglichen Wechselwirkungsmechanismen nicht voneinander separiert werden können, ergeben sich formale Adsorptionsisothermen mit unterschiedlichen relativen Anteilen der verschiedenen Wechselwirkungen in den verschiedenen Adsorptionszuständen, bei denen die Bedeckungsgrade oder Flächendichten nur als integrierte effektive Exzeßgrößen zugänglich sind. Diese sind nicht mit einfachen zweidimensionalen Zustandsgleichungen beschreibbar.

Für eine Reihe von Festkörper/Gas-Systemen ist es sinnvoll, zwischen Teilchen in der Gasphase, in der Adsorptionsphase und im Volumen eines Festkörperwirtsgitters zu unterscheiden. Dabei wird die Exzeßmenge adsorbierter Teilchen als eine Größe behandelt und durch Adsorptionsisothermen sowie isostere Wärmen Q_{ads} entsprechend Gl. (5.3.22) charakterisiert. Falls sich die Teilchen im Volumen homogen lösen und die Volumenkonzentration über die Adsorptions- bzw. Gasphase eingestellt werden kann, läßt sich in Analogie zur isosteren Adsorptionswärme eine molare Segregationswärme Q_{seg} über die Oberflächen-Exzeßgrößen (oberer Index exc) und entsprechende Werte im Volumen (oberer Index sol) mit

$$\left(\frac{\partial \ln x_2}{\partial T}\right)_\Theta = \frac{S^{sol} - S^{exc}}{RT} = \frac{H^{sol} - H^{exc}}{RT^2} = \frac{Q_{seg}}{RT^2} \qquad (5.3.24)$$

definieren. Dabei ist x_2 das Verhältnis der Zahl gelöster Teilchen (2) pro Gesamtzahl aller Teilchen im Festkörper (1). Dies ist der Molenbruch gelöster Teilchen. Gl. (5.3.24) gilt für $x_2 \ll 1$, d.h. starke Verdünnung (siehe z.B. [Bla 75]).

Über einen Energie-Kreisprozeß läßt sich zeigen, daß die molare Sublimationswärme Q_{sub} des reinen Stoffes (2) und die partielle molare Exzeßwärme Q_{sol} des Stoffes (2) im Wirtsgitter (1) bei gegebener Temperatur und Lösungskonzentration mit Q_{ads} und Q_{seg} zusammenhängen über

$$Q_{sub} + Q_{ads} = Q_{sol} + Q_{seg}. \qquad (5.3.25)$$

Q_{sub} und Q_{sol} sind unabhängig von der Oberfläche und wurden für eine Reihe von Systemen gemessen (siehe z.B. [Lan XXX], [Nes 63]), so daß aus Kenntnis von entweder Q_{seg} oder Q_{ads} die entsprechende andere Größe über Gl. (5.3.25) bestimmt werden kann. Abb. 5.3.5 zeigt experimentelle Ergebnisse, die am System C/Ni erzielt wurden. Die Experimente wurden bei 1180 K im Gleichgewicht mit festem Graphit durchgeführt [She 74].

Zur allgemeinen Beschreibung von Mehrstufen-Adsorption eines Gases können chemische Potentiale für die einzelnen Wechselwirkungsstufen wie Physisorption, Chemisorption oder Volumenreaktionen eingeführt werden. Diese lassen sich z.B. auch für Adsorption an ausgezeichneten Oberflächenplätzen wie Ecken- oder Kantenatomen definieren. Für beliebige Wechselwirkungsstufen i gilt in Verallgemeinerung von Gl. (5.3.18)

$$\mu^i(T,p) = \mu_0^i + RT \ln\left(f^i \cdot \frac{\Theta^i}{\Theta_0^i}\right) = \mu_0^i + RT \ln a^i. \qquad (5.3.26)$$

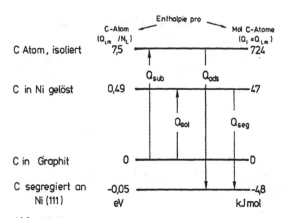

Abb. 5.3.5
Schematische Darstellung verschiedener Enthalpien Q_i im System C/Ni. Nähere
Erläuterungen sind im Text gegeben [She 74].

Bei Volumenreaktionen ist der Wert Θ^i/Θ_0^i durch das Molenbruch-
verhältnis der gelösten Komponente $x_2^i/x_{2,0}^i$ zu ersetzen. Die Bestimmung von μ^i als partielle Ableitung der Gibbs-Energie nach der Molzahl n^i in der jeweiligen Wechselwirkungsstufe bereitet insbesondere
bei dem Versuch, eine größere Zahl von Wechselwirkungsstufen experimentell unterscheiden zu wollen, erhebliche praktische Probleme
und ist die Hauptursache dafür, daß detaillierte Studien dieser Art
noch nicht vorliegen. Da $\mu^i = \mu^g$ für alle „i" gilt, lassen sich aus bekanntem chemischem Potential in der Gasphase die den Adsorptionsplätzen zugeordneten Fugazitäten f^i oder Aktivitäten a^i ermitteln,
wenn die jeweiligen Bedeckungsgrade Θ^i oder auch ortsabhängigen
Molenbrüche x_2^i als Funktion des Partialdrucks experimentell zugänglich sind. Wenn die Werte $f^i(p)$ für unterschiedliche Konzentrationen
Θ^i/Θ_0^i oder $x_2^i/x_{2,0}^i$ in allen Wechselwirkungsstufen bekannt sind, lassen sich auf diese Weise attraktive oder abstoßende Wechselwirkungen
zwischen den verschiedenen Adsorptionsstufen charakterisieren. Aus
der Gleichheit der chemischen Potentiale in allen Adsorptionsstufen
folgt auch die Gleichgewichtskonstante K_a^i zwischen Gasphase und
Wechselwirkungsstufe i

$$K_a^i = \frac{a^i}{a^g} = \exp\left(-\frac{(\mu_0^i - \mu_0^g)}{RT}\right) = \exp\left(-\frac{\Delta G_0^i}{RT}\right). \quad (5.3.27)$$

Aus Gl. (5.3.27) folgt die Langmuir-Adsorptionsisotherme in Gl.
(5.3.2), wenn $f^i(\Theta) = \dfrac{1}{1 - \Theta^i/\Theta^i_{max}}$ gesetzt wird und die relativen
Drücke p/p_0 mit der dimensionslosen Größe K^i_a in Absolutwerte des
Drucks p (vgl. Gl. (5.3.14) für das Idealgas mit $f^g = 1$) mit der di-
mensionsbehafteten Konstante K in Gl. (5.3.2) umgerechnet werden.
Auf den Zusammenhang zwischen der Gleichgewichtskonstanten K^i_a
und dem Ausdruck $\Delta G^i_0 = \Delta H^i_0 - T\Delta S^i_0$ unter Standardbedingungen
($T = T_0$ (üblich: $T_0 = 298$ K), $p = p_0$ (üblich: $p_0 = 1$ bar), $\Theta^i = \Theta^i_0$,
Änderung der freien Enthalpie für ein Mol absorbierter Teilchen bei
diesen Bedingungen) wird in Abschn. 5.4.2 im Zusammenhang mit
der statistischen Behandlung ausführlicher eingegangen.

In analoger Weise können auch Adsorptionsphänomene behandelt
werden, bei denen zwei und mehr flüchtige Komponenten in der
Gasphase im Gleichgewicht mit ihren jeweiligen Adsorptionsstufen
an und im Festkörper stehen (vgl. auch [Rus 78X]). Dabei werden
die chemischen Potentiale der einzelnen Komponenten durch deren
Partialdrücke vorgegeben. Wechselseitige Beeinflussung wird wieder
über entsprechende Fugazitäten erfaßt. Zum allgemeinen Konzept der
Gleichgewichtsthermodynamik ohne Berücksichtigung der Adsorption siehe weiterführende Lehrbücher, so z.B. [Kor 72X], [Hil 60X],
[MCl 73].

Häufig werden Experimente unter Quasi-Gleichgewichtsbedingungen
durchgeführt. Dabei sind zwar thermodynamisch verschiedene Wechselwirkungsmechanismen möglich, die jedoch z.T. deshalb nicht beobachtet werden, weil die entsprechenden Reaktionsgeschwindigkeiten
vernachlässigbar klein sind („kinetische Hemmung"). Dies gilt insbesondere für Adsorptionsexperimente bei kinetisch gehinderten Volumenreaktionen. Ohne diese Hemmungen wären z.B. auch viele metallische Kontakte von Halbleiterbauelementen oder Korrosionsschutz
nicht denkbar.

5.3.4   Volumenreaktionen und Festkörperthermodynamik

Im allgemeinen werden in der Oberflächenphysik die Festkörper bei
Temperaturen um 300 K und darunter studiert. Die entsprechenden
Experimente sind einfach beschreibbar, wenn die Festkörper unter

diesen Bedingungen inert sind, d.h. ihre Volumenzusammensetzung sich im Verlauf des Experiments nicht ändert. Bei hohen Temperaturen müssen jedoch Bildung und Zersetzung des u.U. aus verschiedenen Atomen bestehenden Wirtsgitters im Gleichgewicht mit der Gasphase berücksichtigt werden. Durch Zugabe zusätzlicher Komponenten in der Gasphase kann es zur Ausbildung neuer Festkörperverbindungen kommen (siehe z.B. [Sch 71X], [Sch 75X]).

Im vorigen Abschnitt wurde angenommen, daß sich die Volumenstruktur des Festkörpers bei Wechselwirkungen mit Gasen nicht wesentlich ändert, d.h. der Molenbruch x_2 klein gegen 1 ist. Das andere Extrem soll jetzt diskutiert werden. Wir betrachten dazu Reaktionen, die unter Verbindungsbildung zu neuen homogenen Festkörpern führen, wobei Grenzflächenphänomene nur eine untergeordnete Rolle spielen. In diesem Fall beschreibt die Festkörperthermodynamik die Gleichgewichtszustände des Systems. Wenn K unabhängige Komponenten und P Phasen vorliegen, ist die Zahl der Freiheitsgrade F des Systems durch die Gibbsche Phasenregel gegeben:

$$F = K - P + 2 \tag{5.3.28}$$

Aus dieser Gleichung folgt für *Einstoffsysteme* ($K = 1$), daß es nur einen Punkt im p, V, T-Diagramm gibt, an dem die feste, flüssige und gasförmige Phase ($P = 3$) im Gleichgewicht sind ($F = 0$). Bei Übergängen zwischen zwei Phasen ($P = 2$) ist wegen $F = 1$ entweder T oder p frei wählbar. Analog zu den Gl. (5.3.22) und (5.3.24) beschreibt daher die Clausius-Clapeyronsche Gleichung den Phasenübergang zwischen fester (b) bzw. flüssiger (l) und gasförmiger (g) Phase:

$$\left(\frac{\partial \ln p/p_0}{\partial T} \right)_\varphi = \frac{S^{b(l)} - S^g}{RT} = \frac{H^{b(l)} - H^g}{RT^2} = \frac{Q_{\text{sub(verd)}}}{RT^2} \tag{5.3.29}$$

Dabei kennzeichnet φ die Bedingungen für p und T beim Phasenübergang (Sublimation oder Verdampfung). Dampfdruck-Daten sind für eine Reihe von Substanzen z.B. in [Mai 70X] angegeben.

Zweistoffsysteme ($K = 2$) haben einen Freiheitsgrad mehr und können daher in der hier interessierenden festen Phase mit unterschiedlichen relativen Zusammensetzungen der Komponenten auftreten. Entsprechende thermodynamische Daten findet man z.B. in [Han 58X],

[Hul 73X], [Lan XXX]. Im folgenden soll das Beispiel binärer Oxide diskutiert werden, da diese für eine Reihe von Experimenten in der Oberflächenphysik von großer Bedeutung sind.

Die Oxidation eines Elementes A erfolgt vereinfacht nach

$$\nu A + O_2 \overset{K}{\rightleftharpoons} A_\nu O_2 \qquad (5.3.30)$$

mit ν als stöchiometrischem Faktor. Das Gleichgewicht ist gekennzeichnet durch die Gleichgewichtskonstante K bzw. die Änderung der Gibbs-Energie ΔG_R^0 für den einmaligen Formelumsatz unter Standardbedingungen. Für die Standard-Temperatur gilt

$$K = \frac{[A_\nu O_2]}{[A]^\nu [O_2]} = \frac{a^b (A_\nu O_2)}{\{a^b (A)\}^\nu \cdot a^g (O_2)} = \exp\left(-\frac{\Delta G_R^0}{RT}\right). \qquad (5.3.31)$$

Die eckigen Klammern bedeuten dimensionslose Volumenkonzentrationen oder Drücke in Einheiten der Standardkonzentration, über die ΔG_R^0 definiert ist, bei Abweichungen vom idealen Verhalten werden Aktivitäten $a^{b(g)}$ (vgl. Gl. (5.3.14)) in der festen bzw. gasförmigen Phase eingesetzt, wobei die feste Phase als Bezug gewählt wird mit $a = 1$. ΔG_R^0 entspricht der Gibbsenergieänderung bei Umsatz von 1 Mol O_2 unter den Gleichgewichtsbedingungen entsprechend Gl. (5.3.30), liegt für eine Reihe von Substanzen tabelliert vor (siehe z.B. [Eyr 69X]) und ist für einige Oxide bei $T = 1000$ K in Abb. 5.3.6 angegeben. Man erkennt, daß der Sauerstoffpartialdruck in der Gasphase bestimmt, ob bei dieser Temperatur das reine Element (log p_{O_2} klein), das Element mit reinem Oxid nebeneinander (log p_{O_2} für die Waagerechte im 3-Phasengebiet) oder ausschließlich als Oxid (log p_{O_2} groß) vorliegt. Die Werte p_{O_2} sind im Logarithmus dimensionslos als Vielfache des Standarddruckes $p_{O_2,0}$ angegeben. Die Umrechnung von ΔG_R^0 in log p_{O_2} ist im 3-Phasengebiet einfach, da bei Koexistenz der beiden festen Phasen deren Aktivitäten in Gl. (5.3.31) gleich 1 gesetzt werden können.

Im 2-Phasengebiet bestimmt der Sauerstoffpartialdruck die Punktdefektkonzentration im entsprechenden Oxid. In diesem Fall ist die Aktivität des Oxids nicht mehr konstant, und an die Stelle von Gl. (5.3.31) treten Reaktionsgleichungen der Bildung von Defekten. Darauf wird in Abschn. 5.6.6 detaillierter eingegangen (siehe z.B. auch [Kof 73X], [Krö 64X], [Sch 75X]). Thermodynamisch von Bedeutung sind i.allg.

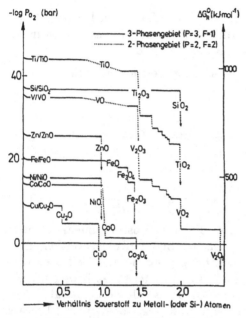

Abb. 5.3.6
Thermodynamisch über den Sauerstoffdruck p_{O_2} kontrollierte Bildung von binären Metalloxiden bei 1000 K. Zum Vergleich ist auch das System Si/SiO$_2$ gezeigt. 3-Phasengebiete (festes Metall und Oxid, im Gleichgewicht mit der Gasphase) sind durch ausgezogene horizontale Linien gekennzeichnet. Im gestrichelten 2-Phasengebiet (festes Metalloxid und Gasphase) ändern sich die verschiedenen Punktdefektkonzentrationen im Oxid mit p_{O_2}. Die Folge ist i.allg. ein komplizierter Verlauf mit endlicher Steigung in diesem Bereich des Diagramms [Eyr 69X].

nur nulldimensionale Defekte wie Zwischengitteratome und Fehlstellen in den beiden Untergittern der Komponenten. In Halbleitern wirken diese Punktdefekte i.allg. als Donatoren oder Akzeptoren. Daher können elektronische Volumenleitfähigkeiten durch Änderung der Defektkonzentration längs des 2-Phasengebiets häufig um viele Zehnerpotenzen variiert werden (siehe z.B. [Jar 73X]).

Aus Abb. 5.3.6 wird auch deutlich, daß Untersuchungen an reinen Elementoberflächen bei experimentell bestenfalls realisierbaren Sauerstoffpartialdrücken von $p \gtrsim 10^{-12}$ Pa für eine Reihe von Elementen thermodynamisch nicht definiert sind. Dazu kommt, daß bei tieferen Temperaturen die entsprechenden Oxide schon bei noch niedrigeren Sauerstoffpartialdrücken stabil werden. Aus diesem Grund sind zahlreiche Oberflächen nur unter instationären Bedingungen zu untersuchen. So müssen z.B. Si-Oberflächen, die bei 300 K untersucht werden sollen, entweder hergestellt werden durch Spalten von Einkristallen im UHV oder durch Zersetzen der an der Luft gebildeten Oberflächen-Oxidschicht bei so hohen Temperaturen, daß sich das Gleichgewicht in Gl. (5.3.30) zur entropiebegünstigten linken Seite verschiebt.

Die Diskussion der Stabilität von Oxiden läßt sich verallgemeinern: Thermodynamisch kontrollierte Untersuchungen sind an Festkörpern nicht denkbar, die unter Versuchsbedingungen mit dem immer vorhandenen Restgas stabile Verbindungen eingehen können. Trotzdem werden häufig UHV-Experimente unter Nichgleichgewichtsbedingungen mit großem Erfolg durchgeführt. Dies liegt z.b. daran, daß die Geschwindigkeit von Volumenreaktionen bei niedrigen Temperaturen extrem langsam wird. Häufig sind Rückreaktionen auch kinetisch gehindert, so daß deshalb entsprechende Gleichgewichtsuntersuchungen nicht möglich sind. Ein Beispiel dafür ist die thermische Zersetzung von SiO_2 bei hohen Temperaturen, die zu SiO und O_2 in der Gasphase führt, wobei das SiO durch Reaktionen mit den kalten Wänden der UHV-Kammer abgefangen wird. Der Temperaturunterschied zwischen Probe und Außenwand der Kammer macht vielfach thermodynamisch kontrollierte UHV-Experimente nicht möglich.

Nach Erhitzen von Verbindungen auf höhere Temperatur und Abkühlen muß an der Oberfläche mit entropiebedingten Nichtgleichgewichtszuständen gerechnet werden, die häufig besonders reaktiv wirken. Ein typisches Beispiel sind die bei höheren Temperaturen eingestellten Punktdefekte in binären Oxiden, die bei tieferen Temperaturen unter heftiger Reaktion mit dem O_2 im Restgas ausgeheilt werden können (Abschn. 5.6.6).

Zwei weitere Anwendungsbereiche sollen der Verdeutlichung von Volumenthermodynamik unter Gleichgewichtsbedingungen bei allgemeiner Festkörper/Gas-Wechselwirkung bzw. der Modifikation von

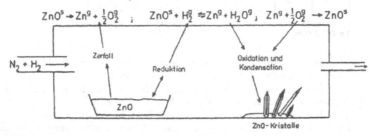

Abb. 5.3.7
Experimentelle Anordnung zur Züchtung von ZnO-Kristallen aus polykristallinem ZnO über Gasphasentransportreaktionen, die schematisch im oberen Teil des Bildes angegeben sind

Festkörpern in oberflächennahen Bereichen unter kinetisch bedingten Nichtgleichgewichtsbedingungen dienen.

Das Züchten von Einkristallen über Gasphasentransportreaktionen ist schematisch am Beispiel der Trägergas($N_2 + H_2$)-Präparation von ZnO-Kristallen aus polykristallinem ZnO in Abb. 5.3.7 gezeigt. Im oberen Teil der Abbildung sind die entsprechenden Gas (Index g)- bzw. Festkörper (s)-Reaktionen angegeben. Die Thermodynamik der dabei involvierten Reaktionen ermöglicht die Ausbildung von ZnO-Kristallen, wenn die Temperatur der links gezeigten polykristallinen ZnO-Pulverausgangssubstanz höher ist als die der rechts gezeigten ZnO-Kristalle.

Festkörperreaktionen in oberflächennahen Bereichen sind von entscheidender Bedeutung für die moderne Mikroelektronik, bei der u.a.

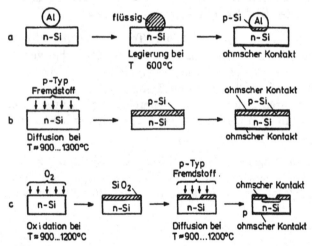

Abb. 5.3.8

Festkörperreaktionen in oberflächennahen Bereichen von einkristallinem Silicium, die in der Siliciumplanartechnologie von Bedeutung sind

a) Ausbilden von ohmschen Kontakten auf Silicium über Legierungsbildung mit Aluminium nach dem Aufdampfen von Aluminium bei höheren Temperaturen

b) Herstellen von p-dotiertem Silicium durch Eindiffusion von p-Typ-Fremdstoffen wie Bor bei höheren Temperaturen mit nachfolgender Aufbringung von ohmschen Kontakten zur Herstellung einer Diode

c) Herstellung von SiO_2-Passivierungsschichten durch Gasphasenreaktion mit O_2 in oberflächennahen Bereichen durch nachfolgende p-Dotierung und Herstellung ohmscher Kontakte für einen Feldeffekttransistor

ohmsche Kontakte, Passivierungsschichten und Schottky-Barrieren auf einkristallinen Siliciumscheiben über Gasphasenreaktionen hergestellt werden müssen. Einige charakteristische Präparationsprozesse sind in Abb. 5.3.8 schematisch gezeigt.

5.3.5 Statistische Mechanik von Adsorptionssystemen

Im Rahmen der bisher behandelten phänomenologischen Thermodynamik werden physikalische Ursachen für das Auftreten bestimmter Adsorptionseigenschaften nicht diskutiert. Der Vorteil dieser formalen Beschreibung liegt in der allgemeine Gültigkeit und Anwendbarkeit. Wie Abb. 5.3.9 zeigt, schlägt die statistische Mechanik mit der Systemzustandssumme

$$Z = \sum g_i \cdot \exp\left(-\frac{E_i}{kT}\right) \tag{5.3.32}$$

eine Brücke zwischen der phänomenologischen Thermodynamik und den atomaren Eigenschaften des Systems, ausgedrückt über die gequantelten Energiezustände E_i und Entartungsfaktoren der Energien g_i. Damit lassen sich *im Prinzip* thermodynamische Daten aus spektroskopischen und theoretischen Untersuchungen herleiten und *auf atomarer Ebene verstehen*. Darin liegt die Bedeutung dieses Kapitels,

Spektroskopie	Statistische Mechanik	Phänomenologische Thermodynamik
Energien E_i und Entartungsfaktoren $g_i \rightarrow$ des Systems	Zustandssumme $Z = \sum g_i e^{-\frac{E_i}{kT}}$	Thermische Zustandsgleichung: $p(V,T)$ Kalorische Zustandsgleichung: $C_p(T)$

Thermodynamische Funktionen und Zustandsgleichungen:

$A = -kT \ln Z$ $\Rightarrow p = -\left(\frac{\partial A}{\partial V}\right)_T$

$H = -kT\left[\left(\frac{\partial \ln Z}{\partial \ln T}\right)_V + \left(\frac{\partial \ln Z}{\partial \ln V}\right)_T\right] \Rightarrow C_p = \left(\frac{\partial H}{\partial T}\right)_p$

$S = k\left[\ln Z + \left(\frac{\partial \ln Z}{\partial \ln T}\right)_V\right]$

$\vdots$

Abb. 5.3.9
Zusammenhang zwischen Spektroskopie, statistischer Mechanik und phänomenologischer Thermodynamik für ein homogenes Einkomponentensystem mit konstanter Teilchenzahl

obwohl quantitative experimentelle Beispiele z.T. wegen des erforderlichen hohen Aufwands an spektroskopischen Untersuchungen dazu kaum vorliegen.

Am einfachsten ist die *Berechnung der Zustandssumme eines Gases.*
a) Den überwiegenden Beitrag zur Zustandssumme Z liefert die Translation. Dazu kommen Beiträge aus inneren Freiheitsgraden des Moleküls. Rotationen und Schwingungen freier Moleküle sind u.a. spektroskopisch über Mikrowellen-, IR- oder Raman-Untersuchungen erfaßbar und tabelliert (siehe z.B. [Her 45X], [Her 50X], [Her 66X], [Lan XXX]). Aus den Spektren lassen sich u.a. Kraftkonstanten der Bindungen und Trägheitsmomente herleiten und auf diese Weise eine Strukturuntersuchung der Moleküle vornehmen. Unabhängig davon liefern auch quantenmechanische Rechnungen die gleichen Informationen (vgl. Abschn. 5.6.3).

In erster Näherung sind die inneren Molekülbewegungen unabhängig voneinander, und die Teilchen zeigen keine Wechselwirkung untereinander. In diesem Fall ist die Gesamtenergie eines Teilchens gleich der Summe der Einzelbeiträge aus den verschiedenen Freiheitsgraden mit

$$\varepsilon_{\text{tot}} = \varepsilon_{\text{trans}} + \varepsilon_{\text{rot}} + \varepsilon_{\text{vib}} + \varepsilon_{\text{el}}, \qquad (5.3.33)$$

und es ergibt sich für die Zustandssumme Z^{g} des Idealgases mit N Teilchen

$$Z^{\text{g}} = z^{\text{N}} \cdot \frac{1}{N!} = (z_{\text{trans}} \cdot z_{\text{rot}} \cdot z_{\text{vib}} \cdot z_{\text{el}})^{\text{N}} \cdot \frac{1}{N!}. \qquad (5.3.34)$$

Die Division durch $N!$ berücksichtigt die Vertauschbarkeit der N identischen Teilchen mit der Einteilchen-Zustandssumme $z = \prod z_i$ mit der Einteilchen-Gesamtenergie $\varepsilon = \sum \varepsilon_i$ im Gesamtsystem. Die elektronische Zustandssumme z_{el} ist i.allg. wegen großer Energiedifferenzen zwischen den elektronischen Niveaus gleich 1. Die Gesamtenergie E_i des Systems in Gl. (5.3.32) wird aus verschiedenen ε_i der Einzelteilchen zusammengesetzt.

Mögliche Energiezustände ε_i der Einzelmoleküle mit Entartungsfaktoren und entsprechenden Einteilchenzustandssummen für den klassischen Grenzfall ($kT \gg \Delta\varepsilon$ für benachbarte Energieniveaus) sind in Tab. 5.3.2 für zweiatomare Moleküle beispielhaft angegeben. Als quantitatives Beispiel ist in Abb. 5.3.10 das Energieniveauschema von CO gezeigt.

Tab. 5.3.2
Energien ε, Entartungsfaktoren g und Einteilchen-Zustandssummen z für verschiedene Freiheitsgrade nicht wechselwirkender zweiatomarer Moleküle

Translation			
eindimensional	$\varepsilon_{trans1} = \dfrac{h^2}{8m}\dfrac{n_x^2}{a^2}$	$g_{n_x} = 1$	$z_{trans1} = \dfrac{(2\pi mkT)^{1/2}}{h} \cdot a$
zweidimensional	$\varepsilon_{trans2} = \dfrac{h^2}{8m}\left(\dfrac{n_x^2}{a^2}+\dfrac{n_y^2}{b^2}\right)$	$g_{n_s} = 1$	$z_{trans2} = \dfrac{2\pi mkT}{h^2} \cdot A_\Box$
dreidimensional	$\varepsilon_{trans3} = \dfrac{h^2}{8m}\left(\dfrac{n_x^2}{a^2}+\dfrac{n_y^2}{b^2}+\dfrac{n_z^2}{c^2}\right)$	$g_{n_s} = 1$	$z_{trans3} = \dfrac{(2\pi mkT)^{3/2}}{h^3} \cdot V$
Rotation	$\varepsilon_{rot} = \dfrac{J(J+1)h^2}{8\pi^2 I}$	$g_J = 2J+1$	$z_{rot} = \dfrac{8\pi^2 IkT}{\sigma \cdot h^2}$
Schwingung	$\varepsilon_{vib} = \left(v+\dfrac{1}{2}\right)h\cdot\nu$	$g_v = 1$	$z_{vib} = \dfrac{\exp\left(-\frac{h\nu}{2kT}\right)}{1-\exp\left(-\frac{h\nu}{kT}\right)}$

Erläuterungen zu Tab. 5.3.2:
Dabei sind n_x, n_y, n_z, J und v Quantenzahlen zur Charakterisierung der jeweiligen Energie, a, b und c sind Längen, $A_\Box$ und V bedeuten Flächen bzw. Volumina als Aufenthaltsbereiche von Molekülen mit der Masse m, I ist das Trägheitsmoment des Moleküls, σ die Symmetriezahl, d.h. Zahl identischer Atomkonfigurationen im Molekül während der Rotation um 360°. Im allgemeinen beschreiben auf Hauptachsenform gebrachte Trägheitstensoren verschiedene Werte von I, wobei die Gesamtenergie der Rotation sich additiv aus den einzelnen Beiträgen zusammensetzt. Die Schwingungsfrequenz ν ist durch den klassischen Ausdruck $\nu = 1/2\pi \cdot \sqrt{k/\mu}$ mit Kraftkonstante k und reduzierter Masse μ gegeben. Bei komplizierteren Molekülen gehen Beiträge der verschiedenen Normalschwingungen des Moleküls unabhängig ein.

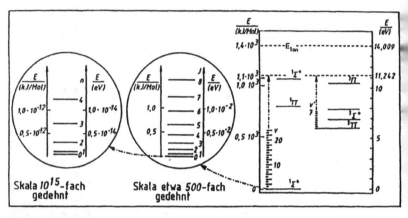

Abb. 5.3.10
Energieniveauschema von CO. Rechts dargestellt sind die vier elektronischen Niveaus und die mit den beiden niedrigsten verknüpften Schwingungsniveaus. Bei 11,242 eV zerfällt das Molekül in ein C- und ein O-Atom. Das mittlere Bild zeigt als vergrößerten Ausschnitt die mit dem niedrigsten Schwingungsniveau verknüpften Rotationszustände. Der linke Ausschnitt zeigt die Translationsniveaus des untersten Rotationsniveaus, wenn man als Volumen 1dm^3 wählt.

Wie Abb. 5.3.9 schematisch zeigt, sind über die Zustandssumme Z^g thermodynamische Funktionen und Zustandsgleichungen der Gasphase einfach zugänglich. Damit kann insbesondere auch das chemische Potential berechnet werden (siehe z.B. [God 63X]). Da das chemische Potential in der Adsorptionsphase mit dem Wert in der Gasphase identisch ist, gelingt auf diese Weise dessen Ermittlung theoretisch und völlig unabhängig von dem in Abschn. 5.3.2 gezeigten Weg über Tabellenwerte thermodynamischer Funktionen.

Wesentliche Voraussetzung der Gl. (5.3.34) ist die Additivität der verschiedenen Energiebeiträge zur Gesamtenergie (Gl. (5.3.33)). Schon bei nicht wechselwirkenden Molekülen in der Gasphase können jedoch zumindest bei höheren Temperaturen Kopplungen zwischen Rotationen und Schwingungen auftreten, so daß der Produktansatz in Gl. (5.3.34) nur noch näherungsweise gilt. Wechselwirkungen von Teilchen untereinander treten statistisch häufiger bei höheren Gasdichten auf, ergeben abstandsabhängige Mehrteilchenpotentiale und dadurch nach statistisch-mechanischer Behandlung des Problems Realgasgleichungen, Fugazitätskoeffizienten etc. (siehe z.B. [Hil 60X], [Hal 70X], [MCl 73]).

b) *Berechnungen der Zustandssumme Z^b von Festkörpern* sind i.allg. schwieriger, da hier oft eine starke Kopplung aller Atome untereinander vorliegt. Da das Vielteilchenproblem zur Ermittlung aller Energieniveaus nicht lösbar ist, werden i.allg. verschiedene Untersysteme getrennt statistisch erfaßt. Man nimmt dabei an, daß die Kopplung der Untersysteme untereinander keine wesentliche Änderung in der statistisch-mechanischen Berechnung von thermodynamischen Eigenschaften ergibt. Untersysteme bilden z.B. Phononen, Elektronen, Plasmonen, Magnonen oder Exzitonen (zur Definition der „Onen" siehe z.B. [Kit 88X] und Anhang 8.2), aus deren Beiträgen sich die Zustandssumme Z^b des Festkörpers zusammensetzt. Hier wie in der Gasphase ist eine Auftrennung der Gesamtenergie in aufsummierte Einzelbeträge bei genauer Analyse problematisch (siehe z.B. [Gir 73X]).

c) *Für Berechnungen von Adsorptionssystemen* soll die Adsorptionsphase nun in erster Näherung als ein vom Gas und Festkörper entkoppeltes Teilsystem („Exzeßsystem", vgl. Gl. (5.2.6)) betrachtet werden (vgl. z.B. [Rus 78X]). Der einfachste Fall ist eine „inerte" Unterlage, d.h. ein Festkörper, der keinen Dampfdruck hat, das Gas im Volumen nicht löst und den Molekülen aus der Gasphase lediglich Adsorptionsplätze mit definierter Bindungsenergie zur Verfügung stellt. Dabei gilt für die Exzeß-Helmholtz-Energie mit Z^{tot} als Gesamtzustandssumme des Adsorptionssystems, $Z^{ad} = Z^{exc}$ als Exzeßzustandssumme und Z^g und Z^b als Zustandssumme vor der Adsorption

$$A^{exc} = -kT \ln Z^{ad} = -kT \ln \left(\frac{Z^{tot}}{Z^g Z^b} \right). \qquad (5.3.35)$$

Zur Ermittlung der Zustandssumme der Adsorptionsphase Z^{ad} sollen einfache Fälle diskutiert werden:

α) Wenn die Moleküle keine Wechselwirkung zeigen und ihre Verschiebung parallel zur Oberfläche ohne Energieaufwand möglich ist, kann die Adsorptionsphase als zweidimensionales Gas aufgefaßt werden. Aus den Zustandssummen für die inneren Freiheitsgrade des Moleküls und für die zweidimensionale Translation in Tab. 5.3.2 erfolgt die Ermittlung von Z^{ad} über den Produktansatz der Gl. (5.3.34). Damit läßt sich die freie Energie A^{exc} und über Gl. (5.3.5) auch der zweidimensionale Druck φ berechnen. Auf diese Weise läßt sich die zweidimensionale Idealgasgleichung (5.3.19) und die Henry-Isotherme statistisch herleiten. Wenn Annahmen über Änderung von Schwingungen und Rotationen des Moleküls im adsorbierten Zustand gegenüber der Gasphase gemacht werden, ergibt sich aus der Berechnung der Enthalpie über Gl. (5.3.22) die isostere Wärme Q_{ads}. Analog zur Gasphase können Wechselwirkungen der Teilchen untereinander über intermolekulare Potentiale berücksichtigt werden und zur Aufstellung von zweidimensionalen Realgasgleichungen mit den entsprechenden Adsorptionsisothermen führen.

So liefert z.B. die zweidimensionale van-der-Waals-Gleichung

$$\left(\varphi + \frac{\alpha}{a^2}\right) \cdot (a - \beta) = kT \tag{5.3.36}$$

mit a als Flächenbedarf pro Molekül und α bzw. β als Parametern zur Berücksichtigung der Anziehung bzw. Abstoßung die Hill-de-Boer-Isotherme in Tab. 5.3.1. Dabei sind $\Theta = a/a_m$ mit a_m als Platzbedarf eines Moleküls bei vollständiger Bedeckung, $k_7 = 2\alpha/(\beta kT)$ und k eine Integrationskonstante.

β) Das andere Extrem ist lokalisierte Adsorption an fest vorgegebenen Plätzen der Festkörperoberfläche. Bewegung der Teilchen parallel zur Oberfläche erfolgt in einem Parabelpotential und führt zu Schwingungen um die Ruhelage. Mit der Konvention, daß unbesetzten Plätzen an der Oberfläche keine Energie zukommt und unter Berücksichtigung der Permutationsmöglichkeiten bei gegebener Flächendichte adsorbierter Teilchen ergeben sich wiederum zweidimensionale Zustandsgleichungen und Adsorptionsisothermen. Die genannten Annahmen führen zur Langmuir-Isotherme [Cer 83].

γ) Im nächsten Schritt können energetische Heterogenitäten an der Oberfläche, Mehrschichtadsorption mit jeweils charakteristischer Wechselwirkung in den einzelnen Schichten oder starke Wechselwirkung der Moleküle untereinander berücksichtigt werden. Letztere kann für den einfachen Fall einer paarweisen Wechselwirkung zwischen Teilchen, die einen Teil des Gitters der Unterlage besetzen, formal mit dem zweidimensionalen Ising-Modell berechnet werden (s. z.B. [Whi 79X]). Auf diese Weise lassen sich einfache Phasenübergänge, die bei einer Auftragung der Bedeckungsgrade gegen die Temperatur symmetrisch um $\Theta = 1/2$ erscheinen, theoretisch verstehen. Allgemeine Phasenübergänge in zweidimensionalen Schichten, wie sie aus Adsorptionsisothermen experimentell ermittelt werden, lassen sich über die statistische Mechanik mit den entsprechenden Wechselwirkungskräften zwischen den Teilchen korrelieren. Da Rechnungen im Zweidimensionalen prinzipiell einfacher sind als im Dreidimensionalen, ist dies auch aus der Sicht des Theoretikers ein interessantes Arbeitsfeld. Besonderes Interesse haben in diesem Zusammenhang Abweichungen von der klassischen Boltzmann-Statistik durch Quanteneffekte, die ausgeprägt bei leichteren Molekülen auftreten, sowie magnetische Ordnungen in Adsorptionsschichten (zur Vertiefung siehe z.B. [Sin 80X], [Cla 70X], [Mut 76], [DBo 52], [Bla 75]).

δ) Eine wesentliche Schwierigkeit in der Berechnung von Absolutwerten der Zustandssummen der Adsorption wie z.B. Z^{ad} und Z^{tot} liegt in der Berechnung der Gesamtenergie des Grundzustandes bei Adsorption gegenüber der Gesamtenergie des Grundzustandes vor Adsorption (gegeben durch freie Oberfläche und freies Teilchen). Dies erfordert halbklassische oder quantenmechanische Rechnungen der Wechselwirkungsprozesse wie Physisorption oder Chemisorption, auf die im Abschn. 5.6 näher eingegangen wird.

Wenn die Teilchen in der Adsorptionsphase in tiefen Energiezuständen gegenüber der Gasphase „festgehalten" werden, ist die Wahrscheinlichkeit für die Desorption vernachlässigbar. Unter diesen Bedingungen sind die o.g. statistischen Konzepte hilfreich, um beispielsweise zweidimensionales Gas-, Flüssigkeits- oder Festkörperverhalten zu diskutieren. Dazu werden Energievariationen unterschiedlicher möglicher Plätze in Adsorptionszuständen parallel zur Oberfläche und Aktivierungsenergien als Barriere zwischen den Plätzen diskutiert (vgl. dazu auch Abschn. 5.4 mit Abb. 5.4.9). Der Absolutwert der Energie im Adsorptionszustand gegenüber der Energie der Teilchen in der Gasphase ist bei diesen Betrachtungen dann nicht von Bedeutung. Dieser wird erst wichtig, wenn die Teilchen an der Oberfläche im Gleichgewicht mit der Gasphase betrachtet werden, d.h. wenn die thermodynamischen Betrachtungen das Gesamtsystem und nicht das Untersystem „Adsorptionsphase" betreffen.

5.4   Kinetik von Festkörper/Gas-Wechselwirkungen

5.4.1   Übersicht

Einige Bewegungszustände in einfachen Adsorptionskomplexen wurden schon im letzten Kapitel im Zusammenhang mit den statistisch-mechanischen Eigenschaften diskutiert. Die Dynamik allgemeiner Festkörper/Gas-Wechselwirkungen unter Berücksichtigung von Massentransport ist i.allg. wesentlich komplexer und soll in diesem Kapitel besprochen werden.

Abb. 5.4.1 gibt eine schematische Übersicht. Festkörpervolumenzustände von Phononen, Magnonen, Elektronen etc. (1) werden an der Oberfläche modifiziert (2). Dies führt z.B. zu Oberflächen-Schwingungszuständen in charakteristischen Frequenzbereichen, die schon in Kapitel 4 vorgestellt wurden (siehe z.B. [Lag 75], [Can 82X], [Iba 82X], [Bru 83X]). Die Geschwindigkeit der Adsorption von Atomen aus der Gasphase (3), der Desorption (4) und der Oberflächendiffusion (5) bestimmen den Materietransport an der reinen Oberfläche.

Die freien Bewegungen der ungestörten Teilchen in der Gasphase (6) werden an der Oberfläche modifiziert (7). Dabei können neue Schwingungsmoden auftreten (8). Adsorptions- (9) und Desorptionsgeschwindigkeiten (10) bestimmen den Bedeckungsgrad adsorbierter Teilchen. Adsorbierte Teilchen können entweder an der Oberfläche

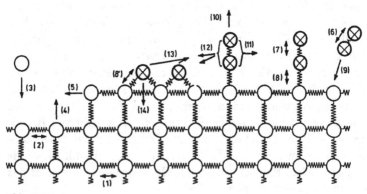

Abb. 5.4.1
Schematische Darstellung zur Dynamik von Massenteilchen an Festkörperoberflächen. Nähere Erläuterungen sind im Text gegeben.

diffundieren (11) oder nach Oberflächenreaktionen in Atome dissoziieren (12). Die so gebildeten Atome können sich entweder zum Molekül zurückbilden (13) oder entlang der Oberfläche bzw. in das Volumen hineindiffundieren (14).

Eine Beschreibung der Dynamik an Festkörperoberflächen müßte die Zeitabhängigkeit der Bewegungen in allen Freiheitsgraden des Adsorbat-Komplexes erfassen. Dies läßt sich derzeit weder theoretisch noch experimentell durchführen. Erste rechnerische Simulationen sind mit molekulardynamischen Methoden erreicht worden, die bisher allerdings auf sehr kurze Zeitspannen beschränkt sind [Sch 87]. Daher wollen wir im folgenden die Teilaspekte zeitabhängiger Prozesse diskutieren, die dem Experimentator direkt und einfach zugänglich sind.

5.4.2   Adsorption und Akkomodationskoeffizienten

a) *Definitionen und Begriffe.* Wenn Teilchen aus der Gasphase auf die Festkörperoberfläche treffen, werden sie adsorbiert oder reflektiert. Adsorptionsgeschwindigkeiten werden i.allg. über den Haftkoeffizient S charakterisiert, der definiert ist als Verhältnis der Teilchenstöße, die zu einem Adsorptionskomplex führen, zur Gesamtzahl der Stöße. Haftkoeffizienten können aus den experimentell bei konstanter Temperatur bestimmten Adsorptionsraten

$$R_{ads} = \frac{dN_{(s)}^{ad}}{dt} = SZ_{(s)} = S\frac{p}{\sqrt{2\pi mkT}} \qquad (5.4.1)$$

mit $Z_{(s)} = p/\sqrt{2\pi mkT}$ als Stoßzahl über den Partialdruck p, die Masse m und Temperatur T des Gases berechnet werden, wie dies schon in Abschn. 2.1 ausgeführt wurde (siehe z.B. [Flo 67]).

Selbst wenn Teilchen nach dem Stoß reflektiert werden, werden sie i.allg. ihre Temperatur, den Betrag des Impulses und ihre Energie durch Wechselwirkung mit der Oberfläche ändern. Diese Änderungen können quantitativ über Temperatur-, Impuls- oder Energie-Akkomodationskoeffizienten α_T, α_p, α_E ausgedrückt werden. So ist z.B. der Temperatur-Akkomodationskoeffizient α_T definiert über die Temperaturdifferenz der Teilchen in der Gasphase vor und nach dem Stoß $T_{(vor)}^g - T_{(nach)}^g$, dividiert durch die maximal mögliche Temperaturdifferenz $T_{(vor)}^g - T^s$ mit T^s als Oberflächentemperatur. Es gilt:

$$\alpha_T = \frac{T^g_{(vor)} - T^g_{(nach)}}{T^g_{(vor)} - T^s} \qquad (5.4.2)$$

Auch wenn die gestreuten Teilchen keine Maxwell-Boltzmann-Verteilung haben sollten, wird hier über einen geeigneten Mittelwert eine Temperatur zur Charakterisierung gewählt. Analog sind α_p und α_E definiert.

In einer verfeinerten Behandlung können z.B. Impuls-Akkomodationskoeffizienten, bezogen auf die x-, y- bzw. z-Komponente des Impulses, definiert und behandelt werden. Energie-Akkomodationskoeffizienten lassen sich für den Austausch von Energie in wohldefinierten Schwingungs-, Rotations- und Translations-Freiheitsgraden definieren (siehe z.B. [Der 67]).

Der in Gl. (5.4.1) eingeführte Haftkoeffizient ist auch an chemisch reinen Oberflächen stark abhängig von deren geometrischer Struktur, so z.B. von der Konzentration von Ecken- oder Kantenatomen an der Oberfläche (siehe z.B. [Ren 88]). Zudem wird i.allg. eine starke Abhängigkeit des Haftkoeffizienten vom Bedeckungsgrad bereits adsorbierter Teilchen und der Temperatur gefunden. Dies wird in dem formalen Ansatz

$$S = \sigma \cdot f(\Theta) \cdot \exp\left(-\frac{E_{A,ads}}{RT}\right) \qquad (5.4.3)$$

über die Haftwahrscheinlichkeit σ, den auf eins normierten Anteil freier Adsorptionsplätze an der Oberfläche $f(\Theta)$ und die Aktivierungsenergie pro Mol $E_{A,ads}$ ausgedrückt. Für einfache Fälle läßt sich $f(\Theta)$ berechnen. So gilt bei nichtdissoziativer Adsorption unter der Annahme, daß $\Theta = 1$ der maximale Bedeckungsgrad adsorbierter Teilchen an der Oberfläche ist,

$$f(\Theta) = 1 - \Theta. \qquad (5.4.4)$$

Falls das adsorbierte Teilchen unter Dissoziation zwei Oberflächenplätze besetzt, gilt

$$f(\Theta) = (1 - \Theta)^2. \qquad (5.4.5)$$

Weitere Details finden sich in [Hay 64X], [Cla 70X].

b) *Theoretische Modelle*. Ein physikalisches Verständnis für das Auftreten bestimmter Werte von Haftkoeffizienten bei bestimmten Festkörper/Gas-Systemen kann aus der einfachen *Eyring-Theorie des Übergangszustandes* hergeleitet werden (siehe z.B. [Lay 70X], [Hay 64X], [Pon 74X]). Danach wird angenommen, daß die Adsorption über eine Aktivierungsenergieschwelle abläuft, wie dies schematisch in Abb. 5.4.2 dargestellt ist. Für die Geschwindigkeit der Adsorption gilt:

$$R_{ads} = \nu^{\ddagger} N_{(s)}^{ad\ddagger} \qquad (5.4.6)$$

Darin bedeutet $\nu^{\ddagger}$ eine charakteristische Zerfallsfrequenz des aktivierten Komplexes (des Übergangskomplexes, vgl. Abschn. 5.2.3), der mit einer Flächenkonzentration von $N_{(s)}^{ad\ddagger}$ vorliegt. Es wird angenommen, daß zwischen diesem aktivierten Komplex und den Teilchen in der Gasphase thermodynamisches Gleichgewicht vorliegt, d.h. es gilt für die Konzentration von Teilchen im aktivierten Komplex $N_{(s)}^{ad\ddagger}$ und in der Gasphase $N_{(v)}^{g}$ und für die Konzentration an freien Adsorptionsplätzen $N_{(s)}^{OF}$

$$K_c^{\ddagger} = \exp\left(-\frac{\Delta G^{0\ddagger}}{RT}\right) = \frac{N_{(s)}^{ad\ddagger}}{N_{(v)}^{g} \cdot N_{(s)}^{OF}} = \frac{z_{(s)}^{\ddagger}}{z_{(v)}^{g} \cdot z_{(s)}^{OF}}$$

$$= \frac{z^{\ddagger}}{z_{(v)}^{g} \cdot z^{OF}} = \frac{z_0^{\ddagger}}{z_{0(v)}^{g} \cdot z_0^{OF}} \cdot \exp\left(-\frac{\Delta\varepsilon_0^{\ddagger}}{kT}\right). \qquad (5.4.7)$$

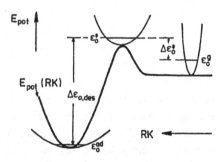

Abb. 5.4.2
Potentialdiagramm für die Reaktion von Molekülen mit Festkörperoberflächen längs der Reaktionskoordinaten RK. Ebenfalls eingezeichnet sind parabelförmige Potentialkurven und Nullpunktsenergien ε_0 von Schwingungen, die im aktivierten Komplex erhalten bleiben und sich aus Krümmungen der Energie-Hyperfläche ergeben. Der aktivierte Komplex liegt auf einem Sattelpunkt, d.h. hat bis auf die Richtung der Reaktionskoordinate ein Potentialminimum (vgl. dazu Abb. 5.2.8).

Dabei wird die Gleichgewichtskonstante $K_c^{\ddagger}$ über Änderungen der molaren Gibbs-Energie $\Delta G^{0\ddagger}$ zwischen Gas und aktiviertem Komplex bzw. über Einteilchen-Zustandssummen z ausgedrückt, in denen beim Übergang von z zu z_0 die Beiträge der Nullpunktsenergie ε_0 separiert wurden. Bei energetisch gleichwertigen Adsorptionsplätzen ist Gl. (5.4.7) gültig, bei heterogenen Oberflächen sind $z_0^{\ddagger}$, z_0^{OF} und $\Delta\varepsilon_0^{\ddagger}$ als gewichtete Mittelwerte über alle Adsorptionszentren zu verstehen.

Nach der Theorie des Übergangszustandes muß der aktivierte Komplex schon bei der ersten Schwingung zerfallen. Man separiert nun die Zustandssumme $z_0^{\ddagger}$ in $z_{vib}^{\ddagger}$, die Teilzustandssumme dieses Schwingungsfreiheitsgrades, und $z_{0,eff}^{\ddagger}$, die Zustandssumme aller übrigen Freiheitsgrade:

$$z_0^{\ddagger} = z_{0,eff}^{\ddagger} \cdot z_{vib}^{\ddagger} \tag{5.4.8}$$

Da die Kraftkonstante der reaktiven Schwingung sehr klein ist, kann man für $z_{vib}^{\ddagger}$ den Grenzwert

$$z_{vib}^{\ddagger} = \frac{kT}{h\nu^{\ddagger}} \tag{5.4.9}$$

schreiben.

Damit folgt:

$$R_{ads} = N_{(v)}^{g} \cdot N_{(s)}^{OF} \cdot \frac{kT}{h} \cdot \frac{z_{0,eff}^{\ddagger}}{z_{0(v)}^{g} \cdot z_0^{OF}} \cdot \exp\left(-\frac{\Delta\varepsilon_0^{\ddagger}}{kT}\right) \tag{5.4.10}$$

Darin ist $\Delta\varepsilon_0^{\ddagger}$ die Differenz der Nullpunktsenergien zwischen Gasphase und aktiviertem Komplex, aufsummiert über alle Freiheitsgrade mit Ausnahme der Bewegung längs der Reaktionskoordinate im Unterschied zu Gl. (5.4.7). Vereinfacht werden kann dieser Ausdruck durch Annahme von Idealgasbedingungen ($N_{(v)}^g = p/kT$), $z_0^{OF} \approx 1$ wegen des überwiegenden Beitrags relativ hoher Schwingungsfrequenzen zur Zustandssumme, durch Abseparieren der Translations-Zustandssumme in $z_{0(v)}^g = \frac{1}{V} \cdot \frac{(2\pi mkT)^{3/2}}{h^3} \cdot V \cdot z_{0,vib+rot}^g$ und durch den Ansatz $N_{(s)}^{OF} = f(\Theta) \cdot N_{(s)tot}^{OF}$ mit $N_{(s)tot}^{OF}$ als Gesamtzahl besetzter und unbesetzter Adsorptionsplätze pro Flächeneinheit. Damit wird aus Gl. (5.4.10):

$$R_{\text{ads}} = \frac{p}{kT} \cdot N_{\text{(s)tot}}^{\text{OF}} \cdot f(\Theta) \cdot \frac{kT}{h} \cdot \frac{h^3 \cdot z_{0,\text{eff}}^{\ddagger}}{(2\pi mkT)^{3/2} \cdot z_{0,\text{vib+rot}}^{\text{g}}} \cdot \exp\left(-\frac{\Delta\varepsilon_0^{\ddagger}}{kT}\right)$$

$$= \frac{p}{\sqrt{2\pi mkT}} \cdot N_{\text{(s)tot}}^{\text{OF}} \cdot f(\Theta) \cdot \frac{h^2 \cdot z_{0,\text{eff}}^{\ddagger}}{2\pi mkT \cdot z_{0,\text{vib+rot}}^{\text{g}}} \cdot \exp\left(-\frac{\Delta\varepsilon_0^{\ddagger}}{kT}\right) \qquad (5.4.11)$$

Durch Vergleich mit Gl. (5.4.1) und (5.4.3) folgt für die Aktivierungsenergie

$$E_{\text{A,ads}} = N_{\text{L}} \cdot \Delta\varepsilon_0 \qquad (5.4.12)$$

und für die Haftwahrscheinlichkeit

$$\sigma = \frac{z_{0,\text{eff}}^{\ddagger}}{z_{0(\text{s}),\text{trans}} \cdot z_{0,\text{vib+rot}}^{\text{g}}} \cdot N_{\text{(s)tot}}^{\text{OF}} \cdot \qquad (5.4.13)$$

Die Größe $z_{0(\text{s}),\text{trans}}$ ist die auf die Fläche bezogene Zustandssumme der zweidimensionalen Translation, der Wert $z_{0,\text{vib+rot}}^{\text{g}}$ ist die Schwingungs- und Rotations-Zustandssumme der Teilchen in der Gasphase. Die Haftwahrscheinlichkeit ist nach dieser einfachen Modellvorstellung bei gegebener Aktivierungsenergie um so höher, je größer die Zustandssumme im aktivierten Komplex im Vergleich zum Molekül in der Gasphase ist.

In analoger Weise lassen sich Ausdrücke für σ für mobile aktivierte Adsorptionskomplexe oder Adsorption mit Dissoziation herleiten (vgl. z.B. [Hay 64X]).

Tab. 5.4.1 enthält einige nach der Theorie des Übergangszustandes abgeschätzte Haftwahrscheinlichkeiten, die von Hayward und Trapnell [Hay 64X] angegeben wurden. Es zeigt sich der generelle Trend, daß eine Reduktion der Bewegungsmöglichkeiten im aktivierten Komplex eine drastische Senkung der Haftwahrscheinlichkeit zur Folge hat.

Ein Vergleich mit experimentellen Daten gelingt am einfachsten für den Anfangshaftkoeffizienten S_0, gemessen bei vernachlässigbarer Bedeckung, da in diesem Fall $f(\Theta) = 1$ gilt (vgl. Gl. (5.4.4) und (5.4.5)). Allerdings ist unter diesen experimentellen Bedingungen auch der Einfluß von nicht-idealen Oberflächenpositionen des Einkristalls am

Tab. 5.4.1
Nach der Eyring-Theorie berechnete Werte für Haftwahrscheinlichkeiten σ.
Die Daten gelten für 300 K und $N_{(s)}^{OF} = 10^{15}$ cm^{-2}. „a" entspricht dem Verlust eines, „b" dem Verlust keines Rotationsfreiheitsgrades im aktivierten Komplex gegenüber dem freien Teilchen. Bei den immobilen Komplexen wurden unterschiedliche Annahmen für Schwingungen relativ zur Unterlage gemacht. Die obere Grenze für $z_{0,eff}^{\neq}$ ist durch langsame Schwingungen ($4 \cdot 10^{12}$ s^{-1} für H$_{(2)}$ und $1 \cdot 10^{12}$ s^{-1} für andere Adsorbate) bestimmt [Hay 64X].

Adsorbat	$z_{trans2(s)}$ $= z_{trans2}/A$ (m^{-2})	$z_{0,vib+rot}^{g}$	$z_{0,eff}^{\neq}$	Haftwahrscheinlichkeit σ für immobile Komplexe	mobile Komplexe	
					a	b
H-Atome	10^{16}	1	1 bis 4	0,1 bis 0,4	—	1
H$_2$-Moleküle	$2 \cdot 10^{16}$	3,5	1 bis 8	$3 \cdot 10^{-2}$ bis 0,2	0,52	1
O$_2$, N$_2$	$2,8 \cdot 10^{17}$	70	1 bis 300	10^{-4} bis $3 \cdot 10^{-2}$	0,12	1
CO	$2,8 \cdot 10^{17}$	110	1 bis 300	$7 \cdot 10^{-5}$ bis $2 \cdot 10^{-2}$	0,1	1
Cs	$1,3 \cdot 10^{18}$	1	1 bis 50	$7,5 \cdot 10^{-4}$ bis $3,7 \cdot 10^{-2}$	—	1

stärksten, so daß eine genaue Ermittlung experimenteller Daten für ideale Oberflächen insbesondere an Halbleiteroberflächen nicht einfach ist.

Abschließend muß eine einschränkende Bemerkung gemacht werden. Die wesentliche Annahme der Eyring-Theorie des Übergangszustandes ist ein thermodynamisches Gleichgewicht zwischen Grundzustand und aktiviertem Komplex. Diese Bedingung ist gut erfüllt für $E_{A,ads} \gg RT$, da in diesem Fall statistisch gesehen nur ein kleiner, schnell nachzuliefernder Bruchteil der gesamten Teilchen im aktivierten Zustand ist. Wenn jedoch im anderen Extrem die Aktivierungsenergie null ist, darf die Eyring-Theorie keinesfalls angewendet werden. Daher kann man wohl Haftwahrscheinlichkeiten σ in der Größenordnung von eins (nämlich für $E_{A,ads}/RT \gg 1$), nicht jedoch Haftkoeffizienten $S \approx 1$ im Rahmen dieser Theorie interpretieren. Im letzten Fall ist die Haftwahrscheinlichkeit bestimmt durch die Zeitabhängigkeit der Energierelaxation zwischen auftreffenden Teilchen und der Substratunterlage. Dieser Grenzfall wird im Eyring-Bild nicht betrachtet.

5.4.3 Desorption

a) *Definitionen, Begriffe und Experimentelles.* Desorption kennzeichnet das Aufbrechen chemischer Bindungen und Entfernen adsorbierter Teilchen von der Oberfläche. Dies kann durch (statistisch auf alle Freiheitsgrade des Systems verteilte) thermische Anregung oder durch gezielte Anregung bestimmter elektronischer oder vibronischer Zustände erfolgen.

Im einfachsten Fall desorbieren Teilchen auch bei konstanter Temperatur (isotherme Desorption), wenn ein Gradient im chemischen Potential zwischen Teilchen in der Gasphase und adsorbierten Teilchen besteht. Dieser tritt z.B. beim plötzlichen Abpumpen des zuvor adsorbierten Gases in einer Vakuumkammer auf. Ein anderes Beispiel für Bedingungen isothermer Desorption ist die Einstellung eines bestimmten Bedeckungsgrades durch Beschuß der Oberfläche mit einem Molekularstrahl des zu adsorbierenden Gases und plötzliche Unterbrechung des Molekularstrahls. Ein drittes Beispiel ist das schnelle Hochheizen eines Adsorptionssystems auf eine definierte Desorptionstemperatur. Für diese Beispiele ist in Abb. 5.4.3a die Abhängigkeit des Bedeckungsgrades von der Zeit gezeigt, wobei hier eine Desorption 1. Ordnung angenommen wurde, d.h. die Desorption proportional zur adsorbierten Menge ist (s.u.). Das entsprechende Diagramm für die Zeitabhängigkeit des Drucks im geschlossenen System bei Experimenten mit und ohne Pumpe für eine bestimmte Temperatur ist in Abb. 5.4.3b zu sehen.

Erhöht man andererseits nach der Adsorption die Temperatur linear mit der Zeit, so ergeben sich Spektren wie in Abb. 5.4.3c. Diese Ver-

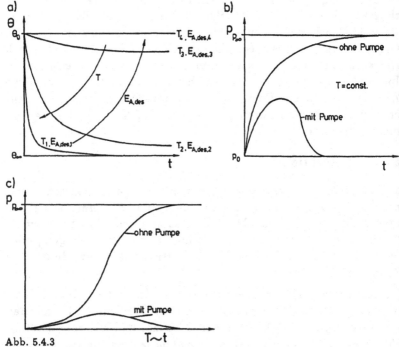

Abb. 5.4.3
Schematische Darstellung verschiedener Desorptionsspektren
a) Abhängigkeit des Bedeckungsgrades von der Zeit bei isothermer Desorption. Bei hohen Temperaturen bzw. niedrigen Aktivierungsenergien desorbieren die Teilchen schnell.
b) Verlauf des Drucks bei isothermer Desorption bei Experimenten mit und ohne Pumpe in einem geschlossenen System. Zur Zeit $t = 0$ wurde die Temperatur auf den nachher konstanten Wert erhöht.
c) wie b), jedoch bei linearem Temperaturanstieg mit der Zeit

suchsführung gilt als wichtigste Standardtechnik der Oberflächenphysiker zur Charakterisierung von Bindungsenergien adsorbierter Teilchen. Bei kontrollierter Aufheizrate und quantitativer Erfassung der Menge desorbierender Teilchen als Funktion der Temperatur spricht man von „thermischer Desorptions-Spektroskopie" (TDS).

Desorption kann auch durch andere nicht-thermische Prozesse bewirkt werden. So kann Elektronenstoß zu Übergängen in angeregte oder in Ionisationszustände eines Adsorbats führen, deren potentielle Energie im Gleichgewichtszustand des (angeregten) Grundzustandes höher ist als die des entsprechenden freien Teilchens. In diesem Fall können Ionen oder Neutralteilchen durch Elektronenstoß desorbiert werden. Man bezeichnet den Prozeß als Elektronenstoßdesorption („electron impact desorption", EID oder „electron-stimulated desorption", ESD).

Ähnliche Prozesse können durch Photonen ausgelöst werden. So kann durch resonante Anregung von Elektronen aus den Adsorbatniveaus in Festkörperzustände und umgekehrt Desorption auftreten, wenn die veränderten Ladungszustände des Adsorbats zu einer starken Erhöhung der potentiellen Energie des Gesamtsystems führen. Optische Anregung von bestimmten inneren Molekülschwingungen kann bei schwacher Adsorption zu Desorption führen. Diese Prozesse werden zusammenfassend als Photodesorption (PD) bezeichnet.

Der Stoß von Ionen kann auf verschiedene Weise Desorptionsprozesse auslösen, die zusammenfassend als Ionenstoßdesorption („ion impact desorption", IID) bezeichnet werden. Auch Neutralteilchen können Desorption adsorbierter Teilchen auslösen.

Hohe elektrische Felder in der Größenordnung von 10^8 Vcm^{-1} können die Potentialkurven von ionischen Zuständen des Adsorbats so weit absenken, daß über Tunneln der Elektronen vom Grund- in den ionischen Zustand intermediär Adsorbationen entstehen, die im extern angelegten Feld von der Oberfläche gezogen werden. Diese Prozesse werden als Felddesorption (FD) bezeichnet.

Über Desorptionsexperimente können Adsorbatzustände charakterisiert und deren Oberflächendichte bestimmt werden. So lassen sich Aussagen über Bindungsenergien (mit TDS, EID und IID), über die

Existenz und Übergänge zu angeregten Adsorbatzuständen (mit EID und PD) oder über die Form der Potentialkurven im Grundzustand (mit FD) machen. Darüber hinaus haben Desorptionsprozesse erhebliche praktische Bedeutung, so z.B. für die Vakuumerzeugung oder die heterogene Katalyse.

Die im folgenden näher beschriebenen Experimente zur *thermischen Desorption* haben die bei weitem größte Verbreitung.

Bei den schon in Abb. 5.4.3 gezeigten Änderungen der thermodynamischen Bedingungen von höheren zu niedrigeren Bedeckungsgraden adsorbierter Teilchen treten temperatur- und bedeckungsabhängige Desorptionsraten auf, die sich formal beschreiben lassen über

$$R_{\mathrm{des}} = -\frac{\mathrm{d}N_{(\mathrm{s})}^{\mathrm{ad}}}{\mathrm{d}t} = k_m \cdot \left(N_{(\mathrm{s})}^{\mathrm{ad}}\right)^m$$
$$= k_m^0 \cdot \exp\left(-\frac{E_{\mathrm{A,des}}}{RT}\right) \cdot \left(N_{(\mathrm{s})}^{\mathrm{ad}}\right)^m \tag{5.4.14}$$

mit den Parametern m als Reaktionsordnung und k_m als Geschwindigkeitskonstante m-ter Ordnung, bestehend aus dem präexponentiel-

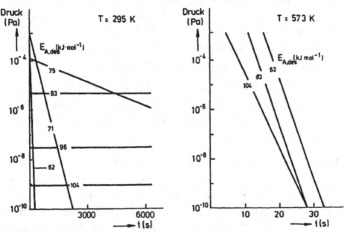

Abb. 5.4.4
Desorption von einer Oberfläche ($A = 100$ cm^2), die zur Zeit $t = 0$ mit einer Monolage (10^{15} Teilchen cm^{-2}) bedeckt ist, in ein Volumen von 1000 cm^3, das mit einer Saugleistung von 1000 cm^{3}s^{-1} abgepumpt wird. Parameter ist die Aktivierungsenergie der Desorption $E_{\mathrm{A,des}}$. Für den präexponentiellen Faktor k_1^0 der Desorption erster Ordnung wurde 10^{13} s^{-1} angenommen.

len Faktor k_m^0 und einer Aktivierungsenergie $E_{A,des}$. Diese Parameter
werden zunächst formal durch Interpolation experimentell bestimmter Desorptionsraten ermittelt. Die Temperatureffekte werden über
$E_{A,des}$, die Bedeckungsabhängigkeit über m erfaßt. Die physikalische
Bedeutung bestimmter Werte m, k_m^0 oder $E_{A,des}$ soll weiter unten an
Beispielen diskutiert werden.

Bei einer Desorption erster Ordnung ($m = 1$) ist der Wert k_1 identisch mit dem Kehrwert der mittleren Verweilzeit τ der Moleküle an
der Oberfläche. Es gilt die sogenannte Frenkel-Beziehung

$$\tau = \tau_0 \cdot \exp\left(\frac{E_{A,des}}{RT}\right). \tag{5.4.15}$$

Häufig wird in ersten Abschätzungen als Näherung der Wert $\tau_0 =$
$1/k_1^0 = 1 \cdot 10^{-13}$ s als reziproker Frequenzfaktor angenommen, da typische Gitterschwingungen eines Festkörpers in diesem Frequenzbereich
liegen. Mit diesem Wert wurden Gesamtdrücke in einem abzupumpen-
den UHV-System (also bei isothermer Desorption) als Funktion der
Zeit über die Kontinuitätsgleichung zur Teilchenerhaltung (vgl. Kapitel 2) berechnet, die in Abb. 5.4.4 dargestellt sind. Deutlich erkennt
man die extreme Bedeutung des Ausheizens von UHV-Apparaturen,
um Teilchen mit Desorptionsenergien oberhalb 80 kJ mol^{-1}, wie z.B.
Wasser auf Edelstahl, in endlichen Zeiten abpumpen zu können.

Mit Hilfe der Frenkel-Beziehung lassen sich auch die in Abb. 5.4.5 dargestellten Ergebnisse zur Verweilzeit von Ag-Atomen auswerten, die
massenspektrometrisch aus der Relaxation der Intensität des Desorp-
tions-Peaks nach dem Abschalten eines auf die Probe gerichteten Ag-
Molekularstrahls ermittelt wurden. Aus der Temperaturabhängigkeit
ergeben sich sowohl $E_{A,des}$- als auch τ_0-Werte. Man erkennt deutlich,
daß bei tiefen Temperaturen zwei unterschiedlich gebundene Adsorp-
tionsspezies an der Oberfläche vorliegen, von denen die schwächer gebundene ($E_{A,des} = 171$ kJ·mol^{-1}) eine um 4 Zehnerpotenzen längere
Verweilzeit bei sehr hohen Temperaturen ($E_{A,des} \ll RT$, $\tau = \tau_0$)
hat. Die Diskussion von Aktivierungsenergien und Verweilzeiten wird
weiter unten im Rahmen der Eyring-Theorie erfolgen.

Die Experimente zur thermischen Desorption können auch unter konstanten Molekularströmungsbedingungen bei konstantem Gaseinlaß

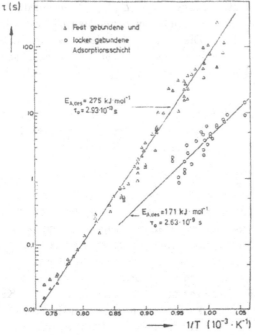

Abb. 5.4.5
Arrhenius-Auftragung der mittleren Verweilzeit von Ag auf W(110), bestimmt über die Relaxationszeit eines periodisch unterbrochenen Molekularstrahls [Hud 73]

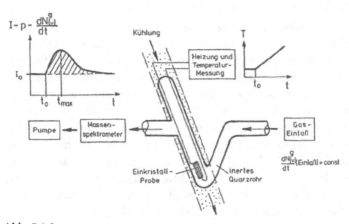

Abb. 5.4.6
Schematische Darstellung einer UHV-Apparatur zur Bestimmung von thermischen Desorptionsspektren unter Strömungsbedingungen [Ess 80]

durchgeführt werden, wie dies schematisch in Abb. 5.4.6 gezeigt ist. Untersuchungen dieser Art sind notwendig, wenn Adsorptionsgleichgewichte schon bei tiefen Temperaturen (also vor dem Aufheizen zur thermischen Desorption) wegen der niedrigen Desorptionsenergie sehr schnell gestört würden, wie dies bei den Beispielen in Abb. 5.4.4 für $E_{A,des} < 70$ kJ·mol^{-1} der Fall ist. Die Probe wird unter diesen Bedingungen nach Einstellen des Adsorptionsgleichgewichts bei konstantem dynamisch eingestelltem Druck und konstanter Temperatur mit linearer Temperaturerhöhung auf Temperaturen gebracht, bei denen Adsorptionsbedeckungen vernachlässigbar sind. Ein typisches Ergebnis zur thermischen Desorption unter diesen Bedingungen ist in Abb. 5.4.7 gezeigt (vgl. auch Abb. 5.4.3c).

Wenn andererseits die adsorbierten Teilchen eine hohe Desorptionsenergie haben, kann nach dem Adsorbieren bei tiefen Temperaturen evakuiert werden, ohne daß Teilchen merklich desorbieren. Danach erfolgt das Desorptionsexperiment durch Aufheizen der Probe. Diese Methode wird bei geeigneter Wahl der Adsorptionstemperatur häufig angewendet. Typische Ergebnisse sind in Abb. 5.4.8 gezeigt. Man erkennt hier, daß zwei unterschiedliche Adsorptionszustände vorgelegen haben. Mit zunehmender Bedeckung Θ steigt das Maximum β_1 an, wogegen das Maximum β_2 gegen einen Sättigungswert läuft. Zudem ist das Maximum von β_1 unabhängig von Θ, wogegen das Maximum von β_2 mit zunehmendem Θ zu tieferen Temperaturen verschoben wird. Die Experimente wurden bei linearer Temperaturerhöhung ($dT/dt = $ const) durchgeführt. Wir werden im folgenden zeigen, daß die Resultate durch die Reaktionsordnung $m = 1$ für β_1 und $m = 2$ für β_2 erklärt werden können. Im allgemeinen Fall können diese „Desorptionsspektren" noch wesentlich kompliziertere Strukturen haben. In jedem Fall läßt sich deren Form durch Variation der Aufheizrate und Anfangsbedeckung stark beeinflussen. Dies wird bei der „thermischen Desorptionsspektroskopie" (TDS) ausgenutzt.

Die quantitative Auswertung der TDS-Spektren erfolgt über die Kontinuitätsgleichung zur Beschreibung der Teilchenbilanz im Gesamtsystem (vgl. Kapitel 2)

$$\frac{dN^g}{dt} = -\frac{dN^{ad}}{dt} - \frac{N^g S_p}{V} + L. \tag{5.4.16}$$

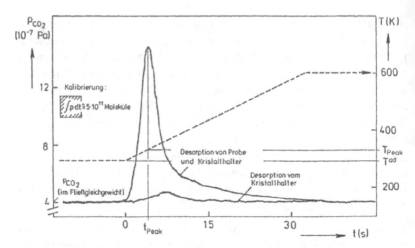

Abb. 5.4.7
Thermische Desorptionsspektren von chemisorbiertem CO_2 auf $ZnO(10\bar{1}0)$, unter Strömungsbedingungen aufgenommen mit $dT/dt = 9,5\ K\,s^{-1}$ [Hot 79]

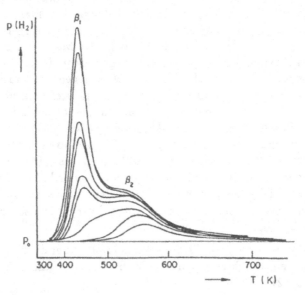

Abb. 5.4.8
Thermische Desorptionsspektren von H_2 auf W(100). Jede Kurve entspricht einer bestimmten Anfangsbedeckung [Mad 70].

S_p ist die Pumpgeschwindigkeit. Unerwünschte Leckraten L des Systems, z.B. durch Desorption von kontaminierten Wandungen, werden im folgenden vernachlässigt. Bei vernachlässigbarer Pumpgeschwindigkeit S_p oder sehr schneller Desorption ist die Desorptionsrate proportional zur Änderung des Partialdrucks dp/dt in der Apparatur. Das andere experimentell häufig realisierte Extrem sind sehr große Werte für S_p, wobei der Partialdruck selbst proportional zur Desorptionsrate ist. Für diesen Fall folgt aus Gl. (5.4.16) nach Integration

$$N^{ad}(t_0) - N^{ad}(t_{end}) = \frac{S_p}{kT} \int_{t_0}^{t_{end}} p(t)dt. \tag{5.4.17}$$

Daher kann aus der Fläche unter den Desorptionsspektren der Bedeckungsgrad ermittelt werden, wie dies schon in Abb. 5.4.6 und 5.4.7 angedeutet wurde. Da i.allg. S_p druckabhängig ist und L nicht vernachlässigt werden darf, geschieht dies häufig durch Eichung der Apparatur mit Teilchen eines bekannten Bedeckungsgrades [Red 62], [Daw 76].

Die in Gl. (5.4.14) eingeführten Parameter Reaktionsordnung m, präexponentieller Faktor k_m^0 und Aktivierungsenergien der Desorption $E_{A,des}$ werden aus TDS-Experimenten mit linearer Aufheizrate $\beta = dT/dt$ ermittelt. Aus Gl. (5.4.14) folgt für das Maximum des Desorptionspeaks für hohe Pumpgeschwindigkeiten bei einer Desorption erster Ordnung, d.h. $m = 1$

$$\frac{E_{A,des}}{RT_{Peak}^2} = \frac{k_1^0}{\beta} \cdot \exp\left(-\frac{E_{A,des}}{RT_{Peak}}\right). \tag{5.4.18}$$

Bei einer Desorption zweiter Ordnung, d.h. mit $m = 2$, gilt

$$\frac{E_{A,des}}{RT_{Peak}^2} = \frac{2N_{(s)T=T_{Peak}}^{ad} \cdot k_2^0}{\beta} \cdot \exp\left(-\frac{E_{A,des}}{RT_{Peak}}\right). \tag{5.4.19}$$

Dabei ist $N_{(s)T=T_{Peak}}^{ad}$ die Bedeckung bei $T = T_{Peak}$.

Eine Unterscheidung der Ordnungen $m = 1$ und $m = 2$ folgt aus der Verschiebung des Maximums mit der Anfangsbedeckung, die bei $m = 1$ nicht, bei $m = 2$ jedoch ausgeprägt auftreten sollte. Diese Unterscheidung setzt konstante Werte k^0 und $E_{A,des}$ voraus. In Abb. 5.4.8

ist ein sogenannter β_1-Zustand durch $m = 1$, ein β_2-Zustand durch $m = 2$ gekennzeichnet. Aus der Verschiebung vom β_2-Maximum mit der Anfangsbedeckung kann $E_{A,des}$ mit einer Annahme über $N^{ad}_{(s)T=T_{Peak}}$ über Gl. (5.4.19) bestimmt werden. Bei Reaktionen erster Ordnung kann $E_{A,des}$ aus T_{Peak} einfach abgeschätzt werden, da in einem relativ weiten Bereich für $10^{13} > k_1^0 T_{Peak}/\beta > 10^8$ anstelle der Gl. (5.4.18) die einfachere Beziehung $E_{A,des}/RT_{Peak} = \ln(k_1^0 T_{Peak}/\beta - 3{,}64)$ in sehr guter Näherung erfüllt ist (maximaler Fehler $\pm 1{,}5$ %, siehe z.B. [Red 62], [Daw 76]).

Aktivierungsenergien $E_{A,des}$ und präexponentielle Faktoren k^0 lassen sich auch aus Experimenten bei variierter Aufheizrate β bestimmen. Aus den Gl. (5.4.18) und (5.4.19) folgt

$$\frac{d \ln\left(\dfrac{T_{Peak}^2}{\beta}\right)}{d\left(\dfrac{1}{T_{Peak}}\right)} = \frac{E_{A,des}}{R}, \qquad (5.4.20)$$

so daß aus einer graphischen Auftragung von $\ln(T_{Peak}^2/\beta)$ gegen $1/T_{Peak}$ die Aktivierungsenergie und nach Einsetzen in die Ratengleichung (5.4.14) präexponentielle Faktoren $k_{1(2)}^0$ bestimmt werden können. Häufig wird zur Abschätzung für k_1^0 bei Reaktionsordnung eins eine typische Schwingungsfrequenz von 10^{13} s^{-1} eingesetzt (vgl. Gl. (5.4.15)) und über Gl. (5.4.18) die Aktivierungsenergie $E_{A,des}$ ermittelt.

b) *Theoretische Modelle.* Die zuletzt genannte Näherung ist a priori physikalisch nicht gerechtfertigt, wie dies z.B. die unterschiedlichen experimentellen Resultate für τ_0 in Abb. 5.4.5 zeigen. Dies wirft die Frage nach dem Mechanismus der Desorption auf. Der Ansatz in Gl. (5.4.14) ging in erster Näherung davon aus, daß die Bedeckungsabhängigkeit von R_{des} über $(N^{ad}_{(s)})^m$ und die Temperaturabhängigkeit über den Exponentialterm beschrieben werden, wobei der präexponentielle Faktor k_m^0 konstant ist. Im allgemeinen Fall werden jedoch alle Parameter der Gl. (5.4.14) von der Temperatur abhängen. Da diese Gleichung eine makroskopische Beschreibung einer komplizierten Serie mikroskopischer Prozesse erfaßt, kann nicht notwendigerweise erwartet werden, daß immer ein einfacher Zusammenhang zwi-

schen der Reaktionsordnung und dem Mechanismus besteht. Dieses
Problem ist u.a. auch von der chemischen Reaktionskinetik bekannt
(siehe z.B. [Lai 70X]). Trotzdem wird gewöhnlich versucht, über experimentell ermittelte Reaktionsordnungen eine Klärung des Mechanismus des geschwindigkeitsbestimmenden Schritts vorzunehmen. Dies
gelingt zumindest in einfachen Fällen.

Wenn z.B. Desorption von unabhängigen Teilchen mit konstanter
Aktivierungs-Energie und -Entropie erfolgt, ergibt sich eine Desorption erster Ordnung. Auf diesen Fall läßt sich das im letzten Abschnitt beschriebene Eyring-Konzept übertragen. Der Wert k_1^0 entspricht dabei der Zahl der Versuche eines Komplexes pro Zeiteinheit,
die Oberfläche zu verlassen, d.h. der Schwingungsfrequenz des Teilchens senkrecht zur Oberfläche. Die Aktivierungsenergie der Desorption ist gleich der Summe aus Adsorptionsenergie und Aktivierungsenergie der Adsorption, wie sie in Abb. 5.2.10 für den Chemisorptionszustand eingeführt wurden.

Nach der Eyring-Theorie des Übergangszustandes ergibt sich für
die Geschwindigkeitskonstante erster Ordnung in Analogie zu Gl.
(5.4.10):

$$k_1 = k_1^0 \cdot \exp\left(-\frac{E_{A,des}}{RT}\right) = \kappa \cdot \frac{kT}{h} \cdot \frac{z_{0,eff}^{\ddagger}}{z_0^{ad}} \cdot \exp\left(-\frac{\Delta\varepsilon_{0,des}}{kT}\right) \qquad (5.4.21)$$

$$= \kappa \cdot \frac{kT}{h} \cdot \exp\left(-\frac{\Delta G_{des}}{RT}\right) = \kappa \cdot \frac{kT}{h} \cdot \exp\left(\frac{\Delta S_{des}}{R}\right) \cdot \exp\left(-\frac{\Delta H_{des}}{RT}\right)$$

Der Wert ΔH_{des} ist im Rahmen der Meßgenauigkeit wegen $\Delta H_{des} \gg$
$p\Delta V$ und daher $\Delta H_{des} \approx \Delta U_{des}$ gleich der entsprechenden Differenz
der Nullpunktsenergien $N_L \cdot \Delta\varepsilon_{0,des}$, so daß ΔS_{des} aus dem Quotienten der Zustandssumme abgeschätzt werden kann. Dabei sind
$z_{0,eff}^{\ddagger}$ und z_0^{ad} die auf Nullpunktsenergien normierten Zustandssummen im aktivierten Komplex bzw. im Grundzustand der Adsorption.
$\Delta\varepsilon_{0,des}$ ist die in Abb. 5.4.2 vereinfachend für einen Freiheitsgrad schematisch dargestellte Differenz der Nullpunktsenergien pro Adsorptionskomplex und ΔS_{des} sowie ΔH_{des} die Differenzen der Entropie
bzw. Enthalpie pro Mol zwischen aktiviertem Komplex und Grundzustand. Der Parameter κ ist der gemittelte Transmissionskoeffizient
und beschreibt die Wahrscheinlichkeit, daß der aktivierte Komplex

bei Erfüllung der Bedingungen zur Theorie des Übergangszustandes tatsächlich desorbiert. Dieser Parameter wird i.allg. gleich eins gesetzt, kann aber z.B. aufgrund von Tunneleffekten oder temperaturabhängigen Energietransfermechanismen zwischen Adsorbat und Unterlage etwa durch Spinfluktuation größer und kleiner als eins werden (siehe z.B. [Pet 72]). Der Einfluß von $\kappa \neq 1$ bei aktivierten Prozessen wurde bei den Adsorptionsraten in Abschn. 5.4.2 zur Vereinfachung nicht diskutiert.

Man erkennt aus Gl. (5.4.21), daß k^0 nur in speziellen Fällen konstant und nur näherungsweise als im Vergleich zum Exponentialterm unabhängig von der Temperatur betrachtet werden kann. Dabei müssen κ und der Quotient der Zustandssummen gleich eins sein. Letzteres ist für schnelle Reaktionen i.allg. erfüllt, für langsame Reaktionen ergeben sich u.U. Werte, die wesentlich kleiner als eins sind. Mit den genannten Vereinfachungen folgt der Wert $k^0 = 1 \cdot 10^{13}$ s^{-1} aus dem Wert von kT/h für $T = 480$ K. Dieser Wert ist typisch für schwach chemisorbierte oder physisorbierte Teilchen.

Eine Desorptionskinetik zweiter Ordnung wird im einfachsten Fall beobachtet, wenn zwei benachbarte Atome im Adsorptionszustand rekombinieren und danach als zweiatomiges Molekül schnell desorbieren. Die dabei ablaufende Gesamtreaktion über den aktivierten Komplex $X_2^{\text{ad}\ddagger}$

$$2X^{\text{ad}} \rightarrow \left(X_2^{\text{ad}} \rightarrow\right) X_2^{\text{ad}\ddagger} \rightarrow X_2^{\text{g}} \tag{5.4.22}$$

kann jedoch auch erster Ordnung sein für den Fall, daß die Desorption von X_2^{ad} geschwindigkeitsbestimmend (d.h. relativ langsam) und der davor ablaufende Schritt schnell ist, so z.B. wenn $X_2^{\text{ad}\ddagger}$ direkt von zwei benachbarten immobilen Atomen an der Oberfläche gebildet wird. Die Reaktion kann auch zweiter Ordnung sein für den Fall, daß die Atome X^{ad} an der Oberfläche in einer mobilen Adsorptionsschicht diffundieren und ihre nur dadurch mögliche Rekombination geschwindigkeitsbestimmend (d.h. der langsamste Teilprozeß der Desorption) ist. Im letzteren Fall hängen $E_{\text{A,des}}$ und k_2^0 von der Beweglichkeit der Teilchen an der Oberfläche ab. Für den Fall, daß sich die Adsorptionsschicht wie ein zweidimensionales Gas verhält, ist k_2^0 durch die Desorptionsenergie gegeben:

$$k_2 = q \left(\frac{\pi kT}{m} \right)^{1/2} \cdot \exp \left(-\frac{E_{A,des}}{RT} \right) \qquad (5.4.23)$$

Dabei ist m die Teilchenmasse und q der Stoßdurchmesser der Teilchen, wie er z.B. aus der zweidimensionalen Realgasgleichung über das Abstoßungspotential berechnet und daher im Prinzip über Adsorptionsisothermen experimentell bestimmt werden kann (vgl. Abschn. 5.3.5). Für den Fall, daß sich die Teilchen nicht frei bewegen und relativ langsame Diffusion der Teilchen an der Oberfläche erfolgt, ergibt sich k_2 bei niedrigen Bedeckungsgraden zu

$$k_2 = \left(\frac{\nu}{N_{(s)}^{OF}} \right) \cdot \exp \left(-\frac{E_{A,diff} + E_{A,des}}{RT} \right) \qquad (5.4.24)$$

Dabei ist ν eine charakteristische Sprungfrequenz, $N_{(s)}^{OF}$ die Zahl der Adsorptionsplätze und $E_{A,diff}$ die Aktivierungsenergie für Oberflächendiffusion [Men 75]. Die dissoziative Adsorption kann auch zu parallel ablaufender Desorption 1. und 2. Ordnung führen. Dies wurde z.B. für das System H/W(100) gefunden, von dem typische TDS-Spektren schon in Abb. 5.4.8 vorgestellt wurden. Prinzipiell kann bei dissoziativer Adsorption anstelle der in Gl. (5.4.22) angenommenen molekularen Desorption auch Desorption von Atomen auftreten. Dies ist häufig bei hohen Temperaturen der Fall. So wird z.B. atomarer Wasserstoff durch Desorption von heißen Wolfram-Oberflächen hergestellt ($T \gtrsim 1700$ K).

Im allgemeinen werden experimentell auch gebrochene Reaktionsordnungen beobachtet, die sich dann nicht mit einfachen Modellen interpretieren lassen. Aber auch bei ganzzahligen Reaktionsordnungen ist eine Bestimmung des Reaktionsmechanismus aus der Kenntnis der Reaktionsordnung nicht eindeutig möglich. So würde man z.B. aus einer Desorption von X_2, die nach erster Ordnung abläuft, zunächst auf molekulare Adsorption schließen. Wie das Beispiel der Desorption von Wasserstoff von Wolfram-Oberflächen zeigt (vgl. Abb. 5.4.8), ist das jedoch nicht zwingend der Fall. Daraus folgt, daß Reaktionsmechanismen wohl im Einklang mit der gefundenen Reaktionsordnung ablaufen müssen, nicht aber über die Reaktionsordnung bewiesen werden können. (Zur Erklärung einer Desorption 0. Ordnung siehe z.B. [Asa 89].)

5.4.4   Oberflächendiffusion adsorbierter Teilchen

Schon im letzten Abschitt wurde angedeutet, daß adsorbierte Fremdatome an der Oberfläche diffundieren und dies den Desorptionsprozeß
beeinflussen kann. Entscheidend für die Oberflächendiffusion von adsorbierten Teilchen ist das Verhältnis aus thermischer Energie RT
zu der in Abb. 5.4.9a dargestellten Energiebarrierenhöhe $E_{A,diff}$ parallel zur Oberfläche. Die Barrieren sind eine Folge der periodischen
Wechselwirkungspotentiale eines Teilchens mit der Unterlage.

Für $E_{A,diff} \ll RT$ bewegen sich die Teilchen frei und können z.B. über
die zweidimensionale Gasgleichung beschrieben werden. Diese Bedingungen liegen z.T. in Physisorptionssystemen vor. Für $E_{A,diff} > RT$

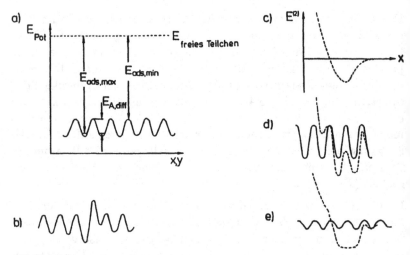

Abb. 5.4.9

a) Periodisches Potential eines absorbierten Teilchens für eine Bewegung parallel
zu einer idealen periodischen Oberfläche mit Adsorptionsenergien $E_{ads,i}$

b) Potentialverlauf an nicht-idealen Oberflächen. Die Heterogenität kann z.B.
durch Ecken- und Kantenatome erzeugt werden, wie sie in Abb. 5.4.11 dargestellt sind.

c) Zweiteilchen-Wechselwirkungspotential für freie Teilchen als Funktion ihres Abstandes voneinander

d/e) Modulation des periodischen Einteilchenpotentials (ausgezogene Linie) durch
Paar-Wechselwirkung adsorbierter Teilchen an der Oberfläche (vgl. c). Es ergibt
sich ein effektives Potential, das entweder charakteristisch für ein Gittergas (d)
oder eine nicht kommensurable Adsorbat-Konfiguration ist (e) [Ert 79].

werden Translationsfreiheitsgrade „eingefroren" und in Schwingungsmoden auf Plätzen minimaler Energie, d.h. den „Adsorptionsplätzen", überführt. Oberflächendiffusion erfolgt durch Sprünge von einem Platz zum nächsten. In guter Näherung besetzen die Teilchen dann Punkte eines zweidimensionalen Gitters mit der Symmetrie der Unterlage („Gittergas"). Die Sprungfrequenz ist gleich dem Kehrwert der mittleren Zeit τ zwischen zwei Sprüngen, wobei τ wie in Gl. (5.4.15) über eine Frenkel-Beziehung ausgedrückt werden kann. Der im letzten Kapitel diskutierten molaren Aktivierungsenergie $E_{A,des}$ entspricht bei der Diffusion die molare Größe $E_{A,diff}$. Auch bei der Diffusion läßt sich τ über die Theorie des Übergangszustandes mit mikroskopischen Teilcheneigenschaften im Gleichgewichts- und im aktivierten Zustand interpretieren. Für $E_{A,diff} \gg RT$ sind die Teilchen immobil und sind nicht in der Lage, in endlichen Zeiten ihre Konfiguration zu ändern.

Streng genommen gelten die Verhältnisse der Abb. 5.4.9a und b nur für ein einziges Teilchen auf einer reinen idealen Oberfläche. Die bei zunehmendem Bedeckungsgrad auftretenden Wechselwirkungen adsorbierter Teilchen untereinander können im einfachsten Fall über Zweiteilchen-Lennard-Jones-Potentiale beschrieben werden, die sich dem periodischen Potential überlagern, wie dies in Abb. 5.4.9c bis e dargestellt ist. Daher modifizieren adsorbierte Teilchen das effektive Potential eines benachbarten zweiten Teilchens und umgekehrt. Die Folge ist, daß die energetische Homogenität der Oberfläche aufgehoben ist.

Während in Abb. 5.4.9 die innere Struktur des adsorbierten Teilchens nicht berücksichtigt wurde, deutet Abb. 5.4.10 an, daß auch bei fehlender Wechselwirkung der adsorbierten Teilchen untereinander die Wechselwirkungsenergien adsorbierter Moleküle mit dem Substrat i.allg. von deren Orientierung relativ zur Unterlage abhängen. Da nicht notwendigerweise die Orientierung des Moleküls im absoluten Potentialminimum und im niedrigsten zu überwindenden Sattelpunkt die gleiche sein muß, ist bei Diffusion (ebenso wie bei Desorption) auch eine Änderung der Anregung innerer Freiheitsgrade des Moleküls zu erwarten. Für weitere Diskussionen wollen wir diese Orientierungsabhängigkeit der Wechselwirkung und damit verbundene

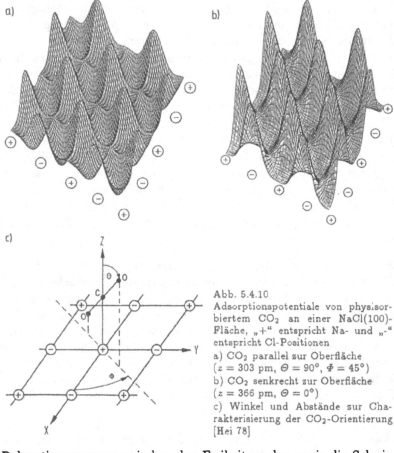

Abb. 5.4.10
Adsorptionspotentiale von physisorbiertem CO_2 an einer NaCl(100)-Fläche, „+" entspricht Na- und „-" entspricht Cl-Positionen
a) CO_2 parallel zur Oberfläche ($z = 303$ pm, $\Theta = 90°$, $\Phi = 45°$)
b) CO_2 senkrecht zur Oberfläche ($z = 366$ pm, $\Theta = 0°$)
c) Winkel und Abstände zur Charakterisierung der CO_2-Orientierung
[Hei 78]

Relaxationsprozesse zwischen den Freiheitsgraden sowie die Schwierigkeit der eindeutigen Angabe einer exakten Potential-Hyperfläche bei der Diffusion vernachlässigen.

Die Triebkraft für jeden Diffusionsprozeß ist ein Gradient im chemischen Potential μ, der zu einem Teilchenfluß j führt. Mit $\mu(x)$ als ortsabhängigem chemischem Potential an der Oberfläche ergibt sich die Driftgeschwindigkeit v eines Teilchens (oder auch allgemeiner eines Defekts) in einer Dimension aus der Nernst-Einstein-Gleichung

$$v = \frac{D_i}{kT} \cdot \frac{\partial \mu}{\partial x}. \tag{5.4.25}$$

Dabei ist D_i der intrinsische Diffusionskoeffizient. Wenn Teilchen statistische Sprünge der mittleren Länge $\bar{l}$ parallel zur Oberfläche ausführen und τ die oben definierte mittlere Zeit zwischen zwei Sprüngen ist, ergibt sich aus der Statistik („random walk theory")

$$D_i = \alpha \left(\frac{\bar{l}^2}{\tau} \right) = D_{i0} \cdot \exp \left(- \frac{E_{A,\text{diff}}}{RT} \right) \qquad (5.4.26)$$

mit $\alpha = 1/2$ für eindimensionale, $\alpha = 1/4$ für zweidimensionale (Oberflächen-) und $\alpha = 1/6$ für dreidimensionale (Volumen-) Diffusion [Gir 73X]. Eine experimentelle Bestimmung von D_i ist beispielsweise über Diffusion eines markierten Gases („Tracer") und die anschließende Bestimmung seiner Verteilung über Tiefenprofilanalyse (z.B. mit SIMS) bzw. die Bestimmung der zeitlichen Änderung einer physikalischen Größe wie Masse, elektrische Leitfähigkeit etc. möglich. (Zur theoretischen Überprüfung von Gl. (5.4.26) siehe [Pai 89].)

Aus Gl. (5.4.25) ergibt sich der Teilchenstrom in x-Richtung

$$j_x = N_{(s)}^{\text{ad}} \cdot v = - \frac{N_{(s)}^{\text{ad}} \cdot D_i}{kT} \cdot \frac{\partial \mu}{\partial x} = - \frac{N_{(s)}^{\text{ad}} \cdot D_i}{kT} \cdot \frac{\partial \mu}{\partial N_{(s)}^{\text{ad}}} \cdot \frac{\partial N_{(s)}^{\text{ad}}}{\partial x} \qquad (5.4.27)$$

als Rate der Teilchen, die an der Oberfläche eine Einheitslinie überqueren.

Diffusionsprozesse werden häufig rein phänomenologisch über Teilchengradienten und effektive Diffusionskoeffizienten D_{eff} beschrieben:

$$j_x = - D_{\text{eff}} \cdot \frac{\partial N_{(s)}^{\text{ad}}}{\partial x} \qquad (5.4.28)$$

Vergleich der Gl. (5.4.28) und (5.4.27) liefert die Umrechnung von D_{eff} in D_i. Da das chemische Potential adsorbierter Schichten nur in einfachen Fällen eine ideale logarithmische Abhängigkeit von der Bedeckung aufweist (Abschn. 5.3), kann der effektive Diffusionskoeffizient D_{eff} in komplexer Weise von der Bedeckung der Teilchen abhängen.

Zur Illustration dafür soll eine reale Oberfläche eines Einkristalls schematisch gezeigt werden. Nichtideale Atompositionen in Abb. 5.4.11 wirken nicht nur energetisch als heterogene Adsorptionsplätze der Art, wie sie schon in Abb. 5.4.9b vorgestellt wurden, sondern bewirken

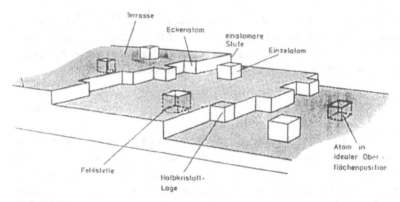

Abb. 5.4.11
Schematische Darstellung verschiedener Positionen von Oberflächenatomen an einem Element-Einkristall [Bon 75]

auch ortsabhängige und häufig stark anisotrope Diffusion adsorbierter Teilchen. Zum systematischen Studium der dabei ablaufenden Bewegungsprozesse sind Untersuchungsmethoden mit hoher Ortsauflösung erforderlich, so z.B. die Feldelektronenmikroskopie oder die Rastertunnelmikroskopie. Eine Aufzählung der Techniken zur Untersuchung von Oberflächendiffusion findet sich z.B. bei [Bon 75] und [Nau 85].

5.5 Thermodynamisch und kinetisch bestimmte Oberflächenstrukturen

Von erheblichem theoretischem und praktischem Interesse ist die Herstellung definiert „glatter" und „rauher" Oberflächen mit kontrollierten Defektstrukturen.

Wir wollen uns im folgenden damit beschäftigen, welche geometrischen Strukturen von Oberflächen sich ohne und mit Adsorbaten einstellen, wenn sowohl Ad- und Desorption als auch Oberflächendiffusion berücksichtigt werden. Dabei gibt es zwei Extreme für eine eindeutige experimentelle Bestimmung und theoretische Behandlung der dabei auftretenden Prozesse:

Einerseits kann das Festkörper/Gas-System in einem abgeschlossenen Volumen bei konstanter Temperatur unter thermodynamischen Gleichgewichtsbedingungen untersucht werden, bei denen Ad- und

Desorptionsraten aller Komponenten gleich sind. Andererseits können kinetisch kontrollierte Systeme untersucht werden, wenn sich kein Gleichgewicht zwischen Ad- und Desorptionsrate einstellen kann, wie es etwa im UHV bei Verdampfen von Oberflächenatomen des Substrats oder bei Messungen zur thermischen Desorption der Fall ist.

Die Folge von thermodynamisch oder kinetisch kontrollierten Prozessen sind charakteristische Oberflächenstrukturen des Substrats und des Adsorbats. Die Adsorbate werden detaillierter in Abschn. 5.6 behandelt, die Substrate als „Unterlagen" sollen hier kurz charakterisiert werden.

5.5.1 Adsorbate auf inerter Unterlage

Sowohl bei thermodynamisch als auch bei kinetisch kontrollierten Experimenten gibt es einfache Adsorbatsysteme, bei denen die Unterlage unverändert bleibt, d.h. die Substratatome nicht diffundieren bzw. desorbieren. Einfache Adsorptionsexperimente werden i.allg. an solchen inerten Unterlagen durchgeführt. Die kinetischen Aspekte wurden in Abschn. 5.4, die thermodynamischen in Abschn. 5.3 vorgestellt, Details werden in Abschn. 5.6 diskutiert.

5.5.2 Verdampfung und Teilchentransport an freien Festkörperoberflächen

Das andere Extrem eines Substrats zeigt schon in Abwesenheit von Fremdteilchen Diffusion der Substratatome an der Oberfläche sowie deren Ad- und Desorption. Dies tritt bevorzugt bei hohen Temperaturen auf und kann durch Fremdteilchen empfindlich beeinflußt werden.

Bei freien Oberflächen bestimmt in thermodynamisch kontrollierten Experimenten das Gleichgewicht zwischen Verdampfung und Kondensation die Oberflächenstruktur des Festkörpers. Dies gilt streng genommen sogar für die makroskopische Form eines Festkörpers, die bei gegebener Temperatur und gegebenen Partialdrücken der Komponenten dieses Festkörpers durch das Minimum der freien Enthalpie des Gesamtsystems eindeutig vorgegeben ist. Mit der Einstellung dieses Gleichgewichts zwischen den verschiedenen Einkristallflächen ist jedoch i.allg. ein großer Materietransport verbunden. Daher läßt sich oft bei endlichen Untersuchungszeiten lediglich die Ausbildung von verschiedenen, in Abb. 5.4.11 beispielhaft gezeigten Strukturen an einer vorgegebenen makroskopischen Festkörperoberfläche beobachten. Ein lokales Gleichgewicht zwischen den einzelnen Atompositionen auf dieser makroskopischen Fläche läßt sich u.U. auch ohne Verdampfung (und damit Transport über die Gasphase) über Oberflächendiffusionsprozesse einstellen, obwohl die makroskopische Form des gesamten Festkörpers nicht dem absoluten Minimum der freien Enthalpie entsprechen muß. Das lokale Gleichgewicht zwischen den verschiedenen Positionen ist charakterisiert durch gleiche chemische Potentiale mit ihren Energie- und Entropie-Anteilen. Wir betrachten zunächst als einfaches Beispiel den Verdampfungsprozeß eines Elementkristalls ohne Berücksichtigung der verschiedenen in Abb. 5.4.11 gezeigten Atompositionen.

Wird ein Verdampfungsprozeß so vorgenommen, daß sich ein Gleichgewicht zwischen Verdampfungsrate R_{des} und Kondensationsrate R_{ads} einstellt, so wird diese sogenannte „freie Langmuir-Desorption" über die Hertz-Knudsen-Langmuir-Gleichung beschrieben:

$$R_{des} = \alpha_v \cdot Z_{(s)} = \alpha_v^0 \frac{p_0}{\sqrt{2\pi mkT}} = R_{ads} \qquad (5.5.1a)$$

Dabei ist $\alpha_v^0 < 1$ der Verdampfungskoeffizient im Gleichgewicht (siehe z.B. [Ros 76]). Dieser gibt den Bruchteil der Teilchen an, die beim Stoß auf die Oberfläche aus der Gasphase unter Gleichgewichtsbedingungen haften bleiben. Damit entspricht α_v^0 dem Haftkoeffizienten S in Gl. (5.4.1).

Die effektive Überschuß-Verdampfungsquote bei Drücken p unterhalb des Sättigungsdrucks p_0 ist

$$R_{des} - R_{ads} = \alpha_v \cdot \frac{p_0 - p}{\sqrt{2\pi mkT}}. \qquad (5.5.1b)$$

Dabei ist α_v i. allg. temperaturabhängig und somit α_v^0. Grundlage für Gl. (5.5.1) ist die Annahme einer konstanten Bindungs- und daher auch Desorptionsenergie für alle Atome an der Oberfläche. Dies ist für Flüssigkeiten immer, für Festkörper wie oben beschrieben aber oft nicht erfüllt, so daß α_v i.allg. auch noch flächenspezifische Werte annimmt, wobei Verdampfungs- und Kondensationsprozesse über

verschiedene Zwischenstufen an der Oberfläche ablaufen. So sind bei-spielsweise die in Abb. 5.4.11 gezeigten Positionen durch unterschied-liche Bindungsenergien und damit unterschiedlich hohe Verdamp-fungsraten und Diffusionskoeffizienten charakterisiert, die für einfache Modellbeispiele auch berechnet werden können (siehe z.B. [Bon 75] und dort angegebene Referenzen). Während Einzelatome oder Außen-atome mit weniger Energie als die Atome im Volumen entfernt werden können, sind Atome in idealer Oberflächenposition mit mehr Energie abzulösen. Eckenatomen kommt beim Verdampfungsprozeß häufig ei-ne entscheidende Rolle zu, da die Bindungsenergie eines Eckenatoms in erster Näherung (nur nächste Nachbarn werden berücksichtigt) der mittleren Bindungsenergie eines Atoms gleicht („Halbkristallage").
Die Bildung und Ausheilung von Eckenatomen ist daher häufig ein mikroskopisch reversibler Prozeß und bestimmt sowohl Verdampfung als auch Wachstum eines idealen Einkristalls entscheidend (vgl. z.B. [Mai 70X] und dort angegebene Referenzen). Zum Beispiel bilden sich bevorzugt schraubenförmige Terrassen beim Verdampfen ins Vaku-um aus, wenn Schraubenversetzungen im Einkristall vorliegen, da bei der Verdampfung nur Eckenatome entfernt werden müssen. Ein Bei-spiel für eine solche Struktur ist in Abb. 5.5.1a für eine (111)-Fläche rhomboedrischer Kristalle gezeigt.

Diese Schraubenversetzungen können bei kinetisch kontrollierter Ver-dampfung in das Vakuum bewirken, daß beim Hochheizen einer glat-ten Einkristallfläche eine starke Oberflächenrauhigkeit auftritt, wie dies im Beispiel der Abb. 5.5.1b und c gezeigt ist.

Im Gegensatz dazu können im Vakuum Oberflächen durch Heizen auch geglättet werden, nämlich dann, wenn schwächer gebundene Atome durch Verdampfen oder Oberflächendiffusion verschwinden. Dieses Verfahren wird häufig verwendet, um Einkristallflächen nach dem Reinigen durch Edelgassputtern und dadurch bedingtem starkem Aufrauhen wieder zu glätten.

Diese beiden konträren Beispiele zeigen, daß i.allg. keine einfachen Aussagen darüber möglich sind, ob thermisches Verdampfen von Ein-kristalloberflächen deren Rauhigkeiten erniedrigt oder erhöht. Meist können niedrigindizierte Flächen atomar geglättet werden. Hochin-dizierte Flächen von Metallen sind häufig stabiler als die von Halbleitern, da letztere nach dem Heizen meist facettieren. Versetzungen und Adsorbate können die Stabilität bestimmter Defektstrukturen des idealen Adsorbats ganz empfindlich verändern.

Bisher haben wir uns mit der Verdampfung eines einkomponentigen Festkörpers beschäftigt. Beim Studium von Festkörpern, die aus mehreren Atomkomponenten aufgebaut sind, bewirkt eine bevorzugte Verdampfung einer Komponente Abweichungen in der chemischen Zusammensetzung zunächst an der Oberfläche und dann, über Festkörperdiffusion, im Volumen. Da alle Festkörper bei höheren Tempe-

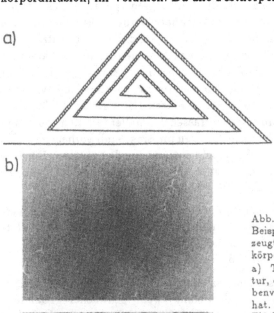

Abb. 5.5.1
Beispiele für thermisch erzeugte Ätzstrukturen an Festkörperoberflächen

a) Terrassenförmige Struktur, die sich an einer Schraubenversetzung ausgebildet hat. Dies ist typisch für (111)-Flächen rhomboedrischer Kristalle.

b/c) Verschiedene Stadien bei der freien Verdampfung von As(111)-Spaltflächen, bei denen an Schraubenversetzungen terrassenförmige Strukturen wie in a) gezeigt entstehen: Induktionsperiode (b) und quasistationäre („steady state") Bedingungen (c) [Ros 76]

raturen Punktdefekte ausbilden (vgl. Gl. (5.2.3)), ist es experimentell häufig außerordentlich schwierig, deren Oberflächen durch teilweise Verdampfung zu glätten oder zu reinigen, ohne daß sich die Elementzusammensetzung an der Oberfläche (d.h. die Oberflächenstöchiometrie) ändert. Häufig muß die Verarmung einer Atomart als Folge der Einstellung eines atomspezifischen Defekts durch nachfolgende Zugabe aus der Gasphase rückgängig gemacht werden. Da sowohl thermodynamische als auch kinetische Bedingungen die Stöchiometrie bestimmen können, müssen bei thermischer Behandlung, bei Hochtemperaturstudien oder bei der Herstellung von einkristallinen Verbindungsfestkörpern durch Verdampfen dieser Einzelkomponenten auf ein Substrat („Molekularstrahlepitaxie") die verschiedenen Versuchsparameter sorgfältig optimiert werden, um reproduzierbare Oberflächen zu erzeugen.

Ein Beispiel für bevorzugte Desorption einer Festkörperkomponente in das Vakuum und damit thermisch erzeugte Änderungen in der stöchiometrischen Zusammensetzung ist in Abb. 5.5.2 gegeben. Zinkoxid($10\bar{1}0$)-Oberflächen zeigen nur *bei hohen Temperaturen* ($T > 950$ K) den nach der Eyring-Theorie (s. Abschn. 5.4.3) für Kinetik 1. Ordnung erwarteten Verlauf der Verdampfungsrate mit der Temperatur sowohl für Zink als auch für molekularen Sauerstoff. Der präexponentielle Faktor der Verdampfungsrate (vgl. Gl. (5.4.14)) mit $m = 1$) ist im Rahmen der Meßgenauigkeit gleich der Frequenz, die sich aus der mit LEED bestimmten Oberflächen-Debye-Temperatur abschätzen läßt. Die Aktivierungsenergie der Verdampfung ist in diesem Fall gleich der Energie, die zur Erzeugung eines Elektron-Loch-Paares im ionischen Halbleiter ZnO notwendig ist. Dies entspricht lokal einer Bindungslockerung der Oberflächenatome, die als geschwindigkeitsbestimmender Schritt für die Desorption aus der idealen Kristall-Lage heraus angesehen werden kann. Der Einfluß nicht-idealer Oberflächenpositionen auf die Kinetik der Verdampfung bei hohen Temperaturen ist zu vernachlässigen. *Bei niedrigen Temperaturen unter 950 K* zeigt zwar die Desorption von Zink, nicht aber die Desorption von Sauerstoff das extrapolierte Hochtemperaturverhalten. Die „ideale" Zinkoxid-Oberfläche mit einem Verhältnis von Zn : O Atomen von eins bei Raumtemperatur neigt wegen des Entropiegewinns dazu, oberhalb Raumtemperatur Fehlstellen, d.h.

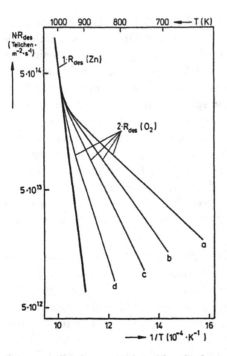

Abb. 5.5.2
Verdampfungsraten für Sauerstoff $R_{des}(O_2)$ und für Zink $R_{des}(Zn)$ als Funktion der Temperatur. Die Daten wurden unter Langmuir-Bedingungen während des Aufheizens von stöchiometrischen Oberflächen mit von (b) bis (d) zunehmendem Unterschuß an Sauerstoff ermittelt [Göp 77].

Sauerstofflücken, an der Oberfläche auszubilden. Dies erfolgt durch bevorzugte Verdampfung von molekularem Sauerstoff beim Aufheizen einer idealen stöchiometrischen Oberfläche (vgl. Abb. 5.5.2). Diese Fehlstellen lassen sich nachfolgend durch Sauerstoffangebot bei tiefen Temperaturen ($T \lesssim 600$ K) wieder „ausheilen", da sie unter diesen Bedingungen nicht mehr thermodynamisch stabil sind.

5.6   Adsorption an Festkörperoberflächen

5.6.1   Übersicht

Bei einem Festkörper/Gas-System können je nach den gewählten experimentellen Bedingungen verschiedene Wechselwirkungsmechanismen auftreten, die schon in der Übersicht im Abschn. 5.2.2 schematisch vorgestellt wurden. Aus thermodynamischen Überlegungen folgt, daß bei tiefen Temperaturen Reaktionen bevorzugt ablaufen, bei denen sich die *Gesamtenergie* erniedrigt (z.B. bei Adsorption), während bei hohen Temperaturen Reaktionen meist in diejenige Richtung laufen, bei der die *Gesamtentropie* zunimmt (z.B. durch Ausbildung von Punktdefekten oder Desorption).

Eine Übersicht typischer Temperaturbereiche von verschiedenen Wechselwirkungsmechanismen läßt sich experimentell z.B. aus thermischen Desorptionsspektren gewinnen, wie dies für das System $ZnO(10\bar{1}0)/O_2$ in Abb. 5.6.1 gezeigt ist. Bei tiefen Temperaturen tritt ein der Physisorption zugeordnetes Maximum auf (Kurve a). Nach Chemisorption bei 300 K tritt ein Maximum um 450 K auf (Kurve b). Schwache Physisorptions- und stärkere Chemisorptions-Wechselwirkungsprozesse lassen sich für dieses spezielle Festkörper/Gas-System unter den gewählten Bedingungen trennen, da der Chemisorptionszustand durch eine Aktivierungsbarriere vom Physisorptionszustand

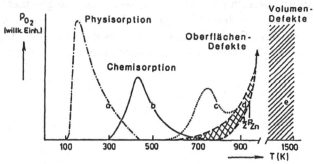

Abb. 5.6.1
Thermische Desorptionsspektren p_{O_2} als Funktion der Temperatur am System $ZnO(10\bar{1}0)/O_2$, aufgenommen mit $dT/dt = 3,3$ K s^{-1}

a) nach Adsorption bei 100 K, wobei Physisorption bei vernachlässigbarer Chemisorption auftritt,

b) nach Adsorption bei 300 K, wobei O_2 als O_2^- chemisorbiert wird und Physisorption vernachlässigbar ist,

c) Desorption von nicht-idealen Oberflächenatom-Positionen nach dem ersten Hochheizen einer Spaltfläche oder einer Ar-bombardierten Fläche,

d) Sublimation des Kristalls unter Ausbildung von Punktdefekten in der Oberfläche. Die obere Kurve wird nach Chemisorption von O_2 bei 300 K erhalten, p_{O_2} im schraffierten Bereich entspricht verschiedenen Punktdefektkonzentrationen an der Oberfläche.

e) Hochtemperaturbereich, in dem Einkristalle hergestellt und Punktdefekte im Volumen eingestellt werden [Göp 79]

getrennt ist, die bei tiefen Temperaturen um 100 K in endlichen Meßzeiten nicht überwunden werden kann (vgl. dazu das schematische
Potentialdiagramm in Abb. 5.2.7 mit $\Delta E \gg kT$ bei 100 K).

Beim ersten Hochheizen einer frisch gespaltenen ZnO($10\bar{1}0$)-Oberflä-
che tritt O_2- und Zn-Desorption um 750 K auf (Kurve c), die der
Desorption von Oberflächenatomen auf nichtidealen Kristallpositio-
nen zugeordnet werden kann und die schon in Abb. 5.4.11 schematisch
vorgestellt wurden. Nach dieser irreversiblen, nur beim ersten Hochheizen auftretenden Desorption wird eine atomar glatte Oberfläche
ausgebildet, an der nachfolgend reversibel Ad- und Desorptionsunter-
suchungen mit Gasen durchgeführt werden können.

Im Hochtemperaturbereich tritt oberhalb 700 K Punktdefektbildung
auf, die durch bevorzugte O_2-Desorption zu einem Zn-Überschuß und
damit zu Nichtstöchiometrie in der ersten Atomlage an der Oberfläche
führt (Bereich d). Die unter diesen Bedingungen meßbaren Desorptionsraten wurden schon im Abschn. 5.5 diskutiert. Nach der Einstellung eines Fließ-Gleichgewichts, das durch $p_{O_2} = 1/2p_{Zn}$ charakterisiert ist, bestimmen Sauerstoffpartialdruck und Temperatur die Kon-

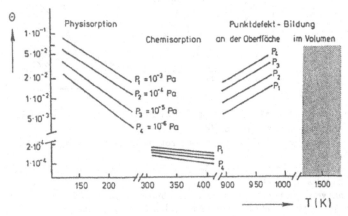

Abb. 5.6.2
Adsorptions-Isobaren (p_i = const) aus thermischen Desorptionsexperimenten am
System ZnO($10\bar{1}0$)/O_2. Aufgetragen ist der Bedeckungsgrad Θ als Maß für die
Konsentration adsorbierter Teilchen ($\Theta = 1 \,\hat{=}\, 1,2\cdot10^{15}$ Teilchen cm^{-2}). Der Typ
der Wechselwirkung wurde durch ergänzende spektroskopische Untersuchungen
identifiziert und ist im wesentlichen durch die Temperatur vorgegeben [Göp 80].

zentration von Punktdefekten an der Oberfläche. Die Defekte sind Sauerstofflücken $V_{O,s}$ (zur Nomenklatur s. Abschn. 5.6.6).

Die unter thermodynamischen Gleichgewichtsbedingungen einstellbaren Bedeckungsgrade an physisorbiertem und chemisorbiertem O_2 so wie an Sauerstofflücken sind als Funktion von p_{O_2} und T in Abb. 5.6.2 gezeigt. Temperatur- und Druckabhängigkeit der Konzentrationen unterscheiden sich bei Adsorption und Punktdefektbildung in charakteristischer Weise.

Dieser Unterschied äußert sich u.a. auch im Vorzeichen der isosteren Wärmen Q_{ads}, die gemäß Abschn. 5.3.2 aus den in Abb. 5.6.2 gezeigten Adsorptionsdaten berechnet werden können und die in Abb. 5.6.3 als Funktion der Bedeckung gezeigt sind. Im Gegensatz zur Adsorption muß bei der Bildung von Punktdefekten Wärme von außen zugeführt werden. Daher werden nur bei höheren Temperaturen Punkt-

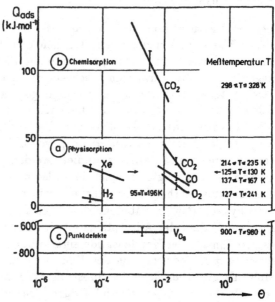

Abb. 5.6.3
Isostere Wärme Q_{ads} aus Adsorptionsdaten entsprechend Abb. 5.6.2. Verschiedene Wechselwirkungsmechanismen können durch unterschiedliche Werte Q_{ads} charakterisiert werden [Göp 80]

defekte gebildet. Triebkraft für die Defektbildung ist der Entropiegewinn (vgl. Gl. (5.2.3)).

Diese Abbildung zeigt auch, daß eine klare Unterscheidung zwischen Physisorption und Chemisorption nicht ohne Definitionen möglich ist: Es ist üblich, bei Wechselwirkungsenergien unter 50 kJ mol^{-1} von Physisorption, darüber von Chemisorption zu sprechen.

Bei vielen Experimenten zur Festkörper/Gas-Wechselwirkung werden verschiedene Mechanismen gleichzeitig wichtig und auch Volumenreaktionen nicht vernachlässigbar sein. Für interpretierbare systematische Studien sind deshalb experimentelle Bedingungen zu finden, unter denen im Rahmen der Meßgenauigkeit nur ein definierter Wechselwirkungstyp auftritt. Auf derartige Studien beziehen sich die folgenden Ausführungen dieses Abschnitts.

5.6.2   Physisorption

Bei der Physisorption bleiben geometrische Struktur und elektronische Eigenschaften der freien Teilchen und der freien Oberfläche im wesentlichen erhalten. Experimente zur Physisorption erfordern wegen der relativ schwachen Wechselwirkung die Einstellung tiefer Temperaturen. Da unter diesen Bedingungen auch Kondensation der Teilchen unter Ausbildung von flüssigen oder festen dreidimensionalen Phasen auftreten kann, müssen Partialdruck und Temperatur sorgfältig eingestellt werden, wenn physisorbierte Teilchen im Monolagenbereich und darunter studiert werden sollen (vgl. dazu das in Abb. 5.3.3 gezeigte Beispiel der Adsorption von Xe). Wenn die Kondensationsenthalpie der Teilchen stark von der isosteren Wärme der Physisorption im Submonolagenbereich abweicht, dann läßt sich aus dem Verlauf der Adsorptionsisothermen als Funktion des Druckes der Einsatz der Kondensation einfach bestimmen. Auf diese Weise ist es z.B. möglich, aus der Kenntnis des Flächenbedarfs eines Moleküls die Oberfläche des Substrats experimentell zu bestimmen (BET-Verfahren, s. Abschn. 5.3.1 oder [Pon 74X]). Insbesondere bei Pulverproben mit spezifischen Flächen von 10 m^2 pro Gramm Substrat und mehr hat dieses Verfahren der Flächenbestimmung große Bedeutung.

Eine Identifizierung physisorbierter Teilchen ist z.B. mit Photoemissionsspektroskopie möglich, wobei bis auf eine gleichförmige Relaxationsverschiebung und energetische Verbreiterung aller Orbitale das Spektrum freier Teilchen als Differenzspektrum auftritt (vgl. das in Abb. 4.6.18 gezeigte Beispiel).

Physikalische Ursache für Physisorption sind Wechselwirkungen zwischen adsorbierenden Teilchen und Unterlagenatomen, wie sie auch in der Gasphase zwischen Molekülen auftreten können. Daher sollen im folgenden zunächst Kräfte freier Teilchen in der Gasphase (a) und danach erst Physisorptionskräfte (b) diskutiert werden.

a) In der Gasphase werden Zweiteilchenwechselwirkungen zwischen chemisch nicht reagierenden Teilchen i.allg. als van-der-Waals-Kräfte bezeichnet, die z.B. über die Störungstheorie 2. Art berechnet werden können (vgl. z.B. [Hir 64X]). Die potentielle Energie zweier wechselwirkender Teilchen läßt sich dabei in abstandsabhängige Anteile eines Anziehungspotentials E_{attr} und eines Abstoßungspotentials E_{rep} zerlegen. Physikalische Ursache der Abstoßung ist das Pauli-Prinzip. Die Anziehung kann halbklassisch als elektrostatische Wechselwirkung zwischen zeitlich stationären und zwischen zeitlich fluktuierenden Ladungsverteilungen beschrieben werden. Erstere wird durch Multipole erfaßt, die die Ladungsverteilung im Molekül charakterisieren und elektrostatische Multipol-Multipol- sowie polarisationsinduzierte Multipol-Wechselwirkungen bewirken. Dabei ist es i.allg. ausreichend, lediglich Dipol- und Quadrupol-Anteile zu berücksichtigen.

Die Absenkung der Gesamtenergie wechselwirkender Teilchen als Folge resonant fluktuierender Ladungsverteilungen ist als Dispersionswechselwirkung bekannt, wurde schon 1937 von London halbklassisch hergeleitet und kann über Polarisierbarkeiten und Ionisierungsenergien der Teilchen abgeschätzt werden.

Abb. 5.6.4 zeigt den typischen Abstandsverlauf eines Zweiteilchenpotentials mit Anziehungs- und Abstoßungsterm, wobei ersterer i.allg. proportional zu r^{-6} angesetzt wird. Der Verlauf des Abstoßungspotentials geht nicht wesentlich in die Berechnung einer Reihe von physikalischen Eigenschaften wie z.B. Realgaskorrekturen oder Gas-Viskositäten ein und wird deshalb häufig in der mathematisch einfach

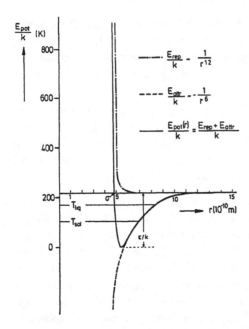

Abb. 5.6.4
Beispiel für ein Zweiteilchen-Lennard-Jones-Potential zur Beschreibung der Wechselwirkung von Molekülen (hier Ethylen C_2H_4) als Funktion des Abstandes r zweier Moleküle voneinander. ε ist die Tiefe der Potentialmulde und σ der effektive Teilchendurchmesser. Näheres siehe Text.

zu handhabenden Form proportional zu r^{-12} angesetzt. Damit ergibt sich das sogenannte Lennard-Jones-Potential

$$E_{\text{pot}} = 4\varepsilon \left[\left(\frac{\sigma}{r} \right)^{12} - \left(\frac{\sigma}{r} \right)^{6} \right] = E_{\text{rep}}(r) + E_{\text{attr}}(r), \qquad (5.6.1)$$

wobei ε und σ die in Abb. 5.6.4 gezeigte Bedeutung haben. Darin entspricht σ dem Teilchendurchmesser (genauer: Abstand der Teilchen bei der Wechselwirkungsenergie $\varepsilon = 0$) und $-\varepsilon$ der Tiefe der Potentialmulde.

Mit E/k als Temperatur läßt sich aus dem Beispiel in Abb. 5.6.4 ablesen, wie groß bei gegebener Temperatur die thermische Energie kT im Vergleich zur Wechselwirkungsenergie zwischen zwei Ethylenmolekülen ist. Zur Veranschaulichung sind die Temperatur der Verflüssigung T_{liq} und der Erstarrung T_{sol} bei 10^5 Pa ebenfalls angegeben.

Bei genauerer Betrachtung der Wechselwirkung zwischen zwei Teilchen müssen die über alle Orientierungen der Teilchen relativ zueinander statistisch gemittelten, i.allg. auch winkelabhängigen Wechselwirkungspotentiale berücksichtigt werden. Da dies schwierig ist, werden häufig mit der vereinfachten Annahme rotationssymmetrischer Potentiale deren charakteristische effektive Parameter aus experimentellen Daten (wie z.b. aus dem Realgasverhalten oder der Gasviskosität) ermittelt und tabelliert.

b) Bei der Physisorption tritt ein adsorbierendes Teilchen (1) mit mehreren Teilchen (2) der Unterlage in Wechselwirkung. Diese Wechselwirkung kann z.b. durch Summation über alle Zweiteilchenwechselwirkungen aus geeigneten Zweiteilchenpotentialen abgeschätzt werden. So lassen sich z.b. aus den jeweiligen Lennard-Jones-Parametern für die Wechselwirkung gleicher Teilchen untereinander die Parameter für die effektive Wechselwirkung von zwei unterschiedlichen Teilchen über $\sigma_{\text{eff}} = (\sigma_1 + \sigma_2)/2$ und $\varepsilon_{\text{eff}} = \sqrt{\varepsilon_1 \cdot \varepsilon_2}$ berechnen. Damit kann über eine Summation aller Anteile der attraktiven Wechselwirkung $E_{\text{attr},i}$ und der repulsiven Wechselwirkung $E_{\text{rep},i}$

$$E_{\text{pot,phys}} = \sum_i \left(E_{\text{attr},i} + E_{\text{rep},i} \right)$$

$$= \sum_i 4\varepsilon_{\text{eff}} \left[\left(\frac{\sigma_{\text{eff}}}{r_{1,i}} \right)^{12} - \left(\frac{\sigma_{\text{eff}}}{r_{1,i}} \right)^{6} \right] \qquad (5.6.2)$$

die Physisorptionsenergie unter Berücksichtigung aller Abstände $r_{1,i}$ zwischen adsorbierendem Teilchen 1 und Unterlagenatomen i ermittelt werden. Dieses Verfahren setzt die Additivität der Paarwechselwirkungen und vernachlässigbare Wechselwirkung der Teilchen untereinander voraus. Es wird insbesondere bei höheren Bedeckungsgraden durch Berücksichtigung der Wechselwirkung physisorbierter Teilchen untereinander verfeinert.

Freie Leitungselektronen in Metallen zeigen Beiträge zur Wechselwirkung, die nicht einzelnen Atomen auf wohldefinierten Plätzen zugeordnet werden können. Bei heteropolaren Festkörperverbindungen müssen ortsabhängige elektrische Felder und Polarisierbarkeiten berücksichtigt werden. Bei adsorbierenden Molekülen mit permanenten Multipolmomenten treten Influenzeffekte auch in nichtmetallischen Festkörpern auf. Weitere Details sind z.B. bei [Pon 74X] beschrieben.

Die Wechselwirkungsenergie der physisorbierenden Teilchen kann von deren Orientierung relativ zur Unterlage abhängen, wie dies schon in dem Beispiel der Abb. 5.4.10 gezeigt wurde. Dieser Effekt läßt sich quantitativ dadurch erfassen, daß die Kraftwirkung des adsorbierenden Moleküls nicht rotationssymmetrisch durch Angabe eines einzigen Zentrums, sondern winkelabhängig über mehrere Zentren mit jeweils rotationssymmetrischer Wechselwirkung charakterisiert wird. Die experimentell beobachtete Wechselwirkungsenergie ergibt sich dann aus den statistisch gewichteten Beiträgen für verschiedene Orientierungen des Teilchens relativ zur Unterlage. Diese statistische Mittelwertbildung der Energie ist stark temperaturabhängig. Tiefe Temperaturen bewirken das Einfrieren von Freiheitsgraden der Bewegung des Moleküls relativ zur Unterlage bis hin zur zweidimensionalen Kondensation physisorbierter Teilchen in Potentialminima der Teilchen auf dem Substrat, wie sie schon in Abb. 5.4.10 schematisch gezeigt wurden.

Die Ausführungen zeigen, daß als Folge der energetischen Hetero-

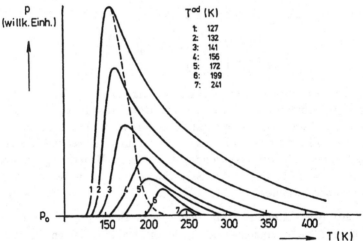

Abb. 5.6.5
Typische thermische Desorptionspektren für physisorbierten Sauerstoff an ZnO(10$\bar{1}$0), aufgenommen unter Molekularströmungsbedingungen (vgl. Abschn. 5.4.3, Abb. 5.4.6). Desorption wurde bei verschiedenen Temperaturen T^{ad} und jeweils gleichen Anfangsdrücken p_0 begonnen. Die gestrichelte Linie deutet das erwartete TDS-Spektrum bei Desorption aus einem Adsorptionszustand an, der durch einen einzigen wohldefinierten Energie- und Entropie-Wert bei $T^{ad} = 127$ K charakterisiert ist [Ess 80].

genität verschiedener Adsorptionsplätze und als Folge der Wechselwirkung von physisorbierten Teilchen untereinander i.allg. eine bedeckungsabhängige Energieverteilung $f(E_{pot})$ herangezogen werden
muß, um die Energetik adsorbierter Teilchen zu beschreiben. Experimentell kann auf die energetische Heterogenität beispielsweise aus
der Breite des thermischen Desorptionsspektrums im Vergleich zur
idealen Minimalbreite bei monoenergetischer Ad- und Desorption geschlossen werden, wie dies aus Abb. 5.6.5 deutlich wird. Die gestrichelte Linie entspricht einem erwarteten TDS-Spektrum für eine wohldefinierte Desorptionsenergie. Zur Auswertung der experimentellen Spektren wird beispielsweise angenommen, daß die Besetzung eines bestimmten Adsorptionsplatzes mit der Energie E über eine Langmuir-
Isotherme beschrieben werden kann (siehe Abschn. 5.3.1). Die Funktion $f(E_{pot})$ bestimmt die statistische Verteilung der Plätze und daher
über die statistisch-thermodynamische Mittelwertbildung das TDS-
Spektrum und die experimentell ermittelte Isotherme (vgl. [Ess 80]
und dort angegebene Referenzen). Unabhängig davon kann auch aus
der experimentell ermittelten Adsorptionsisotherme auf energetische
Heterogenität geschlossen werden.

Über die Adsorptionsisothermen einfach zugänglich sind die isoste-
ren Wärmen Q_{ads} als Funktion des Bedeckungsgrades (vgl. dazu z.B.
Abb. 5.6.2 und 5.6.3). Daraus lassen sich u.a. spezifische Wärmen des
Adsorptionskomplexes und über die statistische Mechanik Aussagen
über Bewegungszustände adsorbierter Teilchen gewinnen, wie dies im
Abschn. 5.3.1 und 5.3.5 allgemein hergeleitet wurde.

5.6.3   Chemisorption und Koordinationschemie

Im Gegensatz zur Physisorption führt die Chemisorption von Teilchen an der Festkörperoberfläche zu drastischen Änderungen in der
elektronischen Struktur der freien Moleküle und der Unterlage, wie
dies auch bei der Bildung von Molekülen aus Atomen der Fall ist.
Daher liegt es nahe, Chemisorptionseffekte mit quantenchemischen
Methoden zur Berechnung von Molekülen zu beschreiben. Dabei wird
angenommen, daß der Festkörper durch eine endliche Zahl von Oberflächenatomen hinreichend gut simuliert wird und diese Atome mit
den wechselwirkenden Teilchen eine chemische Bindung eingehen.

Zur Verdeutlichung der „Triebkraft" bei der Ausbildung einer chemischen Bindung zeigt Abb. 5.6.6 den einfachsten Fall einer kovalenten Bindung, ein Elektron zwischen zwei Atomen A und B mit Wellenfunktionen (Atomorbitalen = AOs) Ψ_A bzw. Ψ_B der ungestörten Atome und den sich durch Bindung bzw. Antibindung ergebenden Verlauf der Gesamt-Ψ-Funktion. Ebenfalls angegeben ist die Aufspaltung von Atomorbitalen in bindende und antibindende Molekülorbitale (MOs). Der Gleichgewichtsabstand R und damit die energetische Aufspaltung zwischen Bindung und Antibindung ist charakterisiert durch einen Kompromiß zwischen Coulomb-Abstoßung und Energiegewinn durch Delokalisation von Elektronenzuständen bei Molekülbildung. Für den Fall, daß ungleiche Atome eine chemische Bindung eingehen, ergibt sich i.allg. eine asymmetrische Ladungsverteilung längs der Kernverbindungslinie und dementsprechend eine mehr oder weniger stark ausgeprägte ionische Bindung. Elektronenaufenthaltswahrscheinlichkeiten sind dabei durch $|\Psi^2|$ gegeben.

In erster Näherung wird bei Berechnung elektronischer Niveaus in Molekülen versucht, die Bildung von Molekülorbitalen aus den entspre-

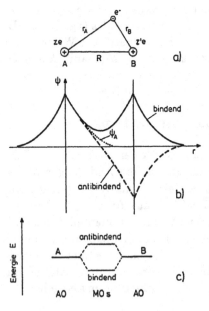

Abb. 5.6.6
Einfachstes Modell einer kovalenten Bindung zwischen zwei Atomen A und B mit Kernladungszahlen $z^{(')} \cdot e$ im Abstand R und einem Elektron e^-

a) Klassische Darstellung der Geometrie zur Einführung der Koordinaten

b) Bindende und antibindende Kombinationen Ψ von Atomorbitalen im Vergleich zu Orbitalen Ψ_A zweier identischer isolierter Atome (punktierte Linie)

c) Aufspaltung der Energien von Atomorbitalen (AOs) in Molekülorbitale (MOs)

chenden Atomorbitalen herzuleiten, wobei i.allg. Fall Linearkombinationen von Atomorbitalen, sogenannte Hybridorbitale, herangezogen werden, deren Anteile an den MO-Wellenfunktionen über das Variationsprinzip unter Minimierung der Gesamtenergie berechnet werden [Kut 78X]. Im Prinzip sind alle Atomorbitale an der Bildung einer chemischen Bindung aus Atomen beteiligt, wie dies Abb. 5.6.7 für einige CO_2-Orbitale schematisch andeutet. Positive Werte der hier räumlich dargestellten Ψ-Funktionen sind durch ausgezogene Linien, negative Werte durch punktierte Linien angegeben. Die Zahl der Knotenebenen längs der Kernverbindungslinie bestimmt, ob es sich um eine sogenannte σ-Bindung (keine Knotenebene), π-Bindung (eine Knotenebene) oder δ-Bindung (zwei Knotenebenen, hier nicht dargestellt) handelt. Die Symmetrie der Wellenfunktion beim Vertauschen der Vorzeichen aller Koordinaten entscheidet, ob es sich um eine gerade (g) oder ungerade (u) Konfiguration handelt. Die energetische Aufspaltung in Bindung und Antibindung ist bei tiefliegenden Atomorbitalen aufgrund der geringen räumlichen Überlappung

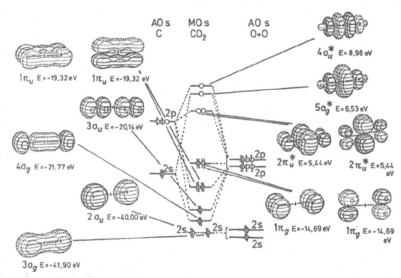

Abb. 5.6.7
Schematische Darstellung der Ladungsdichteverteilungen und Energien von CO_2-Molekülorbitalen. Energien sind in Einheiten von Hartree angegeben (1H = 27,21 eV). Nähere Erklärungen sind im Text gemacht [Jor 74X].

relativ klein. In erster Näherung hebt sich der Energiegewinn durch
Bindung und der Energieverlust durch Ausbildung einer Antibindung
auf. Dies gilt in Abb. 5.6.7 in guter Näherung für die 2s-Orbitale. Im
allgemeinen beschränkt man sich daher bei der Diskussion der chemischen Bindung auf Beiträge von denjenigen Atomorbitalen, deren
Energie bei Bindungsbildung signifikant abgesenkt wird. Diese relativ
einfache Darstellung von Bindungsverhältnissen ist nur möglich bei
Molekülen, die aus einer geringen Anzahl von Atomen bestehen.

Im Prinzip sollten beim Zusammenfügen einer zunehmenden Anzahl
von Atomen kontinuierlich die Eigenschaften individueller Atome in
die des entsprechenden Festkörpers übergehen. Die Ausbildung von
Festkörper-Bändern aus Atomorbitalen einzelner Kohlenstoffatome
ist schematisch in Abb. 5.6.8 am Beispiel des Diamantgitters gezeigt. Durch Erhöhen der Zahl von Kohlenstoffatomen in einem „Koh-
lenstoffcluster" mit Diamantgeometrie wird die Zahl der Energieniveaus in einem gegebenen Orbitalenergie-Intervall erhöht. Man er-

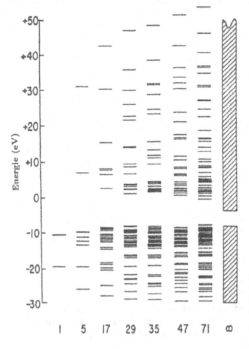

Abb. 5.6.8
Energien der Molekülorbitale
für Diamant-(C)Cluster mit z
Atomen im Vergleich zu Er-
gebnissen aus Bandstruktur-
Rechnungen ($z = \infty$) [Mes 73]

kennt deutlich die Ausbildung einer verbotenen Zone im Festkörper durch relativ hohe Energieseparation von ca. 5 eV zwischen obersten besetzten und untersten unbesetzten Molekülorbitalen. Aus derartigen Rechnungen lassen sich elektronische Oberflächenzustände ermitteln, da die Berechnungen für die außen liegenden Atome eines Clusters mit geringerer Zahl nächster Nachbarn als im Volumen spezifische Wellenfunktionen und Energiewerte liefern.

Zur Simulation von Chemisorptionseffekten kann der „Festkörpercluster" im einfachsten Fall durch nur ein Atom charakterisiert werden (vgl. Abb. 5.2.2, innerster Kreis). Dieses Modell zur Beschreibung ist relativ grob, da die Bindungen des Festkörperatoms zu seinen nächsten Oberflächen- und Volumennachbarn nicht berücksichtigt werden. Daher ergibt sich eine wesentlich bessere Beschreibung der Chemisorptionsverhältnisse, wenn das Oberflächen-(Substrat-)Atom eines Clusters durch Hinzufügen weiterer Atome „abgesättigt" wird, so daß die zur Chemisorption zur Verfügung stehenden Elektronen der Oberflächenatome den Bindungsverhältnissen an der realen Festkörperoberfläche entsprechen. Weitere Verbesserungen können daher durch Vergrößern des Molekülclusters zur Charakterisierung des Substrats erzielt werden (Abb. 5.2.2, äußere Kreise).

Beispiele zur Simulation der Chemisorption von Wasserstoff an Si(111)-Oberflächen für unterschiedlich große Substrat-Cluster sind in Abb. 5.6.9 angegeben. Bei diesen Rechnungen zeigt sich, daß schon im (SiH_3)/H-Cluster der Bindungsabstand zwischen dem Oberflächen-Siliciumatom und dem adsorbierenden Wasserstoffatom sowie die Chemisorptionsenergie (als Differenz zwischen der Energie eines Wasserstoffatoms mit freiem Oberflächencluster und dem Adsorptionscluster) in guter Näherung experimentelle Daten wiedergibt und daß ein Vergrößern des Clusters etwa zum (Si_4H_9)H zu keiner wesentlichen Verbesserung führt. Für dieses konkrete Beispiel scheint es daher gerechtfertigt, das Problem des „Einbettens" der Oberflächenatome (*„embedding"*) zur Simulation von festkörperähnlichen Bindungsverhältnissen durch Absättigen der Silicium-Valenzen mit Wasserstoff zu lösen (für Details siehe [Her 79], weitere Beispiele finden sich z.B. in [Sat 88]). Das „embedding" bereitet wesentlich größere Schwierigkeiten bei der Berechnung von Chemisorptions-Clustern an

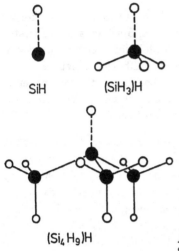

SiH   (SiH$_3$)H

(Si$_4$H$_9$)H

○ Wasserstoff

● Silicium

Abb. 5.6.9
Struktur verschiedener Silicium-Wasserstoff-Cluster zur Charakterisierung von Chemisorptionseffekten am System Si(111)/H [Her 79]

Metalloberflächen, da man hier auch den Einfluß freier Leitungselektronen berücksichtigen muß. Diese werden in kleinen Clustern i.allg. noch nicht als „freie" Elektronen auftreten, da sie dort durch energetisch relativ schmale und daher lokalisierte Atomniveaus repräsentiert sind. Dies führt insbesondere bei Festkörpern mit delokalisierten s-Elektronen und dementsprechend breiten Leitungsbändern zu systematischen Fehlern.

Generell gilt, daß die Anwendbarkeit von Ergebnissen aus Molekülcluster-Rechnungen auf die Diskussion von experimentell bestimmten Chemisorptionseffekten umso brauchbarer sein wird, je größer die Zahl der Atome zur Simulation der Unterlage ist. Dabei sind prinzipiell selbstkonsistente „ab initio" Rechnungen den semi-empirischen Rechnungen vorzuziehen. Selbstkonsistente Theorien haben jedoch den Nachteil, daß sie nur mit einer relativ geringen Zahl von Atomen (bis ca. 15) durchgeführt werden können, wogegen bei semi-empirischen Theorien auch größere Atomcluster (bis ca. 150) berechnet werden können. Für noch größere Cluster werden Kraftfeldmethoden eingesetzt. Zur Übersicht seien weiterführende Monographien empfohlen, so z.B. [Smi 80X], [Her 80], [Sau 89].

Die Bedeutung der Berechnung von Moleküleigenschaften für das
Verständnis von Chemisorptionsbindungen an Festkörpern liegt derzeit noch weniger in einem quantitativen Vergleich von berechneten
und experimentell erfaßten Orbitalenergien als in einem qualitativen Verständnis für die Natur der Chemisorptionsbindung an Festkörperoberflächen. So wird beispielsweise die *Geometrie* freier Moleküle bei der Ausbildung von Chemisorptionsbindungen an Halbleiteroberflächen wesentlich geändert, wie dies am Beispiel der CO_2-
Chemisorption in Abb. 5.6.10 gezeigt ist. Das Molekül ist im freien
Zustand linear und liegt nach Adsorption an Metalloxidoberflächen
(hier simuliert durch BeO) in gewinkeltem Zustand vor. Bindungs-
abstände und Winkel sind der Abb. 5.6.10a zu entnehmen. Experimentell betrachtet man bei ähnlichen Systemen *Ladungsaustausch*
mit freien Elektronen der Metalloxid-Halbleiter-Oberfläche und die
Ausbildung negativer CO_2^--Ionen an der Oberfläche. Dieser Ladungsaustausch führt in Rechnungen mit einem zusätzlichen Elektron im
Adsorptionskomplex zu einer Änderung der gesamten Molekülgeometrie, wie dies in Abb. 5.6.10b für die Geometrie des energieärmsten Zustands des Gesamtmoleküls (relaxiertes Molekül) dargestellt ist. Das
dem neutralen Komplex zusätzlich zugeführte Elektron ist zu 49% im
2s-Orbital des Be und zu je 16% in $2p_x$- bzw. $2p_y$-Orbitalen des Be
lokalisiert, wobei sich der Rest der Aufenthaltswahrscheinlichkeit dieses zusätzlichen Elektrons auf die übrigen Atome verteilt. Neben der
Angabe der Geometrie des Adsorptionskomplexes ermöglicht diese
Rechnung also auch eine Angabe über die Änderung der Ladungsverteilung im Adsorptionskomplex (und damit die Bildung eines Dipolmomentes) bei der Ausbildung von Ionen. Schießlich können Gleich-
gewichtskonfigurationen unter Einhaltung von Nebenbedingungen berechnet werden und auf diese Weise *Reaktionskoordinaten* zur thermischen Desorption simuliert werden. Abb. 5.6.10c zeigt eine Simulation der thermischen Desorption von CO_2 von einer BeO-„Modell-
Oberfläche", wobei die energetisch günstigste Anordnung des Gesamt-
komplexes mit der Nebenbedingung jeweils konstanten Abstandes (d
= const) berechnet wurde. Das gezeigte Beispiel der Abb. 5.6.10c bezieht sich auf $d = 3,40 \cdot 10^{-10}$ m und zeigt, unter welchem Winkel
und mit welcher Orientierung das Molekül am günstigsten desorbiert.
Während der Desorption des Moleküls von der Oberfläche ändern

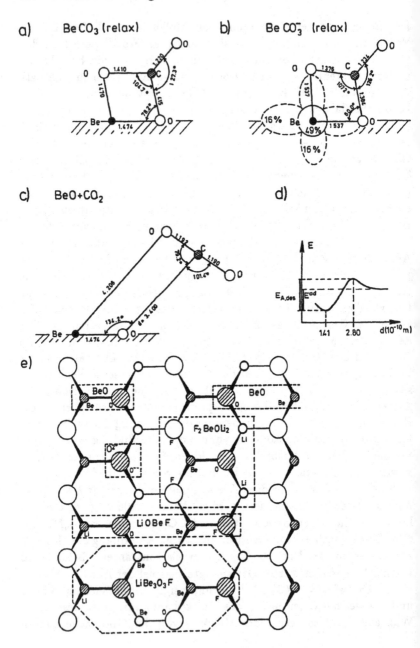

a)   BeCO₃ (relax)

b)   BeCO₃⁻ (relax)

c)   BeO + CO₂

d)

e)

sich sämtliche Koordinaten im Gesamtkomplex. Der Be-O-Abstand des „Substrats" von $1,474 \cdot 10^{-10}$ m wurde konstant gehalten. Gesamtenergien E, die sich als Funktion des Abstandes d aus diesen Rechnungen ergeben, sind in Abb. 5.6.10d dargestellt. Auf diese Weise lassen sich sowohl Adsorptionsenergien E^{ad} als auch Aktivierungsenergien der Desorption $E_{A,des}$ und die Konfiguration des Moleküls im aktivierten Zustand abschätzen. Für Details siehe z.B. [Göp 82]. Aus der Berechnung der Gesamtenergie als Funktion der freien Koordinaten ergeben sich u.a. Energiehyperflächen, wie sie für einfache Systeme schon in Abschn. 5.2, so z.B. in Abb. 5.2.8 vorgestellt wurden.

Auf das „Einbetten" von Oberflächenatomen zur Simulation von Chemisorptionseffekten soll an einem speziellen Beispiel noch kurz eingegangen werden. Bei ionischen Verbindungshalbleitern gibt es dazu eine Reihe verschiedener Möglichkeiten, von denen einige in Abb. 5.6.10e für eine ZnO(10$\bar{1}$0)-Oberfläche in Aufsicht dargestellt sind. Im einfachsten Fall lassen sich Chemisorptionsbindungen durch Wechselwirkung mit den O^{2-}-Ionen an der Oberfläche simulieren. Dies wird insbesondere bei der Wechselwirkung mit stark elektropositiven Atomen eine sinnvolle Approximation ermöglichen. Den Berechnungen der Abb. 5.6.10a bis d lag ein Molekülcluster BeO zugrunde, wie er in Abb. 5.6.10e oben links dargestellt ist. Das Zinkatom wurde durch Be ersetzt, um den Rechenaufwand aufgrund geringerer

---

Abb. 5.6.10
Geometrie von Clustern zur Simulation der CO_2-Chemisorption an ionischen Metalloxiden
a) BeO + CO_2 ⇌ $BeCO_3$ in der relaxierten Gleichgewichtskonfiguration
b) wie a), nur mit einem zusätzlichen Elektron
c) Gleichgewichtskonfiguration mit den Nebenbedingungen $d = 3,4 \cdot 10^{-10}$ m = const und d(Be-O)= $1,474 \cdot 10^{-10}$ m = const zur Simulation möglicher Konfigurationen während eines thermischen Desorptionsexperimentes
d) Gesamtenergie des Clusters als Funktion des Abstandes d. Daraus ergeben sich Gleichgewichtsabstand, Adsorptionsenergie E^{ad} und Aktivierungsenergie der Desorption $E_{A,des}$. Vergleiche dazu die schematische Darstellung in Abb. 5.2.10.
e) Schematische Darstellung einer ZnO(10$\bar{1}$0)-Oberfläche und verschiedener Cluster zur Simulation de. Oberfläche. Den Berechnungen zu Abb. 5.6.10a bis d liegt der obere linke BeO-Cluster zugrunde [Göp 82]. Kleine Kreise entsprechen Kationen-(Zn,...)Positionen.

Gesamtzahl der Elektronen niedrig zu halten. Dabei wird angenommen, daß der dadurch bedingte systematische Fehler aufgrund vergleichbarer Ionisierungsenergien von Be und Zn relativ gering ist und zumindest vergleichende Studien verschiedener Adsorbate ermöglicht. Ebenfalls gezeigt sind verschiedene andere Cluster mit größerer Zahl von Atomen. Eine gute Simulation der Chemisorptionsverhältnisse wird z.B. dadurch erzielt, daß in dem Cluster F_2BeOLi_2 die Oberflächenatome Be und O als nächste Nachbarn Elemente haben, deren effektive Ladung um eins größer (F) bzw. um eins kleiner (Li) sind, als dies in dem ionischen Gitter ZnO der Fall ist. Auf diese Weise läßt sich ein „embedding" der Oberflächenatome durch partielle Kompensation der Coulomb-Wechselwirkungen realisieren.

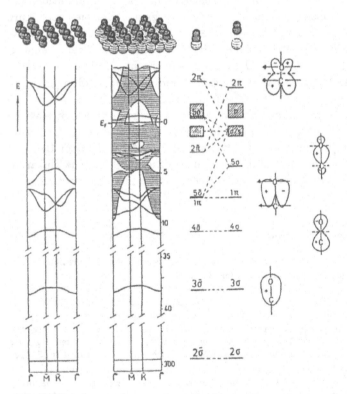

Abb. 5.6.11a

Ein Vergleich zwischen Cluster-Theorie und Experiment an Metallen ist in Abb. 5.6.11 für das Beispiel der Chemisorption von CO an der (111)-Fläche von kubisch-flächenzentrierten (fcc) Übergangsmetallen gegeben. In Abb. 5.6.11a kann man erkennen, daß die 5σ- und 2π-MOs

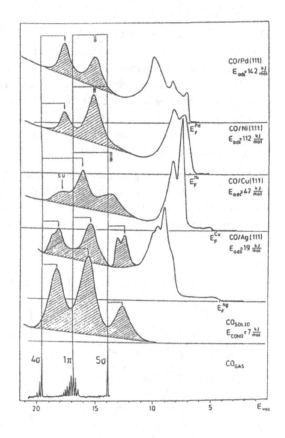

Abb. 5.6.11

a) Berechnete Cluster-Molekülorbitale von CO und einem davon entfernten Übergangsmetallatom sowie von einem CO-Übergangsmetallatom-Cluster (rechts). Links ist die Bandstruktur einer Monolage CO und einer Monolage CO, adsorbiert auf der fcc-(111)-Fläche eines Übergangsmetalls angegeben. Der schraffierte Bereich entspricht dem Anteil des Übergangsmetalls.

b) Winkelaufgelöste Photoemissionsspektren (senkrechte Emission) für CO, adsorbiert auf (111)-Flächen verschiedener Übergangsmetalle (s.u. steht für shake-up-Satellit) (vgl. Abschn. 4.5.1) [Fre 88]

von CO mit den d-Orbitalen des Metalls wechselwirken und so eine starke Aufspaltung erfahren. Links in der Abbildung erkennt man die Dispersion der entsprechenden Bänder für eine freitragende Monolage CO und eine Monolage CO, adsorbiert auf einer (111)-Fläche eines Übergangsmetalls.

Die experimentell ermittelten Valenzband-Photoemissionsspektren von CO auf (111)-Flächen verschiedener Übergangsmetalle sind im Vergleich zu den Spektren von gasförmigem und festem CO in Abb. 5.6.11b zu sehen. Man erkennt, daß CO auf Ag(111) lediglich physisorbiert, während es auf Pd(111), Ni(111) und Cu(111) chemisorbiert vorliegt. Das energetische Zusammenfallen der Emission aus dem 5σ- und dem 1π-Orbital ergibt sich auch aus den theoretischen Berechnungen der Abb. 5.6.11a [Fre 88].

Molekülclusterrechnungen haben vor allem auch in der anorganischen Chemie im Zusammenhang mit der Aufklärung von Molekülstrukturen große Bedeutung. Es liegt daher nahe, die Chemisorption mit Bindungsverhältnissen in geeignet gewählten und aus der anorganischen

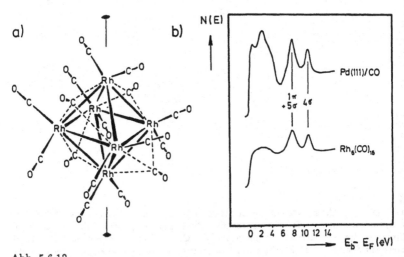

Abb. 5.6.12
a) Struktur des Komplexes $Rh_6(CO)_{16}$
b) Photoemissions-(UPS-He(II)-)Spektren von $Rh_6(CO)_{16}$-Komplexen und vom Chemisorptionssystem Pd(111)/CO. Nach [Ert 79] und dort angegebenen Referenzen.

Chemie bekannten Molekülclustern zu vergleichen. Ein Beispiel dafür ist in Abb. 5.6.12 gegeben. In Abb. 5.6.12a ist eine aus der Chemie bekannte Molekülstruktur schematisch dargestellt. In Abb. 5.6.12b sind Photoemissionsdaten dieses Komplexes mit entsprechenden Daten des Chemisorptionssystems Pd(111)/CO verglichen und zeigen eine erstaunlich gute Übereinstimmung. Es ist daher zu erwarten, daß auch in Zukunft wesentliche Impulse für das Verständnis von Chemisorptionsbindungen an Festkörpern durch Vergleich mit bekannten Moleküldaten aus der Chemie gewonnen werden. Dies gilt nicht nur für ein „Fingerprint"-Vergleichen von Orbitalstrukturen, sondern auch für ein Vergleichen von Schwingungs- und Rotationsspektren oder magnetischen Eigenschaften.

Der enge Zusammenhang zwischen Koordinationschemie von Molekülkomplexen und Adsorptionseigenschaften wird besonders deutlich bei Schwingungsspektren. Die in adsorbierten Molekülen auftretenden charakteristischen Schwingungsfrequenzen lassen sich häufig im Rahmen einfacher Clustermodelle der Chemisorption interpretieren. Bei freien Molekülen werden Normalschwingungen, Kraftkonstanten und Atomanordnungen schon seit vielen Jahren mit großem Erfolg über die Schwingungsspektren im Infraroten bestimmt (siehe z.B. [Her 45X], [Wil 55X], [All 63X]). Häufig lassen sich Molekülstrukturen aus Symmetriebetrachtungen und theoretischen Berechnungen der Normalschwingungen durch Vergleich mit experimentell gefundenen Frequenzen eindeutig aufklären.

Dieses Konzept kann auf die Interpretation von Adsorbatschwingungen an Festkörperoberflächen übertragen werden. Aus Intensitätsgründen war man dabei zunächst auf Experimente an fein-dispersen Pulvern mit relativ hohen Anteilen adsorbierter Teilchen pro Masseneinheit angewiesen (siehe z.B. [Lit 66X], [Hai 67X]). Durch die an polykristallinem Pulver i.allg. nicht eindeutige Charakterisierung verschiedener Adsorptionsplätze war es bei der Interpretation der entsprechenden Infrarotspektren zum Teil schwierig, beobachtete Schwingungsfrequenzen eindeutig einer bestimmten Adsorptionsgeometrie zuzuordnen. Daher wurden in den letzten Jahren einerseits die Empfindlichkeiten von infrarotspektroskopischen Untersuchungen soweit verbessert, daß auch Einkristalluntersuchungen durchgeführt werden können. Zum anderen wurde eine Reihe anderer schwingungs-spektroskopischer Methoden entwickelt, die auch an wohldefinierten Adsorbaten von Einkristallen durchgeführt werden können. Diese Techniken und typische Beispiele wurden schon im Abschn. 4.7 vor-gestellt.

Die Bedeutung der Schwingungsspektroskopie an Oberflächen liegt u.a. auch darin, daß die Schwingungen einen wesentlichen Anteil zur Oberflächenzustandssumme (vgl. Abschn. 5.3.5) darstellen können und damit über die Kenntnis der Schwingungsstruktur eine Berech-nung thermodynamischer Exzeßgrößen bei den Systemen möglich wird, bei denen aus unabhängigen Annahmen bzw. Messungen ent-sprechende Informationen über die Translations- und Rotationsbei-träge zugänglich sind.

Ein prinzipielles Problem ist die Bestimmung von Schwingungsstruk-turen bei höheren Bedeckungsgraden. Experimentell beobachten wir häufig nicht die Schwingungsmoden eines isolierten Adsorbatmoleküls und müssen Spektren als Funktion des Bedeckungsgrades der Teilchen aufnehmen und ggfs. auf den Bedeckungsgrad null extrapolieren. Die Abhängigkeit der Schwingungsmoden vom Bedeckungsgrad deutet auf gekoppelte Schwingungsmoden innerhalb der Adsorptionsschicht hin. Die Frequenzverschiebung gibt Aussagen über die effektive Kraft-konstante zwischen den Adsorbatmolekülen. Die Frequenzverschie-bung gegenüber dem Gasphasenwert ist charakteristisch für den Typ der chemischen Bindung an der Oberfläche. Diese Änderungen lassen sich formal über Oberflächenexzeßgrößen beschreiben. Die Schwierig-keit einer einfachen Interpretation dieser Exzeßgrößen besteht darin, die beiden Effekte der chemischen Bindung und Schwingungskopp-lung voneinander zu trennen, um auf diese Weise z.B. Schwingungsfre-quenzen adsorbierter Teilchen mit Schwingungen in Molekülclustern zu vergleichen, deren Bindungsgeometrie bekannt ist. Eine Möglich-keit, nähere Aufschlüsse über diese Separation zu bekommen, besteht darin, Experimente mit unterschiedlichen Isotopen durchzuführen. So kann man z.B. die Frequenzverschiebungen der Streckschwingungen von ^{12}CO und ^{13}CO bei verschiedenen Bedeckungen messen. Benach-barte Moleküle können schwingungsmäßig nur koppeln, wenn sie die gleiche Eigenfrequenz haben, d.h. aus den gleichen Isotopen bestehen. Bei starker Verdünnung einer Isotopensorte tritt auch eine lokalisierte Schwingung auf. Auf diese Weise lassen sich Frequenzverschiebungen beider Übergänge als Funktion der Isotopenzusammensetzung und -bedeckung messen und zur Identifizierung lokalisierter Schwingungen heranziehen. Besonders ausgeprägte Frequenzverschiebungen als Funktion der Bedeckung wurden beispielsweise an dem System CO/Pd(100) beobachtet [Bra 78]. Durch Variation des Isotopenverhältnisses $^{12}CO/^{13}CO$ bei festgehaltenen Bedeckungen war es möglich, die bedeckungsabhängige Gesamtfrequenzverschiebung gegenüber der Gasphase für die CO-Streckschwingung von ungefähr 95 cm^{-1} zu zerlegen in einen Anteil der Schwingungskopplung von ungefähr 40 cm^{-1} und einen Anteil aufgrund der Änderung der chemischen Bindungsenergie von ungefähr 55 cm^{-1} bei einer Maximalbedeckung von CO-Molekülen von 0,8 Monolagen (für Details siehe auch Abb. 4.7.21 in Abschn. 4.7).

5.6.4 Chemisorption an Metallen

Im letzten Kapitel haben wir versucht, ein mikroskopisches Verständnis für Atombindungen an Oberflächen über Bindungsverhältnisse in Atomclustern zu bekommen. Clustermodelle lassen sich besonders erfolgreich anwenden bei der Interpretation experimenteller Daten zur Chemisorption an Halbleitern sowie zur Chemisorption an Metallen mit stark gerichteten lokalisierten Orbitalen oder energetisch schmalen Bändern, wie sie vor allem bei d-Band-Metallen wie Fe, Co, Ni, Pd oder Pt vorliegen.

Chemisorptionseffekte an „einfachen Metallen", in denen d-Elektronen keine wesentliche Bedeutung haben (wie z.B. Alkali-Metalle, Al oder Mg) sind dadurch charakterisiert, daß die Orbitale der adsorbierenden Teilchen mit den Zuständen eines quasi-freien Elektronengases im Metall in Wechselwirkung treten. Aufgrund der starken Delokalisierung der freien Elektronen sind die ensprechenden Bänder i.allg. relativ breit, d.h. $E_F - E_K$ in Abb. 5.6.13 ist groß. In dieser Abbildung sind die prinzipiell zu erwartenden Änderungen in den elektronischen Eigenschaften des adsorbierenden Teilchens bei der Chemisorption schematisch dargestellt. Man erkennt, daß sich sowohl die Lage der Atomorbitale (um $\Lambda(E)$) als auch deren Breite (Γ) bei der

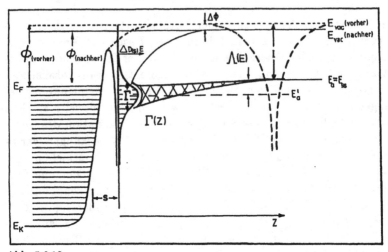

Abb. 5.6.13
Schematische Darstellung der Wechselwirkung eines Atoms mit einer Metalloberfläche. Das Atomniveau wird um $\Lambda(E)$ von E_a nach E'_a verschoben und ist im Abstand s um Γ verbreitert. Als Folge der Chemisorption tritt eine Austrittsarbeitsänderung $\Delta\Phi$ auf.

Annäherung des adsorbierenden Teilchens an die Festkörperoberfläche verändern. Je nach Lage von E'_a im Vergleich zu E_F wird Ladung entweder vom Festkörper auf das Adsorbatteilchen oder umgekehrt übertragen.

Ein physikalisches Verständnis für diesen Typ der ChemisorptionsWechselwirkung läßt sich am einfachsten aus einem sogenannten Jellium-Modell herleiten, in dem das Gitter der Ionenrümpfe im Metall durch einen halbunendlichen konstanten Hintergrund positiver Ladungen ersetzt wird, die mit entsprechenden Elektronenladungen kompensiert sind. Dies ist schematisch in Abb. 5.6.14 dargestellt. Das Jellium-Modell ermöglicht eine elementare Beschreibung einer MetallOberfläche und erlaubt das Studium der chemischen Bindung mit einem Kontinuum von Zuständen ohne die Komplikationen, die bei gerichteter Adatom-Bindung zu berücksichtigen sind. Die Elektronendichte im halbunendlichen Jellium-Modell ist in Abb. 5.6.14b gezeigt. Außerhalb des Metalls fällt die Elektronendichte exponentiell ab, innerhalb des Metalls erreicht sie einen konstanten Wert, wobei nahe der Grenzfläche Friedel-Oszillationen auftreten, die bei geringeren

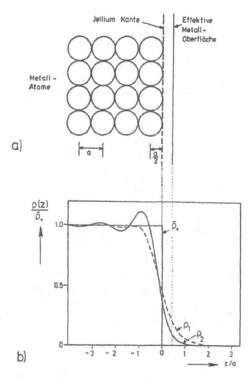

Abb. 5.6.14
a) Schematischer Schnitt durch eine Metall-Oberfläche
b) Ladungsdichten der positiven Atomrümpfe ϱ^+ und Elektronen $\varrho_{1(2)}$ im Jellium-Modell für zwei charakteristische Elektronendichten mit $\varrho_1 > \varrho_2$ [Lan 69]

Elektronendichten weitreichender sind als bei höheren. Nach diesem Modell wirkt im Vakuum auf ein Elektron eine klassische Bildkraft, wenn das Potential auf die in Abb. 5.6.14a angegebene effektive Metalloberfläche bezogen wird.

Die berechnete gesamte Wechselwirkungsenergie dieser Oberfläche mit Anziehungs- und Abstoßungspotentialen ist für ein Proton in Abb. 5.6.15 gezeigt. Danach wird deutlich, daß das klassische (Coulomb-) Bildpotential nur für große Abstände gilt, bei größerer Annäherung jedoch die attraktive potentielle Energie und danach das repulsive Abstoßungspotential von Bedeutung werden. Die Summe dieser Kräfte liefert einen Gleichgewichtsabstand des Protons (H^+), adsorbiert an einer Jellium-Oberfläche.

Analoge Ergebnisse von Modellrechnungen für Lithium-, Silicium- und Chlor-Adatome in ihrer jeweiligen Gleichgewichtslage sind in

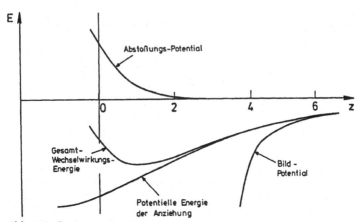

Abb. 5.6.15
Wechselwirkungsenergie zwischen einem Proton und einem Jellium-Metall als Funktion des Abstandes [Smi 80X]

Abb. 5.6.16 schematisch dargestellt. Die Elektronendichte wurde so gewählt, daß sie der von Aluminium entspricht. Das Maximum in der Cl-Elektronenverteilung entspricht dem Cl-3p-Niveau und liegt unterhalb des Ferminiveaus. Dies deutet darauf hin, daß elektrische Ladung

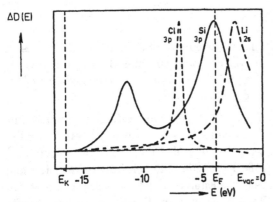

Abb. 5.6.16
Änderung der Zustandsdichte $\Delta D(E)$ als Folge der Chemisorption verschiedener Atome an einem Jellium-Metall mit einer dem Aluminium entsprechenden Elektronendichte. Die Metall/Atom-Abstände sind durch das Minimum der Gesamtenergie bestimmt. E_F ist das Ferminiveau, E_K die untere Leitungsbandkante [Lan 78].

vom Metall zum Cl-Atom übertragen wird. Auf der anderen Seite liegt das Li-2s-Niveau im wesentlichen oberhalb des Fermi-Niveaus, was impliziert, daß Ladung vom Lithium zum Aluminium übertragen wird. Das Li-Atom wird positiv und das Cl-Atom negativ geladen im Chemisorptionszustand an der Oberfläche vorliegen, wie wir dies auch aufgrund ihrer Elektronegativitäten relativ zu Aluminium erwarten. Diese beiden Chemisorptionsbindungen repräsentieren daher zwei Typen einer *ionischen Wechselwirkung*. Si-3p-Niveaus nahe des Fermi-Niveaus sind nur partiell gefüllt. Dies entspricht einer *kovalenten Chemisorptionsbindung*.

Die entsprechenden räumlichen Verteilungen von Elektronendichten im Valenzbandbereich, die diesen drei verschiedenen Bindungstypen zugeordnet sind, sind in Abb. 5.6.17 gezeigt. Die Substratelektronen nahe der Oberfläche werden in Richtung des positiv geladenen Lithiumatoms gezogen und vom negativ geladenen Chlor abgestoßen (Abb. 5.6.17a). Darunter ist die Differenz zwischen der Elektronendichte

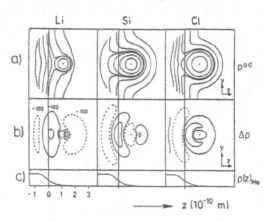

Abb. 5.6.17
Elektronendichtekonturen für die in Abb. 5.6.16 gezeigten Systeme
a) Konturen konstanter Elektronendichte in der Ebene normal zur Oberfläche, in der das adsorbierte Atom (als Punkt gekennzeichnet) liegt. Die vertikale Linie kennzeichnet die Jellium-Kante.
b) Chemisorptionseffekt $\Delta\varrho$ als Differenz zwischen der Ladungsdichte vor und nach Chemisorption mit Erniedrigung (gestrichelte Linien) und Erhöhung (ausgezeichnete Linien) der Ladungsdichte.
c) Elektronendichte im reinen Jellium-Modell vor der Adsorption ohne Berücksichtigung der Friedelossillationen [Lan 78]

des Chemisorptionssystems und der Überlagerung aus den Dichten des reinen Jellium-Metalls und des freien Atoms dargestellt. Ausgezogene Linien deuten Bereiche erhöhter elektronischer Ladung und gestrichelte Linien entsprechende Bereiche reduzierter elektronischer Ladung an. Für Silicium erkennt man, daß die Ladungsdichte sowohl auf der Metallseite als auch auf der Vakuumseite erhöht, um das Silicium herum jedoch reduziert auftritt. Dies ist charakteristisch für eine kovalente Bindung mit Si-3p-Orbitalen.

Wir konzentrieren uns im weiteren auf experimentelle Details von Untersuchungen zur Chemisorption. Schon in den Abschn. 4.5 und 4.6 wurden verschiedene Meßmethoden beispielhaft aufgezählt, mit denen die Chemisorption an Festkörper-Oberflächen über die Röntgen-Photoemission von Rumpfzuständen oder die Ultraviolett-Photoemission von Valenzbandzuständen studiert werden kann. Von besonderem Interesse sind dabei Chemisorptionszustände, bei denen eine periodische Adsorptionsstruktur auftritt, so daß deren geometrische Struktur über LEED und deren elektronische Struktur über zweidimensionale Bandstrukturen beschrieben und mit Ergebnissen aus winkelaufgelösten Photoemissionsexperimenten verglichen werden können. Ein Beispiel wurde schon in Abschn. 4.6.2, Abb. 4.6.21 vorgestellt. Es

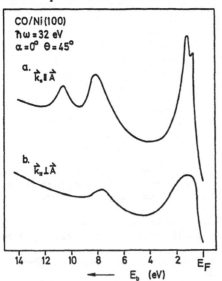

Abb. 5.6.18
Photoemissions-(UPS)-Valenzniveauspektrum für das System Ni(100)/CO, aufgenommen mit s-(a) und p-(b) polarisiertem Licht bei $h\nu = 32$ eV [All 77]

zeigt, daß die Kenntnis der Symmetrie von Wellenfunktionen, die bei der Chemisorption beteiligt sind, von entscheidender Bedeutung für ein Verständnis der Bindungsverhältnisse ist.

Auch im Falle nicht-periodischer Chemisorptionsstrukturen lassen sich Symmetrieaussagen machen, wie dies an dem Beispiel in Abb. 5.6.18 gezeigt werden soll. Die Spektren a und b unterscheiden sich hinsichtlich der Orientierung von $\underline{k}_\parallel$ relativ zum Vektorpotential $\underline{A}$. Wenn wir, wie im Abschn. 4.7 nahegelegt, annehmen, daß das CO mit seiner Molekülachse senkrecht zur Oberfläche in einer On-top-Position vorliegt, lassen sich über die Auswahlregeln der Photoemission Symmetrien der adsorbatinduzierten Niveaus herleiten. Dabei zeigt sich, daß bei der Orientierung von $\underline{k}_\parallel$ senkrecht zu $\underline{A}$ keine Emission aus den 4σ- und 5σ-Orbitalen auftreten darf. Auf diese Weise läßt sich durch Vergleich der Spektren a und b die Position des 1π-Orbitals

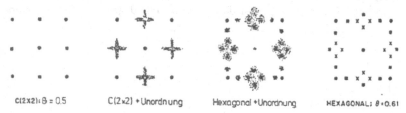

C(2×2); $\vartheta = 0.5$ C(2×2) +Unordnung   Hexagonal +Unordnung   HEXAGONAL; $\vartheta = 0.61$

Abb. 5.6.19
Schematische Darstellung der LEED-Strukturen am System Ni(100)/CO für $T > 240$ K und Bedeckungen $0,5 < \Theta < 0,61$. Kreise entsprechen den Beugungsreflexen der reinen Unterlage (Normalreflexe), Quadrate den Reflexen der Adsorbatschicht allein. Die Reflexe an Positionen der Kreuze entstehen durch Mehrfachstreuung (Unterlage und Adsorbatschicht) [Tra 72].

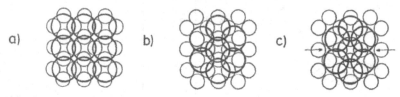

Abb. 5.6.20
Einfaches Model harter Kugeln zur Interpretation der Anordnung von CO auf Ni(100). Dünne Linien entsprechen Ni-, dickere Linien CO-Teilchen [Tra 72].
a) c(2×2)-Struktur bei $\Theta = 0,5$ (Phase α)
b) Hexagonale Struktur bei $\Theta = 0,61$ (Phase β)
c) komprimierte hexagonale Struktur bei $\Theta = 0,69$

relativ zum 5σ-Orbital bestimmen und mit der Reihenfolge der Io-
nisationsenergien der beiden Orbitale in der Gasphase vergleichen.
Neben der Schwingungsstruktur des CO-Adsorptionskomplexes (s.
[And 77]) ist dies ein unabhängiger Beweis dafür, daß CO senkrecht
auf der Oberfläche in On-top-Position gebunden mit dem Kohlenstoffatom zur Nickel-Oberfläche hin orientiert vorliegt.

Ähnlich wie bei der Physisorption lassen sich auch bei ausgewähl-
ten Chemisorptionssystemen an Metall-Oberflächen zweidimensionale Phasenübergänge studieren. Experimente dieser Art sind u.a. von
Interesse für die statistische Mechanik der Adsorption (vgl. Abschn.
5.3.5) sowie für das Studium der Wechselwirkungskräfte zwischen
Teilchen in zweidimensionalen Phasen. Ein relativ gut untersuchtes Beispiel ist die CO-Wechselwirkung mit Ni(100). Dieses System
zeigt die in Abb. 5.6.19 schematisch angedeuteten LEED-Strukturen
oberhalb 240 K, aus denen das in Abb. 5.6.20 gezeigte Strukturmo-

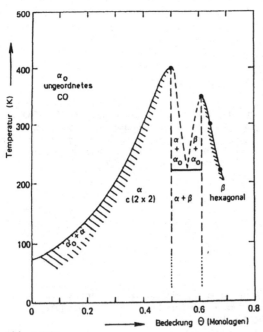

Abb. 5.6.21
Phasendiagramm des Systems Ni(100)/CO aus LEED-Daten [Tra 72]

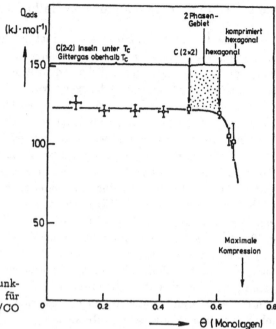

Abb. 5.6.22
Isostere Wärme als Funktion der Bedeckung für das System Ni(100)/CO [Tra 72]

dell hergeleitet wurde. Die darin gezeigte On-top-Position folgt nicht zwangsläufig aus LEED, da LEED nur die Symmetrie der Struktur festlegt (vgl. Kapitel 3). Man erkennt aus dieser Darstellung zwei Phasen α und β.

In Abb. 5.6.21 ist gezeigt, in welchen Temperaturbereichen die jeweiligen Phasen als Funktion der Bedeckung vorliegen. Obgleich bei tiefen Temperaturen kein thermodynamisches Gleichgewicht eingestellt werden konnte und die Grenze zwischen der α- und β-Phase sowie der Tripelpunkt noch nicht eindeutig experimentell abgesichert werden konnten, gibt dieses Beispiel eine Einsicht in zweidimensionale strukturelle Eigenschaften von Adsorbatsystemen. Dabei zeigt sich insbesondere, daß die aus den Adsorptionsisothermen bestimmte isostere Wärme Q_{ads} beim Phasenübergang keinen ausgeprägten Sprung aufzeigt (vgl. Abb. 5.6.22) und es sich daher um einen Phasenübergang höherer Ordnung handeln muß.

5.6.5   Chemisorption an idealen Halbleitern

Die Konzentration freier Ladungsträger ist in Halbleitern um Größenordnungen niedriger als in Metallen. Daher lassen sich entsprechende Konzentrationsänderungen bei der Adsorption von Teilchen, wie sie schon in Abb. 5.2.2 schematisch gezeigt wurden, in vielen Fällen experimentell relativ einfach nachweisen. Da die Abschirmlänge für elektrostatische Störungen („screening length" oder „Debye-Länge") in Halbleitern ebenfalls um Größenordnungen größer ist als in Metallen, führen Ladungsübertragungsprozesse bei Adsorption an Halbleitern i.allg. zu weitreichenden elektronischen Störungen an der Oberfläche. Dabei können nicht nur extrinsische Defekte (Fremdatome), sondern auch intrinsische Defekte (Eigendefekte) zu drastischen Änderungen der elektronischen Eigenschaften von Halbleitern führen. Von großer technischer Bedeutung sind kontrollierte elektronische Modifikationen an Halbleiteroberflächen im Bereich der Halbleitertechnologie, chemischen Sensorik und der heterogenen Katalyse. Die ausgeprägte Abhängigkeit elektronischer Ladungsübertragungsprozesse von der atomaren Geometrie der intrinsischen und extrinsischen Defekte macht systematische Untersuchungen i.allg. viel aufwendiger als bei Metallen. Daher liegen insbesondere zur thermodynamisch kontrollierten Chemisorption an Halbleiter/Gas-Systemen nur vergleichsweise wenige gut untersuchte Modellbeispiele vor.

Eine prinzipielle Schwierigkeit ist es, die Chemisorption von Teilchen reversibel durchzuführen, ohne daß die Halbleiteroberfläche bei der Desorption der Teilchen irreversibel verändert wird. So beobachtet man z.B. nach der Adsorption von Wasserstoff oder NH_3 auf $Si(111)$-Oberflächen bei höheren Temperaturen Desorption von SiH_x-Spezies und damit verbunden eine Aufrauhung der Oberfläche. Zudem wird nach der Chemisorption von atomarem Wasserstoff an der $Si(111)2\times1$-Oberfläche ein Phasenübergang zur $Si(111)1\times1$-Oberfläche beobachtet, wobei nachfolgende Behandlungen der Oberfläche in keinem Fall die 2×1-Spaltfläche wiederherstellen können. Dies liegt daran, daß die Spaltfläche nicht der thermodynamisch günstigsten Konfiguration der freien $Si(111)$-Oberfläche entspricht. Auch an Verbindungshalbleitern, wie z.B. Galliumarsenid oder Indiumphosphid, läßt sich die Chemisorption mit einfachen Gasen wie H_2, O_2 oder

CO in definierter Weise nur an frischen Spaltflächen durchführen, da auch bei diesen Substraten durch irreversible chemische Reaktionen der adsorbierenden Teilchen mit der Oberfläche Adsorbatkomplexe entstehen, die nur unter Defektbildung und damit atomarem Aufrauhen der Oberfläche bei der Desorption zersetzt werden können. Dies hat bei Verbindungshalbleitern i.allg. zur Folge, daß die atomare Zusammensetzung der Oberfläche, d.h. die Oberflächenstöchiometrie, nach thermischer Behandlung geändert wird. Auf die bevorzugte Verdampfung von Sauerstoff an Oxidoberflächen unter Bildung von Punktdefekten wurde schon in Abschn. 5.5.2 eingegangen. In analoger Weise reagieren Galliumarsenid und Indiumphosphid unter Ausbildung von Phosphor- bzw. Arsenunterschuß beim Aufheizen unter UHV-Bedingungen.

Für *reversible Chemisorptionsstudien* mit Gasen sind halbleitende

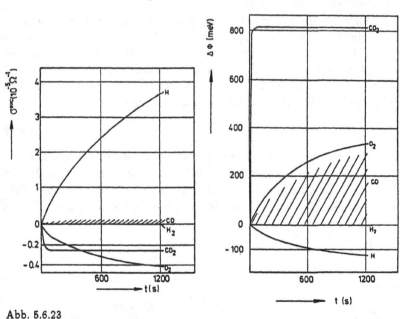

Abb. 5.6.23
a) Änderung der Oberflächenleitfähigkeit σ^{exc} als Funktion der Zeit bei Wechselwirkung von ZnO(10$\bar{1}$0)-Oberflächen mit Wasserstoffatomen, Wasserstoffmolekülen, CO-, CO$_2$- und O$_2$-Molekülen bei 300 K
b) Änderung der Austrittsarbeit beim selben Experiment [Göp 80]

Metalloxide in besonderer Weise geeignet. In dem Zusammenhang
wurde die ZnO(10$\bar{1}$0)-Oberfläche systematisch als „Prototyp-Halblei-
teroberfläche" untersucht. Diese Oberfläche ist die thermodynamisch
stabilste Fläche von einkristallinem ZnO. Abb. 5.6.23a zeigt charakteristische Änderungen der Oberflächenleitfähigkeit bei der Wechselwirkung von ZnO(10$\bar{1}$0)-Oberflächen mit verschiedenen Gasen. An
ZnO als einem ionischen n-Typ-Halbleiter wirken Wasserstoffatome
als Donatoren, wogegen Wasserstoffmoleküle keine Änderung freier
Ladungsträger bewirken. CO bewirkt als schwacher Donator irreversible Änderungen in den Oberflächeneigenschaften wegen einer Reaktion von CO mit dem Gittersauerstoff an der Oberfläche. Darauf soll in
Abschn. 5.6.6 näher eingegangen werden. Die Moleküle CO_2 und O_2
wirken als Akzeptoren und erniedrigen die Oberflächenleitfähigkeit.
In Abb. 5.6.23b ist auch zum Vergleich die entsprechende Änderung
der Austrittsarbeit gezeigt.

Für ionische Halbleiter wie ZnO wurde schon um 1950 von Wol-
kenstein und Hauffe ein spezieller Typ der Chemisorption, die sogenannte „Ionosorption" diskutiert, dessen Grundzüge am Beispiel
der „Akzeptor-Ionosorption" von X unter Ausbildung eines Oberflä-
chenkomplexes $(X^{ad})^-$ in Abb. 5.6.24 gezeigt sind. In einem einfachen
Kreisprozeß läßt sich die Chemisorptionsenergie über

$$E_{chem} = \Phi - \chi + E_C \qquad (5.6.3)$$

berechnen, wobei Φ die Austrittsarbeit bei der jeweiligen Bandverbiegung $e\Delta V_s$, χ die Elektronenaffinität (Energiegewinn beim Anlagern
eines Elektrons an das freie Teilchen X) und E_C der Gewinn elektrostatischer (Coulomb-) Energie beim Anlagern eines freien X^--Ions

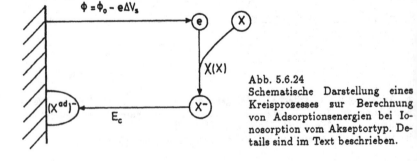

Abb. 5.6.24
Schematische Darstellung eines
Kreisprozesses zur Berechnung
von Adsorptionsenergien bei Ionosorption vom Akzeptortyp. Details sind im Text beschrieben.

an die Oberfläche ist. In analoger Weise läßt sich auch „Donator-Ionosorption" mit Elektronenaustausch vom adsorbierenden Molekül zum Halbleiter hin beschreiben.

Im Ionosorptions-Modell wird vorausgesetzt, daß die elektronischen Oberflächenzustände des freien Halbleiters durch die Chemisorption in der Besetzungswahrscheinlichkeit nicht beeinflußt werden und damit in einer Diskussion der Änderung freier Ladungsträger im Leitungsband die elektrischen Ladungen im Adsorptionskomplex entkoppelt behandelt werden dürfen.

Als Folge der Ladungsübertragung zwischen Molekülen und Halbleiteroberflächen wird die chemische Reaktivität der Moleküle sowie deren elektronische und geometrische Struktur stark beeinflußt. Dies läßt sich schon für die Veränderung in einem kleinen Molekül wie CO_2 als Folge des Elektroneneinfangs zeigen. Abb. 5.6.25 gibt die

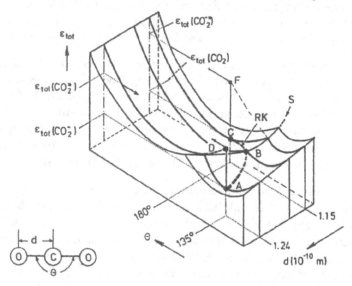

Abb. 5.6.25
Schematische Darstellung der Energiehyperflächen von CO_2 bzw. CO_2^-. Die Gesamtenergie ε_{tot} ist als Funktion der Molekülkoordinaten d bzw. Θ aufgetragen. RK bezeichnet die Reaktionskoordinate. Die Gleichgewichtskonfiguration von CO_2 ist durch den Punkt C, die von CO_2^- durch den Punkt A gekennzeichnet. Nähere Details sind im Text beschrieben [Göp 82].

Gesamtenergie ε_{tot} von CO_2-Molekülen und CO_2^--Ionen als Funktion der geometrischen Positionen der C- und O-Atome an. Gleichgewichtsgeometrien sind durch die Punkte A und C für CO_2^- bzw. CO_2 charakterisiert. Schneller Elektroneneinfang von neutralem CO_2 (adiabatische Näherung, Übergang von Punkt C nach Punkt F) bewirkt einen drastischen Anstieg der Gesamtenergie von $\varepsilon_{tot}(CO_2)$ nach $\varepsilon_{tot}(CO_2^{-*})$ Der größte Teil der Energieänderung wird wieder freigegeben, wenn das angeregte Ion vom Punkt F in die Gleichgewichtskonfiguration von CO_2^- bei Punkt A relaxiert. Bei diesem Ladungsübertragungsprozeß wirkt CO_2 als Elektronenakzeptor, wie wir dies auch bei CO_2-Chemisorption an $ZnO(10\bar{1}0)$-Oberflächen aus den Oberflächenleitfähigkeitsänderungen in Abb. 5.6.23a geschlossen haben. Andererseits kann das CO_2^--Ion als Elektronendonator wirken, wobei ein schneller Elektronentransferprozeß Energie erfordert, um auf der CO_2^--Energiehyperfläche vom Punkt A zum Punkt D zu gelangen. Danach erfolgt Energie- und Geometrie-Relaxation des CO_2-Moleküls, wobei der Punkt C energetisch günstiger liegt als der Ausgangspunkt A, d.h. insgesamt bei dem Prozeß Energie frei wird.

Am Sattelpunkt B ändert sich die Gesamtenergie des Moleküls nicht bei Zugabe eines Elektrons zum CO_2 bzw. Wegnahme eines Elektrons vom CO_2^-. RK bezeichnet die Reaktionskoordinate für langsame Elektronenübertragung in einem nicht-adiabatisch durchgeführten (Gedanken-) Experiment, das mit minimaler Aktivierungsenergie verbunden ist. Der Wert ε_{tot} am Punkt B bestimmt die Aktivierungsenergie für diesen langsamen Elektronenübertragungsprozeß.

Drei wesentliche Modifizierungen dieses Bildes der Elektronenübertragung bei freien Molekülen sind notwendig, um den Einfluß der Oberfläche bei Elektronenübertragung an Halbleitern zu berücksichtigen. Erstens können Ionen wie CO_2^- an Halbleiteroberflächen energetisch über Coulomb-Wechselwirkungen mit dem ionischen Gitter stabilisiert werden. Letztere lassen sich z.B. aus Oberflächen-Madelung-Summen unter Berücksichtigung von Abstoßungspotentialen abschätzen. Damit können Gesamtenergien von Ionen an Oberflächen niedriger sein als Gesamtenergien von Neutralteilchen. Zweitens kann sich die geometrische Konfiguration des Moleküls durch zusätzliche kovalente Wechselwirkung mit Substratatomen ändern. Als Folge dieser beiden Effekte kann elektronische Ladungsübertragung an Oberflächen u.U. auch mit erniedrigter oder vernachlässigbarer Aktivierungsbarriere für Elektronentransfer auftreten. Drittens sind bei der Ladungsübertragung an Halbleiteroberflächen Leitungselektronen und keine freien Elektronen involviert. Letztere haben höhere Gesamtenergien.

a)   Einfaches Chemisorptionsmodell für ionische Halbleiter

Wegen der großen Bedeutung in der heterogenen Katalyse und Chemisorption an Oxidoberflächen wollen wir im folgenden Ladungsübertragungsprozesse an ionischen Halbleitern in einem einfachen Modell quantitativ beschreiben. Dieses Modell erklärt u.a. Änderungen der Austrittsarbeit und Konzentration von Leitungselektronen in der Raumladungsrandschicht von Halbleitern bei Chemisorption von Teilchen. Man nimmt dabei an, daß adsorbierte Teilchen extrinsische Oberflächenzustände einführen, die man formal als zweidimensionale Donatoren und Akzeptoren an der Oberfläche im Gleichgewicht mit den dreidimensional verteilten Donatoren und Akzeptoren im Volumen des Halbleiters behandelt.

Dieses Modell ist in Abb. 5.6.26 schematisch gezeigt. Die Volumenzustandsdichten $D_{(v)}(E)$ mit einem Ferminiveau bei E_F sind im Gleichgewicht mit Oberflächenzustandsdichten $D_{(s)}(E_{ss})$ mit einem Quasi-Fermi-Niveau bei E_0. $D_{(s)}(E_{ss})$ ist eine Oberflächen-Exzeßgröße (vgl. Abschn. 5.2.4). E_0 entspricht dem Ferminiveau der Oberfläche unter der Annahme, daß die Oberfläche entkoppelt vom Volumen betrachtet wird (vgl. dazu auch Abschn. 4.2). Für $E_0 \neq E_F$ tritt Ladungsverschiebung zwischen Oberflächenzuständen und Volumenzuständen ein, die eine entsprechende Bandverbiegung um $e\Delta V_s$ bewirkt, wie dies schematisch in Abb. 5.6.26b gezeigt ist. Die Besetzung elektronischer Oberflächenzustände wird durch die Fermi-Dirac-Funktion $f(E_{ss})$ geregelt. In Analogie zur Behandlung von Volumendefekten in Halbleitern kann $D_{(s)}$ aufgespalten werden in Anteile von Donatorzuständen $D_{(s)D}$, die entweder neutral oder ionisiert (d.h. positiv geladen) sind, und von Akzeptorzuständen $D_{(s)A}$, die entweder neutral (unbesetzt) oder negativ geladen sind. Die Energien E_2 und E_1 in Abb. 5.6.26 charakterisieren ein spezielles Beispiel von zwei diskreten Niveaus der Oberflächenzustände. Der Wert $D_{(s)}$ ist die Summe

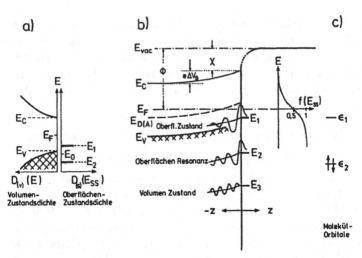

Abb. 5.6.26
Schematische Darstellung elektronischer Zustände an Halbleiteroberflächen
a) Volumenzustandsdichte $D_{(v)}(E)$ und Oberflächenzustandsdichten $D_{(s)}(E_{ss})$ für diskrete Zustände E_1 und E_2 an der Oberfläche. Das Neutralitätsniveau E_0 liegt unterhalb des Volumen-Fermi-Niveaus E_F. Akzeptorzustände bei E_1 führen zu Verarmungsrandschichten für Elektronen im Leitungsband.
b) Akzeptorzuständen an der Oberfläche führen zu einem Einfang negativer Ladung, die kompensiert wird durch einen gleichen Anteil positiver Ladung in der Raumladungsschicht. Dies führt zu Änderungen in der Austrittsarbeit Φ und Bandverbiegung $e\Delta V_s$. Ebenfalls angegeben ist die Fermifunktion $f(E_{ss})$ zur Ermittlung effektiver Ladungen in den jeweiligen elektronischen Zuständen.
c) Molekülorbitalpositionen e_i freier Moleküle
Nähere Details sind im Text beschrieben; vgl. auch Abb. 4.2.1 [Göp 85]

aus beiden Ladungsdichteanteilen. Die Ladung $Q_{(s)ss}$ in den Oberflächenzuständen bezogen auf die Einheitsfläche bestimmt sich dann aus:

$$Q_{(s)ss} = e \int_{-\infty}^{+\infty} D_{(s)D}(E_{ss}) \left[1 - f(E_{ss})\right] dE_{ss} - e \int_{-\infty}^{+\infty} D_{(s)A}(E_{ss}) f(E_{ss}) dE_{ss}$$

$$= - e \int_{-\infty}^{+\infty} D_{(s)}(E_{ss}) f(E_{ss}) dE_{ss} + Q_{(s)0} \tag{5.6.4}$$

mit $Q_{(s)0}$ als Gesamtladung in Oberflächenzuständen, wenn alle Oberflächenzustände nicht besetzt sind, d.h. für $E_F \rightarrow -\infty$.

Üblicherweise wird ein Unterschied gemacht zwischen intrinsischen Oberflächenzuständen, die man freien Oberflächen zuordnet und die durch $D_{(s)intr}$ gekennzeichnet werden, und extrinsischen Oberflächenzuständen $D_{(s)extr}$, die von der Adsorption von Fremdatomen herrühren. Diese Unterscheidung kann bei allgemeinen Adsorptionssystemen nicht immer gemacht werden. Erstens kann $D_{(s)intr}$ von den Präparationsbedingungen der freien Oberfläche abhängen und sich insbesondere auch bei Phasenübergängen an der freien Oberfläche oder bei Anwesenheit von intrinsischen Defekten wie z.B. Fehlstellen, Zwischengitteratomen oder Eckenatome ändern. Zweitens kann die Adsorption i.allg. nur angemessen als ein Vielkörperproblem behandelt werden. Dies bedeutet, daß Änderungen der elektronischen Struktur bei Adsorption sowohl an Substratatomen als auch an Adsorbatatomen berücksichtigt werden müssen.

Für eine eindeutige phänomenologische Beschreibung der Adsorption müssen wir daher die Änderungen in $D_{(s)}(E_{ss})$ als Exzeßgrößen messen und interpretieren. Dabei lassen sich nur unter einfachen Bedingungen intrinsische und extrinsische Anteile separieren. Ein einfaches Beispiel für diese mögliche Separation zeigt Abb. 5.6.26c. Ein neutrales Molekül, das durch ein besetztes Molekülorbital mit Energie ε_2 und ein unbesetztes Molekülorbital mit der Energie ε_1 charakterisiert ist, wirkt als Elektronenakzeptor im adsorbierten Zustand, da der aus ε_1 gebildete Akzeptorzustand E_1 unter E_F liegt. Der energetische Unterschied zwischen ε_1 und E_1 resultiert aus der Wechselwirkung mit der Oberfläche. Die Separation extrinsischer und intrinsischer Anteile in $D_{(s)}(E_{ss})$ gelingt für die elektronischen Niveaus innerhalb der verbotenen Zone einfach, da wir im Beispiel der Abb. 5.6.26b angenommen haben, daß keine intrinsischen Oberflächenzustände innerhalb der verbotenen Zone auftreten. Da nur elektronische Zustände im Energiebereich der verbotenen Zone die Bandverbiegung $e\Delta V_s$ und Änderung der Elektronendichte im Leitungsband beeinflussen, braucht zur Beschreibung von Leitfähigkeits- und Bandverbiegungseffekten bei Chemisorption die Modifizierung von $D_{(s)}(E_{ss})$ im Valenzbandbereich als Folge der Wechselwirkung der Molekülorbitale ε_2 mit Valenzbandzuständen nicht berücksichtigt zu werden.

Letzteres muß jedoch detaillierter betrachtet werden bei einer Diskussion von Photoemissionsexperimenten im Valenzbandbereich (vgl.

Abschn. 4.6). Eine Interpretation der Änderung von Oberflächenzustandsdichten bei Chemisorption im Valenzbandbereich muß die Diskussion der Änderungen $D_{(s)}(E_{ss})$ nach Chemisorption gegenüber $D_{(s)}(E_{ss})$ vor Chemisorption einschließen.

Die Fermistatistik bestimmt die *Partialladung* δ, die in dem extrinsischen Oberflächenzustand E_1 eingefangen ist und die Akzeptor-Wechselwirkung des Moleküls mit der Oberfläche charakterisiert. Der Wert δ kann formal dem Adsorptionskomplex zugeordnet werden und entspricht der Zahl der Elektronen, die in den Adsorptionszustand übertragen werden, dividiert durch die Zahl der adsorbierenden Teilchen:

$$\delta = \frac{Q_{(s)ss,extr}}{-e N_{(s)}^{ad}} = \left\{ 1 + \left(\frac{g_0}{g_-} \right) \cdot \exp \left[\frac{E_{ss} - E_F}{kT} \right] \right\}^{-1}$$

$$= \left\{ 1 + \exp \left[\frac{E_{ss,eff} - E_F}{kT} \right] \right\}^{-1} \tag{5.6.5}$$

Darin ist $N_{(s)}^{ad}$ die Flächenkonzentration adsorbierter Teilchen, g_0 und g_- die Zahl der Quantenzustände (Entartungsgrad) eines leeren (neutralen) und besetzten (negativ geladenen) Akzeptoroberflächenzustandes mit der Energie E_{ss}. In Gl. (5.6.5) nehmen wir vereinfachend an, daß lediglich ein Energieniveau bei E_{ss} auftritt. Der allgemeine Fall von beliebigen Zustandsdichten $D_{(s)}(E_{ss})$ wurde in Abschn. 4.2 diskutiert und läßt sich analog auf Chemisorptionsspektren übertragen. Im speziellen Beispiel der Abb. 5.6.26b entspricht E_{ss} dem Wert E_1. Der Wert $E_{ss,eff}$ ist eine effektive Energie von extrinsischen Oberflächenzuständen, die dann angegeben wird, wenn die Werte g_0 und g_- nicht bekannt sind. Der Unterschied zwischen E_{ss} und $E_{ss,eff}$ wird in Analogie zu der Behandlung von Volumendefekten gemacht, wie dies z.B. bei [Man 71X] ausgeführt ist. $Q_{(s)ss,extr}$ ist die Ladung in extrinsischen Oberflächenzuständen pro Einheitsfläche.

Gl. (5.6.5) kann auch zur Berechnung von Partialladungen von Donatoren herangezogen werden. Der Wert des in Gl. (5.6.5) angegebenen Ausdrucks ist dabei nicht gleich δ sondern gleich $\delta - 1$ mit δ als Partialladung der Donatoren.

Alle Änderungen der Ladungen in Oberflächenzuständen bei Chemisorption lassen sich formal über Partialladungen δ erfassen, wie sie über den Quotienten im ersten Teil der Gl. (5.6.5) definiert sind. Anstelle von $Q_{(s)ss,extr}$ werden dabei i.allg. lediglich die experimentell aus Messungen der Leitfähigkeitsänderungen berechneten Änderungen in $Q_{(s)ss}$ in Gl. (5.6.5) eingesetzt. Diese sind in einfachen Fällen auf extrinsische Zustände $Q_{(s)ss,extr}$ zurückzuführen, können i.allg. aber auch durch Änderungen in $D_{(s)}(E_{ss})$ und Q_0 bei Chemisorption bestimmt sein.

Zur Diskussion von experimentellen Änderungen der Leitfähigkeit σ^{exc} und Austrittsarbeit $\Delta\Phi$ zeigen wir in Abb. 5.6.27 ein einfaches Modell der Akzeptor-Chemisorption an einem n-Halbleiter. Elektronenübertragung führt zu partiell geladenen Akzeptorzuständen $(X^{ad})^{\delta-}$ an der Oberfläche. Der Elektroneneinfang erfolgt im („precursor") Physisorptionszustand X^{phys} und führt zu einer Bandverbiegung $e\Delta V_s$. Wechselwirkungen von Molekülorbitalen mit Substratzuständen im Valenzbandbereich wurden zur Vereinfachung vernachlässigt, da sie bei diesem Beispiel keinen Einfluß auf die Konzentration

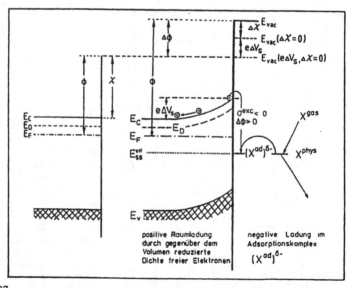

Abb. 5.6.27
Vereinfachtes Modell der Ausbildung eines Akzeptor-Adsorptionskomplexes bei Wechselwirkung von Molekülen aus der Gasphase über den „precursor"-Zustand der Physisorption. Nähere Details sind im Text beschrieben.

freier Ladungsträger haben. Die schematisch gezeigten Donator- und Akzeptorniveaus $E_{D(A)}$ im Volumen entsprechen den Verhältnissen der ZnO-Substrate, an denen die Resultate der Leitfähigkeits- und Austrittsarbeitsänderung in Abb. 5.6.23 erzielt wurden.

Abb. 5.6.28 zeigt die theoretisch erwartete Änderung der Bandverbiegung $e\Delta V_s$ bei gegebener Änderung der Oberflächenleitfähigkeit σ^{exc} als ausgezogene Kurve. Diese Kurve wurde durch Lösung der Poisson-Gleichung berechnet (vgl. Gl. (4.2.11)) und zeigt erhebliche Abweichungen von den experimentellen Werten, insbesondere für CO_2 und CO. Formal läßt sich die Diskrepanz zwischen experimentell gefundener Austrittsarbeitsänderung und theoretisch erwarteter Bandverbiegung $e\Delta V_s$ über Änderungen in der Elektronenaffinität $\Delta\chi$ beschreiben (vgl. Gl. 4.2.1b)) mit

$$\Delta\Phi = -e\Delta V_s + \Delta\chi. \tag{5.6.6}$$

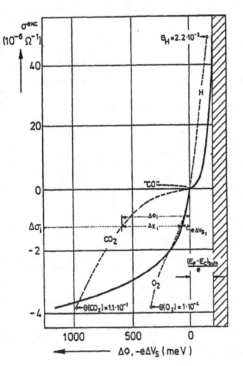

Abb. 5.6.28
Änderung der Oberflächenleitfähigkeit σ^{exc} und daraus berechnete Änderung der Bandverbiegung $e\Delta V_s$ im Vergleich zu experimentell gefundenen Änderungen der Austrittsarbeit $\Delta\Phi$ für die Wechselwirkung von H, CO, CO_2 und O_2 mit ZnO$(10\bar{1}0)$-Oberflächen. Die σ^{exc}-Resultate wurden z.T. schon in Abb. 5.6.23 vorgestellt. Die Diskrepanz zwischen $\Delta\Phi$ und $e\Delta V_s$ wird formal über die Änderungen der Elektronenaffinität $\Delta\chi$ beschrieben. Details sind im Text angegeben.

Darin erfaßt $e\Delta V_s$ die langreichende Kompensation der Oberflächenladung durch Volumenladung umgekehrten Vorzeichens in der Raumladungsschicht. Der Anteil $\Delta\chi$ erfaßt lokale Ladungsverschiebungen im atomaren Bereich (s. auch Abb. 4.2.1). Diese lokalen Ladungsverschiebungen lassen sich formal über *Dipolmomente* μ^{ad} senkrecht zur Oberfläche beschreiben, die dem Adsorptionskomplex zugeordnet werden. Es gilt die Helmholtzgleichung

$$\Delta\chi = \frac{e}{\varepsilon_{r,s} \cdot \varepsilon_0} \cdot \mu^{ad} \cdot N^{ad}_{(s)max} \cdot \Theta. \qquad (5.6.7)$$

Dabei ist $\varepsilon_{r,s}$ die dielektrische Konstante an der Oberfläche, die üblicherweise einen Wert zwischen ε_r im Volumen und dem $2^{-1/2}$fachen dieses Wertes hat, $N^{ad}_{(s)max}$ ist die maximale Oberflächenkonzentration adsorbierter Teilchen mit einem Dipolmoment μ^{ad}, und Θ ist die Bedeckung in Einheiten von $N^{ad}_{(s)max}$. Modifizierungen dieser Gleichung berücksichtigen die Wechselwirkung der Dipole untereinander, die insbesondere bei hohen Werten Θ berücksichtigt werden müssen, sowie Dipol-Substrat-Wechselwirkungen.

Tab. 5.6.1

	δ		$\mu^{ad}/\varepsilon_{r,s}$ Debye		Q_{ads} kJ·mol^{-1}		$E_{A,des}$ kJ·mol^{-1}		S_0	
O_2	-1	-1	0	0	-	-	94	106	$8\cdot10^{-5}$	$2\cdot10^{-6}$
H_2	$1\cdot10^{-2}$	$+1$	12	$-1,8$	83	-	102	96	$1\cdot10^{-6}$	0,3(H)
CO_2	0	$-4\cdot10^{-3}$	0	10	63	70	96	87	$1\cdot10^{-2}$	0,6
CO	$6\cdot10^{-3}$	-	5	-	80	-	98	-	$2\cdot10^{-5}$	-
	TiO_2 (110)	ZnO (10$\bar{1}$0)								

Werte von $T = 300$ K, $p = 6,7\cdot10^{-4}$ Pa, $t = 3\cdot10^3$ s

Tab. 5.6.1 zeigt typische Parameter zur formalen Charakterisierung von Adsorbatkomplexen an zwei „Modelloberflächen" zum Studium reversibler Halbleiter/Gas-Wechselwirkungen. Es handelt sich um Messungen an TiO_2(110)- und ZnO(10$\bar{1}$0)-Oberflächen. Angegeben sind Partialladungen δ, die aus Gl. (5.6.5) über die Messung der Oberflächenleitfähigkeitsänderungen σ^{exc} und daraus bestimmte Ladungsdichte $Q_{(s)ss,extr}$ sowie über die Messung der Konzentration adsorbierter Teilchen bestimmt wurden. Weiterhin angegeben ist das Dipolmoment $\mu^{ad}/\varepsilon_{r,s}$, bezogen auf die Oberflächendielektrizitätskonstante, die isostere Wärme Q_{ads}, die Aktivierungsenergie der Desorption $E_{A,des}$ (bestimmt aus thermischen Desorptionsspektroskopie-Experimenten) und der Anfangshaftkoeffizient S_0. Die Werte wurden

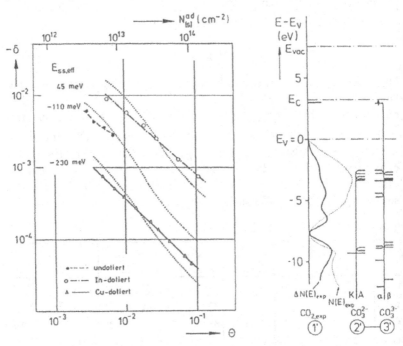

Abb. 5.6.29
Partialladung δ als Funktion des Bedeckungsgrades Θ für die CO_2-Chemisorption an ZnO$(10\bar{1}0)$-Oberflächen unterschiedlicher Dotierung. Die indiumdotierten Proben haben die höchste und die kupferdotierten Proben die niedrigste Volumenleitfähigkeit. Die unterschiedliche Position des effektiven Akzeptorniveaus relativ zur Leitungsbandkante zeigt den Einfluß von Leitungselektronen auf die Position dieses Niveaus [Göp 80].

Abb. 5.6.30
Elektronenenergien im Valenzbandbereich ($E - E_V < 0$) und Akzeptorzustände oberhalb des Valenzbandbereichs, bestimmt aus Experimenten zur Photoemission und Leitfähigkeitsänderungen (1') bzw. aus quantenchemischen Berechnungen eines CO_3^{2-}-Adsorptionskomplexes (2' bzw. 3'). Details dazu sind im Text beschrieben [Göp 82].

bei 300 K, einem Druck von $6,7 \cdot 10^{-4}$ Pa nach $3 \cdot 10^3$ s ermittelt [Göp 85].

Da sich die Bandverbiegung und damit die Position des extrinsischen Oberflächenzustandes relativ zur Fermienergie mit der Bedeckung ändert, sind Werte der Partialladungen stark bedeckungsabhängig. Dies ist in Abb. 5.6.29 für das Beispiel der CO_2-Chemisorption an der ZnO(10$\bar{1}$0)-Fläche mit drei verschiedenen Volumendotierungen gezeigt. Mit zunehmender Bedeckung wird die effektive Ladung pro Akzeptor-(CO_2-) Oberflächenkomplex kleiner. Aus diesem Diagramm läßt sich der Abstand des effektiven Akzeptor-Niveaus von der Leitungsbandkante $E_{ss,eff}$ bestimmen. Die Werte sind in der Abbildung angegeben. Damit lassen sich die punktierten Verläufe $\delta(\Theta)$ approximieren. Bedeckungs- und Dotierungseffekte in der Abweichung von dem einfachen Ein-Niveau-Bild lassen sich über Coulomb-Abstoßung deuten.

Abb. 5.6.30 zeigt den aus $\delta = f(\Theta)$ bestimmten Oberflächenzustand einer undotierten Probe bei E_C in der linken oberen Hälfte. Darunter angegeben ist links die experimentell bestimmte Photoemission $N(E)_{exp}$ bzw. das Photoemissionsdifferenzspektrum $\Delta N(E)_{exp}$ im Valenzbereich als Folge der CO_2-Chemisorption (vgl. Abb. 4.6.17 (gestrichelt) und Abb. 4.6.18).

Eine einfache Interpretation der experimentell gefundenen Änderungen von Elektronenkonzentrationen im Valenzbandbereich und des experimentell ermittelten Akzeptorniveaus im Bereich der verbotenen Zone wird unter der Annahme möglich, daß es sich bei der Chemisorption um die Ausbildung eines CO_3^{2-}-Oberflächenkarbonatkomplexes durch Reaktion von CO_2 mit Gittersauerstoff O^{2-} handelt. Die „neutrale" Konfiguration $(CO_3)^{2-}$ ist auf der linken Seiten (2') und die einfach ionisierte Form $(CO_3)^{3-}$ mit einem zusätzlichen Elektron im Akzeptorzustand auf der rechten Seite (3') gezeigt. Die Bezeichnungen K und A beziehen sich auf kationen- bzw. anionenabgeleitete Wellenfunktionen bei der Molekülorbitalberechnung. α und β beziehen sich auf die in α- und β-Spin aufgespalteten Elektronenorbitale. Diese Aufspaltung erfolgt beim Einfang eines Elektrons in einem System mit gerader Anzahl von Elektronen $(CO_3)^{2-}$ unter Bildung eines Systems mit ungerader Anzahl von Elektronen $(CO_3)^{3-}$.

Schon die einfache Annahme, daß es sich bei der CO_2-Chemisorption an der ZnO(10$\bar{1}$0)-Fläche um die Ausbildung einer Oberflächenkarbonatverbindung handelt, ermöglicht es zumindest qualitativ, die Änderungen der Elektronendichte im Valenzbandbereich sowie das Auftreten des Akzeptorniveaus innerhalb der verbotenen Zone zu beschreiben. Detailliertere Rechnungen lassen sich an Oberflächenkomplexen durchführen, die eine größere Zahl von Oberflächenatomen berücksichtigen, wie dies für freie Oberflächen schon in Abb. 5.6.10e gezeigt wurde.

Einige typische Beispiele für charakteristische Donator- und Akzeptor-Adsorptionskomplexe an der freien Oberfläche eines Oxids sind in Abb. 5.6.31 gezeigt. Effektive Ladungen der Einzelatome sind in

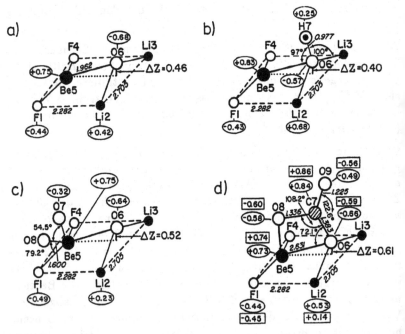

Abb. 5.6.31
Verschiedene Adsorptionskomplexe, die bei der Wechselwirkung von H-Atomen, O_2- und CO_2-Molekülen mit einer Oxid-Oberfläche auftreten können. Die freie Oberfläche ist unter a), die Adsorptionskomplexe sind unter b) bis d) gezeigt. Details sind im Text beschrieben [Göp 82].

Kreisen angegeben. Die Abstände zwischen Atomen mit durchnumerierten Atompositionen sind in 10^{-10} m angegeben. Neben der Konfiguration der freien Oberfläche (a) sind Chemisorptionseffekte bei der Wechselwirkung mit H (b), O_2 (c) sowie CO_2 (d) gezeigt. Dies bewirkt drastische Ladungsverschiebungen unter Ausbildung von H^+ (b), O_2^- (c) sowie CO_2^- (d). Beim Beispiel (d) ist neben der Ladungsverteilung für das CO_2 vor dem Einfang eines freien Leitungselektrons (runde Umrandungen der Atompartialladungen) auch die Ladungsdichteverteilung nach dem Einfang eines Elektrons (eckige Umrandungen) gezeigt. Aus diesen Beispielen wird deutlich, daß mit der Chemisorption i.allg. auch die Ausbildung von Dipolmomenten senkrecht zur Oberfläche verbunden ist, wie sie schon in Tab. 5.6.1 für verschiedene Adsorptionskomplexe aus experimentellen Daten aufgelistet wurden.

b)   Verallgemeinerte Chemisorptionsmodelle

Wir haben bisher spezielle Beispiele der allgemeinen Halbleiter/Gas-Wechselwirkung unter Ausbildung starker Oberflächenbindungen diskutiert. Im allgemeinen führt die Halbleiter/Gas-Wechselwirkung, wie schon zu Beginn dieses Kapitels geschildert, nicht zu reversibler Ad- und Desorption. Darüber hinaus läßt sich nur bei stark ionischen Halbleitern eine formal einfache Trennung in extrinsische und intrinsische Oberflächendefektanteile vornehmen. Zur Verdeutlichung sind in Abb. 5.6.32 charakteristische Ladungsdichteverteilungen zwischen zwei beliebig herausgegriffenen Volumenatomen gezeigt. Oben sind Volumen-Ladungsdichteverteilungen im Valenzbandbereich für Si, GaAs und ZnO angegeben. Beim Silicium handelt es sich um eine homöopolare Volumenbindung, die Differenz der Elektronegativitäten $\Delta\chi_i$ von benachbarten Atomen ist 0. Beim Galliumarsenid handelt es sich um eine heteropolar-kovalente Volumenbindung mit $\Delta\chi = 0,31$ und beim ZnO um eine stark ionische Volumenbindung mit $\Delta\chi = 0,62$. Die Folge zunehmender Ionizität ist eine Verlagerung der gesamten Valenzbandladungsdichte vom Kation zum Anion.

Im unteren Teil der Abbildung ist gezeigt, welchen Einfluß die zunehmende Ionizität auf die intrinsischen Oberflächendefekte der verschiedenen Halbleiter hat. Bei homöopolaren Halbleitern wie Silicium, Ger-

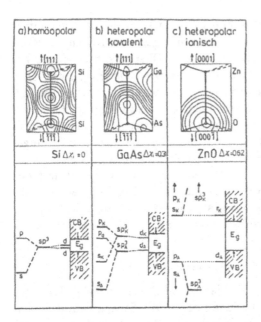

Abb. 5.6.32
Ladungsdichteverteilungen im Valenzbandbereich und entsprechende elektronische Niveaus von Volumen- und Oberflächenzuständen für homöopolare, heteropolar-kovalente und heteropolar-ionische Modellsubstanzen mit charakteristischen Differenzen der Elektronegativitäten χ_s zwischen benachbarten Volumenatomen. Details sind im Text beschrieben.

manium oder Kohlenstoff führen die sp³-(„dangling bond"-)Orbitale an der Oberfläche zu aufgespaltenen elektronischen Zuständen „d" im Bereich zwischen Valenz- und Leitungsband, deren Dispersion durch die Orbitalsymmetrie an der Oberfläche gegeben ist und die durch Defekte, Adsorbate etc. extrem beeinflußt werden kann. So läßt sich z.B. durch Adsorption von Wasserstoff oder Ausbildung von SiO_2/Si-Grenzflächen die Dichte elektronischer Zustände innerhalb der verbotenen Zone von Si auslöschen. Dies gelingt durch Ausbilden starker Bindungen und Absenken der entsprechenden „dangling bond"-Orbitale in den Valenzbandbereich. Bei der Ausbildung dieser Bindungen sind sowohl die intrinsischen Oberflächenzustände der freien Oberfläche als auch Molekülorbitale der Adsorbate beteiligt. Dies macht deutlich, daß eine Separation in intrinsische und extrinsische Anteile bei der Chemisorption an einer homöopolaren Halbleiteroberfläche prinzipiell nicht möglich ist.

Ähnliches gilt für die Chemisorption an vielen heteropolar-kovalenten Halbleitern, an denen häufig intrinsische Oberflächenzustände innerhalb der verbotenen Zone E_g auftreten. Diese Oberflächenzustände lassen sich vereinfacht als Anionen- (A) bzw. Kationen- (K) abgeleitete sp³-Hybridorbitale beschreiben. Auch hier ist die genaue Position der „dangling bond"-Orbitale „d_A" bzw. „d_K" abhängig von der lokalen Atomgeometrie der jeweiligen Oberfläche, wobei bei periodisch angeordneten Oberflächenatomen starke Dispersion $E(\underline{k}_{\|})$ auftritt.

Bei ausgeprägt ionischen Substanzen bleibt die starke Ionizität der Atome auch an der Oberfläche erhalten. Die Oberflächenzustände d_A liegen im Valenzbandbereich und werden z.B. bei Oxiden im wesentlichen dem Sauerstoff 2p zugeordnet. Die Oberflächenzustände im Leitungsbandbereich „r_K" sind im gezeigten Beispiel des ZnO über Oberflächenresonanzen am Kation mit im wesentlichen Zn-4s-Anteilen charakterisiert. Ionische Oberflächen sind schon vor der Wechselwirkung mit Adsorbaten frei von intrinsischen Oberflächenzuständen. Dies ist die Erklärung für die allgemein hohe chemische Stabilität dieser Verbindungen. Die anionenabgeleiteten, energetisch tiefliegenden Orbitale im Valenzbandbereich beteiligen sich bei der Ausbildung von chemischen Bindungen nicht in der Weise, daß Leitungselektronen verschoben werden. Das Absenken von Oberflächenzuständen aus dem Leitungsbandbereich bzw. Einführen von extrinsischen Akzeptorniveaus bei Chemisorption läßt sich daher über das formale Konzept von extrinsischen Oberflächenzuständen beschreiben, wie wir dies weiter oben eingeführt haben.

Homöopolare oder heteropolar-kovalente Halbleiter sind vor allem in der Halbleiterindustrie von Bedeutung. Dabei wird i.allg. angestrebt, daß Grenzschichten mit definierten elektronischen Zuständen erzeugt werden, die als thermodynamische Nicht-Gleichgewichtssysteme durch kinetische Hemmung chemischer Reaktionen stabilisiert werden müssen. Heteropolar-ionische Substanzen und insbesondere Oxide spielen eine erhebliche Rolle bei der Entwicklung von Gassensoren oder Nicht-Edelmetall-Katalysatorsystemen. An Oberflächen dieser Substanzen müssen sich Teilchen/Gas-Wechselwirkungen reversibel durchführen lassen.

5.6.6   Chemisorption an Halbleitern mit Defekten

Im letzten Abschnitt haben wir gezeigt, daß die Volumenkonzentration freier Ladungsträger die Chemisorption insbesondere bei ionischen Halbleitern stark beeinflussen. Volumenkonzentrationen von

Elektronen bzw. Defektelektronen und damit verbunden die Position des Ferminiveaus können in Halbleitern in weiten Grenzen durch Einbau von intrinsischen (Eigen-) oder extrinsischen (Fremdatom-) Defekten im Volumen und an der Oberfläche variiert werden.

a)   Allgemeines zur Defektstruktur

Wir wollen im folgenden zunächst Volumendefekte und danach Oberflächendefekte vorstellen und dabei jeweils zunächst die intrinsischen und danach die extrinsischen Defekttypen diskutieren.

Bei Elementkristallen treten als häufigste *intrinsische Defekte* Fehlstellen bzw. Zwischengitteratompositionen auf. Bei Einkristallen binä-

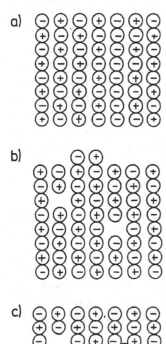

Abb. 5.6.33
Perfekte und gestörte Ionenkristalle (schematisch)

a) Perfekter Ionenkristall

b) Ionenkristall mit Punktdefekten vom Schottky-Typ mit gleicher Anzahl von positiv und negativ geladenen Fehlstellen der Anionen bzw. der Kationen

c) Ionenkristall mit Defekten vom Frenkeltyp mit gleicher Zahl von negativ geladenen Fehlstellen und besetzten Zwischengitterplätzen

rer Verbindungen sind prinzipiell vier verschiedene intrinsische Defekttypen möglich: Kationen- und Anionen-Fehlstellen V_K bzw. V_A sowie Kationen und Anionen auf Zwischengitterplätzen K_i bzw. A_i (i steht für „interstitial"). Bei ionischen Verbindungen zeichnen sich Kationen-Fehlstellen V_K bzw. Anionen auf Zwischengitterplätzen A_i durch Elektronenakzeptor-Eigenschaften aus, die den p-Typ des elektronischen Leitungscharakters des Halbleiters erhöhen. Analog zeichnen sich Anionen-Fehlstellen V_A bzw. Kationen auf Zwischengitterplätzen K_i durch Donator-Eigenschaften aus, die mit zunehmender Konzentration den n-Typ-Leitungscharakter eines Verbindungshalbleiters erhöhen. Die gleichen Fehlstellentypen können auch in der obersten Schicht bzw. als Einzelatome auf der obersten Schicht auf Gitter- und Zwischengitter-Positionen auftreten.

Intrinsische Defekte in ionischen Kristallen treten häufig gekoppelt auf. Gegenüber dem idealen Volumen mit idealer Oberfläche (Abb. 5.6.33a) kann eine gleiche Zahl von Kationen- und Anionenlücken auftreten (Schottky-Defekt, Abb. 5.6.33b), wobei eine Sorte auch bevorzugt an der Oberfläche vorliegen kann. Anlagerung an Stufen kann neutralen Ausgleich bewirken. Auch durch die Zwischengitteratome (Frenkel-Defekt, Abb. 5.6.33c) oder einzelne Adatome auf der Oberfläche wird für die jeweilige Ionensorte Neutralität erreicht.

Im Beispiel der Abb. 5.6.34a wird gezeigt, daß Konzentrationen intrinsischer Fehlstellen eines Teilgitters dadurch erhöht werden können, daß Ionen höherer Wertigkeit in das entsprechende Teilgitter als *extrinsische Defekte* eingebaut werden. So wird in dem gezeigten Beispiel beim Einbau von Kalziumionen in ein NaCl-Gitter unter Bewahrung der Elektroneutralität die Konzentration von Kationen-Fehlstellen V_K erhöht.

Die Abb. 5.6.34b zeigt schließlich, daß bei Substitution von Gitterbausteinen mit Elementen höherer Wertigkeit, wie hier Arsen, bzw. niedrigerer Wertigkeit, wie hier Bor, in einem Wirtsgitter Akzeptoren bzw. Donatoren eingebaut werden können.

Die intrinsischen und extrinsischen Defekte bestimmen bei hohen Temperaturen die ionische Leitfähigkeit, Festkörperdiffusion und - allgemein - die chemische Reaktivität des Festkörpers. Unter Versuchsbedingungen der Oberflächenphysik ist Ionenleitfähigkeit und

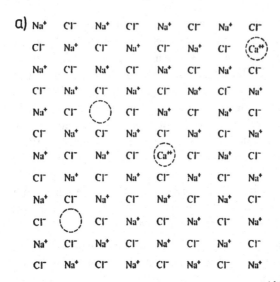

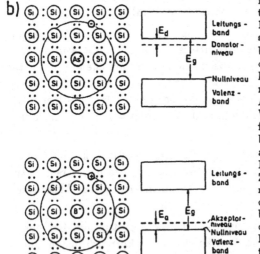

Abb. 5.6.34
Beispiele für extrinsische Defekte

a) Schematische Darstellung eines dotierten Ionenkristalls, in dem einwertige Kationen teilweise durch zweiwertige Kationen (hier: Ca^{++}) ersetzt sind

b) Schematische Darstellung der Dotierung eines Elementkristalls (hier Si) mit Elementen einer höheren (hier As) und niedrigeren (hier B) Wertigkeitsstufe (links). Dies führt zu elektronischer n- bzw. p-Leitung im Halbleiter als Folge der Erhöhung bzw. Erniedrigung der effektiven Zahlen von Bindungselektronen im Valenzbandbereich durch Bildung von Donator- bzw. Akzeptorniveaus nahe der Leitungsband- bzw. Valenzbandkante (rechts). Weitere Details sind im Text beschrieben [Kop 89X].

Festkörperdiffusion i.allg. zu vernachlässigen, da die entsprechenden Diffusionsprozesse bei den meisten Substanzen relativ langsam ablaufen. Daher ist unter den meisten experimentellen Bedingungen der Oberflächenphysik der elektronische Anteil zur Leitfähigkeit der bei weitem überwiegende. Durch gezielten Einbau von Eigendefekten bzw. Fremdatomen in das Volumen läßt sich das Ferminiveau von Halbleitern in weiten Bereichen innerhalb der verbotenen Zone verschieben und damit eine bestimmte Konzentration freier Ladungsträger einstellen. Fremdatome auf der obersten Schicht (extrinsische Defekte) können wie Adsorption auf defektfreien Oberflächen behandelt werden. Wenn durch Platzwechselvorgänge oder Diffusion Fremdatome in oder unter die erste Schicht gelangen (siehe z.B. Abb. 5.6.35), ist ein schrittweiser Übergang von Adsorption zum Einbau ins Volumen (als Volumendefekt) denkbar.

Alle Defekte an der Oberfläche sind für die elektrischen Eigenschaften von Halbleitern besonders wichtig, da sie Zustände im Bereich der verbotenen Zone erzeugen können und deshalb auch bei geringer Konzentration eventuell große Veränderungen bewirken. Alles, was über Oberflächenzustände in Kapitel 4 gesagt wurde, ist deshalb hier von entscheidender Bedeutung.

Experimentell reproduzierbare Bedingungen hat man immer dann, wenn der Einbau dieser Defekte thermodynamisch kontrolliert erfolgt und sich die Volumenstruktur durch den Einbau von Fremdatomen nicht wesentlich ändert. Dazu muß i.allg. die Konzentration von Fremdatomen im Volumen relativ klein bleiben, da nur in gewissen Grenzen Fremdatome ohne Zerstörung der Geometrie des Wirtsgitters in Festkörper eingebaut werden können. Durch Beschuß von Festkörpern mit schnellen Ionen lassen sich jedoch auch Dotierungen erzwingen, die thermodynamisch nicht denkbar sind („Ionenimplantation"). Dies ermöglicht es, Materialeigenschaften und elektronische Strukturen von Halbleitern in weiten Grenzen zu variieren. Allerdings muß bei den auf diese Weise hergestellten Materialien mit Driften der physikalischen Eigenschaften gerechnet werden, da insbesondere bei höheren Temperaturen und dadurch erhöhter Festkörperdiffusion partielle Zersetzung in Richtung thermodynamisch stabilerer Konfigurationen auftritt. So werden z.B. implantierte große Atome erhebliche elastische Verzerrungen in einem Halbleiter mit kleineren Atomen verursachen. Die Fremdatome können bei höheren Temperaturen zur Oberfläche oder zu Korngrenzen hin wandern.

Der enge Zusammenhang und z.T. fließende *Übergang zwischen Chemisorption und Ausbildung von extrinsischen Defekten* wird aus Abb. 5.6.35 deutlich: Im oberen Teil ist die Chemisorption von Aluminiumatomen auf einer Galliumarsenid(110)-Oberfläche gezeigt. Durch Austausch der Positionen der beiden dreiwertigen Elemente Gallium und Aluminium wird das Aluminium in das Wirtsgitter eingebaut und ist damit als „Fremdatom" über eine Oberflächenreaktion in das Gitter eingebracht. Dieser Effekt kann z.B. über eine Veränderung der Austrittsarbeit oder eine Verschiebung in den XPS-Rumpfniveauli-

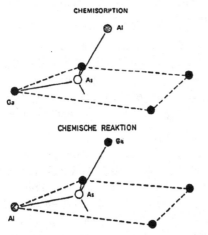

CHEMISORPTION

Al

As

Ga

CHEMISCHE REAKTION

Ga

As

Al

Abb. 5.6.35
Schematische Darstellung der Einheitszelle einer (110)-Galliumarsenid-Oberfläche nach Chemisorption bzw. Oberflächenreaktion von Aluminium

nien der beteiligten Atome experimentell nachgewiesen werden. Von dieser Oberflächenposition aus kann Al bei geeignet gewählten Temperaturen auch in das Volumen eindringen. Da die Elektronegativitäten von Aluminium und Gallium unterschiedlich sind, wirkt das Aluminium als Dotierung im Galliumarsenid-Gitter sowohl an der Oberfläche als auch im Volumen.

Systeme, bei denen chemische Reaktionen an Oberflächen auftreten und bei leichter thermischer Behandlung nachfolgend auch Volumendiffusion erfolgt, sind für das Studium reversibler Chemisorptionsprozesse völlig ungeeignet.

Der energetisch kontinuierliche Übergang von Chemisorptions-Wechselwirkung an der Oberfläche und Einbau von Volumendotierungen (oder Verunreinigungen) ist auch bei verschiedenen Metall/Gas-Systemen bekannt. Ein Beispiel für den Übergang einer atomar chemisorbierten Spezies in eine Volumenposition unter der obersten Adsorbatschicht wurde schon in Abschn. 5.2.3 mit der Sauerstoffwechselwirkung an Nickeloberflächen vorgestellt. Ein Beispiel für nichtdissoziative Chemisorption mit nachfolgender dissoziativer Volumenreaktion ist die Wechselwirkung von Stickstoff mit Eisen(111)-Oberflächen [Tom 85].

Wie schon erwähnt, kann in Analogie zum Volumen auch an der Oberfläche zwischen intrinsischen und extrinsischen Defekten unterschieden werden. Den verschiedenen denkbaren *Defekten an Element-Halbleiter-Oberflächen* null-, ein- und zweidimensionaler Art sind entsprechende spezifische elektronische Niveaus oder Bänder zugeordnet, die jeweils in spezifischer Weise mit adsorbierenden Molekülen wechselwirken können. Systematische experimentelle Studien zur Reaktivität der Defekte an Elementhalbleitern sind dadurch erschwert, daß erstens schon die freien Oberflächen durch elektronische Zustände innerhalb der verbotenen Zone charakterisiert sind (vgl. Abb. 5.6.32), daß zweitens das Auftreten intrinsischer Defekte lediglich eine Modifikation elektronischer Zustände innerhalb der verbotenen Zone bewirkt und daß drittens ein bestimmter Defekttyp i. allg. nicht ausschließlich hergestellt werden kann, ohne daß andere Defekte an der gleichen Oberfläche ausgeschlossen werden können.

b)   Oxiddefekte als spezielles Beispiel

Drastische Effekte in der Änderung der elektronischen Struktur von Oberflächen findet man vor allem bei *Defektbildung an ionischen Verbindungshalbleitern*. Wie wir im letzten Abschnitt gezeigt haben, sind reine, fehlerfreie Oberflächen von ionischen Verbindungshalbleitern durch eine verbotene Zone charakterisiert, in der keine elektronischen Oberflächenzustände auftreten. Diese können jedoch durch *intrinsische Defekte* einführt werden, wie dies schematisch in Abb. 5.6.36 gezeigt ist. Das ideale $TiO_2(110)$-Gitter ist durch (im wesentlichen aus Sauerstoff-2p-Zuständen aufgebaute) Valenzbänder und durch (im wesentlichen aus Titan-3d-Zuständen aufgebaute) Leitungsbänder charakterisiert. Die unbesetzten Titan-3d-("dangling bond"-)Orbitale sind durch die Position A in Abb. 5.6.36 charakterisiert. Sauerstofflükken, d.h. Fehlstellen im Anionenteilgitter der Oberfläche, bewirken das Auftreten von Donatoren (Position B). Beim Entfernen einer linearen Kette von Sauerstoffatomen sind theoretisch eindimensionale Donatorbänder denkbar (Position C). Bei weiterem chemischem Reduzieren der Oberfläche wird schließlich metallisches Titan auf dem TiO_2 erzeugt, wobei entsprechende Leitungsbandzustände der Titan-3d-Niveaus beobachtet werden können. In reduzierender Atmosphäre (d.h. bei niedrigen O_2-Partialdrücken oder hohen Partialdrücken reduzierender Gase wie CO oder H_2) können insbesondere bei höheren Temperaturen alle diese Defekte eingestellt werden, so daß darüber die Reaktivität von TiO_2-Oberflächen extrem variiert werden kann.

Thermodynamisch sind von den verschiedenen Defekttypen der Abb. 5.6.36 aus Entropiegründen lediglich Punktdefekte reversibel herzustellen und wieder auszuheilen. An Oxidoberflächen muß man daher immer (genauer: bei $T > 0$ K, so daß in $\Delta G = \Delta H - T\Delta S$ der letzte Term > 0 wird; vgl. Gl. (5.2.3) in Abschn. 5.2.3) mit der Existenz von Fehlstellen bzw. Zwischengitteratomen des Wirtsgitters

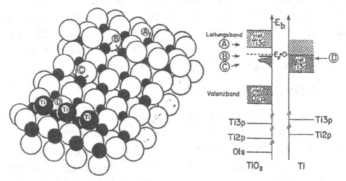

Abb. 5.6.36
Geometrische Struktur von TiO_2(110)-Oberflächen mit verschiedenen Defekten. A bezeichnet die Position eines idealen Titan-Oberflächenatoms, B die Position einer Sauerstoff-Fehlstelle, C eine eindimensionale Kette von Titanatomen ohne darüberliegende Sauerstoffatome und D abgeschiedene Titan-Metallatome. Die entsprechenden elektronischen Strukturen sind auf der rechten Seite für TiO_2 bzw. Ti angegeben [Göp 84].

rechnen. Die Defekt-Konzentration wird bei binären Oxiden eindeutig über den Sauerstoffpartialdruck und die Temperatur bestimmt. Unter den üblichen experimentellen UHV-Bedingungen werden dabei häufig Sauerstofflücken beobachtet, die als Donatoren an der Oberfläche von n-Typ-Halbleitern wie ZnO oder TiO_2 für Anreicherungsschichten sorgen und damit die Konzentration freier Elektronen an der Oberfläche erhöhen.

Details zur elektronischen Struktur typischer Oberflächen-Donatoren sollen am Beispiel der Sauerstofflücke an einer $TiO_2(110)$-Oberfläche in Abb. 5.6.37 und 5.6.38 gezeigt werden. In einer Clusterrechnung sind für die in Abb. 5.6.37 gezeigte Geometrie elektronische Zustände berechnet worden. Durch Entfernen des Sauerstoffs in der Position

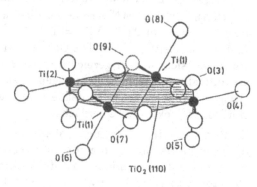

Abb. 5.6.37
Molekülclusterkonfiguration zur Ermittlung der elektronischen Struktur von Sauerstoff-Fehlstellen auf TiO_2-(110) [Göp 85]

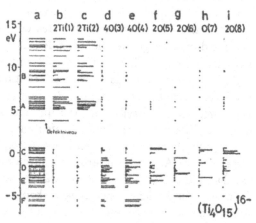

Abb. 5.6.38
Elektronische Struktur von Sauerstoff-Fehlstellen in einem $(Ti_4O_{15})^{16-}$-Cluster. Es wurde angenommen, daß das Sauerstoffatom O(9) aus Abb. 5.6.37 entfernt wurde. Das Defektniveau innerhalb der verbotenen Zone ist im wesentlichen an den Ti(1)-Positionen lokalisiert und entspricht Titan-3d-Zuständen [Göp 85].

O(9) wird ein Defektniveau innerhalb der verbotenen Zone erzeugt. Dieses ist in Abb. 5.6.38 gezeigt. Der Cluster $(Ti_4O_{15})^{16-}$ simuliert dabei eine Oberfläche mit einer Sauerstoff-Fehlstelle. Aus der Analyse der Koeffizienten verschiedener Atomfunktionen mit Beitrag zum elektronischen Defektniveau folgt, daß der wesentliche Anteil der Wellenfunktion dieses Defektniveaus von den benachbarten Titanatomen Ti(1) herrührt. Es ist daher naheliegend, diesen Defekt als $2Ti^{3+}$ V_O zu bezeichnen („V" für engl. „vacancy" = Leerstelle). Dabei werden die idealen Gitterpositionen vereinfachend über Ti^{4+}- bzw. O^{2-}-Ionen beschrieben. Nach der üblichen Kröger-Vink-Nomenklatur wird die Ladung eines Defektes jedoch relativ zum idealen Gitter gesetzt, wobei „ı" für eine negative, „•" für eine positive und „x" für keine Ladung steht. Danach würde der Defekt als $(Ti^{ı}Ti^{ı}V_O^{••})^x$ bezeichnet. Durch Anregung eines Elektrons aus diesem Defektniveau entsteht der ionisierte Donator $2Ti^{3+}$ $V_O^{•}$ ($\widehat{=}(Ti^{ı}Ti^{x}V_O^{••})^{•}$) und ein delokalisiertes Elektron im Leitungsband. Die Delokalisation dieses angeregten Elektrons läßt sich in dem gezeigten Clustermodell wegen der geringen Gesamtzahl von Atomen nicht angemessen wiedergeben und zeigt die Grenzen dieses einfachen Modells zur Deutung experimenteller Daten von Punktdefekten an Oberflächen.

Da Punktdefekte an Verbindungshalbleiter-Oberflächen über thermodynamische Bedingungen eindeutig vorgegeben werden können und prinzipiell auftreten müssen, ist der *experimentelle Nachweis* dieser Punktdefekte unter den gegebenen Versuchsbedingungen wichtig. Im genannten Beispiel bewirkt die partielle Reduktion der Titanatome in der Nähe des Oberflächendefektes eine Erniedrigung der effektiven Bindungsenergie der tiefliegenden Ti-$2p_{3/2}$- bzw. Ti-3p-Niveaus. Dies ist schematisch in Abb. 5.6.39 mit schraffierten Flächen gezeigt. Positionen von Maxima und Strukturen von Rumpfniveaus sowie Valenzbändern wurden über Röntgenphotoemission (XPS) ermittelt. Defektfreie Oberflächen sind durch ausgezogen Linien, Oberflächen mit thermisch erzeugten Defekten durch die schraffierten Bereiche, Oberflächen mit hohen Konzentrationen statistisch verteilter Defekte nach Argon-Bombardieren durch punktierte Linien angedeutet. Die unbesetzten Titan-3d-Zustände der Defekte in der Nähe des Ferminiveaus E_F lassen sich spektroskopisch bei niedrigen Konzentrationen thermisch erzeugter Defekte mit XPS nicht direkt nachweisen.

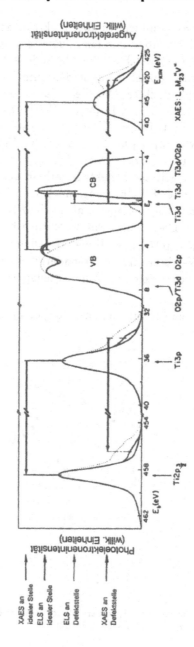

Abb. 5.6.39
Spektroskopische Methoden und Ergebnisse zur Bestimmung von Defekten im TiO₂ über röntgeninduzierte Augerelektronenspektroskopie (XAES), röntgeninduzierte Photoemission (XPS) bzw. Elektronenenergieverlustspektroskopie (ELS) [Göp 84]

Diese Zustände sind jedoch über Elektronenenergieverlustspektroskopie (ELS) bzw. über röntgeninduzierte Augerelektronenspektroskopie (XAES) nachweisbar. Die Methode XAES ist von den verwendeten spektroskopischen Methoden zum Nachweis von Punktdefekten die empfindlichste. Dies liegt daran, daß XAES an Oberflächen
ohne Punktdefekte im $L_{III}M_{II/III}V$-Übergang einen *inter*atomaren
Prozeß erfordert. Die im Titanatom freiwerdende Augerenergie beim
Übergang von $M_{II/III}$ nach L_{III} muß den Valenzband- (O-2p ≙ „V")
Elektronen übergeben werden. Dagegen wird in Anwesenheit eines
Titan-3d-abgeleiteten Defekts innerhalb der verbotenen Zone ein *in-
ner*atomarer XAES-Übergang möglich, bei dem die im Titan-Atom
freiwerdende Augerenergie einem Ti-3d-Elektron am Defekt übertragen wird. Dies erfolgt mit wesentlich höherer Wahrscheinlichkeit
als der o.g. $L_{III}M_{II/III}V$-Übergang. Dieser Effekt macht XAES des
$L_{III}M_{II/III}V$-Übergangs in besonderer Weise für das systematische
Studium von Defekten im Anionenteilgitter an Oxid-Oberflächen geeignet.

Der drastische Einfluß von thermodynamisch einstellbaren Punktde-

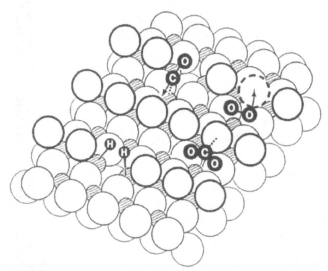

Abb. 5.6.40
TiO_2(110)-Oberflächen mit Sauerstofflücken als spezifischen Adsorptionsplätzen
für CO-, H_2- und O_2-Moleküle [Göp 83]

fekten auf Chemisorption an ionischen Halbleiteroberflächen soll exemplarisch an einem Beispiel demonstriert werden. Abb. 5.6.40 zeigt, daß Sauerstofflücken an einer $TiO_2(110)$-Oberfläche als spezifische Adsorptionsplätze für CO, O_2 und H_2 wirken können. CO und H_2 werden an defektfreien Oberflächen bei Raumtemperatur nicht, an Oberflächen mit Punktdefekten jedoch stark chemisorbiert.

Dabei wird H_2 selbst bei Temperaturen von 77 K dissoziativ gespalten. Von dieser Position aus können Wasserstoffatome auch in das Volumen hineindiffundieren. Umgekehrt sind Sauerstofflücken an der Oberfläche erforderlich, um den im Volumen eingeschlossenen Wasserstoff durch Rekombination zu H_2 schon bei Raumtemperatur in die Gasphase zu befördern.

Die Wechselwirkung von CO_2 ist unabhängig von der Existenz von Punktdefekten an $TiO_2(110)$-Oberflächen.

Die Wechselwirkung von O_2 mit Defekten an $TiO_2(110)$-Oberflächen führt zu spontaner Dissoziation des Moleküls unter „Ausheilen" von Sauerstofflücken und Zurücklassen von Sauerstoffatomen. Falls unter der Oberfläche von $TiO_2(110)$ ebenfalls Sauerstofflücken im Volumen vorliegen, werden über entsprechende Platzwechselprozesse die Sauerstoffatome auch in tieferliegenden Schichten des TiO_2-Gitters unter Ausheilen dieser Punktdefekte eingebaut. Parallel zu dieser direkten Reaktion von O_2 mit den Punktdefekten an der Oberfläche läuft die Chemisorption ab. Dabei wird, wie im letzten Abschnitt diskutiert, unter Akzeptortyp-Wechselwirkung chemisorbiertes O_2^- gebildet. Dies führt zu einer Erhöhung der Bandverbiegung, wie dies in Abb. 5.6.28 schematisch gezeigt wurde.

Im allgemeinen laufen an $TiO_2(110)$-Oberflächen mit Defekten bei der Wechselwirkung mit molekularem Sauerstoff sowohl Chemisorption als auch Gitterausheilprozesse ab. Dabei wird bei Raumtemperatur im wesentlichen Chemisorption und Ausheilen von Punktdefekten an der Oberfläche beobachtet. Beide Effekte bewirken eine Abnahme der Leitfähigkeit bzw. eine Erhöhung des Austrittspotentials $\Delta\varphi = \Delta\Phi/e$ um 300 K, wie dies in Abb. 5.6.41 gezeigt ist. Oberhalb des thermischen Desorptionsmaximums von chemisorbiertem Sauerstoff bei etwa 400 K sind Austrittsarbeitsänderungen bei Wechselwirkung der Oberfläche mit Sauerstoff vernachlässigbar. Trotzdem

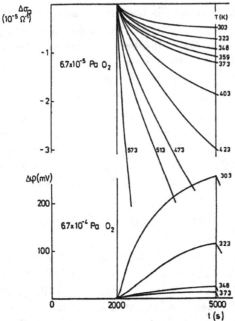

Abb. 5.6.41
Änderung der Flächenleitfähigkeit $\Delta\sigma_\square$ bzw. des Austrittspotentials $\Delta\varphi=\Delta\Phi/e$ an TiO_2(110)-Oberflächen bei Wechselwirkung mit Sauerstoff bei verschiedenen Temperaturen als Funktion der Zeit. Nähere Details sind im Text beschrieben [Göp 83].

auftretende drastische Änderungen der Leitfähigkeit deuten darauf hin, daß die Wechselwirkung des Sauerstoffs aus der Gasphase nun direkt über die Sauerstofflücken der Oberfläche mit den Volumendefekten erfolgt mit dem Ziel, ein ideales stöchiometrisches Gitter ohne Punktdefekte im Volumen des TiO_2 einzustellen. Da die Volumendefekte als Sauerstofflücken ebenfalls Donatoren sind, nimmt die elektronische Leitfähigkeit beim Ausheilen der Defekte ab.

Die (in dem diskutierten Beispiel vor allem bei $T > 300$ K) parallel ablaufenden Oberflächen- und Volumenreaktionen erschweren das systematische Studium von Elektronenübertragungsprozessen an Halbleiteroberflächen erheblich. Daher sind Experimente von großer Bedeutung, in denen Oberflächen- und Volumenanteile zur elektronischen Leitfähigkeit sowie deren Änderung bei Variation der Versuchsbedingungen separiert werden können.

Ein Beispiel für ein Experiment, in dem diese Separation möglich ist, zeigt Abb. 5.6.42. Aufgetragen ist die Flächenleitfähigkeit $\sigma_\square$ von dünnen ZnO-Schichten als Funktion des Sauerstoffpartialdrucks für

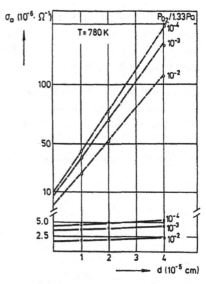

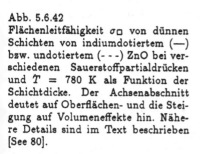

Abb. 5.6.42
Flächenleitfähigkeit $\sigma_\square$ von dünnen Schichten von indiumdotiertem (—) bzw. undotiertem (- - -) ZnO bei verschiedenen Sauerstoffpartialdrücken und $T = 780$ K als Funktion der Schichtdicke. Der Achsenabschnitt deutet auf Oberflächen- und die Steigung auf Volumeneffekte hin. Nähere Details sind im Text beschrieben [See 80].

undotiertes bzw. indiumdotiertes ZnO als Funktion der Schichtdicke d. Extrapolation auf $d = 0$ ermöglicht die Bestimmung der Oberflächenanteile in der Flächenleitfähigkeit (vgl. Gl. (4.3.9)). Die Steigung ist durch den Volumenanteil der Flächenleitfähigkeit gegeben. Man erkennt, daß bei Variation des Sauerstoffpartialdrucks die Oberflächenanteile von undotiertem Zinkoxid variiert werden können, wobei in erster Näherung die Steigungen der Kurven konstant bleiben. Dies bedeutet, daß unter den gewählten experimentellen Bedingungen lediglich Oberflächendefekte und nicht Volumendefekte thermodynamisch beeinflußt wurden. Bei höherer Volumenleitfähigkeit durch Indiumdotierung der Schichten wird neben einer Variation der Oberflächendefekt-Konzentration auch die Variation von Volumendefekt-Konzentrationen mit dem Sauerstoffpartialdruck beobachtet.

Experimente dieser Art führen an TiO_2-Oberflächen zu Resultaten, aus denen auf vernachlässigbare spezifische Oberflächenanteile geschlossen werden kann. Daraus folgt, daß sich die Bildungsenthalpie für Defekte an $TiO_2(110)$-Oberflächen von der Bildungsenthalpie der Defekte in tiefer liegenden Schichten nicht wesentlich unterscheiden kann. Das System $ZnO(10\bar{1}0)$ dagegen zeichnet sich dadurch aus, daß Bildungsenthalpien von Oberflächen- und Volumendefekten sehr unterschiedlich sind. Daher können am ZnO experimentelle Bedingungen gefunden werden, unter denen bei vernachlässigbarer Konzentration von Volumendefekten die Oberflächendefekte reversibel gebildet und ausgeheilt werden.

Eine geometrische Veranschaulichung von Defekten und entsprechenden elektronischen Zuständen des ZnO ist in Abb. 5.6.43 gezeigt. Angedeutet ist dabei neben der Rekonstruktion der Oberflächenatome, daß an der thermodynamisch stabilen $(10\bar{1}0)$-Oberfläche Sauerstofflücken $V_{O,s}$ auftreten können. Diese Sauerstofflücken sind durch

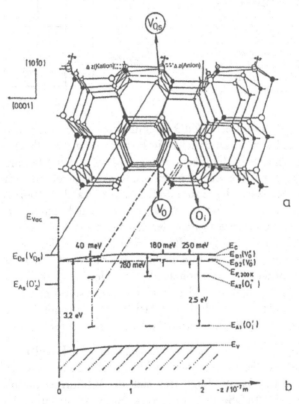

Abb. 5.6.43
Schematische Darstellung der geometrischen und elektronischen Struktur von intrinsischen Defekten an der Oberfläche und im Volumen von ZnO($10\bar{1}0$) [Göp 80]. Zur Nomenklatur der Defekte s. Text zu Abb. 5.6.37.

Donatorniveaus im Leitungsband charakterisiert, die bei höheren Defekt-Konzentrationen metallische Leitfähigkeit an der Oberfläche bewirken können. Die Position des Ferminiveaus im Volumen ist durch herstellungsbedingte Konzentrationen der ein- und zweifach ionisierten Sauerstofflücke V_O (mit Donatorenergieniveaus E_{D1}, E_{D2}) bzw. ein- und zweifach negativ geladene Sauerstoffionen auf Zwischengitterplätzen O_i (mit Akzeptorenergieniveaus E_{A1}, E_{A2}) gegeben.

Eine zusammenfassende Übersicht der verschiedenen Wechselwirkungsprozesse zwischen Sauerstoff und Metalloxiden ist in Abb. 5.6.44

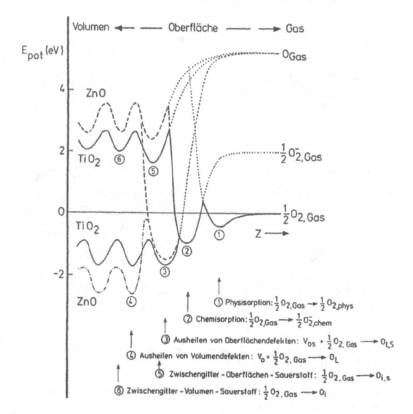

Abb. 5.6.44
Schematische Darstellung der potentiellen Energie für die Wechselwirkung von O_2-Molekülen mit $TiO_2(110)$- bzw. $ZnO(10\bar{1}0)$-Oberflächen [Göp 83]

an zwei typischen Beispielen gezeigt. Aufgetragen ist die potentielle Energie der Wechselwirkung von Sauerstoff mit $TiO_2(110)$- bzw. $ZnO(10\bar{1}0)$-Oberflächen. Der drastische Unterschied im thermodynamischen Verhalten beider Oberflächen wird deutlich durch Vergleichen der Maxima in den Positionen 3 und 4. Die freiwerdende potentielle Energie beim Ausheilen von Volumendefekten ist im ZnO deutlich höher als die entsprechende Energie beim Ausheilen von Oberflächendefekten. Beim TiO_2 sind die entsprechenden Energien in erster Näherung gleich. Die Folge davon ist, daß am ZnO die Oberflächen-Punktdefekte nach dem Ausheilen von Volumendefek-

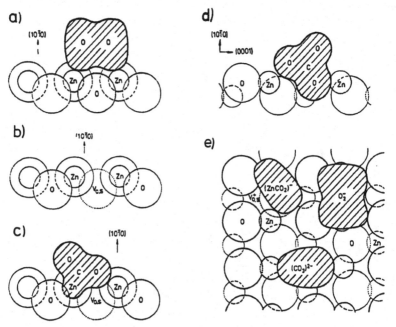

Abb. 5.6.45
Schematische Darstellung der Geometrie von Adsorptionskomplexen und Defekten an $ZnO(10\bar{1}0)$-Oberflächen mit

a) O_2^--Chemisorption

b) Sauerstofflücken, erzeugt durch CO-Wechselwirkung unter Ausbildung von CO_2-Adsorptionskomplexen

d) CO_2-Chemisorption unter Ausbildung von Oberflächenkarbonat-Komplexen und

e) einer Aufsicht der verschiedenen Adsorptionskomplexe [Run 80]

ten nahe der Oberfläche vom Volumen entkoppelt studiert werden können, während diese Entkopplung am TiO_2 nicht möglich ist.

Abschließend soll der enge Zusammenhang zwischen Erzeugung intrinsischer Punktdefekte, Oberflächenreaktion und Chemisorption am Beispiel der Wechselwirkung verschiedener Moleküle mit $ZnO(10\bar{1}0)$-Oberflächen in Abb. 5.6.45 vorgestellt werden. Im Teilbild a) ist die Chemisorption und Ausbildung von O_2^- gezeigt. Das Teilbild b) zeigt Sauerstofflücken $V_{O,s}$ an der Oberfläche. Das Teilbild c) schließlich zeigt einen Adsorptionskomplex, der an der Oberfläche nach Wechselwirkung mit CO gebildet wird und über die Ausbildung einer Sauerstofflücke mit einem benachbart adsorbierten CO_2-Molekül charakterisiert werden kann. Dieses CO_2-Molekül kann oberhalb Raumtemperatur desorbiert werden, so daß die Oberfläche nach CO-Wechselwirkung das CO-Molekül oxidiert hat und selbst unter Punktdefekt-Bildung reduziert wird. Der intermediär gebildete CO_2-Adsorptionskomplex unterscheidet sich wesentlich von dem im Teilbild d) gezeigten CO_2-Adsorptionskomplex, da letzterer bei der Wechselwirkung einer stöchiometrischen idealen Oberfläche mit CO_2 gebildet und als CO_2 schon bei relativ tiefen Temperaturen wieder desorbiert werden kann. Das Teilbild e) schließlich zeigt die verschiedenen Adsorptionskomplexe in der Aufsicht.

c) Ausblick

Zusammenfassend ergibt sich, daß Eigendefekte an Halbleiteroberflächen die Wechselwirkung mit Gasen extrem beeinflussen können. Ohne die Kenntnis der Defektstruktur ist ein vertieftes Verständnis von Chemisorptionseffekten bei vielen Halbleiter/Gas-Systemen nicht möglich. Der Einfluß von Defekten an Metalloberflächen auf Chemisorption und Reaktivität ist dagegen vergleichsweise geringer. Bei Elementhalbleitern lassen sich reversible Chemisorption und Defektbildung i.allg. nicht studieren, da diese Halbleiteroberflächen unter UHV-Bedingungen häufig weit entfernt vom thermodynamischen Gleichgewicht studiert werden. Unter thermodynamischen Gleichgewichtsbedingungen lassen sich Verbindungshalbleiter wie z.B. die stark ionischen Metalloxide untersuchen.

Der wesentliche Grund für den drastischen Unterschied im Einfluß von Defekten auf chemische Reaktivität von Metall- bzw. Metalloxid-

Oberflächen liegt neben dem Unterschied in der Konzentration freier
Ladungsträger darin, daß die Grenzflächenenergiedichten von Metalloberflächen um etwa den Faktor 10 höher sind als die von Metalloxid-
Oberflächen. Bei gleich großer Chemisorptionsenergie werden daher
an Metalloberflächen die Substratbindungen untereinander noch nicht
wesentlich geschwächt, während die gleiche Chemisorptionsenergie an
Metalloxiden oder kovalenten Halbleitern i.allg. in der Größenordnung
der Bindungsenergie der Substratatome untereinander liegt. Dies bedeutet, daß Substratatome in Si oder Metalloxiden sehr leicht bei
thermischer Belastung aus dem Wirtsgitter unter Ausbildung von Ad-
sorbat/Substratatom-Komplexen abgelöst werden können.

6 Anwendungsbeispiele aus der allgemeinen Materialforschung

6.1 Die zentrale Problemstellung: Kontrollierte Grenzflächen

In nahezu allen Anwendungsbereichen der modernen Materialforschung mit ihren neuen Technologien spielen Oberflächen und Grenzflächen eine entscheidende Rolle. Abb. 6.1.1 zeigt schematisch, welche Grenzflächen prinzipiell von Bedeutung sind. Tab. 6.1.1 gibt Beispiele für Phasengrenzflächen mit praktischen Anwendungen.

Aus prinzipiellen, vor allem aber auch aus methodischen Gründen sind Experimente unter Ultrahochvakuumbedingungen an Einkristallen oder einkristallinen Schichten mit definierten Grenzflächen von besonderer Bedeutung für eine Reihe von Anwendungsbereichen der Materialforschung, obwohl bei praktischen Anwendungen häufig keine definierten Grenzflächen, sondern amorphes Material, polykristalline Schichten o.ä. eingesetzt werden und dieser *Einsatz* häufig nicht im Ultrahochvakuum, sondern meist unter Atmosphärenbedingungen erfolgt (s. Abb. 6.1.2). Die *Präparation* erfolgt dabei oft unter definierten Bedingungen. Ein Beispiel ist die Halbleitertechnologie, bei der die Präparation der eingesetzten Materialien und deren Strukturierung

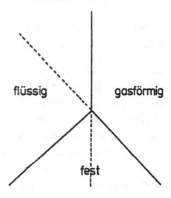

flüssig   gasförmig

fest

Abb. 6.1.1
Schematische Darstellung der Einteilung von
Phasen mit ihren Grenzflächen

Tab. 6.1.1
Beispiele für Phasengrenzflächen
a) Grenzflächen zwischen zwei Phasen

fest/gasförmig	Heterogene Katalyse Chemische Gassensorik Oxidation
fest/flüssig	Membranen Elektroden der Elektrochemie Benetzung Suspensionen
fest/fest	Mikroelektronische Bauelemente Optoelektronische Bauelemente Verbundwerkstoffe Pulver Keramiken Reibung Festkörper-Elektrolyt-Kontakte
flüssig/flüssig	Emulsionen

b) Grenzflächen zwischen drei Phasen

fest/flüssig/gasförmig	Korrosion Benetzung Flotation Brennstoffzellen
fest/fest/flüssig oder fest/fest/gasförmig	Elektrochemische Sensoren

unter Ultrahochvakuum oder auch unter definierten Gasfluß- oder elektrochemischen Bedingungen durchgeführt wird.

Ein oft verfolgter methodischer Ansatz in der Materialentwicklung ist es, durch *empirisches Optimieren* thermodynamischer oder kinetischer Eigenschaften von Teilchen-Festkörperwechselwirkungen die auf atomarer Ebene nicht charakterisierten Materialien zu perfektionieren. Der alternative Ansatz geht von einem atomistischen Verständnis für Thermodynamik und Kinetik aus, die auf der Basis spektroskopischer Untersuchungen und physikalischer Modelle an einfachen Modellsystemen im Ultrahochvakuum gewonnen wurden, und *synthesiert*

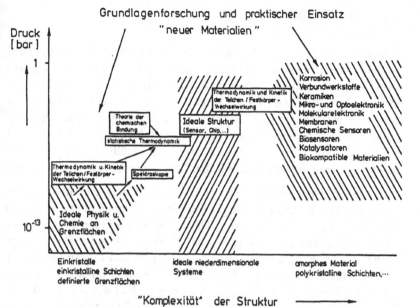

Abb. 6.1.2
Übersicht über den Zusammenhang von Grundlagenforschung und praktischem
Einsatz neuer Materialien

systematisch neue ideale Strukturen, wie dies in Abb. 6.1.2 angedeutet ist. Die dafür entwickelte Oberflächen- und Grenzflächenanalytik wird zunehmend mehr auch zur Routinecharakterisierung von Materialien aus dem praktischen Einsatz verwendet.

Daraus ergeben sich häufig auch für die Geräteentwicklung entscheidende neue Impulse mit dem generellen Trend, daß die Oberflächenanalytik mit möglichst *hoher Ortsauflösung*, möglichst *hoher Elementspezifität*, möglichst *geringer Strahlenbelastung* durch die Messung und in möglichst *kurzen Zeiten* erfolgt.

So werden heute weltweit mit z.T. großem Aufwand neue Materialien charakterisiert und optimiert, wobei Keramiken, Verbundwerkstoffe, Metalle und Legierungen, Polymere und Materialien der Mikro- und Optoelektronik die überwiegende Rolle spielen in den Einsatzbereichen, die in Abb. 6.1.2 rechts charakterisiert sind. Auf einige Beispiele soll im folgenden exemplarisch eingegangen werden (vgl. auch [Göp 90X]).

6.2   Sensorik

Sensoren sind für viele Anwendungen das entscheidende Bindeglied zwischen der Umwelt und dem Computer und haben daher u.a. große praktische Bedeutung für heutige und zukünftige Anwendungen der Mikroelektronik. Man unterscheidet unter dem Gesichtspunkt der mit Sensoren erfaßten physikalischen oder chemischen Größe mechanische, thermische, optische, magnetische und (bio-)chemische Sensoren [Göp 89X]. Vor allem bei letzteren spielen kontrollierte Grenzflächenreaktionen eine entscheidende Rolle. Dies soll kurz dargelegt werden.

Unter einem (bio-)chemischen Sensor versteht man eine Meßeinrichtung, mit der die Konzentration bestimmter Teilchen über elektrische Signale bestimmt werden kann. Diese Teilchen können Atome, Moleküle oder Ionen sein, die in Gasen, Flüssigkeiten oder Festkörpern nachgewiesen werden sollen. Abb. 5.2.2 verdeutlicht einen möglichen Nachweismechanismus von Teilchen über deren spezifische Wechselwirkung mit dem Sensor. In diesem speziellen Fall werden charakteristische Änderungen der Konzentration freier Elektronen der Halbleiteroberfläche durch selektive Wechselwirkung des CO_2-Moleküls mit der Oberfläche nachgewiesen. Je nach Vorzeichen des Ladungsaustauschs zwischen Molekül und der Sensoroberfläche unterscheidet man zwischen Donator- und Akzeptorwechselwirkung. Details wurden im Abschn. 5.6 diskutiert.

Bei der selektiven Wechselwirkung von Teilchen mit Sensoren können sehr unterschiedliche Sensoreigenschaften G^* zum Nachweis verwendet werden, wenn sie sich während der Wechselwirkung in spezifischer Weise ändern. Dementsprechend gibt es charakteristische Ausführungsformen für chemische oder biochemische Sensoren, von denen einige in Tab. 6.2.1 zusammengefaßt sind.

Ein idealer (bio-)chemischer Sensor reagiert mit der Sensoreigenschaft G^* spezifisch nur auf eine Teilchenart. Diese hohe Selektivität läßt sich i.allg. nicht erreichen, so daß der Sensor über Querempfindlichkeiten auch auf andere Teilchen anspricht. Ein idealer Sensor mit reduzierten Anforderungen, d.h. nicht ausschließlicher Selektivität für nur eine Komponente, sollte zumindest reversibel beispielsweise als Gassensor auf Partialdruck- und Temperatur-Änderungen antworten.

Tab. 6.2.1

Charakteristische Sensoreigenschaften „G^*", die in unterschiedlichen Ausführungsformen (bio-)chemischer Sensoren zur Detektion ausgenutzt werden [Göp 88]

Flüssigelektrolytsensoren	*Dielektrische Sensoren*
Spannungen V, Ströme I,	Kapazitäten C
Leitfähigkeiten σ	*Kalorimetrische Sensoren*
Festkörperelektrolytsensoren	Adsorptions- oder
Spannungen V, Ströme I	Reaktionswärmen Q_{ads} oder Q_{reakt}
Elektronische Leitfähigkeitssensoren	*Photochemische und*
Leitfähigkeiten σ	*Photometrische Sensoren*
Feldeffektsensoren	Optische Konstanten ε als Funktion
Potentiale φ	der Frequenz ν
	Massensensitive Sensoren
	Massen m adsorbierter Teilchen

Das bedeutet, daß die Sensoreigenschaft G^* eine Zustandsfunktion
im thermodynamischen Sinne sein sollte, wie dies in Tab. 6.2.2 im
Punkt 1 angedeutet ist. In dieser Tabelle wird auch beschrieben, unter welchen Bedingungen ein Sensor reversibel anspricht. Thermodynamisch möglich ist ein Sensorsignal dann, wenn die Triebkraft (d.h.
die Differenz ΔG der freien Enthalpie G) für die Wechselwirkung
zwischen dem nachzuweisenden Teilchen und der Sensoroberfläche
negativ ist. Die Ansprechzeit wird durch die Aktivierungsbarriere
$\Delta G^{\ddagger}_{reakt}$ gestimmt. Wie Punkt 3 in Tab. 6.2.2 zeigt, ist ΔG als Kom-
promiß aus Energieänderungen ΔU und Entropieänderungen ΔS zusammengesetzt, wodurch bei Teilchennachweis durch Adsorption bei
höheren Temperaturen die Sensorempfindlichkeit nachläßt (Desorption begünstigt), bei Teilchennachweis über Eigenpunktdefekte des
Sensors die Sensorempfindlichkeit mit zunehmender Temperatur zunimmt (Punktdefektbildung begünstigt). Details zur Thermodynamik
bzw. Kinetik wurden in Abschn. 5.3 bzw. 5.4 diskutiert.

Die Kunst bei der Entwicklung von Sensoren besteht darin, unerwünschte Parallelreaktionen verschiedener Teilchen mit der Oberfläche durch geeignete Wahl des Sensormaterials und der Strukturen auszuschalten. Dies erfolgte bisher größtenteils nach „trial and
error"-Verfahren unter Optimierung einer großen Zahl unabhängi-

Tab. 6.2.2

Thermodynamische Aspekte (bio-)chemischer Sensorik
Übersicht über die Voraussetzung reproduzierbarer Sensorsignale (1) über Triebkräfte und Geschwindigkeit spezifischer Sensor-Teilchen-Wechselwirkungen (2), über die phänomenologische Thermodynamik allgemeiner Sensor/Gas-Wechselwirkungen (3) und über den Zusammenhang zwischen Bedeckungsgrad Θ, freier Enthalpie G und spektroskopischen Daten ε_i, wobei die Energiezustände ε_i die atomistische Struktur von Sensoroberflächen und Grenzflächen charakterisieren (4). Weitere Details sind im Text erklärt.

---

1. *Forderung: Sensoreigenschaft „G^*" ist Zustandsfunktion*
Ziel:
$$dG^* = \left(\frac{\partial G^*}{\partial p_1}\right)_{p_{i\neq 1},T} dp_1 + \left(\frac{\partial G^*}{\partial p_2}\right)_{p_{i\neq 2},T} dp_2 + \cdots \left(\frac{\partial G^*}{\partial T}\right)_{p_i} dT$$

mit $\oint dG^* = 0$

2. *Thermodynamische und kinetische Aspekte der chemischen und biochemischen Sensorik*
a) Triebkraft für Sensor-Teilchen-Reaktionen?
b) Geschwindigkeit der Sensor-Teilchen-Reaktionen?

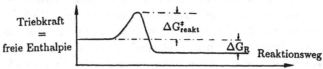

$\Delta G = 0$: thermodynamisches Gleichgewicht, keine Reaktion
$\Delta G < 0$: Reaktion möglich
$\Delta G^{\ddagger}_{reakt}$: groß: langsame Reaktion,   klein: schnelle Reaktion

3. *Beschreibung über freie Enthalpie „G" und nicht „Energie"*
Thermodynamik
$$\Delta G = \Delta H - T\Delta S = \Delta(U + pV) - T\Delta S$$
Beispiele:
a) C h e m i s o r p t i o n $\Delta U(\Delta H) < 0$ und $\Delta S < 0$
   $\rightarrow$ günstig bei $T = 0$ K,
   Desorption, wenn $|T\Delta S| > |\Delta H|$
b) P u n k t d e f e k t e $\Delta U(\Delta H) > 0$ und $\Delta S > 0$
   $\rightarrow$ vernachlässigbar bei $T = 0$ K,
   begünstigt bei hohen Temperaturen, wenn $|T\Delta S| > |\Delta H|$

4. *Zusammenhang zwischen G und den Energien ε_i von Elektronen, Phononen, Plasmonen, ...-onen (d.h. elementaren Quantenzuständen der Materie)*
Statistische Thermodynamik:
$$\varepsilon_i \leftrightarrow Z = \sum \exp\left(-\frac{\varepsilon_i}{kT}\right) \leftrightarrow G = -kT\left(\ln Z - \frac{\partial \ln Z}{\partial \ln V}\right) \leftrightarrow \Theta = f(p,T), \text{ etc.}$$

ger Herstellungsparameter. Heute zeichnet sich ab, daß Untersuchungen mit grenzflächenanalytischen Meßverfahren zum atomistischen Verständnis der Grenzflächenreaktionen die Entwicklung neuer chemischer Sensoren entscheidend vorantreiben wird. Dies gilt nicht nur für die Optimierung der Selektivität des Molekül-Sensor-Wechselwirkungsmechanismus, sondern auch für die Optimierung von langzeitstabilen Passivierungsschichten, Kontakten und Substraten als Teilkomponenten eines kompletten Sensors.

Mit grenzflächenanalytischen Methoden lassen sich geometrische An-

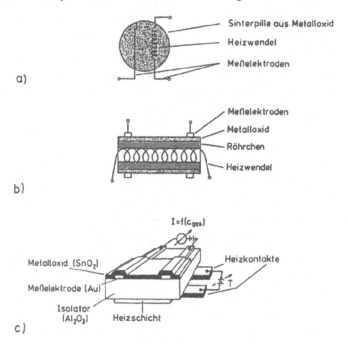

Abb. 6.2.1
Schematischer Aufbau homogener Gassensoren:
a) polykristalliner Sensor mit eingesinterter Platin-Heizwendel,
b) polykristalliner Sensor mit separater Heizwendel,
c) Dick- oder Dünnschichtsensor mit separater Heizschicht
Als Materialien werden üblicherweise dotierte Oxide mit n-Typ Elektronenleitung zum Nachweis von oxidierbaren Gasen wie CO verwendet. Der Sensor-Mechanismus entspricht dem in Abb. 5.2.2 gezeigten, wobei O_2 in der Luft als Akzeptor (O_2^-) und CO als Donator (CO^+) wirken [Göp 85].

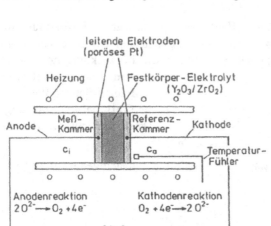

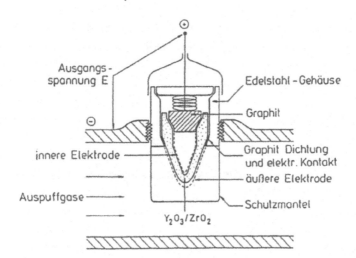

Abb. 6.2.2

a) Darstellung eines Festkörperelektrolyt-Sensors zur Messung von Sauerstoffpartialdrücken („Lambda"-Sonde). Die Konzentrationen c_i und c_a sind durch die Partialdrücke $p_{meß}$ und p_{ref} festgelegt.

b) Praktische Ausführung einer Lambdasonde. Das Y_2O_3-stabilisierte ZrO_2 leitet Sauerstoff als O^{--} im Volumen. Zwischen innerer und äußerer Elektrode tritt durch die O_2-Druckdifferenz zwischen innen und außen eine Spannung $E = RT/4F \cdot \ln(p_i/p_a)$ auf mit $F = N_L e$ als Faradaykonstante.

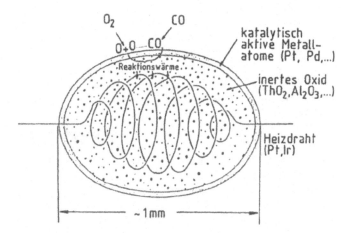

Abb. 6.2.3
Schematischer Aufbau eines katalytischen Gassensors (Pellistors). Die Wärmetönung durch Oxidation von CO in Anwesenheit von O_2 erhöht die Sensortemperatur bei konstanter Heizleistung.

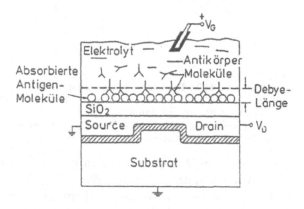

Abb. 6.2.4
Ionensensitiver Feldeffekttransistor (ISFET), modifiziert zum Nachweis von Biomolekülen über potentialbildende Prozesse der Antigenmoleküle am „Gate"

ordnungen von Atomen, Elementzusammensetzungen, Verunreinigungen, elektronische Strukturen, Schwingungsstrukturen, Bedeckungsgrade adsorbierter Teilchen an der Oberfläche, Bindungsfestigkeiten und vor allem elektrische und optische Eigenschaften vor und nach der Wechselwirkung des Sensors mit Teilchen und damit u.a. verschie-

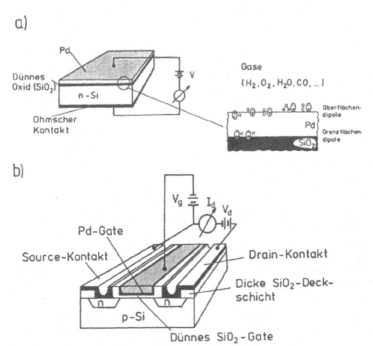

Abb. 6.2.5
a) Aufbau einer MOS-Diode zum Nachweis von H_2 in Luft. Wasserstoff diffundiert atomar durch Pd und baut an der Grenzschicht Pd/SiO$_2$ eine Dipolbarriere auf. Dies verschiebt die Diodenkennlinien (vgl. Abschn. 4.3).
b) Aufbau eines Adsorptions-MOS-Feldeffekttransistors. Auch hier wird die selektive Diffusion von Wasserstoff durch Palladium ausgenützt.

dene elementare Anregungsenergien ε_i von verschiedenen Quantenzuständen des Systems erfassen. Wie Tab. 6.2.2 im Punkt 4 schematisch zeigt, lassen sich daraus im Prinzip über die Zustandssumme Z Aussagen machen beispielsweise über Bedeckungsgrade adsorbierter Teilchen an der Oberfläche eines Gassensors als Funktion des Partialdrucks und der Temperatur (vgl. dazu auch Abschn. 5.3.5).

Über entsprechende Koadsorptionsexperimente lassen sich über Exzeßgrößen auch andere Sensoreigenschaften G^* entsprechend dem in Tab. 6.2.2 im 1. Punkt aufgeführten Konzept partieller Ableitungen von G^* bezüglich einer Komponente bei festgehaltener Zusammensetzung der anderen quantitativ erfassen. Alle eben aufgelisteten Teil-

Tab. 6.2.3
Übersicht einiger Materialien für die Sensorik

1. *Halbleiter*:
Si, III/V-Halbleiter, Halbleiter mit schmaler und breiter Bandlücke,
Photoleiter, ...
(Si, GaAs, InP, $GaAs_xP_{1-x}$, $Hg_xCd_{1-x}Te$, SiC, ...)

2. *Oxide und Nitride ohne und mit Dotierungen*:
Passivierungsschichten, Isolatoren, Elektronen- und gemischte Leiter,
(elektro-)katalytisch-aktive Materialien, ...
(SiO_2, Si_3N_4, Oxinitride, Al_2O_3, SnO_2, TiO_2, ZnO, RhO_x, Cu_2O, $SrTiO_3$,
Hoch-T_c-Supraleiter)

3. *Optimierte Katalysatorsysteme*:
Substrate
(Al_2O_3, SiO_2, TiO_2, ...)
Chemische Modifizierung
(Oxide von Rh, Ce, Mo, Cr, Co, ...)
Promotoren
(Pt, Rh, Ru, Ni, Pd, ...)

4. *Festkörper-Ionenleiter*:
Kristalline und amorphe Materialien
(ZrO_2, CeO_2, Oxinitride, LaF_3, β-Aluminate, Nasicon, AgCl, AgJ, ...)
Referenzelektroden
(Ni/NiO, Pd/PdO_x, Pd/PdH_x, WO_3H_x, ...)

5. *Keramiken und Gläser*:
Materialien für Isolatoren, Kondensatoren, für optische, magnetische,
piezo- und elektro-optische Bauelemente, Varistoren, ...
(Substanzen der Punkte 2. bis 4., dazu Si-Al-O-N, $BaTiO_3$,
Pb-(La-)Zr-Ti-O_3 („P(L)ZT"), Ferrite, ...)

6. *(Metall-)organische Verbindungen und Polymere*:
Kristallisierbare und amorphe thermisch-stabile Leiter, Halbleiter, Photo-
leiter und Isolatoren mit definierten elektrischen, optischen und magne-
tischen Eigenschaften, nicht-linear optische und magnetische Materialien,
Flüssigkristalle, ...
(Pb, Ru, ...-Phthalocyanine, Porphyrine, Donator-/Akzeptorkomplexe,
siliciumorganische Verbindungen, Langmuir-Blodgett-Schichten,
Polypyrrol, ...)

7. *Membranen*

8. *Enzym-Systeme, Antikörper, Rezeptoren (Proteine), Organellen,*
   Mikroorganismen, Tier- und Pflanzen-Zellen

aspekte wurden in den verschiedenen Kapiteln der vorliegenden Monographie diskutiert.

Zur Demonstration typischer praktischer Ausführungsformen zeigt Abb. 6.2.1 elektronenleitende Halbleiter-Gassensoren, Abb. 6.2.2 einen Festkörperionenleitersensor („Autoabgas-Lambdasonde"), Abb. 6.2.3 einen Wärmetönungssensor (Pellistor mit katalytischer Beschichtung), Abb. 6.2.4 einen Biosensor und Abb. 6.2.5 miniaturisierte Sensoren auf der Basis einer Diode bzw. eines Feldeffekttransistors. Bei biochemischen Sensoren finden neben organischen Verbindungen und Polymeren vor allem auch Membranen, Enzymsysteme und Antikörper sowie Rezeptoren Verwendung. Tab.6.2.3 gibt eine Übersicht über die Vielfalt möglicher Materialien für die Anwendung in der chemischen und biochemischen Sensorik [Göp 85], [Göp 88], [Göp 89X].

6.3   Katalyse

Abb. 6.3.1 zeigt schematisch Elementarschritte der heterogenen Katalyse am Beispiel der Reaktion $2\,NO \rightleftharpoons N_2 + O_2$. Der Katalysator ermöglicht dabei eine gegenüber der Gasphasenreaktion schnellere Gleichgewichtseinstellung über Adsorption auf dem Katalysator

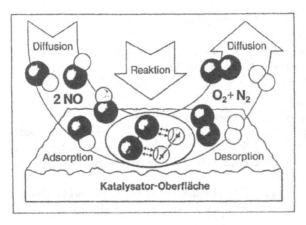

Abb. 6.3.1
Schematische Darstellung der katalytischen Aktivität einer Oberfläche für die Reaktion $2NO \rightleftharpoons O_2 + N_2$ [Fon 85]

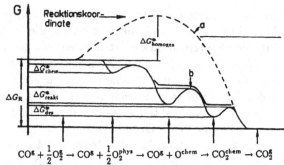

Abb. 6.3.2
Schematischer Verlauf der Gibbs-Energie bei der CO-Oxidation
a) als homogene Gasreaktion
b) als heterogen-katalysierte Reaktion mit Physisorptions- („phys") und Chemisorptions- („chem") Zwischenstufen

(heterogene Reaktion), wie es das Energiediagramm in Abb. 6.3.2 am Beispiel der CO-Oxidation mit verschiedenen Teilschritten zeigt. Die freie Aktivierungsenergie $\Delta G^{\ddagger}_{homogen}$ der homogenen Gasphasenreaktion ist wesentlich größer als der größte entsprechende Wert $\Delta G^{\ddagger}_{i}$ eines der Zwischenschritte der heterogen-katalysierten Reaktion. Dies bewirkt die effektiv größere Reaktionsgeschwindigkeit.

Tab. 6.3.1
Teilaspekte bei Untersuchungen zur heterogenen Katalyse

1. *Statische Aspekte*

- Chemische Zusammensetzung der Oberfläche
- Geometrische und elektrische Struktur der Oberfläche
- Bedeckungsgrad adsorbierter Teilchen
- Konfiguration adsorbierter Teilchen untereinander und gegenüber dem Substrat
- Bindungsenergie adsorbierter Teilchen
- Wechselwirkungsenergie zwischen adsorbierten Teilchen
- Ladungsverteilung im Adsorbat-Komplex
- Energien und Energieverteilung von chemisorptionsinduzierten Orbitalen

2. *Dynamische Aspekte*

- Adsorptions- und Desorptionskinetik
- Bewegungszustände des Adsorbat-Komplexes
- Oberflächendiffusion
- Mechanismus und Kinetik der chemischen Reaktion an der Oberfläche
- Stofftransportvorgänge

Die Elementarschritte der heterogenen Katalyse lassen sich entsprechend Tab. 6.3.1 in Teilaspekte gliedern, die in Kapitel 3, 4 und 5 an einfachen Systemen diskutiert wurden. Als konkretes Beispiel haben wir dabei im Abschn. 5.6.6, Abb. 5.6.45, die katalytische Oxidation von CO an einer ZnO-Oberfläche kennengelernt.

In der Literatur ist eine große Anzahl von Arbeiten zur heterogenen Katalyse von Gasreaktionen an Metallen zu finden, da solche Untersuchungen sowohl in der Grundlagenforschung als auch zum Verständnis technisch eingesetzter Katalysatoren von Interesse sind und da diese experimentell einfacher durchzuführen sind als entsprechende Untersuchungen an halbleitenden oder nichtleitenden Katalysatoren. Ein

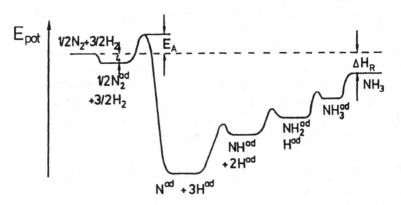

Abb. 6.3.3
Verlauf der potentiellen Energie bei der katalytischen NH_3-Erzeugung aus N_2 und H_2 über einem Eisenkatalysator mit verschiedenen Adsorptionsstufen („ad") an der Fe-Oberfläche [Ert 83]

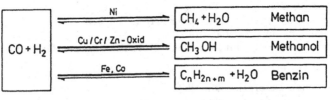

Abb. 6.3.4
Unterschiedliche Katalysatoren zur Darstellung verschiedener organischer Moleküle aus den gleichen Ausgangsstoffen CO und H_2

Tab. 6.3.2
Katalysatoren-Einteilung nach Anwendungsgebieten

Verfahren oder Produkt	Katalysator Hauptkomponenten	Aufbau	Aggregat- zustand
1. *Erdölraffination*			
Cracken	Al_2O_3/SiO_2	V	f
Reforming	Pt/Al_2O_3	Tr	f
Isomerisierung	Pt/Al_2O_3	Tr	f
Alkylierung	$Pt/Al_2O_3/SiO_2$; H_3PO_4	V, Tr	f
Desulfurisierung	$Co/Mo/Al_2O_3$	Tr	f
2. *Chemie*			
Synthesegas			
Dampfreformierung	Ni/Al_2O_3	Tr	f
Ammoniaksynthese	$Al_2O_3/Fe_2O_3/(K_2O)$	V	f
Methanolsynthese	$CuO/ZnO/Al_2O_3$	V	f
Hydrierungen			
Ölhärtung	Ni/SiO_2	Tr	f
Cyclohexanherstellung	Ni/Al_2O_3	Tr	f
Dehydrierungen			
Butadienherstellung	Cr_2O_3/Al_2O_3	V, Tr	f
Styrolherstellung	Fe-Cr-K-Oxide	V, Tr	f
Oxidation			
Salpetersäure	Pt/Rh-Netze	V	f
Schwefelsäure	V_2O_5	V, Tr	f
Ethylenoxid	Ag/keram. Träger	Tr	f
Formaldehyd	Ag krist.	V	f
Maleinsäureanhydrid	V_2O_5	Tr	f
Phthalsäureanhydrid	V_2O_5	Tr	f
Acetaldehyd	$PdCl_2$, $CuCl_2$	Lösung	fl
Ammonoxidation			
Blausäure	Pt/keram. Träger	Tr	f
Acrylnitril	Bi-Mo-Oxide	V, Tr	f
Alkylierung			
Cumol	H_3PO_4/SiO_2	Tr	f
Alkylate f. Waschmittel	$AlCl_3/HF$	-	f
Ethylbenzol	Al_2O_3/SiO_2	V	f
Polymerisation			
z.B. Polyethylen	Ti-AlCl	Lösung	fl
3. *Umweltschutz*			
Autoabgasreinigung	Pt, Pd, Rh/Al_2O_3	Tr	f
DeNOX (Rauchgasreinigung)	TiO_2, V_2O_5	V	f

Tr = Trägerkatalysator, V = Vollkontakt, f = fest, fl = flüssig

Beispiel ist die katalytische Synthese von Ammoniak aus Stickstoff und Wasserstoff über Eisenkatalysatoren (Haber-Bosch-Verfahren). Bei dieser katalytisch beeinflußten Reaktion konnte der Mechanismus aufgeklärt werden, da mit Hilfe von XPS-, UPS-, HREELS- und SIMS-Untersuchungen (vgl. Kapitel 4) die entscheidenden Oberflächenspezies direkt nachgewiesen werden konnten. Der Energieverlauf dieser Reaktion ist in Abb. 6.3.3 gezeigt [Ert 83].

Abb. 6.3.4 zeigt schematisch, daß die gleichen Moleküle (hier CO und H_2) mit unterschiedlichen Katalysatoren zu unterschiedlichen Produkten führen können. Es gibt deshalb eine Fülle von Materialien, die für Katalysatoren technisch wichtiger Prozesse eingesetzt werden, von denen einige in Tab. 6.3.2 aufgelistet sind. Die Katalysatoren bestehen dabei typischerweise aus Oxidkeramiken, Keramiksubstraten, einer chemischen Modifizierung und Edelmetallpromotoren (vgl. dazu auch Tab. 6.2.3 und Abb. 1.1.4). Beispiele für aktuelle Forschungsaktivitäten in der Katalysatorforschung sind die Optimierung von Autoabgaskatalysatoren für Hochtemperaturbetrieb auch bei Magermotoren oder der gezielte Einsatz von Zeolithen, die anorganische Molekularkäfigstrukturen haben und an oder in denen Moleküle Mehrzentrenbindungen eingehen können [Ram 84].

6.4   Anwendung dünner Schichten

Dünne Schichten (Dicke $d = 0,2$ nm bis einige μm) werden in sehr vielen Bereichen angewandt. Von der Spiegelherstellung über Linsenvergütungen und Beschichtungen für Rostschutz oder Farbeffekte bis zu magnetischen Datenträgern werden verschiedenartige Schichten hauptsächlich im μm-Bereich benötigt. Wenn die Anforderungen steigen in Bezug auf Homogenität, Haftung auf der Unterlage oder geringere Schichtdicken erforderlich werden, so müssen die gleichen Kontrollen und Messungen durchgeführt werden wie zur Herstellung und Charakterisierung wohldefinierter, einfacher, reiner Oberflächen (vgl. Abschn. 1.2 und Kapitel 2 bis 4). Bei allen Herstellungsverfahren wie Aufdampfen im (Ultra-)Hochvakuum, Aufstäuben („Sputtern") mit Hilfe einer Edelgasentladung oder Abscheiden durch Zersetzung eines komplexen Moleküls (CVD = Chemical Vapor Deposition) ist es wichtig, die Reinheit, Homogenität und Struktur der Unterlage zu kennen, um homogene, fehlerfreie und reproduzierbare Schichten zu erhalten. Mit den gleichen Anforderungen müssen die Herstellungsbedingungen wie Gaszusammensetzung und Temperatur der Unterlage erfaßt und optimiert werden. Die besten Bedingungen sind dabei durch Ultrahochvakuum und Reinigungsbedingungen gegeben, wie sie in Abschn. 2.2 und 2.3 beschrieben sind. Auch dann, wenn Gase für die Schichtherstellung notwendig sind (z.B. bei Aufstäuben oder Gaszersetzung), kann durch Verwendung von niedrigem Druck in einer UHV-Apparatur (z.B. 10^{-2} bis 1 Pa) eine Verunreinigung durch unerwünschte Gasbeimengungen reduziert werden (LPCVD = Low Pressure Chemical Vapor Deposition) [Mey 86].

Als ein Beispiel *strukturell besonderer Schichten* sollen Kohlenstoffschichten genannt werden. Bei Zersetzung von Kohlenwasserstoffen an einer Oberfläche können Graphit oder auch wasserstoffhaltige Kohlenstoffschichten erzeugt werden, deren Eigenschaften sich denen von Diamant annähern [Tsa 87]. Wird als Unterlage eine reine Silicium-

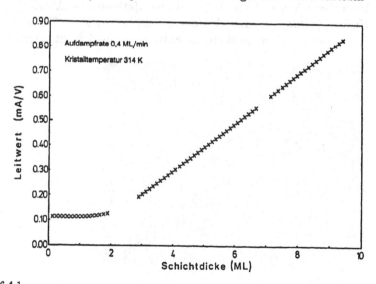

Abb. 6.4.1
Leitwert einer Siliciumscheibe während des Aufdampfens von Nickel. Der Anfangswert ist durch die reine Scheibe gegeben. Die Schicht reagiert sofort zu Ni_2Si [Jen 87].

oberfläche gewählt, so kann bei geeigneter Wahl von Druck und Temperatur eine wasserstofffreie Kohlenstoffschicht erzeugt werden, die aufgrund der Struktur der Unterlage nicht als Graphit-, sondern als Diamantschicht wächst [Che 86].

Elektrische Leiterbahnen werden vielfach durch dünne Metallschichten gebildet. Für die elektrischen Eigenschaften einer dünnen Schicht sind außer der chemischen Zusammensetzung die kristallographische Struktur, die Art der Defekte und die Homogenität der Schicht wichtig. Dies hängt u.a. davon ab, wie gleichmäßig die Dicke ist, ob sich Inseln oder Löcher bilden oder inwieweit die Schicht zusammenhängend ist. In Abb. 6.4.1 ist gezeigt, wie der Leitwert einer Siliciumscheibe während des Aufdampfens von Nickel steigt. Der Anfangsleitwert des Siliciums wird durch die ersten zwei Monolagen Nickel nicht verändert, was durch die spezifische elektronische Struktur (chemische Bindung der Nickelatome) der ersten Schichten bewirkt wird [Jen 87]. Der weitere Anstieg zeigt die Bildung einer homogenen Schicht, deren Leitwert proportional mit der Schichtdicke steigt. Die Zusammensetzung der Schicht ist mit Hilfe anderer Methoden (s. Abschn. 5.1) zu Ni_2Si bestimmt worden. Wird die Schicht auf $T > 750$ K erhitzt, bildet sich eine geschlossene epitaktische $NiSi_2$-Schicht, deren Struk-

Abb. 6.4.2
$NiSi_2$-Schicht auf Silicium(111) nach Heizen auf $T > 850$ K. Zwischen den epitaktischen Inseln erscheint unbedecktes Silicium (Aufnahme mit einem Rasterelektronenmikroskop)

tur und Fehlerfreiheit mit verschiedenen Methoden untersucht wurde [VVe 85], [Fal 89]. Bei $T > 850$ K bricht sie in eine nicht leitende Schicht aus isolierten 3D-Inseln (Abb. 6.4.2) auf. Die Kombination verschiedener oberflächenphysikalischer Verfahren erlaubt dabei die erforderliche detaillierte Charakterisierung besonders von sehr dünnen Schichten.

Für die *Elektronenemission* ist die Austrittsarbeit eine Barriere, die thermisch, durch Tunneleffekt oder durch Lichtabsorption überwunden werden kann (Abschn. 4.2.1). Die Elektronenemission kann durch Aufbringen einer Schicht niedriger Austrittsarbeit (z.B. Alkalimetall) wesentlich erniedrigt werden. Im Monolagenbereich kann die Austrittsarbeitserniedrigung sogar maximal sein, bevor eine geschlossene Monolage erreicht wird. Abb. 6.4.3 zeigt, daß beim System Cs auf W(100) dieses Maximum mit einer besonderen Überstruktur verbunden ist [MRa 69]. Wie sehr die Struktur einer Schicht die elektrischen Eigenschaften (z.B. Austrittsarbeit) beeinflußt, war auch schon in Abb. 4.2.8 gezeigt worden. Eine „kalte" Kathode kann gebaut werden, wenn die Elektronen durch einen Lawinendurchbruch in einem p-n-Übergang knapp unter der Oberfläche eine Energie erhalten, die über dem durch Cs erniedrigten Vakuumniveau von Silicium liegt [Hoe 86].

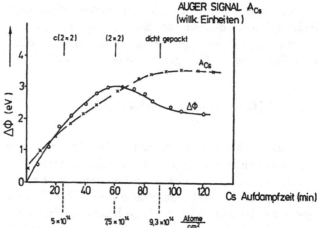

Abb. 6.4.3
Austrittsarbeitserniedrigung und AES-Signal von Cs beim Aufdampfen von Cs auf W(100) [MRa 69]

Auch die *mechanischen Eigenschaften* eines festen Körpers werden über die obersten atomaren Schichten stark beeinflußt (vgl. oben: Diamantschichten auf Si). Während das oberflächliche Härten von Metallkugeln (z.B. Kugeln für Kugelschreiberminen) mit Beschuß von Stickstoffionen aufgrund der Eindringtiefe bereits mehrere Atomlagen erfaßt, sind auch Beispiele für einige „echte" Oberflächeneffekte bekannt. Ein Stäbchen aus NaCl ist an Luft eher spröde, es bricht, bevor eine Verbiegung festgestellt werden kann. Unter Wasser jedoch läßt es sich mühelos zu einem Ring biegen. Jeder Bruch beginnt an der Oberfläche. Wird durch Oberflächenbehandlung das Einwandern von Versetzungen erleichtert oder erschwert, tritt eine entsprechende Veränderung der Plastizität und Sprödigkeit auf. Ähnliche Effekte sind auch mit Monoschichten von Gallium auf Germanium oder Quecksilber auf Leichtmetall-Legierungen beobachtet worden. Hier wird die Bruchfestigkeit durch Bruchteile einer Monolage bereits erheblich beeinflußt [Lat 77X]. Zur Klärung und Kontrolle solcher Eigenschaften sind Oberflächenuntersuchungen der chemischen Zusammensetzung, aber auch der Bindungszustände und -energien erforderlich. Bei polykristallinen Materialien spielen die Korngrenzen vielfach eine entscheidende Rolle. Durch Ausscheidung von Legierungsbestandteilen oder von Fehlstellen werden bei Metallen die mechanischen und bei Keramiken zusätzlich die elektrischen Eigenschaften wesentlich verändert. Oberflächen von Einkristallen erlauben die unmittelbare Erfassung solcher Ausscheidungsvorgänge und können deshalb als Modellsysteme für Korngrenzen dienen [Rüs 86].

6.5   Mikro- und Optoelektronik

Die Mikroelektronik benötigt für die Herstellung von Halbleiterbauelementen mit steigender Integration immer kleinere Strukturen und demnach dünnere Schichten und genauere Kontrolle (siehe auch Abb. 1.1.5 bis 1.1.7). Da zusätzlich für die elektrischen Eigenschaften (wie hohe Beweglichkeit, niedrige Haftstellendichte) meistens einkristalline Strukturen mit möglichst kleiner Defektdichte unerläßlich sind, haben viele Verfahren der Oberflächenphysik wesentlichen Anteil am heutigen Stand der Technik.

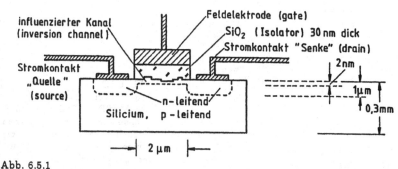

Abb. 6.5.1
Schnitt durch einen MOS-Transistor (schematisch). Man beachte die stark variie-
renden Maßstäbe bei den ungefähren Größenangaben und die vergrößert gezeichneten atomaren Stufen an der Grenzfläche.

Für einen MOS-FET (Metall-Oxid-Silicium-Feld-Effekt-Transistor)
werden für die Isolationsschichten (durch thermische Oxidation erzeugtes SiO_2) und für die metallischen Elektroden dünne Schichten
hoher Qualität benötigt. Am empfindlichsten beeinflußt durch strukturelle Inhomogenitäten ist jedoch der Inversionskanal, dessen Ladungsträgerdichte durch die Feldelektrode gesteuert wird (Abschn.
4.3.4). Da die Inversionsschicht sehr dünn ist (2 bis 10 nm), sind alle
Störungen der Grenzfläche, besonders atomare Stufen und geladene
Störstellen, für den Stromfluß entscheidend (Abb. 6.5.1). Um die atomaren Stufen der Grenzfläche zu messen, wurde einerseits Transmis-
sionselektronenmiskroskopie an dünnen Querschnitten eingesetzt (s.
Abschn. 3.4 und [Gos 87]). Andererseits hat sich für die quantitative
Erfassung der Defekte besonders LEED bewährt (s. Abschn. 3.8 und
[Hah 84]). Nach Ablösen des Oxids und Einschleusen ins Ultrahochva-
kuum kann die Stufendichte, Terrassenbreitenverteilung, die atomare
Rauhigkeit sowie die Verteilung anderer Defekte bestimmt werden
[Wol 89]. Auch die Streuung sichtbaren Lichtes wird erfolgreich für
die Bestimmung der atomaren Rauhigkeit eingesetzt [Pie 89].

Abb. 6.5.2 zeigt drei charakteristische Typen von Grenzflächen eines GaAs-Feldeffekttransistors mit deren Ladungstransferprozessen.
Ideale Deckschichten, ohmsche Kontakte und Schottky-Barrieren werden durch geeignete Wahl der Materialien und Präparationsbedingungen erzielt.
Für solche und analoge Anwendungsbereiche ist die Herstellung sehr

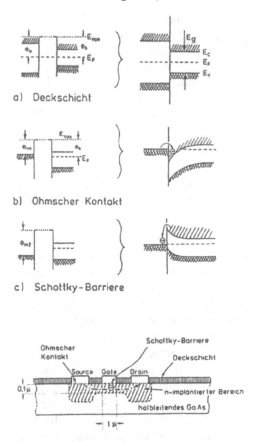

a) Deckschicht

b) Ohmscher Kontakt

c) Schottky-Barriere

Abb. 6.5.2
Schematische Darstellung eines MESFET-Galliumarsenid-Transistors mit typischen Grenzflächen, die durch unterschiedlichen Elektronentransfer charakterisiert sind

a) Deckschicht ohne Austausch freier Elektronen mit dem Halbleiter, keine Bandverbiegung an der Grenzfläche

b) Ohmscher Kontakt mit Elektronentransfer vom Metall zum Halbleiter, Elektronenanreicherungsschicht an der Grenzfläche

c) Elektronentransfer vom Halbleiter zum Metall, Elektronenverarmungsrandschicht an der Grenzfläche.

E_C ist die Leitungsbandkante, E_V die Valenzbandkante, E_F das Ferminiveau, E_{vac} das Vakuumniveau, E_g ist die verbotene Zone. Φ_i sind elektronische Austrittsarbeiten der reinen Materialien ohne elektronische Oberflächenzustände.

dünner, einkristalliner Schichten auf einer Einkristallunterlage wichtig, um eine Schicht anderer Dotierung oder mit einem anderen Bandabstand oder anderem Brechungsindex fehlerfrei anzuschließen. Eine solche Schicht wird epitaktisch genannt, wenn sie selbst einkristallin ist und eine von der einkristallinen Unterlage her bestimmte Orientierung hat. Hat die epitaktische Schicht die gleiche Zusammensetzung oder zumindest die gleichen Gitterkonstanten entlang der Zwischenfläche, wird ein fehlerfreies Aufwachsen als eine Fortsetzung der Unterlagenstruktur beobachtet. Im Idealfall ist die Unterlage selbst fehlerfrei und das Wachstum verläuft Schicht-auf-Schicht, so daß jederzeit die Schicht auf eine Lage genau definiert ist. Wird das Wachs-

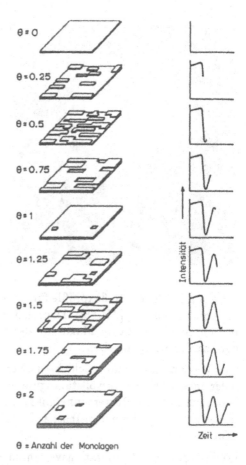

θ = 0

θ = 0.25

θ = 0.5

θ = 0.75

θ = 1

θ = 1.25

θ = 1.5

θ = 1.75

θ = 2

θ = Anzahl der Monolagen

Intensität

Zeit →

Abb. 6.5.3
Schicht-auf-Schicht-Wachstum
bei der Molekularstrahlepitaxie
von GaAs mit Angabe der jeweils beobachteten Intensität
eines RHEED-Elektronenbeu-
gungsreflexes [Joy 86]

tum im Ultrahochvakuum durchgeführt (Molekularstrahlepitaxie,
MBE = Molecular Beam Epitaxy), so können die in Abschn. 3.8
behandelten Methoden zur Charakterisierung der Unterlage und der
wachsenden Schicht verwendet werden. Meistens wird hierzu die Beugung schneller Elektronen (RHEED, s. Abschn. 3.6) verwendet. Wird
die Intensität des Reflexes während des Aufdampfens gemessen, erhält
man eine Oszillation, wobei jedes Maximum das Aufwachsen einer
neuen atomaren Schicht anzeigt [Joy 86], [VHo 83] (Abb. 6.5.3). Die
Oszillationen lassen sich sogar quantitativ auswerten, wenn man mit

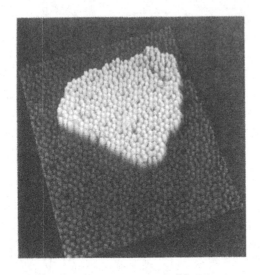

Abb. 6.5.4
STM-Aufnahme einer epitaktisch gewachsenen Siliciuminsel auf einer Si(111)-Fläche mit 7×7-Überstruktur
[Köh 89]

Hilfe von LEED die Reflexprofile für verschiedene Energien aufnimmt (s. Abschn. 3.8 und [Alt 88]). Dann läßt sich die Rauhigkeit, die Perfektion einer Schicht im Maximum der Oszillation, die Defektdichte usw. zahlenmäßig angeben.

Das Wachstum einzelner Schichten über Keimbildung zweidimensionaler Inseln bis zur Vervollständigung einer Schicht läßt sich vor allem auch mit der Rastertunnelmikroskopie (Abschn. 3.4) verfolgen, wie es am Beispiel einer Si-Insel auf Si(111) in Abb. 6.5.4 gezeigt ist [Köh 89].

Da mit den o.g. Präparationsverfahren auch sehr dünne Schichten mit wohldefinierten Grenzflächen herstellbar sind, lassen sich eine Reihe neuartiger Bauelemente herstellen. Bei periodischem Wechsel von n-leitenden und p-leitenden Schichten („nipi"-Struktur) läßt sich der Abstand vom Leitungsband in den n-Bereichen zum Valenzband in den p-Bereichen durch Herstellungs- und Betriebsparameter weitgehend ändern [Döh 83]. Besonders viele Anwendungen wurden für Strukturen mit epitaktischen Schichten von Halbleitern mit unterschiedlichem Bandabstand entwickelt. Bei den III-V-Verbindungen variieren Bandabstand und Gitterkonstante in weiten Bereichen (Abb. 6.5.5). Wählt man Mischungen aus Verbindungen gleicher

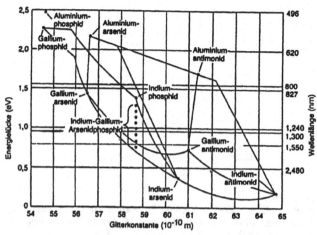

Abb. 6.5.5
Gitterkonstante und Bandabstand verschiedener III-V-Verbindungen und ihrer
Mischkristalle [Ben 76]

Gitterkonstante, so kann man fehlerfrei verschiedene Halbleiter durch
epitaktisches Wachstum aufeinanderschichten (z.B. $Al_xGa_{1-x}As$ oder
$In_xGa_{1-x}As_yP_{1-y}$, s. Abb. 6.5.5) [Ben 76]. Auch bei Halbleitern unterschiedlicher Gitterkonstante (z.B. Si und Ge) kann man fehlerfrei
epitaktische Schichten bis zu einer kritischen Dicke herstellen, wobei
eine Verspannung der Schicht in Kauf genommen bzw. ausgenutzt
wird [Kas 87].

Mit solchen Strukturen lassen sich sonst nicht erreichbare Eigenschaften erzielen. Wird z.B. eine Schicht mit höher liegendem Leitungsband
durch Donatoren n-leitend, so wandern die Elektronen in das tiefer
liegende Leitungsband und haben dort eine hohe Beweglichkeit, da
die Streuung an den geladenen Donatoren wegen des großen Abstandes gering ist (Abb. 6.5.6) [Däm 84]. Auf diese Weise steigt besonders
bei tiefen Temperaturen die Ladungsträgerbeweglichkeit und damit
die Grenzflächenfrequenz des Bauelementes um mehrere Größenordnungen.

Wird eine Schicht mit tiefer liegendem Leitungsband zwischen zwei
Schichten mit höherem Leitungsband eingebaut, entsteht ein Potentialtopf, in dem die Elektronenzustände bei entsprechend kleiner Dicke
quantisiert vorliegen („quantum well") [Din 75]. Die Lage dieser Zu-

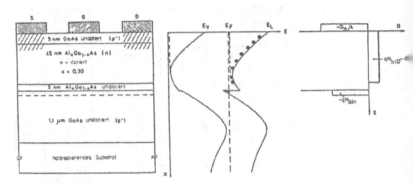

Abb. 6.5.6
Aufbau eines Transistors hoher Beweglichkeit durch Dotierung einer benachbarten Schicht höheren Bandabstandes (Modulationsdotierung, MOD-FET). Die Ladungsträgerdichten $-Q_M/A$, $+qN_{(v)D}+\cdot d$ und $-qN_{(s)n}$ sind rechts angegeben [Däm 84].

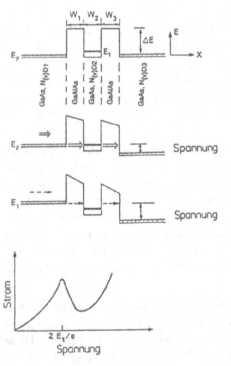

Abb. 6.5.7
Prinzip eines Transistors, basierend auf resonantem Tunneln durch dünne epitaktische Schichten ($W_1 = W_2 = W_3 = 5$ nm)
Oben: Potentialverlauf ohne angelegte Spannung
Mitte: Angelegte Spannung optimal für resonantes Tunneln bzw. höher als optimalem Tunneln entspricht
Unten: Stromspannungskennlinie
$N_{(v)D_{1,2,3}}$ sind die Dotierkonzentrationen

stände hängt von der Dicke der Schicht ab. So läßt sich beispielsweise die Absorptionskante über die Schichtdicke einstellen.

Wird ein enger Potentialtopf mit diskreten Zuständen von zwei schmalen, d.h. durchtunnelbaren Potentialbarrieren begrenzt, entsteht ein neuartiges Bauelement. Durch Anlegen einer Spannung lassen sich diese Zustände gegenüber benachbarten Bereichen verschieben. Da bei gleicher Höhe von Niveaus ein resonantes Tunneln und damit ein Maximum in der Strom-Spannungskennlinie auftritt, lassen sich aufgrund der fallenden Kennlinie dadurch Verstärker bauen, die aufgrund der kurzen Wegstrecken (< 20 nm) bis zu sehr hohen Frequenzen (> 10^{12} Hz) brauchbar sind (Abb. 6.5.7, [Sol 83]).

Für Halbleiterlaser muß einerseits der Bereich der Ladungsträgerinversion geometrisch eingeschränkt werden, andererseits die optische Güte durch reflektierende Wände längs des Resonators erhöht werden, um den Laser bei möglichst niedrigen Strömen betreiben zu können. Beides wird durch epitaktische Schichten mit einerseits höherem Band-

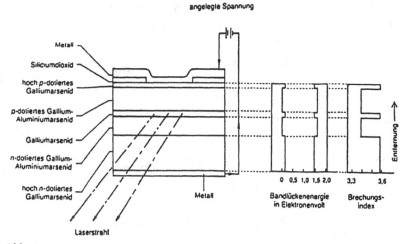

Abb. 6.5.8
Prinzipieller Aufbau eines Halbleiterlasers mit Doppelheterostruktur. Die aktive Zone mit der höchsten Nichtgleichgewichtsladungsträgerkonzentration ist die zentrale GaAs-Schicht, die durch den größeren Bandabstand der angrenzenden $Ga_xAl_{1-x}As$-Schichten und die Streifenform des oberen Metallkontaktes begrenzt ist. Die optische Eingrenzung ist durch den kleineren Brechungsindex der $Ga_xAl_{1-x}As$-Schichten gegeben.

abstand (für die Beschränkung des Bereiches der Ladungsträgerinversion) und anderem Brechungsindex (für die optische Eingrenzung) erreicht. Abb. 6.5.8 zeigt einen Querschnitt durch einen Doppelheterostrukturlaser mit diesen Eigenschaften [Sze 85X].

6.6 Keramik und Hoch-T_C-Supraleitung

In keramischen Materialien mit ihren breiten Anwendungsfeldern werden Anteile sowohl von Ionen- als auch kovalenten Bindungen in Festkörpern optimiert. Durch Wahl von verschiedenen elektronen-

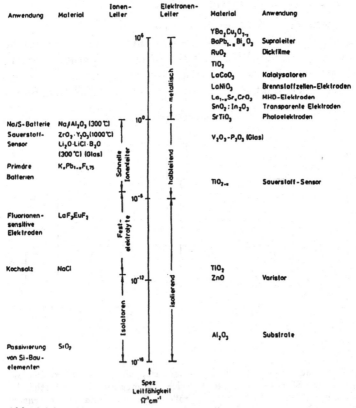

Abb. 6.6.1
Logarithmische Skala der elektrischen Leitfähigkeit von typischen Ionen- bzw. Elektronenleitern mit unterschiedlichen Anwendungsgebieten

und/oder ionenleitenden Materialien lassen sich unterschiedliche Eigenschaften optimieren, von denen die elektrische Leitfähigkeit die größten Variationen aufweist (vgl. Abb. 6.6.1).

Keramiken bestehen aus Mikrokristalliten mit Korngrenzen, die z.T. glasartig ausgebildet sind. Die elektrischen Eigenschaften werden u.a. über komplexe Impedanzspektroskopie, d.h. Messungen von Real- und Imaginärteil des Widerstandes als Funktion der Frequenz charakterisiert. Dies ermöglicht häufig eine Aufspaltung der komplexen Impedanz in Anteile von Volumen, Korngrenzen oder Kontakten.

Ein typisches Beispiel für eine Messung der Ionenleitung zeigt Abb. 6.6.2. Das Material $YBa_2Cu_3O_{7-x}$ gilt als Modellsubstanz der Hoch-T_c-Supraleitung und wird in einem typischen keramischen Herstellungsprozeß durch Hochtemperatur-Sintern von Oxiden oder anderen anorganischen und organischen Verbindungen präpariert und optimiert. Die Einstellung der elektrischen Eigenschaften, die Kontaktierung und Passivierung von Hoch-T_c-Supraleiter-Materialien als quarternären Verbindungen erfordern thermodynamisch kontrolliertes Einstellen und nachfolgendes Einfrieren definiert stöchiometrischer Festkörperphasen und Phasengrenzen. Alle neuen Hoch-T_c-Oxidmaterialien sind bei hohen Temperaturen gemischte Leiter und daher im Prinzip auch als Sauerstoff- oder Wasserstoff-Ionenleiter-Sensoren einsetzbar.

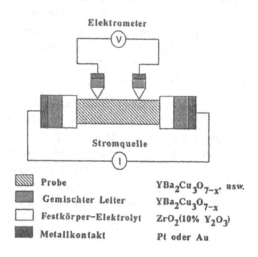

Abb. 6.6.2
Materialien und Grenzflächen zur Messung der Sauerstoffionenleitung im Hoch-T_c-Supraleiter $YBa_2Cu_3O_{7-x}$ [Car 89]

▨ Probe	$YBa_2Cu_3O_{7-x}$, usw.
▨ Gemischter Leiter	$YBa_2Cu_3O_{7-x}$
☐ Festkörper–Elektrolyt	ZrO_2(10% Y_2O_3)
■ Metallkontakt	Pt oder Au

Im Vordergrund der derzeitigen Forschungs- und Entwicklungsarbeiten steht ein atomistisches Verständnis von Grenzflächenreaktionen im Zusammenhang mit der elektronischen und ionischen Leitfähigkeit sowie mit den entsprechenden Supraleitereigenschaften, charakterisiert durch hohe Sprungtemperaturen, hohe Stromdichten und hohe Magnetfeldstabilität. Diese Parameter zeigen in epitaktischen Filmen und Einkristallen die besten Werte.

6.7   Molekularelektronik

Die Molekularelektronik beschäftigt sich mit schaltbaren Molekülen, Informationsübertragung über molekulare Ketten, definierten organischen Molekülkristallschichten und elektronischen sowie optischen Bauelementen auf der Basis von organischen und anorganischen Halbleitermaterialien. Der Begriff „Molekularelektronik" wird verwendet für „molekulare Materialien der gegenwärtigen Informationstechnologie" und für „Informationsverarbeitung auf molekularer Ebene". Im Vordergrund steht die Entwicklung von Drähten, Schaltern und Speichern (Tab. 6.7.1). In optimistischen Extrapolationen für die zukünftige Entwicklung der Molekularelektronik werden Bauelemente und Systeme bis hin zu supramolekularen, sich selbst organisierenden Informationsprozessoren für das Jahr „2050 und später" diskutiert. Für Transport-, Speicher- und Schaltprozesse sollen dabei nicht nur Elektronen, Ionen und Photonen, sondern auch Phononen, Exzitonen, Plasmonen, Polaritonen, Magnonen, Solitonen, Polaronen und Bipolaronen (vgl. Anhang 8.2) mit unterschiedlichen Ladungs- und Spinzuständen eingesetzt werden.

Ein theoretisches Beispiel für den Aufbau eines Logik-Elementes zeigt Abb. 6.7.1. Wegen der chemischen und physikalischen Materialprobleme sind derartige Bauelemente in kurzer Zeit nicht realisierbar. Praktische Bedeutung haben Materialien der Molekularelektronik schon heute in verschiedenen Anwendungsbereichen mit typischen Beispielen in Tab. 6.7.2. Systematische Grenzflächenforschung ist die wesentliche Voraussetzung zur Lösung von Problemen der angedeuteten „Science-Fiction-Welt" der Molekularelektronik. Solche Probleme sind z.B. die Stabilität organischer Schichten auf anorganischen Sub-

Tab. 6.7.1

Komponenten und mögliche Materialien der Molekular-Elektronik [Göp 89]

Molekulare Drähte:

- (-SN-)$_x$-Ketten
- organisch eindimensionale Metalle: Donator-Akzeptor-Systeme
  - als Donatoren: TTF, TMTTF, HMTTF, TMTSF, HMTSF, HMTTeF, TTT, TST, BEDT-TTF, Perylen
  - als Akzeptoren: TCNQ, DMTCNQ, TNAP, Jod, Chlor
- konjugierte Polymere, die mit AsF$_5$ bzw. elektrochemisch dotiert werden, z.B.: trans PA, Polyphenylen, Poly(phenylensulfid), PPy, PMP, PMPS, PTh, PPPO,PPPS, PPPV, PPP, PHD, PMA

Schalter:

- photochrome Systeme: Fulgide, Aberochrome
- piezo/pyroelektrische Systeme: PVDF
- Flüssigkristalle: Cyanobiphenyle, Phenylcyclohexane, Phenylbenzoate

Speichermaterialien:

- Arbeitsspeicher: Si, MOS(CMOS)-Technologie
- Massenspeicher: PMMA, PC, PVC, CAB, BPAPC, PETP, PMP, PVDF, PVF, Dimethoxy-1,2-diphenylethanon

Batterien:

- dotiertes PA, PPP, PPy

Langmuir-Blodgett (LB) 2-D Strukturen:

- Fettsäuren, ungesättigte Fettsäuren, Azofarbstoffe, Maleinsäuremono-stearylamid, subst. Phthalocyanine, Phthalocyaninatopolysiloxan

Sensoren:

- PPy, PbPc

TTF	Tetrathiafulvalen	PMPS	Poly m-phenylensulfid
TMTTF	Tetramethyltetrathiafulvalen	PTh	Poly 2,5-thienylen
HMTTF	Hexamethyltetrathiafulvalen	PPPO	Poly p-phenylenoxid
TMTSF	Tetramethyltetraselenfulvalen	PPPS	Poly p-phenylensulfid
HMTSF	Hexamethyltetraselenfulvalen	PPPV	Poly p-phenylenvinyl
HMTTeF	Hexamethyltetratellurfulvalen	PPP	Poly p-phenylen
TTT	Tetrathiatetracen	PHD	Polyheptadiyn
TST	Tetraselentetracen	PMA	Polymethylacetylen
BEDT-TTF	Bis(ethylendithiolo)tetrathia-fulvalen	PVDF	Polyvinyldifluorid
		PMMA	Polymethylmethacrylat
TCNQ	Tetracyanochinodimethan	PC	Polycarbonyl
DMTCNQ	Dimethyltetracyanochino-dimethan	PVC	Polyvinylchlorid
		CAB	Celluloseacetobutyrat
TNAP	Tetracyanonaphthochino-dimethan	BPAPC	Bisdiallylpolycarbonat
		PMP	Poly-4-methylpenten
PA	Polyacetylen	PVF	Polyvinylfluorid
PPy	Polypyrrol	PbPc	Blei-Phthalocyanin
PMP	Poly m-phenylen		

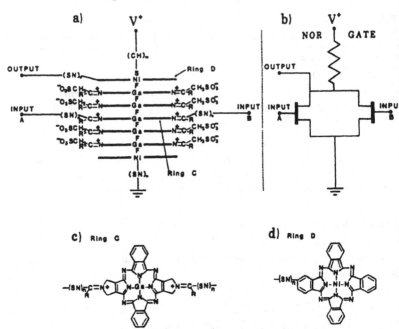

Abb. 6.7.1
Typischer Aufbau eines organischen Sandwich-Moleküls (a) und (c), das elektronisch die Eigenschaften eines NOR-Gates (b) haben sollte [Car 82X]

stratmaterialien oder die Aufklärung der Leitungsmechanismen über die Kenntnis der elektronischen Struktur. Aus Beispielen neuerer Entwicklungen in Abb. 6.7.2 wird deutlich, wie eng Problemstellungen der elektrochemischen Sensorik (b) und der Molekularelektronik (a) und c)) zusammenhängen. Zentrale Rolle spielt dabei die kontrollierte Einstellung elektrischer, chemischer oder elektrochemischer Potentiale an Grenzflächen. Systematische Studien dazu sind aus apparativen und methodischen Gründen besonders einfach möglich an Oberflächen und Grenzflächen von chemischen oder elektrochemischen Sensoren.

Entwicklungstrends sind charakterisiert durch Mikrostrukturierung und gezielten Einsatz der Grenzflächenanalytik. Das erforderliche atomistische Verständnis für potentialbildende Prozesse und Leitfähigkeitsphänomene erfordert bei komplex aufgebauten Materialien wie organischen Epitaxieschichten oder Makromolekülen eine Mikrostrukturierung von Kontakten. Ein Extrem ist die „Kontaktierung" von

Tab. 6.7.1

Heutige Anwendung von elektronischen Eigenschaften molekularer Materialien

---

Aufladbare Batterien:
Materialien: a) Perchlorat-dotiertes Polyacethylen-Lithium-System, b) elektrochemisch dotiertes Poly(n-vinylcarbazol), c) Poly(vinylpiridin)-I_2
Anwendungen: a) hohe Energiedichte: 341 Wh/kg; wiederaufladbares System geringen Gewichts, b) Spannung konstant während der Entladung; wiederaufladbares System geringen Gewichts, c) für Kathode in der Li-Batterie

Chemische Sensoren:
Materialien: a) Cu-Phthalocyanin, b) Poly(ethylenmaleat)cyclopentadien, c) Triethanolamin auf Si
Anwendungen: a) Langmuir-Blodgett-Filme von Cu-Phthalocyaninen detektieren NO_2, b) detektiert Aceton, Methylenchlorid, Benzol, MeOH, Pentan auf Surface-Acoustic-Wave-(SAW-)Devices, c) detektiert 77 ppb SO_2 (SAW-Device)

Mikrophone und Lautsprecher (Energiewandler):
Materialien: Polyvinylidin
Anwendungen: piezoel. Material für Unterwasserschallmeßgeräte, Mikrophone und Bildaufnahme in der Medizin

Drähte, Überzüge und Schutzschichten:
Materialien: a) Polyvinylacetat mit Et_3NH^+ $(TCBQ)_2$, b) elektrochemisch dotiertes Polypyrrol; dotiertes PA (AsF_5, I_2, Li, K) und Polyphenylensulfid (AsF_5); elektrochemisch dotiertes Polythiophen
Anwendungen: a) 10^4 Ωcm Widerstände, b) Leitfähigkeit variierbar durch Wahl verschiedener Dotiermaterialien

Transparente, leitfähige dünne Filme:
Materialien: Polypyrrol-Polymer-Komplexe
Anwendungen: antistatische Verpackung für Elektronik, hohe optische Transmission und elektrische Leitfähigkeit

Elektronische Bauelemente (Dioden, Transistoren, Kondensatoren)
Materialien: a) Poly (N, N'-dibenzyl-4,4'-bipiridium), b) Na^+ implantiertes PA, 3,4,9,10-perylentetracarboxydianhydrid auf n-Si oder p-Si, c) Polypyrrol auf Si, Zn- und Lu-Phthalocyanin; Chinolinium-TCNQ; N-methylacridinium-TCNQ
Anwendungen: a) Gleichrichter, Schwellspannung durch Wahl anderer Moleküle änderbar, b) in O_2-Atmosphäre stabil, hohe Sperrspannung, c) Herstellung organischer Transistoren, Elektrolyt in Feststoff-Elektrolytkondensatoren

Speicherelemente:
Materialien: Ag- und Cu-Salze von TCNQ, TNAP und Derivaten
Anwendungen: reversibles Schalten, Schwellspannung durch Donatoren oder Akzeptoren änderbar.

Resiste:
Materialien: Polymere und arom. Bisazido-Verbindungen, tert. Butoxycarbonylester des Phenols, PMMA, Glycidylmethacrylat, Polybutensulfonat, 3-Chlorostyrol

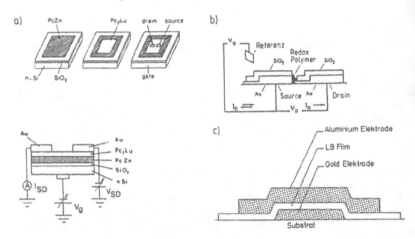

Abb. 6.7.2
a) Feldeffekttransistor auf der Basis organischer Moleküle [Mat 88]
b) Feldeffekttransistor als mikroelektronischer Sensor [Cha 87]
c) Langmuir-Blodgett Schichtstruktur (LB Film) als molekularelektronischer
Schalter mit zwei charakteristischen Stromzuständen bei der gleichen Spannung

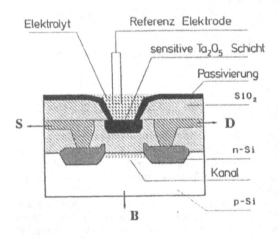

Abb. 6.7.3
Beispiel eines mikrostrukturierten Ta_2O_5-Transi-
stors, dessen Gate mit mo-
lekularelektronischen Ma-
terialien beschichtet zu
deren Charakterisierung
oder zum Aufbau eines
Sensors verwendet werden
kann [Göp 89]

Einzelmolekülen mit dem Tunnelmikroskop, die bereits in Abschn. 3.4,
Abb. 3.4.20, vorgestellt wurde. Diese Abbildung deutet zukünftige
Möglichkeiten an, über die Tunnelmikroskopie lokale elektrische und
bei gleichzeitigem Photonenbeschuß auch optoelektronische Eigenschaften zu erfassen, Moleküle durch Anlegen geeigneter Felder zu

manipulieren, Grenzflächen auf molekularer Ebene zu strukturieren und damit im eigentlichen Sinne „Molecular Engineering" zu betreiben. Weniger aufwendige Materialforschung ist möglich mit mikrostrukturierten Kontaktanordnungen, beispielsweise zur Charakterisierung von Real- oder Imaginärteil der Leitfähigkeit als Funktion der Frequenz. Mikrostrukturierte Kammstrukturen lassen sich zur Charakterisierung der elektrischen, elektronischen und kapazitiven Eigenschaften neuer Materialien parallel und senkrecht zur Grenzfläche einsetzen. Ein weiteres Beispiel zeigt Abb.6.7.3. Durch Mikrostrukturierung eines chemisch inerten und pH-sensitiven Materials wie hier Ta_2O_5 kann ein Transistor als Basis genommen werden, auf dem nachfolgend beispielsweise anorganische und organische Ionenleiter, Halbleiter und Nichtleiter, Enzyme und Polymere sowie Materialien der Molekularelektronik aufgebracht und vergleichend elektrisch wie spektroskopisch untersucht werden.

6.8   Biotechnologie und Medizintechnik

Zentrale Bedeutung in der Biotechnologie hat die Fixierung von Enzymen (vgl. Abb. 6.8.1) und die Entwicklung selektiver Membranen für die chemische Industrie, Pharmaindustrie, Milchindustrie, für die Nahrungsmittelherstellung, Treibstoffherstellung und die Separation von Industriegasen und Erdgasen. Von besonderem Interesse ist die Entwicklung von Polymeren als maßgeschneiderte Werkstoffe für die Biotechnologie, aber auch für hochtemperaturbeständige Isolationsfolien und Lacke, photostrukturierbare Isolationsschichten, elektrisch leitfähige Verbundmaterialien oder für die Medizintechnik.

Abb. 6.8.2 und 6.8.3 geben Beispiele dafür, daß die Entwicklung von biokompatiblen Materialien von zentraler Bedeutung in der Medizintechnik ist. Man erkennt daraus, daß eine Fülle von Fragestellungen der praktischen Anwendungen sich mit Flüssig/fest-Grenzflächen beschäftigt (vgl. dazu auch Tab. 6.1.1). Daher sind zunehmend Untersuchungsmethoden der Grenzflächenanalytik gefragt, die es prinzipiell ermöglichen, auch diese Grenzflächen zu untersuchen. Dies gilt z.B für optische Verfahren wie Fourier-Transform-Infrarotspektroskopie, magnetische oder elektrische Verfahren, die Tunnelmikroskopie, aber

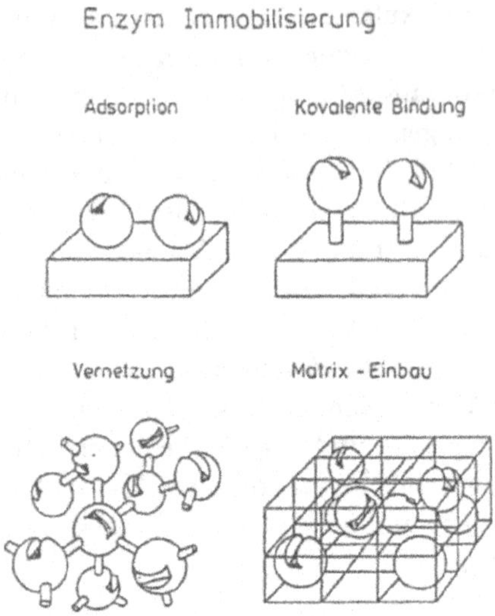

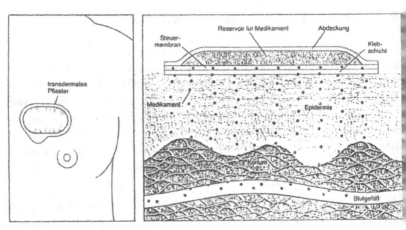

Abb. 6.8.1
Mögliche Enzym-Immobilisierung an Oberflächen mit Bedeutung in der Biotechnologie und biochemischen Sensorik

Abb. 6.8.2
Transdermales Pflaster mit gespeichertem Nitroglycerin zur Behandlung von Angina Pectoris, bestehend aus verschiedenen Polymeren [Ful 86]

auch in begrenztem Umfang für alle anderen grenzflächenanalytischen Verfahren für den Fall, daß eine geeignete Probenpräparation gefunden werden kann. So läßt sich beispielsweise durch Abkühlen auf Temperaturen unter 120 K jedes biologische Präparat auch unter

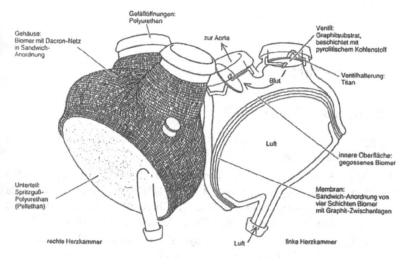

Abb. 6.8.3
Das Jarvic-Kunstherz. Das inerte, flexible und beständige Biopolymer aus Polyurethan ist wichtiger Bestandteil des Gehäuses und der Membran. Flüssiges Biopolymer wird in die Kammer gegossen, um eine glatte Oberfläche zu schaffen. Andere Polyurethane bilden das Unterteil und die Öffnung oben an der Kammer. Dacron als Polyesterfaser versteift das Gehäuse. Nichtpolymere Werkstoffe wie Graphit werden zur Schmierung der Membranen und als Strukturmaterial der Ventilscheiben verwendet. Pyrolytischer Kohlenstoff macht die Scheiben hart und glasartig. Die durablen, nicht-korrosiven Rahmen sind aus Titan gefertigt [Ful 86]

UHV-Bedingungen untersuchen, da der Wasserpartialdruck bei tiefen Temperaturen vernachlässigbar wird. Auf diese Weise ist es nicht nur möglich, elektronenmikroskopische Aufnahmen zu machen, sondern auch Sekundärionen-Massenspektrometrie, Sekundärneutralteilchen-Massenspektrometrie, Röntgenphotoemissionsspektroskopie und andere Verfahren einzusetzen. Bei biologischen Proben spielen dabei häufig Aufladungseffekte eine unangenehme Rolle. Diese lassen sich beispielsweise durch gleichzeitigen Beschuß mit langsamen Elektronen, Bestrahlen mit „band-gap"-Licht o.ä. beseitigen. Der Einsatz dieser Methoden erfordert Ultrahochvakuumschleusensysteme mit Kryostationen. Dies führt zu neuen Apparateentwicklungen, neuen Fragestellungen und neuen Möglichkeiten der Grenzflächenanalytik auch komplexer organischer Systeme.

7 Literatur

Lehrbücher, Monographien

[All 63X] Allen jr., H.C.; Cross, P.C.: Molecular Vib-Rotors, New York: Wiley 1963

[Alt 70X] Altmann, S.L.: Band Theory of Metals, Oxford: Pergamon 1970

[And 76X] Anderson, R.B.; Dawson, P.T. (Eds.): Experimental Methods in Catalytic Research, Vol. III: Characterization of Surface and Adsorbed Species, New York: Academic Press 1976

[And 81X] Anderson, H.L. (Ed.): Physics Vademecum, AIP (Am. Inst. Phys.) 50th Anniversary, USA 1981

[And 82X] Ando, T.; Fowler, A.B.; Stern, F.: Electronic Properties of Two-Dimensional Systems, Rev. Modern Phys. 54 (1982) 437

[Ash 82X] Ashcroft, N.W.; Mermin, N.D.: Solid State Physics, New York: Holt, Rinehart and Winston 1982

[Bar 73X] Barin, I.; Knacke, O.: Thermochemical Properties of Inorganic Substances, Berlin: Springer 1973

[Bau 84X] Bauer, G.; Kuchar, F.; Heinrich, H.: Two-Dimensional Systems, Heterostructures, and Superlattices, Berlin: Springer 1984

[Bel 80X] Bell, A.T.; Hair, M.L.: Vibrational Spectroscopies for Adsorbed Species, ACS (Am. Chem. Soc.), Symposium Series 137 (1980)

[Ber 79X] Berkowitz, J.: Photoadsorption, Photoionization and Photoelectron Spectroscopy, New York: Academic Press 1979

[Bla 73X] Blakeley, J.M.: Introduction to the Properties of Crystal Surfaces, Oxford: Pergamon Press 1973

[Bla 74X] Blakemore, J.S.: Solid State Physics, Philadelphia: Saunders 1974

[Bla 75X] Blakeley, J.M.: Surface Physics of Materials, Vol. I, II, Materials Science Series, New York: Academic Press 1975

[Bor 75X] Born, M.; Wolf, E.: Principles of Optics, Oxford: Pergamon Press 1975

[Bri 83X] Briggs, D.; Seah, M.P.: Practical Surface Analysis by Auger and X-ray Photoelectron Spectroscopy, New York: Wiley 1983

[Bru 83X]   Brundle, C.R.; Morawitz, H. (Eds.): Vibrations at Surfaces, Amsterdam: Elsevier 1983

[Brü 80X]   Brümmer, U. (Ed.): Handbuch der Festkörperanalyse mit Elektronen-, Ionen- und Röntgenstrahlen, Braunschweig: Vieweg 1980

[Can 82X]   Candano, R.; Gilles, J.-M.; Lucas, A.A.: Vibrations at Surfaces, New York: Plenum Press 1982

[Car 75X]   Carlson, T.A.: Photoelectron and Auger Spectroscopy, New York: Plenum Press 1975

[Car 78X]   Cardona, M.; Ley, L. (Eds.): Photoemission in Solids I, General Principles, Topics in Applied Physics, Vol. 26, Berlin: Springer 1978

[Car 82X]   Carter, F.L.: Molecular Electronic Devices, New York: Dekker 1982

[Cla 70X]   Clark, A.: The Theory of Adsorption and Catalysis, New York: Academic Press 1970

[Cor 76X]   Cornu, A.; Massot, R.: Compilation of Mass Spectral Data, London: Heyden 1976

[Cow 81X]   Cowley, J.M.: Diffraction Physics, 2. Aufl., Amsterdam: North Holland 1981

[Cza 75X]   Czanderna, A.W. (Ed.): Methods of Surface Analysis, Vol. I: Methods and Phenomena, Amsterdam: Elsevier 1975

[Dav 78X]   Davis, L.E.; MacDonald, N.C.; Palmberg, P.W.; Riach, G.E.; Weber, R.E.: Handbook of Auger Electron Spectroscopy, 2. Aufl., Eden Prairie: Perkin-Elmer Corp. 1978

[Dun 78X]   Dunken, H.H.; Lygin, V.I.: Quantenchemie der Adsorption an Festkörperoberflächen, Weinheim: Verlag Chemie 1978

[Ela 74X]   Eland, J.H.D.: Photoelectron Spectroscopy, London: Butterworths 1974

[Ert 85X]   Ertl, G.; Küppers, J.: Low Energy Electrons and Surface Chemistry, Weinheim: VCH 1985

[Eyr 69X]   Eyring, L.R.; O'Keeffe, M. (Eds.): The Chemistry of Extended Defects in Non-Metallic Solids, Amsterdam: North Holland 1969

[Fel 86X]   Feldman, L.C.; Mayer, J.W.: Fundamentals of Surface and Thin Film Analysis, Amsterdam: North Holland 1986

[Feu 78X]   Feuerbacher, B.; Fitton, B.; Willis, R.F.: Photoemission and the Electronic Properties of Surfaces, Chichester: Wiley 1978

558   7 Literatur

[Fra 67X]   Frankl, D.R.: Electrical Properties of Semiconductor Surfaces, Oxford: Pergamon Press 1967

[Fra 85X]   Franke, H.W.; Kage, M.P.: Siliziumwelt, Stuttgart: IBM 1985

[Fre 87X]   Frey, H.; Kienel, G.: Handbuch der Dünnschichttechnologie, Düsseldorf: VDI-Verlag 1987

[Gar 79X]   Garcia-Moliner, F.; Flores, F.: Introduction to the Theory of Solid Surfaces, Cambridge: Cambridge University Press 1979

[Gir 73X]   Girifalco, L.A.: Statistical Physics of Materials, New York: Wiley 1973

[God 63X]   Godnew, I.N.: Berechnung thermodynamischer Funktionen aus Moleküldaten, Berlin: VEB Deutscher Verlag der Wissenschaften 1963

[Göp 89X]   Göpel, W.; Hesse, J.; Zemel, J.N. (Eds.): Sensors (A Comprehensive Book Series in 8 Volumes), Weinheim: VCH 1989

[Göp 90X]   Göpel, W.: State and Perspectives of Research on Surfaces and Interfaces, Studie für die DG XII, CEC Brüssel, Commisson of the European Community 1990

[Gra 73X]   Gray, H.B.: Elektronen und chemische Bindung, Berlin: de Gruyter 1973

[Hae 80X]   Haensel, R.; Rabe, P.; Tolkiehn, G.; Werner, A.: EXAFS: Possibilities, Advantages and Limitations for the Investigation of Local Order in Metallic Glasses, Desy Report SR 80/06, Hamburg 1980

[Hai 67X]   Hair, M.L.: Infrared Spectroscopy in Surface Chemistry, New York: Dekker 1967

[Hal 70X]   Hala, E.; Boublik, T.: Einführung in die statistische Thermodynamik, Braunschweig: Vieweg 1970

[Han 58X]   Hansen, M.; Anderko, K.: Constitution of Binary Alloys, New York: McGraw-Hill 1958

[Har 80X]   Harrison, W.A.: Electronic Structure and the Properties of Solids, San Francisco: Freeman 1980

[Hau 74X]   Hauffe, K.; Morrison, S.R.: Adsorption, Eine Einführung in die Probleme der Adsorption, Berlin: de Gruyter 1974

[Hay 64X]   Hayward, D.O.; Trapnell, B.M.W.: Chemisorption, London: Butterworths 1964

[Her 45X]   Herzberg, G.: Molecular Spectra and Molecular Structure, Vol. II: Infrared and Raman Spectra of Polyatomic Molecules, New York: Van Nostrand 1945

[Her 50X]   Herzberg, G.: Molecular Spectra and Molecular Structure, Vol. I: Spectra of Diatomic Molecules, New York: Van Nostrand 1950

[Her 66X]   Herzberg, G.: Molecular Spectra and Molecular Structure, Vol. III: Electronic Spectra and Electronic Structure of Polyatomic Molecules, New York: Van Nostrand 1966

[Hil 60X]   Hill, T.L.: An Introduction to Statistical Thermodynamics, Reading: Addison-Wesley 1960

[Hir 64X]   Hirschfeld, J.O.; Curtiss, Ch.F.; Bird, R.B.: Molecular Theory of Gases and Liquids, New York: Wiley 1964

[Höl 79X]   Hölzl, J.; Schulte, F.U.: Work Function of Metals, Solid Surface Physics, Vol. 85, Berlin: Springer 1979

[Hol 85X]   Hollemann, A.F.; Wiberg, N.: Lehrbuch der Anorganischen Chemie, 91.-100. Aufl., Berlin: de Gruyter 1985

[Hul 73X]   Hultgren, R.; Desai, P.D.; Hawkins, D.T.; Gleiser, M.; Kelley, K.K.: Selected Values of the Thermodynamic Properties of the Elements, Metal Parcs, Ohio: American Society for Metals 1973

[Iba 77X]   Ibach, H. (Ed.): Electron Spectroscopy for Surface Analysis, Topics of Curr. Phys. 4, Berlin: Springer 1977

[Iba 81X]   Ibach, H.; Lüth, H.: Festkörperphysik, Berlin: Springer 1981

[Iba 82X]   Ibach, H.; Mills, D.L.: Electron Energy Loss Spectroscopy and Surface Vibrations, New York: Academic Press 1982

[Jar 73X]   Jarzebski, Z.M.: Oxide Semiconductors, Oxford: Pergamon Press 1973

[Jon 60X]   Jones, H.: The Theory of Brillouin Zones and Electronic States in Crystals, Amsterdam: North-Holland 1960

[Jor 74X]   Jorgensen, W.L.; Salem, L.: Orbitale organischer Moleküle, Weinheim: Verlag Chemie 1974

[Kit 87X]   Kittel, Ch.: Quantum Theory of Solids, New York: Wiley 1987

[Kit 88X]   Kittel, Ch.: Einführung in die Festkörperphysik, München: Oldenbourg 1988

[Koc 77X]   Koch, E.E.; Kunz, C.: Synchrotronstrahlung bei Desy (Handbuch für Benutzer), Hamburg 1977

[Kof 73X]   Kofstad, P.: Binary Metal Oxides, New York: Academic Press 1973

[Kon 88X]   Koningsberger, D.C.; Prius, R. (Eds.): X-Ray-Absorption, New York: Wiley 1988

560   7 Literatur

[Kop 89X] Kopitzki, K.: Einführung in die Festkörperphysik, 2. Aufl., Stuttgart: Teubner 1989

[Kor 72X] Kortüm, G.: Einführung in die chemische Thermodynamik, Weinheim: Verlag Chemie 1972

[Krö 64X] Kröger, F.A.: The Chemistry of Imperfect Crystals, Amsterdam: North Holland 1964

[Kut 78X] Kutzelnigg, W.: Einführung in die Theoretische Chemie, Bd. 2, Weinheim: Verlag Chemie 1978

[Lai 70X] Laidler, K.J.: Reaktionskinetik I, Homogene Gasreaktionen, Mannheim: Hochschultaschenbücherverlag 1970

[Lan XXX] Landolt-Börnstein: Zahlenwerte und Funktionen aus Physik, Chemie, Astronomie, Geophysik und Technik, Berlin: Springer ab 1951 und spätere Bände

[Lat 77X] Latanision, R.M.; Fourie, J.T. (Eds.): Surface Effects in Crystal Plasticity, Leyden: Noordhoff 1977

[Lev 75X] Levin, E.M.; McMurdie, H.F.; Hall, F.P.; (Eds. M.K. Reser; H. Insley): Phase Diagrams for Ceramists, 3. Aufl., Columbus: The American Ceramic Society 1975

[Ley 79X] Ley, L.; Cardona, M. (Eds.): Photoemission in Solids II (Case Studies), Topics in Applied Physics, Vol. 27, Berlin: Springer 1979

[Lit 66X] Little, L.H.: Infrared Spectra of Adsorbed Species, New York: Academic Press 1966

[Lud 70X] Ludwig, W.: Festkörperphysik I, Studientext, Frankfurt: Akademische Verlagsgesellschaft 1970

[Mad 72X] Madelung, O.: Festkörpertheorie I, II, Berlin: Springer 1972

[Mai 70X] Maissel, L.I.; Glang, R. (Eds.): Handbook of Thin Film Technology, New York: McGraw Hill 1970

[Man 71X] Many, A.; Goldstein, Y.; Grover, N.B.: Semiconductor Surfaces, Amsterdam: North-Holland 1971

[Mar 83X] Marcus, R.B.; Sheng, T.T.: Transmission Electron Microscopy of Semiconductor Devices, New York: Wiley 1983

[MGu 79X] McGuire, G.E. (Ed.): Auger Electron Spectroscopy, Reference Manual, New York: Plenum Press 1979

[Mil 49X] Miller, A.R.: The Adsorption of Gases on Solids, Cambridge: University Press 1949

[MLa 87X] MacLaren, J.M.; Pendry, J.B.; Rons, P.J.; Saldin, D.K.; Somorjai, C.A.; Van Hove, M.A.; Vvedensky, D.D.: Surface Crystallographic Information Service, Dordrecht: Reidel 1987

[Moo 86X] Moore, W.J.; Hummel, D.O.: Physikalische Chemie, 4. Aufl., Berlin: de Gruyter 1986

[Mor 77X] Morrison, S.R.: The Chemical Physics of Surfaces, New York: Plenum Press 1977

[Mur 85X] Murrell, J.N.; Kettle, S.F.A.; Tedder, J.M.: The Chemical Bond, Chichester: Wiley 1978

[Nic 82X] Nicollian, E.H.; Brews, J.R.: MOS Physics and Technology, New York: Wiley 1982

[Pen 74X] Pendry, J.B.: Low Energy Electron Diffraction, New York: Academic Press 1974

[Phi 73X] Phillips, J.C.: Bonds and Bands in Semiconductors, New York: Academic Press 1973

[Pon 74X] Ponec, V.; Knorr, Z.; Černý, S.: Adsorption on Solids, London: Butterworths 1974

[Pop 70X] Pople, J.A.; Beveridge, D.L.: Approximate Molecular Orbital Theory, New York: McGraw Hill 1970

[Pro 80X] Profos, P.: Handbuch der industriellen Meßtechnik, Essen: Vulkan 1980

[Pru 83X] Prutton, M.: Surface Physics, Oxford Physics Series, Oxford: Clarendon Press 1983

[Rab 79X] Rabe, P.: Determination of Bond Lengths from EXAFS with High Resolution, Desy Report SR-79/04, Hamburg 1979

[Rho 79X] Rhodin, T.N.; Ertl, G.: The Nature of the Surface Chemical Bond, Amsterdam: North-Holland 1979

[Rob 78X] Roberts, M.W.; McKee, C.S.: Chemistry of the Metal-Gas Interface, Oxford: Clarendon Press 1978

[Ros 75X] Ross, S.; Olivier, J.P.: On Physical Adsorption, New York: Interscience Publishers 1975

[Rot 82X] Roth, A.: Vacuum Technology, 2. Aufl., Amsterdam: North-Holland 1982

[Rus 78X] Rusanov, A.I.: Phasengleichgewichte und Grenzflächenerscheinungen, Berlin: Akademie-Verlag 1978

[Sch 71X] Schmalzried, H.: Festkörperreaktionen, Chemie des festen Zustands, Weinheim: Verlag Chemie 1971

[Sch 75X] Schmalzried, H.; Navrotsky, A.: Festkörperthermodynamik, Chemie des festen Zustands, Weinheim: Verlag Chemie 1975

[Sco 75X] Scott, C.G.; Reed, C.E.: Surface Physics of Phosphors and Semiconductors, New York: Academic Press 1975

[See 82X]   Seeger, K.: Semiconductor Physics, Berlin: Springer 1982

[Sev 72X]   Sevier, K.D.: Low Energy Electron Spectrometry, New York: Wiley Interscience 1972

[Sie 67X]   Siegbahn, K.; Nordling, C.; Fahlman, A.; Nordberg, R.; Hamrin, K.; Hedman, J.; Johansson, G.; Bergmark, T.; Karlsson, S.-E.; Lindgren, I.; Lindberg, B.: ESCA: Atomic, Molecular and Solid State Structure Studied by Means of Electron Spectroscopy, Nova Acta Reg. Soc. Upsaliensis, Ser. IV, Vol. 20, Uppsala, Almqvist & Wiksells 1967

[Sie 71X]   Siegbahn, K.; Nordling, C.; Johansson, G.; Hedman, J.; Hedén, P.F.; Hamrin, K.; Gelins, U.; Bergmark, T.; Werme, L.O.; Manne, R.; Baer, Y.: ESCA, Applied to Free Molecules, Amsterdam: North-Holland 1971

[Sin 80X]   Sinha, S.K.: Ordering in Two Dimensions, Amsterdam: North-Holland 1980

[Smi 80X]   Smith, J.R. (Ed.): Theory of Chemisorption, Topics in Current Physics, Berlin: Springer 1980

[Som 79X]   Somorjai, G.A.; Van Hove, M.A.: Adsorbed Monolayers on Solid Surfaces, Berlin: Springer 1979

[Som 81X]   Somorjai, G.A.: Chemistry in Two Dimensions: Surfaces, Ithaca: Cornell University Press 1981

[Spi 73X]   Spiteller, M.; Spiteller, G.: Massenspektrensammlung von Lösungsmitttteln, Verunreinigungen, Säulenbelegmaterialien und einfachen aliphatischen Verbindungen, Wien: Springer 1973

[Ste 74X]   Stenhagen, E.; Abrahamsson, S.; McLafferty, F.: Registry of Mass Spectral Data, New York: Wiley 1974

[Sze 85X]   Sze, S.M.: Semiconductor Devices, New York: Wiley 1985

[Teo 81X]   Teo, B.K.; Joy, D.C. (Eds.): EXAFS Spectroscopy (Techniques and Applications), New York: Plenum Press 1981

[Tom 78X]   Tompkins, F.C.: Chemisorption of Gases on Metals, New York: Academic Press 1978

[Tre 63X]   Trendelenburg, E.A.: Ultrahochvakuum, Karlsruhe: Braun 1963

[Tur 70X]   Turner, D.W.; Baker, C.; Baker, A.D.; Brundle, C.R.: Molecular Photoelectron Spectroscopy, London: Wiley 1970

[Van 84X]   Vanselow, R.; Howe, R.: Chemistry and Physics of Solid Surfaces V, Berlin: Springer 1984

[VHo 79X] Van Hove, M.A.; Tong, S.Y.: Surface Crystallography by LEED, Berlin: Springer 1979

[VHo 85X] Van Hove, M.A.; Tong, S.Y.: The Structure of Surfaces, Springer Series in Surface Science, Vol. 2, Berlin: Springer 1985

[VHo 86X] Van Hove, M.A.; Weinberg, W.H.; Chan, C.M.: Low-Energy Electron Diffraction, Berlin: Springer 1986

[Wag 68X] Wagman, D.D.; Evans, W.H.; Parker, V.B.; Halow, I.; Bailey, S.M.; Schumm, R.H.: Selected Values of Chemical Thermodynamic Properties, Tables for the First Thirty-Four Elements in the Standard Order Arrangement, Technical Note NBS 270-3, Washington: National Bureau of Standards 1968

[Wag 87X] Wagner, C.D.; Riggs, W.; Davis, L.; Moulder, J.; Muilenberg, G.: Handbook of X-Ray Photoelectron Spectroscopy, Eden Prairie: Perkin-Elmer Corp. 1987

[Wea 86X] Weast, R.C.; Astle, M.J.: CRC Handbook of Chemistry and Physics, Boca Raton: CRC Press 1986

[Wed 76X] Wedler, G.: Chemisorption: An Experimental Approach, London: Butterworths 1976

[Wei 79X] Weissler, G.L.; Carlson, R.W.: Methods of Experimental Physics, Vol. 14, Vacuum Physics and Technology, New York: Academic Press 1979

[Whi 79X] White, R.M.; Geballe, T.H.: Long Range Order in Solids, New York: Academic Press 1979

[Wil 55X] Wilson jr., E.B.; Decius, J.C.; Cross, P.C.: Molecular Vibrations: The Theory of Infrared and Raman Vibrational Spectra, New York: McGraw-Hill 1955

[Wil 80X] Willis, R.F.: Vibrational Spectroscopy of Adsorbates, Berlin: Springer 1980

[Win 80X] Winick, H.; Doniach, S.: Synchrotron Radiation Research, New York: Plenum Press 1980

[Woo 86X] Woodruff, D.P.; Delchar, T.A.: Modern Techniques of Surface Science, Cambridge: Cambridge University Press 1986

[Wut 82X] Wutz, M.; Adam, H.; Walcher, W.: Theorie und Praxis der Vakuumtechnik, Braunschweig: Vieweg 1982

[You 62X] Young, D.M.; Crowell, A.D.: Physical Adsorption of Gases, London: Butterworths 1962

[Zan 88X] Zangwill, A.: Physics at Surfaces, Cambridge: Cambridge University Press 1988

Publikationen

[Ada 71] Adams, D.L.; Germer, L.H.: Adsorption on Single-Crystal Planes of Tungsten, Surf. Sci. **27** (1971) 21

[Ada 89] Adamowski, J.: Formation of Fröhlich Bipolarons, Phys. Rev. B **39** (1989) 3649

[Adn 77] Adnot, A.; Carette, J.D.: Atomic Nature of the β-States of Hydrogen on W(100), Phys. Rev. Lett. **39** (1977) 209

[All 77] Allyn, C.L.; Gustafson, T.; Plummer, E.W.: The Orientation of CO Adsorbed on Ni(100), Chem. Phys. Lett. **47** (1977) 127

[Alt 88] Altsinger, R.; Busch, H.; Horn, M.; Henzler, M.: Nucleation and Growth During Molecular Beam Epitaxy (MBE) of Si on Si(111), Surf. Sci. **200** (1988) 235

[Ami 84] D'Amico, K.L.; Moncton, D.E.; Specht, E.D.; Birgenau, R.J.; Nagler, S.E.; Horn, P.M.: Rotational Transition of Incommensurate Kr Monolayers on Graphite, Phys. Rev. Lett. **53** (1984) 2250

[And 77] Andersson, S.: Vibrational Excitations and Structure of CO Adsorbed on Ni(100), Sol. State Comm. **21** (1977) 75

[And 82] Andersson, S.; Harris, J.: Observation of Rotational Transitions for H_2, D_2, and HD Adsorbed on Cu(100), Phys. Rev. Lett. **48** (1982) 545

[And 84] Andersen, J.N.; Nielsen, H.B.; Petersen, L.; Adams, D.L.: Oscillatory Relaxation of the Al(110) Surface, J. Phys. C **17** (1984) 173

[Ant 84] d'Anterroches, C.: J. Micr. Spect. Elect. **9** (1984) 147

[Aon 82] Aono, M.; Hon, Y.; Oshima, C.; Otami, S.; Ishizawa, Y.: Low Energy Ion Scattering from the Si(001) Surface, Phys. Rev. Lett. **49** (1982) 567

[App 75] Appelbaum, J.A.: Electronic Structure of Solid Surfaces, in: Blakely, J.M.: Surface Physics of Materials (Materials Science Series), Vol. I, New York: Academic Press 1975

[App 76] Appelbaum, J.A.; Hamann, D.R.: The Electronic Structure of Solid Surfaces, Rev. Mod. Phys. **48** (1976) 479

[Asa 89] Asada, H.; Masuda, M.: Bilayer Model for Zero Order Desorption, Surf. Sci. **207** (1989) 517

[AVS 67] AVS Standard: Graphic Symbols and Vacuum Technology, J. Vac. Sci. Technol. **4** (1967) 139

[Bar 83]   Barnett, R.N.; Landmann, U.; C.L. Cleveland: Multilayer Lattice Relaxation at Metal Surfaces, Phys. Rev. B 27 (1983) 6534

[Bau 87]   Bauer, E.; Telieps, W.: Low Energy Electron Microscopy, Scanning Microscopy Suppl. 1 (1987) 99

[Bau 88]   Bauer, E.: Oberflächenabbildung mit langsamen Elektronen (LEEM), Phys. Bl. 44 (1988) 255

[Bea 84]   Bean, J.C.; Feldman, L.C.; Fiory, A.T.; Nakahara, S.; Robinson, J.K.: Ge_xSi_{1-x}/Si Strained-Layer Superlattice Grown by Molecular Beam Epitaxy, J. Vac. Sci. Technol. A 2 (1984) 436

[Bea 86]   Bean, J.C.: The Device Application of Silicon Molecular Beam Epitaxy, Int. Phys. Conf. Ser. 82, Bristol 1986

[Ben 67]   Benson, G.C.; Yun, K.S.: Surface Energy and Surface Tension of Crystalline Solids, in: Flood, E.A.: The Solid Gas Interface, Vol. 1, New York: Dekker 1967

[Ben 76]   Beneking, H.: Material Engineering in Optoelectronics, in: Treusch, J.: Festkörperprobleme XVI, Braunschweig: Vieweg 1976

[Bes 77]   Besocke, K.; Krahl-Urban, B.; Wagner, H.: Dipole Moments Associated with Edge Atoms; A Comparative Study on Stepped Pt, Au, and W Surfaces, Surf. Sci. 68 (1977) 39

[Bim 87]   Bimberg, D.; Christen, J.; Fukunaga, T.; Nakashina, N.; Mars, D.E.; Miller, J.N.: Cathodoluminescence Atomic Scale Images of Monolayer Islands at GaAs/GaAlAs Interfaces, J. Vac. Sci. Technol. B 5 (1987) 1191

[Bin 82]   Binnig, G.; Rohrer, H.; Gerber, Ch.; Weibel, E.: Surface Studies by Scanning Tunneling Microscopy, Phys. Rev. Lett. 49 (1982) 57

[Bla 75]   Blakely, J.M.; Shelton, J.C.: Equilibrium Adsorption and Segregation, in: Blakely, J.M.: Surface Physics of Materials, Vol. I, New York: Academic Press 1975

[Bon 75]   Bonzel, H.P.: Transport of Matter at Surfaces, in: Blakeley, J.M.: Surface Physics of Materials, Vol. II, New York: Academic Press 1975

[Bor 85]   Bortolani, V.; Franchini, A.; Santoro, G.: One-Phonon Scattering of He Atoms from the Ag(111) Surface, in: Nizzoli, F.; Rieder, K.H.; Willis, R.F.: Dynamical Phenomena at Surfaces, Interfaces and Superlattices, Springer Series in Surf. Sci. 3, Berlin: Springer 1985

[Bor 87]   Borstel, G.; Thörner, G.: Inverse Photoemission from Solids: Theoretical Aspects and Applications, Surf. Sci. Rep. 8 (1987) 1

[Bor 89]   Boring, J.W.; Johnson, R.E.; O'Shanghnessy, D.J.: Surface Trapping of Excitons in Rare-Gas Solids, Phys. Rev. B **39** (1989) 2689

[Bra 78]   Bradshaw, A.M.; Hoffmann, F.M.: The Chemisorption of Carbon Monoxide on Palladium Single Crystal Surfaces: IR Spectroscopic Evidence for Localized Site Adsorption, Surf. Sci. **72** (1978) 513

[Bra 83]   Bradshaw, A.M.: private Mitteilung

[Bra 88]   Bradshaw, A.M.; Schweizer, E.: Infrared Reflection-Absorption Spectroscopy of Adsorbed Molecules, in: Clark, R.J.H.; Hester, R.E.: Advances in Spectroscopy: Spectroscopy of Surfaces, Chichester: Wiley 1988

[Bro 80]   Broughton, J.; Bagus, P.: A Study of Madelung Potential Effects in the ESCA Spectra of the Metal Oxides, J. Electron Spectrosc. Relat. Phenom. **20** (1980) 261

[Bus 86]   Busch, H.; Henzler, M.: Quantitative Evaluation of Terrace Width Distributions from LEED Measurements, Surf. Sci. **167** (1986) 534

[Cal 85]   Calandra, C.; Catellani, A.: Pseudopotentials and Dynamical Properties of Metallic Surfaces, in: Nizzoli, F.; Rieder, K.H.; Willis, R.F.: Dynamical Phenomena at Surfaces, Interfaces and Superlattices, Springer Series in Surf. Sci. 3, Berlin: Springer 1985

[Car 87]   Carstensen, H.: Diplomarbeit Universität Kiel 1987

[Car 89]   Carrillo-Cabrera, W.; Wiemhöfer, H.-D.; Göpel, W.: Ionic Conductivity of Oxygen Ions in $YBa_2Cu_3O_{7-x}$, Sol. State Ionics **32/33** (1989) 1172

[Cer 83]   Černý, S.: Energy and Entropy of Adsorption, in: King, D.A.; Woodruff, D.P.: The Chemical Physics of Solid Surfaces and Heterogeneous Catalysis, Vol. 2, Amsterdam: Elsevier 1983

[Cha 83]   Chabal, Y.J.; Chaban, E.E.; Christmann, S.B.: High Resolution Infrared Study of Hydrogen Chemisorbed on Si(100), J. Electron Spectrosc. Relat. Phenom. **29** (1983) 35

[Cha 83]   Chadi, D.J.: (100) and (111) Surface Reconstructions of C, Si, and Ge, in: deSegovia, J.L., Proc. 5th Int. Conf. on Solid Surf., Madrid 1983

[Cha 84]   Chabal, Y.J.; Christmann, S.B.: Evidence of Dissociation of Water on the Si(100) 2×1 Surface, Phys. Rev. B 29 (1984) 6974

[Cha 84]   Chadi, D.J.: New Adatom Model for Si(111) 7×7 and Si(111)-Ge 5×5 Reconstructed Surfaces, Phys. Rev. B 30 (1984) 4470

[Cha 85]   Chakraborty, B.; Holloway, S.; Norskov, J.K.: Oxygen Chemisorption and Incorporation on Transition Metal Surfaces, Surf. Sci. 152/153 (1985) 660

[Cha 88]   Chabal, Y.J.: Surface Infrared Spectroscopy, Surf. Sci. Rep. 8 (1988) 211

[Che 79]   Chen, M.; Batra, I.P.; Brundle, C.R.: Theoretical and Experimental Investigations of the Electronic Structure of Oxygen on Silicon, J. Vac. Sci. Technol. 16 (1979) 1216

[Che 86]   Chen Benjing: Carbon 1 (1986) 9

[Chi 71]   Chiarotti, G.; Nannarone, S.; Pastore, R.; Chiaradia, P.: Optical Absorption of Surface States in Ultrahigh Vacuum Cleaved (111) Surfaces of Ge and Si, Phys. Rev. B 4 (1971) 3398

[Cit 86]   Citrin, P.H.: An Overview of SEXAFS During the Past Decade, J. de Phys., Suppl. 12, 47 (1986) C 8 - 437

[Cla 80]   Clabes, J.; Henzler, M.: Determination of Surface States on Si(111) by Surface Photovoltage Spectroscopy, Phys. Rev. B 21 (1980) 625

[Cob 88]   Cobi, A.: Charakterisierung dünner NaCl-Schichten auf gestuften Ge(100)-Flächen, Hannover: Diplomarbeit 1988

[Com 85]   Comsa, G.; Poelsema, B.: The Scattering of Thermal He Atoms at Ordered and Disordered Surfaces, Appl. Phys. A 38 (1985) 153

[Cor 74]   Cord, M.F.; Kittelberger, J.S.: On the Determination of Activation Energies in Thermal Desorption Experiments, Surf. Sci. 43 (1974) 173

[Cra 88]   Craston, D.H.; Li, C.W.; Bard, A.J.; High Resolution Deposition of Silver in Nafion Films with the Scanning Tunneling Microscope, J. Electrochem. Soc. 135 (1988) 785

[Däm 84]   Dämbkes, H.; Heime, K.: High-Speed Homo- and Heterostructure Fieldeffect Transistors, in: Grosse, P.: Festkörperprobleme XXIV, Braunschweig: Vieweg 1984

[Dav 70]   Davison, S.G.; Levine, J.D.: Surface States, in: Ehrenreich, H.; Seitz, F.; Turnbull, D.: Solid State Physics 25, New York: Academic Press 1970

[Daw 76]   Dawson, P.T.; Walker, P.C.: Desorption Methods, in: Ander-
             son, R.B.; Dawson, P.T.: Experimental Methods in Catalytic
             Research, Vol. II, New York: Academic Press 1976

[DBo 52]   De Boer, J.H.; Kruyer, S.: Entropy and Mobility of Adsorbed
             Molecules I. Procedure: Atomic Gases on Charcoal, Proc. Kon.
             Nederl. Akad. B 55 (1952) 451

[DCr 85]   De Crescenzi, M.; Chiarello, G.: Extended Energy Loss Fine
             Structure Measurement Above Shallow and Deep Core Levels
             of 3d Transition Metals, J. Phys. C 18 (1985) 3595

[Den 73]   Dennis, R.L.; Webb, M.B.: Thermal Diffuse Scattering of Low-
             Energy Electrons at Low Temperatures, J. Vac. Sci. Technol.
             10 (1973) 192

[Des 88]   Desjonquéres, M.-C.; Jardin, J.P.; Spanjaard, D.: Potential
             Energy Curves for the Adsorption of Homonuclear Diatomic
             Molecules on bcc Transition Metal Surfaces, Surf. Sci. 204
             (1988) 247

[Dev 67]   Devienne, F.M.: Accomodation Coefficients and the Solid-Gas
             Interface, in: Flood, E.A.: The Solid Gas Interface, New York:
             Dekker 1967

[Din 75]   Dingle, R.: Confined Carrier Quantum States in Ultrahigh Se-
             miconductor Heterostructures, in: Queisser, H.J.: Festkörper-
             probleme XV, Braunschweig: Vieweg 1975

[Döh 83]   Döhler, G.H.: nipi-Doping Superlattices – Taylored Semicon-
             ductors with Tunable Electronic Properties, in: Grosse, P.:
             Festkörperprobleme XXIII, Braunschweig: Vieweg 1983

[Dor 73]   Dorda, G.: Surface Quantization in Semiconductors, in: Queis-
             ser, H.J.: Festkörperprobleme XIII, Braunschweig: Vieweg 1973

[Dos 77]   Dose, V.: VUV Isochromat Spectroscopy, Appl. Phys. 14 (1977)
             117

[Dos 84]   Dose, V.; Altmann, W.; Goldmann, A.; Kolac, U.; Rogozik,
             J.: Image-Potential States Observed by Inverse Photoemission,
             Phys. Rev. Lett. 52 (1984) 1919

[Dos 85]   Dose, V.: Momentum-Resolved Inverse Photoemission, Surf.
             Sci. Rep. 5 (1985) 337

[DPe 86]   del Pennino, U.; Betti, M.G.; Mariani, C.; Bertoni, C.M.; Nan-
             narone, S.; Abbati, I.; Braicovich, L.; Rizzi, A.: Sol. State.
             Comm. 6 (1986) 347

[Duk 83]   Duke, C.B.; Richardson, S.L.; Pato, A.; Kalen, A.: The Atomic
             Geometry of GaAs(110) Revisited, Surf. Sci. 127 (1983) L 135

[Eas 75]   Eastman, D.E.; Freeauf, J.L.: Photoemission Partial State Densities of Overlapping p and d States for NiO, CoO, FeO, MnO, and Cr_2O_3, Phys. Rev. Lett. **34** (1975) 395

[Ege 87]   Egelhoff, W.F.: Core-level binding-energy shifts, Surf. Sci. Rep. **6** (1987) 253

[Ell 72]   Ellis, W.P.: Low Energy Electron Diffraction (LEED), in: Lipson, H.: Optical Transforms, London: Academic Press 1972

[Eng 81]   Engler, C.; Lorenz, W.: Chemisorption on Semiconductor Surfaces: Generalized Expression of Partial Charge Injection and Adsorption Energy, Surf. Sci. **104** (1981) 549

[Ert 79]   Ertl, G.: Energetics of Chemisorption on Metals, in: Rhodin, T.N.; Ertl, G.: The Nature of the Surface Chemical Bond, Amsterdam: North-Holland 1979

[Ert 83]   Ertl, G.: Primary Steps in Catalytic Synthesis of Ammonia, J. Vac. Sci. Technol. A **1** (1983) 1247

[Ess 80]   Esser, P.; Göpel, W.: Physical Adsorption on Single Crystal Zinc Oxide, Surf. Sci. **97** (1980) 309

[Eve 50]   Everett, D.H.: Thermodynamics of Adsorption, Part I, General Considerations, Trans. Farad. Soc. **19** (1950) 453

[Eve 64]   Everett, D.H.: Thermodynamics of Adsorption from Solution, Trans. Farad. Soc. **60** (1964) 1803

[Fad 87]   Fadley, Ch.S.: Photoelectron Diffraction, Phys. Scripta **T17** (1987) 39

[Fal 89]   Falta, J.; Horn, M.; Henzler, M.: SPA-LEED Studies of Defects in Thin Epitaxial $NiSi_2$ Layers on Si(111), Appl. Surf. Sci. **41/42** (1989) 230

[Fin 84]   Fink, H.W.: Dissertation München 1984

[Föl 89]   Fölsch, S.; Barjenbruch, U.; Henzler, M.: Atomically Thin Epitaxial Films of NaCl on Germanium, Thin Solid Films **172** (1989) 123

[Flo 67]   Flood, E.A.: Simple Kinetic Theory and Accomodation, Reflection and Adsorption of Molecules, in: Flood, E.A.: The Solid Gas Interface, Vol. 2, New York: Dekker 1967

[Fon 85]   Fonds der Chemischen Industrie: Katalyse, Folienserie des Fonds der Chemischen Industrie, 19, Fonds der Chemischen Industrie, Frankfurt 1985

[Fos 88]   Foster, J.S.; Frommer, J.E.; Arnett, P.C.: Molecular Manipulation Using a Tunneling Microscope, Nature **331** (1988) 324

[Fra 66]   Frankl, D.R.; Ulmer, E.A.: Surf. Sci. **6** (1966) 115

[Fre 88]   Freund, H.J.; Neumann, M.: Photoemission of Molecular Adsorbates, Appl. Phys. A 47 (1988) 3

[Fri 82]   Fried, L.J.; Havas, J.; Lechaton, J.S.; Logan, J.S.; Paal, G.; Totta, P.A.: A VLSI Bipolar Metallization Design with Three-Level Wiring and Area Array Solder Connections, IBM Journal of Research and Development 26 (1982) 275

[Fro 74]   Froitzheim, H.; Ibach, H.: Interband Transitions in ZnO Observed in Low Energy Electron Spectroscopy, Z. Phys. 269 (1974) 17

[Fro 75]   Froitzheim, H.; Ibach, H.; Mills, D.L.: Surface Optical Constants of Silicon and Germanium Derived from Electron-Energy-loss Spectroscopy, Phys. Rev. B 11 (1975) 4980

[Fro 77]   Froitzheim, H.: Electron Energy Loss Spectroscopy, in: Ibach, H.: Electron Spectroscopy for Surface Analysis, Top. Current Physics 4, Heidelberg: Springer 1977

[Fro 77]   Froitzheim, H.; Hopster, H.; Ibach, H.; Lehwald, S.: Adsorption Sites of CO on Pt(111), Appl. Phys. 13 (1977) 147

[Fro 84]   Froitzheim, H.: Spectrometer Functions: Their Optimization and Output-Current Limitations for Charged-Particle Spectrometers, J. El. Spectr. Relat. Phenom. 34 (1984) 11

[Fro 85]   Froitzheim, H.; Köhler, U.; Lammering, H.: Adsorption States and Adsorption Kinetics of Atomic Hydrogen on Silicon Crystal Surfaces, Surf. Sci. 149 (1985) 537

[Ful 86]   Fuller, R.A.; Rosen, J.J.: Werkstoffe für die Medizin, Spektrum der Wissenschaft 12 (1986) 86

[Gie 87]   Giesen, K.; Hage, F.; Himpsel, F.J.; Riess, H.J.; Steinmann, W.; Smith, N.V.: Effective Mass of Image-Potential States, Phys. Rev. B 35 (1987) 975

[Gie 87]   Giesen, K.; Hage, F.; Himpsel, F.J.; Riess, H.J.; Steinmann, W.: Binding Energy of Image-Potential States: Dependence on Crystal Structure and Material, Phys. Rev. B 35 (1987) 971

[Gim 89]   Gimzewski, J.K.; Sass, J.K.; Schlitter, R.R.; Schott, J.: Enhanced Photon Emission in Scanning Tunneling Microscopy, Europhys. Lett. 8 (1989) 435

[God 78]   Goddard, W.: Theoretical Studies of Si and GaAs Surfaces and Initial Steps in the Oxidation, J. Vac. Sci. Technol. 15 (1978) 1274

[Göp 77]   Göpel, W.: Instationäre Sublimation von Prismenflächen des Zinkoxids, Z. Phys. Chemie N.F. 106 (1977) 211

[Göp 79]   Göpel, W.: Magnetic Dead Layers on Chemisorption at Ferro-
            magnetic Surfaces, Surf. Sci. **85** (1979) 400

[Göp 80]   Göpel, W.: Charge Transfer Reactions on Semiconductor Sur-
            faces, in: Treusch, J.: Festkörperprobleme XX, Braunschweig:
            Vieweg 1980

[Göp 80]   Göpel, W.; Kühnemann, B.; Wiechmann, B.: Magnetic Aniso-
            tropies of Ferromagnetic Surfaces, Z. Phys. Chem. N.F. **122**
            (1980) 75

[Göp 82]   Göpel, W.; Rocker, G.: Localized and Delocalized Charge
            Transfer During Adsorption on Semiconductors, J. Vac. Sci.
            Technol. **21** (1982) 389

[Göp 82]   Göpel, W.; Pollmann, J.; Ivanov, I.; Reihl, B.: Angle-Resolved
            Photoemission from Polar and Nonpolar Zinc Oxide Surfaces,
            Phys. Rev. B **26** (1982) 3144

[Göp 83]   Göpel, W.; Rocker, G.; Feierabend, R.: Intrinsic Defects of
            $TiO_2(110)$: Interaction with Chemisorbed O_2, H_2, CO and
            CO_2, Phys. Rev. B **28** (1983) 3427

[Göp 84]   Göpel, W.; Anderson, J.A.; Frankel, D.; Jaehnig, M.; Phillips,
            K.; Schäfer, J.A.; Rocker, G.: Localized and Delocalized Vi-
            brations at $TiO_2(110)$ Studied by High-Resolution Electron-
            Energy-Loss Spectroscopy (EELS), Surf. Sci. **139** (1984) 333

[Göp 85]   Göpel, W.: Chemisorption and Charge Transfer at Ionic Se-
            miconductor Surfaces: Implications in Designing Gas Sensors,
            Progr. Surf. Sci. **20** (1985) 9

[Göp 85]   Göpel, W.: Entwicklung chemischer Sensoren: Empirische
            Kunst oder systematische Forschung?, Techn. Messen **52** (1985)
            47, 91, 175

[Göp 88]   Göpel, W.: Technologien für die chemische und biochemi-
            sche Sensorik, in: BMFT: Technologietrends in der Sensorik,
            VDI/VDE-TZ, Berlin 1988

[Göp 89]   Göpel, W.: Solid State Chemical Sensors: Atomistic Models
            and Research Trends, Sens. Act. **16** (1989) 167

[Göp 89]   Göpel, W.; Schierbaum, K.-D.; Schmeißer, D.; Wiemhöfer,
            H.-D.: Prototype Chemical Sensors for the Selective Detecti-
            on of O_2 and NO_2 in Gases, Sens. Act. **17** (1989) 377

[Göp 89]   Göpel, W.: Elektrochemische Sensoren und Molekularelektro-
            nik, in: Dechema-Monographien Bd. 117, Weinheim: VCH 1989

[Göt 88]   Götzlich, J.: Die dritte Dimension der Mikroelektronik, Phys.
            Bl. **44** (1988) 391

[Gol 85]   Goldmann, A.; Donath, M.; Altmann, W.; Dose, V.: Momentum-Resolved Inverse Photoemission Study of Nickel Surfaces, Phys. Rev. B **32** (1985) 1045

[Gol 86]   Golovchenko, J.A.: The Tunneling Microscope, Science **232** (1986) 48

[Gos 87]   Gossmann, H.J.; Gibson, J.M.; Bean, J.C.; Tung, R.T.; Feldman, L.C.: Summary Abstract: Bridging the Gap Between Solid-Solid and Solid-Vacuum Interfaces: A Study of Buried Si/α Interfaces, J. Vac. Sci. Technol. A **5** (1987) 1509

[Gre 89]   Grenet, G.; Jugnet, Y.; Holmberg, S.; Poon, H.C.; Duc, T.M.: Photoelectron Diffraction and Surface Crystallography, Surf. Interface Anal. **14** (1989) 367

[Haa 85]   Haase, J.: NEXAFS and SEXAFS Studies of Chemisorbed Molecules, Applied Physics A **38** (1985) 181

[Hab 80]   Habraken, F.H.P.M.; Gijzeman, O.L.J.; Bootsma, G.A.: Ellipsometry of Clean Surfaces, Submonolayers, and Monolayer Films, Surf. Sci. **96** (1980) 482

[Hag 76]   Hagsturm, H.D.; Rowe, J.E.; Tracy, J.C.: Electron Spectroscopy of Solid Surfaces, in: Anderson, R.B.; Dawson, P.T.: Experimental Methods in Catalytic Research, Vol. III, Academic Press, New York: Academic Press 1976

[Hah 84]   Hahn, P.O.; Henzler, M.: The Si/SiO_2 Interface: Correlation of Atomic Structure and Electrical Properties, J. Vac. Sci. Technol. A **2** (1984) 574

[Ham 86]   Hamers, R.J.; Tromp, R.M.; Demuth, J.E.: Scanning Tunneling Microscopy of Si(001), Phys. Rev. B **34** (1986) 5343

[Han 80]   Hansson, G.V.; Bachrach, R.Z.; Bauer, R.S.; D.J. Chadi; Göpel, W.: Electronic Structure of Si(111) Surfaces, Surf. Sci. **99** (1980) 13

[Han 87]   Hansma, P.K.; Tersoff, J.: Scanning Tunneling Microscopy, J. Appl. Phys. **61** (1987) R1

[Han 88]   Hansson, G.V.; Uhrberg, R.I.G.: Photoelectron Spectroscopy of Surface States on Semiconductor Surfaces, Surf. Sci. Rep. **9** (1988) 197

[Har 85]   Harten, U.; Toennies, J.P.; Wöll, Ch.; Zhang, G.: Observation of a Kohn Anomaly in the Surface-Phonon Dispersion Curves of Pt(111), Phys. Rev. Lett. **55** (1985) 2308

[Hay 85]   Hayden, B.E.; Kretzschmar, K.; Bradshaw, A.M.; Greenler, R.G.: An Infrared Study of the Adsorption of CO on a Stepped Platinum Surface, Surf. Sci. 149 (1985) 394

[Hee 88]   Heeger, A.J.; Kivelson, S.; Schrieffer, J.R.; Su, W.-P.: Solitons in Conducting Polymers, Rev. Modern Phys. 60 (1988) 781

[Hei 75]   Heime, K.: Field Effect Transistors, in: Queisser, H.J.: Festkörperprobleme XV, Braunschweig: Vieweg 1975

[Hei 78]   Heidberg, J.; Singh, R.D.; Chen, C.F.: Physical Adsorption of Gases on Ionic Crystals. Adsorption Potential of CO_2 on (100) NaCl, Z. Phys. Chem. N.F. 110 (1978) 135

[Hei 79]   Heilmann, P.; Heinz, K.; Müller, K.: The Superstructures of the Clean Pt(100) and Ir(100) Surfaces, Surf. Sci. 83 (1979) 487

[Hei 84]   Heiland, G.; Lüth, H.: Adsorption on Oxides, in: King, D.A.; Woodruff, D.P.: The Chemical Physics of Solid Surfaces and Heterogeneous Catalysis, Vol. 3, Amsterdam: Elsevier 1984

[Hei 85]   Heinz, K.; Saldin, D.K.; Pendry, J.B.: Diffuse LEED and Surface Crystallography, Phys. Rev. Lett. 55 (1985) 2312

[Hei 86]   Heinz, K.; Müller, K.; Popp, W.; Lindner, H.: Measurement of Diffuse LEED Intensities, Surf. Sci. 173 (1986) 366

[Hen 69]   Henzler, M.: Correlation between Surface Structure and Surface States at the Clean Germanium(111)Surface, J. Appl. Phys. 40 (1969) 3758

[Hen 71]   Henzler, M.: The Origin of Surface States, Surf. Sci. 25 (1971) 650

[Hen 75]   Henzler, M.: Electronic Transport at Surfaces, in: Blakeley, J.M.: Surface Physics of Materials, New York: Academic Press 1975

[Hen 76]   Henzler, M.: Atomic Steps on Single Crystals: Experimental Methods and Properties, Appl. Phys. 9 (1976) 11

[Hen 77]   Henzler, M.: Electron Diffraction and Surface Defect Structure, in: Ibach, H.: Electron Spectroscopy for Surface Analysis, Berlin: Springer 1977

[Hen 85]   Henzler, M.: Defects on Semiconductors Surfaces, Surf. Sci. 152/153 (1985) 963

[Hen 85]   Henzler, M.: Quantitative Analysis of LEED Spot Profiles, in: Van Hove, M.H.; Tong, S.Y.: Springer Series in Surf. Sci. 2, Berlin: Springer 1985

574   7 Literatur

[Her 77]   Hermann, K.; Bagus, P.S.: Binding and Energy-Level Shifts of Carbon Monoxide Adsorbed on Nickel: Model Studies, Phys. Rev. B 16 (1977) 4195

[Her 79]   Hermann, K.; Bagus, P.S.: Localized Model for Hydrogen Chemisorption on the Silicon (111) Surface, Phys. Rev. B 20 (1979) 1603

[Her 80]   Hermann, K.: Quantenmechanische Modelle zur Wechselwirkung einfacher Adsorbate mit Festkörperoberflächen, Phys. Bl. 36 (1980) 227

[Her 87]   Nähere Auskunft über Software zur Oberflächendarstellung auf PCs bei Prof. K. Hermann, Fritz-Haber-Institut, Berlin

[Him 80]   Himpsel, F.J.: Experimental Determination of Bulk Energy Band Dispersions, Appl. Optics 19 (1980) 3964

[Him 84]   Himpsel, F.J.; Marcus, P.M.; Tromp, R.; Batra, I.P.; Cook, M.R.; Jona, F.; Lin, H.: Structure Analysis of Si(111)2×1 with Low-Energy Electron Diffraction , Phys. Rev. B 30 (1984) 2257

[Him 88]   Himpsel, F.J.; McFeely, F.R.; Taleb-Ibrahimi, A; Yarmoff, J.A.: Microscopic Structure of the SiO_2/Si Interface, Phys. Rev. B 38 (1988) 6084

[Hin 88]   Hinch, B.I.: Interpretation of Diffuse He Scattering from Steps, Phys. Rev. B 38 (1988) 5260

[Ho 78]   Ho, W.; Willis, R.F.; Plummer, E.W.: Observation of Nondipole Electron Impact Vibrational Excitations: H on W(100), Phys. Rev. Lett. 40 (1978) 1463

[Hoe 86]   Hoeberechts, A.M.E.; van Gorkom, G.G.P.: Design, Technology, and Behaviour of a Silicon Avalanche Cathode, J. Vac. Sci. Technol. B 4 (1986) 105, 108

[Höl 79]   Hölzl, J.; Schulte, F.K.: Work Function of Metals, in: G. Höhler, Springer Tracts in Modern Physics, Vol. 85, Berlin: Springer 1979

[Hot 79]   Hotan, W.; Göpel, W.; Haul, R.: Interaction of CO_2 and CO with Nonpolar Zinc Oxide Surfaces, Surf. Sci. 83 (1979) 162

[Hud 73]   Hudson, J.B.; Lo, Ch.M.: The Adsorption of Silver on Tungsten (110), Surf. Sci. 36 (1973) 141

[Hüf 81]   Hüfner, S.: Photoemissionsspektroskopie in Chemie und Physik, Naturwissenschaften 68 (1981) 360

[Iba 71]   Ibach, H.: Dynamische Eigenschaften an Festkörperoberflächen, in: Madelung, O.: Festkörperprobleme XI, Braunschweig: Vieweg 1971

[Iba 72]   Ibach, H.: Low Energy Electron Spectroscopy – a Tool for Studies of Surface Vibrations, J. Vac. Sci. Technol. **9** (1972) 713

[Iba 82]   Ibach, H.; Bruchmann, H.D.; Wagner, H.: Vibrational Study of the Initial Stages of the Oxidation of Si(111) and Si(100) Surfaces, Appl. Phys. A **29** (1982) 113

[Ich 81]   Ichikawa, T.; Ino, S.: Structural Study of Sn-induced Superstructures on Ge(111) Surfaces by RHEED, Surf. Sci. **105** (1981) 395

[Ich 88]   Ichikawa, M.; Doi, T.: Microprobe Reflection High-Energy Electron Diffraction, in: Larsen, P.K.; Dobson, P.J.: Reflection High-Energy Electron Diffraction and Reflection Electron Imaging of Surfaces, New York: Plenum Press 1988

[Isa 87]   Isai, H.C.; Bogy, D.B.: Characterization of Diamondlike Carbon Films and their Application as Overcoats on Thin-Film Media for Magnetic Recording, J. Vac. Sci. Technol. A **5** (1987) 3287

[Iva 80]   Ivanov, I.; Mazur, A.; Pollmann, J.: The Ideal (111), (110) and (100) Surfaces of Si, Ge, and GaAs: A Comparison of Their Electronic Structure, Surf. Sci. **92** (1980) 365

[Iva 81]   Ivanov, I.; Pollmann, J.: Electronic Structure of Ideal and Relaxed Surfaces of ZnO, Phys. Rev. B **24** (1981) 7275

[Iva 81]   Ivanov, I.; Pollmann, J.: Effect of Surface Relaxation on the Electronic Structure of ZnO (10$\bar{1}$0), J. Vac. Sci. Technol. **19** (1981) 344

[Jen 87]   Jentzsch, F.: Wachstum und Leitfähigkeit ultradünner Nickelsilizidschichten, Dissertation Hannover 1987

[Jia 86]   Jiany, P.; Marcus, P.M.; Jona, F.: Relaxation at Clean Metal Surfaces, Sol. State Comm. **59** (1986) 275

[Joy 86]   Joyce, B.A.; Dobson, P.J.; Neave, J.H.; Woodbridge, K.; Zhang, J.; Larsen, P.K.; Bölger, B.: RHEED Studies of Heterojunction and Quantum Well Formation During MBE Growth - From Multiple Scattering to Band Offsets, Surf. Sci. **168** (1986) 423

[Kah 83]   Kahn, A.: Semiconductor Surface Structures, Surf. Sci. Rep. **3** (1983) 193

[Kam 88]   Kampshoff, E.: Diplomarbeit Hannover 1988

[Kas 87]   Kasper, E.: Silicon-Germanium-Heterostructures on Silicon Substrates, in: Grosse, P.: Festkörperprobleme XXVII, Braunschweig: Vieweg 1987

[Ker 87]   Kern, K.; Zeppenfeld, P.; David, R.; Comsa, G.: Adsorbate substrate vibrational coupling in physisorbed Kr films on Pt(111),
Phys. Rev. B **35** (1987) 886

[Kob 84]   Koberstein, E.: Katalysatoren zur Reinigung von Autoabgasen,
Chem. unserer Zeit 18 (1984) 37

[Kob 89]   Kobbe, B.: Das erste Foto von den Bausteinen des Lebens, Bild
Wissensch. 4 (1989) 12

[Koc 81]   Koch, F.: Subband Physics with Real Interfaces, in: Schulz, M.;
Pensl, G.: Insulating Films on Semiconductors, Springer Series
in Electrophysics 7, Berlin: Springer 1981

[Köh 89]   Köhler, U.; Hamers, R.; Demuth, I.: Scanning Tunneling
Microscopy Study of Low Temperature Epitaxial Growth of
Silicon on Si(111) 7×7, J. Vac. Sci. Technol. A 7 (1989) 2860

[Krü 88]   Krüger, P.; Pollmann, I.: Scattering for Semiconductor Surfaces: Selfconsistent Formulation and Application to Si(001)-
(211), Phys. Rev. B **38** (1988) 10578

[Kuh 80]   Kuhlmann, W.; Henzler, M.: Non-Equilibrium Surface State
Properties at Clean Cleaved Silicon Surfaces as Measured by
Surface Photovoltage, Surf. Sci. **99** (1980) 45

[Kui 88]   Kuivila, C.S.; Butt, J.B.; Stair, P.C.: Characterization of Surface Species on Iron Synthesis Catalysts by X-Ray Photoelectron
Spectroscopy, Appl. Surf. Sci. **32** (1988) 99

[Kun 79]   Kunz, C.: Synchrotron Radiation, (Techniques and Applications), in: Kunz, C.: Topics in Current Physics 10, Berlin: Springer 1979

[Lag 75]   Lagally, M.G.: Surface Vibrations, in: Blakeley, J.M.: Surface
Physics of Materials, Vol. II, New York: Academic Press 1975

[Lag 83]   Lagally, M.G.; Martin, J.A.: Instrumentation for Low-Energy
Electron Diffraction, Rev. Sci. Instr. **54** (1983) 1273.

[Lah 86]   Lahee, A.M.; Toennies, J.P.; Wöll, Ch.: Low Energy Adsorbate Vibrational Modes Observed with Inelastic Helium Atom
Scattering: CO on Pt(111), Surf. Sci. **177** (1986) 147

[Lah 87]   Lahee, A.M.; Manson, I.R.; Toennies, I.P.; Wöll, Ch.: Helium
Atom Differential Cross Sections of Scattering from Single Adsorbed CO Molecules on a Pt(111) Surface, J. Chem. Phys. **86**
(1987) 7194

[Lan 63]   Lander, J.J.; Gobell, G.W.; Morrison, J.: Structural Properties
of Cleaved Silicon and Germanium Surfaces, J. Appl. Phys. **34**
(1963) 2298

[Lan 69]   Lang, N.D.: Self-Consistent Properties of the Electron Distri-
           bution at a Metal Surface, Sol. State. Comm. 7 (1969) 1047

[Lan 78]   Landmann, U.; Kleimann, G.G.: Microscopic Approaches to
           Physisorption: Theoretical and Experimental Aspects, in: Ro-
           berts, M.W.: Surface and Defect Properties of Solids, Vol. 6,
           (1978)

[Lan 78]   Lang, N.D.; Williams, A.R.: Theory of Atomic Chemisorption
           on Simple Metals, Phys. Rev. B. 18 (1978) 616

[Lan 79]   Lang, E.; Heilmann, P.; Hanke, G.; Heinz, K.; Müller, K.: Fast
           LEED Intensity Measurements with a Video Camera and a Vi-
           deo Tape Recorder, Appl. Phys. 19 (1979) 287

[Lap 77]   Lapeyre, G.J.; Smith, R.J.; Anderson, J.: Angle-Resolved Syn-
           chrotron Photoemission Studies of Clean and Chemisorbed Sur-
           faces, J. Vac. Sci. Technol. 14 (1977) 384

[Lap 79]   Lapeyre, G.J.; Anderson, J.; Smith, R.J.: Initial State Symme-
           tries from Polarization Effects in Angular Resolved Photoemis-
           sion, Surf. Sci. 89 (1979) 304

[Lea 75]   Leamy, H.J.; Gilmer, G.H.; Jackson, K.A.: Statistical Thermo-
           dynamics of Clean Surfaces, in: Blakeley, J.M.: Surface Physics
           of Materials, Vol. II, New York: Academic Press 1975

[Lee 81]   Lee, P.A.; Citrin, P.H.; Eisenberger, P.; Kincaid, B.M.: Exten-
           ded X-Ray Absorption Fine Structure- its Strengths and Limi-
           tations as a Structural Tool, Rev. Mod. Phys. 53 (1981) 769

[Ley 87]   Leybold-Heraeus GmbH, Katalog HV 200

[Lie 86]   Liedl, G.L.: Die Wissenschaft von den Werkstoffen, Spektrum
           der Wissenschaft 12 (1986) 96

[Lon 37]   London, F.: The General Theory of Molecular Forces, Trans.
           Farad. Soc. 33 (1937) 8

[Mad 70]   Madey, T.E.; Yates, J.T.: Structure et Propriétes des Surfaces
           des Solides, Coll. CNRS 187, Paris (1970) 155

[Man 78]   Manson, S.T.: The Calculation of Photoionization Cross Secti-
           ons: An Atomic View, in: Cardona, M.; Ley, L.: Photoemission
           in Solids I, Topics in Applied Physics, Vol 26, Berlin: Springer
           1978

[Mar 39]   Margenau, H.: Van der Waals Forces, Rev. Mod. Phys. 11
           (1939) 1

[Mar 68]   Mark, P.: Chemisorption States of Ionic Lattices, J. Phys.
           Chem. Solids, 29 (1968) 689

578   7 Literatur

[Mat 83]   Matz, R.; Lüth, H.; Ritz, A.: Wavevector-Resolved Electron-Energy-Loss Spectroscopy on the Dangling-Bond States of Si(111)-(2×1), Sol. State Comm. 46 (1983) 343

[Mat 85]   Materlik, G.: Phaseboundary Studies with X-Ray Interference Fields, Z. Phys. B 61 (1985) 405

[May 86]   Mayo, J.S.: Werkstoffe für Informations- und Kommunikationstechnik, Spektrum der Wissenschaft 12 (1986) 48

[Maz 83]   Mazur, J.H.: Proc. 41st Meeting El. Micr. Soc. Am., San Francisco 1983

[MCl 73]   McClelland, B.J.: Statistical Thermodynamics, in: Buckingham, A.D.: Studies in: Chemical Physics, Chapman and Hall, London 1973

[Men 75]   Menzel, D.: Desorption Phenomena, in: Gomer, R.: Interactions on Metal Surfaces, Topics in Applied Physics, Vol. 4, Berlin: Springer 1975

[Mes 73]   Messmer, R.P.; Watkins, G.D.: Molecular-Orbital Treatment for Deep Levels in Semiconductors: Substitutional Nitrogen and the Lattice Vacancy in Diamond, Phys. Rev. B 7 (1973) 2568

[Mey 71]   Meyer, F.: Ellipsometric Study of Adsorption Complexes on Silicon, Surf. Sci. 27 (1971) 107

[Mey 86]   Meyersen, B.S.; Ganin, E.; Smith, D.A.; Nguyen, T.N.: Low Temperature Silicon Epitaxy by Hot Wall Ultrahigh Vacuum / Low Pressure Chemical Vapor Deposition Techniques: Surface Optimization, J. Electrochem. Soc. 133 (1986) 1232

[Mey 89]   Meyer-Ehmsen,G.; Korte, U.; priv. Mitteilung

[Moc 89]   Mockert, H; Schmeißer, D.; Göpel, W.: Lead Phthalocyanine (PbPc) as a Prototype Organic Material for Gas Sensors: Comparative Electrical and Spectroscopic Studies to Optimize O_2 and NO_2 Sensing, Sens. Act. 19 (1989) 159

[Mod 75]   Moddeman, W.; Cothern, C.: Some Thoughts Concerning the Calculation of Band Ionicity and Charge on an Atom, J. Electron Spectrosc. Relat. Phenom. 6 (1975) 253

[MRa 69]   Mac Ray, A.U.; Müller, K.; Landner, J.I.; Morrison, J.: An Electron Diffraction Study of Cs Adsorption on W, Surf. Sci. 15 (1969) 483

[Mül 74]   Müller, W.; Mönch, W.: Phys. Stat. Sol. A 24 (1974) 197

[Mut 76]   Mutaftschiev, B.: On Some Properties of the Two-Dimensional Phases Condensed on Foreign Substrate I. Structural Aspects, Surf. Sci. 61 (1976) 85

[Nar 84]   Narayanamurti, V.: Crystalline Semiconductor Heterostructures, Phys. Today, 37 (Okt. 1984) 24

[Nau 85]   Naumovets, A.G.; Vedula, Yu.S.: Surface Diffusion of Adsorbates, Surf. Sci. Rep. 4 (1985) 365

[Ned 89]   Neddermeyer, H.; Tosch, S.: Scanning Tunneling Microscopy and Spectroscopy on Clean and Metal-covered Si surfaces, in: Rössler, U.: Festkörperprobleme 29, Berlin: Springer 1989

[Nes 63]   Nesmeyanov, A.N.: Vapor Pressure of the Chemical Elements, in: Gary, R.: Amsterdam: Elsevier 1963

[Nie 84]   Niehns, H.; Comsa, G.: Determination of Surface Reconstruction with Impact-Collision Alkali Ion Scattering, Surf. Sci. 140 (1984) 18

[Nie 85]   Niehns, H.; Comsa, G.: Alkali-Impact Collision Scattering at Pt(111), Surf. Sci. 152/153 (1985) 93

[Noo 84]   Noonan, J.R.; Davis, H.L.: Truncation-Induced Multilayer Relaxation of the Al(110) Surface, Phys. Rev. B 29 (1984) 4349

[Nor 72]   Nordling, C.: ESCA: Elektronen-Spektroskopie für chemische Analyse, Angew. Chemie, 84 (1972) 144

[Oht 88]   Ohtani, H.; Wilson, R.I.; Chiang, S.; Mate, C.M.: Scanning Tunneling Microscopy Observations of Benzene Molecules on the Rh(111)-(3×3) (C_6H_6 + 2 CO) Surface, Phys. Rev. Lett. 60 (1988) 2398

[Osa 80]   Osakabe, N.; Tanishiro, Y.; Yagi, K.; Honjo, G.: Reflection Electron Microscopy of Clean and Gold Deposited (111)Silicon Surfaces, Surf. Sci. 97 (1980) 393

[Osa 81]   Osakabe, N.; Tanishiro, Y.; Yagi, K.; Honjo, G.: Image Contrast of Dislocation and Atomic Steps on (111) Silicon Surface in Reflection Electron Microscopy, Surf. Sci. 102 (1981) 424

[Pai 89]   Paik, S.M.; Sarma, S.D.: Adsorbate Dynamics on: (I) A Lattice-Matched Substrate; Adsorbate Dynamics on: (II) A Lattice-Mismatched Substrate, Surf. Sci. 208 (1989) L 53, L 61

[Pan 81]   Pandey, K.C.: New π-Bonded Chain Model for the Si(111)-(2×1) Surface, Phys. Rev. Lett. 47 (1981) 1913

[Pan 82]   Pandey, K.C.: New Dimerized-Chain Model for the Reconstruction of the Diamond(111)-(2×1) Surface, Phys. Rev. B 25 (1982) 4338

[Par 75]   Park, R.L.: Chemical Analysis of Surfaces, in: Blakeley, J.M.: Surface Physics of Materials, Vol. II, New York: Academic Press 1975

[Pen 80]   Pendry, J.B.: Reliability Factors for LEED Calculations, J. Phys. C **13** (1980) 937

[Pen 86]   del Pennino U.; Betti, M.G.; Mariani, C.; Bertoni, C.M.; Nannarone, S.; Abbati, I.; Braicovich, L.; Rizzi, A.: Sol. State Comm. **6** (1986) 347

[Per 82]   Perez, O.L.; Romen, D.; Yacamán, M.J.: Distribution of Surface Sites on Small Metallic Particles , Appl. Surf. Sci. **13** (1982) 402

[Pet 72]   Petermann, L.A.: Thermal Desorption Kinetics of Chemisorbed Gases, in: Ricca, F.: Adsorption-Desorption Phenomena, New York: Academic Press 1972

[Pet 72]   Petermann, L.A.: The Interpretation of Slow Desorption Kinetics, in: Ricca, F.: Adsorption-Desorption Phenomena, New York: Academic Press 1972

[Pie 89]   Pietsch, G.J.; Henzler, M.; Hahn, P.O.: Continuous Roughness Characterization from Atomic to Micron Distances: Angle-Resolved Electron and Photon Scattering, Appl. Surf. Sci. **39** (1989) 457

[Plu 75]   Plummer, E.W.: Photoemission and Field Emission Spectroscopy, in: Gomer, R.: Interactions on Metal Surfaces, Topics in Applied Physics, Vol. 4, Berlin: Springer 1975

[Plu 80]   Plummer, E.W.; Tonner, B.; Holzwarth, N.: Electronic Structure of Ordered Sulfur Overlayers on Ni(001), Phys. Rev. B **21** (1980) 4306

[Pol 79]   Pollmann, J.: On the Electronic Structure of Semiconductor Surfaces, Interfaces and Defects at Surfaces of Interfaces, in: J. Treusch, Festkörperprobleme XX, Braunschweig: Vieweg 1979

[Pol 85]   Pollmann, J.; Krüger, P.; Mazur, A.; Wolfgarten, G.: Electronic Properties of Semiconductor Surfaces and Interfaces: Selected Results from Green Function Studies, Surf. Sci. **152/153** (1985) 977

[Pol 86]   Pollmann, J.; Kalla, R.; Krüger, P.; Mazur, A.; Wolfgarten, G.: Atomic, Electronic, and Vibronic Structure of Semiconductor Surfaces, Appl. Phys. A 41 (1986) 21

[Pol 87]   Pollmann, J.; Krüger, P.; Mazur, A.: Selfconsistent Electronic Structure of Semi-Infinite Si(001)(?×1) and Ge(001)(2×1) with Model Calculations for Scanning Tunneling Microscopy, J. Vac. Sci. Technol. B **5** (1987) 945

[Pri 76]   Price, C.W.; Hirth, J.P.: Surface Energy and Surface Stress Tensor in an Atomistic Model, Surf. Sci. **57** (1976) 509

[Pry 87]   Prybala, J.A.; Estrup, P.J.; Chabal, Y.J.: Summary Abstract: Reconstruction, Adsorbate Bonding, and Desorption Kinetics of H/Mo(100), J. Vac. Sci. Technol. A **5** (1987) 791

[Pur 89]   Purcell, K.G.; Jupille, J.; King, D.A.: Coordination Number and Surface Core-Level Shift Spectroscopy: Stepped Tungsten Surfaces, Surf. Sci. **208** (1989) 245

[Ram 84]   Ramdas, S.; Thomas, J.M.; Betteridge, P.W.; Cheetham, A.K.; Davies, E.K.: Simulation der Chemie von Zeolithen mit Computer-Graphik, Angew. Chemie **96** (1984) 629

[Red 62]   Redhead, P.A.: Thermal Desorption of Gases, Vacuum **12** (1962) 203

[Ren 88]   Rendulic, K.D.: The Influence of Surface Defects on Adsorption and Desorption, Appl. Phys. A **47** (1988) 55

[Ric 79]   Richardson, N.V.; Bradshaw, A.M.: The Frequencies and Amplitudes of CO Vibrations at a Metal Surface from Model Cluster Calculations, Surf. Sci. **88** (1979) 255

[Rie 83]   Rieder, K.H.: Low- Coverage Ordered Phases of Hydrogen on Ni(110), Phys. Rev. B **27** (1983) 7799

[Rie 85]   Rieder, K.H.; in: Nizzoli, F.; Rieder, K.H.; Willis, R.F., Springer Series in Surf. Sci. 3, Berlin: Springer 1985

[Rob 86]   Robinson, I.K.: Crystal Truncation Rods and Surface Roughness, Phys. Rev. B **33** (1986) 3830

[Rob 88]   Robinson, I.K.; Altmann, M.S.; Estrup, P.J.: Second Layer Displacements in the Clean Reconstructed W(100) Surface, in: Van der Veen, J.F.; Van Hove, M.A.: Structure of Surfaces II, Berlin: Springer 1988

[Roc 84]   Rocker, G.; Schäfer, J.A.; Göpel, W.: Localized and Delocalized Vibrations on TiO_2(110) Studied by High-Resolution Electron-Energy-Loss Spectroscopy, Phys. Rev. B **30** (1984) 3704

[Roe 81]   Roelofs, L.D.; Kortan, A.L.; Einstein, T.L.; Park, R.L.: Two-Dimensional Chemisorbed Phases, J. Vac. Sci. Technol. **18** (1981) 492

[Ros 76]   Rosenblatt, G.M.: Evaporation from Solids, in: Hannay, N.B.: Treatise on Solid State Chemistry, Vol 6A: Surfaces I, New York: Plenum Press 1976

[Row 86]   Rowell, J.M.: Werkstoffe für die Photonik, Spektrum der Wissenschaft **12** (1986) 116

[Rüs 86]   Rüsenberg, M.; Viefhaus, H.: Orientation Dependence of Surface Structures During Antimony Segregation to Crystallographic Low Index Iron Planes, Surf. Sci. 172 (1986) 615

[Run 80]   Runge, F.; Göpel, W.: Comparative Study on the Reactivity of Polycrystalline and Single Crystal ZnO Surfaces: O_2 and CO_2 Interaction, Z. Phys. Chem. N.F. 123 (1980) 173

[Sah 72]   Sah, C.T.; Ning, T.H.; Tschopp, L.L.: The Scattering of Electrons by Surface Oxide Charges and by Lattice Vibrations at the Silicon-Silicon Dioxide Interface, Surf. Sci. 32 (1972) 561

[Sat 88]   Satoko, C.; Ohnishi, S.: Chemisorption and Silicide Formation Processes of Transition Metals Ti, V, Cr, Fe, and Ni on Si(111) Surfaces, Appl. Surf. Sci. 33/34 (1988) 277

[Sau 89]   Sauer, J.: Molecular Models in ab Initio Studies of Solids and Surfaces: From Ionic Crystals and Semiconductors to Catalysts. Chem. Rev. 89 (1989) 199

[Sav 88]   Savage, D.E.; Lagally, M.G.: Quantitative Studies of the Growth of Metals on GaAs(110) Using RHEED, in: Larsen, P.K.; Dobson, P.I.: Reflection High-Energy Electron Diffraction and Reflection Electron Imaging of Surfaces, New York: Plenum Press 1988

[Say 71]   Sayers, D.E.; Stern, E.A.; Lytle, F.W.: New Technique for Investigating Noncrystalline Structures: Fourier Analysis of Extended X-Ray-Absorption Fine Structure, Phys. Rev. Lett. 27 (1971) 1204

[Sch 75]   Schlüter, M.; Chelikowsky, J.R.; Lonie, S.G.; Cohen, M.G.: Self-Consistent Pseudopotential Calculations for Si(111) Surfaces: Unreconstructed (1×1) and Reconstructed (2×1) Model Structures, Phys. Rev. B 12 (1975) 4200

[Sch 78]   Schlüter, M.: The Electronic Structure of Semiconductor Surfaces, in: Grosse, P.: Festkörperprobleme XVIII, Brauschweig: Vieweg 1978

[Sch 84]   Schäfer, J.A.; Stucki, F.; Frankel, D.J.; Göpel, W.; Lapeyre, G.J.: Adsorption of H, O, and H_2O at Si(100) and Si(111) Surfaces in the Monolayer Range: A Combined EELS, LEED, and XPS Study, J. Vac. Sci. Technol. B 2 (1984) 359

[Sch 84]   Schäfer, J.A.; Stucki, F.; Anderson, J.A.; Lapeyre, G.J.; Göpel, W.: Coverage- and Temperature-Dependent Vibrational Spectra of Hydrogen Chemisorbed on Si(100)2×1, Surf. Sci. 140 (1984) 207

[Sch 84]   Scheffler, M.; Bradshaw, A.M.: The Electronic Structure of Adsorbed Layers, in: King, D.A.; Woodruff, D.P.: The Chemical Physics of Solid Surfaces and Heterogeneous Catalysis, Vol. II: Adsorption on Solid Surfaces, Amsterdam: Elsevier 1984

[Sch 85]   Schäfer, J.A.; Anderson, J.; Lapeyre, G.J.: Water Adsorption on Cleaved Silicon Surfaces, J. Vac. Sci. Technol. A **3** (1985) 1443

[Sch 86]   Scheithauer, U.; Meyer, G.; Henzler, M.: A New LEED Instrument for Quantitative Spot Profile Analysis, Surf. Sci. **178** (1986) 441

[Sch 87]   Schommers, W.: Molecular Dynamics and Anharmonic Surface Effects, in: Structure and Dynamics of Surfaces I, Topics in Current Physics, Berlin: Springer 1987

[Sch 88]   Schulze, M.: Dissertation Hannover 1988

[Sco 76]   Scofield, J.H.: Hartree-Slater Subshell Photoionization Cross-Sections at 1254 and 1487 eV, J. Electron Spectrosc. Relat. Phenom. **8** (1976) 129

[Sea 79]   Seah, M.P.; Dench, W.A.: Quantitative Electron Spectroscopy of Surfaces: A Standard Data Base for Electron Inelastic Mean Free Paths in Solids, Surf. Interface Anal. **1** (1979) 2

[See 80]   Seehausen, W.; Göpel, W.; Haul, R.; Lampe, U.: Thermodynamics of Oxygen Vacancy Defects on Thin Film ZnO Surfaces as Measured by Electrical Conductivity, Proc. 4th Intern. Conf. Sol. Surf., 3rd Europ. Conf. Surf. Sci., Cannes 1980

[Sel 87]   Selci, S.; Cricenti, A.; Ciccacci, F.; Falici, A.C.; Goletti, C.; Zhu, Y.; Chiarotti, G.: Dielectric Functions of Si(111) 2×1, Ge(111) 2×1, GaAs(110), and GaP(110) Surfaces Obtained by Polarized Surface Differential Reflectivity, Surf. Sci. **189/190** (1987) 1023

[She 74]   Shelton, J.C.; Patil, H.R.; Blakely, J.M.: Equilibrium Segregation of Carbon to a Nickel (111) Surface: A Surface Phase Transition, Surf. Sci. **43** (1974) 493

[Sie 82]   Siegbahn, K.; Karlsson, L.: Photoelectron Spectroscopy, in: Flügge, S.: Handbuch der Physik, Bd. XXI: Korpuskeln und Strahlung der Materie I, Berlin: Springer 1982

[Sla 63]   Slater, J.C.: Quantum Theory of Molecules and Solids, Vol. 1: Electronic Structure of Molecules, New York: McGraw-Hill 1963

[Smi 75]   Smith, J.R.: The Theory of Electronic Properties of Surfaces, in: Gomer, R.: Interactions on Metal Surfaces, Berlin: Springer 1975

[Smi 85]   Smit, L.; Tromp, R.M.; Van der Veen, J.F.: Ion Beam Crystallography of Silicon Surfaces, IV. Si(111)(2×1), Surf. Sci. 163 (1985) 315

[Sok 84]   Sokolov, J.; Iona, F.; Marcus, P.M.: Trends in Metal Surface Relaxation, Sol. State. Comm. 49 (1984) 307

[Sol 83]   Sollner, T.C.L.G.; Goodhue, W.D.; Tannenwald, P.E.; Parker, C.D.; Peck, D.D.: Resonant Tunneling Through Quantum Wells at Frequencies up to 2.5 THz, Appl. Phys. Lett. 43 (1983) 588

[Spa 85]   Spanjaard, D.; Guillot, C.; Desjonquéres, M.-C.; Trégenia, G.; Lecante, J.: Surface Core Level Spectroscopy of Transition Metals: A New Tool for Determination of Their Surface Structure, Surf. Sci. Rep. 5 (1985) 1

[Spa 85]   Sparnaay, M.J.: Thermodynamics (with an Emphasis on Surface Problems), Surf. Sci. Rep 4 (1985) 101

[Sta 87]   Staufer, U.; Wiesendanger, R.; Eng, L.; Rosenthaler, L.; Hidber, H.R.; Güntherodt, H.-J.; Garcia, N.: Nanometer Scale Structure Fabrication with the Scanning Tunneling Microscope, Appl. Phys. Lett. 51 (1987) 244

[Ste 86]   Stern, E.A.: Other EXAFS-Like Phenomena, J. de Phys., Suppl. 12, 47 (1986) C 8 - 3

[Stö 79]   Stöhr, J.; Johansson, L.I.; Lindau, I.; Pianetta, P.: EXAFS Studies of the Bounding Geometry of Oxygen on Si(111) Using Electron Yield Detection, J. Vac. Sci. Technol. 16 (1979) 1221

[Str 86]   Straub, D.; Himpsel, F.: Spectroscopy of Image-Potential States with Inverse Photoemission, Phys. Rev. B 33 (1986) 2256

[Stu 83]   Stucki, F.; Schäfer, J.A.; Anderson, J.R.; Lapeyre, G.J.; Göpel, W.: Monohydride and Dihydride Formation at Si(100)2×1: A High Resolution Electron Energy Loss Spectroscopy Study, Sol. State Comm. 47 (1983) 795

[Sun 88]   Sundberg, P.; Larsson, R.; Folkesson, B.: On the Core Electron Binding Energy of Carbon and the Effective Charge of the Carbon Atom, J. Electron Spectrosc. Relat. Phenom. 46 (1988) 19

[Sur 82]   Surnev, L.; Tikkov, M.: Oxygen Adsorption on a Ge(100) Surface, I. Clean Surface, Surf. Sci. 123 (1982) 505

[Sur 88]   Surnev, S.; Kiskinova, M.: Formation at Patchy Surface Overlayers: Alkali Adsorption and Alkali Carbon Monoxide and

Oxygen Coadsorption on Ru(0001) and Ru(10$\bar{1}$0), Appl. Phys. A **46** (1988) 323

[Tak 85] Takayanagi, K.; Tanishiro, Y.; Takahashi, M.; Takahashi, S.: Structural Analysis of Si(111)-7×7 by UHV-Transmission Electron Diffraction and Microscopy, J. Vac. Sci. Technol. A **3** (1985) 1502

[Tel 87] Telieps, W.: Surface Imaging with LEEM, Appl. Phys. A **44** (1987) 55

[Tom 85] Tomanek, D.; Bennemann, K.H.: Total Energy Calculations for the N_2 Dissociation of Fe(111): Characterization of Precursor and Dissociative States, Phys. Rev. B **31** (1985) 2488

[Tos 75] Tosatti, E.: Electronic Superstructures of Semiconductor Surfaces and of Layered Transition-Metal Compounds, in: Queisser, H.J.: Festkörperprobleme XV, Braunschweig: Vieweg 1975

[Tra 72] Tracy, J.C.: Structural Influences on Adsorption Energy, II. CO on Ni(100), J. Chem. Phys. **56** (1972) 2736

[Tro 83] Tromp, R.M.; Smeenk, R.G.; Saris, F.W.; Chadi, D.J.: Ion Beam Crystallography of Silicon Surfaces, II. Si(100)-(2×1), Surf. Sci. **133** (1983) 137

[Ung 79] Unguris, J.; Bruch, L.W.; Moog, E.R.; Webb, M.B.: Xe-Adsorption on Ag(111): Experiment, Surf. Sci. **87** (1979) 415

[VHo 83] Van Hove, J.M.; Lent, C.S.; Pukite, P.R.; Cohen, P.I.: Damped Oscillations in Reflection High Energy Electron Diffraction During GaAs MBE, J. Vac. Sci. Technol. B 1 (1983) 741

[VHo 84] Van Hove, M.A.; Tong, S.Y.: Computation Procedure of the Combined Space Method, in: Marcus, P.M.; Iona, F.: Determination of Surface Structure by LEED, New York 1984

[VHo 87] Van Hove, M.A.; Lin, R.F.; Somorjai, G.A.: Surface Structure of Coadsorbed Benzene and Carbon Monoxide on the Rhodium (111) Single Crystal Analyzed with Low-Energy Electron Diffraction Intensities, J. Am. Chem. Soc. 1987

[VVe 85] V.d. Veen, F.: Ion Beam Crystallography of Surfaces and Interfaces, Surf. Sci. Rep. **5** (1985) 199

[Wag 79] Wagner, H.: Physical and Chemical Properties of Stepped Surfaces, in: Hölzl, H.; Schulte, F.J.; Wagner, H.: Solid Surface Physics, Springer Tracts in Modern Physics, Vol. 85, Berlin: Springer 1979

[Wan 82] Wandelt, K.: Photoemission Studies of Adsorbed Oxygen and Oxide Layers, Surf. Sci. Rep. **2** (1982) 1

[Web 69]   Weber, R.E.; Johnson, A.L.: Determination of Surface Structures using LEED and Energy Analysis of Scattered Electrons, J. Appl. Phys. **40** (1969) 314

[Whi 71]   Whiffen, D.H. (Ed.): Manual of Symbols and Terminology for Physicochemical Quantities and Units, Appendix II: Definitions, Terminology and Symbols in Colloid and Surface Chemistry, London: Butterworths 1971

[Whi 76]   Whiffen, D.H. (Ed.): Manual of Symbols and Terminology for Physicochemical Quantities and Units, Appendix II, Part II:Heterogeneous Catalysis, Oxford: Pergamon Press 1976

[Whi 79]   Whiffen, D.H. (Ed.): Manual of Symbols and Terminology for Physicochemical Quantities and Units, Oxford: Pergamon Press 1979

[Whi 79]   Whiffen, D.H. (Ed.): Manual of Symbols and Terminology for Physicochemical Quantities and Units, Appendix I: Definition of Activities and Related Quantities, Oxford: Pergamon Press 1979

[Wic 89]   Wickramasinghe, H.K.: Raster-Sonden-Mikroskopie, Spektrum 12/89 (1989) 62

[Wil 83]   Willis, R.F.; Lucas, A.A.: Vibrational Properties of Adsorbed Molecules, in: Mahan, G.D.; King, D.A.; Woodruff, D.P.: Chemical Physics of Solid Surfaces and Heterogeneous Catalysis, Vol. 2, Amsterdam: Elsevier 1983

[Wol 88]   Wolkow, R.; Avouris, P.: Atom-Resolved Surface Chemistry Using Scanning Tunneling Microscopy, Phys. Rev. Lett. **60** (1988) 1049

[Wol 89]   Wollschläger, J.; Marienhoff, P.; Henzler, M.: Defects at the $Si(111)/SiO_2$ Interface Investigated with Low-Energy Electron Diffraction, Phys. Rev. B **39** (1989) 6052

[Wol 90]   Wollschläger, J.; Falta, J.; Henzler, M.: Electron Diffraction at Stepped Homogeneous and Inhomogeneous Surfaces, Appl. Phys. A **50** (1990) 57

[Woo 86]   Woodruff, D.P.; Delchar, T.A.: Modern Techniques of Surface Science, Cambridge: Cambridge University Press 1986

[Woo 88]   Woodruff, D.P.: From SEXAFS to SEELFS, Surf. Interface Anal. 11 (1988) 25

[Zan 77]   Zanazzi, E.; Jona, F.: A Reliability Factor for Surface Structure Determinations by Low-Energy Electron Diffraction, Surf. Sci. **62** (1977) 61

8 Anhang

8.1 Dreidimensionale Bandstruktur

Ausgangspunkt einer detaillierten Beschreibung elektronischer Zustände im Volumen und an der Oberfläche ist eine Charakterisierung der geometrischen Struktur der verschiedenen Festkörper. Dabei ist es zweckmäßig, anstelle der realen Kristallstruktur das reziproke Gitter sowie die Symmetrie der Einheitszelle im reziproken Gitter, d.h. der Brillouin-Zone zu diskutieren. Letztere entspricht der Wigner-Seitz-Zelle im realen Gitter. Deren Begrenzungsfläche erhält man, indem man von einem Atom ausgehend senkrecht auf allen Kernverbindungslinien zu den nächsten Nachbarn Ebenen durch die Mittelpunkte konstruiert. Abb. 8.1.1 zeigt als Beispiel die Elementarzelle und die Brillouin-Zone von CsCl. Einige häufiger auftretende Brillouin-Zonen sind in Abb. 8.1.2 mit den entsprechenden Bezeichnungen der Punkte hoher Symmetrie bzw. der Verbindungslinien zwischen diesen Punkte angegeben.

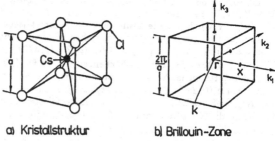

a) Kristallstruktur   b) Brillouin-Zone

Abb. 8.1.1
Einheitszelle eines kubischen Cäsiumchlorid-Kristalls (a) und entsprechende Brillouin-Zone (b)

Die Bedeutung der Brillouin-Zonen zeigt sich, wenn man die Elektronenenergien in jeder Zone untersucht. Die in einem Gitter erlaubten Energieniveaus ergeben sich in erster Näherung aus dem parabelförmigen Energieverlauf für freie Elektronen gemäß

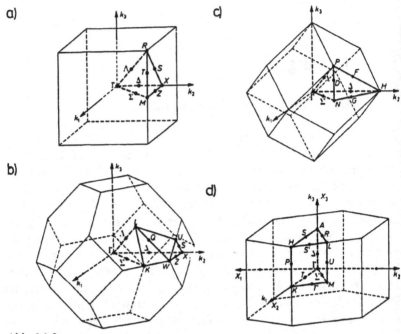

Abb. 8.1.2
Beispiele für Brillouin-Zonen

a) Brillouin-Zone des einfach-kubischen Gitters ($\underline{k}$-Raum auch einfach-kubisch). Die Koordinaten der Punkte X, M und R sind: $(0, \pi/a, 0)$; $(\pi/a, \pi/a, 0)$; $(\pi/a, \pi/a, \pi/a)$. Die Zelle kann auch als symmetrische Elementarzelle des Gitters selbst (Wigner-Seitz-Zelle) angesehen werden. Dann haben X, M und R die Koordinaten: $(0, a/2, 0)$; $(a/2, a/2, 0)$; $(a/2, a/2, a/2)$.

b) Brillouin-Zone des kubisch-flächenzentrierten fcc-("face centered cubic"-) Gitters, der $\underline{k}$-Raum ist kubisch-raumzentriert. Die Koordinaten der Punkte X, K und L sind: $(0, 2\pi/a, 0)$; $(3\pi/2a, 3\pi/2a, 0)$; $(\pi/a, \pi/a, \pi/a)$. Die Zelle stellt auch die Wigner-Seitz-Zelle des kubisch-raumzentrierten Gitters dar. X, K und L haben dann die Koordinaten: $(0, a/2, 0)$; $(3a/8, 3a/8, 0)$ und $(a/4, a/4, a/4)$.

c) Brillouin-Zone des kubisch-raumzentrierten bcc-("body centered cubic") Gitters, der $\underline{k}$-Raum ist kubisch-flächenzentriert. Die Koordinaten der Punkte H, N und P sind: $(0, 2\pi/a, 0)$; $(\pi/a, \pi/a, 0)$; $(\pi/a, \pi/a, \pi/a)$. Ferner ist es die Wigner-Seitz-Zelle des kubisch-flächenzentrierten Gitters, wobei H, N, P die Koordinaten $(0, a/2, 0)$; $(a/4, a/4, 0)$; $(a/4, a/4, a/4)$ haben.

d) Brillouin-Zone und Wigner-Seitz-Zelle des hexagonalen Gitters. Die Zone ist im Orts- und $\underline{k}$-Raum verschieden zum Koordinatensystem orientiert, wenn das Koordinatensystem in einem Raum vorgegeben wird. Für die Brillouin-Zone haben die Punkte K, M und A im $\underline{k}$-Raum die Koordinaten : $(4\pi/3a, 0, 0)$; $(\pi/a, \pi/a\sqrt{3}, 0)$; $(0, 0, \pi/c)$. Für die Wigner- Seitz-Zelle haben sie im Ortsraum die Koordinaten: $(0, a/\sqrt{3}, 0)$; $(-a/4, a\sqrt{3}/4, 0)$; $(0, 0, c/2)$.

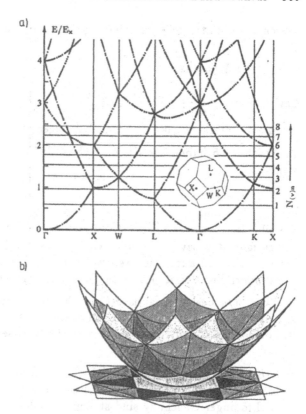

Abb. 8.1.3

a) Energieniveaus für freie Elektronen in einem kubisch-flächenzentrierten Gitter. Die Energien sind entlang der Linien in der ersten Brillouin-Zone aufgetragen. Die Energie am Punkt X ist $E_x = \hbar^2/2m \cdot (2\pi/a)^2$. Die horizontalen Linien geben Fermi-Energien für die angegebene Zahl $N_{(v)n}$ von Elektronen pro Einheitszelle an. Die Zahl der Punkte einer Kurve gibt die Zahl der entarteten freien Elektronenniveaus an, die durch diese Kurve repräsentiert werden [Ash 82X].

b) Energieparaboloid freier Elektronen ($E \sim k^2$) über der k-Ebene für das hexagonale Punktnetz [Mad 72X]

$$E = \frac{p^2}{2m} = \frac{\hbar^2 k^2}{2m}, \tag{8.1.1}$$

wie dies schematisch in Abb. 8.1.3 gezeigt ist.

In nächster Näherung muß die Störung dieser freien Elektronenparabel durch das periodische Potential des Gitters berücksichtigt werden.

Durch dieses Potential tritt Streuung auf, wenn die Braggsche Beziehung

$$h\lambda = 2a \sin \Theta \qquad (8.1.2a)$$

bzw. $$k = \frac{h\pi}{a \sin \Theta} \qquad (8.1.2b)$$

mit a als Gitterkonstante und h als beliebiger ganzer Zahl erfüllt ist.

In Abschn. 3.5 haben wir schon gesehen, daß dies gerade dann gilt, wenn

$$\underline{K} = \underline{k} - \underline{k}_0 \qquad (8.1.3)$$

gilt mit $\underline{K} = \dfrac{2\pi h}{a}$ als Streuvektor und $\underline{k}_0$ und $\underline{k}$ als Wellenvektor der einfallenden bzw. gestreuten Welle. Dabei ergibt $\underline{K}$ des reziproken Gitter im k-Raum. Die Grenzwerte der Brillouin-Zonen in diesem k-Raum erfüllen damit gerade die Bragg-Bedingungen.

Für $k \ll \pi/a$ besteht praktisch keine Wechselwirkung mit dem Gitter, und Gl. (8.1.3) ist gültig. Je näher ein Elektron dem Rand einer Brillouin-Zone kommt, desto größer wird die Wechselwirkung mit dem Gitter.

Abb. 8.1.4 zeigt, wie E von k in x-Richtung abhängt. Wenn $k = \pi/a$ ist, dann werden die Elektronen reflektiert und die einzigen Lösungen der Schrödinger-Gleichung sind stehende Wellen, deren Wellenlänge gleich der Gitterkonstanten a ist. Betrachtet man zur Vereinfachung

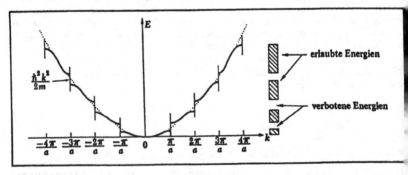

Abb. 8.1.4
Elektronenenergie E der Wellenzahl k in k_x-Richtung

Elektronen, die sich nur in x-Richtung bewegen, so ergeben sich zwei Lösungen:

$$\Psi_1 = A \sin \frac{\pi x}{a} \tag{8.1.4a}$$

$$\text{und} \quad \Psi_2 = A \cos \frac{\pi x}{a} \tag{8.1.4b}$$

Die Wahrscheinlichkeitsdichte $|\Psi_1|^2$ hat ihre Maxima in der Mitte zwischen den durch positive Ionen besetzten Gitterpunkten, während $|\Psi_2|^2$ seine Maxima direkt an den Gitterpunkten besitzt. Die potentielle Energie von Elektronen ist am größten in der Mitte zwischen den positiven Ionen und am geringsten an den Gitterplätzen, so daß aus Ψ_1 und Ψ_2 zwei verschiedene Energien E_1 und E_2 folgen. Die niedrigere Energie gehört zur ersten, die höhere zur zweiten Brillouin-Zone. Da es für $k = \pm(\pi/a)$ keine weiteren Lösungen gibt, kann das Elektron keine Energie zwischen E_1 und E_2 besitzen. Diese Energielücke heißt verbotenes Band oder Bandlücke.

Obwohl zwischen aufeinanderfolgenden Brillouin-Zonen für feste Richtungen eine Energielücke existieren muß, können diese Lücken mit erlaubten Energien in anderen Richtungen zusammenfallen, so daß im Gesamtkristall kein verbotenes Band existieren muß.

Aus der elektronischen Struktur des Volumens lassen sich die entsprechenden elektronischen Zustandsdichten an der Oberfläche durch Projektion herleiten. Die Behandlung von solchen Oberflächen-Brillouin-Zonen findet sich im Abschn. 4.1.

8.2 Zoo der Festkörper-„Onen"

Die Gesamtenergie eines Festkörpers und seiner Oberflächen läßt sich in erster Näherung aus der elektronischen Energie über die Bandstruktur beschreiben. Dazu kommen Beiträge von Quasiteilchen, den „Onen", die im folgenden kurz charakterisiert werden.

8.2.1 Phononen

Das Phonon ist das Energiequant der Gitterschwingung bzw. der elastischen Welle im Festkörper. Zu jedem Wellenvektor $\underline{k}$ gibt es drei Schwingungszustände, einen mit longitudinaler Polarisation ($k_\parallel$ zur

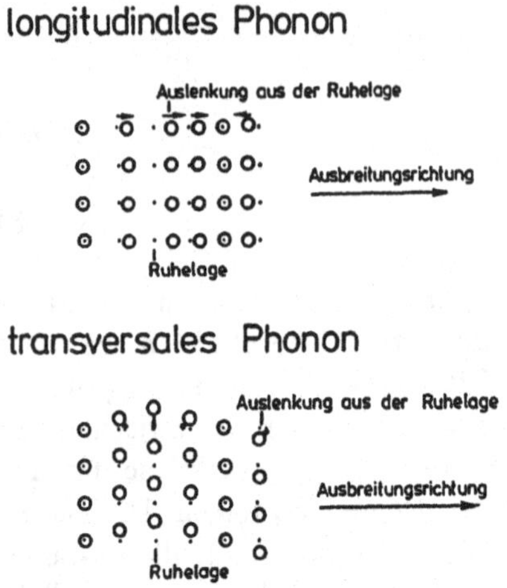

longitudinales Phonon

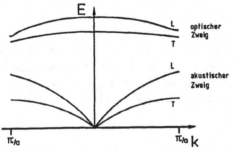

Auslenkung aus der Ruhelage

Ausbreitungsrichtung

Ruhelage

transversales Phonon

Auslenkung aus der Ruhelage

Ausbreitungsrichtung

Ruhelage

Abb. 8.2.1
Schematische Darstellung einer longitudinalen und transversalen Gitterschwingung

Ausbreitungsrichtung) und zwei mit transversaler Polarisation ($k_\perp$ zur Ausbreitungsrichtung) (vgl. Abb. 8.2.1).

In Gittern mit mehr als einem Atom (Anzahl $N < 1$) in der primitiven Elementarzelle gibt es drei akustische Phononen (entsprechend den Freiheitsgraden der Translation [für $\underline{k} \to 0$]) und $3(N-1)$ optische Phononen (Freiheitsgrade der Vibration [$\underline{k} \to 0$]).

Bei akustischen Phononen schwingen benachbarte Massen angenähert in Phase ($< 90°$), bei optischen dagegen in Gegenphase.

E

L   optischer
    Zweig
T

L   akustischer
    Zweig
T

π/a

π/a k

Abb. 8.2.2
Dispersionskurve für optische und akustische Phononen in einer eindimensionalen Kette, z.B. (111) von NaCl. L steht dabei für longitudinale, T für transversale Phononen.

Die Dispersion der Phononen ist für ein einfaches Beispiel in Abb. 8.2.2 gezeigt.

Oberflächenphononen werden in Abschn. 4.1 und 4.7 diskutiert.

8.2.2   Plasmonen

Eine Plasmaschwingung in einem Metall ist eine kollektive longitudinale Anregung des Leitungselektronengases (Abb. 8.2.3). Das Plasmon ist das Quant dieser Plasmaschwingung.

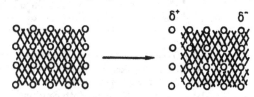

Abb. 8.2.3
Schematische Darstellung einer Plasmaschwingung in einem Metall. Kreise charakterisieren lokalisierte positive Atomrümpfe, Striche die Elektronendichte.

Die Plasmonenenergie liegt für Metalle zwischen 3 und 20 eV, für Halbleiter wegen der geringeren Elektronendichte dotierungsabhängig wesentlich tiefer.

Plasmonenanregungen wurden bei der Photoelektronenspektroskopie in Abschn. 4.5.1 und bei der Elektronenenergieverlustspektroskopie in Abschn. 4.6.5 vorgestellt.

8.2.3   Exzitonen

Das Exziton ist das Quant der Energiezustände eines gebundenen Elektron-Loch-Paares.

Durch Bestrahlung mit Photonen kann man in einem Kristall ein Elektronen-Loch-Paar anregen. Ist die Photonenenergie größer als die Energie E_g der Bandlücke, so sind Elektron und Loch frei beweglich. Durch die anziehende Coulomb-Energie zwischen Elektron und Loch ist es aber möglich, ein gebundenes Elektron-Loch-Paar bei $E < E_g$ zu erzeugen. Dieses sogenannte Exziton kann die Anregungsenergie durch den Kristall transportieren.

Man unterscheidet zwei Grenzfälle (vgl. Abb. 8.2.4):

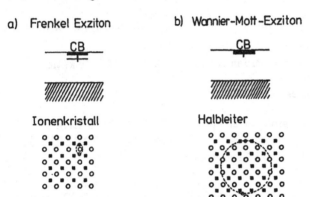

Abb. 8.2.4
Schematische Darstellung der Ausdehnung und des Bänderschemas
a) eines lokalisierten Frenkel-Exzitons mit schematischer Darstellung höherer wasserstoffähnlicher Anregungszustände
b) eines delokalisierten Wannier-Mott-Exzitons

- Frenkel-Exzitonen: Sie sind stark gebunden, der Abstand r zwischen Elektron und Loch liegt in der Größenordnung der Gitterkonstanten a. Sie treten in Ionen- und Molekülkristallen auf, da dort die interatomare Wechselwirkungsenergie kleiner ist als die Bindungsenergie des Elektrons an seinen Gitterbaustein.

- Wannier-Mott-Exzitonen: Sie sind schwach gebunden ($r > a$) und treten in Halbleitern auf.

Die Bindungsenergie der Exzitonen beträgt 1 meV bis 1,5 eV.

Die Dispersion von Exzitonen zeigt Abb. 8.2.5.

An der Oberfläche können andere Exzitonen auftreten als im Volumen. Ein Beispiel für feste Edelgase ist in [Bor 89] diskutiert.

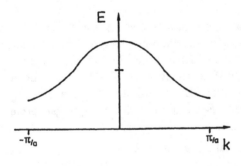

Abb. 8.2.5
Dispersionskurve für ein Frenkel-Exziton

8.2.4   Polaritonen

Das Polariton ist das Quant des gekoppelten Phonon-Photon-Feldes. Bei der Resonanzfrequenz ω_T werden transversale optische Gitterschwingungen durch Absorption von Photonenenergie angeregt (vgl. Abb. 8.2.6). Diese strahlen Photonenenergie gleicher Frequenz wieder aus. Longitudinale Phononen können durch ein transversales elektromagnetisches Feld nicht angeregt werden. Dispersionskurven von Polaritonen können beispielsweise durch winkelabhängige Ramanstreuung gemessen werden.

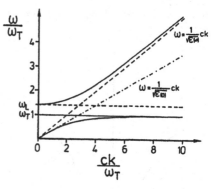

Abb. 8.2.6
Dispersionskurven für ein Phonon-Polariton (ausgezogene Kurve). Die gestrichelte Linie zeigt den Verlauf der Dispersion für ein Photon bei hoher Frequenz (DK: $\epsilon \to 1$) des elektromagnetischen Feldes, die strichpunktierte Linie für ein Photon bei niedriger Frequenz (DK: $\epsilon_{statisch} > 1$).

Es existieren entsprechend den Oberflächenphononen auch Oberflächenpolaritonen.

Außer den Phonon-Polaritonen existieren auch Exziton-Polaritonen, die die Quanten des Exziton-Photon-Feldes sind.

8.2.5   Magnonen

Eine Spinwelle ist eine Schwingung im Festkörper, bei der sich die Orientierung von Spins relativ zum Gitter periodisch ändert (vgl. Abb. 8.2.7). Ein Magnon ist das Quant der Spinwellen. Der Nachweis gelingt z.B. über inelastische Neutronenstreuung, die zur Erzeugung oder Vernichtung eines Magnons führt.

Die Dispersion von Magnonen zeigt Abb. 8.2.8.

Mathematisch sind Magnonen ähnlich den Gitterschwingungen beschreibbar (vgl. Abschn. 5.2.4).

Ferromagnet :

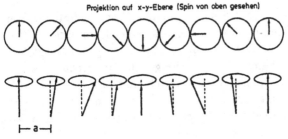

Projektion auf x-y-Ebene (Spin von oben gesehen)

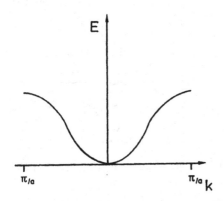

├─ a ─┤

Abb. 8.2.7
Schematische Darstellung der Spinwelle eines Ferromagneten. a ist die Gitterkonstante.

E

π/a π/a k

Abb. 8.2.8
Dispersionskurve für ein Magnon

8.2.6   Solitonen

8.2.6.1   Solitonen in der Physik und Mathematik

Als Soliton wird in der Mathematik und der theoretischen Physik eine Lösung einer nichtlinearen Wellengleichung (z.B. Sine-Gordon-Gleichung, nichtlineare Schrödingergleichung, Kortweg-de-Vries-Gleichung) bezeichnet, die folgende Kennzeichen hat:

- Die Welle ist nicht dispersiv, auch in dispersiven Medien, d.h. Form und Geschwindigkeit einer Wellengruppe bleiben erhalten.

-Alle Eigenfrequenzen der Welle sind reell. Das bedeutet, die Welle ist stabil gegenüber Störungen.

8.2.6.2 Solitonen in organischen Materialien

Die Anregung zwischen zwei energetisch entarteteten Strukturen eines halbleitenden, organischen Moleküls läßt sich durch eine nichtlineare Gleichung beschreiben, deren Lösungen Solitonen sind. Solche
Solitonen sind topologische Anregungen (vgl. Abb. 8.2.9). Ein typisches Beispiel für ein Polymer mit zwei entarteten Zuständen ist
trans-Polyacetylen (t-PA) (Abb. 8.2.9), bei dem die Zustände A und
B energetisch nicht unterscheidbar sind.

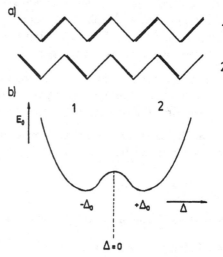

Abb. 8.2.9
a) Darstellung der chemischen
Konstitution der beiden entarteten Grundzustände A und B von
trans-Polyacetylen (t-PA)
b) Potentialdiagramm für t-PA.
E_0 ist die Energie des Grundzustandes und Δ die Gitterverzerrung.

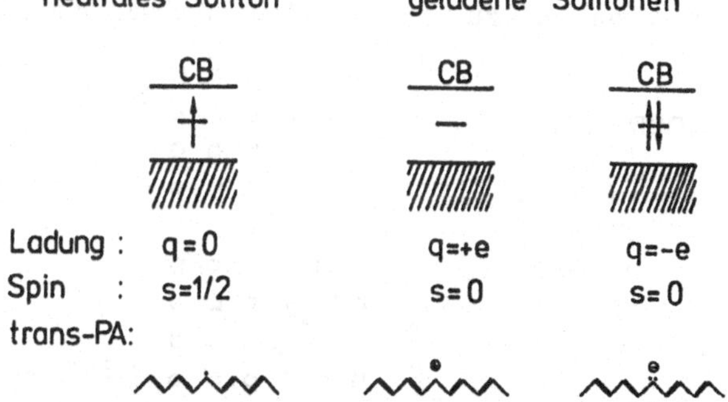

Abb. 8.2.10
Schematische Darstellung des Bänderschemas der wichtigsten Parameter, die ein
Soliton charakterisieren, und der entsprechenden chemischen Konstitution

Das Soliton auf der Polymerkette erzeugt einen Zustand in der Mitte der Bandlücke. Dessen Zustandsdichte stammt zur Hälfte aus dem Valenzband, zur anderen Hälfte aus dem Leitungsband. Der neutrale Solitonenzustand ist einfach besetzt. Dementsprechend sind der einfach positiv bzw. einfach negativ geladene Solitonenzustand nicht bzw. doppelt besetzt.

Der Spin s des Solitons ist 0, wenn $q = \pm e$ ist, und 1/2 bei $q = 0$. Dieser scheinbare Widerspruch zum Theorem von Kramer (gerade Elektronenanzahl $\rightarrow$ Spin ist eine ganze Zahl) löst sich auf, wenn man berücksichtigt, daß Solitonen immer nur paarweise erzeugt werden können als Soliton-Antisoliton-Paar. Die Erzeugung eines isolierten Solitons ist energetisch unmöglich.

Die zur Erzeugung eines Solitonenpaares nötige Energie E_s ist für eine Reihe von Bandlückenenergien deutlich kleiner als die Energie Δ, die zur Erzeugung eines Elektron-Loch-Paares nötig ist: $E_s \approx 0,6\Delta$.

Eine Übersicht über Solitonen sowie Polaronen und Bipolaronen findet sich z.B. in [Hee 88].

8.2.7   Polaronen

8.2.7.1   Polaronen in anorganischen Materialien

Als Polaron bezeichnet man das Quant einer von einem Elektron (oder Loch) erzeugten Gitterdeformation (vgl. Abb. 8.2.11). Diese Gitterdeformation führt zu einer Potentialerniedrigung am Ort des Elektrons.

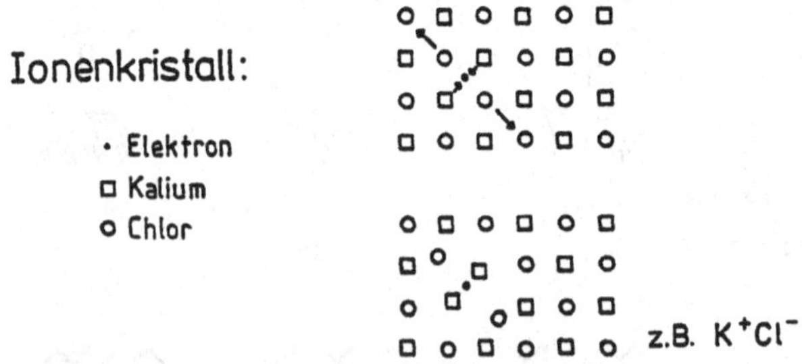

Ionenkristall:

· Elektron
□ Kalium
o Chlor

z.B. K$^+$Cl$^-$

Abb. 8.2.11
Schematische Darstellung der durch ein einzelnes Elektron hervorgerufenen Gitterdeformation (Polaron) am Beispiel KCl

Falls diese Potentialmulde tief genug ist, fängt sich das Elektron oder Loch selbst („self trapping").

8.2.7.2 Polaronen in halbleitenden Polymeren

Ein Polaron ist wie ein Soliton ein sogenanntes Quasiteilchen aus der Lösung einer nichtlinearen Wellengleichung. Im Gegensatz zum Soliton ist ein Polaron jedoch keine topologische Anregung.
Zur Polaronenerzeugung ist auch kein entarteter Zustand im Polymer nötig.

Ein Polaron ist ein einfach geladenes Teilchen mit $q = \pm e$ und Spin $s = 1/2$. Es erzeugt zwei Zustände in der Bandlücke, bei dem einer aus dem Valenz- und einer aus dem Leitungsband stammt (vgl. Abb. 8.2.12). Bei einem Loch-Polaron ist der bindende Zustand einfach besetzt. Im optischen Bereich sind daher drei Übergänge zu sehen (vgl. Abb. 8.2.13), wobei die Summe der Energien der beiden niederenergetischen Übergänge gleich der Energie des höherenergetischen Potentials ist.

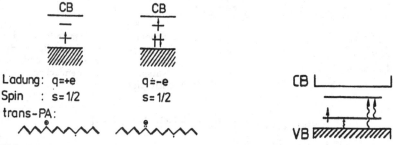

Abb. 8.2.12
Schematische Darstellung des Bänderschemas der wichtigsten Parameter, die ein Polaron charakterisieren, und der entsprechenden chemischen Konstitution

Abb. 8.2.13
Energiediagramm für die möglichen optischen Übergänge bei einem einfach besetzten Polaronenzustand

Ein Polaron kann man sich zusammengesetzt denken aus einem geladenen Soliton und einem neutralen Antisoliton, die sich anziehen. Durch die Wechselwirkung wird die Entartung der elektronischen Zustände aufgehoben. Eine Diskussion von Polaronen in Polymeren findet sich z.B. in [Hee 88].

8.2.8   Bipolaronen

Ein Bipolaron ist ein zweifach geladenes Quasiteilchen mit dem Spin $s = 0$. Es kann die Ladung $q = -2e$ oder $q = +2e$ tragen (vgl. Abb. 8.2.14). Normalerweise stoßen sich zwei identische Ladungsträger durch Coulomb-Wechselwirkung ab. Durch Ladungsträger-Phononen-Wechselwirkung kann jedoch in manchen Fällen ein stabiles Elektronen- oder Loch-Paar erzeugt werden.

Die Bipolaronenzustände liegen in der Bandlücke symmetrisch zur Fermienergie. Sie sind entweder beide unbesetzt oder beide besetzt. Ein Bipolaron kann man sich also aus zwei gleichgeladenen, miteinander wechselwirkenden Solitonen oder Polaronen zusammengesetzt denken. Bipolaronen in Polymeren sind z.B. in [Hee 88] diskutiert, Bipolaronen in Kristallen z.B. in [Ada 89].

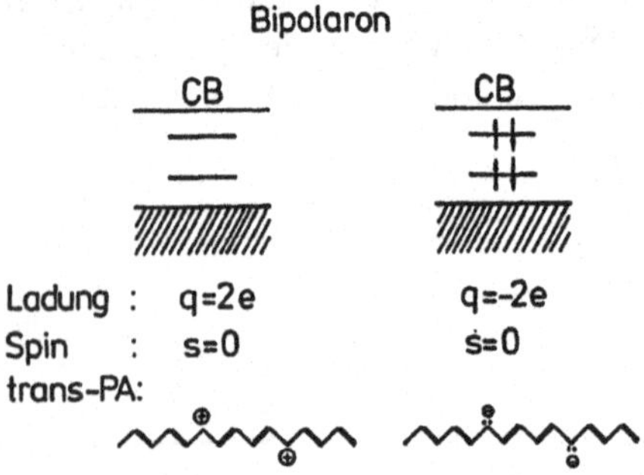

Abb. 8.2.14
Schematische Darstellung der wichtigsten Parameter, die ein Bipolaron charakterisieren, und der entsprechenden chemischen Konstitution

8.3   Physikalische Größen, Einheiten und Naturkonstanten

8.3.1   Basisgrößen und Einheiten

Basisgröße	Si-Basiseinheit	
	Name	Symbol
Länge l	Meter	m
Masse m	Kilogramm	kg
Zeit t	Sekunde	s
Elektrische Stromstärke I	Ampere	A
Thermodynamische Temperatur T	Kelvin	K
Substanzmenge n	Mol	mol

8.3.2 Physikalische Größen im SI-System

Größen	Definitionsgleichung	Einheit	Ausdruck in Basisgrößen	Ausdruck in SI-Größen
Arbeit W (mech.)	$W = F \cdot s$	Joule J	$m^2 \cdot kg \cdot s^{-2}$	$N \cdot m$
(Energie E) (el.)	$W = Q \cdot U = I \cdot t \cdot U$			$W \cdot s$
Beleuchtungsdichte D	-	Lux lx	-	$cd \cdot m^{-2} \cdot sr = W \cdot m^{-2}$ $= lm \cdot m^{-2}$
Beschleunigung a	$a = v/t$	-	$m \cdot s^{-2}$	-
Dichte ϱ	$\varrho = m/V$	-	$kg \cdot m^{-3}$	-
Diel. Verschiebungsdichte D	$D = Q/A = \varepsilon_r \varepsilon_0 E$ $= \varepsilon_0 E + P$	-	$A \cdot s \cdot m^{-2}$	$C \cdot m^{-2}$
Drehimpuls L	$L = I \cdot \omega$	-	$m^2 \cdot kg \cdot s^{-1}$	$J \cdot s$
Drehmoment T	$T = J \cdot \beta$	-	$m^2 \cdot kg \cdot s^{-2}$	$N \cdot m$
Druck p	$p = F/A$	Pascal Pa	$m^{-1} \cdot kg \cdot s^{-2}$	$N \cdot m^{-2}$
Dynamische Viskosität η	$\eta = F \cdot \Delta x / A \cdot \Delta v$	Poise P	$m^{-1} \cdot kg \cdot s^{-2}$	$N \cdot s \cdot m^{-2} = Pa \cdot s$
Ebener Winkel α	$\alpha = s/r$	Radian rad	$m \cdot m^{-1}$	-
Elastizitätsmodul E	-	-	$m^{-1} \cdot kg \cdot s^{-2}$	$N \cdot m^{-2}$
El. Dipolmoment μ_{el}	$\mu_{el} = q \cdot d$	Debye D	-	$C \cdot m$
El. Feldstärke E	$E = F/Q$	-	$m \cdot kg \cdot s^{-3} \cdot A^{-1}$	$N \cdot C^{-1}$ (Vm^{-1})
El. Kapazität C	$C = Q/U$	Farad F	$m^{-2} \cdot kg^{-1} \cdot s^4 \cdot A^2$	$C \cdot V^{-1} = s \cdot \Omega^{-1}$
El. Ladung Q, q	$Q = I \cdot t$	Coulomb C	$A \cdot s$	-
El. Leitfähigkeit σ	$\sigma = 1/\varrho = R \cdot A/l$	-	$A^2 \cdot s^3 \cdot m^{-3} \cdot kg^{-1}$	$\Omega^{-1} \cdot m^{-1} = S \cdot m^{-1}$
El. Leitwert G	$G = I/U = 1/R$	Siemens S	$A^2 \cdot s^3 \cdot m^{-2} \cdot kg^{-1}$	$A \cdot V^{-1} = \Omega^{-1}$
El. Polarisation P	$P = \chi \cdot \varepsilon_0 \cdot E$	-	$A \cdot s \cdot m^{-2}$	$C \cdot m^{-2}$
El. Spannung U	$U = W/Q$	Volt V	$m^2 \cdot kg \cdot s^{-3} \cdot A^{-1}$	$W \cdot A^{-1} = J \cdot C^{-1}$
El. Stromstärke I	-	Ampere A	A	-

8.3.2 Fortsetzung

Größen	Definitionsgleichung	Einheit	Ausdruck in Basisgrößen	Ausdruck in SI-Größen
El. Widerstand R	$R = U/I = \varrho \cdot l/A$	Ohm Ω	$m^2 \cdot kg \cdot s^{-3} \cdot A^{-2}$	$V \cdot A^{-1}$
El. spez. Widerstand ϱ_{el}	$\varrho_{el} = E/j$	-	$m^3 \cdot kg \cdot s^{-3} \cdot A^{-2}$	$\Omega \cdot m$
Energiedosis	-	Gray Gy	$m^2 \cdot s^{-2}$	$J \cdot kg^{-1}$
Energiedosisleistung	-	-	-	$W \cdot kg^{-1}$
Energieflußdichte S	$S = E \cdot v/V$	-	$N \cdot m^{-1} \cdot s^{-1}$	$J \cdot m^{-2} \cdot s^{-1} = W \cdot m^{-2}$
Federkonstante k	$k = F/x$	-	$N \cdot m^{-1}$	-
Fläche A	$A = a \cdot b$	-	m^2	-
Flächenladungsdichte σ_{el}	$\sigma_{el} = Q/A$	-	-	$C \cdot m^{-2}$
Frequenz ν	$\nu = 1/t$	Hertz Hz	s^{-1}	-
Geschwindigkeit v	$v = s/t$	-	$m \cdot s^{-1}$	-
Impuls p	$p = m \cdot v$	-	$m \cdot kg \cdot s^{-1}$	$N \cdot s$
Induktivität L	$L = \Phi/I$	Henry H	$m^2 \cdot kg \cdot s^{-2} \cdot A^{-2}$	$Wb \cdot A^{-1} = V \cdot s \cdot A^{-1}$
Ionendosis	-	-	-	$C \cdot kg^{-1}$
Ionendosisleistung	-	-	-	$C \cdot kg^{-1} \cdot s^{-1}$
Kraft F (mech.)	$F = m \cdot a$	Newton N	$m \cdot kg \cdot s^{-2}$	$J \cdot m^{-1}$
(el.)	$F = W/s$	-	-	$W \cdot s \cdot m^{-1}$
Länge l (a, b, c)	-	Meter m	m	-
Leistung P (mech.)	$P = W \cdot t^{-1}$	Watt W	$m^2 \cdot kg \cdot s^{-3}$	$J \cdot s^{-1}$
(el.)	$P = I^2 \cdot R = I \cdot U$	-	-	$V \cdot A$
Leuchtdichte B	-	Stilb sb	$cd \cdot m^{-2}$	$W \cdot sr^{-1} \cdot m^{-2}$
Lichtmenge Q	-	-	$lm \cdot s$	$W \cdot s$
Lichtstärke I_v	$I_v = \Phi/\Omega$	Candela cd	-	$W \cdot sr^{-1}$
Lichtstrom Φ	-	Lumen lm	-	$cd \cdot sr = W$
Magn. Dipolmoment μ_m	$\mu_m = \Phi \cdot S$	-	-	$Wb \cdot m$

8.3.2 Fortsetzung

Größen	Definitionsgleichung	Einheit	Ausdruck in Basisgrößen	Ausdruck in SI-Größen
Magn. Feldstärke H	-	-	$A \cdot m^{-1}$	-
Magn. Induktion B	$B = \mu_r \mu_0 H = \mu_0 HM$	Tesla T	$kg \cdot s^{-2} \cdot A^{-1}$	$Wb \cdot m^{-2} = V \cdot s \cdot m^{-2}$
Magn. Induktionsfluß Φ	$\Phi = \mu_r \mu_0 AH = A \cdot B$	Weber Wb	$m^2 \cdot kg \cdot s^{-2} \cdot A^{-1}$	$V \cdot s$
Magnetisierung $M_{(v)}$	$M_{(v)} = \chi \cdot \mu_0 \cdot H$	Tesla T	$kg \cdot s^{-2} \cdot A^{-1}$	$V \cdot s \cdot m^{-2}$
Masse m	-	Kilogramm kg	kg	-
Raumwinkel Ω	$\Omega = A/r^2$	Steradian sr	$m^2 \cdot m^{-2}$	-
Schubmodul G	-	-	$m^{-1} \cdot kg \cdot s^{-2}$	$N \cdot m^{-2}$
Temperatur T	-	Kelvin K	K	-
Thermischer Ausdehnungskoeffizient α	-	-	K^{-1}	-
Trägheitsmoment I	$I = mr^2$	-	$kg \cdot m^2$	-
Volumen V	$V = a \cdot b \cdot c$	-	m^3	-
Wärmeleitfähigkeit λ	-	-	$m \cdot kg \cdot s^{-3} \cdot K^{-1}$	$J \cdot K^{-1} \cdot m^{-1} \cdot s^{-1}$
Winkelbeschleunigung β	$\beta = \omega/t$	-	s^{-2}	-
Winkelgeschwindigkeit ω	$\omega = v/r$	-	s^{-1}	-
Zeit t	-	Sekunde s	s	-

8.3.3   Physikalische Konstanten im SI-System

Größe	Symbol	Wert
Atommasseneinheit	u	$1,6605655 \cdot 10^{-27}$ kg
		$\cong 931,5016$ MeV/c^2
Avogadrosche Konstante	N_L	$6,022045 \cdot 10^{23}$ mol^{-1}
Bohrscher Radius	a_0	$5,2917706 \cdot 10^{-11}$ m
Bohrsches Magneton[1]	μ_B	$9,274078 \cdot 10^{-24}$ A$\cdot$m^2 ($=$ J$\cdot$T^{-1})
Boltzmannsche Konstante	k	$1,380662 \cdot 10^{-23}$ J$\cdot$K^{-1}
Drehimpulsquantum	$h/2m_e$	$3,6369455 \cdot 10^{-4}$ J$\cdot$Hz$^{-1}\cdot$kg^{-1}
Einsteinsche Konstante	$E = N_L \cdot h$	$3,990313$ J$\cdot$s$\cdot$mol^{-1}
Elektrische Feldkonstante	$\varepsilon_0 = \mu_0 \cdot c^2$	$8,85418782 \cdot 10^{-12}$ F$\cdot$m^{-1}
Elektron e		
-, Comptonwellenlänge	$\lambda_c = \alpha^2/2R_\infty$	$2,4263089 \cdot 10^{-12}$ m
-, Energieäquivalent	$E_e = m_e \cdot c^2$	$0,5110034$ MeV
-, Ladung	e	$1,6021892 \cdot 10^{-19}$ C
-, magn. Moment	μ_e	$1,001160$ μ_B
		$= 9,284832 \cdot 10^{-24}$ A$\cdot$m^2
-, Magnetogyr. Verhältnis[2]	γ_e	$1,76084431 \cdot 10^{11}$ s$^{-1}\cdot$T^{-1}
-, Radius	r_e	$< 10^{-19}$ m
-, relative Masse	$m_{e,rel}$	$0,00054858026$
-, Ruhemasse	m_e	$9,109534 \cdot 10^{-31}$ kg
-, spezifische Ladung	e/m_e	$1,7588047 \cdot 10^{11}$ C$\cdot$kg^{-1}
Elementarladung	e	$1,6021892 \cdot 10^{-19}$ C
Elementarlänge, Plancksche	$\sqrt{G \cdot h/2\pi \cdot c^3}$	$1,617 \cdot 10^{-35}$ m
Elementarzeit, Plancksche	$\sqrt{G \cdot h/2\pi \cdot c^5}$	$5,394 \cdot 10^{-44}$ s
Faradaysche Konstante	$F = N_L \cdot e$	$96484,56$ C$\cdot$mol^{-1}
Gaskonstante	$R = N_L \cdot k$	$8,31441$ J$\cdot$K$^{-1}\cdot$mol^{-1}
		$0,0820571$ atm K$^{-1}\cdot$mol^{-1}
		$0,0831441$ bar K$^{-1}\cdot$mol^{-1}
Gravitationskonstante	G	$6,6720 \cdot 10^{-11}$ m$^3\cdot$kg$^{-1}\cdot$s^{-2}
Kern-Magneton[1]	μ_N	$5,050824 \cdot 10^{-27}$ A$\cdot$m^2 ($=$ J$\cdot$T^{-1})
Landé-Faktor	$g_e = 2\mu_e/\mu_B$	$2,0023193134$
Lichtgeschwindigkeit (Vak.)	c	$2,99792458 \cdot 10^8$ m$\cdot$s^{-1}
Magnetische Feldkonstante	μ_0	$4\pi \cdot 10^{-7}$ H$\cdot$m^{-1}
Molares Gasvolumen	$V_m = RT_0/p_0$	$22,413831$ mol^{-1}
Neutron n		
-, Comptonwellenlänge	$\lambda_{c,n} = h/m_n c$	$1,3195909 \cdot 10^{-15}$ m

8.3.3 Fortsetzung

Größe	Symbol	Wert
-, Energieäquivalent	$E_\mathrm{n} = m_\mathrm{n} \cdot c^2$	939,5731 MeV
-, magn. Moment	μ_n	1,913148 μ_N
		$= 0{,}966326 \cdot 10^{-26}$ A·m^2
-, Radius	r_n	$\approx 1{,}3 \cdot 10^{-15}$ m
-, relative Masse	$m_\mathrm{n,rel}$	1,008665012
-, Ruhemasse	m_n	$1{,}6749543 \cdot 10^{-27}$ kg
Normalfallbeschleunigung	g	9,80665 ms^{-2}
Physikal. Normdruck	p_0	$1{,}013 \cdot 10^5$ Pa
		$= 1$ atm $= 760$ Torr
Physikal. Normtemperatur	T_0	0 °C $= 273{,}16$ K
Planksches Wirkungsquantum	h	$6{,}626176 \cdot 10^{-34}$ J·s
	$\hbar = h/2\pi$	$1{,}0545887 \cdot 10^{-34}$ J·s
Proton p		
-, Comptonwellenlänge	$\lambda_\mathrm{c,p} = h/m_\mathrm{p}c$	$1{,}3214099 \cdot 10^{-15}$ m
-, Energieäquivalent	$E_\mathrm{p} = m_\mathrm{p} \cdot c^2$	938,2796 MeV
-, magn. Moment	μ_p	2,792763 μ_N
		$= 1{,}410617 \cdot 10^{-26}$ A·m^2
-, Magnetogyr. Verhältnis[2]	γ_p	$2{,}6751987 \cdot 10^8$ s^{-1}·T^{-1}
-, Radius	r_p	$\approx 1{,}3 \cdot 10^{-15}$ m
-, relative Masse	$m_\mathrm{p,rel}$	1,007276470
-, Ruhemasse	m_p	$1{,}6726485 \cdot 10^{-27}$ kg
Rydbergsche Konstante	R_∞	$1{,}097373177 \cdot 10^7$ m^{-1}
Sommerfeldsche Feinstrukturkonstante	α	0,007973506
Wasserstoffatom $^1_1$H		
-, Energieäquivalent	$E_\mathrm{H} = m_\mathrm{H} \cdot c^2$	938,7906 MeV
-, Ionisierungsenergie	E_I	13,595 eV
-, relative Masse	$m_\mathrm{H,rel}$	1,007825036
-, Ruhemasse	m_H	$1{,}6735596 \cdot 10^{-27}$ kg

[1] Anmerkung zum Bohrschen Magneton bzw. Kernmagneton:

$$\mu_\mathrm{B} = e \cdot \hbar/2 \cdot m_\mathrm{e}$$
$$\mu_\mathrm{N} = e \cdot \hbar/2 \cdot m_\mathrm{p}$$

[2] Anmerkung zum magnetogyrischen Verhältnis des Protons bzw. Elektrons:

$$\gamma_\mathrm{p} = g_\mathrm{p} \cdot q/2 \cdot m_\mathrm{p}$$
$$\gamma_\mathrm{e} = -g_\mathrm{e} \cdot q/2 \cdot m_\mathrm{e}$$

Beide magnetogyrischen Verhältnisse sind positiv, da die elektrische Ladung des Elektrons negativ ist und die des Protons positiv ($g_\mathrm{p} = 1$).

8.3.4   Dezimale Vielfache und Teile von Einheiten

Multiplikator	Vorsatz	Zeichen	Multiplikator	Vorsatz	Zeichen
10^{18}	Exa	E	10^{-1}	Dezi	d
10^{15}	Peta	P	10^{-2}	Zenti	c
10^{12}	Tera	T	10^{-3}	Milli	m
10^{9}	Giga	G	10^{-6}	Mikro	μ
10^{6}	Mega	M	10^{-9}	Nano	n
10^{3}	Kilo	k	10^{-12}	Pico	p
10^{2}	Hekto	h	10^{-15}	Femto	f
10^{1}	Deka	da	10^{-18}	Atto	a

8.3.5   Druckdimensionen - Umrechnungsfaktoren

Druck	Pascal (Pa)	Physikalische Atmosphäre (atm)	Technische Atmosphäre (at)	Bar (bar)	Torr (Torr)
Pascal (Pa)	1	$0{,}986923 \cdot 10^{-5}$	$1{,}019716 \cdot 10^{-5}$	10^{-5}	$7{,}50062 \cdot 10^{-3}$
Physik. Atmosph. (atm)	$1{,}0132504 \cdot 10^{5}$	1	$1{,}03323$	$1{,}013250$	760
Techn. Atmosph. (at)	$9{,}80665 \cdot 10^{4}$	$0{,}967839$	1	$0{,}980665$	$735{,}559$
Bar (bar)	10^{5}	$0{,}986923$	$1{,}019716$	1	$750{,}062$
Torr (Torr)	$1{,}333223 \cdot 10^{2}$	$1{,}315789 \cdot 10^{-3}$	$1{,}35951 \cdot 10^{-3}$	$1{,}333223 \cdot 10^{-3}$	1

8.3.6   Energiedimensionen - Umrechnungsfaktoren

Energie	Joule (J)	Erg (erg)	Kalorie (cal)	Elektronenvolt (eV)	Kilopondmeter (kpm)	Kilowattstunde (kWh)	Wellenzahl (cm⁻¹)	Hertz (Hz)
Joule (J)	1	10^7	$0{,}238846$	$6{,}24146 \cdot 10^{18}$	$0{,}1019716$	$2{,}7777777 \cdot 10^{-7}$	$5{,}034 \cdot 10^{22}$	$1{,}509 \cdot 10^{33}$
Erg (erg)	10^{-7}	1	$2{,}38846 \cdot 10^{-8}$	$6{,}24146 \cdot 10^{11}$	$1{,}019716 \cdot 10^{-8}$	$2{,}7777777 \cdot 10^{-14}$	$5{,}034 \cdot 10^{15}$	$1{,}509 \cdot 10^{26}$
Kalorie (cal)	$4{,}18680$	$4{,}1868 \cdot 10^{7}$	1	$2{,}61316 \cdot 10^{19}$	$0{,}426935$	$1{,}162999 \cdot 10^{-6}$	$2{,}106 \cdot 10^{23}$	$6{,}317 \cdot 10^{33}$
Elektronenvolt (eV)	$1{,}602189 \cdot 10^{-19}$	$1{,}602189 \cdot 10^{-12}$	$3{,}82678 \cdot 10^{-20}$	1	$1{,}63378 \cdot 10^{-20}$	$4{,}4505 \cdot 10^{-26}$	$8{,}065 \cdot 10^{3}$	$2{,}418 \cdot 10^{14}$
Kilopondmeter (kpm)	$9{,}80665$	$9{,}80665 \cdot 10^{7}$	$2{,}34227$	$6{,}12078 \cdot 10^{19}$	1	$2{,}72407 \cdot 10^{-6}$	$4{,}938 \cdot 10^{23}$	$1{,}480 \cdot 10^{34}$
Kilowattstunde (kWh)	$3{,}6000 \cdot 10^{6}$	$3{,}6000 \cdot 10^{13}$	$8{,}598460 \cdot 10^{5}$	$2{,}2469 \cdot 10^{25}$	$3{,}67098 \cdot 10^{5}$	1	$1{,}813 \cdot 10^{30}$	$5{,}433 \cdot 10^{39}$
Wellenzahl (cm⁻¹)	$1{,}986 \cdot 10^{-23}$	$1{,}986 \cdot 10^{-16}$	$4{,}748 \cdot 10^{-24}$	$1{,}24 \cdot 10^{-4}$	$2{,}035 \cdot 10^{-24}$	$5{,}517 \cdot 10^{-30}$	1	$2{,}997 \cdot 10^{10}$
Hertz (Hz)	$6{,}626 \cdot 10^{-34}$	$6{,}626 \cdot 10^{-27}$	$1{,}58 \cdot 10^{-37}$	$4{,}136 \cdot 10^{-15}$	$6{,}76 \cdot 10^{-35}$	$1{,}84 \cdot 10^{-40}$	$3{,}336 \cdot 10^{-11}$	1

8.3.7   Kraftdimensionen - Umrechnungsfaktoren

Kraft	Newton (N)	Dyn (dyn)	Pond (p)
Newton (N)	1	10^5	$1,019716 \cdot 10^2$
Dyn (dyn)	10^{-5}	1	$1,019716 \cdot 10^{-3}$
Pond (p)	$9,80665 \cdot 10^{-3}$	$9,80665 \cdot 10^2$	1

8.3.8   Ladungsdimensionen - Umrechnungsfaktoren

Ladung	Coulomb (C)	Faraday (F)	Elementarladung (e)
Coulomb (C)	1	$1,036435 \cdot 10^{-5}$	$6,241460 \cdot 10^{18}$
Faraday (F)	$9,648456 \cdot 10^4$	1	$6,0220467 \cdot 10^{23}$
Elementarladung (e)	$1,602189 \cdot 10^{-19}$	$1,6605650 \cdot 10^{-24}$	1

8.3.9   Die Funktionen kT und RT in Abhängigkeit von der Temperatur

T in °C	T in K	kT in eV	RT in J·mol^{-1}	T in °C	T in K	kT in eV	RT in J·mol^{-1}
-273,16	0,00	0	0	200,00	473,16	0,041	3934,046
-200,00	73,16	0,006	608,280	300,00	573,16	0,049	4765,487
-150,00	123,16	0,011	1024,001	400,00	673,16	0,058	5596,928
-100,00	173,16	0,015	1439,723	500,00	773,16	0,067	6428,369
-50,00	223,16	0,019	1855,444	600,00	873,16	0,075	7259,810
0,00	273,16	0,024	2271,164	700,00	973,16	0,084	8091,251
25,00	298,16	0,026	2479,025	800,00	1073,16	0,092	8922,692
50,00	323,16	0,028	2686,885	900,00	1173,16	0,101	9754,133
100,00	373,16	0,032	3102,605	1000,00	1273,16	0,110	10585,574
150,00	423,16	0,036	3518,326				

8.4   Dampfdrücke

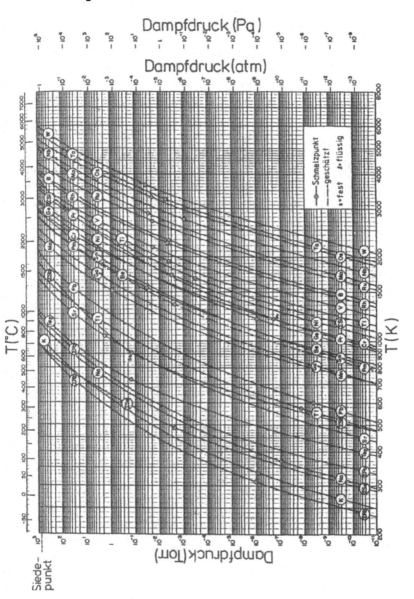

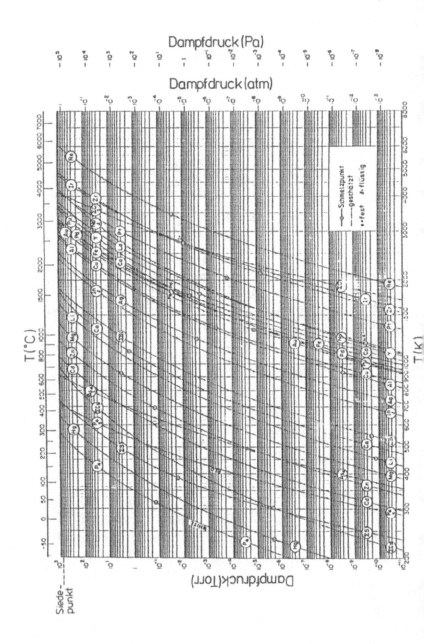

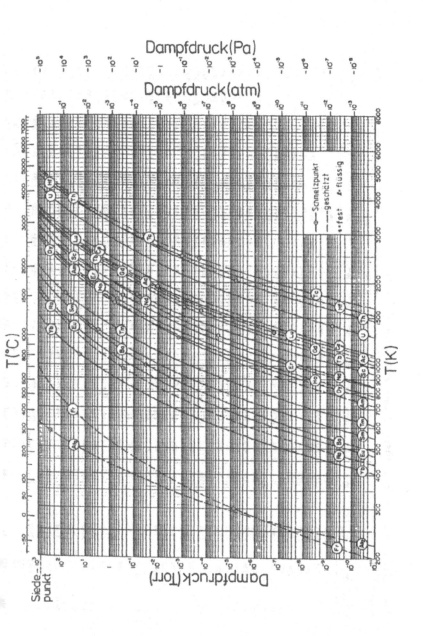

Dampfdrücke fester und flüssiger Elemente nach [Wei 79X]

Symbol[a]	T_{sol} (K)	T_{liq} (K)	10^{-11}	10^{-10}	10^{-9}	10^{-8}	10^{-7}	10^{-6}	10^{-5}	10^{-4}	10^{-3}	10^{-2}	10^{-1}	1	10^1	10^2	10^3
Ac	1320	3470	1045	1100	1160	1230	1305	1390	1490	1605	1740	1905	2100	2350	2660	3030	3510
Ag	1234	2435	721	759	800	847	899	958	1025	1105	1195	1300	1435	1605	1815	2100	2490
Al	932	2736	815	860	906	958	1015	1085	1160	1245	1355	1490	1640	1830	2050	2370	2800
Am	1200	2790	712	752	797	848	905	971	1050	1140	1245	1375	1540	1745	2020	2400	2970
As(s)	1090	886	323	340	358	377	400	423	447	477	510	550	590	645	712	795	900
At	575	610	221	231	241	252	265	280	296	316	338	364	398	434	480	540	620
Au	1336	3081	915	964	1020	1080	1150	1220	1305	1405	1525	1670	1840	2040	2320	2680	3130
B	2360	3850	1335	1405	1480	1555	1640	1740	1855	1980	2140	2300	2520	2780	3100	3500	4000
Ba	983	1895	450	480	510	545	583	627	675	735	800	883	984	1125	1310	1570	1930
Be	1556	2757	832	878	925	980	1035	1105	1180	1270	1370	1500	1650	1830	2080	2390	2810
Bi	544.5	1852	510	540	568	602	640	682	732	790	860	945	1050	1170	1350	1570	1900
C(s)	—	4130	1695	1765	1845	1930	2030	2140	2260	2410	2560	2730	2930	3170	3450	3780	4190
Ca	1123	1756	470	495	524	555	590	630	678	732	795	870	962	1075	1250	1475	1800
Cd	594	1040	293	310	328	347	368	392	419	450	490	538	593	665	762	885	1060
Ce	1077	3740	1050	1110	1175	1245	1325	1420	1525	1650	1795	1970	2180	2440	2780	3220	3830
Co	1768	3174	1020	1070	1130	1195	1265	1340	1430	1530	1655	1790	1960	2180	2440	2790	3220
Cr	2176	2938	960	1010	1055	1110	1175	1250	1335	1430	1540	1670	1825	2010	2240	2550	3000
Cs	301.8	955	213	226	241	257	274	297	322	351	387	428	482	553	643	775	980
Cu	1357	2846	855	895	945	995	1060	1125	1210	1300	1405	1530	1690	1890	2140	2460	2920
Dy	1680	2710	760	801	847	898	955	1020	1090	1170	1270	1390	1535	1710	1965	2300	2780
Er	1770	2850	779	822	869	922	981	1050	1125	1220	1325	1450	1605	1800	2060	2420	2920
Eu	1099	1764	469	495	523	556	592	634	682	739	805	884	981	1100	1260	1500	1800
Fr	300	950	198	210	225	242	260	280	306	334	368	410	462	528	620	760	980
Fe	1809	3148	1000	1050	1105	1165	1230	1305	1400	1500	1615	1750	1920	2130	2390	2740	3200
Ga(l)	302.9	2676	755	796	841	892	950	1015	1090	1180	1280	1405	1555	1745	1980	2300	2730
Gd	1585	3000	880	930	980	1035	1100	1170	1250	1350	1465	1600	1760	1955	2220	2580	3100
Ge	1210	3100	940	980	1030	1085	1150	1220	1310	1410	1530	1670	1830	2050	2320	2680	3180
Hf	2400	4745	1505	1580	1665	1760	1865	1980	2120	2270	2450	2670	2930	3240	3630	4130	4780
Hg	234.29	629.73	170	180	190	201	214	229	246	266	289	319	353	398	458	535	642
Ho	1734	2842	779	822	869	922	981	1050	1125	1220	1325	1450	1605	1800	2060	2410	2910
In(l)	429.3	2364	641	677	716	761	812	870	937	1015	1110	1220	1355	1520	1740	2030	2430
Ir	2727	4810	1585	1665	1755	1850	1960	2080	2220	2380	2560	2770	3040	3360	3750	4250	4900
K	336.4	1031	247	260	276	294	315	338	364	396	434	481	540	618	720	858	1070
La	1193	3610	1100	1155	1220	1295	1375	1465	1570	1695	1835	2000	2200	2450	2760	3150	3680
Li	453.69	1597	430	452	480	508	541	579	623	677	740	810	900	1020	1170	1370	1620
Lu	1925	3300	1000	1060	1120	1185	1260	1345	1440	1550	1685	1845	2030	2270	2550	2910	3370
Mg	923	1376	388	410	432	458	487	519	555	600	650	712	782	878	1000	1170	1400

Temperaturen (K) für Dampfdrücke (Torr)

Mn	1517	2309	660	695	734	778	827	884	948	1020	1110	1210	1335	1490	1695	1970	2370
Mo	2890	4924	1610	1690	1770	1865	1975	2095	2230	2390	2580	2800	3060	3390	3790	4300	5020
Na	370.98	1156.2	294	310	328	347	370	396	428	466	508	562	630	714	823	978	1175
Nb^{b}	2770	4640	1765	1845	1935	2035	2140	2260	2400	2550	2720	2930	3170	3450	3790	4200	4710
Nd	1297	3335	846	895	945	1000	1070	1135	1220	1320	1440	1575	1770	2000	2300	2740	3430
Ni	1725	3159	1040	1090	1145	1200	1270	1345	1430	1535	1655	1800	1970	2180	2430	2770	3230
Os	3318	5260	1875	1965	2060	2170	2290	2430	2580	2760	2960	3190	3460	3800	4200	4710	5340
P(s)	870	704	283	297	312	327	342	361	381	402	430	458	493	534	582	642	715
Pb	600.6	2016	516	546	580	615	656	702	758	820	898	988	1105	1250	1435	1700	2070
Pd	1823	3310	945	995	1050	1115	1185	1265	1355	1465	1590	1735	1920	2150	2450	2840	3380
Po	527	1230	332	348	365	384	408	432	460	494	537	588	655	743	862	1040	1250
Pr	1208	3295	900	950	1005	1070	1140	1220	1315	1420	1550	1700	1890	2120	2420	2820	3370
Pt	2043	4097	1335	1405	1480	1565	1655	1765	1885	2020	2180	2370	2590	2860	3190	3610	4170
Pu(l)	913	3508	931	983	1040	1105	1180	1265	1365	1480	1615	1780	1975	2230	2550	2980	3590
Ra	973	1800	436	460	488	520	552	590	638	690	755	830	920	1060	1225	1490	1840
Rb	312	974	227	240	254	271	289	312	336	367	402	446	500	568	665	802	1000
Re	3453	5960	1900	1995	2100	2230	2350	2490	2660	2860	3080	3340	3680	4080	4600	5220	6050
Rh	2239	4000	1330	1395	1470	1550	1640	1745	1855	1980	2130	2310	2520	2780	3110	3520	4070
Ru	2700	4392	1540	1610	1695	1780	1880	1990	2120	2260	2420	2620	2860	3130	3480	3900	4450
S	388.36	717.75	230	240	252	263	276	290	310	328	353	382	420	462	519	606	739
Sb	903	1908	477	498	526	552	582	618	656	698	748	806	885	1030	1250	1550	1950
Sc	1811	3280	881	929	983	1045	1110	1190	1280	1380	1505	1650	1835	2070	2370	2780	3360
Se	490	952	286	301	317	336	356	380	406	437	472	516	570	636	719	826	972
Si	1685	3418	1090	1145	1200	1265	1340	1420	1510	1610	1745	1905	2090	2330	2620	2990	3490
Sm	1345	2076	542	573	608	644	688	738	790	853	926	1015	1120	1260	1450	1715	2120
Sn(l)	505	2891	805	852	900	955	1020	1080	1170	1270	1380	1520	1685	1885	2140	2500	2960
Sr	1043	1640	433	458	483	514	546	582	626	677	738	810	900	1005	1160	1370	1680
Ta	3270	5510	1930	2020	2120	2230	2370	2510	2680	2860	3080	3330	3630	3980	4400	4930	5580
Tb	1638	3295	900	950	1005	1070	1140	1220	1315	1420	1550	1700	1890	2120	2420	2820	3370
Tc	2400	4900	1580	1665	1750	1840	1950	2060	2200	2350	2530	2760	3030	3370	3790	4300	5000
Te	723	1267	366	385	405	428	454	482	515	553	596	647	706	791	905	1065	1300
Th	1968	5020	1450	1525	1610	1705	1815	1935	2080	2250	2440	2680	2960	3310	3750	4340	5110
Ti	1940	3575	1140	1200	1265	1335	1410	1500	1600	1715	1850	2010	2210	2450	2760	3130	3640
Tl	577	1710	473	499	527	556	592	632	680	736	803	882	979	1100	1255	1460	1750
Tm	1873	2005	624	655	691	731	776	825	882	953	1030	1120	1233	1370	1540	1760	2060
U	1405.5	4090	1190	1255	1325	1405	1495	1600	1720	1855	2010	2200	2430	2720	3080	3540	4180
V	2190	3652	1235	1295	1365	1435	1510	1605	1705	1820	1960	2120	2320	2560	2850	3220	3720
W	3650	5800	2050	2150	2270	2390	2520	2680	2840	3030	3250	3500	3810	4180	4630	5200	5900
Y	1773	3570	1045	1100	1160	1230	1305	1390	1490	1605	1740	1905	2105	2355	2670	3085	3650
Yb	1097	1800	436	460	488	520	552	590	638	690	755	830	920	1060	1225	1490	1840
Zn	692.7	1184	336	354	374	396	421	450	482	520	565	617	681	760	870	1010	1210
Zr	2128	4747	1500	1580	1665	1755	1855	1975	2110	2260	2450	2670	2930	3250	3650	4170	4830

a) s - fest, l - flüssig.   b) Colombium

8.5   Bildzeichen für die Vakuumtechnik[*] (nach [Ley 87])

Vakuumpumpen

	Vakuumpumpe, allgemein
	Hubkolben-vakuumpumpe
	Membran-vakuumpumpe
	Verdrängervakuum-pumpe, rotierend
	Sperrschieber-vakuumpumpe
	Drehschieber-vakuumpumpe
	Kreiskolben-vakuumpumpe
	Flüssigkeitsring-vakuumpumpe
	Wälzkolben-vakuumpumpe
	Turbovakuumpumpe, allgemein
	Radialvakuumpumpe
	Axialvakuumpumpe
	Turbomolekularpumpe

	Treibmittel-vakuumpumpe
	Diffusionspumpe
	Adsorptionspumpe
	Getterpumpe
	Verdampferpumpe
	Ionenzerstäuberpumpe
	Kryopumpe

Vakuumzubehör

	Abscheider, allgemein
	Abscheider mit Wärmeaustausch (z.B. gekühlt)
	Gasfilter, allgemein
	Filter, Filterapparat, allgemein
	Dampfsperre, allgemein
	Dampfsperre, gekühlt

	Kühlfalle, allgemein
	Kühlfalle mit Vorratsgefäß
	Sorptionsfalle

Behälter

	Behälter mit gewölbten Böden, allgemein Vakuumbehälter
	Vakuumglocke

Absperrorgane

	Absperrorgan, allgemein
	Absperrventil, Durchgangsventil
	Eckventil
	Durchgangshahn
	Dreiwegehahn
	Eckhahn
	Absperrschieber

[*] nach DIN 28 401

	Absperrklappe
	Rückschlagklappe
	Absperrorgan mit Sicherheitsfunktion

Antriebe für Absperrorgane

	Antrieb von Hand
	Dosierventil
	Antrieb durch Elektromagnet
	Fluidantrieb (hydraulisch oder pneumatisch)
	Antrieb durch Elektromotor
	gewichtsbetätigt

Verbindungen und Leitungen

	Flanschverbindung, allgemein
	Flanschverbindung, geschraubt
	Kleinflanschverbindung

	Klammerflansch-verbindung
	Rohrschraubverbindung
	Kugelschliffverbindung
	Muffenverbindung
	Kegelschliffverbindung
	Veränderung des Rohrleitungsquerschnittes
	Kreuzung zweier Leitungen mit Verbindungsstelle
	Kreuzung zweier Leitungen ohne Verbindungsstelle
	Abzweigstelle
	Zusammenfassung von Leitungen
	Bewegliche Leitung (z.B. Kompensator. Verbindungsschlauch)
	Schiebedurchführung mit Flansch
	Schiebedurchführung ohne Flansch
	Drehschiebe-durchführung

	Drehdurchführung
	Elektrische Leitungsdurchführung

Messung und Meßgeräte

	**) Vakuum (zur Kennzeichnung von Vakuum)
	**) Vakuummessung, Vakuum-Meßzelle
	**) Vakuummeßgerät, Betriebs- und Anzeigegerät für Meßzelle
	**) Vakuummeßgerät, registrierend (schreibend)
	**) Vakuummeßgerät mit Analog-Meßwertanzeiger
	**) Vakuummeßgerät mit Digital-Meßwertanzeiger
	Durchflußmessung

**) Diese Bildzeichen dürfen nur in der hier dargestellten Lage verwendet werden (Spitze des Winkels nach unten zeigend)

Sämtliche Bildzeichen mit Ausnahme der durch ****)** gekennzeichneten sind lageunabhängig. Die Bildzeichen für Vakuumpumpen sollten immer so angeordnet sein, daß die Seite der Verengung dem höheren Druck zugeordnet ist.

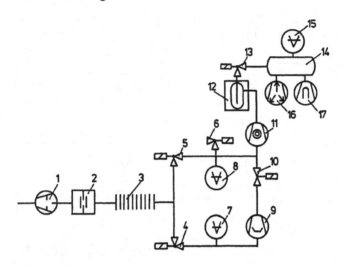

Abb. 8.5.1
Typisches Vakuumsystem, dargestellt nach der DIN-Norm

1   Drehschieberpumpe
2   Dampfsperre, allgemein
3   Bewegliche Leitung
4,5 Eckventile,
    elektromagnetischer Antrieb
6   Eckventile, elektromagnetischer
    Antrieb (Belüftungsventil)
7   Vorvakuummeßzelle
    (z.B. Pirani-Manometer)
8   Hochvakuummeßzelle
    (z.B. Penning-Manometer)
9   Diffusionspumpe

10 Durchgangsventil,
    elektromagnetischer Antrieb
11 Turbomolekularpumpe
12 Kühlfalle mit Vorratsbehälter
13 Eckventil,
    elektromagnetischer Antrieb
14 Vakuumbehälter
15 UHV-Meßzelle
    (z.B. Ionisationsmanometer)
16 Ionengetterpumpe
17 Titan-Sublimationspumpe

8.6   Gebräuchliche Oberflächenuntersuchungsmethoden

Nachweis / Anregung	Elektronen	Photonen	Neutrale Teilchen	Ionen	Phononen	Elektrische oder Magnetische Felder
Elektronen	AES, SAM, SEM, LEED, RHEED, EM, HEED, SES, EELS, TEM, IETS, EBIC	(X)CIS (X)APS EMA EDX	ESD	ESD		
Photonen	XPS(ESCA), UPS, PARUPS, CIS, CPS, X-AES, $\Delta\Phi$	SES, OS, LM, FER, XD, ESR, NMR, ELL, XRF, HOL	PD	LAMMA	PAS	PC, PDS, MPS, PVS
Neutrale Teilchen			LE, PM, AIM, DM, PIS, NIS	MBT, FAB-MS	HAM	
Ionen	INS	IMXA, IEX, PIXE	SNMS, IID	SIMS, IMP, IID, ISS, RBS		CDS
Phononen		TL	TDS		SAM	SDS
Elektrische oder Magnetische Felder	FES, FEM, IETS, STM, $\Delta\Phi$	FER		FIM, FIMS, FIAP, FD		MPS, SDS, PDS, PC, CPD, FEC, PVS, HE, CDS, CM

8.7   Erklärung der Abkürzungen

AAS	Atomabsorptionsspektroskopie		CIS	Constant Initial State Spectroscopy
AEAPS	Auger Electron Appearance Potential Spectroscopy		CIS	Charakteristische Isochromatenspektroskopie
			CL	Cathode Luminescence
AEM	Augerelektronenmikroskopie		CM	Conductance Measurement
AES	Augerelektronenspektroskopie		CPD	Contact Potential Difference Measurements
AES	Atomemissionsspektroskopie		DLEED	Diffuse LEED
			DM	Diffusion Measurements
AFM	Atomic Force Microscopy		DTA	Differentialthermoanalyse
AFS	Atomfluoreszenzspektroskopie		EBIC	Electron Beam Induced Current
AIM	Adsorption Isotherm Measurements		EDX(S)	Energy Dispersive X-ray Spectroscopy
AIS	Atom Inelastic Scattering		EELS	Electron Energy Loss Spectroscopy
ALICISS	Alkali-ICISS		EL	Electro Luminescence
APS	Appearance Potential Spectroscopy		ELEED	Elastic LEED
			ELL	Ellipsometrie
ASW	Acoustic Surface-Wave Measurements		ELS	Electron Energy Loss Spectroscopy ($\rightarrow$ EELS)
ATR	Attenuated Total Reflection		EM	Elektronenmikroskopie
BIS	Bremsstrahlungs-Isochromatenspektroskopie		EMA	Electron Microprobe Analysis
			EPMA	Electron Probe Microanalysis
BLE	Bombardment Induced Light Emission ($\rightarrow$ IBLE)		EPR	Electron Paramagnetic Resonance
			ESCA	Elektronenspektroskopie für chemische Analyse ($\rightarrow$ XPS)
CDS	Corona Discharge Spectroscopy		ESD	Electron Stimulated Desorption
CFS	Constant Final State Spectroscopy			

ESR	Elektronenspinresonanz		IBLE	Ion Bombardment (Induced) Light Emission
EXAFS	Extended X-ray Absorption Fine Structure		ICISS	Impact Collission Ion Scattering Spectroscopy
FAB-MS	Fast Atom Bombardement Mass Spectrometry		IE	Isotopic Exchange Measurements
FDM	Felddesorptions-Mikroskopie		IEE	Induzierte Elektronenemission
FEC	Field Effect of Conductance		IETS	Inelastic Electron Tunneling Spectroscopy
FEM	Feldemissionsmikroskopie		IEX	Ion Excited X-ray Fluorescence
FER	Field Effect of Reflectance		IID	Ion Impact Desorption
FES	Feldemissionsspektroskopie		IIRS	Ion Impact Radiation Spectroscopy
FIAP	Field Ionization Atom Probe		IIXS	Ion Induced X-ray Spectroscopy
FIM	Feldionenmikroskopie		ILEED	Inelastic LEED
FIMS	Feldionen-Massenspektrometrie		IMMA	Ion Microprobe Mass Analysis
GDMS	Glow-Discharge Mass Spectrometry		IMPA	Ion Microprobe Analysis
GDNS	Glow-Discharge Neutral Spectrometry		IMXA	Ion Microprobe for X-ray Analysis
GDOS	Glow-Discharge Optical Spectroscopy		INMS	Ionisierte Neutralteilchen-Massenspektrometrie
HAM	Heat of Adsorption Measurements		INS	Ion Neutralisation Spectroscopy
HE	Halleffekt		IR(S)	Infra-Rot-Spektroskopie
HEED	High Energy Electron Diffraction		IRAS	Infrarot-Reflexions-Absorptions-Spektroskopie
HEIS	High Energy Ion Scattering ($\rightarrow$ RBS)		ISD	Ion Stimulated Desorption
HOL	Holographie		ISS	Ion Scattering Spectroscopy ($\rightarrow$ LEIS)
HREELS	High Resolution Electron Energy Loss Spectroscopy		ITS	Inelastic Tunneling Spectroscopy

LAMMA	Laser Microprobe Mass Analysis
LEED	Low Energy Electron Diffraction
LEIS	Low Energy Ion Scattering Spectroscopy (→ ISS)
LM	Lichtmikroskop
LMA	Laser Microprobe Analysis
MBT	Molecular Beam Techniques
MPS	Modulated Photoconductivity Spectroscopy
MS	Mößbauer-Spektroskopie
MS	Massenspektrometrie
MSM	Magnetic Saturation Measurements
NIS	Neutron Inelastic Scattering
NMR	Nuclear Magnetic Resonance
NQR	Nuclear Quadrupole Resonance
OES	Optische Emissionsspektroskopie
OS	Optische Spektroskopie
PARUPS	Polarisation and Angle Resolved UPS
PAS	Photoakustische Spektroskopie
PC	Photoconductivity
PD	Photodesorption
PDS	Photodischarge Spectroscopy
PES	Photoelektronenspektroskopie
PIXE	Proton/Particle Induced X-ray Emission
PM	Permeation Measurements
PVS	Photovoltage Spectroscopy
RBS	Rutherford Backscattering (→ HEIS)
REM	Rasterelektronenmikroskopie (→ SEM)
RFA	Röntgenfluoreszenzanalyse (→ XRF)
RFS	Röntgenfluoreszenzspektroskopie
RHEED	Reflection High Energy Electron Diffraction
RTM	Rastertunnelmikroskopie (→ STM)
SAM	Scanning-Auger Microscopy
SAM	Scanning Acoustic Microscopy
SDS	Surface Discharge Spectroscopy
SEM	Scanning Electron Microscopy (→ REM)
SERS	Surface Enhanced Raman Spectroscopy
SES	Spin Echo Spectroscopy
SES	Secondary Electron Spectroscopy
SIMS	Sekundärionenmassenspektrometrie
SNMS	Sputtered Neutral Mass Spectrometry
SNMS	Secondary Neutral Mass Spectrometry

SPA-LEED	Spot Profile Analysis-LEED
SP-LEED	Spin Polarized-LEED
SRS	Surface Reflectance Spectroscopy
STEM	Scanning Transmission Electron Microscopy
STM	Scanning Tunneling Microscopy
STS	Scanning Tunneling Spectroscopy
SXAPS	Soft X-ray Appearance Potential Spectroscopy
TDS	Thermodesorptions-spektroskopie
TE	Thermionic Emission
TEM	Transmissionselektro-nenmikroskopie
TG	Thermogravimetrie
TL	Thermoluminescence
UPS	Ultraviolett-Photoelek-tronenspektroskopie
UV-VIS	Spektroskopie im ultravioletten und sichtbaren Bereich
WDX	Wavelength Dispersive X-ray Spectroscopy
X-AES	X-ray Induced AES
XD	X-ray Diffraction (→ XRD)
XPS	X-ray Photoelectron Spectroscopy
XRD	X-ray Diffraction (→ XD)
XRF	X-ray Fluorescence (→ RFA)

8.8 Bindungsenergien und Wirkungsquerschnitte für die Röntgenphotoemission

	$1S_{1/2}$	$2S_{1/2}$	$2P_{1/2}$	$2P_{3/2}$	$3S_{1/2}$	$3P_{1/2}$	$3P_{3/2}$	$3D_{3/2}$	$3D_{5/2}$
H	14 / .0002	1)							
He	25 / .0082	2)							
Li	55 / .0568								
Be	111 / .1947								
B	188 / .486			5 / .0002					
C	284 / 1.00			7 / .0015					
N	399 / 1.80			9 / .0065					
O	532 / 2.93	24 / .1405		7 / .0193					
F	686 / 4.43	31 / .210		9 / .0478					
Ne	867 / 6.30	45 / .296		18 / .103					
Na	1072 / 8.52	63 / .422		31 / .1941	1 / .0064				
Mg		89 / .575		52 / .3335	2 / .0285				
Al		118 / .753	74 / .1811	73 / .356	1 / .0535				
Si		149 / .955	100 / .276	99 / .541	8 / .0808		3 / .014		
P		189 / 1.18	136 / .403	135 / .789	16 / .1116		10 / .0368		
S		229 / 1.43	165 / .567	164 / 1.11	16 / .1465		8 / .0774		
Cl		270 / 1.69	202 / .775	200 / 1.51	18 / .1852		7 / .1433		
Ar		320 / 1.97	247 / 1.03	245 / 2.01	25 / .227		12 / .2418		
K		377 / 2.27	297 / 1.35	294 / 2.62	34 / .286		18 / .3619		
Ca		438 / 2.59	350 / 1.72	347 / 3.35	44 / .351		26 / .507		5
Sc		500 / 2.91	407 / 2.17	402 / 4.21	54 / .411		32 / .650		7 / .0042
Ti		564 / 3.24	461 / 2.69	455 / 5.22	59 / .473		34 / .813		3 / .0136
V		628 / 3.57	520 / 3.29	513 / 6.37	66 / .538		38 / .996		2 / .0309
Cr		695 / 3.91	584 / 3.98	575 / 7.69	74 / .596		43 / 1.173		2 / .0651
Mn		769 / 4.23	652 / 4.74	641 / 9.17	84 / .674		49 / 1.423		4 / .1046
Fe		846 / 4.57	723 / 5.60	710 / 10.82	95 / .745		56 / 1.649		6 / .1711
Co		926 / 4.88	794 / 6.54	779 / 12.62	101 / .818		60 / 1.930		3 / .2664
Ni		1008 / 5.16	872 / 7.57	855 / 14.61	112 / .892		68 / 2.217		4 / .3979
Cu		1096 / 5.46	951 / 8.66	931 / 16.73	120 / .957		74 / 2.478		2 / .589
Zn		1194 / 5.76	1044 / 9.80	1021 / 18.92	137 / 1.04		87 / 2.828		9 / .81

1) Bindungsenergie nach [Sie 67X]

2) Wirkungsquerschnitt (vgl. Abschn. 4.1.1) nach [Sco 76]

	$2P_{1/2}$	$2P_{3/2}$	$3S_{1/2}$	$3P_{1/2}$	$3P_{3/2}$	$3D_{3/2}$	$3D_{5/2}$	$4S_{1/2}$	$4P_{1/2}$	$4P_{3/2}$	$4D_{3/2}$	$4D_{5/2}$	$4F's$	$5S_{1/2}$	$5P_{1/2}$	$5P_{3/2}$
Ga	**1143**	**1116**	**158**	**107**	**103**	**18**			**1**							
	11.09	21.40	1.13	1.10	2.11	1.085			.018							
Ge	**1249**	**1217**	**181**	**129**	**122**	**29**			**3**							
	12.52	24.15	1.23	1.24	2.39	1.42			.058							
As			**204**	**147**	**141**	**41**			**3**							
			1.32	1.39	2.68	1.82			.121							
Se			**232**	**168**	**162**	**57**			**6**							
			1.43	1.55	2.98	2.29			.210							
Br			**257**	**189**	**182**	**70**	**69**	**27**	**5**							
			1.53	1.72	3.31	1.16	1.68	.1863	.328							
Kr			**289**	**223**	**214**	**89**		**24**	**11**							
			1.64	1.89	3.65	3.48		.213	.476							
Rb			**322**	**248**	**239**	**112**	**111**	**30**	**15**	**14**						
			1.75	2.07	4.00	1.72	2.49	.251	.214	.411						
Sr			**358**	**280**	**269**	**135**	**133**	**38**	**20**							
			1.86	2.25	4.37	2.06	2.99	.291	.775							
Y			**395**	**313**	**301**	**160**	**158**	**46**	**26**		**3**					
			1.98	2.44	4.75	2.44	3.54	.329	.091		.031					
Zr			**431**	**345**	**331**	**183**	**180**	**52**	**29**		**3**					
			2.10	2.64	5.14	2.87	4.17	.367	1.05		.085					
Nb			**469**	**379**	**363**	**208**	**205**	**58**	**34**		**4**					
			2.22	2.84	5.53	3.35	4.86	.402	1.17		.198					
Mo			**505**	**410**	**393**	**230**	**227**	**62**	**35**		**2**					
			2.34	3.04	5.94	3.88	5.62	.440	1.31		.316					
Tc			**544**	**445**	**425**	**257**	**253**	**68**	**39**		**2**					
			2.45	3.23	6.34	4.46	6.47	.479	1.45		.470					
Ru			**585**	**483**	**461**	**284**	**279**	**75**	**43**		**2**					
			2.57	3.44	6.78	5.10	7.39	.519	1.59		.667					
Rh			**627**	**521**	**496**	**312**	**307**	**81**	**48**		**3**					
			2.70	3.64	7.21	5.80	8.39	.560	1.75		.908					
Pd			**670**	**559**	**531**	**340**	**335**	**86**	**51**		**1**					
			2.81	3.83	7.63	6.56	9.48	.398	1.88		1.24					
Ag			**717**	**602**	**571**	**373**	**367**	**95**	**62**	**56**	**3**					
			2.93	4.03	8.06	7.38	10.66	.644	.700	1.36	1.55					
Cd			**770**	**651**	**617**	**411**	**404**	**108**	**67**		**9**				**2**	
			3.04	4.22	8.50	8.27	11.95	.692	2.25		1.89					
In			**826**	**702**	**664**	**451**	**443**	**122**	**77**		**16**				**1**	
			3.16	4.40	8.93	9.22	13.32	.742	2.45		2.28				.0195	
Sn			**884**	**757**	**715**	**494**	**485**	**137**	**89**		**24**			**1**	**1**	
			3.26	4.58	9.35	10.25	14.80	.794	2.67		2.70			.0922	.058	
Sb			**944**	**812**	**766**	**537**	**528**	**152**	**99**		**32**			**7**	**2**	
			3.36	4.76	9.77	11.35	16.39	.848	2.88		3.14			.1085	.1145	
Te			**1006**	**870**	**819**	**582**	**572**	**168**	**110**		**40**			**12**	**2**	
			3.46	4.92	10.21	12.52	18.06	.903	3.11		3.63			.1251	.189	
I			**1072**	**931**	**875**	**631**	**620**	**186**	**123**		**50**			**14**	**3**	
			3.53	5.06	10.62	13.77	19.87	.959	3.34		4.13			.1421	.2828	
Xe			**1145**	**999**	**937**	**685**	**672**	**208**	**147**		**63**			**18**	**7**	
			3.62	5.20	10.99	15.10	21.79	1.02	3.58		4.68			.1596	.3961	
Cs			**1217**	**1065**	**998**	**740**	**726**	**231**	**172**	**162**	**79**	**77**		**23**	**13**	**12**
			3.73	5.29	11.38	16.46	23.76	1.08	1.27	2.56	2.19	3.10		.1843	.1697	.332
Ba				**1137**	**1063**	**796**	**781**	**253**	**192**	**180**	**93**	**90**		**40**	**17**	**15**
				5.42	11.71	17.92	25.84	1.13	1.34	2.73	2.40	3.46		.210	.202	.400
La				**1205**	**1124**	**849**	**832**	**271**	**206**	**192**	**99**			**33**	**15**	
				5.55	12.11	19.50	28.12	1.19	1.42	2.91	6.52			.234	.688	
Ce					**1186**	**902**	**884**	**290**	**224**	**208**	**111**		**1**	**38**	**20**	
					12.53	21.12	30.50	1.24	1.47	3.03	6.93		.1389	.230	.660	
Pr					**1243**	**951**	**931**	**305**	**237**	**218**	**114**		**2**	**38**	**23**	
					12.94	22.72	32.85	1.28	1.53	3.17	7.48		.2545	.238	.685	
Nd						**1000**	**978**	**316**	**244**	**225**	**118**		**2**	**38**	**22**	
						24.27	35.29	1.33	1.59	3.31	8.03		.4048	.247	.708	

	$3D_{3/2}$	$3D_{5/2}$	$4S_{1/2}$	$4P_{1/2}$	$4P_{3/2}$	$4D_{3/2}$	$4D_{5/2}$	$4F_{5/2}$	$4F_{7/2}$	$5S_{1/2}$	$5P_{1/2}$	$5P_{3/2}$	$5D_{3/2}$	$5D_{5/2}$	$6S_{1/2}$	6P's
Pm	1052	1027	331	255	237	121		4		38	22					
	26.08	37.65	1.38	1.64	3.45	8.59		.604		.254	.730					
Sm	1107	1081	347	267	249	130		7		39	22					
	27.96	40.37	1.42	1.70	3.59	9.16		.851		.261	.750					
Eu	1161	1131	360	284	257	134		0		32	22					
	29.91	43.24	1.46	1.75	3.72	9.73		1.155		.268	.770					
Gd	1218	1186	376	289	271	141		0		36	21					
	31.98	46.23	1.51	1.80	3.88	10.40		1.434		.288	.847					
Tb		1242	398	311	286	148		3		40	26					
		49.42	1.54	1.84	3.99	10.87		1.967		.281	.804					
Dy			416	332	293	154		4		63	26					
			1.58	1.88	4.12	11.43		2.49		.287	.821					
Ho			436	343	306	161		4		51	20					
			1.61	1.91	4.24	12.00		3.10		.293	.836					
Er			449	366	320	177	168	4		60	29					
			1.64	1.95	4.37	5.15	7.41	3.82		.298	.849					
Tm			472	386	337	180		5		53	32					
			1.67	1.98	4.48	13.12		4.64		.303	.864					
Yb			487	396	343	197	184	6		53	23					
			1.70	2.00	4.60	5.61	8.07	5.58		.308	.876					
Lu			506	410	359	205	195	7		57	28		5			
			1.73	2.03	4.74	5.87	8.45	6.50		.326	.949		.0993			
Hf			538	437	380	224	214	19	18	65	38	31	7			
			1.76	2.06	4.88	6.13	8.84	3.32	4.20	.344	.325	.699	.1526			
Ta			566	465	405	242	230	27	25	71	45	37	6			
			1.79	2.08	5.02	6.40	9.24	3.80	4.82	.363	.346	.754	.2778			
W			595	492	426	259	246	37	34	77	47	37	6			
			1.81	2.10	5.16	6.48	9.65	4.32	5.48	.383	.367	.811	.4344			
Re			625	518	445	274	260	47	45	83	46	35	4			
			1.84	2.12	5.30	6.95	10.06	4.88	6.20	.402	.387	.869	.624			
Os			655	547	469	290	273	52	50	84	58	46	0			
			1.86	2.13	5.45	7.23	10.48	5.48	6.96	.422	.408	.928	.847			
Ir			690	577	495	312	295	63	60	96	63	51	4			
			1.88	2.14	5.59	7.51	10.90	6.12	7.78	.438	.422	.967	1.238			
Pt			724	608	519	331	314	74	70	102	66	51	2			
			1.90	2.14	5.74	7.78	11.32	6.81	8.65	.459	.444	1.04	1.477			
Au			759	644	546	352	334	87	83	108	72	54	3			
			1.92	2.14	5.89	8.06	11.74	7.54	9.58	.479	.463	1.10	1.808			
Hg			800	677	571	379	360	103	99	120	81	58	7			
			1.94	2.14	6.04	8.33	12.17	8.32	10.57	.500	.484	1.17	2.079			
Tl			846	722	609	407	386	122	118	137	100	76	16	13		
			1.95	2.13	6.19	8.60	12.60	9.14	11.62	.520	.505	1.25	.991	1.39		
Pb			894	764	645	435	413	143	138	148	105	86	22	20	3	1
			1.96	2.12	6.33	8.87	13.02	10.01	12.73	.542	.526	1.33	1.11	1.58	.0742	.0439
Bi			939	806	679	464	440	163	158	160	117	93	27	25	8	3
			1.96	2.10	6.48	9.14	13.44	10.93	13.90	.563	.546	1.41	1.24	1.76	.0840	.0841
Po			995	851	705	500	473	184		177	132	104	31		12	5
			1.97	2.07	6.62	9.40	13.87	27.04		.584	.566	1.50	3.31		.0937	.1356
At			1042	886	740	533	507	210		195	148	115	40		18	8
			1.96	2.04	6.77	9.65	14.29	29.36		.605	.584	1.58	3.63		.1033	.1892
Rn			1097	929	768	567	541	238		214	164	127	48		26	11
			1.95	2.00	6.92	9.90	14.70	31.81		.625	.602	1.67	3.95		.1129	.2719
Fr			1153	980	810	603	577	268		234	182	140	58		34	15
			1.95	1.97	7.07	10.16	15.11	34.36		.645	.618	1.77	4.28		.1257	.3366
Ra			1208	1058	879	636	603	299		254	200	153	68		44	19
			1.95	1.91	7.20	10.40	15.53	37.04		.665	.633	1.86	4.61		.1383	.3999
Ac				1080	890	675	639	319		272	215	167	80			
				1.86	7.33	10.61	15.93	39.83		.684	.647	1.95	4.96			
Th				1168	968	714	677	344	335	290	229	182	95	88	60	49 43
				1.80	7.46	10.82	16.31	18.81	23.94	.702	.660	2.05	2.15	3.15	.1625	.133 .366

8.10   Augerelektronenenergie (nach [Dav 78X])

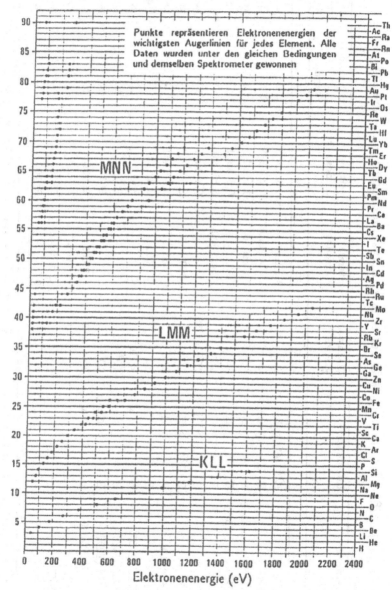

Punkte repräsentieren Elektronenenergien der wichtigsten Augerlinien für jedes Element. Alle Daten wurden unter den gleichen Bedingungen und demselben Spektrometer gewonnen

8.11   Spezifikationen ausgewählter Mikroanalysemethoden (nach [Fre 87X])

Methode	Information	Nachweis-grenze[2]	laterale Auflösung[2]	vertikale Auflösung[2]	quantitativ mit Standard[2]	zerstörungs-frei[5]
		ppm	μm	nm	%	
AES	E[1], (C) $\geq$ Li	10^3	0,1 bis 3	0,3 bis 3	≈ 5	ja
XPS	E, C $\geq$ He	$3 \cdot 10^3$	15 bis 1000	0,2 bis 5	≈ 5	ja
SIMS dynamisch	E $\geq$ H	$\lesssim 0,1$	0,1 bis 10	1 bis 10	3	nein
SIMS statisch	E, (C) $\geq$ H	10^3	1000	0,3 bis 1	1	(ja)
RBS	E $\geq$ C	10^2	1 bis 1000	3 bis 20	1	ja
ISS	E $\geq$ Li	10^2 bis 10^3	100	0,3 bis 1	10	ja
EELS	E, C[1] $\geq$ H	10^3	1000	0,3	-	ja
LAMMA	E $\geq$ H	$< 0,1$	0,5 bis 1	0,1 bis 1	-	nein
FIM	E	10^4	$\lesssim 0,001$	0,3	-	(ja)
EMP (EDX)	E $>$ Na[3]	$< 10^3$	$\gtrsim 1$	≈ 1	10	ja
EMP (WDX)	E $\geq$ Be[3]	10^2	1	≈ 1	10	ja
SEM (EDX)	E $>$ Na[3]	10^3	1	≈ 1	10	ja
STEM (EDX)	E $>$ Na[3]	10^3	$\lesssim 0,005$	$\approx 100^4$	10	ja
SEM	-	-	$< 0,005$	-	-	ja
(S)TEM	-	-	$< 0,001$	≈ 100	-	ja
TED	-	-	0,003 bis 0,005	≈ 100	-	ja

[1] E Elemente, C chemischer Bindungszustand der Elemente   [2] Optimale Werte   [3] Mit Be-Fenster, sonst $\geq$ C
[4] $\approx$ Filmdicke   [5] Im Sinne von Zerstäubung

Sachverzeichnis

Göpel/Ziegler
Einführung in die Materialwissenschaften:

Physikalisch-chemische Grundlagen und Anwendungen

Als Lehrbuch und Grundlage für einen systematischen Einstieg in die Materialwissenschaften mit einem Schwerpunkt auf den physikalisch-chemischen Grundlagen ist das aus zwei aufeinander abgestimmten Bänden bestehende Werk »Struktur der Materie: Grundlagen Mikroskopie, Spektroskopie« und »Einführung in die Materialwissenschaften: physikalisch-chemische Grundlagen und Anwendungen« gedacht.

Der vorliegende Band »Einführung in die Materialwissenschaften: physikalisch-chemische Grundlagen und Anwendungen« behandelt zunächst phänomenologische thermische, mechanische, elektrische, dielektrische und magnetische Eigenschaften von Festkörpern und deren Grenzflächen. Danach werden zahlreiche Anwendungsbeispiele vorgestellt, bei denen diese Eigenschaften entweder empirisch oder auf mikroskopischer und molekularer Ebene systematisch optimiert werden. Der Schwerpunkt liegt dabei auf neuen Anwendungen, in denen insbesondere die Materialentwicklung im Vordergrund steht. Darüberhinaus werden typische Verfahren zur definierten Herstellung von Materialien sowie zur Strukturierung vorgestellt.

Aus dem Inhalt:

Thermische Eigenschaften, Phasendiagramme, Diffusion, Adsorption und

Von Prof. Dr.
Wolfgang Göpel
und Dr.
Christiane Ziegler,
beide Universität Tübingen

1994. ca. 300 Seiten.
16,2 x 22,9 cm.
Kart. ca. DM 40,–
ÖS 312,– / SFr 40,–
ISBN 3-8154-2111-X

Desorption, mechanische Eigenschaften, elektrische Gleichstrom- und Wechselstrommessungen, statische und frequenzabhängige dielektrische Eigenschaften, magnetische Eigenschaften – Katalyse, Brennstoffzellen, chemische Sensoren, Mikro- und Optoelektronik, Molekularelektronik, Biokompatibilität – Beispiele zu Metallen, Halbleitern, Keramiken, molekularen Materialien, Polymeren, Membranen, biomolekularen Funktionseinheiten – Einkristallzucht, Molekularstrahlepitaxie, selbstorganisierte Schichten, Strukturierung

B. G. Teubner Verlagsgesellschaft
Stuttgart · Leipzig